U0372644

編委會

主　編　馮立昇

副主編　鄧　亮

委　員（按姓氏筆畫排序）

王雪迎　牛亞華　宋建昃　段海龍　郭世榮
陳　樸　馮立昇　董　傑　童慶鈞　鄭小惠
鄧　亮　劉聰明　聶馥玲

國家古籍整理出版專項經費資助項目

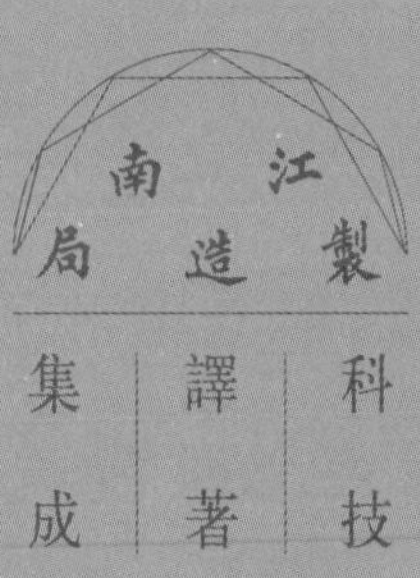

地學測繪氣象航海卷

第壹分册

主編　童慶鈞

中國科學技術大學出版社

圖書在版編目(CIP)數據

江南製造局科技譯著集成.地學測繪氣象航海卷.第壹分册/童慶鈞主編.—合肥:中國科學技術大學出版社,2017.3

ISBN 978-7-312-04152-5

Ⅰ.江… Ⅱ.童… Ⅲ.①自然科學—文集 ②地球科學—文集 ③氣象學—文集 ④測繪學—文集 ⑤航海—文集 Ⅳ.①N53 ②P-53 ③U675-53

中國版本圖書館CIP數據核字(2017)第037621號

出版 中國科學技術大學出版社
安徽省合肥市金寨路96號,230026
http://press.ustc.edu.cn
https://zgkxjsdxcbs.tmall.com

印刷 安徽聯衆印刷有限公司

發行 中國科學技術大學出版社

經銷 全國新華書店

開本 787 mm×1092 mm 1/16

印張 38.75

字數 992千

版次 2017年3月第1版

印次 2017年3月第1次印刷

定價 496.00圓

前言

明清時期之西學東漸，大約可分爲明清之際與晚清時期兩個大的階段。無論是哪個階段，翻譯西書均是其中重要的基礎工作，正如徐光啟所言：『欲求超勝，必須會通，會通之前，先須翻譯。』明清之際耶穌會士與中國學者合作翻譯西書，這些西書主要介紹西方的天文數學知識、地理發現，以及水利技術、機械、自鳴鐘、火礮等方面的科技知識。晚清時期，外國傳教士爲了傳播宗教和西方文化，在中國創辦了一些新的出版機構，翻譯出版西書、發行報刊。傳教士與中國學者共同翻譯了多種高水平的科技著作，重開了合作翻譯的風氣，使西方科技第二次傳入中國。清政府也設立了一些譯書出版機構，這些機構與民間出現的譯印西書的機構，使翻譯西書和學習科技成爲當時的一種時尚。明清之際第一次傳入中國的西方科技著作，以介紹西方古典和近代早期的科學知識爲主，而晚清時期翻譯的西方科技著作，更多地介紹了牛頓力學建立以來至19世紀中葉的近代科技知識。晚清時期翻譯西書之範圍與數量也遠超明清之際，涵蓋了當時絕大部分學科門類的知識，使近代科學較爲系統地引進到中國。在當時的翻譯機構中，成就最著者當屬江南製造局翻譯館。江南製造局（全稱江南機器製造總局）於清同治四年（1865年）在上海成立，是晚清洋務運動中成立的近代軍工企業。由於在槍械機器的製造過程中，需要學習西方的先進科學技術，因此同治七年（1868年），在徐壽、華蘅芳等建議下，江南製造局附設翻譯館，延聘西人，翻譯和引進西方的科技類書籍，又自設印書處負責譯書的刊印。至1913年停辦，翻譯館翻譯出版了大量書籍，培養了大批人才，對中國科學技術的近代化起了重要作用。

江南製造局翻譯館翻譯西書，最初採用的主要方式是西方譯員口譯、中國譯員筆述。西方口譯人員中，貢獻最大者爲傅蘭雅（John Fryer,1839–1928）。傅蘭雅，英國人，清咸豐十一年（1861年）來華，同治七年（1868年）成爲江南製造局翻譯館譯員，譯書前後長達28年，單獨翻譯或與人合譯西方書籍百餘部，是在華西人中翻譯西方書籍最多的人，清政府曾授其三品官銜和勳章。偉烈亞力（Alexander Wylie, 1815–1887）、瑪高温（Daniel Jerome MacGowan, 1814–1893）、林樂知（Young John Allen, 1836–1907）和金楷理（Carl Traugott Kreyer, 1839–1914）也是最早一批著名的譯員。偉烈亞力，英國人，倫敦會傳教士，曾主持墨海書館印刷事務，同治七年（1868年）入館，僅短暫從事譯書工作，翻譯出版了《汽機發軔》《談天》等。瑪高温，美國人，美國浸禮會傳教士醫師，同治七年（1868年）入館，但從事翻譯工作時間較短，翻譯出版了《金石識別》《地學淺釋》等。林樂知，美國人，同治八年（1869年）入館，共譯書8部，多爲史志類、外交類著作。金楷理，美國人，同治九年（1870年）入館，共譯書17部，多爲兵學類、船政類著作。此外，尚有衛理（Edward Thomas William, 1854–1944）、秀耀春（F. Huberty James, 1856–1900）和羅亨利（Henry Brougham Loch, 1827–1900）等西人於光緒二十四年（1898年）前後入館。除了西方譯員外，稍後也聘請了部分中國口譯人員，如吴宗濂（1856–1933）、鳳儀、舒高第（1844–1919）等，其中舒高第是最主要的一位。舒高第，字德卿，慈谿人，出身於貧苦農民家庭，曾就讀於教會學校。咸豐九年（1859年）以Vung Pian Suvoong名在美國留學，先後學習醫學、神學，同治九年（1870年）入哥倫比亞大學內外科學院學習，同治十二年（1873年）獲得醫學博士學位。舒高第學成後回到上海，光緒三年（1877年）被聘爲廣方言館英文教習，幾乎同一時間成爲江南製造局翻譯館譯員，任職34年，翻譯了二十餘部著作。中方譯員參與筆述、校對工作者五十餘人，其中最重要者當屬籌劃江南製造局翻譯館的創建并親自參與譯書工作的徐壽（1818–1884）、華蘅芳（1833–1902）和徐建寅（1845–1901）。徐壽，字生元，號雪村，無錫人。清咸豐十一年（1861年）十一月，徐壽和華蘅芳入曾國藩幕府；同治元年（1862年）三月，徐壽、華蘅芳、徐建寅到曾國藩創辦的安慶內軍械所工作，建造中國第一艘自造輪船『黄鵠』號；同治四年（1865年），徐壽參與江南製造局籌建工作；同治五年（1866年），徐壽由金陵軍械所轉入江南製造局任職，被委爲『總理局務』『襄辦局務』，主持技術方面的工作；同治七年（1868年），江南製造局附設之翻譯館成立，徐壽主持館務，并親自參加翻譯工作，共譯介了西方科技書籍17部，包括《汽機發軔》《化學鑒原》《化學考質》《化學求數》等。華蘅芳，字畹香，號若汀，江蘇金匱（今屬無錫）人，清同治四年（1865年）參與江南製造局籌建工作，是最主要的中方翻譯人員之一，前後從事譯書工作十餘年，所譯書籍主要爲數學類著作，如《代數術》《微積溯源》《三角數理》《決疑數學》等，也有其他科技著作，如《金石識別》《地學淺釋》等。徐建寅，字仲虎，徐壽的次子。受父親影響，徐建寅從小對科技有濃厚興趣，18歲時就在安慶協助徐壽研製蒸汽機和火輪船。翻譯館成立後，他與西人合譯二十餘部西方科技著作，如《汽機新制》《汽機必以》《化學分原》《聲學》《電學》《運規約指》等。同治十三年（1874年）後，徐建寅先後在龍華火藥廠、天津製造局、山東機器局工作，并出使歐洲，遊歷各國工廠，考察艦船兵工，訂造戰船。光緒二十七年（1901年），徐建寅在漢陽試製無煙火藥，因實驗室爆炸，不幸罹難。此外，鄭昌棪、趙元益（1840–1902）、李鳳苞（1834–1887）、賈步緯（1840–1903）、鍾天緯（1840–1900）等也是著名的中方譯員。

關於江南製造局翻譯館之譯書，國內尚有多家圖書館藏有匯刻本，如國家圖書館、上海圖書館、北京大學圖書館、清華大學圖書館、西安交通大學圖書館等，但每家館藏或多或少都有缺漏。

雖然先後有傅蘭雅《江南製造總局翻譯西書事略》（1880年）、魏允恭《江南製造局記》（1905年）、陳洙《江南製造局譯書提要》（1909年），以及隨不同書附刻的多種《上海製造局各種圖書總目》《上海製造局譯印圖書目錄》，以及Adrian Bennett, Ferdiand Dagenais等學者關於傅蘭雅研究中所發現、整理的譯書目錄等，但仍有缺漏。根據王揚宗《江南製造局翻譯書目新考》的統計，由江南製造局刊行者193種（含地圖2種，名詞表4種，連續出版物4種），另有他處所刊翻譯館譯書8種，已譯未刊譯書40種，共計241種。此文較詳細甄別、考證各譯書，是目前最系統的梳理，但仍有少許不足之處。比如將《化學工藝》一書兩置於化學類和工藝技術類，致使總數多增1種。又如認爲《礟法求新》與《礟乘新法》兩書相同，又少算1種。再如，此統計中有《克虜伯腰箍礟說、礟架說、螺繩礟架說》1種3卷，而清華大學圖書館藏《江南製造局譯書匯刻》本之《攻守礟法》中，附有《克虜伯腰箍礟說》《克虜伯礟架說船礟》《克虜伯船礟操法》《克虜伯礟架說堡礟》《克虜伯螺繩礟架說》，且藏有單行本5種，金楷理口譯，李鳳苞筆述。又因一些譯著附卷另有來源，可爲一種新書，如《電學》卷首、《光學》所附《視學諸器圖說》、《航海章程》所附《初議記錄》等。

在江南製造局的譯書中，科技著作占據絕大多數。在洋務運動的富國强兵總體目標下，這些譯著介紹了大量西方軍事工業、工程技術方面的知識，對中國近代軍隊的制度化建設、軍事工業的發展以及民用工程技術的發展産生了重要影響；同時又在自然科學和社會科學等方面作了平衡，翻譯傳播了西方的科學成果，促進了中國科學向近代的轉變，一些著作甚至在民國時期仍爲學者所重視；在譯書過程中厘定大批名詞術語，出版多種名詞表，體現出江南製造局翻譯館在科技術語規範化方面所作的貢獻，其中很多術語沿用至今，甚至對整個漢字文化圈的科技術語均有巨大影響；通過對西方社會、政治、法律、外交、教育等領域著作的介紹，給晚清的社會文化領域帶來衝擊，對

晚清社會的政治變革也作出了一定的貢獻，促進了中國社會的近代化。此外，通過譯書活動，也培養了大批科技人才、翻譯人才。江南製造局譯書也爲其他國家所重視，如日本在明治時期曾多次派員赴上海專門收購，根據八耳俊文的調查，可知日本各地藏書機構分散藏有大量的江南製造局譯書。近年來，科技史界對於這些譯著有較濃厚的研究興趣，已有十數篇碩士、博士論文進行過專題研究。

有鑒於此，我們擬將江南製造局譯著中科技部分集結影印出版，以廣其傳。本書先是納入『2011–2020年國家古籍整理出版規劃』之『中國古代科學史要籍整理』項目，後於2014年獲得國家古籍整理出版專項經費資助，名爲《江南製造局科技譯著集成》。

對江南製造局原有譯書予以分類，可分爲史志類、政治類、交涉類、兵制類、兵學類、船類、學務類、工程類、農學類、礦學類、工藝類、商學類、格致類、算學類、電學類、化學類、聲學類、光學類、天學類、地學類、醫學類、圖學類、地理類，并將刊印的其他書籍歸入附刻各書。從已刊行之譯書內容來看，與軍事科技、工業製造、自然科學相關者最主要，約占總量的五分之四。本書收錄的著作共計162種（其中少量著作因重新分類而分拆處理），包括150種江南製造局翻譯館翻譯且刊印的與科技有關的譯著，5種江南製造局翻譯但別處刊印的著作，7種江南製造局刊印的非翻譯館翻譯或非譯著類著作。本書對收錄的著作按現代學科重新分類，并根據篇幅大小，或學科獨立成卷，或多個學科合而爲卷，凡10卷，爲天文數學卷、物理學卷、化學卷、地學測繪氣象航海卷、醫藥衛生卷、農學卷、礦學冶金卷、機械工程卷、工藝製造卷、軍事科技卷。

儘管已有陳洙《江南製造局譯書提要》對江南製造局譯著之內容作了簡單介紹，析出目錄，但缺漏不少。上海圖書館《江南製造局翻譯館圖志》也對江南製造局譯著作了一一介紹，涉及出版情

況、底本與內容概述等。由於學界對傅蘭雅已有較深入的研究，因此對於傅蘭雅參與翻譯的譯著底本已有較明確的信息，然而對於其他譯著的底本考證，則尚有較大的分歧。本書對收錄的著作，一一寫出提要，簡單介紹著作之出版信息，盡力考證出底本來源，對內容作簡要分析，并附上目錄。此外，我們計劃另撰寫單行的提要集，對其中重要譯著的原作者、譯者、成書情況、外文底本及主要內容和影響作更全面的介紹。

馮立昇　鄧　亮

2015年7月23日

凡例

一、《江南製造局科技譯著集成》收錄150種江南製造局翻譯館翻譯且刊印的與科技有關的譯著，5種江南製造局翻譯但別處刊印的著作，7種江南製造局刊印的非翻譯館翻譯或非譯著類著作。

二、本書所選取的底本，以清華大學圖書館所藏《江南製造局譯書匯刻》爲主，輔以館藏零散本，并以上海圖書館、華東師範大學圖書館等其他館藏本補缺。

三、本書按現代學科分類，凡10卷：天文數學卷、物理學卷、化學卷、地學測繪氣象航海卷、醫藥衛生卷、農學卷、礦學冶金卷、機械工程卷、工藝製造卷、軍事科技卷。視篇幅大小，或學科獨立成卷，或多個學科合而爲卷。

四、各卷中著作，以內容先綜合後分科爲主線，輔以刊刻年代之先後排序。

五、在各著作之前，由分卷主編或相關專家撰寫提要一篇，介紹該書之作者、底本、主要內容等。

六、天文數學卷第壹分册列出全書總目錄，各卷首册列出該分卷目錄，各分册列出該分册目錄。

七、各頁書口，置兩級標題：雙頁碼頁列各著作書名，下置頁碼；單頁碼頁列各著作卷章節名，下置頁碼。

八、『提要』表述部分用字參照古漢語規範使用，西人的國別、中文譯名以及中方譯員的籍貫等與原翻譯一致；書名、書眉、原書內容介紹用字與原書一致，有些字形作了統一處理，對明顯的訛誤作了修改。

分卷目錄

江南製造局

科技譯著集成

分冊目錄

江南製造局

科技譯著集成

地學測繪氣象航海卷

第壹分冊

格致啟蒙·地理

《格致啟蒙·地理》提要

《格致啟蒙·地理》一卷，英國地理師祁覲（Archibald Geikie, 1835–1915）纂，美國林樂知（Young John Allen, 1836–1907）、海鹽鄭昌棪同譯，光緒五年（1879年）刊行。底本爲《Physical Geography in Science Primer Series》，出版於倫敦，版次不能確定。

此書不分卷，是一種自然地理類著作，介紹地貌學、氣候學、水文地理學、海洋地理學等方面的一些基礎知識。

此書內容如下：

地理小引

論空氣　一論空氣究屬何質，二論空氣分有冷熱，三論空氣有冷有熱而風以起，四論空氣中之水氣，五論露霧雲

論泉脈　一論雨水去路，二論泉脈來源，三論水在地中作用，四論石質凍化，五論石化之作用，六論江河源流，七論泉澗與江河之作用，八論冰雪

論海　一論海與陸地，二論海水之鹹，三論潮汐上下，四論海底

論地球內層

總論

試問第一論地形，試問第二論晝夜，試問第三論空氣，試問第四論空氣冷熱，試問第五論空氣有冷有熱成風，試問第六論空氣所含水氣縮緊成水，試問第七論露霧雲，試問第八論雨雪，試問第九論雨水去路，試問第十論泉脈，試問第十一論水在地中作用，試問第十二論地面

石質凍化，試問第十三論石化之作用，試問第十四論江河源流，試問第十五論泉澗與江河作用，試問第十六論雪山冰澗，試問第十七論海與陸，試問第十八論海之鹹，試問第十九論海之流動，試問第二十論海底，試問第二十一論地球內層

格致啟蒙卷之四

英國地理師祁覯纂

美國 林樂知
海鹽 鄭昌棪 同譯

地理小引

嘗於夏日放館率各徒出游未出而雨作初淅瀝後滂沱午後開霽乃偕出見江橋下急湍暴漲有籬笆柴草隨流而去水且混濁不似前日之清以璃盃取之沉於盃底多沙泥試問此江水何以驟漲則曰天雨之故夫雨由天降而泥挾水流天與地謂無相關者乎學者城居未見江河不知城內溝渠即小江河也每值驟雨則沖刷汙泥而出

與江河同地面萬國之江之河不知凡幾其流出之沙土日積月累又當作何情狀學者即此可悟其理推之風露冰雪雖屬尋常見慣而思之大有至理設或赤道熱帶中人驟見冰雪必相率駭異以為災祲來相諮詢學者苟未明其理則亦莫能登答此編所述略啟地理門徑吾徒所讀之書皆有限量惟天地間大塊文章自幼至老人人讀不盡乃萬理之無盡藏也每獲一理心輒一快從前見慣至是生新斯之謂格致斯之謂地理之格致學者未學地面事理先察地球形狀及與太陽有相關之處試於曠野平原或於海上望之初以為地平可直行天際日月東出西沒星辰徧於天上似居大玻璃罩中是恃目力所及遂以為盡得其狀而無庸他求也乃何以平地眺望止及樹林四五里試上高樓望之則向所不見者亦瞭見之再上高山則所見愈遠地亦愈濶海船初見桅者今並見其船身注目洋面各船往來其來者如由天際線而上其去者如下天際線而沒如第一圖即見實在形景知地非平圜得圓轉如球之憑證誠將眼前實在而講求之試驗之格致之學即在是

第一圖

矣人見高山深壑每不以地圓之說為然不知地球體積甚大山雖高祇比於球面沙粒且其圓勢以漸而人不覺學者一直西行不改所向從未有行至天際盡頭者行之不已仍回原處天文師量得地之圓徑如乘汽車每一小時行三十里晝夜不歇須八十日方始轉行地球一週謂非地圓而何歟

第二圖

江南製造局

如第二圖即太陽照見地球與月之形狀試進言之學者於太陽東升西下星月亦如是循環旋轉有晝必有夜有夜復有晝從無改變視爲固然詢其曾否考究而率皆未有也夫地面得有陽光則熱雲氣遮蔽則涼夜無日則昏黯而冷是地面之光乃太陽之光地面之熱乃太陽之熱言地理而離太陽則無以明曩古以地居中而靜日星繞地而行人人皆作是觀今論太陽仍以出沒爲言然地球並非居中不過爲繞日之一行星惟太陽居本天穹之中光熱四射地球繞日而行人第見太陽轉行爲晝夜而不知實因地球自轉以成晝夜此極易明之理譬學堂所

用之小地球其軸正居球中上下兩端爲南北極如抽陀螺自轉甚迅用一燈以作太陽距球兩三尺球之向燈處有光其背燈處無光自有光轉至無光亦自無光轉至有光地面各處逐漸得光逐漸失光亦同此理地之有軸非眞有軸惟指明南北兩極以示虛線而已地球每二十四小時自轉一周太陽仍不易其位晦明冷熱即由此分若僅以形象觀之似日自東行西實則地球自西轉東地何以謂東凡太陽乍升處皆可謂東正午日在天中昏暮日已西沒夜間星辰逐漸東上轉中墜西至天明而日又東上以此分爲晝夜然地之自轉非定於一處蓋自轉以繞

行太陽其軌道甚大繞行三百六十五日有奇以爲軌道一周分言之二秒工夫地球行軌道十九英里以是見地球自轉成晝夜繞行軌道一周成歲依次輪轉循環不息如鐘表一般此地之理也

論空氣

一論空氣究屬何質　空氣於世界中爲首先應查之事目縱不能見而無處無之有時輕微有時狂暴此即不見而確有其質試以手搖之便覺有氣掠過人無一息不呼吸亦無一處能離圍裹地球如套前化學第九節試驗已指明空氣非獨質一曰淡氣一曰養氣配搭而成此外微

有他質有能見有不能見其能見者如戶牖有洞陽光放入即見無數灰塵此一質無甚關係其不能見者一爲水氣一爲炭氣水氣因水得熱而發如白雲然鍋水沸滾亦發是氣略遠即散不得見水愈沸氣愈發久之鍋水可漸乾水乾即無氣然則水果何往蓋流質熱甚變化爲汽皆化散於空中也空氣不論何處總含水氣或多或少惟目所不能覩耳雲霧雨雪即此水氣所結而成假令空氣內久無水氣則萬物乾枯不能長養上下四旁各物以此講求便可豁然貫通炭氣亦屬無形之氣一萬分空氣內祇含得四分炭氣學者曾聞花草樹木所得成其料質者均

科技譯著集成

本於炭氣如化學第十一節植物燒化爛變仍歸炭氣散於空中又植物有爲動物所食長養骨肉其呼出之氣即是炭氣物腐爛則炭氣仍歸空氣空氣中動物植物一炭氣之挹注循環互用不息說見化學第十三節

二論空氣分有冷熱　空氣成爲大風目亦不覩然有時空氣靜而不動能試驗而覺之者其覺之非他蓋於冷熱而得之也空氣可熱可冷見格物第五十一節冬居和暖之室一出戶雖無風而總覺其冷冷果何來空氣收入身熱氣而其熱氣即由皮膚發散於外故覺其冷見格物第六十七節設在戶外旣冷一入暖和之室便覺其暖暖又

何來室內空氣本暖著於肌膚而翕受之即覺其暖也以是知空氣能冷能熱而目總不得覩惟以寒暑表量之雖冷熱至微亦能辨別見格物第五十一節試問空氣有冷熱其冷熱如何裝載乎今仍於房室比喻之隆冬戶外空氣成有冰霜霰雪室內煤爐火旺生熱空氣亦暖其暖即火之光熱所暈射戶外空氣之熱亦由光熱暈射即如夏天炎熇較之隆冬火烘更熱其熱悉由太陽光熱之暈射而來顧太陽常發光熱而有時不熱何也太陽猶火譬有物遮蔽火光光熱中斷則仍覺其冷太陽爲雲氣所蔽光熱不能及物即涼雲過日出其熱如故其涼熱之度寒暑

第三圖

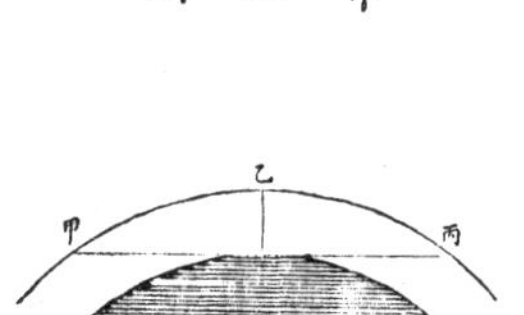

甲　乙　丙

表可以辨之如第三圖太陽光熱經過空氣有厚薄遠近之分正午時太陽正在天中如圖之乙字處光熱直射而下經過空氣不多故覺其熱太陽漸斜下其光熱經過空氣漸多如圖之丙字處夕陽在山與圖之甲字處旭日初升斜度較遠故早晚較涼夜則太陽光熱不能射入陰面地球陰面不獨不得光熱即現有之熱氣亦發散於空中故愈覺陰寒天將曙地面熱氣已散盡故愈冷推之午後一點鐘地面熱

氣積滿故愈熱其理皆可一貫且夏天太陽正午比冬日正午更高幾上天頂其光熱直射而下晝愈長積熱愈多夜愈短散熱愈少冬天則反是由是言之地面得熱皆因太陽或謂地面之熱僅恃太陽直射之光熱遇有雲蔽即涼夜間不幾寒凍乎且有時雲蔽亦暖夜間亦不甚寒何也此無他空氣爲之也凡物近火則熱離火則涼熱氣可以翕受亦可以發散木石皆然然空氣分散熱氣較木石更緩是以夜間木石已覺冷而空氣尚未冷也空氣所以能留熱氣而不速散者即空氣中之水汽爲之也水汽在空氣中留注熱氣如圍如障以故熱帶諸國空氣中絕少

水汽夜間驟冷又夜間雲氣亦足以護熱氣故夜間天空無雲較更冷易結冰霜以熱氣速散故也是則空氣有冷有熱全係乎太陽水汽又能載熱氣分散於地以免冷冽也

三論空氣有冷有熱而風以起　空氣得值地面之熱則起風此何以故氣熱則漲漲則輕輕則上升見格物第四十九節以氣熱漲升其下鬆空他處冷氣即來補其所缺此易見之理試用鐵條燒令紅薄紙在鐵上離數寸紙即飛而上升以附鐵之空氣上升四面冷空氣來補其空亦爲其熱而並升迨鐵冷與空氣同則氣定不上不下即以

煤爐論爐底必空有櫺以通風煤炭之火在爐櫺之上近火一層空氣得熱而升由煙通上出室內冷空氣由櫺底入爐以補其空煤炭得養氣益熾氣熱復由煙通上升其炭氣等亦隨之上出凡天空之氣無不然前云太陽之光熱擊動空氣與爐火同光熱由空氣直達地面空氣載熱不多即如夏天炎日照人面如火以一紙障之紙下空氣即不覺甚熱此其明證顧地面空氣驟受熱氣漲而上升四圍遠處冷氣必來補其空缺而皆流動以成風夏天海上午前有輕風向岸午正熱甚則風定下午陸地有風吹向海此即海面與地面空氣冷熱不同所致試詳言之陸地土石等類較海水易熱亦易冷常上午土石已得熱氣即上升海上之氣尚未得熱故海風吹向岸以補其空至晚海面已得熱而氣升陸地木石之熱驟退故岸上涼風吹向海亦補其空試觀地球之中間赤道處終年得熱空氣常升而南北兩極冷氣趨補其空有一定往來之路名曰長風又名貿易風更有與空氣流動相關者即水氣是也水氣即溼氣較空氣輕水氣愈多則愈輕無論何地一有水氣氣即上升他處空氣來補其處如其來迅疾便成大風矣

四論空氣中之水氣　水氣爲空氣所驟受曬之則爲汽

凝結則爲水此空氣中最要明曉者欲知水氣何以散入空氣何以自空氣中出來大格致書內言之甚詳顧就目前小者觀之可以喻大即如室內置有火爐人坐其中氣應乾燥試由室外取一碗冰冷水置室中一霎時碗內有汽如霧不清略停片晌則如露下淋又數人於小船內臥起見船板璃窗汽結如露此露水非由外來亦非出自玻璃即空氣中之水氣所致故平時每見有汽結如霧也格致書所謂水氣實目所不能見須得冷凝結爲汽成霧成露成雨成霜雪乃得見耳空氣能載若干水汽視冷熱之多寡爲度人每一呼有水氣從口鼻出外而空氣溫暖則

散於空中目不能見外面空氣寒冷則空氣緊蹙不能容納此水氣故凝結爲汽而目能見之也其凝結於玻璃如露者亦以玻璃冰冷空氣緊蹙不能噏受其熱汽故凝結耳冬天空氣緊不必玻璃一出口鼻而氣已冷結夏天空氣鬆口鼻所出水氣均可容納傳散故空氣愈冷受水氣愈少冷至不能受則結而爲露此卽露凝點之氣候也水汽散於空氣各處皆有試置一盆水數日視之漸少久則必乾江河之水皆然水之成汽散於空中皆陽光暵水化爲氣也空氣熱則噏受水氣必多晝間日以暄之水易變氣較夜更多夏間太陽光熱大暵水爲汽較冬令更多學

者觀路途間之露水遇旭日升不多時卽爲暵乾若天冷有雲氣不清則露不易乾是空氣熱能噏受水氣空氣冷則氣已收束緊蹙不能容納水氣也又如空氣乾燥則噏受水氣極速空氣潮溼則空氣業已載滿水汽不復噏受故難暵乾也如洗衣服有時天氣晴燥風吹卽乾反是則否凡水暵化爲汽汽離水面總帶有少許熱氣試滴一點水於肌膚略覺其冷此水氣帶肌膚之熱上升故也水氣散於空中其熱亦散於空中也以此知空氣中含有水汽較養氣淡氣雖少而總計之則甚多矣

五論露霧雲　日落後卽有露早起見山河草木有水氣

爲迷霧日出後水氣上升霧卽四散春夏秋冬隨時見雲氣聚散變大變小變厚變薄如蒸氣然前曾指明空氣成水以得冷凝結而然凡氣非驟變爲水初凝爲迷霧卽爲極細之水點漸凝併合成大點爲露爲微雨彼天空成大雲或結爲微雨便知該處空氣較冷是以凝結其結爲露者夜涼時草木蛛網上細點透明此非草木所生乃空氣中之水氣所致試以口向玻璃呵氣便成水氣滴下天空之露亦同此理晴夜地面所得太陽熱氣卽發散於空中甚速地面便覺冷矣冷則空氣緊束不能噏受水氣若爲吐餘而成露也其結露時卽爲露凝點之氣候有寒暑表

可試而得之更有地面可以生水如暖熱瀚潤之氣風吹至冷山頂上其氣亦變冷成微雨或迷霧或白雲人謂之山氣是也有時籠罩山頂日出得光熱則不蒸而化散至晚間地面又發熱氣或空氣有潮溼則山頂仍有籠罩之雲顧水氣凝結不獨冷地爲然卽在天空中暖氣遇有冷氣亦爲凝結每見大江兩岸晝間所得太陽熱氣至晚發散甚速岸比水面更冷兩岸冷氣必下壓流入江心與水面熱氣相值則結而爲霧水氣在天空中多者爲雲人所常見雲不過爲霧之濃重者耳空氣暖熱噏受水氣既多愈升則熱漸散或近寒帶或遇有冷風初結如掌大漸結

漸多他處亦或凝結不多時成大雲此皆江河水氣為陽光所曬蒸而上升得冷卽凝空氣不能容受擠而成雲嘗於夏日早起見天晴朗無雲乃地面熱甚水氣多向上升升至冷處熱已散盡則結為薄雲光明如雪此每於午後見之迨晚則蒸氣上升漸少雲亦稀薄卽化散矣凡雲盪漾空中得冷下壓遇地面漲升之熱氣卽行化散又雲在空處飛行以天空之氣流動迅速所致每見雲自他處飛來定晴觀之或變大或變小便可測其水氣之厚薄也

六論雨雪　前言水氣自江河湖海水面上升為雲夫雲非常懸於空中有時仍化散為氣有時不散而結為雨雪雨自雲下此人所易見夏間起陣雲由小而大以作陣雨夫人而知之矣學者於此有可表明者如冷玻璃呵熱氣又置冷水一盆於暖室中皆必先有迷霧後淋如露天空之作雲實同此理初凝點極細後結漸大其力重故下更有天極冷時其自雲下降者非成點乃成片者雪是也如移至熱處卽化為水水得熱化氣上升仍飛散於天空是雨雪霧露水氣均為一物水化為氣質水成雨為流質水凍結成冰雪為定質天冷夜間水凍凝為堅皮成冰敲碎之至夜冷又結天愈冷冰愈厚水或不深可凍至底是流質凝為定質透明置暖處仍化為水並可化為水氣是定

質直化為氣質在地面冷結為冰在天空冷結為雪為雹其實一物而式不同耳水冷至冰有一定表度名冰化度見格物編雪下於地僅成白片其花樣看不甚清必置於

第四圖

黑板上觀之其形畢顯如第四圖其六出花瓣皆細顆粒結成光明而成白色然花瓣難得齊全因空中風吹易斷耳天空上一層約中里十四里高其氣候較冰度更冷是以上升之熱水氣因冷結細顆粒黏連而成花瓣夏天最高之白雲如羽如練卽白雪也冬令嚴寒水氣不必過高卽已結成冰雪此外更有結成冰雹雪珠雪珠卽未黏連之顆粒冰雹為天空驟冷所凝總之雨雪二物為地學最關係詳論見後前論水氣上升成霧成露成雲下降為雨為雪天地間水氣流通旋轉為必不可缺之用如人身血脈然其利便於萬彙者甚大並可洗滌空中穢毒之氣江河泉澗潤物攸關一似機器之法條今而後可識雨雪之妙用焉

論泉脈

一論雨水去路　水氣常因日暄而上升亦常為冷氣壓下復還為水一升一降循環不絕以多補少適劑其平是

以江海諸水仍不見少夫天空雨水溝澮皆盈非驟然全升為氣大半流入他處大約地面雨水入海居四分之三海水為日所暵成氣上升雨下仍還為海水然雨水降於陸地亦復不少計英國一年所得雨水約有六十八立方里之多以外各洲各國更可想見是一年間雨水降於陸地固多陸地所得雨水非驟然散去必小流合大流由江河入海統計地面江河無數可知水之多也顧水不必全注於海試於雨前掘地土石乾燥得雨後地土潤澤再掘至深處不獨土泥潤澤更有水汪在地中倘水在地中不復流通則地面之水似應年少一年而不知其不然也水

注地中仍復出於地面即所謂泉脈是也泉脈如洞如穴水流出澗至江入海仍復還原處也

二論泉脈來源　審視地內土石形狀有硬有輭有完固有鬆裂斜縫以見納水有多寡之異其沙土易於納水如海絨一般惟藍色泥土細膩堅緊不能納水沙地浮面易乾以其能滲水下漏而泥則不然凡雨雪之水入地有縫即行石質鬆裂名紅沙石易於滲漏並有裂開如洞此皆水通之路石灰石質本堅硬水不易通而每節節碎裂水亦可以漏過嘗見有山坡潮溼此非空氣之陰溼實即山中水注所致並有谿澗灌注追溯其源即通泉脈請指明之如

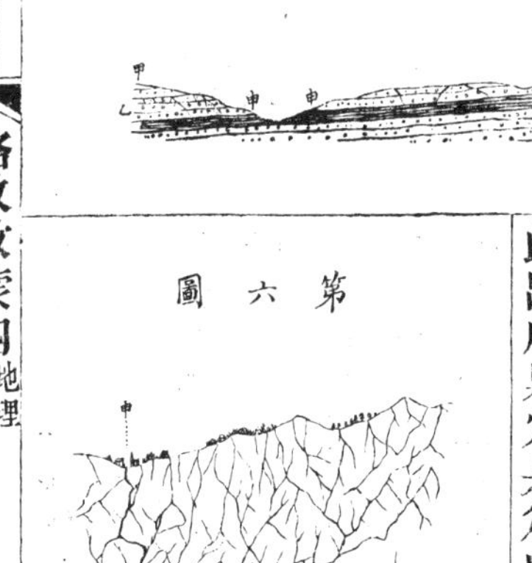
第五圖
第六圖

第五圖甲字一層或泥或石不能納水乙字處土石鬆裂雨水滲入至硬泥水不他注即聚蓄於此出成泉穴是為出水之口或沙泥或石穴上出地面有凹形如甲字處是也然亦有水泉在泉穴之曲折下數

里深亦能通至地面試追尋泉脈地面一點水入地可尋其所從出如第六圖此一點水與旁處各點水入地經由土石鬆縫數千尺深至無縫處水不能旁洩即存留其處增積日多愈滿愈高乃從他穴上出地面彼處壓力多則此水激射而出壓力之說見格物編此即表明地中之水無不流通井礦各穴皆然

三論水在地中作用　水由泉穴流出視之清淨無比顧此泉水果淨則化分之祇有輕養二氣何以置於璃盃內每曬乾必有餘滓山水雖淨總帶有他質此可參觀化學編天雨似清淨無比然亦帶有煙塵炭氣泉在地中經過

各原質必有消化之質帶與俱出如以鹽或糖調化於水目不能辨而舌自分鹹甜顧鹽糖易化堅石沙泥不易化水何以挾定質難化之質學者曾記空氣中之炭氣乎炭氣在空中雨水帶以入地地中又帶物質而出地中亦多炭質試以一塊田中之土置於火燒之土中含有植物根葉即為炭質炭質為火燒盡土色即變凡水含有炭氣即能化石水若淨是輕養無炭即不能化石蓋石質喜與炭氣合化化餘之質還入水中見化學第二十八試驗水含炭氣有幾種石遇之即化即堅石亦可化惟化有多寡之不同耳石灰石（名敲克）遇之能化盡水帶此石灰石之質色

仍清凡石灰石之山為水所經過化成大洞或成凹水滴處有結成細柱或有倒掛者亦有經過他金類質為滷水若無滷質即為淡水顧水經由地中而出帶有石灰鹽鐵

第七圖

等質足以裨益於動植物如石灰為生骨之料鐵為補血之料然非全恃乎此必食物擇有利於人者則補益

乃大以是知泉水較雨水為更有益於人之物水化石質漸化漸多山中可成大洞至有數里長如第七圖此即地中石灰石山為水所消蝕成洞水常沖激而出者也

四論石質凍化　凡磚石房屋歷數十百年外層受潮溼凍漲必碎裂字多剝蝕古墓石碑等亦然嘗見江流繞山腳處石亦有剝落總之石見空氣潮溼或霜雪一經凍漲無不剝蝕學者抑知其所以然否凡剝蝕之故有三一為水中有炭氣雨自天空下降挾有炭氣炭氣最能蝕石水之流處瀦處地面之石漸為所蝕不獨雨水入地能將地中石質消爛也萬物俱自細顆粒黏成大塊石亦有然水

能化其黏連之質則顆粒皆散有石灰石竟能全化於水二為水中另含一種養氣（此養氣未與輕氣合化魚在水唼氣即唼此養氣）足助炭氣消蝕石質即如鐵在空氣中結有一層黃紅色皮刮之如粉名曰鐵鏽如鐵欄杆等往往生鏽即為養氣所蝕此鏽為鐵與養氣之合質即石亦為養氣所蝕惟外層有鏽包裹潮氣不復透入轉可永久若風摧雨淋外鏽落去則養氣仍能深蝕三為冰凍漲裂水冷至三十二度凝結為冰夫冰雖曰凝結實則漲結其漲力甚大瓷缸每為之漲裂冰之體積較水幾倍物不十分堅固必為所裂見格物編學者已知雨水入土深透石質果鬆水亦可入遇結

冰時地面水皮凍凝，而土中之石亦凍，如方磚凍漲，四圍鬆散，至凍解後，石不能復自收縮，街路所鋪磚石，遇凍必漲鬆，泥沙為其鬆散，如敲碎一般，顧此地皮凍漲，恰有益

第八圖

於農事，土田堅凝，一經凍漲，則種植倍易，石雖不如土之鬆漲，而水漬至何層，即能漲至何層，沙石堅而且鬆，尤易凍裂，但外面層層剝落而已，石縫蓄水，如石礦山腳有橫劈形，水斜

入其縫，亦漸大，經歷冰凍多次，竟大塊坍下，如第八圖，石之橫縫甚多，嫩者既早剝落，堅者亦漸裂開，各國山如是者多，更有日暄則熱，夜間速冷，一漲一縮，逐層碎裂，又石為雨淋風摧日暄，亦能剝落，惟剝落之遲速，視其石質之堅鬆，是以古昔開闢石多碎爛殆盡，山中諸石，不皆堅凝，每常改變式樣，知其故者可恍然矣，地面久必改樣，此亦天然不可少之事，不獨呈奇爭妍，且所敗爛之石質，能培補田土，變瘠為腴，植物頗賴乎此，其詳可得而述矣。

五論石化之作用　試取田中土，或花園中土視之，土中含有碎石碎沙，及植物等腐爛之質，故其色黑，前論石質

地理

013

等毀爛，並非無用，石雖毀而其料質仍在土中，石不過變其舊形而已，嘗見雨水點點落地，地面泥塵有漬痕，如第九圖，水入地亦有力改變土中諸物，積年累月，改變者多，

第九圖

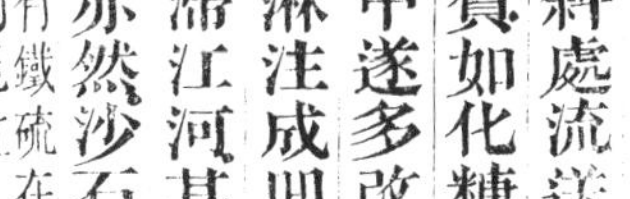

凡水向低斜處流，送各質他往，此為重學工夫，水化各質，如化糖與鹽，此為化學工夫，隨流隨化，地中遂多改變，地面亦然，細石隨流滾轉，大石淋注成凹，日消月磨，流出江海，其大者或留滯江河，其細者即隨流入海，動物植物之質亦然，沙石漲成沙地，石灰石成石灰地，泥石（內有鐵硫在色紅）成為泥地，是則細碎石

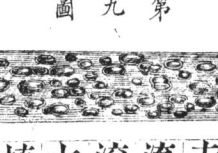

沙與泥拼合，便成腴壤，植物藉以托根，不然則花草樹林缺其欲得之料，即為磽确，夫植物之土，欲其鬆動，犁土愈深，則植根愈大，每見種植過淺，一逢乾旱，太陽足以焦灼其根，而亦不能吸取深土各質滋生之料，根本既虧，則枝葉不茂，是以花草根鬚，每向石縫深入，腐爛即成炭氣，炭氣蝕石，便添地面滋生之料，蚯蚓等蟲，亦能翻鬆泥土，於是雨水自高山岡陵逐層流送而下，數千百年來，流入海者不知凡幾，試取江心一桶水，澄定之，桶底便有多許沙泥，以此見江河流送各物質為不少也。

六論江河源流　前論雨水入地復出，地學者業已明曉

今就地面之水論之嘗見一條斜路經過陣雨便成小河初雨時地面土塵有漬痕雨既大則漬痕全無而成爲小流遇有石當路水亦爲之繞流平時視地皆平雨後便見地勢之有高下當其成流之初有無數細水滙成一水此表明江河之來源其必一定向低下流者如石必下墜卽表明地心吸力說見格物編天雨下降亦係吸力江河之水蜿蜒繞曲或大流有聲或深流無聲均關吸力卽大湖必由上流灌注水不能久爲瀦蓄是海實爲衆水滙歸之具區而又見地之不平或謂上流水向下趨則近海各處不幾湮沒乎而不然也試觀兩川滙流之處不必加倍寬濶惟其底深而流愈急耳夫地有脊如屋頂然水分左右流試擇最長之水而上溯之必有無數細支滙成大榦各趨下流如英本國江水一向大西洋流一向北海流按地圖瞭如指掌視其流之分下處便知地脊所在又見巨川經大旱而水不少缺是何以故水之來源不獨地面雨雪更有地中泉脈足補其缺使泉脈亦涸則江河之水亦漸少矣美國密昔昔比江雖大旱而水不淺以其來源甚多德國蘭泥江夏秋比冬春水大以冬間高山大嶺雨雪泉源冰凍不流至夏熱凍解故然總之水之於地無一處不由高而下滙流入海太陽光熱曬水氣上升爲雨雪循轉不窮此造化之妙也

七論泉澗與江河之作用　雨水滙流則江河暴漲當其未雨之前水小流緩淸可見底學者固無從見其作用前曾言江水出自泉脈有雜質流送而出有人於蘭泥江計算每年水帶石灰石質足敷三百三十二千兆介殼之用（介卽蛤蜊之類）石灰質化於水無色視之仍淸不知江水挾帶石灰甚多又雨水自山岸流下挾有爛泥細沙水多混濁試留心視之一處波浪約足有濁物數噸此卽所謂作用也更有作用工夫水之流蕩實開刷地面水淺處每見有石子光潔如經過磨盪者然此石非生成光潔石自山中坍卸本麤礪尖銳迨石與石相磨便成圓潔如第十圖石爲水衝成洞亦有石爲水流旋轉磨擦一爲泥沙所磨一爲江底磨盪江邊山石亦漸磨漸濶其形不一每於夏間水小時兩岸出露沙石隔年視之非舊見之沙石蓋此沙石已隨流他往而上流沙石來補其處故改變舊觀嘗見江邊之沙本水挾沙泥留滯所成

第十圖

逐年漲積初與水平後即出水漸高江之大灣處水不即彎必直瀉遇岸始迴流而去故江灣處漲有沙灘如第十一圖近岸灘高至江心愈低又江水急流沙石亦挾帶而出若與他水相值處必稍阻流緩故沙石即留阻成灘水挾植物根葉便生草或木並有卵生胎生之物至入海之大江口所漲之沙必成三角形其尖向江口內如第十二圖密昔昔比江漲成沙地甚爲遼濶皆由上流送下值海水阻滯便沈下並有沙泥衝激出海故近海岸二百里之水必多混濁離岸遠則海水亦澄清也

第十一圖

第十二圖

八論冰雪　英國高山之陰留雪或不化若歐洲山高者多山頂留雪終年不消一望皆白彼處甚冷靜鴉雀無聲有陽光照處見遠近山頂皆白或成五色若至山頂望之

便成大觀以天色深藍山面色白陰白相間成紫色山中凹處復有大冰塊伸出空際如吐舌尖或瀑布成沸滾聲忽有霹靂一聲大冰斷裂由冰面衝壓而下又冷靜無聲學者試思高山之雪永不消化有無關係前論空氣之最高處極冷北極南極天氣亦極冷彼處冰雪雖夏熱不能融高山之頂在結冰度水氣亦凝爲冰雪隆冬嚴寒直至山腳亦凍春夏爲太陽光熱所灼地面積有熱氣山腰山腳冰雪俱化惟山頂在寒帶仍堅凝不化以此分其界爲永雪界顧地球上之永雪界角不相同赤道爲熱帶永雪界距地甚遠有一萬五千尺高方值寒帶離赤道南北二

三十度爲温和帶近南北二極寒帶漸低至二極處寒帶與海面平故爲永冰永雪之地學者嘗見雪花飄墜與雨不同雨則成流他注雪則留積木石地爲埋沒冰雪爲光熱噓化成汽久之亦能化盡凡高處冰雪忽爾融化則低處必陡然發水此温和帶各國皆如是也若永雪界一年光熱不敷融化故冰雪常存年高一年積成冰雪之峯有時坍卸壓壞地面各物山中之雪積深數里雪之底下一層重壓堅緊雪亦如冰向低斜處淌下雪力重亦關吸力由澗壑斜趨便成冰澗愈趨愈下遇雨亦化凡雪在天空飄墜蓬蓬然中鬆有空氣在內若重壓之則空氣壓出即

江南製造局

堅緊如冰試取雪於手團緊之與冰無異學者抑知雪峯重壓其力與手團重何如耶高山冰澗自永雪界起漸漸淌下過此界四圍漸暖融化爲清水挨擦山石有沙泥等

第十三圖

質帶下如第十三圖冰澗中有顆粒沙石浮於冰面即山邊挨擦而出之物曲折隨冰淌下間或冰澗碎裂沙石即嵌入其中淌下近地冰化爲水沙石即留下冰底含有沙石與碎石相搓即成光石如

第十四圖

第十五圖

第十四圖石作晶光冰澗帶出之石不獨刷磨江底更有大石在冰面淌出有數千噸重如第十五圖此石即阿勒必斯山（端士意大利德意志交界處）衝下比房屋更大其最大之冰在南北二極如格令蘭北路被冰雪埋沒有大冰伸出北海中永不融化或裂斷倒墜海中如

第十六圖

第十六圖浮於海面如山出波浪數百尺高然此數百尺高不過九分之一而重沈於水底尚有八分也海水時相衝激亦漸融化風吹浪送向南流下離冰洋數百里遠每能見之古時英國山中亦有冰澗故山石尚留有冰劃痕亦有大石自高山衝下有可認者

論海

一論海與陸地　學者於陸地知山巒平地情景視江河等水並不多若向外至邊岸大水連天一望無際乘船可繞英國一周知英國爲一大島向西直駛至陸地之最近者須二萬餘里向南直駛不見岸至南極見有冰海而已地球之大水居三分陸居一分居陸地之內不能知外有如是之水今我英人舟楫所至徧及八荒非內地之人所能望見也學者試將學堂小地球觀之豈非四面之水多於陸地陸地爲水所分或彎或凹或斷而隔以水是爲島赤道以北陸多赤道以南水多陸地爲水所環爲洲洲外爲海海之遼濶處爲洋蓋地面有高有低高於水面即爲

科技譯著集成

陸其低處爲水所聚卽爲海前論空氣中之水氣大半自海蒸騰而上雨水由陸地江河入海學者業經明曉茲論海之作用

二論海水之鹹　海水與江河之水有異以其鹹也其所以成爲鹹者陸地各水帶有各雜質以入海故鹹如將淨泉水置璃盆曬乾後留有餘漬以泉水挾有金類石類濇質曬之水能成汽飛散獨此雜質不能化升故留有漬痕其質極微目不能辨若以海水置淨璃盆內曬乾尤多漬痕以顯微鏡窺之見有極細鹽顆粒成立方形或更有細長形是爲石膏顆粒人以爲海本含鹽而不知鹽質均由

陸地而來前論地中石中流過之水能消化各質泉水江水皆含鹽類以流入於海年復一年鹽類愈積愈多以每日水有數兆噸化氣上升而鹽類各質不能變汽上升故也今之海尚不甚鹹大西洋鹽類質約百分內有三分半若猶太國死海百分內有二十四分故洋海之鹹尚不至十分也

三論潮汐上下　英國海邊及他處瀕海者見海水多活動不常靜卽天氣晴和毫無風動而海水總不靜必有小浪直趨沙岸有聲若遇大風驟起海水始則激宕繼卽溯湃高湧成大波濤衝撞山石噴高數丈而散一一波未平一

波又起勢極洶湧又見無風時之海岸水痕有高有低其漲落之時可以算定此名潮汐行海時將璃瓶塞緊其口擲於海浪中行數百千里可送至岸顧海水浮面浪動其下一層水亦動而動有不同前論冰山八分在水下二分在水上海水順風而行而冰山或逆風而行此何以故蓋海之下層水自冷處流向熱處雖有南風不及流送水力之大故北海下一層水每向南流而浮面之海水每向冷處北流南海下一層水每流向熱帶其浮面海水亦流向南極冷處此一定之理學者於此可學得四事一爲海面激宕之動一爲潮有漲落一爲海面一層水順風流送一

爲海底一層水由冷處流向熱帶試以盆水喻之盆邊吹風一口則水皺成浪此浪應風而生直趨至彼邊而止海面成浪卽爲空氣所動風愈大浪愈高浪趨邊岸噴激上捲風旣定而浪仍未平行船遇此最爲險惡以蓬受風力船可駛行風定有浪船爲浪滾必斷桅乃定江海面濶容易激動卽風力已歇而水力未歇是海之不靜無非空氣不靜所致也有時微風俱無波平如鏡必猝然暴風橫生熱帶常有之海水力大其衝岸能挾重物石亦爲滾上大船可被送上岸大石每爲衝刷改形如第十七圖石塘被刷常有坍卸卽堅石爲潮所吞吐或成多洞水漱其根易

第十七圖

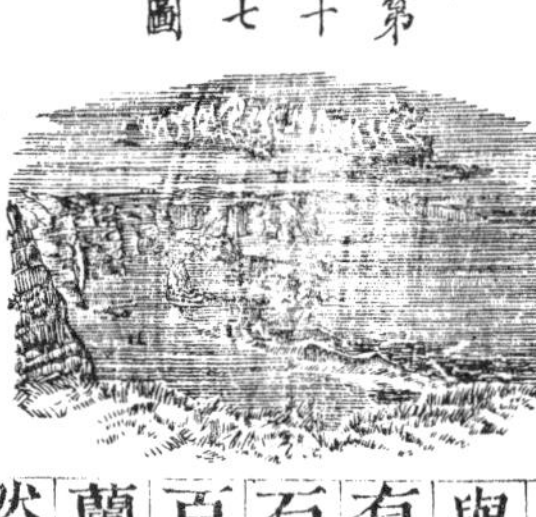

致鬆墜或四面灌注成一小石島海與陸爭昔日瀕海之區今已入海每有石蹟在海中猶得見也英國沿海石質多鬆每年海水侵蝕二三尺數百年前之城鎮今已在海中惟阿爾蘭斯古得蘭西邊石脚甚堅至今屹然不動學者留意海邊之浪含有石沙以攻擊岸石其力甚猛大石久經衝刷變爲泥沙泥沙輕故隨流有送入外海者

四論海底　海底無殊地面亦有山有谷雖不能看到底每有法以探測之辨其是泥是沙是石子是介殼各處海洋業經測量過半最詳細者莫如大西洋近年英至美置有電線多條測量海底之路深有一萬四千五百尺計英里二里四分三嗣於山多莫島在西印度之南一百里測海底深有四里半英里歐洲最高之山西稱爲忙孛蘭卽雪山有一萬五千七百四十四尺高以此高山一座沈於該處海底不獨看不見山頂而山頂距水面尚有一里半英里凡大洋之低處以多補少約一英里至二英里之深有高出水面卽爲島近島皆淺灘故離陸地愈遠水愈深也大洋有島成羣海不甚深計英國之西大西洋極深英國之北洋有四百尺深東洋日本之東有一萬五六千尺深英與法相隔之海峽二百餘尺深若以山保羅堂英之大教堂高有四百五十餘尺置於此峽中水面可露其半截查考海底無論何等深可以取物出水以鐵爬繫以繩擲於海底船行略拖之卽爬得海底各物用轆轤起爬可辨認其物海底亦常時改變試思陸地歷年流去之物質如沙石等入海不少沙石等一入海底如得安息不復他往積累日高成沙成陸是陸地山川漸漸消蝕海底沙石漸漸加長亦寓一消一長之道學者已曉海水之動係空氣使然海水沖刷損壞山石此特海面形景若言乎海水深處三十二尺之下卽風吹不動惟水自爲流動而已泥沙石子隨流入海不過近岸數十里其留滯沈下分有層次卽如大江發水水退後卽顯出泥一層細沙一層石子一層爛塗一層大石送不甚遠亦視其流之急與否海中有動物質有植物質泥沙內並有介屬之殼及珊瑚其沈下亦分段落常見海底有死物積厚並蛤蜊等介殼成灘又太平洋印度洋各處有海水石灰等質化爲珊瑚蟲數十兆結成白色珊瑚大如城圈計有四尺厚一千里長如第十八圖

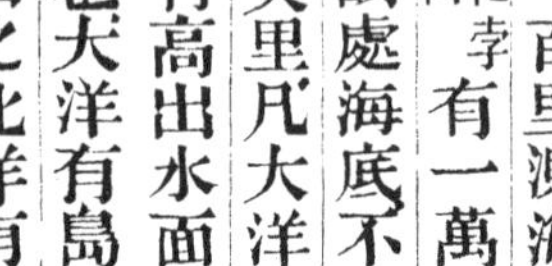

第十八圖

之珊瑚島此島中空內仍有海水大西洋底更有極細膩之物似泥以顯微鏡視之實為極細蟲殼所成

論地球內層　以上論地球外面諸事茲略論地內作用夫人在地面如蟲蟻在山焉知地內形景且升最高處望不能遠在深礦研究無異浮面細穴搜尋莫從知其底裏願有從地內通至球面名曰火山火直由地中發出有人於火山未發火之前見山之頂如削去一般略出雲氣其雲氣非尋常雲氣細觀之從山之內層發出山之他處並無雲氣試上山去見有無數燒餘煤灰覺山地頗熱其氣味不可嗅聞將口鼻遮蔽見山頂有凹形有洞下通深底凹洞內有流質熱極成白色外結一層灰皮洞內有紅色跳出且石塊亦被噴出隨出隨落於洞中其氣如水沸滾形狀常在山頂上結如雲煙山頂之凹西名克雷得沸化石質西名拉伐其衝出之石灰並焦爛之物即將山洞邊旁泥石一併帶出彼處空氣亦熱究其燒化地內各質必有其大火處而遠近不可知其凹頂之洞即出氣之煙通火山常燒或至數百年或已數千年不熄故知地之內層必為大熱凡火山至發火時忽四周震動火發有聲比霹靂更響百餘里外可聞山頂忽裂破飛去煙氣衝出含有燒紅之石四面飛墜其石之重者仍跌入洞中細灰出多

數十里外煙塵蔽日杳冥晝晦灰落如雪色灰埋沒田畝所吐之白質流下衝沒城郭鄉村迨後所吐白質既盡尚有氣上升如雲一千八百年前有一座高山在意大利國

第十九圖

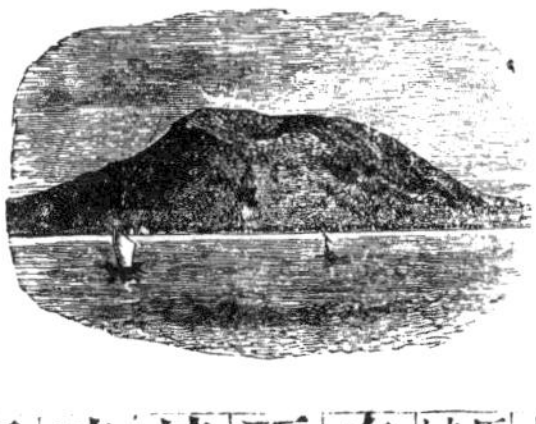

地中海邊今之內北里城相近近羅馬京城如第二十圖此山本未燒過自山頂至山邊皆花草樹木彼處百姓以未見燒灼無灰無氣莫知其為火山是以彼處有城有鎮彼時羅馬正興旺大富貴之時山水清麗人甚熱鬧乃無端地震山搖山頂忽被衝裂飛至天空細灰四散晝晦不見日光撲連燒灼百姓有為石壓灰沒其白色流質衝出埋沒兩大城一曰赫鳩婁宜恩一曰幫貝依田畝園林之佳麗處全變

第二十圖

為灰土荒郊後人遠避其處數百年後民盡忘之近有人掘發其地得古時大街屋宇牆垣器物如舊恍然一千八百年前形景其城後又有火山名佛蘇肥邊斯如第十九圖山頂本裂開今其中噴吐

各質又結成一山頂此即由地底通至上面衝出熱物山頂洞即其煙通按地球四處皆有火山歐洲更有兩大座近地中海邊惟不常燒北海愛斯蘭永雪永冰中亦有火山南北美利堅有極綿亙之山西偏火山最多亞細亞火山成羣噶留巴四圍皆是日本進北至北亞美利加洲皆有火山太平洋中四處有之地面火山如是之多知地中熱甚又各洲皆有溫泉英國雖無火山而有溫泉熱至一百二十度至挖礦極深其熱愈甚石被燒化多至數十里不特此也有時地震或裂開或升高或坍沈大半與火山相近每逢將發火時地即搖震海底亦有漲升沙石忽露

出水面亦有數百年前石埔石塘漸沉入水其忽上忽下皆因地中一冷一熱之漲縮爲之也然此亦有好處陸地爲水衝刷久之地面瘠薄有火山噴出物質足補陸地之缺高岸爲谷深谷爲陵天下常有之事今之陸地山谷數千年前本在海底故山頂有介屬殼等海底物質妄見大海洋中他時不有升高變陸者乎

總論　地球常時活變不一定外面包裹空氣時刻流動發光發熱海面常有水氣上升於空氣中得冷成雨成雪隨地心吸力落於地面爲江河泉穴衝挾物質流入海中是水於地面旋轉循環以成大作用且海亦不是靜物波

浪隨處流行有熱水冷水急流互復循轉陸地山谷沙石流入海底積厚成高再變陸地又地中包藏熱氣甚大是以地常震動裂開或升或沈舊地沈下而新地升上漸生花草動物成一新鮮世界由是以觀地之常時變換形景夫豈呆物也哉

試問第一　論地形

一問學者初看地似何形　二問在平地能指明地之眞圓形　三問在海邊能指平面如何是眞圓面　四問行海用何法表明地爲球形　五問地球之大其圓由漸而顯能表明否　六問乘汽車一小時行三十里若周徧一

轉行若干日

試問第二　論晝夜

一問地面光熱由何處得來　二問古時論地與日月星作何位置　三問古人舊話今有傳否　四問試言地球與太陽轉行確證　五問晝夜似太陽行過天空能解明其實在否　六問何謂南北軸　七問地球向何方旋轉　八問地球別有轉行之法　九問地球繞轉太陽有若干工夫　十問地球輪轉如何分歲月日時

試問第三　論空氣

一問空氣爲何物　二問空氣爲何質所成　三問空氣

除淡養二質外更有何質。四問用何法表明空氣中之煙塵。五問空氣中之水氣何往。六問炭氣在空氣含有若干。七問炭氣在空氣內於動植物有何作用。

試問第四　論空氣冷熱

一問空氣目所不覩何以覺有空氣。二問自暖室出戶外何以覺有冷。三問太陽常發熱至地何以空氣有熱有冷。四問太陽所發熱氣於空氣有無遮攔抑一直到地。五問早暮太陽之熱何以不及中午。六問夜比晝涼何解。七問夏何以比冬熱。八問夏天有雲氣遮日何以仍不覺冷。九問太陽之熱空氣亦如沸滾然亦非

全受其熱惟地面積熱漸上耳空氣忽冷忽熱抑是此緣故否。十問夜間地面熱氣用何法得免其發散。十一問在熱帶各地面至夜必覺更冷何解。十二問夜有雲較無雲更暖何解。

試問第五　論空氣有冷有熱成風

一問空氣熱重抑冷重冷重是何緣故。二問空氣一層重一層輕何似。三問能試驗氣熱上升有法否。四問風因何而生。五問海風向岸與陸風向海是何緣故。六問地面何處最熱其熱係何緣故。七問何為貿易風因何而起。八問空氣所帶水氣何以能令空氣升動。

試問第六　論空氣所含水氣縮緊成水

一問冷玻璃一入暖室即起潮如霧何解。二問空氣熱含水氣多空氣冷含水氣少何解。三問噓氣於冷鏡面如迷霧隆冬口鼻出氣即結為水汽何解。四問某度為露凝點試解之。五問水氣何以升入空氣。六問何時暵升水氣最多何時暵升水氣最少。七問將酒或水滴於皮膚覺冷此何以故。

試問第七　論露霧雲

一問空氣中之水氣蒸騰而上究成何物。二問露何以成。三問山氣何以成。四問日落時見水邊有煙霧何

解。五問雲何以成。

試問第八　論雨雪

一問雲在天空何以有時不見。二問雨何以成能解其墜下之理否。三問水之變成他樣有幾種。四問冰何候始堅。五問雪何以成其六出花瓣能指明否。六問冰雹雪珠之異。七問水在天地間作用何似。

試問第九　論雨水去路

一問水面常暵汽上升何以江海之水不見其少。二問空氣所含水氣何往為多。三問雨水還入海後復又何往。四問英國地面每年雨水約有若干。五問雨下於

江南製造局

地復何往。六問何以表明水有多許入地更何以表明水非入地而沒

試問第十　論泉脈

一問雨下於泥與沙有何異。二問其異有關於耕種否。三問掘地一洞水即流入然則水在地中何似。四問石中有水可入否。五問山中常遇有潮溼處此何以故六問泉脈是何。七問泉脈何以從山石罅隙中來。八問何以有長流不息之泉。九問井礦有水何解

試問第十一　論水在地中作用

一問清淨泉水含有他質以何法表明之。二問用何物

表明水化各質。三問水化各質從何而來。四問雨水自天空而下有何作用。五問雨水由何處得來炭氣六問含炭氣之水於石有何作用。七問水於石灰石力果何似。八問濇水與淡水有何分別。九泉脈所含之質有動植質否。十問地中有山石中空有洞是何緣故

試問第十二　論地面石質凍化

一問磚石所造房宇何以見得空氣剝蝕。二問能指明人力所築建者剝蝕何似。三問地面石遇炭氣作用何似。四問水氣有另含之養氣鐵石遇之何似。五問冰霜於地土磚石剝蝕碎落有何關係。六問堅石遇忽冷忽熱何如。七問地面若無此改變能否有益於動植物

試問第十三　論石化之作用

一問平常花園等處地土以何質培補。二問雨有化學工力試解之。三問水有重學工夫何似。四問地土何以成。五問地土業已瘠薄何以能復原肥沃。六問花草添質助土力何似。七問蚯蚓等物有無作用。八問地面之物何以年年流送入海。九問泉脈與江河何以剝削地物各質

試問第十四　論江河源流

一問平地値大雨其形何似。二問谿澗江河何以成流

灌注。三問湖何以成。四問雨水何以成谿澗江河五問高地支派之水抑滙歸何處。六問有江河之水分兩處相背而流此爲何地。七問江河遇大旱之年水仍不涸何解。八問各大江春夏間何以發水。九問陸地之水總歸何處

試問第十五　論泉澗與江河作用

一問泉澗與江河所化目不能見之質試指明之。二問發水何以混濁。三問江邊江底有沙有石石何以成圓潔。四問山何以成深谿深澗。五問流急則江清流緩則底濁凡大水退後江底何似。六問大江口所積成沙

科技譯著集成

形何似。七問從此處流過之泥沙何往。

試問第十六　論雪山冰澗

一問永雪界何解　二問永雪界在赤道海面若干高在南北二極距若干　三問冰雪在界上何以永不融化　四問永雪界以下何以雪常融化　五問冰雪高成峯猝有融化下界何以受害　六問永雪界以上之雪何以不堆積有何去路　七問冰澗何以成　八問冰澗去路何似　九問冰澗邊際有空隙碎石或落其中何似　十問冰澗帶有碎石淌下何以十分光潔　十一問冰澗所出之水何以混濁　十二問最大冰澗在何處　十三問海上浮沉之冰山何以成　十四問英國古時有無冰澗證據

試問第十七　論海與陸

一問地與水各分有若干分　二問海與陸之多寡試指明之　三問何一面陸地最多　四問地面何帶在地之中段陸地最多　五問洲與島何解　六問何謂之洋

試問第十八　論海之鹹

一問海水與雨水泉水江河水有何分別　二問一滴海水於璃片曬乾之其漬何似　三問海水內所含各質自何處得來　四問海之味鹹大西洋與死海有何分別

試問第十九　論海之流動

一問平時海面動有何似　二問海邊潮之上下何似　三問海面無風似不動有法表明其動否　四問海底有水自流動否　五問有何法表明海面起浪形景　六空氣流動與海水流動有相關否　七問浪與岸有關礙否　八問石子礫沙磨擦何似　九問大波浪衝激岸石何似

試問第二十　論海底

一問海底亦有地其形景與地面異同何似　二問用何法測量海底　三問大西洋置電線時測量有若干深　四問大西洋之最深處在何處　五問海約深淺若何　六問最深處在何處最淺處近何處　七問北海深有若干　八問英國倫敦山保羅堂移置於英法相間之海峽內露出若干　九問海底有無活物　十問地面剝削碎裂與海有何干涉　十一問陸地江河衝出之泥沙石子入海分作幾層沉下　十二問海底死物質暨珊瑚蟲有何作用　十三問珊瑚島何以成其形狀何似　十四問大西洋底之泥何似

試問第二十一　論地球內層

一問最高之山極深之礦以之比例地球對徑數相去幾何　二問火山為何物能表明否　三問火山噴出各料

爲何物。四問地球內層何似。五問火山將欲發火形景。六問意大利國南邊有火山其初何似。七問地球四處有火山何處最多。八問温泉爲何物。九問掘地深入得知其熱度何似。十問地何以震何處最多。十一問地面忽升高忽沈下能表明其理否。十二問地內熱氣何以足抵地面雨水剝削。十三問地面山谷何以成。

江南製造局

科技譯著集成

地學測繪氣象航海卷

第壹分冊

地學淺釋

《地學淺釋》提要

《地學淺釋》三十八卷，英國雷俠兒（Charles Lyell, 1797–1875）撰，美國瑪高温（Daniel Jerome MacGowan, 1814–1893）口譯，金匱華蘅芳筆述，陽湖趙宏繪圖，元和江衡、長洲沙英校對，同治十年（1871年）刊行。底本爲《Elements of Geology》，1865年第6版。

此書爲中國第一本地質學譯著。此書不僅系統地介紹了雷俠兒的均變論地質學，而且其中所介紹的進化論思想也對晚清社會的變革起到積極的推動作用。

此書內容如下：

總目

卷一目錄

卷一　論石有四大類

卷二目錄

卷二　論水層石之形質

卷三目錄

卷三　論水層石中生物形迹

卷四目錄

卷四　論水底沉積之物堅凝爲石及生物變成殭石之理

卷五目錄

卷五　論石層平斜曲折凹凸之故

卷六目錄

地學淺釋總目

地學淺釋卷一目錄

地學淺釋卷一

英國雷俠兒撰
美國瑪高溫口譯
金匱華蘅芳筆述

此卷論石有四大類

總論

地球全體均爲土石之質凝結而成，人若未嘗深求其故，以爲苟能察究某金某石之所在，或淺，或深，已足以致用矣，及細攷之，而知地質時有變化，其變化之故，又有關於生物者，則不得不更究其鳥獸蟲魚草木之種類，以爲識別，如是窮源竟委，遂成地理一家之學。

地之定質，爲泥，爲砂，爲灰，爲炭，其石或嫩，或堅，此固夫人而知之者也，然不仔細察之，必以爲從古至今，本是如此，惟究心地理者，知其不是忽然而成，均有逐漸推移之據，觀地中生物之形迹，別其種類，能知其當時生長之地，各有水陸湖海之不同，而其天時氣候，亦有冷熱溫和之各異，是亦精微之至矣，然其所探索者，不過能知地球之面極薄之一層而已，凡人所能至，及可以測度者，深不過三十里，若深至八九十里，不過意料其當然，已不能有實據矣，則所知者，不過地半徑四百分之一耳，故地理之學，人雖歎其精深，而比諸天文家之所知，不亦淺哉。

土與石無異

地球皮面之物非雜亂無序其某石在某層各有一定位置之法以地學家論之無論鬆緊輭硬皆爲石類所以泥土砂皆謂之石　前數十年有人謂以輭者鬆者爲石其說不通不如分別之以硬者爲石輭者爲土然近年來仍復概以石稱之因其爲輭爲硬亦無一定之界限可分故也

石分四大類

最便之法莫如辨別其石因何造化而成分之爲四大類其第一第二類最易知一爲水層石一爲火山石

水層石

水層石者因其石成於水底其中有生物之迹故亦名之曰迹層此種石在地球之面比他種石爲多其石之形每有層累推原其故必是在水中所成因觀江海之濱常有漲砂層積故知之蓋水中泥砂隨流而下至水流忽緩處則沈故層積而厚或一層砂一層泥相間

湖水涸時其水底之砂泥亦分層上層爲草木腐爛之皮脫下一層爲皮脫之硬者其下一層爲蚌殼碎粉其下又一層皮脫或砂其下或又有皮脫及蚌殼碎粉如是層間積疊總不外乎皮脫蚌殼粉及砂層間積疊而已如於湖邊相近之處掘視其土則土之層累亦爲皮脫蚌殼粉及砂其每層之次序與湖底之土同所以知湖邊之土皆古時湖水所成也若其地離湖稍遠則層累稍異或少一層砂或少一層泥或少一層蚌殼粉因其層能漸薄至無故也

凡水底所成之石有形質相同者此或自一本而來或是同時所成或是其沈積之物質無異

凡石有有層累者有無層累者有成於淡水中者有成於鹹水中者有古者有新者有有金者有無金者所以石有多種

如天竺之密些西比江其水落時見江岸之土遠近數百里皆分層累　如江岸爲水所洗見崩頹之處土石亦分層其諸層之形各不相同有內有草木形迹者

凡河流入海之處其海底每有泥砂沈積久則成層此層中每有海中生物之迹

如埃及國有一江其江水每年必漫上平地一次不爽時日水漫時水中泥砂沈於地上故其地面每年積起一薄層而江灘海灘之砂泥每年亦積起一層掘地視之層次分明即距海數百里或千里掘地視之見砂泥層累之形亦與海邊無異可見其地皆是古之海底也

所以無論何處凡掘地視之其土石若有層累或爲泥或爲砂或爲蚌殼粉層間積壘者則皆爲古時水底所成以陸地之層與海邊之層細核之其次序必層層相同

如於平地或高原雖離水極遠之處掘其地見有一層細石子其石子之質或爲火石或爲灰石或爲合拉尼脫而稜角皆有磨圓之形與海邊之石子及澗中之石子相同其石子與細砂或泥層疊相間究似海邊水流湍激時其岸邊之石子隨流而至他處及水勢漸平則水中泥砂亦沈故一層石子之上覆一層砂泥至水勢急時其上又加一層石子故凡見地中有一層石子者皆爲水底所成

水層石內有生物之迹

水層石中除細圓石子之外又有一據生物形迹是也生物形迹謂動植諸物之形或其本物所遺之蛻或其本身所變之殭石或其質已化去而猶有形迹印在土石中此皆當時有生物之據也

水中生物之迹任何種石層中皆有之如灰石中每有螺蛤及珊瑚之類又有魚骨魚齒草根木葉之形迹

螺蛤殭石雖離海極遠在山極高入地極深之處皆有之如天竺有一山其山高一萬八千四百尺處有一層螺蛤殭石亦是海水中生物之類

有時石層中只有淡水中生物形迹無鹹水中生物形迹因此人推測之以爲水層石或成於海水中或成於湖水江水中

海中螺蛤之屬何以能在陸地離海甚遠處百年前有人思之得一說以爲洪水泛濫時所留今有人細攷之知此說非是夫洪水泛濫不過幾年其泥砂及生物之遺質不過能積成一層耳何以地中每有多層有之又細攷其形迹之種類亦非雜亂無次序如生在淺水者深水者鹹水者淡水者半鹹半淡水者皆各在一層不相厠雜是以知洪水之說不足爲定論也

有人以爲螺蛤形迹是生人之初至洪水泛濫時二千餘年中所成當洪水時陸變爲海海變爲陸所以螺蛤能在陸地此說比前說稍進因其心思亦以爲土石必由泥砂沈積而成故也然海陸變遷必非一次所能如是而自古至今若只有四千餘年亦不能變至如是

今有一大據可明海陸變遷之說凡地中之石有多層每層有數百尺厚者有數千尺厚者每層中之生物其形迹各不同又有與現在之生物大異者　如石層中生物形迹或俱是珊瑚類或俱是螺蛤類或俱是草木類亦有石層中無生物形迹者　假如於一石層中見其殭石皆爲

海中生物形迹而其上一層及下一層石中之殭石為淡水中生物則知此數層有為海底所成有為江湖之底所成

學者執此說仔細攷之可明石成於水底之說其證據甚多亦可知其石非驟然變成

以上言石中四大類之一卽水層石雖水層石之形質有多種而皆有水中造化之據與現今海底之砂泥其理無異

水層石之據一分層累二有生物之形迹為殭石

火山石

火山石無論新舊其石皆因火山而成或為地中之熱鎔流所成其中之生物形迹甚少而其石亦比水層少不似水層石之遍地球皆有也

歐羅巴半邊如法蘭西以大里兩處皆有古火山

法蘭西之古火山其山形如尖堆每尖堆之頂有一圓而窪下之口與今時有火之火山其形無異雖其山之石絕無一點熱氣要知其為古時火山所成　又其尖頂處之石有玻璃形與今時火山之石亦無異又見其石從尖頂至平地如鎔而流下者然其在平地者曲折如河其旁有河曲折循之因知古時之江必在火山流石曲折如河之處因石汁流下奪其渠故江水改道從旁另成渠也　如現今冰地之火山其石汁流入一江其江水亦改道自他處流此可為法蘭西火山石流入古江之證所以古火山雖今時不復見其發火而為古火山之據可無疑義

火山石或遇冰水凍裂蝕洗其砂或因地震開裂則可察究其石中之形見其石亦分層累或一層浮石一層硬灰一層細砂如是相間積疊或中有兌克兌克者石形一片如墻也

兌克石今時維蘇肥約斯火山亦有之因地震時諸層裂開為縫而有鎔流之石汁灌注於裂縫中所成或因石汁

自地中湧出經過火山灰中其後來之火山灰又蓋之則亦成兌克

有處之山其山形非尖峯頂無窪亦為火山石其石之形或如柱或如臺因其石之質及其結成之式皆與火山石無異故知其亦是火山石此種之石名脫拉潑

有處之火山石為一層火山灰一層倍素爾脫相間又其倍素爾脫亦能為兌克因水層石有與倍素爾兌克比連之處其石均有經熱而變之形所以知倍素爾脫亦必是火山石

有處之倍素爾脫其石形如流而平鋪不作自山流下之

形蓋古時其處爲海底。其火山在水中。故灰燼隨流而去。不能積高爲山。所以石汁湧出在海底平流。火山石爲硬灰細砂及倍素爾脫層累相積而成。地學家亦能分別其古今。其理與攷生物之形迹以定水層石之時代同。所以能作石史。

論第三第四類石

前已言石之第一類爲水層石。第二類爲火山石。惟於四大洲徧攷之。遇二種石與前各異。以爲造化於水。則其石又似經熱。以爲造化於火。又非火山流石。此二種石惟有二事相同。一其中無生物形迹。二其中有結成之顆粒。故爲第三第四類石。

此二類之石與今時地面上新成之石絕無相似者。然則何以知其造化之法。 此石造化之法非數語所能明。因其中之理及其證據皆與他事牽連故也。約而言之。凡合拉尼脫之屬。或爲火所造化而成。或爲水火二物造化而成。又有重力壓之。其成石時或於地中。或於深海之底。譬如火山石。初時是流質。後來遇冷而結成。設使其冷極緩。又在地中深處。不見天空氣。則其所成之石豈特結成之形與火山石不同。而其內亦必無灰及小石子。因灰與小石子。乃火山在地面或淺海中則有之。若火山在深海中及地中則無之矣。 此二類石與火山石之異。因其中無空泡。蓋火山石之所以有空泡。因外面之壓力輕。壓力若重則無空泡矣。所以知石之無空泡者。其成石之時。必有重力壓之。故定此二類之石爲鎔結石。熱變石。

鎔結石

石之第三類爲鎔結石。如合拉尼脫及雖約奈脫等類是也。

合拉尼脫。雖亦有透過水層石者。然其透出之處。從未見有平鋪橫亘。極大極遠。如火山石者。此因上有重氣壓之故也。

有人分火山石爲地面火山所成。鎔結石爲地中火山所成。此說近時不用。

熱變石

石之第四類爲熱變石。又名昔斯脫。其石如尼斯。枚格泥石。絲石。粒灰石等類是也。

其造化之法。非有實迹可求。其石中無小石子。無鬆砂。無硬灰。亦無塊形稜角之他種石子。亦無生物形迹。而屢有結成之顆粒。如合拉尼脫。亦每有層累。如水層石。有博物士名赫敦者。曾解其故。

此類之石。其初時亦成於水底。後因經熱而變其形。有一

端可證有時其石層與有生物形迹之水層石同爲一層而其近合拉尼脫處則爲昔斯脫此可爲經熱變化之確證

有時見暗色灰石層其中滿螺蛤珊瑚殭石其經熱之處已變成好灰石又如硬泥石之疊層中有草木形迹者其經熱之處亦變成枚格泥石霍恆白倫泥石而其中生物形迹俱不復見蓋爲熱所消化也

此類之石雖不能見其如何造化惟其形是爲經熱所變而成與鎔結石之成於地中者其理無異或熱水沸泉其水氣走入石層之深處則其熱性亦能變化石質要之此

類之石初爲水底所成後爲經熱而變所以謂之熱變石

所以石之四大類一爲水層石二爲火山石三爲鎔結石四爲熱變石每類之石其造化各有新舊故地學家有法可攷知某類某石爲某期所成

辨舊說之非

昔人以爲合拉尼脫之類結成者變形者皆自有天地以來即有之故名之爲第一次石又謂水底所成之疊層石火山所成之火山石爲第二次石　又有舊說凡石無論疊層者土形者結成者有殭石者無殭石者皆以爲是水中所成又以爲地中之石必比地面堅其基址必比所載

之物牢固後人攷之漸與此論不符因地中屢有開裂及出火山之處其上面之石不變而下面之石能變或深處之石能變舊作新而上層之石層依然如舊

譬如荷蘭地方其城基以木樁爲之往往有木樁已朽而其上之城仍完好者可見基址非必常牢固於房屋也所以地球之面及一切動植之物雖不見改變而地中能變定質至流又變流質至定而另成新石

深造石爲結成石之總名

凡各種結成石無論有疊層無疊層亦無論鎔結者熱變者若能有一總名則最便因此二種石亦有比第二次石

更新者所以第一次第二次之說不能用而必須另立新名其新名不可有時代之意存焉又須能包括合拉尼脫尼斯及鎔結熱變之意又須與火山石水層石有別故謂之深造石以其成於地內故也

深造石指合拉尼脫尼斯等類之石言之凡石之在地中變化而成者是也深造之名指其石成於地內非有今古之意所以鎔結石熱變石無論新舊皆可謂之深造石

深造石無論何處其石總在他石之下從未遇其在火山石之上亦從未見其在水層石之上因其所成之處比他石深也

覶以上諸說，知有二事當攷之，一當攷各石之形色質性與化學金石之事，及其中有無生物形迹，二當攷其每種石成於何時，某處爲新，某處爲古。

元和江衡校字

地學淺釋卷二目錄

地學淺釋卷二

英國雷俠兒撰
美國瑪高溫口譯
金匱華蘅芳筆述

此卷論水層石之形質

水層石之質

水中造化之石其質大約有三物焉砂泥灰是也。砂爲火石之屑其質爲夕里開。泥之質爲哀盧彌那土。灰之質爲炭酸灰。

砂石

砂之細粒皆是夕里開其淨者爲科子不淨者爲火石屑。其質中稍雜有哀盧彌那及養氣鐵其粒皆有水中磨圓之形無數砂粒搏結卽爲砂石其搏結成石者細視之不見有他物粘合膠固之迹惟用化學法分之知微有夕里開之物及泥灰或養鐵粘連之

淨砂石入硝酸硫酸綠輕酸皆不生氣不消化故其粒不能分開。

砂石之形自極鬆至極堅皆有之又有一種枚格砂石其砂中有枚格多其枚格細片色如銀鱗片片與石層平行所以此種砂石其形畧似泥石劈之可成片

粗粒砂石其粒大如米若其粒再大而稜角圓者謂之合子砂石。合子石之石子或爲一種石或爲數種石所以合子石不過極粗之粒而又有他物粘合膠固之而爲一塊耳

泥石

泥石之質爲火山石爛泐與四分之一哀盧彌那凡尋常之土濕而搏之燥時不自散者皆謂之泥故泥之質有多種皆從石之碎爛而來

泥之最淨者爲高陵泥乃非而斯罷石碎爛而成其中常有科子

舍兒亦泥之屬也濕而搏之至乾不裂比尋常之泥更結實因其成泥之時上面有重力壓之故其泥形有薄片如頁其頁或平或彎

無論何種泥石有一法試而知之噓氣使熱而嗅之必有泥土之氣此氣因泥內有哀盧彌那之故雖純哀盧彌那並無此種氣味而合於泥內則有之諒是哀盧彌那與養鐵相連故有此氣味

灰石

灰石及茶而刻其質均是炭酸灰。凡螺螄蛤蚌之殼及石珊瑚其質亦是炭酸灰欲得最淨之灰必以此二物燒之則炭酸遇熱而去而得淨灰

白色之茶而刻其質有時爲淨炭酸灰其形有輭如土者、有結實如石者亦有結爲最緊之石者其粒之細非目力所能辨、

屢有灰石之質爲極細之蚌殼珊瑚粉摶結而成若有灰石砂石之屑膠粘壓緊而成者、則謂之灰砂石言其粒或爲灰、或爲砂也此種石亦名科子灰石、

灰石之屬有名烏來脫者細粒圓如魚子其每粒之心爲砂而四周有灰包裹之、

任何灰石其石堅硬而磨之能光者、謂之麻勃耳、其中屢有殭石其白如糖霜者、謂之糖麻勃耳、其中無殭石因已

經熱而化去也、

砂灰石乃炭酸灰與火石砂堅結而成其砂愈多、則其石愈硬、

欲知石中有炭酸灰否、可用一滴硝酸或硫酸或綠輕酸或濃醋試之、因灰之喜他酸甚於喜炭酸故舍炭酸而與他酸連其所棄之炭酸必化氣而出故發泡如沸其沸形之大小緩急視石中炭酸灰之淨不淨而異如其質不淨、則別物或能與炭酸相連故其發氣少而慢如不用酸試之法雖精於辨石者亦不能確知其爲灰石、

泥砂灰雜合石

凡泥石砂石灰石、淨而不雜者常少、每有砂與泥或泥與麻兒、合成塊其形如土其砂與泥多者、謂之壚坶、其性最肥、如有多灰在泥中者、謂之麻兒、

麻兒斯里脫之比麻兒如舍兒之比泥因麻兒不過如灰之舍兒故也泥灰二物合成之石、謂之泥灰石亦屢次遇之、

美養灰石及石膏

灰石砂石泥石之外尚有數種石亦爲水底所成今當解之、如美養灰石、及石膏是也、

美養灰石、名馱羅美脫其質爲炭酸灰與炭酸美合尼西

養相合而成其美合尼西養多至一半、此石入酸生氣比炭酸灰慢英吉利所出者色黃法蘭西普魯斯所出者、爲粒形蓋馱羅美脫之石其變形甚多從土形至硬如白石者皆有、

石膏之質爲硫酸灰與水相合而成其形常輭而色黃白如糖入酸不消化、不比茶而刻馱羅美脫之能生氣因其中無炭酸而其灰質本已與硫酸相連灰之喜硫酸更甚於喜他酸故不生氣、不消化、

無水之石膏名安海奪來脫、遇之甚少、 石膏有與麻兒相連者、謂之石膏麻兒、

阿拉罷斯登亦石膏之類細粒搏結其白如雪輭而可雕刻故可以作偶像玩器

疊層之形

水層石之層累或一層或數層相間 如英吉利碟礦每過數層砂石其砂石之粒有層粗有層細其色有白者有暗者又有層爲舍兒砂石或爲片形之舍兒其頁可分頁中每印有草木葉之形其下爲碟碟與舍兒及砂石層間積疊其下諒有灰石層及珊瑚螺蛤殭石凡石之層可以殭石辨之或某螺蛤之類最多卽名某物殭石層

數種石相間積累而成層其層之分明者如灰石與麻兒或合子石與砂石或砂與泥每有疊成數百層者其故因江水流入湖或江湖之水流入海其水中泥砂雜質各處不同卽一處之水其中之雜質亦冬夏不同此因水流之緩急深淺亦因時而異故也又湖中若有數水歸之則水中流來之物因其土地而異 又海中之浪及流亦有不同猛風巨浪能衝激岸石至別處及波恬浪靜則其泥砂亦沈如是者不知幾何年則海底之土石泥砂石子層疊相間

細砂與枚格亦有層層相間者此因水邊尼斯石碎爛隨流而下又有砂泥亦隨流而下至水流緩處而沈積成褐色之泥其泥有層如頁因有枚格間之故也枚格之於泥旣能分間之使成頁則枚格之於砂石亦能分間爲頁譬如一手搓細砂與枚格碎片相和撒於流水之中則科子細砂頃刻能沈而枚格必流至遠處方能沈至底其初水渾後來澄清則見枚格細片在水底其光如珠雖枚格本比科子重因其片有平面所以沈時遲而能流至遠處若使水流之緩急終古不變則砂泥沈於近處枚格沈於遠處各在一方不能相間成薄層惟水之流勢時有緩急且潮汐往來水或倒流故枚格之上能有砂泥砂泥之上能有枚格

疊層平行之理

凡疊層之上下兩面雖未能十分相似大約畧近平行此因水中同時沈下之物所成之面必平故也其平行之故非因水底本爲平面卽水底本不平其沈下之泥砂上面亦必與水面平行如水底有坎谷凹凸者水涸時見其底所沈之泥砂亦平雖仔細量之未必能眞與水面平行而其大畧必相近

新沈積之層其面必平此因水有動盪之性能使高者就低故其面能一歸於平蓋水之流勢及浪近水面則大漸深則漸緩若在凹處幾於不流故水定而所沈之泥砂易

積也。

如於火山之邊直截一段，則見其灰層砂層石層非皆與地面平行。

如圖甲乙處高，丙處低，因灰勢重而下落，故丙處之層厚，丁處亦然，至戊而平矣。

又如在砂灘上掘溝數條，迨數潮之後，其溝漸淺，過數月則積滿而平，不見溝矣。可見凹處之泥砂易積，凸處之泥砂難積，故其後終歸於平。

水流動盪之性，能使所沈之物歸於平，比在天空氣中更易，因砂在水中減重三分之一，其水重與石重之比若一與二五。若砂在海中，其海水鹹而更重，則泥砂更易動盪，故更易平。

疊層厚薄之故

新層之面雖大約畧近平行，然亦偶有不合者，蓋水勢常有迴旋，潮流時有往復，則其處泥砂沈積加厚，而他處則薄。有時見灰石或含皃層數百里寬廣厚薄相同，再遠則漸薄至無。又如見合子石粗砂石，其層之厚薄不如灰石之勻，可見粒愈細則愈易平。

如圖圈者為合子石層，粗點者為粗粒砂石層，細密點者為細砂石層，其無點者為泥灰石層。

斜疊層

每有大石層之面相與平行，而大層中又分為諸小層，其諸小層之面斜而不與大層平行，此種小斜層今謂之假疊層。

如圖為綠砂所成之層，甲乙丙為褐黃色砂石，其大層之面畧近平行，而大層中各小層之面皆斜，斜度亦各不同，甚至有相反者。

如圖戊己為粒砂石，其大層平行，而上下層之諸小層斜勢相反，其小斜層計一寸中有六層。

小斜層之理以圖明之.如一圖甲爲坡岸其水勢平時泥砂沈積成一新層後又成二三四新層則其陂爲乙丙已形如此時水勢忽急能將其坡頂乙丁戊形洗去而又成五六七八諸新層則成二圖丁丙戊庚形其爲一大層其上若又成九十十一諸小平層如諸小層共爲一大層則其大層相與平行而下層中之諸小層爲斜又假層之斜勢或忽然相反者因水勢忽倒流之故也.

又如地中海蓋爾復山其山在海中海流洗蝕其泥砂成新斜層.

如圖甲爲蓋爾復山海流洗其砂灰泥積成乙丙丁戊四小山甲爲馱羅美脫乙丙戊爲粗細砂石丁爲細麻兒上有螺蚌殼其小山之諸新層與大山之舊層斜勢相反其新層斜二十五度諸層畧近平行如其上更積大平新層則其下諸小層爲一大層此言海中假層與坡岸假層理同.

積雪消時海邊之山流泉湍急往往衝激石子至海中及積雪消盡泉流涓滴則只有細泥流入海中故其沈積之處一層石子一層細砂泥又積雪之水衝出之石子大故不能遠每在近處所以海邊時有淺砂.

人未見前圖必以爲古時之海底極深後來突起而成山如前圖甲層之石老於乙丙丁戊又乙層老於丙丙層老於丁丁層老於戊其山在水中深一千尺至三千尺乙至戊八十餘里設使此諸層本爲平後因突起而斜則成此層時海水應極深惟此乙丙丁戊諸層不甚古其中螺蛤殼有一半現在生物.

砂石中波浪紋

新舊紅砂石中每有波浪之紋此因砂在淺水之底水有輭浪往復而成不但淺灘之砂水有漲落處能如此即長

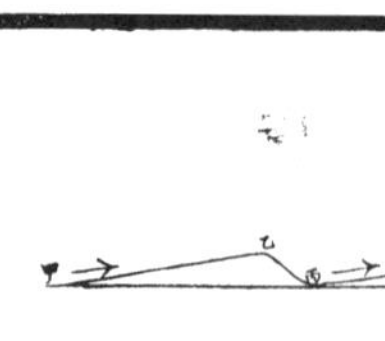

在水中之砂亦能成此形試觀風吹積雪或燥砂亦有此形如風吹燥砂至灘灘之泥色黑砂之色白故易見其砂初從風中來積於灘上先成諸小堆其後諸小堆漸大漸多而相并成浪浪之行列屈曲平行其每浪之形一面稍平一面斜如圖甲乙受風處稍平乙丙背風之處則斜如風大

則其浪亦能行因吹動之砂粒粒自甲至乙而落於丙又自丙至丁而落於戊所以其浪能行凡砂浪之行列與風

之方向必成直角有時其處受風偏多則浪行一邊徧速而與前行相并如上圖為浪紋平視之形其浪有相并之處

砂在水中因水有流動之勢故水底之砂亦能成浪與風中灘上之砂無異所以砂石中每有浪紋舊紅砂石之浪紋不甚清楚若新紅砂石之浪紋每有數層異向者此亦由風水之方向有改變故也

此種浪紋砂石大約皆成於淺水中若水深至十尺則水中之流勢已平不能使砂成浪紋　此說雖是然有時於六七十尺深水處見其砂尚有浪紋

海中平流之水深三四百尺其海底之泥砂尚能隨其流勢稍動而成浪紋然其浪紋與海邊淺水所成浪紋有別因淺水處之砂浪成於風風之方向無一定故其浪紋之方向時改變水之流勢久不改變故所成砂浪其紋之方向有一定有時於一寸厚之砂石見有數層浪紋

陽湖趙宏繪圖

地學淺釋卷三目錄

地學淺釋卷三

英國雷侠兒撰
美國瑪高温口譯
金匱華蘅芳筆述

此卷論水層石中生物形迹

生物形迹爲水造化之據

水層石若不見其層累之形又不見其中有生物形迹則不能定其石爲水底所成如於一層中見螺蛤殭石數種於別層又見珊瑚殭石數種或見草木之形變爲煤炭則其石爲水造化無疑

學者初時甚難解地中深數千尺處何以能有動植物之形然此理殊不難解試觀第二卷中所言水層石其初本從何來亦皆是由漸沈積而成須知其各層之石處處曾經作水底其上皆曾經有水其水中皆曾經有生物故其層今雖極深極高而當時則爲水底之砂泥常有生物居焉所以其中能有生物之迹

細攷石層中生物形迹能知其沈積之時或遲或速或在淺水或在深水離岸或遠或近其水爲淡爲鹹或爲半鹹淡之水

有一種灰石幾全是蟲殼所成其蟲生於一處不能動故近似植物又有遇動植難分之物在石中其形如生譬如

石珊瑚，其生時本植立如樹，今見其在灰石中，仍爲直立，不作臥倒形，又如石蓮之生者，其頂向上，而其殭石在灰石中，頂仍向上。

觀各層中生物形迹，可知成石之遲速，如珊瑚之類，生長甚遲，其水必長清，若珊瑚在濁水中，則不能生，所以灰石中有珊瑚殭石者，其灰石必成於清水中，其成此層之時必甚久，因珊瑚必久而能長大，及其長大，而後埋沒，則其時必極久矣。

螺蛤之形，大小各有一定，其長非極遲，所以石中見螺蛤殭石，不能疑其層爲久遠年代所成，惟見其殼有死久而後埋沒者，則亦可爲久遠之據。如屢遇蠣蛤殭石，其殼之內面另有他物寄生其間，則亦可爲久遠年代之據，如卒比來是也，蓋蠣蛤必既死而後殼開，必殼開而後有他物寄生其內，及寄生之物長大，而後埋沒，則其時必甚久，其水必長清，

如圖爲卒比來在蠣殼上之形，如在殼外如甲，則其蠣蛤生時或已有卒比來附焉，故不能爲久遠之據，須附於殼之內面，如丙乙者，方是其死後所寄，可爲久

而埋沒之據，

有一種生物，他物寄生其上，雖只在殼外，亦能有久而埋沒之據，如海中曷幾那及斯背單合斯是也，

斯背單合斯吸於海中石上，微能蜒動，其殼有無數細孔，每孔有細肉透出殼外，如毛，死則其細肉爛而殼外或有卒比來附之，故見斯背單合斯殼上有卒比來者，必是其既死而後寄焉也，

如圖爲斯背單合斯生時之形，其細肉如毛，圖中只畫一半者，取其能見殼也，甲乙爲其肉毛形，

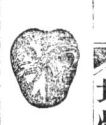

如圖爲斯背單合斯殭石，其上有卒比來在茶而刻中得之，

曷幾那，其殼外有無數乳刺，死則刺落，而有一種小蛤名開尼，貼於其殼而寄生焉，曷幾那及開尼，皆定於一處，不能蜒動，故見曷幾那殼上有開尼，必是在本處生長，非他處所來，亦可爲久而埋沒之據，

如圖爲茶而刻中所得曷幾那殭石，其上有開尼，開尼之殼兩片，每不能全有，時其脫落之片，可在相近之茶而刻中尋得之，圖中之甲，卽其上片也，

又鹹水中常有一種蟲其形如蛤木浮水中即附而蝕之隨食隨深即成蠹孔其糞即成灰管

如圖子爲其所蝕之木其木已變成灰泥石其灰管如

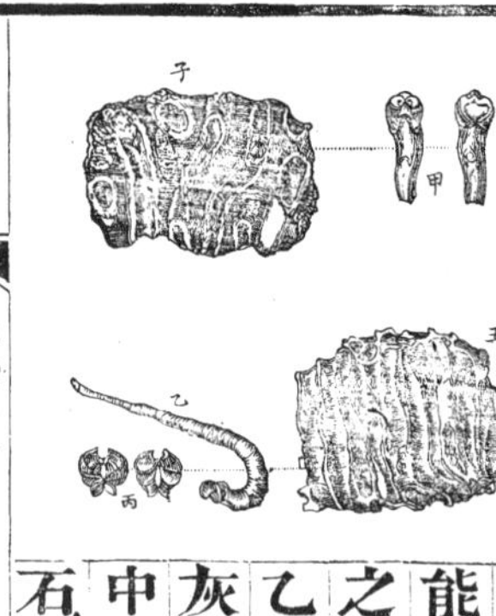

甲殼與灰管均已變成灰石不能分開丑爲今時船板木被蝕之形如用刀剖出其灰管式如乙其灰管之大處有蛤如丙其灰管一頭漸大者因蠹蛤在木中漸長大故也所以見此種殭石亦必是古時浮在水中之木

其後沉而爲石則其時必甚久矣

又如陸地之樹數百年長成大樹樹老而死其根枯朽巨風吹倒之遇大水漂流至海不知幾何年始沉於水底其上泥砂積成厚層又不知幾何年而始變爲石此亦可爲久遠之據矣　又殭石在地中或極深或已升起在極高之山每有珊瑚螺蛤各在厚疊層中以現今海中珊瑚螺蛤之生長比其時候知成此厚層時其年代必極久遠因其生長甚遲舊者已死新者又生不知幾何年其殼方能積高而成厚層然則石層之成其時必甚久可無疑義

曾有博物士在普魯斯國見一種砂石名鐵玻璃其石爲極細微之生物所成初得其石時以顯微鏡視之以爲是無數細蟲之殼今細察之是淡水中細草所成有一處其鐵玻璃石層厚十四尺取其砂用顯微鏡視之知其砂爲細草之皮此草之皮爲純夕里開故此石之砂可磨金玉使光　此草之形有數種每種之形各異

海棉之生於淡水中者謂之水棉其形如棉而有無數細孔其孔圓而不閉其內面有管撐之其管爲夕里開所成硬而脆後圖中之子即其管之形乙爲其內形每方寸之砂用顯微鏡視之計有管四百十萬萬箇亦可謂細之極矣

如甲圖草紋與現在水中細草同其乙亦一種草紋丙爲原石之大小丁爲顯大之形

除鐵玻璃之外尚有一種石成一大疊層其石比鐵玻璃較重形似阿背爾用顯微鏡視之見水棉之硬管細於針芒有夕里開膠粘固結之在石中想其膠粘之物必是其極細之管在水中腐爛消化故粘結其大管也此種似阿

背爾形之石其中有水棉之細管如琥珀中之有蟲不常見也

鐵玻璃爲淡水中之石亦爲鹹水中之石其成石之時爲第三期

又如澤鐵礦用顯微鏡視之見有無數線體交結其線體土黃色乃是細蟲之皮其質爲夕里開養鐵

觀以上諸說可知石之沈積成層其時必甚久又可知今之土石或爲古時之生物如是推之安知一切土石非皆爲生物所成如茶而刻今已知其爲生物所成因其中有海中生物之殭石極多如曷幾那珊瑚海棉螺蛤魚骨等

物故也試以茶而刻粉置水中不過一細粒若以顯微鏡視之其細粒皆是殭石形甚分明每一斤茶而刻中有殭石千餘其中有四種最多

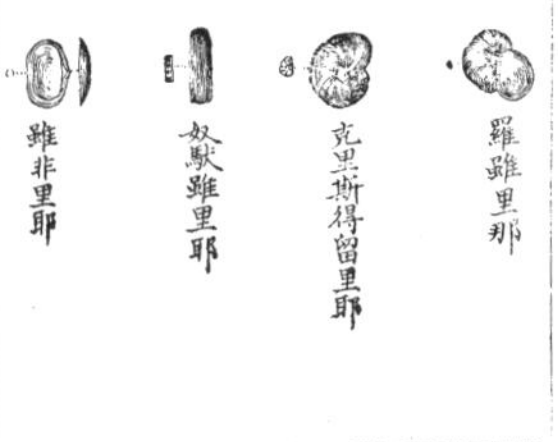

羅雖里那　克里斯得留里耶　奴駁雖里耶　雖非里耶

如圖左邊之小者爲其各殭石之大小右邊皆顯大之形若用顯微鏡察之又見其小孔中尚有極細之殭石

又茶而刻中亦有水棉之管形凡火石之皮恆爲茶而刻

其茶而刻既爲生物所成則安知各石之質非亦爲生物所成西國古時有善書者戲語云塵灰是活物恆喜集筆端由今思之豈特塵灰是活即極大高山其各種石層亦爲生物所積惟不知積幾何生物閱幾何時而成此山耳

殭石可分別淡水鹹水

無論鹹水淡水其水底所成之石其質無異惟觀其中之殭石則可分別之因江湖中淡水之生物與海中鹹水之生物其形各異故也

如英吉利海島有麻兒及灰石層厚五十餘尺其中殭石與今時之生物大異然觀其種類與今時淡水生物爲一

類故知其層爲淡水造化

法蘭西有數處其灰石麻兒砂石層厚數百尺其中殭石有陸地及淡水中生物如螺蛤殭石及獸骨之類甚多故知其亦是淡水造化

普魯斯有一處其土中生物俱爲螺類其地有一湖於水退時視其岸每見土中有螺殼其水若洗蝕岸土則土中生物入於湖若湖底泥砂沈積成層再經地熱燥結則其沈積之層爲石而其螺變爲殭石

淡水石層雖有極厚者而與鹹水石層相比必不及其寬廣因江湖川澤遠不如海面之寬濶也譬如見某石層查

其中無鹹水殭石則諒是淡水石層因淡水石層中從未遇有曷幾那及珊瑚等物故易識別

欲辨別鹹水石層與淡水石層只須查殭石中輭肉類之形（輭肉類謂螺蚌之屬）淡水石層中其殭石之數多而種類少鹹水石層中其殭石之數少而種類多因淡水中螺蛤之形大畧相同而海中螺蛤則奇形怪狀者多也

有人分現在輭肉類生物爲四百四十六種其在淡水及土中者只有五分之一其五分之四皆爲鹹水中生物其雙殼輭肉類（謂蚌蛤之屬）一百四十種其中只有十六種是淡水生物

淡水殭石中輭肉雙殼類有四種最多如圖

雖葛拉斯

雖里那

由尼由

雖葛拉斯與雖里那有自此漸變至彼者故其形在兩類之間者多由尼由與俺奴唐太亦然由尼由之種類現在尚有生者其餘祇有殭石

又有人分雙殼輭肉類爲二類一其肉有兩塊連於殼如雖葛拉斯之甲乙是也一其肉只有一塊連於殼如葛里非耶是也凡生在淡水中者皆兩塊連肉生在鹹水中者皆一塊連肉 與此例不合者祇有一物名葛里非耶生於淡水中其小時有兩連肉大則只有一連肉

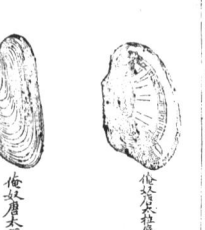

此兩物爲一種

葛里非耶

淡水殭石獨殼輭肉類有三種最多如潑來奴比斯與立毋尼耶及剖盧提耶是也其餘如撒克西那等類比此三種少

潑來奴比斯

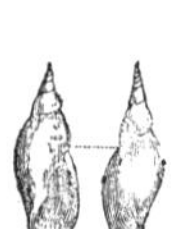

立毋尼耶

剖盧提耶

以上諸屬如翁必奴倫與蝸立求來現今之生物中尚有之。蝸立求來在水陸俱能生恆在潮水長落之處。

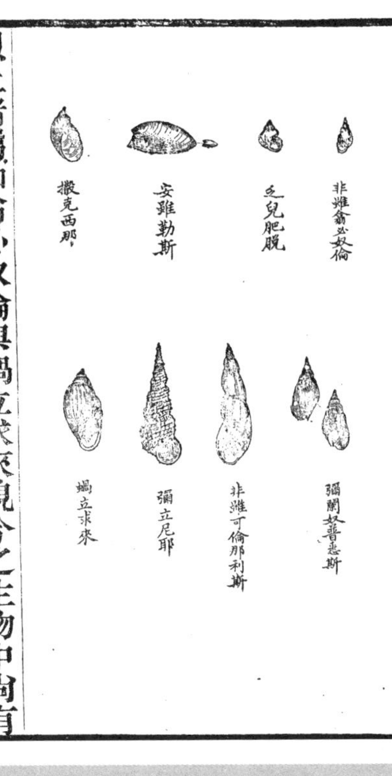

有人以淡水中奈利低那與海中之奈利低那爲一類惟生在淡水者小而圓其殼光生於海中者大而不圓其殼外有粒口有稽紋。

淡水奈利低耶

海中奈利低耶

博帶美地

博帶美地生於熱地江口與海中西力西耶之別因其口完正。

輭肉類之生於土中者俱是獨殼無雙殼者其最緊要者五種。

希力克斯

剖罷

合羅西里

雖葛拉斯都馬

蒲里末斯

安普流利耶

安普流利耶生於熱地江水中。

獨殼輭肉類之生於地中及淡水中者除彌闌奴普悉斯及撒克西那二物之外其口皆完正此事便於分別淡水鹹水石層故凡見石層中殭石獨殼類之口不完正者可算其是海中生物。口完正者如安普流利耶及土中獨殼類五種其口皆不似安西流利耶之缺亦不似潑羅雖都馬之有一長唇。

潑羅雖都馬

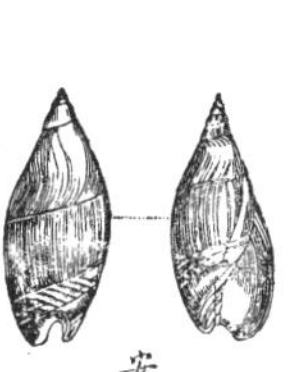
安西流利耶

海中獨殼類其口或缺或枝者居多大約俱爲食肉類如其口完正者是食草類　惟有一物有時與此例不合如西里西耶雖其口微有短唇或在海水中或在淡水中皆是草食

淡水殭石中輭肉類有一種小者名雖不里斯其殼形如兩片類其類現在亦有之圖見第二十卷

雖不里斯生於小湖中觀其殼之形不能定其是淡水中生物因雖非里那是在鹹水中之物其形與雖不里斯難辨別故也所以但視雖不里斯不能定其石是淡水或鹹水層更須覩他物方知

有一種草名扯拉生於湖水之底其湖水中有炭酸灰者則扯拉草多其草子之殼硬而韌難朽爛因此殭石中遇之甚多

如圖丙爲以大里現在之扯拉草丁爲其顯大形

甲爲扯拉密待開近球來殭石顯大之形乙爲其莖之顯大形

以大里所生之扯拉草子之形比英吉利所生之扯拉草子之形較圓其形畧近於英吉利石層中之扯拉子扯拉子之殭石遇之於新螺蛤麻兒層及古淡水層其莖大約中心有一大孔而四旁有小孔圍之其莖有節

有時遇石層中有草形及木葉樹枝之印迹在淡水石層石層中遇四足獸之骨及牙其種類或現在已無其骨何以能在湖水中詳見他卷

石中有魚之形迹有時可以之分別石層之鹹淡如鯉魚鱸魚之類恆在淡水中　鰟魚鰻魚之類有淡水中者有鹹水中者　又如紅肉魚西名水兒摩則在淡水鹹水俱能活或只在鹹水中　準此論亦不過僅能分別新石層若古期石層中之魚與今時之魚形式大異故不知其在何水也

石層鹹淡相間

每有淡水石層與鹹水石層層疊相間者其層之寬廣或大或小此理在地學中甚易明因其處本有一江水淺則成淡水層水大則海水入而成鹹水層故淡水石層中有淡水殭石鹹水石層中有鹹水殭石

如埃及江及美里哥密些西比江其旁俱有湖湖與海僅隔一塘有時湖與江連則爲淡水有時湖與海連則爲鹹

水或數年一變或數十百年一變其湖底沉積之泥砂亦成厚層。

歐羅巴北邊有一江長三百六十里名烈姆港近千年中知其變淡變鹹已四次因其入海之處砂高則海水不入而水淡其砂低則海水入而水鹹水鹹則淡水中之生物死而有鹹水中生物水淡則鹹水中之生物死而有淡水中生物。　此不過淡鹹相間之一端耳又有遇淡水石層厚千尺其上有鹹水石層其上又有灰石層甚厚亦爲鹹水層此種鹹淡相間之故另有別理俟第十八卷解之。

陽湖趙宏繪圖
長洲沙英校様

地學淺釋卷四目錄

江南製造局

地學淺釋卷四

英國雷侠兒撰
美國瑪高温口譯
金匱華蘅芳筆述

此卷論水底沈積之物堅凝爲石及生物變成殭石之理

和合與化合不同

地學家須辨別和合之沈積與化合之凝結不同和合沈積如泥砂之屑從流水中澄下各爲一層及火山之灰砂石從地中噴出亦各爲一層是也化合之凝結其物初時消化於水中後遇他物與之相合則另成一物而凝如炭

酸灰在湖海中凝結於底爲灰石是也

以大里有一金水其水中化合凝結所成之石爲脫拉勿耳低能此水中因炭酸多又因水熱故其灰消化於水至炭酸有一半化氣而去或水冷則其炭酸灰降而凝爲石而水底之生物亦埋於其中

海中珊瑚能成數百里大之珊瑚礁其珊瑚與螺蛤外有炭酸灰粘結之此炭酸灰諒是從已死之珊瑚腐爛而來或從蚌蛤殼消化而來

如砂及石子有江水衝之入海被炭酸灰包結於中則其石爲一半化合一半和合

二卷中言水底石層必與水面畧近平行此但指和合而沈積者言之若化合而凝結則能成極不平之層又能隨高隨低結爲一般厚薄之層亦能走入他層之夾縫及空隙而成夾膜石惟此種化合所成之石無極寬厚之層不過爲石中筋脉之類而已

各點粘合

灰石於降沈之時其各點互相粘合即成堅實之質若他物必沈積甚久而後膠粘固結而爲石

有時兩水相過一水中有消化之硫酸鐵一水中有消化之炭酸灰則皆能見其凝結其有灰之處鐵與炭酸灰粘

結沈下即成石其無灰之處則沈下爲鐵砂而鬆

英吉利海中有一條砂其砂粒鬆而未結實惟在某地者則有灰粘合之已變爲石石中螺蛤之殼已化去而存其殼之印迹在石中所以知其灰從蛤蚌消化而來粘合其砂故其處成石也

如遇粗粒泥石或砂石其中有螺蛤殼之印迹者以其石入淡綠輕酸或他酸中能見其立刻變爲砂或泥因其粘結之物是灰灰見酸則易消化也

生物形迹消滅

生物之形迹在土石中每有已化去而不見其迹者如於

科技譯著集成

砂塊中往往見螺蛤之殼着手卽碎如粉此因其中之灰已散去祇賸其殼之形像而已如此砂變爲石則其中無螺蛤殭石所以水底石層亦有中無殭石者惟以意度之或其中本有生物而化去或其中本無生物因海水深處常有數百里寬廣其中絕無生物者已有人測知海水深一千三百八十尺以下則無生物又有人云不止如此深須再深方無生物

夕里開及炭酸灰

夕里開及炭酸灰遍地球各處皆有此理後當詳解之今先論其畧

如水中有消化之夕里開或炭酸灰從熱處向冷處流則水中之消化者凝結如遇泥砂石子皆能粘合之而爲結實之質因夕里開及炭酸灰之消化於水熱則消化者多冷則消化者少故熱水遇冷其中之質必有賸出也

有些石子其質爲火石及粗粒之砂有夕里開粘固之則結爲石甚硬如以其石塊碎之其粘固之物與其石子堅硬若一

成石之理

有多種石層其成石之故諒因濕者變乾所成有一據人人知之凡石從山中取出爲房屋牆壁數十年之後必堅

硬於出山之時因其中之濕氣已乾故也若以此石再置之水中不拘多少年代仍是堅硬不稍變嫩所以攻石者必於開出時卽做成之則嫩而易鑿做成之後須過數年方用則硬而堅牢凡塡路之石先碎之隔數年方用以塡路則硬而不易碎然則鬆軟之物所以能變硬成石者因燥之故蓋石中每有極細之孔隙其孔隙中必有水其水中必有消化於水之金石故乾之日久則其水漸化氣而去而水中之鐵及夕里開或灰仍在石中此數物凝結能滿其空隙之幾分且非特各自結成並能凝結以粘固其石之粒譬如濕砂濕泥凍而爲冰亦堅固如石因水之凝

結能粘連其泥砂之各粒故也

有處之砂石其在地中時軟如泥用手能搏之又有數種金石其在地中時亦甚軟及出至地面則硬而堅如哀斯倍斯得斯撒而奪低摩兒愛脫開而西默能其在地中時皆是軟又倍里爾在地中深處者亦軟

美里哥有一大湖湖中新成之麻兒亦爲軟層其中滿淡水螺蛤如掘出其泥乾之則成極硬之石須巨椎擊之方碎此湖之水若乾則其湖底之軟麻兒當成硬麻兒其堅硬亦如歐羅巴之硬麻兒石層所以歐羅巴之麻兒石層其中亦有淡水殭石想其當時必甚似此湖

凡江水流入海中其江水中消化之物有一遇海水即能化合而凝結爲石者此理可以一事比方之如火山之砂其中有二十分養鐵若以石灰和合其砂雖在水中亦能堅結如石古時羅馬國作屋基及海塘皆用此法此可爲水中能成石之據　此種結硬之理因其質點初時和合在水中及遇他物化合其化合之力極緊故沈下之後各點互相凝結重重包裹也又如泥之沈積每有結爲泥塊泥球在麻兒層或舍兒層之上其後漸爲麻兒或舍兒之新沈積者所埋所以麻兒舍兒之中每有球形之泥與其層平行

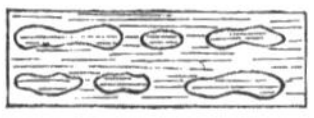

如圖爲泥塊在舍兒或麻兒中平行之形

泥塊泥球每有結爲奇形者有處見美養灰石中其泥塊從豆大至徑尺其塊中之紋不但與其層平行又有重重包裹及自從中心一點四出之紋有時於灰石中每有球形如砲彈其下半球在一石層而上半球又在另一層石中想是其石層未結實時其中之美合尼西養炭酸灰與不淨之雜物分離而各點自相輻輳故成此形其凝結時

必中心之一點先成所以有重重包裹之形

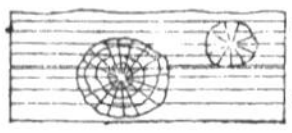

如圖甲乙爲二疊層其間有美養灰石結爲球形

水底新層中其各質若消化於水按化學之例再相合則其分層之面不能知其是本來沈積所成或因沈積之後又自相離合併湊所成

如圖甲乙丙三層中灰質之多少不等其乙層之灰已結實甲層中子處之灰多於別處故亦結實所以甲層之灰子丑寅與乙層結爲一塊則其子丑本層之紋不見而子寅爲乙層之面

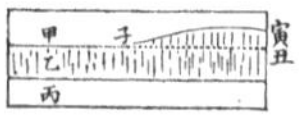

壓力熱力

泥砂沈積在海底雖甚深其上面之水不能壓之使結實此因泥砂之中亦有水與上面之水通爲一體其力足以相抵故也生物之在海底者其體中亦有水所以不爲水力壓扁壓碎然雖如是說法而下層之泥砂究竟有因上層之泥砂重壓而結實者如輭泥濕砂以重物壓之能扁

而大是也此種壓力能使泥砂麻兒之鬆層變爲結實

又地球皮面之土石有時裂開有時突起亦有因重壓之故其理俟後解之

泥砂鬆粒經重力壓之能變成堅實可借一事以明之如筆中黑鉛其質爲炭若碎之爲粉以一千噸重力之器壓之使其中無一點空氣則能并爲一塊與生成者無異

熱之作用其能力最大在地中能使金石結成

生物變成金石

生物久埋於地中則其質漸變可於石層中見之如螺蛤之類埋沈於新成之層中則不過其肉腐爛而已而其殼無恙也惟有時其殼亦能化去而祇賸其殼之形迹者

凡殼之形迹有三種一祇有其殼外之模一有其殼內之泥心一有他金石之質代其殼與原式無異此三種形迹掘地每每見之如其泥爲哀盧彌那之泥則碎之見殼外之泥如其殼之外模殼內之泥如其殼之內模而內模之形與外模之形屢有絕然各異若非一物者

如圖甲爲內形乙爲其殼又如丙爲潑羅多牟利耶殭石丁爲其外模人不看慣皆不知其是一物

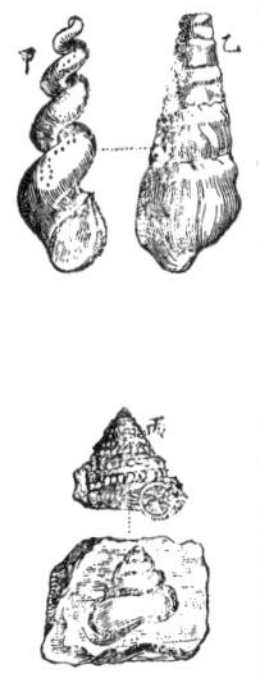

如原物之質化去而有炭酸灰或倍來底斯或夕里開走入其孔中結成假形則與其原物之形無異如螺蛤之肉有泥或炭酸灰代之而其殼有夕里開代之則入酸消化其假肉而得夕里開螺蛤殼　此種變化究如鎔金就範其鑄成之形與生成者畢肖

又有一種殭石亦屢遇之不但形貌甚似即剖而觀之其紋理亦同因其肌理間各有他質代之故其分形亦似眞如珊瑚之殼本是灰質今不但是灰而更有夕里開代其肉是也

生物變化之理觀木殭石最易明不但其外長之圓紋與木形同即其自心四出之紋理亦有之用顯微鏡視之見其微絲細管及螺線體之類無不悉備

曾遇一樹在砂石層中與碟層相連截其一薄片映日用顯微鏡視之顯大五十五倍其形如圖其平行之點爲木每年外長之紋惟有一處其點不分明諒是其木內本有蛀孔故也

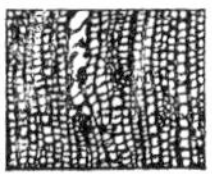

又遇有一樹根在石礦中已變爲石其質爲炭酸灰養鐵

哀盧彌那及炭

生物變石之故因水走入石之疊層其水中有消化之炭酸灰或夕里開及他種金石之質故能代其物之形而變爲石惟水何以能走入石層俟後解之

若生物在天空氣中腐爛則消化而復其元質其元質大約爲養氣淡氣輕氣及炭此四質若走出則物之形質亦消歸烏有若以生物浸於水中則消化稍遲如埋於地中則又比水中稍遲譬如其爛時有一點氣走出即有一點灰或夕里開走入代之則其先腐爛之處先變石後腐爛之處後變石故雖全體已變爲石而石之形色及質不必

純是一種因水中消化之金石非一種而走入又有先後故有時成此色有時成彼色各因其走入之物質而異或其走入之金石能結成則其物光明

學者問生物之質朽爛化去更有他金石走入代之成形此等物可以化學之法作之否

此事曾有人思之欲以生物照造化之法令其變爲金石試以水中能消化之金石與各種生物試之不數十日即等得一物 法以松木一片浸於硫酸鐵水中數日後取出燥之燒於火則其木質燒去而木紋之孔中有養鐵之細點

化學院中有一盛水器器中有消化之硫酸鐵水置於一隅日久忘之一年之後復動之見器中水面上有油又浮有黃色之粉及毛其黃粉爲硫磺而水底有小鼠之骨又有結成之細粒倍來底斯及硫磺又有結成之硫酸鐵及色黑如泥之養鐵此蓋因小鼠溺死其中而其體中之各質腐爛而與硫酸鐵化合故養氣升去而他質結爲倍來底斯等物雖其骨未變爲鐵及倍來底斯而因此偶然之事亦能知硫酸鐵遇朽腐之物能使其養氣去而成倍來底斯宛若預備代其骨中之炭及輕氣等物者

某化學家言金石於將變未變之際其各質已與本來相

合之質相離而急欲與別質相合作新物故此時化合之力極速此蓋因質點相離則易活動故易與他物相連所以有生物朽爛之處其變化甚速

天竺有一江每年水發時水中有消化之炭酸灰若其新沈積之泥中有腐爛之生物則易變石此與前理同

水中消化之金石

人已知泉水流出地面其水中每有消化之鐵及炭酸灰夕里開卜對斯或別種碎味之土及金若熱泉中則夕里開更多所以近火山處其水中之木及珊瑚能變爲砂石因其水自熱泉來其中夕里開多故也 海棉草腐爛則

夕里開能代其形爲鐵玻璃砂。

準此說則湖水海水中其灰及夕里開究竟從何處而來何以能盡數生物之用須仔細攷之。

炭酸灰之來處並非難知因其不止自泉水中來即如天雨之水與草木腐爛化出之炭酸合則水中有炭酸此水如流至灰石處則能消化之所以海中螺蛤珊瑚之類能得湖海中之灰。

惟夕里開則雖研之爲極細之粉置水中沸之亦不能消化。有人言夕里開是從變壞之非而斯罷來因非而斯罷中有一大半夕里開其夕里開與哀盧彌那及卜對斯

雖連合極緊而卜對斯最喜水亦最喜炭酸所以炭酸水能消化非而斯罷中之卜對斯而流出故非而斯罷變爲高陵泥其質爲夕里開哀盧彌那而高陵泥中有時無夕里開則其夕里開必是消化而去其何以能消化而去則有兩法可解之。

一因夕里開與辢味之物在水中能消化一因夕里開與他物相離之際水亦能消化之所以水中消化之夕里開自江水中流至海無已時夫非而斯罷雖無極大之山而火山石中鎔結石中熱變石中皆有其結成之石每有爲石子泥砂在水中者此其所以便於消化也。

枚格之質分開亦能有夕里開消化於水因枚格在合拉尼脫或泥石中最多而枚格之中有一半夕里開與哀盧彌那卜對斯又有十分之一鐵若鐵得養氣成養鐵則枚格之質分開而夕里開能消化於水。

此理雖是然尚有數事宜攷究之如觀生物所變之石有時能知其變化之時甚速如草木之細莖最易朽腐而能變爲砂石則非變化甚速不能 又如棕梠之嫩葉亦能變爲夕里開其變亦必甚速然而猶不能無疑或者水中更有一物能使之久而不易爛故漸變爲石亦未可知如血肉之物在草木皮脫中亦能久而不爛是也。

有人言木變之石每有其木中易朽爛之質則變爲石而難朽爛之質反化去者譬如棕梠葉之小莖其中輭胞體之物最易腐爛者已變爲石而其筋管之難爛者反爛去未成石故其殭石或有空孔或有鴨呆脫滿之此因易爛之質其爛時水中適有消化之夕里開及至難爛之質爛時水中適無夕里開故不能處處成石因是知凡物之通體能成石者必其水中常有消化之夕里開方能。

陽湖趙宏繪圖

長洲沙英校樣

江南製造局

地學淺釋卷五目錄

地學淺釋卷五

英國雷俠兒撰　美國瑪高溫口譯

金匱華蘅芳筆述

此卷論石層平斜曲折凹凸之故

地高於海非海水日低

有時在極高之山見石中每有海中生物之迹知其山今雖高於水面而其初必爲海底準此理思之有二說焉一或因海水日低一或因海底日高此二說於水陸變遷之理皆可通前五十年間地學家執海水日低之說以爲海水淺則水中之山能變爲陸地之高山其所以不敢作海底日高之論者因恐海中之水無去處故也然準海水日低之說則必古時海面高於山之有蛤蚌殭石處其說方通後人攷之見水底石層有成於淡水中者有成於鹹水中者又有淡水石層與鹹水石層層間積疊者則與前說不合除非其地先爲海後爲陸後復爲海或江如是則鹹淡水石層方能相間積疊以成多層又見每層中皆有久遠而成之據知其層皆非忽然而成故必水陸屢次變遷而後可解此理

所以後人思之近年來又創爲新說以爲地球之面必處處俱能凹凸此處日高則他處日低其凹者或能復凸其

科技譯著集成

凸者或能復凹又其凹凸之變必甚遲而其時必甚久此說之勝於舊說有數端一因能解石層仍平亦能解石層斜上斜下及凹凸斷折一因能與人所知之事符合如有處之岸或漸高及漸低之類是也

此種地形變遷之事實有可以目見者其大者有時因地震而變其小者有人用法仔細測量之知某處地形於數十年中稍有高低又測知海水並無古大今小之據因水面必平一處低則處處同低若海水漸低無有測不出者

平疊層升高

凡石層之形無論平斜曲直皆有所以然之故蓋石層沉積於海底時其面必與海水之面平行如地中海之大島其石層中滿螺蛤殭石其形類與今時地中海所生之螺蛤無異其有殭石處比海面高二千尺畧與海面平行又有他處之平層其中殭石之形已與現今之生物異瑞典之南有殭石層名西羅里安其層甚平宛似古時洪水所成後來退出者　水底石層成於西羅里安時者美里哥北有一大平層幾與水面平行亞非利加極南之處其山亦爲平疊層有古砂石三千五百尺厚

凡水層石之平層與其算作古時海水漫至其上不如算作古時本在海底後漸平行高起而爲今形初聞此論必以爲奇談然與實測之事每能相合

如瑞典國海邊之地有人測得確據數十年中已漸高初時有博物者亦測得其差惟誤認爲海水漸低今知若是海水日低則土必不動然測知百年中有處高起數尺有處只高起數寸是必地之漸高也　瑞典之南邊其地漸低有古時房屋今已漸入水中者

有人在美里哥南知有數處其地漸高因見其高於海面之處有現在海中生物之迹故也其冰地自北至南一千八百里地形現在漸低

以上所論皆地面能漸漸高低之據又有一事可作確據

因每遇地震之後有處之地高低漸變

有人觀北海中珊瑚島知其海底之山漸漸低觀南海之珊瑚島知其海底之山漸漸高故南海之珊瑚已高出水面而枯死矣

準此論可以解地球面上石層之形如平層斜層亂層淡水層鹹水層又可解深水中能成厚層及石層斷折爲水侵蝕而成谷若仍執舊說則必古時海水深於今三里所以不通

斜直彎曲之層

變動之事有明而最易見者如平疊之層變爲直立是也

江南製造局

英吉利北邊合闌比斯山有合子石層與細砂薄層相間皆爲直立之形此可見其成於水底時本是平層故其石子與層平行後漸斜而高起以至直立故其石子亦直立如圖疊層中之石子其扁面皆與本層之面平行

凡合子石層中之扁石子大抵皆與其石層平行者多雖水勢湍激處其石子亦有不平者然相距不遠其石子即平從未見砂中之石子全是直立者所以石子與石層平行之說可信

直立之層過數十丈或數里其層必漸彎而斜今舉兩處之大彎層以明之

英吉利北邊斯各得倫地方合闌比斯山自西北至東南六十里中有紅白砂石層及數種顏色之舍兒斯里脫其石層共厚二千尺分別之可爲四大層

如圖一爲紅麻兒或舍兒二爲紅砂石三爲合子石四爲硬灰石與紅綠色舍兒甲爲凹處甲之左右皆漸彎向上自甲左右行皆遇其一二三四層西北角之第四石層淺如直立其二一兩層則稍斜成凹勢甲處諸層

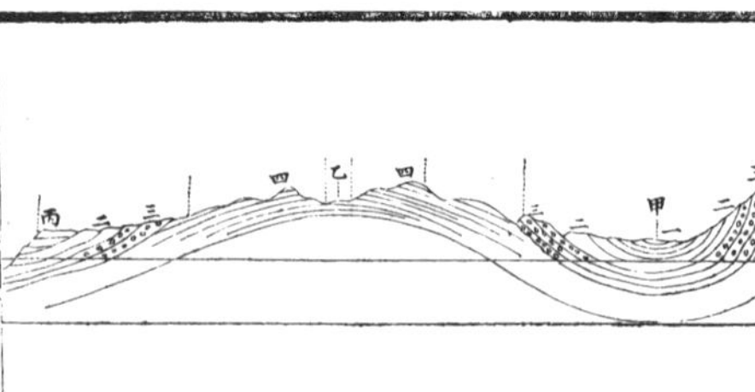

與垂線成直交其最凹處之線曰凹極線乙爲高處自乙左右行皆遇四三二一層其乙處諸層亦與垂線直交其最凸之脊曰凸極線地學家以凹凸兩極線爲最要緊因有此線即可知石層橫亘之方向及其左右石層之深淺故也

其丙處爲紅色之新合子石及砂比一二三四之層新圖自左至右六十里左爲東南右爲西北此第四層之下爲泥石左邊爲海其平線爲海面線

石層之甚彎曲者遇之於英吉利北海島其石爲藍色之斯里脫其石層之彎者計一百八十里中凹凸十六次其彎勢如圖

科技譯著集成

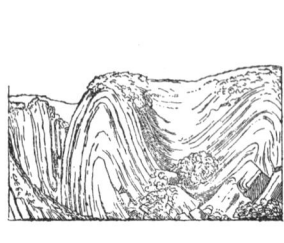

石層凹凸彎曲之形可以物做成其形以明之試以半乾半濕之泥疊成平層又於層之兩旁用力擠之則各層泥皆變成凹凸之形與石層之凹凸無二惟須知石層之凹

凸其下半或在水中或在地中不能見而其上面每消磨剷削而平所能見者不過中間之一段耳

如圖其下半淡墨者在水中不見其上半淡墨者為已磨蝕而去中間濃墨處為人所能見之形

又如以數匹布置桌上旁以書夾之上以書蓋之擠其兩旁之書則其布層層皆彎

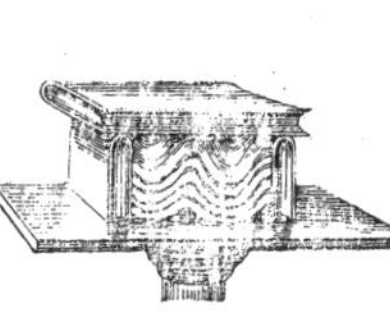

石層之彎若由於兩旁有擠力之故則其理甚難解之惟查火山石及合拉尼脫等石每有自地中突上者如其上

面有輭疊層蓋之則亦能被其突起而凸又遇地震時見有處之地或低陷此因地中有空處故也其空之故或因地中鎔流之物向他處去或因泥層經熱收縮而結緊故地中有空偶遇地震則上面壓下總之石層彎曲之故有多說可解惟有一事是一定凡輭層因不是處處同低處處齊高故其石層必彎宛如兩旁有他力擠之者然

此理以煤礦內所見之事明之凡挖煤之礦雖中間有柱撐之而其上面之地必微微低下有一處舍兒石層中有三箇煤洞其上面之石層亦有三處凹下之形

有時煤礦中已挖煤路留煤作柱以防上面壓下如後圖白處為空其黑處為所留煤柱其下一層為砂泥或舍兒其下黑者為又一層煤從地面至第一層煤厚三百六十尺此三百六十尺厚之地其重力皆壓於煤柱故柱底之泥低下而柱旁煤路下之泥高起

人初思之以為其空處非下面之泥凸起或是上面之頂低下此種事雖有時亦曾遇之因其煤上之泥輭於煤下之泥故致低下惟尋常煤窟中其煤之上面是硬舍兒或砂石比煤下之泥硬有時煤下之泥其初本硬後因遇天空氣而變輭所以能凸起其凸起之時初不過微高如甲後漸高而裂開如乙漸遇其頂如丙後則塞滿如丁其煤

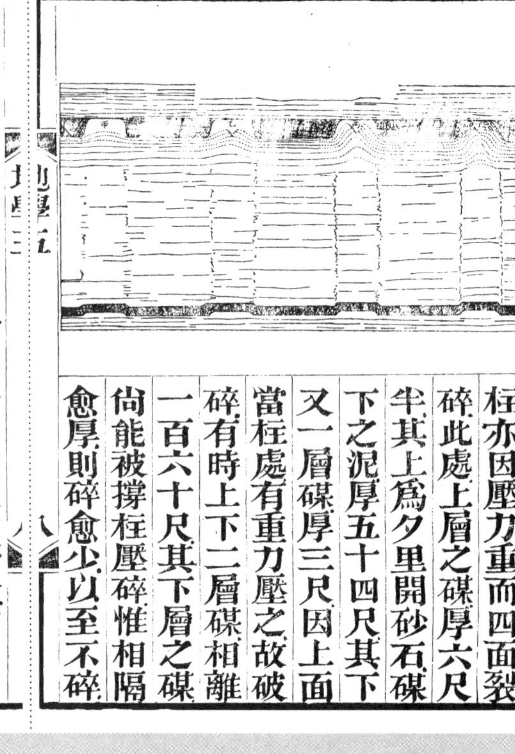

柱亦因壓力重而四面裂碎此處上層之煤厚六尺半其上為夕里開砂石煤下之泥厚五十四尺其下又一層煤厚三尺因上面當柱處有重力壓之故破碎有時上下二層煤相離一百六十尺其下層之煤尚能被撐柱壓碎惟相隔愈厚則碎愈少以至不碎

人初思之以為動力若速則折斷之口彼此符合動力若慢其折斷之處必變形不能符合此說非是試觀地球皮面因下有空處而低其變動極遲所以見石層之縱橫斜直莫以為霎時變動而然

舍兒層中每遇有背陰草葉形印於每層中恆與其層平行蓋落葉在泥上本來總是平鋪所以遇此種印迹與今之地面不平行者其層必已經變動又有遇其印迹成彎浪曲折之形者

如於地中數次遇其在一層之煤

如圖其煤曲折四五次若作一直井而下則屢次遇此一層煤

石層之形有三事宜攷之一斜勢方向二疊層不合理三斷層斜勢相反及高低相差

斜勢方向

疊層與地面不平行則謂之斜層

如圖甲為北乙為南石層之斜四十五度則謂之斜下四十五度至南

甲 乙

石層之斜面若望南北則其層之側面自東至西譬如房屋之瓦南北下水則其屋脊及屋面必東西橫亘也凡言石層之方向均指橫亘處言之如石層平而無斜度者則無一定方向故地學家察地當知某處之層如何斜惟人未經細攷每易錯誤因其方向及斜度最易誤故也

遇石層現露之處則易測知其斜向如於石層之面以水注之必向其斜下之方向流此固甚易惟石層現露所見之處不大若其斜度少者視之每如平

以圖明之譬如人在子視甲則見其層如平必在丑視乙方知其斜所以凡見石層現露之處須循其層掘深數尺仔細量其斜向

測量斜度之細數須用器具若一時未攜器具有一法可粗知其約畧法以兩手之指作一縱一橫如圖切於斜處覰之則可目揣而得四十五度分角線即可知斜度約畧幾何

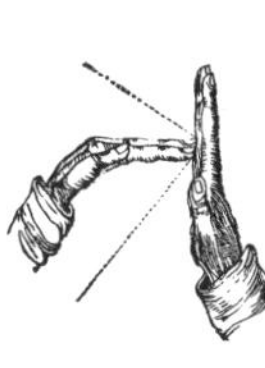

石層凹凸之故前已言之惟其凹凸之勢亦有斜度可量如瑞西之求拉山上面爲有殭石之層其峯巒凸起之處有時其頂上裂開其裂縫即凸極線此線與斜勢每成直角如石層南北斜則其裂縫方向必東西故依其山脊作凸極線依其谷底作凹極線則諸層皆可知其淺深

如圖爲求拉山之形甲乙爲峯頂丙爲彎曲時峯頂碎裂後爲水所侵蝕而成凹其處石層現露所以能見其下諸層子爲其凹處石層之平圖未午爲極線丑爲側視之圖一二三皆爲石層

若山頂爲圓形而其石層之勢四面斜向下如截開一段則其石層分界之處爲圈形

石層現露之處形狀不一此因方向斜度各異亦因消磨碎蝕之形勢不同故也有一最便之法以木作半圓柱形而中間剜凹之以像谷則攷其人字紋可知其層之如何斜法

石層現露於山谷其層若平而無斜度則不成人字紋而新層恆在上　石層之斜與谷之斜一順而谷之斜度大於層之斜度則人字紋爲正而新層在上舊層在下如甲圖　石層之斜與谷斜一順而石層之斜度若大於谷之

斜度則其八字紋爲倒而舊層如在上新層如在下如乙圖。如石層之斜與谷之斜相逆其斜度不拘多少八字紋常爲正而新層常在上舊層常在下如丙圖

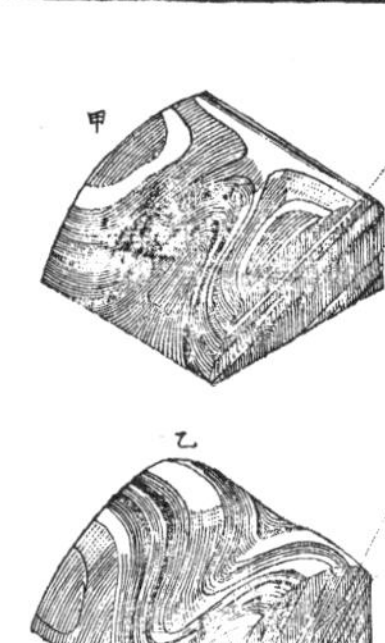

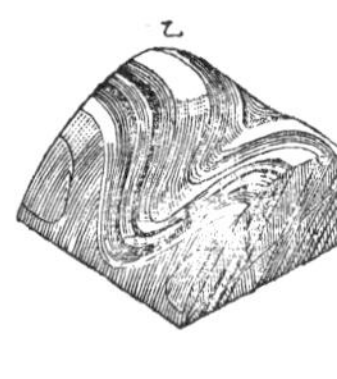

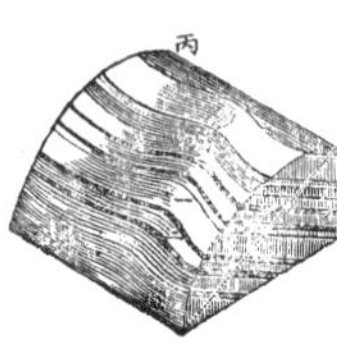
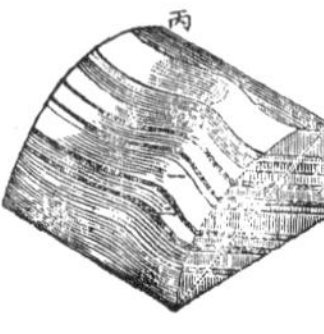

此法常有大用處有時於谷中行數里每遇甲乙二形察碟者若不知此法任意作井求之則甲式處能遇一二兩層碟而乙式處祇能遇第二層碟不能再遇第一層碟

石層凸起作山凹下作谷此常理也而有時不然有其層雖凹而亦爲山者其形如圖

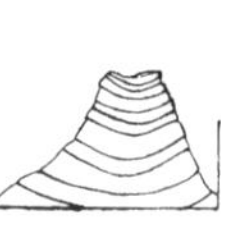

又如求拉山之頂其裂縫甚長水侵蝕之已凹而成坳而

石之諸層皆現露此是自水底漸漸高起時因彎而裂裂處久在水中故蝕而成坳也

凡灰石層凸起甚彎之處其上必有裂縫此理人固易知惟亦有其處甚彎而未有裂縫者如前求拉山圖乙處彎於丙處而反不裂此理甚不易解或者灰石今雖甚脆當其在水中時其性甚韌故不裂想其韌亦必是因石中極細之空隙處有水滿之故韌後因水乾而水中消化之物亦凝結故硬而脆

西班牙與法蘭西交界之處海邊有劈立尼山其石層爲麻兒及磨石豈而脫豈而脫亦砂石之類其石層甚彎之處有曲成

折角者

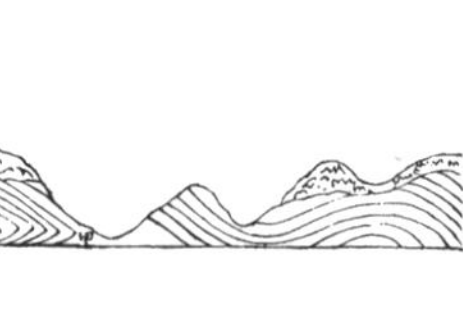

如圖之甲處是也雖豈兒脫在地中時或不如今日之脆而觀其折角處亦有小小裂縫可見其彎時亦非甚韌其裂縫中今已有開而西駄能滿之

地中海有一大島名昔斯里有石膏麻兒彎層層中有一層硬石膏已破碎如折斷形其石膏麻兒則未碎因韌故也

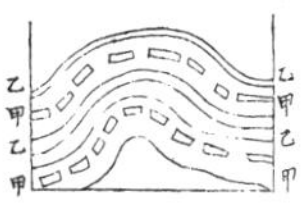

如圖乙層爲石膏麻兒甲層爲硬石膏

石層之最難測度者莫如阿兒不斯山卽有人熟悉其處之地理者亦難定其石層之新舊因其石層甚彎每有卷曲擁腫之形而復久經碎蝕不知其初爲何形故也如圖人視之必以爲其有十二層一爲最新十二爲最舊然其實在只有六層如後圖因其石層有卷曲之處而卷曲處又已磨滅故不能辨別也

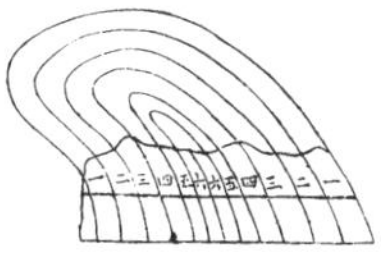

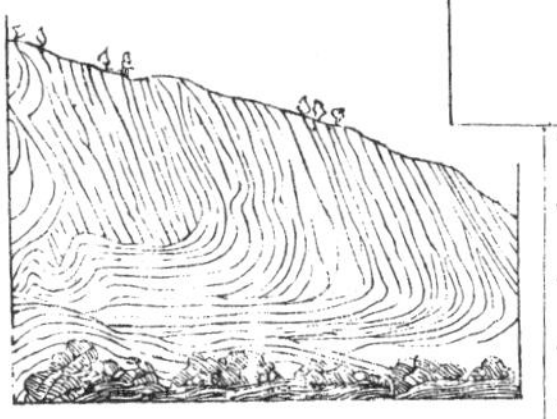

此山在瑞西國界者其灰石含兒層有直立二三千尺如圖爲其灰石含兒層其層直下一千餘尺則彎

不合理之層

石層之不合理者彎層斜層之上又另有他石之平層如圖其下之彎層爲老紅砂石其上之平層爲泥石此可見其石必爲兩次所成蓋其紅砂石成時本是平後漸突起而彎其上又成一層泥石泥石成時亦本是平又因其下之紅砂石又突起而左邊突起少右邊突起多故撞其平層使高低如乙所以知甲之紅砂石有兩次變動一在泥石未成之前一在泥石已成之後

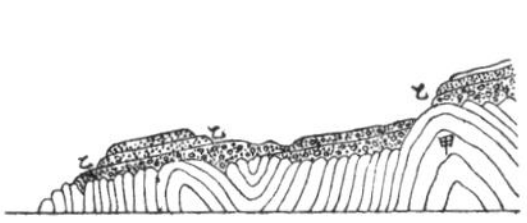

不合理之層屢次遇之有時其下之老層不但有砂磨水洗之痕并有生物蝕深之迹如比里朕國有古灰石斜層其上爲綠白色之麻兒平層其下層爲合子石及砂

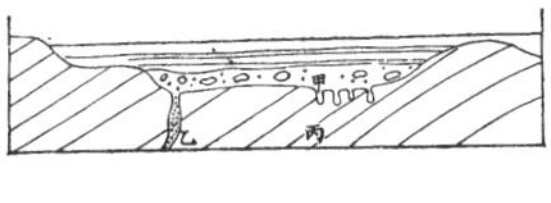

如圖甲爲合子石其石子之大徑寸至二尺皆有又其石子中屢有螺蛤殭石及蠹蛤之孔其下爲古石之斜層其近合子石處石上有深孔如丙並有縫如乙其中均滿砂及螺蛤殭石可見其在水中之時亦甚久矣

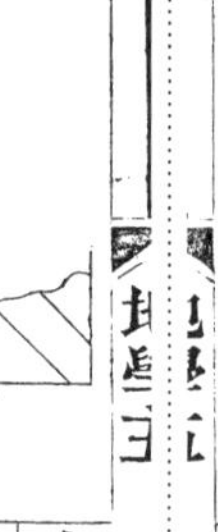

斷層

石層之裂而爲縫此斷之小者也其斷裂之大者兩邊離開數尺或高低數十丈其斷縫中塞滿細土或砂或碎石子其碎石子即其碎下之小塊也其兩邊之石層有高低

一

不對之處謂之斷層差有層雖高低相差而其層仍平行者有裂而各自斜其度不同或相反者其縫或直或斜其斷層差或大或小惟斷處兩邊諸層其每層之厚薄必相對相等因其本是一層斷裂故

也如一二兩圖子丑皆爲斷處甲乙丙丁皆爲諸石層

二

英吉利出煤之處有砂石含晃及煤其厚數千尺其層斷截之處甚多其斷層差之最大者數百尺最小者七八尺其斷口之寬者相離或一百餘尺其中已滿泥土此種斷裂之層有處是一次變動所致有處是數次變動所致或

因地震而有高低

地學家須時時牢記凡遇諸層現露之處莫認作眞有多少層因有斷截之層其上或消磨鏟削而平則視之宛似多層故也

如圖甲乙丙丁諸層本在子寅卯辰虛線處後因卯巳午未裂開諸層低下爲斷層而其上層之甲又消磨鏟削而平成子丑地面故乙之一層煤能四次現露於地面則視之宛如有四層煤不知其因斷截而屢見耳

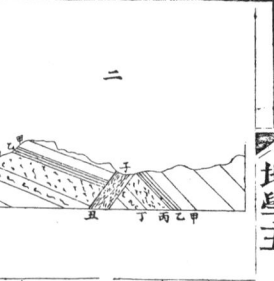

斷層高低相差其斷口處每有奇異之形英吉利有一處其斷層差五百四十尺斷縫中已滿砂石濶處六十餘尺其兩邊之斷口有兩相磨擦之痕又有一處斷層高低更多其斷口長一百二十里亦有磨擦之痕昔時地學家以爲此等形迹必是驟然大變動所致因其磨擦之痕一直故也然攷之他處磨擦之痕則彎曲者多且不但石層之斷處有磨擦痕即其中所積之土石亦有磨擦痕故知其變動之時非一次其動之方向亦非一直每有上而又下之形

石層有斷折而低陷者因地中本有空處其上之層偶遇

地震而斷則能漸漸低下其所以能有空隙之故或其先本熱而流後漸冷而凝結或泥層經熱而漸變爲結實皆能收縮而使地有中空或因火山之熱力漸衰亦能收縮而空其空處或數千百尺其上面之石層因地震裂爲縫如圖之子丑處裂爲縫則乙之一段與甲丙斷而分開其重勢恆向空處下落其子丑裂縫若爲直則能即時落至底如不直則兩邊有阻力而不落而每遇地震時能稍落下每落下時斷口碎石相磨而有痕遇後次地震又能將前次所磨之痕磨去而又成新痕其落至底時因其重壓之力尚能稍爲陷下所以見此等形迹與其以爲忽然落至底不如算其漸次落下因人所知之三千年來之事凡地震時或能使數百里之地稍爲高低從未有忽然落下數百尺者又觀水層石中之殭石皆有其海漸深漸淺之據亦非驟然高低總之石層變動其歷時必甚久其變動之故或因鍊而漸凝或因濕而漸燥故空而下陷其陷亦由漸而低必無忽然低下數百尺之事

準上論則石層之變動必極遲或幾千年中漸漸高或幾千年中漸漸低積少成多後人視之則覺與一次大變動之形無異因此漸高漸低之故而其地爲之不平故低處爲湖海而潮流波浪每能侵蝕石質而消磨之此理後卷解之

陽湖趙宏繪圖
長洲沙英校樣

地學淺釋卷六目錄

地學淺釋卷六

英國雷俠兒撰　美國瑪高温口譯　金匱華蘅芳筆述

此卷論石層被水蝕去之處極大

水蝕之意

水蝕之故因江海之浪及流每能侵蝕石質使石之皮面漸漸消耗此事地學家尚未計及之然此實與沈積成石之理相關因其所沈積者卽從碎蝕之處而來此處新沈積若干卽別處必耗損若干所以除火山石鎔結石之外其石無不從舊石碎蝕而來此處日增則彼處日減如湖底漸淺則其入湖之江必漸深又海底一處漸高則別處之海必有漸深者此一定之理也譬如於一處見許多房屋俱是石頭牆壁則知離此處不遠必有一山已被鑿缺其房屋之石必是從其處塊塊運來其山亦必是一塊塊鑿缺且其缺處必有鑿下之粗砂碎石此皆形迹之易見者也水之蝕石亦猶此意

曡層被蝕

石層之成於沈積者卽爲水蝕之對面觀其所多可知其所少所以有數種水蝕之據如見某處石層有缺少之形則必是古時爲水所蝕今先論兩邊石層相對而中間蝕

深爲谷者

如圖一爲合子石層二爲泥石層三爲磨石層四爲灰石層數山之石層相對而中間爲深谷其山頂及谷底均有新積之土壤如甲觀此山之形式必不能疑其本來不是一片亦不能言其不是水蝕之故

如於江中見兩岸之山其石層皆相對則必思其初必是相連後因中缺而成兩山其所以中缺之故必因水所致也　又如行山中見兩邊壁立之層皆相對則知其初山中本無路此路是從石中開出此皆迹之易見者也

平層被蝕

水蝕之形亦有兩山相距甚遥而中間蝕成平地者如英吉利之北其下爲尼斯石層其層甚亂其上有紅砂石層甚平與下層之尼斯石層不平行

如圖其山高二千尺比海面高三千尺其紅砂石層層有嶄巖之形其底之尼斯斜層高低不平故近尼斯之紅砂層亦有厚薄人觀此形不能不疑其本是三千尺厚之紅砂石平層後漸被水蝕去而其存者爲山

曾有地學家言某山被蝕去之石可於某處鋪起三里路厚又言某處本有古石層一萬一千尺厚已被海水蝕去是必在別處又成新層究其蝕餘之層尙有二萬至三萬尺厚學者觀現在之新層甚多卽知古層之被蝕極大此卽此增彼減之理也

所以必屢言此增彼減之理者因究心地學者往往但知新石日增而忘卻舊石日減遂有以爲地球之皮日漸增厚者殊不知水中和合之質能沈積者必是從他處來其積數必相等所以知地球之皮有處漸厚必有處漸薄人之心中見高山之被蝕成谷者則甚訝其多若見平層上面蝕去者殊不介意然以理論之則無異

差層被蝕而平

水蝕極大之據可以一語明之如石層之斷截處兩邊之斷層差有高低極大而其上面每爲水蝕而平

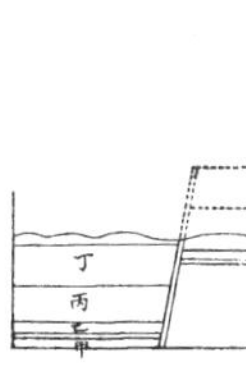

如圖甲乙丙丁諸層高低五百尺而其地面仍平則其高出之丁丙必是水蝕而去也觀此種證據能知方數百千里之平原有其先本有高山後因水蝕之而平者

有處煤礦之斷層高低相差八百二十尺使其低者爲平地則高者當爲極高之山使其高者爲平地則低處當爲不測之淵而其處今平如砥行於其地絕不知石層有高低惟見粗砂及石子尚有存者是必古時所碎也其石子爲硬砂石灰石鐵石其稜角皆磨圓又有舍兒及煤塊皆其蝕去石層之碎石也

又如但沮冏地方其煤層甚亂掘煤過十餘尺即遇斷截其斷層差有高低數百尺者而其上面之地亦不見有不平之迹則知其高者必是水蝕去也其最分明者觀其低層知高處煤上尚有紅砂石一千尺厚今已無有矣

水之蝕石其難易多少各視其石之軟硬而異如脫拉潑最硬則蝕少紅砂石及舍兒性軟則蝕多

石在海中高起時被蝕

初時地學家言水能蝕石不過謂山中流泉瀑布能衝成溪澗又見泥砂石子在江口者多故以爲上流之山必有砂石衝下而水蝕極大之處則未知之　又有人以爲洪水泛濫之時地面土石必被水蝕此不過思其洪濤巨浪有排山倒海之能而姑爲是言若其實在之證據亦未曾有也

地有漸漸高低而人所不覺者亦有因偶遇地震忽有上落者須知其在水中時則水皆能蝕之故海底之石及海中之山海邊之岸每爲水所漸蝕即極大之山亦能漸漸蝕去

人已知海中流水有五六百里寬三四千里長雖其底之流必比海面之流稍緩而數百尺深處尚能衝動其底之石子所以海底之石層如有斷折高低之處在海流之中則高者必先爲所蝕其無斷折高低者必自上面蝕下此不過以理度之未有實迹可求也

凡水蝕之事其迹甚少者其所蝕必甚大因其可見之迹亦已一并蝕去故也

水之蝕石能使高處爲平亦能使平處爲缺如平行之層每有蝕成深坳其坳處不但委宛曲折且能支分派別每有古時海邊之地後因水蝕分開爲洲島者故山之石壁懸崖或爲古時海邊之陡岸

山之坳谷形狀不一或因其石有軟硬故水蝕有多少或因石層本有裂縫故水循其縫而蝕之

於一帶連山處如求拉山能見其谷並因水蝕乃石層自已彎曲所致然如丙處圖見前　則亦是水蝕所成所以有一總語凡山之坳谷或因石層彎曲或因水蝕

水中和合之物沈積而成層乃積漸使然則其消磨剝蝕

亦必由漸而致非一時一次之事也凡地面之石大約水層石居多其疊層必曾爲海底自海底漸漸高起爲陸其在水中未高出海面之時海流及浪時時能蝕之不知幾何年始高至爲陸地所以其水蝕之時必極久而蝕去之處必極多解水蝕之故惟此條爲最明

陸地曾爲海底

準前理則可求陸地曾爲海底之據如第十九卷言水蝕茶而刻其茶而刻爲古時之海底也 又如英吉利北邊高於海面二十尺至一百尺處有曾爲海岸之形其砂石及合子石中每有海中螺蛤之殭石其形與今之海中生物相似惟此種曾爲海底海岸之形迹非能處處皆有因其形迹亦易磨滅故也即如石中之螺蛤殼亦有時消化而泯其迹則不見殭石

古海岸形迹

古海岸之形有爲他物所遮蔽而不見者如草木泥砂叢雜堆積之處是也

如法蘭西地中海之濱離海三十六里處有一坡陀與今之海岸平行其古海岸已久爲泥砂雜土湮沒近年來有人於其處造屋掘下見土中有石壁陡岸其下層爲泥石其中層爲灰石中有珊瑚螺蛤殭石其上層爲尋常砂土岸之下脚有碎塊之灰石想因下層之泥石輭而易蝕故其上之灰石空而碎下其岸之灰石有被蝕之孔其形與今時海邊之灰石岸無異

如圖甲爲泥砂層丁戊爲砂土壅積乙爲灰石層丙爲泥石層己庚爲今時海面觀此形可見古時丙層之上皆有甲乙層因爲海岸故被蝕而缺及高起爲陸又被泥砂壅蔽之故不見形迹

古海岸之形迹有因地震而毀沒者如懸崖絕壁因地震而崩頹或海邊之地如前圖丙處動而斜起則視之不知甲乙之曾爲海岸矣

灰石被蝕形迹

欲查古海岸之形迹莫如視硬灰石爲最明因其石比他種灰石硬而不易消磨故尚有形迹可求

地中海邊摩里耶地方其硬灰石有三四層古時海岸其高一千尺其形如階級其級有廣九百尺者此處古海岸之形甚分明與今時海岸之形無異

古海岸形與今海岸形有五事相同 一因其一帶壁立

之岸其下必有一帶平臺爲岸腳之坡、二因其石上有浪花濺蝕之痕、三因其石有處水蝕成孔、四因其孔中有合子石及海中螺蛤、五因中有蝕石之蠹蛤、

海岸石孔中之合子石其石爲灰石均有磨圓之形而今海岸孔中之合子石每有人造之物如磁瓦之類古海岸中者無之故可分別

蠹蛤爲雙殼輭肉類其力能蠹蝕最硬之石爲孔孔之大小如其身之大小其生時孔中必常有海水若無海水或見天空氣則死於古海岸高一百五十尺處有孔孔中有蠹蛤殭石知古時曾在海水中

人已知灰石遇鹹水每微能消化所以浪之撞激處與浪花之濺濕處其蝕痕有輕重之分凡浪花濺蝕之形不止於一處遇之即極古之石亦有此種形迹

海岸腳下之平臺每向海稍陂臺之寬窄視岸石之輭硬而異岸石硬處其臺窄岸石輭處其臺寬故知其臺是水蝕岸石而成　又觀此臺形究如其石層自海中高起每有停息之時如某年至某年中漸漸高某年至某年停息不動後若干年又漸漸高準此動法可攷現在海邊水中之臺其臺於潮水落時人能行其上見其臺之寬窄亦因岸石之輭硬而異

觀古海岸之形亦並無石層驟然高起之據惟有漸漸高起而中間久停之據若是漸漸高起而中間無久停之時則其蝕痕不能絕然各異致有臺級也其停息之時若非甚久亦必不能如此

有處之石臺非因水蝕岸石而成乃爲砂泥沈積而成者如海灣有多山環繞之處其山形四面壁立而山中有數層臺則此臺爲沈積所成

如地中海昔斯里島島上有沈積所成之臺其形甚似摩里耶之臺其山爲一帶灰石石上有巨洞其洞爲水蝕所成

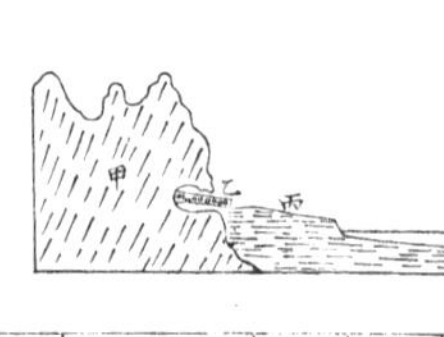

如圖甲爲山乙爲洞丙爲臺丁爲海嘴之砂其臺寬一里其石爲灰石其洞深一百三十尺高五十尺廣三十尺比海面高一百八十尺其先必爲鹹水侵蝕及蠹蛤所蝕而成洞之底有一薄層細砂砂中有四十餘種海中螺蛤之殼形與現在海中者無異其砂層之上有一層合子石其洞中之兩邊有蠹蛤之孔掘開合子石見洞石亦有蠹孔可知其蠹蝕尚在石子未來之前其合子石之石子爲灰石泥石科子有黑麻兒粘固之而成

合子石其合子石中有獸骨之殭石如牛象鹿豕熊虎狗之類其形與現在之生者大異其骨皆似磨圓之形

昔斯里島除沉積之臺亦有水蝕而成之臺

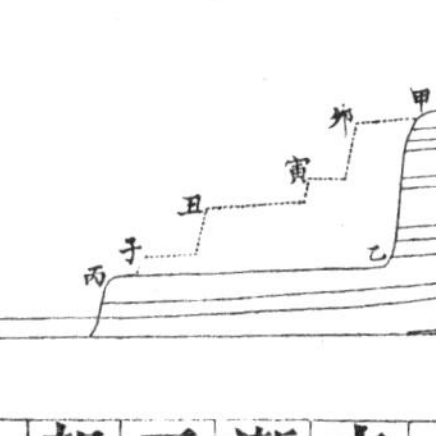

如圖甲為灰石之岸高五十尺至七十尺乙丙為臺其石亦為白灰石岸之石稍斜向海意其先自海中數次漸高時水蝕其岸成子丑寅卯形後又低下水浸至甲蝕成今形後漸高起而為陸

昔斯里島又有海灣其處灰石之臺其高五百餘尺其形如圖

觀臺形之在海灣海汊中者能知其古時何處曾為海面

如圖其甲乙丙丁處線即古時海面也然其臺之形何以能上層寬下層之底窄而成級或者其海水之蝕力初大後小或者其每高起之時後次速於前次其停息時亦後次少於前次

法蘭西離海二百里處江邊有小山周圍有三四臺級皆有浪蝕之痕知其山是古海中之島

北美里哥海邊有灰石森立如柱其相近之柱蝕痕皆在一平面其柱高者六十尺石旁皆有蠹蛤之孔

近花旗處海中有一島其石為硬灰石形如丑圖其丁處有水蝕之形並有蛭蛤之殼現在海水已不能浸至其處

地學家攷其蝕痕有斜至五度者亦有如磨光之痕者看

江南製造局

慣此種痕迹卽見石在離海甚遠之地亦能知其古時曾在海水中惟須留心其蝕痕或因天空氣不可不知學者行數千里不能見一古海岸之形莫以爲奇蓋灰石水蝕之形繞地球不過僅見數處原不能處處皆有也

陽湖趙宏繪圖
長洲沙英校樣

地學淺釋卷七目錄

科技譯著集成

地學淺釋卷七

英國雷侠兒撰　美國瑪高温口譯　金匱華蘅芳筆述

此卷論泥砂土石之鬆而未結者

哀盧維恩

地球之面最上一層爲動植之物腐爛與泥砂相雜所成浮土其下稍深則有泥砂石子及水在石層之上其總名謂之哀盧維恩猶言水洗也因小石子及砂其形與水底無異宛似洪水時所沈積也今謂之砂礫

地面從赤道之下至近南北二極之處其地面上層皆有

砂礫

美里哥歐羅巴亞細亞三大洲北邊之地其砂礫之形與別處者不同因其中每有大石塊或有稜角或如磨圓之形其石塊之質與有此種石之山相去甚遠宛如從他處移徙而來此種砂礫謂之大塊砂礫其石塊諒因冰中流來詳見十一卷中

學者須知石層被水所蝕其碎下之石沈積成砂礫不止在平地及水邊即山上及山坡間皆有之因地之變動其低處每能升高故也砂礫沈於水底後升高而爲陸或又低陷而爲湖海後或復高爲陸如是升沈已非一次所以砂礫之變遷其故甚多而其質甚雜又後次之水能消滅其前次之形故不能分別其來自何方沈自何時

欲攷砂礫之新舊惟有一處其形迹甚顯明如法蘭西阿物倫地方其江邊有砂礫數層分明有新舊之據

如圖其斜紋者爲合拉尼脫子爲最古之砂礫其石子爲合拉尼脫上有古火山石蓋之如甲其丑之砂礫後於甲其石子中有甲層之火山石碎塊其上又有火山石乙蓋之所以此兩層砂礫未爲江水洗去蓋其第一

次火山未發之時其處已是江以子層之砂礫爲江底故火山石能蓋之其後江底漸深至丑故丑層之砂礫內並有前次火山石之石子及獸骨後丑層又爲後來火山石所蓋而江底又深至寅夫子丑兩層砂礫既各爲火山石所蓋而甲層之火山石古於乙層之火山石則子層之砂礫古於丑層之砂礫若統計其次第則先有子後有甲再有丑復有乙至末而後有寅苟無此種實據則砂礫之新舊不可知所以砂礫大抵不能攷其

時代者居多每有人以爲一次所成者

無論何處之砂礫其上層者恆從他處來其下層者必爲近處之山石碎塊蓋或因冷熱燥濕空氣之變而石泐也

辨別石塊之來處

碎礫之深處其底每不平其下之石塊恆與其所在之石層同質

如圖甲爲浮土乙爲砂礫丙爲一塊砂礫觀其形似與乙不相連此必其石層中本有空而上面有裂縫故高處之石子落下而滿之也

茶而刻泥管

凡砂礫之在茶而刻石層上者每有圓泥如管穿入茶而刻中其管中滿石子此理殊非易解

如圖爲泥管之形管之大者徑十二尺深六十尺小者徑數寸至數尺深十二尺於甲處有相近之三管甚分明管之形恆至下漸尖管之質爲泥其中滿砂礫有人以爲因茶而刻在海中時水有旋流其水中之砂鑽磨於茶而刻之面而成然此惟淺孔則能之若甚深之孔則不能也又如乙丙兩管中有火石塊擋之則何以能磨鑽而過且其火石塊並未磨去何以其下亦能成孔又其泥管之口每低於茶而刻之面而砂礫有鬆而落下之形可見其泥管能漸大也

此理可以化學解之蓋砂礫中常有水其水中常有腐爛植物化出之炭酸若茶而刻之上本有小潭則炭酸水歸之漸漸消化而深其炭酸與灰相連走入茶而刻中而泥留故成泥管其遇火石之處炭酸水不能消化之而能自其旁滲下故火石不動而其下亦成泥管

砂礫難辨新舊

石層中之石子與砂礫內之石子恆不易分別如江水之底有時其砂泥石子涸出則人亦謂之砂礫設此泥砂石子流至湖中而成層又有螺蛤之殼間之則卽是新成之疊層若其碎石粗砂又被海流衝至別處而成層則與平水中漸漸積累而成者亦難分別如其石子中有殭石者則可知其成於何時如無殭石則與尋常砂礫無法分別砂礫之中其殭石恆少因砂及石子相磨擦苟有殭石亦已磨碎故也又砂礫之燥者雨水時時滲下故生物之質每易朽爛不能變成殭石

地面水道

人久云江河之水道非現在之水力所能衝成其意若謂今之水力小於古時或古之水道無今之寬故其流急此說非是

今以地形高低之故解之譬如有一大江衆水歸之均由此江入海如其上流之地漸低則水之趨下其勢亦必漸緩而江水中泥砂不能流入海故江底日高如其上流之地漸高則衆水之來勢如奔赴而江流亦速不特水中之泥砂不能沈積且能洗刷其底之砂礫而使江身日深故江之兩岸脚下必有斜坡其形畧如海岸之臺其陡岸之下必有砂礫石子其坡岸之泥中每有淡水內生物之迹及地上獸骨或古或今新者在上舊者在下此爲淡水層之據

陽湖趙宏繪圖
長洲沙英校樣

地學淺釋卷八目錄

地學淺釋卷八

英國雷俠兒撰　美國瑪高温口譯
金匱華蘅芳筆述

此卷論各類石皆有先後之期

石之造化不同

第一卷中曾言石有四大類一爲水層石二爲火山石三爲鎔結石四爲熱變石此四種石其形質及造化之法各不同而其成石之期每種各有新舊

如水層石其形爲疉層其質或爲泥石或爲灰石或爲砂石或爲合子石或爲淡水造化或爲鹹水造化互相間疉

其中載有生物之迹今欲學者悉心攷察能分別某種某類之石成於某期

欲定石之古今以殭石分別之爲最便蓋水層石之新舊定而火山石鎔結石熱變石之新舊亦可因之而定矣此種分別之法不特便於識別並能知其石爲何期所成蓋石之有疉層者最易辨別因其中之各種生物形迹各有盛衰生滅之期故易見也

初時地學家以爲鎔結石與結成之昔斯脫熱變石皆古於火山石及水層石此理今雖已知其非然應解釋之使學者知新理之所從來及名目之有所本也

理曼以次數名石

百年前有地學之士名理曼者分石爲三類一爲一次石如鎔結者熱變者皆歸此類二爲二次石如水層石三爲三次石如新層及哀盧維恩皆歸此類其意以一次石爲最古二次石爲稍新三次石爲最新故以次數名之

其所謂一次石者如合拉尼脫尼斯其石中絕無生物之形迹亦絕無他石糜碎而成之據其造化之法從化學來故謂其成石之時必比生物早疑初有地球時已有此石故以爲一次石

其所謂二次石者因其中屢有砂及石子及生物之殭石

其造化之法皆非化合所成乃他物糜碎和合而成以爲其成石之時必在有生物之後故謂之二次石其在二次石之上而新於二次石者則謂之三次石

此乃百年前舊說也其後皆宗此說而稍爲增改之

爲納兒之說

理曼之後五十年有爲納兒者以金類之形分別石之種類以爲理曼所分一次二次之間尚有一種石應列入之

此一種石遇之於普魯斯其質似一次石亦似二次石當在一次二次之間故名之曰間石

間石之形質其中有結成之枚格而又偶有生物之迹此

種石大約即是今之所謂泥斯里脫及泥砂石合羅滑克與結成之灰石等類

爲納兒偶於一處見一次石及間石均爲斜層而其二次石爲平層故又改二次石之名曰平地石

平地石最上之層爲桼而刻其上之新壤哀盧維恩爲納兒以爲洪水時所成之土

及爲納兒之弟子又於別處見一次石間石二次石其層皆斜方知爲納兒所見二次石之平乃是偶然非一定如是也所以又分石爲四種一次石間石二次石哀盧維恩脫拉潑石無人不以爲火中所成而爲納兒獨以爲水中所成謂是二次石之最下層此說當時亦有人信之者

爲納兒之意極專主於水以爲地球之皮面初時四面是海其海水内有各種石質消化於中而合拉尼脫尼斯及他種結成之石乃先從水中降而爲石自有此數種石結成之後其水中更無消化之合拉尼脫及尼斯等石之質而後來僅質復凝結下沈則爲間石 間石之質非全爲化合所成以爲此時已有波浪能碎蝕古石爲石子泥砂雜和其中並有太古生物湮沒焉間石既成之後水中之質復有和合而沈下者則爲二次石而其水質始與現今海水無異假令再經混沌而地球之面變成洪水水中之質復降而爲脫拉潑等石亦與前次無異此皆爲納兒之偏見也

爲納兒之偏見因其不講火造化而獨講水造化故凡見火造化之石皆以爲其事甚細無關於地學變化之理又以爲火山吐火流石乃偶然之變非亘古至今所恆有此其說所以多窒礙也

赫敦之說

爲納兒同時英吉利有地學士名赫敦者其解合拉尼脫及脫拉潑以爲皆從火造化來其論地球本爲火鍊而成初成地球時地面俱是火 又言合拉尼脫走入他石疊層能使其石質因熱而變 又論一次石爲非從水中沈積凝結或者因火熱所變化而成此說已開新說熱變石之萌芽

主火之說漸勝

自爲納兒之說專主水赫敦之說專主火格不相入於是兩家之弟子各立門戶互相標榜者數十年後則人人漸信赫敦之說而不宗爲納兒矣

論舊名宜改

石之從火造化者雖其石亦有新舊之分而其名則仍承舊名謂之一次石大約結成石之有疊層如尼斯無疊層

如合拉尼脫者皆爲一次石
合拉尼脫其名雖爲一次而其實亦有比二次石更新者
故一次之名似未確當
間石之名乃爲納兒偶於普魯斯見一次石之後二次石之前中間偶有此種石故謂之間石惟其後又有人於別處亦見此種石並非在一次石二次石之間似倘在二次石之後　如阿兒不斯山有一種石層若照爲納兒之例亦應名爲間石其實則比二次石更新似間石之名亦未確當
一次石及間石其名既未確當若仍用其舊名則不應以之別先後時代而但以之記石之形狀亦可然其名中仍有時代及先後之意存焉顧名思義恐學者不能無疑凡有新獲之理而仍用舊名有時必致矛盾況既已心知其義而復仍沿襲其訛何爲也哉
　主火之說亦未盡善
人欲以古物與新理對則必別有一說以變通之如舊說以合拉尼脫爲成於水今若改其說以爲初自火中鍊出由漸而冷其質凝結而堅爲地球之皮當甚熱之時其上不能有一滴水及其稍冷則天空氣結而爲雨雨落於地面而成海斯時之海水亦熱如沸湯其中不能有生物所以水中消化之質沈下爲石其石中不但無生物形迹而并能結成因而有結成之疊層如枚格如尼斯其後合拉尼脫之皮有處破碎而有山從水中高出所以有陸地又因雨水流爲江河消磨洗蝕其質流至海中沈積於海底成新石所以海底之石能成疊層斯時地球皮面之熱仍未退盡能助海水消化惟其熱勢已漸殺於前而漸有生物出焉此時海中仍有沈下之質則成爲納兒所謂間石故其質半似化合半似和合而其中已有數種殭石
前說雖比舊說稍通然仍有數事不合一因仍有結成石之時無生物之意一因半結成有殭石之石是成於一時一因以土壤爲最後所成
又有來本之者其論不過謂地球之質初是火所鍊成而不言合拉尼脫是一時所成今觀合拉尼脫石常有非一時一處鍊成之據亦並無地球初成時四周均有合拉尼脫爲皮殼之據往往有老合拉尼脫裂開又有新合拉尼脫走入其中爲脉者又合拉尼脫有比有殭石之石老者有比有殭石之石新而在二次石之後者總之地球皮面可以處處皆有海而非同時皆是海亦可以古今皆有新成之石而其石非一種造化則其說通矣
　四大類之石能同時並成

水層石火山石鎔結石熱變石此四大類石可作四箇年表譬如四箇碑其上各記其成石之年代則觀之可知此四類石有異地同時並成又因有水火二種造化故地面與地中能上下同時各成新石其成石之功夫皆無限久譬如今之湖海中沈積而爲水層石有火山之處其灰燼石汁噴流於地面而爲火山石又可知水層石火山石造化之時地中亦同時有鎔結石成焉而其地中之水層石亦必有同時經熱而成熱變石者所以此四大類石能同時並造其事與古無異

學者莫謂各種石層之成能使地球之皮面加厚蓋此有所增必彼有所減所以地中於某時某處有新造化之石亦必是別處所銷爍而來

每類之石各有新舊難言某類爲最古

如欲問結成之石何者爲古於有殭石之石何者爲古於火山石則難言之譬如有一房屋驟視之不能知其何物是仍舊何物是新造也欲細攷之必先知其何處曾經朽爛而易換何處曾經修葺而加增方能知某物爲新某物爲舊故地球外皮與地中之石亦不能決其何者爲老何者爲新因不能知水中成石之力與火中成石之力孰大孰小孰先孰後故也所以學者須知舊說一次二次之名全不足據卽有時仍用舊名亦不可有專指某類之意存於胸中

此書中以一切有殭石之石比第二迹層老者卽謂之一次石猶言第一迹層也與舊說以無殭石之鎔結石熱變石爲一次石者其意有別　如有據能知某處火山石某處鎔結石熱變石比第二次之水層石老者卽亦謂之一次石　二次水層石中如亦有火山石鎔結石熱變石同時並成則亦謂之二次石　如下卷言茶而刻之上更有新石則爲第三次石若攷得火山石鎔結石熱變石在此層者亦爲三次石　有人言有處之熱變石鎔結石其成石之時比第一迹層古此事尚俟攷定今惟言四大類石之年表譬如四柱並未言此柱是一樣長亦未言其年從何時起因地學之事攷察尚未徧不敢謂已知最新之石爲某石最古之石爲某石也所以用四表分記之有一二三次之水層石亦有一二三次之火山石鎔結石熱變石亦不敢謂一次之前更無古石三次之後更無新石也

元和江衡校字

地學淺釋卷九目錄

地學淺釋卷九

英國雷俠兒撰

美國瑪高溫口譯

金匱華蘅芳筆述

此卷論以殭石定水層石之期

辨水層石之新舊有四法

地學家大約有四法以辨別水層石之新舊。一辨其層之上下。二辨其金石和合之質。三辨其中生物之迹。四辨其中之古石塊。

辨上下法

水層石之諸層可以此處之層與他處之層比較之。如其層爲平，則上層爲最新，下層爲最古，因其沈積之次第。譬如一部史，其史之每頁各紀其年代時日及其事迹，積累成帙，閱之可知其時之事也。

地球皮面之石雖已層，屢經變動，每有斷裂彎斜直立反轉之形，然反轉直立之層遇之不多，算錯者少。所以凡遇石層斷折彎卷而直立者，則難以上下之法決其何面是新，何面是舊，須更求他處之或平或斜者決之。

辨合質法

石層有數里寬廣或數百里寬廣，其金石和合之質相同，而每層之金石合質必各異。如於地面作井而下，必見其每層石質有粗粒者細粒者和合者化合者灰者泥者砂者此因其沈積成層之時水中所有之物各不同故也此理地學家初以爲奇何以遠近數百里之面其合質同而深淺數尺則合質已各異驟思之得一解以爲地球之皮面水中消化沈結之各質如葱頭之皮層層相掩所以同層之質同異層之質異

然同質之層有大如歐羅巴之半洲者亦有相去不遠而即漸薄至無者宛似沈積之質至此漸少以致於無亦有其層忽然斷截宛似在湖海之陸岸處沈積者又有遇一層中其金石之質遠而漸變者如遇灰石層往往至數百

里外石中漸有砂最遠則砂漸多而與砂石層連此可知其灰及砂同時於一水中兩處沈積故交界之處混和而不能分

辨殭石法

觀殭石以攷石層之先後其理與攷金石之質同如於石層中每見有一大層殭石與石層平行惟每遇一樣之殭石在數百里寬廣之面而從未遇有一樣之殭石在各石層中數千百尺淺深此事遍地球攷之皆然因此人方信一處之生物亦古今不同其古今之不同比同時兩地之物相異更甚由是而知從古至今時時有新生之物亦時

時有絕滅之物每一種生物其種類之綿延其期各有長短惟從未遇有已絕滅之種類而更生於他層者西人有古語云造物之模已破則故物不能再成所以石層中各種生物之形迹可爲古今時代之據譬如金之在型惟因模範之式古今不同故其鑄成之器埋沒於地中者後人掘得之亦可攷其形式而知其爲某代之物也

若以石之形色辨別古今則遠不如觀其殭石之易別因石之形色每有多層重複者即如紅麻兒與紅砂石地中每有多層有之若照金石之例則不能辨別其何層爲新何層爲舊惟其中之殭石則各異故可爲新舊之據

新紅砂石層舊紅砂石層雖在各處所遇者未必即是一層然若遇同層之紅砂石則其中之殭石必無二致故可以之別石層之期

殭石分界

前已言每一種生物其殭石所在之地不能極其寬廣此理人能思得之因今時動植之物亦各產於土性相宜之處不能遍布寰區也如識其性之所宜則可知其所生之處各有地界迹甚分明

辨生物之土宜不但南北分界即東西亦能分界因地面之山川湖海有古今異形之處則其間之生物必不同所

以地中所沈埋之殭石亦必各異

若欲求處處皆有之生物則除非其物住在水陸寒暖之地俱能生不然則必遍地球之燥濕寒暑皆同方足以遂其物之生而種類遍布否則不能也所以同時之生物不能處處相同而同層之殭石亦不能處處一律假使處處能一律則以殭石別時代豈不更易哉

生物之種類形式雖不能處處皆有亦不能處處相同而其所在之地則有甚寬廣者如海中之生物是也

生物之性各有水土之所宜其例古與今同因屢次於相去甚遠之地見其殭石之種類相同又有一片極廣大之

石層其中俱有一種殭石此因其土宜同也

此例可以現在之地中海明之設地中海爲一生物之藪澤其水中之生物遍地中海俱有者居多其獨生於一隅者少假令此海變爲陸地則水族之殭石其地界之寬廣大如半箇歐羅巴洲

譬如地中海有入海之水從四邊之山上來其水中流來之物各異則其沈積之質亦各異其近火山之處有火山灰落至海中其火山流石亦流至海中火焰熄時砂磨水洗之後火山復出火又有灰及流石入海又如有處有熱泉在海中其水中消化之灰流至他處而凝結爲灰石凡

此諸類雖同在一海之中而其金石之質必各異而海中之螺蛤珊瑚魚骨之類沈埋於中者後爲殭石地學家即謂之某時某生物之層其地界如何此因同在一海之中所成故也

生物羅佈之迹有時其界限甚分明而其所在甚偪窄者所以相近之石層中每有各異之殭石　如紅海中之螺蛤珊瑚及魚與地中海所生者其形各異以兩處之輭肉類論之其雙殼者只有五分之一相同獨殼者只有百分之十八相同譬如今紅海內灰石新層中有現在紅海之生物而入地中海之奈爾江其泥砂沈積之新層中又有

現在地中海之生物則此二處之新層將來變爲陸地地學家觀其殭石難知此二處之層爲同時所成將毋以彼此之不同誤作古今之漸變耶

破殭石之地界勿忘卻兩水之間中有陸地如紅海之邊及紅海與地中海交界處均有陸地其土中生物自有一疆界若其地有水流入地中海則水中能帶紅海邊陸地之生物如草根獸骨之類流入地中海所以有兩處石層其金石之質不同其水中之生物亦不同而亦能知其層爲同時所成者因其中有陸地之生物相同故可辨認也

水能帶陸地之生物至兩邊之海中則兩海中水族之各

異者可觀其中之陸地生物而知其同時若數處之陸地生物各異而被水帶至一海中則又可觀其水中之生物相同而知其陸地各異之生物爲同時如陸地獸骨及土中螺類之殼在歐羅巴南亞非利加北亞細亞西北等處各異者多而觀其流至地中海內者亦可知其同時之生物也

觀今時地球之面其生物之所在亦有分界之處此因冷熱之故如海從温道至南或從温道至北其處之生物每逐漸而變無絶然各異之形地學家查各層之殭石能作古今動植生物之地圖此因其石層金石之質不爲冷熱

所變而生物每能因冷熱而漸變故也如有一大江其江水中能帶其陸地之紅泥至海中又爲海中流水盪開則能爲數百千里之平層從熱海至温海皆遍若此海後變爲陸則觀其紅泥層中之殭石知某物生於熱處某物生於温處

動植各物所生之處其地界若能寬廣於沈積之石層則殭石之據比金石質之據更爲緊要惟其不能有如此寬廣所以金石之質與殭石之形必須兼攷不可偏廢所幸者彼此能互爲證據耳

辨石塊法

石層新舊之期可觀其層中之古石碎塊而辨之此據每有大用處如有時忽遇石層直立或僅見一小塊其中無殭石難知其時代者則可用此法辨之 又因此每能知新石爲舊石所爛泐而成如茶而刻層之新舊不一其層每爲泥砂石子相間其中每有火石塊若火石塊中之殭石與茶而刻中之殭石相同則此茶而刻層爲古時造化所成

殭石分類

石層中生物之殭石地學家能區分類別之其有數法任用何法皆便因所遇之殭石皆不在一處故也

前已言石層能漸薄至無故有處多一層有處少一層譬如石層之形如圖之一二三四五六七各層其各層中各有一種殭石則可用以解七種殭石如於圖之中央處觀之則其石層共有七層惟有數層甚厚數層甚薄若觀圖之左邊則無第二第五層若觀圖之右邊則無第四層故欲知殭石之次第必數處參看不可拘於一隅也

又如英吉利地方有一處新層如圖其一二三四層與五

六兩層不平行在左邊則見其第三層新紅砂石即在第六層之上在稍北之小山處則見六層皆全在右邊則其一二層皆已被水蝕去故亦不見　圖自北至南其十二里甲乙爲海面線其各層之石一爲下烏來脫二爲來約斯三爲新紅砂石四爲美養灰石合子石五爲碟六爲炭灰石七爲老紅砂石

在水底所成之石層每有漸薄至無其故不關水蝕乃其沈積之時此處本漸少至無也譬如湖海之中漸漸沈積成新層則其湖邊之陸地上必無此層而其海邊離海較遠之處亦必無此層

所以地學家欲知石層先後新舊之期則於其處攷其石之上下諸層辨各層金石之質及各層中生物之殭石而各命以名於他處亦如之各以攷得之物列之爲表今普魯斯法蘭西英吉利各國之地學家已用此法定歐羅巴洲各處石層之新舊及上下次第爲十七層此十七石層惟英吉利之地各層皆全他國或缺少數層

歐羅巴各殭石分層表

一　後沛育新
二　沛育新
三　埋育新
四　痤育新
五　普魯灰石
六　爲爾滕　又名綠砂
七　上烏來脫
八　中烏來脫
九　下烏來脫
十　來約斯
十一　脫來約斯
十二　潑而彌安
十三　碟層　又名卡蒲業非拉斯
十四　提符尼安
十五　上西羅里安
十六　下西羅里安
十七　堪孛里安

以上十七殭石層從第一至第四爲第三迹層其石謂之三次石　第五至第十一爲第二迹層爲二次石　第十二至第十七爲第一迹層爲一次石

又第三第二三迹層皆謂之新殭石層，第一迹層爲古殭石層。

此表之一二三次諸石層，不能謂其各層俱有大用處，亦不能言其某層之期閱幾何時，惟能言此十七種殭石層，其成石之時各有一期，其古期所成者在下，其新期所成者在上，其每期之生物與別期中者各異，其每層之石質亦各異。

如專以殭石之種類分之爲表，則僅有八類，比前表更簡，惟因現今所知之殭石攷察尚未遍，故此表不過暫時可用耳。

八種殭石分層表

一　新層殭石　從今至瘞育新

二　茶而刻殭石　從普魯灰石至爲爾滕

三　烏來脫殭石　從上烏來脫至來約斯

四　脫來約斯殭石　石膏麻兒　灰白砂石　灰色灰　石駃羅美脫　石膏　石鹽　紅砂石　合子石

五　潑而彌安碟層殭石　美養灰石　碟炭　灰石

六　老紅砂石殭石　黃砂石

七　西羅里安殭石　上勒羅石　倍拉灰石　筆昔斯　脫

八　堪字里安殭石　林求來至太古殭石

殭石分層又表

又有殭石分層表最便於用，列之如左。

一　今時新層

二　後沛育新

三　沛育新

四　前沛育新

五　上理育新

六　下理育新

七　上瘞育新

八　中瘞育新

九　下瘞育新

十　普魯灰石

十一　白茶而刻

十二　上綠砂層

十三　藍麻兒灰石

十四　下綠砂層

十五　泥砂灰石舍兒

十六　淡水泥灰石

十七　蚌砂石

十八　泥層

十九　老珊瑚殭石層
二十　淡青泥石
二十一　上魚子灰石
二十二　下魚子灰石
二十三　頁灰石即來約斯
二十四　上脫來約斯石膏舍兒
二十五　中脫來約斯駄羅美脫石膏石鹽
二十六　下脫來約斯各色砂石駄羅美脫紅泥
二十七　潑而彌安即新紅砂石
二十八　可兒美什礫層也

二十九　炭灰石
三十　上提符尼安
三十一　中提符尼安
三十二　下提符尼安
三十三　上西羅里安
三十四　中西羅里安
三十五　下西羅里安
三十六　上堪孛里安
三十七　下堪孛里安
三十八　上落冷須安

三十九　下落冷須安
以下十八卷論各期迹層俱照此三表分類。

陽湖趙宏繪圖
長洲沙英校樣

地學淺釋卷十

英國雷俠兒撰 美國瑪高溫口譯 金匱華蘅芳筆述

此卷論今時新疊層及後沛育新疊層

現在新層

地面之石或因流水或因雨水漸漸消蝕其被蝕之處有多少遲速之不同如地爲平面或斜坡上有草木護之者則不爲雨水所蝕而其低窪之處恆能稍潤或漸深而成川澤故上游之泥砂土石被流水帶至下游沈積於湖海之底者甚多而人不覺其多者因在水中不見故也

新沈積之層雖在水中不能見而數百年之內必能見之無論湖海皆然此因地球之皮面每有變動有此處漸漸高彼處漸漸低百年之中高低數寸或數尺不等所以有先爲陸地者後窪而爲湖海先在水中者後高而爲陸地所以能見現在沈積之新層

現今新層之高出者如恰始彌見地方其處因遇地震而湖中之新層高起爲陸今其高起之陸地上已又有河渠矣於此新層中遇古人所用之器及淡水中生物之殼均埋於土中

以大里古桯英吉利古船

以大里那不爾斯海邊有古殿之石柱植立於老岸之土中此殿名西來必斯攷古者尚能稽其湮沒之年惟有時所遇古蹟亦竟有不能攷其何代之物者如英吉利江口新層中得古時小艇及艇上所用之器則不能知其爲何代之物不過知其必是人功所造之物而已

又有一處於鹹水新層中五十三尺深處得古人頭骨及鯨魚之骨並陸地獸骨其形皆與現在生物之屬無異所以知其層爲今時之新層

太尼皮脫中古刀

有時於地中得古器能知其物尚在未有文字之前如攷

古者言太尼皮脫中所得古器是也

太尼地方有一皮脫厚層皮脫者草木於北方之地枯而不朽所積之層也其中有淡水蠣石及陸地獸骨其形皆與現今本處之生物無異其皮脫之下層二十至三十尺深處得古時石刀在松樹根中而其上層皮脫中則有古時銅刀在栗樹根中攷之古史知其處並不宜松所以知此刀此樹尚在未有文字之先意其處先有松後有栗故松樹之皮脫在下栗樹之皮脫在上均能積成厚層其有松之時古人以石爲刀未知用銅及有栗樹時其人已知以銅爲刀而尚不知用鐵今則其地並無松栗而有榆林甚茂其榆樹皮脫中遇

有鐵刀故知其地有榆樹之時人已能用鐵矣

太尼蛤蚌堆

太尼海邊之島每有螺蛤之殼積高爲堆其堆之高三尺至十尺不等其堆之長一百尺至一千尺不等觀其螺蛤之殼知並不是螺蛤之自能成堆宛若有人食螺蛤而棄殼於此故積成堆今時花旗之野人所食螺蛤其棄殼亦成堆好古之士每掘此堆以蒐求古器見其中並無金類之物其刀斧之屬皆以骨角木石爲之又見其中已有最粗之瓦器及木炭灰燼並有獸類之骨觀其骨知皆爲野獸之骨絕無馬牛羊豕之骨而有狗骨知其時之古人已知火食而畜狗矣

以刀紀期

因螺蛤堆中之古器無一金類之物所以攷古者謂成此堆之時爲石刀期石刀期之後爲銅刀期銅刀期之人智於石刀期之人而强於石刀期之人故銅刀能逐去石刀其銅刀期之後則爲鐵刀期此皆因太古之世荒遠無稽苟有一事之可徵不得不以之爲證此其所以以刀名世歟

瑞西湖中古屋

瑞西國有今時新層爲湖水中所成其層中有古人所居之屋如村落然一百五十餘所最深者已入地十五尺其

土中古物甚多可與石刀銅刀鐵刀之說相證其屋之下脚皆有樁柱如水閣然想是居於水中意古人造屋於湖水中或是防外侮而以水自衛或是畏野獸故巢居不可得而知也

論各處之刀期亦有先後

銅刀期後於石刀期而鐵刀期又後於銅刀期可見人之智慧日開故能易石刀以銅易銅刀以鐵然其石刀銅刀鐵刀非各處同時變易其間亦有先後焉所以即一處攷之可言其銅刀期後於石刀期而前於鐵刀期若合數處攷之不可謂此處之銅刀期必後於各處之石刀期及必

前於各處之鐵刀期如瑞西湖層古屋中有一處尚是石刀而其相近之處已有用銅刀者又於其石刀之處得古物二千餘件無一物是五金所爲而其別處則得古銅器甚多幾於無復有石器知風氣之所開大有先後也

石刀期銅刀期可與生物之骨比較之以攷定曠古之事焉如於其處得古人食棄之物爲野牛野猪及鹿等骨又見有石刀則知其處之古人以打獵爲生如於銅刀之處見有畜類之骨爲馬牛羊豕犬則知銅刀期之人已解以畜牧爲生又有時遇新石刀期知其時之人已智於古石刀期因見其處有麥麵食物之類及麻草編織之布則知

其時之人已能耕織矣又見銅刀期中之古器知其器非但可以適用而且兼有文飾焉如兵器農器漁鈎手鐲等類皆有花飾而其中亦間有石刀諒是時石刀尚未廢也又見銅刀期處古屋之瓦比石刀期處古屋之瓦較爲精美

近此湖層之處其地中已有古人所用之鐵器惟其形與銅刀期中之器式樣已大異意銅刀期之人必已解貿易因見其銅刀中已攙有錫錫非其本處所有當自遠處貿易而來

用銅刀之時亦已有能用鐵器者惟其時雖已知以鐵爲

器尚不知以鐵與炭相合爲鋼故其所用之刀尚以銅和錫爲之至能以鋼爲刀而銅刀廢則爲鐵刀期

攷西國紀年七十九年間其時已有鐵器惟其農器炊器兵器尚用銅又有處石刀期銅刀期之間有一古銅刀期其刀是純銅所爲則尚未知用錫也

古人頭顱

太尼皮脫中及瑞西湖層古房中皆有古時所用之器及人食棄之獸骨而絕不見有人骨意銅刀期之人已知火葬故不見其遺骨也

惟於北方之地石刀期處得古石槨其中有古人頭骨觀

其形式知古人之頭骨與今人不同其頭小而圓量其腦骨之角度多於今

如圖甲爲古人頭骨

如圖乙爲今人頭骨古頭骨畧近渾圓今頭骨則前後長而左右窄畧近橢圓其所異以此

此種古頭骨得之於法蘭西及英吉利之北方其形與現

在拉不闌地方之人頭骨相同想其時拉不闌之人本居於英法附近後爲他處之人逐之而北故至拉不闌也拉不闌人爲蒙古最遠之分支故今蒙古人頭骨亦圓此所得頭骨是石刀期之人其銅刀期之人不能知其頭骨爲何形因不得其骨無可攷證也鐵刀期之人其頭骨與今人同

以上論今時新層以下論後沛育新

後沛育新

從以上諸說能知鐵刀期之前有銅刀期銅刀期之前有石刀期此三期之層其生物之形皆與今同故皆爲今時

新層其石刀期爲今新層與後沛育新之交界

後沛育新層中所遇之物比今時新層之物更古令人知歐羅巴洲有古象之時已有人

歐羅巴洲初有人時其地形與今不同至有螺蛤堆及湖房時則地形與今不甚異然此說亦偶有不合處因近海之處其地顯然有變動之形如古海岸已有二十餘尺高者又他處有陷下之茂林水落時猶能見其樹枝因離海較遠之處不能與海面比較高低故不知其已變動也大約因極寬廣之地同上同落故不覺其甚異耳

攷後沛育新之殭石知其時有一種乳哺類之生物今已

絕種其地形與今大不相同其陵谷已變遷其水道之方向亦更改於近海處可見之

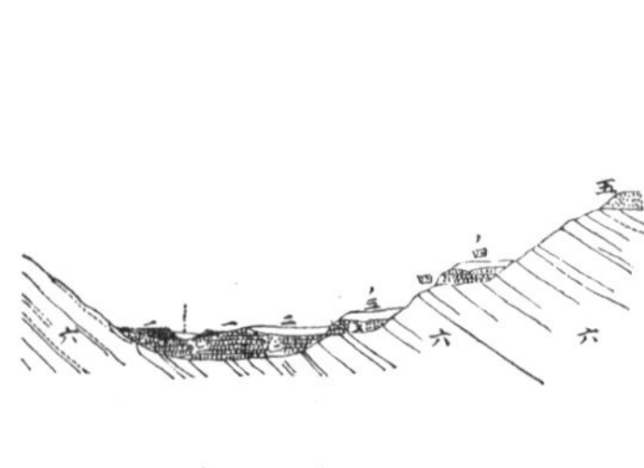

如圖一爲皮脫　二爲現今合子石層　三爲澄泥　三爲粗砂其坳爲下平坳　三爲其同時澄下之泥　四爲上平坳粗砂　四爲其同時澄下之泥　五爲近上之粗砂雜層　六爲古石　虛線處爲江

觀上圖知其深處有皮脫層皮脫之下爲粗砂合子石合子石之上有泥其泥是江水中所澄 觀下平坳之粗砂及小石子知成此層時其江無今時之深其層中之淡水內殭石與現今螺蛤之形無異而陸地之乳哺類殭石其種類有現所有者亦有已絕種者每有古象類及蝲豕之骨在砂中其砂之上面亦有江水所澄之泥

其上平坳層造化之時必比下平坳爲古其中之殭石與下平坳中者畧同所以此兩平坳之層皆爲後沛育新

此江坳之平層形如臺坡有處一層有處兩三層每層之高自十尺至百尺不等有在江之此岸者有在江之彼岸者若有兩岸俱有臺坡者則其形迹不甚分明

歐羅巴古獸

歐羅巴後沛育新之殭石屢遇象犀海馬虎狼等獸類之骨其形皆與今所有者不同蓋其種已絕也如前圖之一二層皮脫及粗砂爲新石期及古銅期其中亦有此等古獸骨而其稍古之層中已遇有粗石器所以知其時已有人

百年前已有地學家攷合子石中之古獸骨言有此獸時地面已有人然未有實據故人不之信二十年前有人於法蘭西墟壤中得已滅乳哺類生物之骨與火石之刀在

一處所以知其時已有人 其火石刀遇之於粗砂礫中大約是兵器惟其刃尚非磨成不過是敲碎而有鋒稜耳若今新層中所得之石刀則是磨琢而成非敲成者矣

後沛育新之殭石不見有人骨然已有人所用之器即可爲有人之據西人舊說人生以來不過五六千年由今以觀當不止五六千年矣

奈兒江澄泥

江水中沈積之物如前圖之二三四層其下皆爲粗砂其上皆有細泥蓋之此因水道漸徙當其急流處祇有粗砂能沈其細者皆隨流而去及其流漸緩則其細泥亦能沈而蓋於粗砂之上

如埃及國之奈兒江每年水發時亦有新沈之泥計百年中可厚五寸雖每年所積如此之薄而其處已有積至六十尺厚者知其泥沈積之年亦久遠矣此處沈積之泥絕無層壘之痕惟於近砂漠處有風中吹來細砂間於泥面則可見其每年積壘之痕

奈兒江之澄泥無壘層之故因每年所積之層極薄其地熱而燥風捲揚之則新積者與舊積者糅雜而無層累之形

歐羅巴半邊後沛育新層中每有大塊稜角之石子此是

冰中移來之石也詳見下卷

奈兒江之在歐羅巴者其江底有沈積之黃灰色奈兒亦無層壘之痕其中每有小塊之灰石其合質中有六分之一爲炭酸灰亦微有科子砂枚格砂

此江所沈之泥雖未凝結成石而其水蝕之陡岸處見有土中生物及淡水中生物如圖

希力克斯潑里比耶

色克西尼耶以郎盖達

剖罷莫斯个倫

色克西尼耶以郎盖達水陸皆能活　剖罷莫斯个倫及希力克斯潑里比耶皆土中生物

此數種螺類之殼皆薄而易碎今奈兒中有之此是平水中沈積之據也若在流水中則必磨碎而成粉矣

有處奈兒層數十尺厚離此江甚遠有土山高數百尺處其土中之殭石與奈兒層中之殭石形類相同所以知其先之奈兒層本是甚厚因被水蝕而薄其存者爲山

此層之變遷因其地先漸低後又漸高其低時或因離岸遠處之地所低更多故水中沈下之泥此處較厚及其高起之時此處之高又比他處多所以水之蝕去者亦多而其搏結稍緊者則未蝕盡故留而爲山

瑞西湖臺

瑞西國湖邊有湖水造化之層其形如臺於其粗砂中得巨鹿之骨及別種已滅之乳哺類與現今之螺蛤類

瑞西之奇尼乏湖其入湖之水離湖一百五十尺處有古時湖口之形所以知古時之湖比今較大　此處因造鐵路而開其土臺見其中有三層浮泥知每層皆曾爲湖口其上層之浮泥比地面深五尺於其中得羅馬國古瓦及古錢攷其錢文知是一千七百年前之物也其中層浮泥比地面深十尺厚六尺於其中得粗甆及古銅器大約爲三千年以前之物其下層浮泥比地面深十九尺其層厚半尺於其中得粗甆器木炭及人全身之骨其頭骨渾圓大約爲石刀期之人距今約六七千年統計成此三層之時約有一萬年

又有處之老臺攷其層約十萬年中所積成因其中有已滅巨鹿類之骨及火石刀故也如此攷其年代亦不過約略之辭未能一定也此臺之時雖比有文字以來之時較古然畢竟倘在冰期之後

撒頂鹹水層

歐羅巴最高之鹹水層亦爲後沛育新如撒頂國海邊有鹹水層其層爲合子石灰石其中有螺蛤殭石形與現今地中海內之屬同其殼已兩片相合不復能分於其處亦得粗磁瓦片故知成此層時必已有人矣後沛育新層中遇人所造之物以此爲最古其上層中亦有磁片則已是羅馬時之物矣　其層之裂縫處中有合子石滿之其合子石中有已滅之古獸骨　又歐羅巴他處之鹹水層中有海中生物者比此多惟此處則有磁瓦片　又於英吉利法蘭西等處灰石洞中得人骨及人所用之物與已滅大鹿之骨在一處所以知後沛育新期已有人迹

法蘭西大鹿期

石刀期之後瑞西湖房銅刀期之前有一大鹿期其時之人已比石刀期聰明已能以骨爲針其針孔亦甚端正此針在法蘭西之南邊得之與大鹿之骨在一處故謂之大鹿期

後沛育新期獸骨

合子石中有生物之骨不但歐羅巴有之即如新荷蘭石洞內之合子石中亦有生物之骨其形與地中海邊所得者大畧相同其小石子有紅土膠固之而成合子石中所得之骨如圖爲馬克羅白斯鴨脫拉斯之下牙牀骨此獸爲腹袋類今此種已滅惟有他種腹袋之獸名馬克羅白斯美查則現今尙有生者其牙牀骨之式如下圖

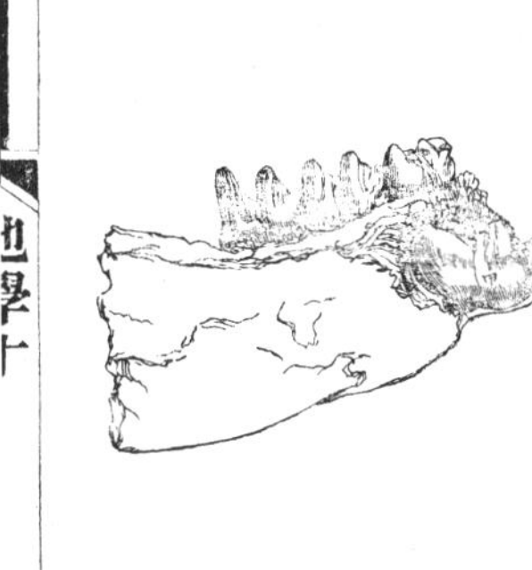
馬克羅白斯鴨脫拉斯

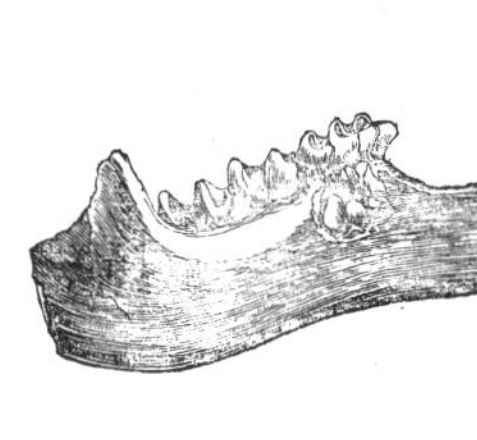
馬克羅白斯美查

凡獸之齒有一齒特出不在羣牙之列者名曰多牙亦謂之假牙觀此牙可知其獸之年齒如觀前圖之甲其牙尙未大則知此獸之年尙小

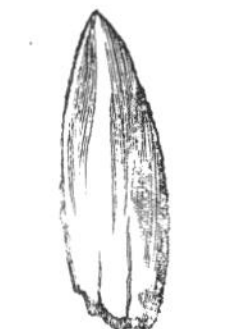
此圖爲馬克羅白斯之門牙觀此殭石之牙與現今腹袋獸之牙相同故知其亦爲袋獸類

腹袋之獸惟新荷蘭有之他處皆無此種想古時亦然所以有一大約之例凡前一期中之生物與現今之生物無論有脊骨無脊骨之類其所在之處大約無甚大異

有博物士名阿恆者言歐羅巴亞細亞等處之獸骨與新

荷蘭美里哥南者不同如於歐亞二洲之殭石未見有腹袋獸及犰狳而有象馬熊海騾兔田鼠等類其形皆與現今之生物相同而美里哥南所遇之獸骨雖其類已滅亦與今之生者彷彿此可爲前例之證

走獸之類亦有處處皆有者如馬是也然雖如是其他種獸類則非處處皆有所以可定一例凡後沛育新期其禽獸所居之地皆與今同

後沛育新期及沛育新期其層雖與今時新層相近而其時之生物有大獸甚多如彌呆希里恩今見其骨在赤道南北三十九度內皆有之又如哀里發斯古象類今見其

骨從美里哥之北至亞細亞之北皆有之此兩種大獸今已絕種有人謂因其物龐然大人易殺之故自地面生人以來其物卽滅也

有人於美里哥南之灰石洞中得大獸之骨與小獸之骨在一處其種類今皆已無若謂大獸爲人所滅豈獸之小如鼠者亦能爲人所剿絕耶又其螺蛤之屬至今如故所以知生物之絕種者皆其自然不生不關乎有人無人也蓋地面之風土漸變與其生性不相宜則生者漸稀老者易死以至於澌滅

有一生物之例凡有脊骨之生物今之種類與古之種類大畧相同不獨乳哺類然也如新荷蘭之地雖離歐羅巴不甚遠而歐羅巴人初至新荷蘭時不見其處有四足之獸惟有無翼之鳥形如駱駝而其後沛育新層中亦無獸骨而有大鳥之骨長十一尺所以知其處古時亦無乳哺類生物

有人攷知英吉利之地古時有大鹿及厚皮食肉之獸類生在冰期之後今已無此種類矣

後沛育新氣候冷暖

或問觀後沛育新期陸地之生物及水中生物之形能知當時之氣候比今較冷否　曰其種類之已絕者不能知

惟卽其種類之與今相同者觀之則現在生於北地者昔在溫帶此因冰期之後氣候漸暖則其走獸之類能遷徙而就寒暖相宜之地以居焉所以每期有大變遷而每年亦有小變遷如大鹿及獐麝今遇其骨有在英吉利者有在法蘭西者有在普魯斯者　於普魯斯又遇古象與雙角犀之骨在一處而俄羅斯粗砂中亦有古象及雙角犀皮肉尚存則今之必生於熱地者古時反在冷地其理莫解

於英吉利遇古象之骨與厚皮獸類之骨在淡水殭石層皆今本處所無而亞細亞之南則有之是古時英地似暖

於今然人可云此種古象其種已絕其性情未必與今時之象同或者不比今之象必生於熱地而在冷地亦相適未可知也惟千百年中其天時氣候或漸漸和暖則熱地之獸能走而向北若天時氣候或漸寒冷則冷地之獸能走向南則一定之理也

又於法蘭西後沛育新層中見厚皮獸之骨及石刀知其地於後沛育新期比前期稍暖

乳哺類與輭肉類比較

以後沛育新層中輭肉類生物與已滅之四足乳哺類生物比較知輭肉類之生物其時久遠此非謂以此物之年壽比他物之年壽也謂其種類之綿延於世孰爲久遠也有一例凡生物之筋骸臟腑愈繁者其種類之綿延於世愈短若生物之筋骸臟腑愈簡者其種類之綿延於世愈長如兩足乳哺類筋骸臟腑最多四足乳哺類次之禽鳥之類次之蛇魚之類又次之輭肉之類又次之至珊瑚之類則蠢然一物幾於無筋骸臟腑矣所以珊瑚之種類亘古至今皆有之而輭肉類亦不甚變易不如他物之倏生倏滅也

後沛育新乳哺類之牙

博物者徧察各生物之形體而比較之知其骨節之式各有不同故得其一骨即可知其爲某物之骨今有一事最易攷究凡乳哺類之物其牙之形式各不同故見其一牙即可知之

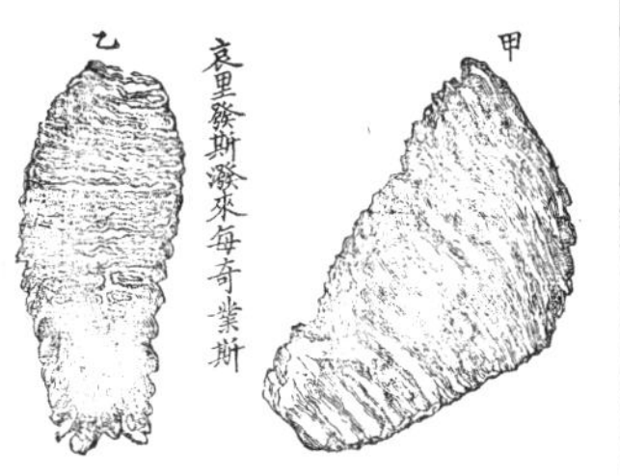

甲

乙

哀里發斯潑來每奇業斯

此爲後沛育新期古象類右上之磨牙　圖得原形三分之一　甲爲側形乙爲磨面形

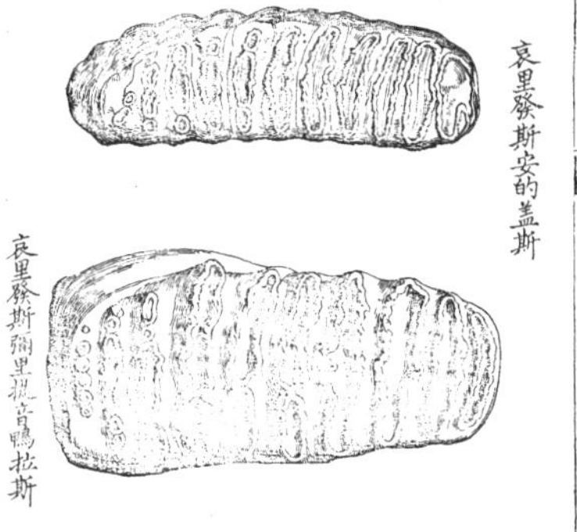

哀里發斯安的盖斯

上圖爲後沛育新及沛育新期象類之磨牙下圖爲今南方生象之牙圖俱得原形三分之一

觀以上三種象類之磨牙知其時愈古其牙上之磨面摺紋愈多

江南製造局

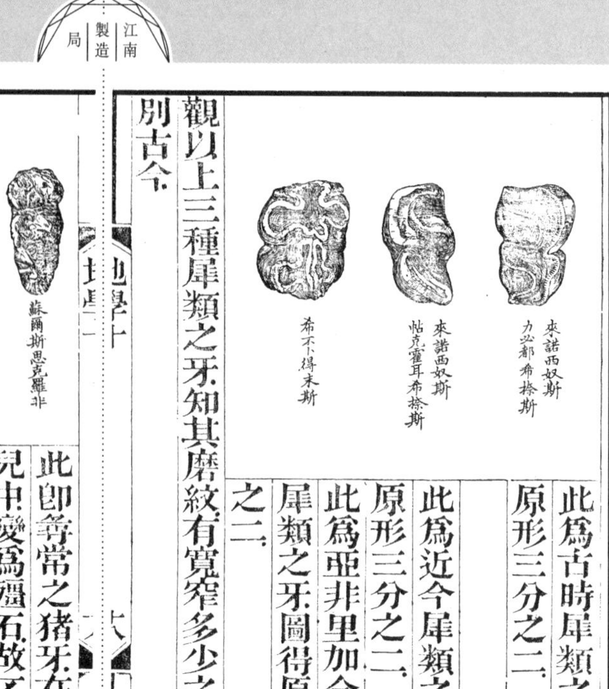

來諾西奴斯力必都希捺斯

來諾西奴斯帖克霍耳希捺斯

希不卜得末斯

此爲古時犀類之牙圖得原形三分之二

此爲近今犀類之牙圖得原形三分之二

此爲亞非里加今時厚皮犀類之牙圖得原形三分之二

觀以上三種犀類之牙知其磨紋有寬窄多少之不同可別古今

蘇爾斯思克羅非

意卦斯開拔勒斯

西拉斯哀耳雖斯

此即尋常之猪牙在螺蛤麻兒中變爲殭石故不甚分明

此爲馬之磨牙甲爲平形乙爲側形甲得原形三分之二乙得原形二分之一

此爲北方大鹿之上磨牙其殭石在麻兒中圖得原形三分之二

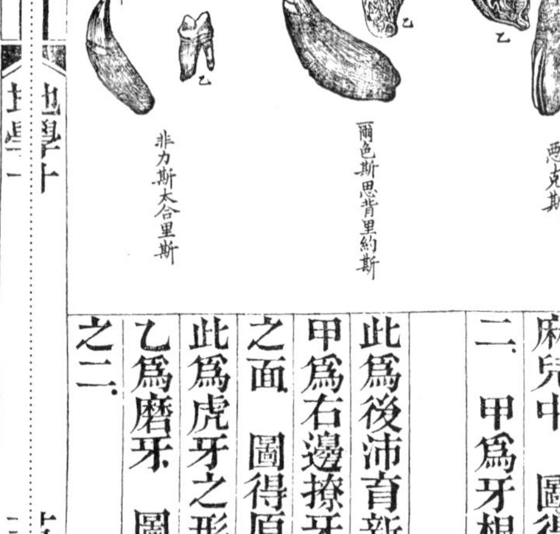

悪克斯

爾色斯思背里約斯

非力斯太合里斯

此爲牛之上磨牙其殭石在麻兒中圖得原形三分之二甲爲牙根乙爲磨面

此爲後沛育新期熊類之牙甲爲右邊撩牙乙爲磨牙之面圖得原形三分之一

此爲虎牙之形甲爲撩牙乙爲磨牙圖得原形三分之二

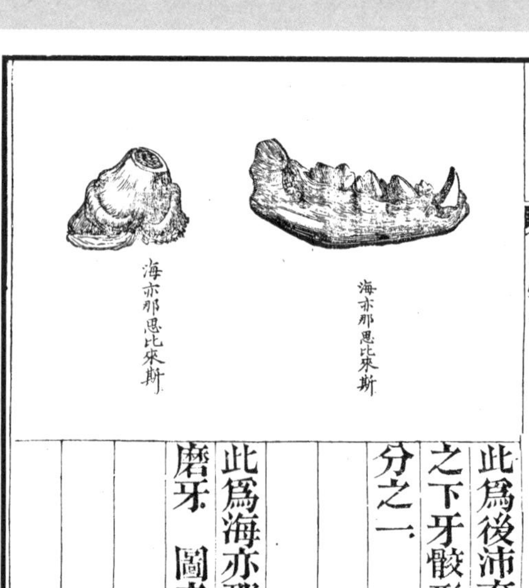

海亦那思比來斯

海亦那思比來斯

此爲後沛育新期海亦那獸之下牙骸形圖得原形三分之一

此爲海亦那獸之左下第二磨牙圖之大小同原形

科技譯著集成

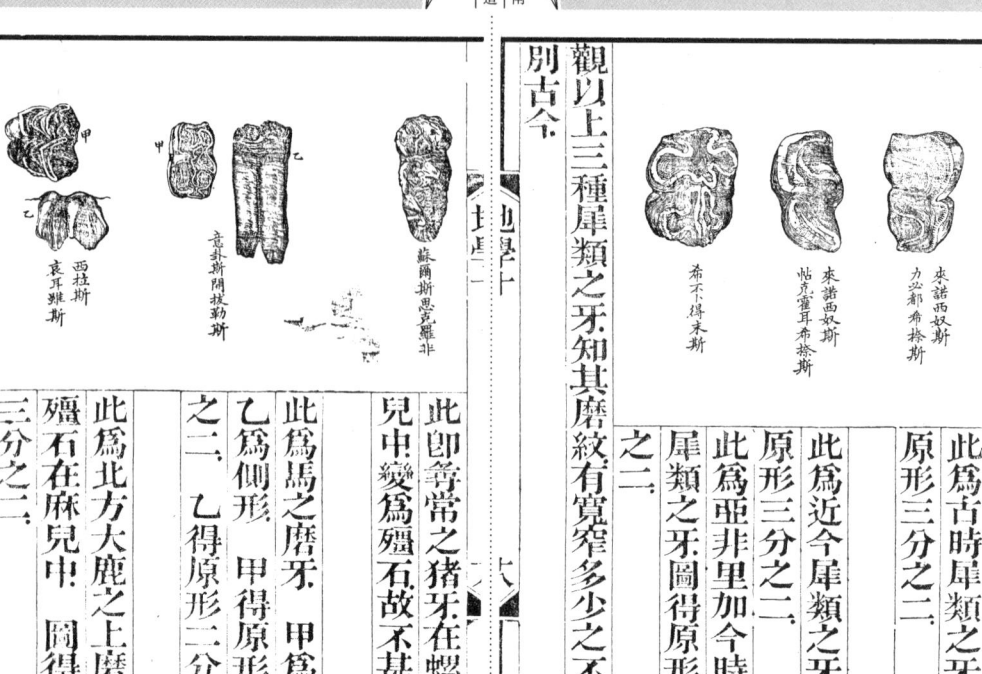

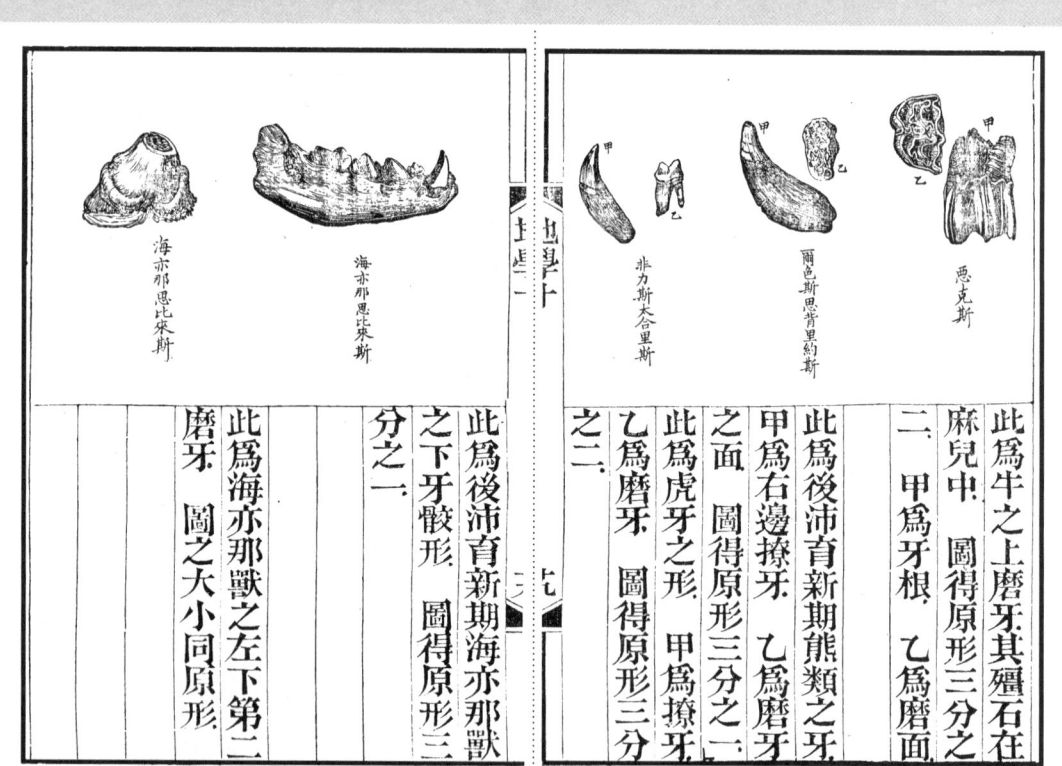

阿維科拉

甲

乙

丙

彌呆希里恩

甲

乙

此爲後沛育新期田鼠之牙。甲爲平形，乙爲側形，丙爲原形之大。

此爲彌呆希里恩大獸之右邊磨牙。甲爲側形，乙爲平面形。圖得原形三分之一。

陽湖趙宏繪圖
長洲沙英校樣

地學淺釋卷十一目錄

江南製造局

地學淺釋卷十一

英國雷俠兒撰
美國瑪高溫口譯
金匱華蘅芳筆述

此卷論冰遷石

冰中移來之石

七卷中曾言砂礫中每有大塊之石爲冰中移來此種冰遷之石塊在歐羅巴洲赤道之北五十度外遇之甚多在美里哥赤道北四十度赤道南四五十度以外亦然而其近赤道之地則無之其砂礫之質爲砂及泥有處亦有積疊層累之痕惟無層累痕之處居多有積厚至五十尺或

一百尺者其中有磨圓之石子亦有稜角之石子又有大石塊或一面有磨平之痕或數面有磨平之痕其面上之磨痕皆平行亦有幾次磨痕者此皆冰中遷來之石也凡有冰遷石之砂礫中大約無殭石者居多卽有亦是別處移來非其本處之物也有時其中遇有螺蛤碎殼爲冰海中生物

此種有磨痕之石塊其石質非一種紅色者爲紅砂石白色者爲茶而刻灰石褐黑色者爲煤炭爲舍兒皆從其相近之山移來亦有極大石塊從其本山移至數百里外者其石之常形大約每有磨痕

冰遷石有極

冰中之石磨擦而過於山其石若爲合拉尼脫及尼斯等石則其石質硬而石上被擦之磨痕不易消滅能見其痕恆平行並可知其來去之方向

石塊造化人初攷之以爲與現今之事不合因有時見其中有鹹水中螺蛤大都皆與現今之生物同故疑其移來之時非甚古又疑此遷徙之變動或比現今之變動較大此說非是

後來地學家攷之知石塊之下其本處之山石上亦有磨擦之痕其痕之方向皆有一極其石塊愈大者離極愈近

石塊愈小者離極愈遠如於北帶海邊與地中海邊兩處查攷冰移之石則見磨痕之石在北帶海邊者甚多在地中海邊者甚少 惟阿兒不斯山之冰遷石似與此例不符此因其山高而冷故亦有冰雪也

冰能移石之據

阿兒不斯山高八千五百尺處終年常有積雪此雪若不漸漸卸下則每年必堆積而加高惟其重而能向低處走故至山凹中融而凝爲冰溪

冰溪之邊每有碎砂石子之堆其石子均有稜角其冰溪之中亦有石子之小堆高三尺至十尺不等又有數十丈

科技譯著集成

大之冰雪塊半融半凝漸漸流下其冰雪塊中亦有石塊在焉凡冰溪中冰塊之流下或一日移數寸或一日移數尺蓋隨天時之寒暖冰塊之大小爲所移之遲速也觀此冰塊中之石塊知不但小石子及泥砂能隨冰而移即極大之石若在冰塊中數百年亦能被冰移至數十里外又其石塊若在冰塊之中四面有冰包之則移至他處其石上絕無一點磨痕宛若從山中氈包席裹而來者亦奇事也

冰溪之冰面或有高低不平及裂縫處則冰塊至此而阻夏日天暖冰溪之中水流涓涓其冰塊亦融而石子在冰溪之底爲流水衝激磨去鋒稜則其石子之形與尋常水中磨圓之石子無異 其冰塊之大者一時不能消盡亦自漸漸流下一日移數寸其下面磨於溪底之石上則冰塊中石子及冰溪之底皆有磨痕其磨力之大如金剛之劃玻璃如砂石之磨銅鐵幾於無堅不靡其磨擦之痕亦恆平行

冰溪中之冰塊夏時微消秋冬又凍明年又消如是微消屢凍其冰塊或能因偏輕偏重而轉身故其石子之磨痕或能換面或能變易方向而其下面溪底石上之磨痕則常與溪流平行惟冰溪中有時冰多有時冰少則其流勢

亦能稍變故溪底之磨痕亦微有變

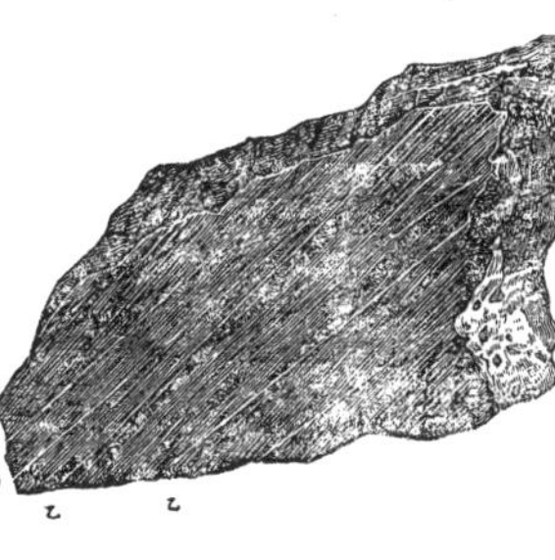

如圖爲一灰石之小塊其面在冰溪中磨擦而光 甲甲爲磨擦之細痕 乙乙爲粗痕 其粗痕因磨時遇一粒粗砂其細痕因磨時遇一粒細科子故擦成痕其平面則遇細砂磨光也

冰流所抵之處

冰山在三五千尺高處夏天消化冰漸流下其流冰所抵之處每年不同因天時之寒暖亦非年年相同故也有處冰流每年約行四里如瑞西冰山之冰四百年中漸漸流下其所至之處無論樹林房屋街路當其流者無不皆被摧滅近年來冰流已不能至其處此是天時比前較暖故也觀其古時流冰所至之地尚有冰中移來之石子碎砂成堆其堆中之石子有磨光者磨平者亦有未經磨擦者此視其石子之在冰塊之內外上下而異也惟其處之石子堆亦不甚多此因前次之堆已被後次之大冰塊行過而摧破也

冰中移來之石年代久遠亦有遇天空氣而剝蝕不見磨

痕者惟埋於土中者則其磨痕永不消滅如阿兒不斯山相近之處其地中常有冰移之石故知古時此山之冰流比今遠

冰水霤穿之石

於瑞西之山見山坳中有水溜所穿之石今其處並無泉水知亦是古時冰水所穿

又於瑞典國北方尼斯石上有水溜所穿之孔深十尺今其處亦無水

於阿兒不斯山及求拉山見冰水溜穿之石其孔非圓形而爲長形此因冰溪有裂縫水至其處而滴下其水中有

砂故能磨石成孔又因冰溪之冰每年必稍流向下則其裂縫之處亦稍移故成長形

山巔獨異之石

有處小山之巔戴一塊石或數塊石其石質獨異與本山之石質不同如小山之石爲尼斯而所戴之石爲科子此因流冰至此而阻及冰消而冰中之石留於此山也

阿兒不斯山之石移至求拉山

於阿兒不斯山高於今之冰流處見其石每有磨痕又於此山過一谷至五十里外又一高山名求拉山其山上亦有冰移之石堆夫求拉山之高比阿兒不斯山之高爲三分之一今觀求拉山並無冰溪何以其山上處處有冰移之石且有冰水溜穿之石此理殊不易解

五十年前地學家言求拉山之質是灰石其冰移之石爲合拉尼脫及尼斯與阿兒不斯山之石質相同此必是從阿兒不斯山移來惟何以能過最深最濶之谷而至此山之頂又其石塊甚大稜角完好絕無磨痕有一塊最大之尼斯石九百尺高四十尺大意古時之冰溪必直流至求拉山其深谷亦被冰填滿故冰移之石直流至求拉山也

又有人謂古時阿兒不斯之冰山比今高二三千尺云

冰期生物

砂礫中有冰移之石者在近極之地最多如歐羅巴之北方英吉利島等處不特其石有冰移之形且有冰期時海中生物之殭石因此知冰期之際其地尚在海水中其高起爲陸已在冰期之後

冰期地形變遷

冰移之石有離其本山極遠而中間又有山川湖海隔之何以能至諒當時之地形至今已變遷矣 觀山上之磨迹可知冰期之地形有無變遷蓋地形不變遷則其磨迹必一轍惟磨迹往往非一轍所以知地形已有變遷

南北冰海浮冰山

今時北冰海之處東西八百里南北千餘里恆有冰塊大如山四面流向海中其冰地之山爲層冰所裹不能見惟峯巒尖矗之處則稍露石焉

冰山之處高於海面二千尺冰之裂處成冰江濶十二里每有大冰之塊如山自此流出浮於海中爲浮冰山浮冰山之厚千餘尺遇淺則磨於海底其冰若消化則冰中之石沈於海底而其上又有水族居之

又有大塊之冰滑行於冰地之上不由冰江則其遇石磨擦之迹非一定方向

古時冰地之冰厚於今其地亦高於今今則其地漸漸低故其海中之山有磨迹處其上又積新石子矣

六十年前有人於北冰地攷其浮冰山有大三里者高出水面一百尺浸於水中約三百尺其冰上亦有砂泥及石子等物

南冰海之浮冰山亦有離岸數百里浮行於海中有一冰塊四十里長二三百尺高其旁如懸崖陡壁

凡浮冰山之在海中其高出水面上之尺寸與浸在水中之尺寸其比例若一與六或一與八大約中有石塊者居多

欲知冰磨之迹其痕必直須知冰山大而極重其身大半在水中不能被風搖蕩故其行常一向直去

觀南北冰海之冰山能知其處冬夏常有冰其冰常能移其地之石至海中亦能知冰地四處之石皆被冰山擦過而有磨迹

冰地之石被冰移至海中非有一定之處因水流有不同海底亦有深淺在海水深處則浮冰無阻礙而行速遇淺處則磨擦而過其行遲曾見有一浮冰山在一千五百尺深處擱淺於海底不動卽在其處漸漸消化其冰中土石卽沈於其處如其後又遇一冰山浮至此而擱淺則亦如之故其處海底之石堆積如山皆冰所移來也

海底有不平處或有山在海底屢被冰山磨擦而過能使之漸漸而平所以能定見凡山之在海底而有冰磨過者其後變而爲陸其山頂必圓或有磨擦痕迹

又攷得浮冰山磨於海底或擱淺不動後暖而稍消融則體輕而又能浮至他處其消融時沈下之土石無層累之形亦無生物之迹惟有時因海中流水亦能衝激其石至他處爲疊層

南海中之浮冰山離其本處甚遠其冰中亦有石塊及冰消融時其石沈於海底與其處海底之土石絕不相同此處若後變爲陸地則其地面之石塊與其山之石質迥異

其石塊亦離其本山極遠，不過攷其石質，知與某處某山之石相同，故卽以爲自此移來。

長洲沙英繪圖

地學十一 九

地學淺釋卷十二目錄

地學十二 一

地學淺釋卷十二

英國雷俠兒撰

美國瑪高温口譯
金匱華蘅芳筆述

此卷論後沛育新冰期

歐羅巴俄羅斯北方冰山

拿威瑞典二處近今數千年中其地無冰山今攷知其古時亦有冰山高千尺因見其處之石塊有磨光之面而其處之山亦有磨過之迹故也其磨之痕迹大約與山之大坳大谷對又有自高處四面而下之形所以知古時其處必是冰山

今攷冰移之石北至於極北南至於太尼西南至英吉利東南至普魯斯俄羅斯其石塊有大者有細碎者

冰移之石在俄羅斯地方者其石質如拉不闌山肺闌山在太尼拿威瑞典者其石質爲尼斯雖約奈脫巴弗里脫拉潑

攷俄羅斯之冰移石大約大石塊移至近小石塊移至遠有離其本處二千餘里或三千里者其方向從西北而至東南或從瑞典過海過北冰地而至俄羅斯惟何以知此石是後沛育新期中移來此因其層中有現今之水中生物故也

俄羅斯之西界有平層一千八百里中有今時冰海中生物之迹而其上層砂礫中有冰移之石塊

於瑞西遇一帶小山其山爲粗砂疊層外有麻兒滿之其麻兒爲蚌殼及泥所成麻兒中有淡水殭石甚多在高於海面一百尺處其山頂上有大尼斯石塊大十六尺至九尺山之下層中其殭石與其海邊之殭石同所以知尼斯移來時必在此種生物以後

俄羅斯瑞典拿威太尼等處之冰遷石其塊愈小者移至之地愈遠蓋大石塊須大冰塊方能移之小石塊則小冰塊已能移之大塊浮冰易於擱淺故不能至遠小塊浮冰則無所阻礙故至遠處也

觀北英吉利之冰移石其山上四處之磨迹亦有輻輳之形則其冰遷之石亦有極其極即古冰山也

觀以上諸說知此數處古時俱有冰山其冰山必甚高後被浮冰移其石於他處如英吉利之地古時與歐羅巴洲連後其地漸低故其高處孤懸於海中爲島

冰海中生物

冰海之內九千尺深處熱三十二至三十三度其中亦有生物焉如圖

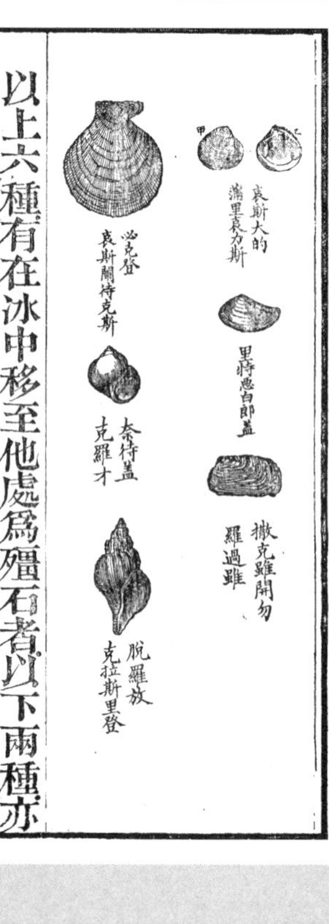

里特脫倫開特

大里耶白洛克西馬

以上六種有在冰中移至他處爲殭石者以下兩種亦今冰海中生物甲爲外形乙爲內形

彎曲之冰遷層

英吉利北有冰遷之泥砂石子爲疉層其層有厚至數尺者如圖甲至丙二十五尺丙至丁二十尺甲爲面上之粗砂及石子層乙丙爲彎層其旁有粗砂石塊平層亦爲冰移石丙丁爲無疉層之紅砂石蓋從老紅砂石移來其中有大塊之合拉尼脫及尼斯科子丁下爲老紅砂斜層

此種彎曲之冰遷層今尚未攷知其故惟有時於無疉層之泥砂層亦見有彎形諒是有雪在大塊冰上而雪中之土石成此彎形也

或以爲有北流之江江水中泥砂流至冰海積雪之地故雪中有泥砂後因雪塊冰山浮至他處漸漸消化其消化有先後遲速之不同所以其泥砂之層彎不然則因泥砂平層之上有大塊之冰砑之而過故成彎形或者因兩旁有重力擠之亦能彎此皆意度之辭並未有實據也

北美里哥冰遷石

美里哥赤道北三十八度處已有冰移之大石塊在砂礫中其砂礫無層累之形砂礫下之山石有磨光者磨成粗痕者此皆有冰遷石磨過之據也此冰遷層中大約無甚殭石即間遇殭石亦與今北冰海中之生物相同以比歐羅巴冰遷層中之殭石約有一半相同

美里哥冰移之石遠於歐羅巴此事與冷熱之故相合因寒暑同度之線在美里哥之地比歐羅巴較南

於美里哥及歐羅巴其冰移之層有螺蛤殭石處皆不甚高大約高於海面一百尺至七百尺而已惟其移來之石塊及山石上磨迹有在數千尺高處者

北美里哥有一處其層累之形如圖之子處爲房屋甲

處爲泥砂其中有撒克雖開勿等物之殭石乙爲粗砂石塊之層厚二十尺中有殭石同前丁爲壚坶砂其中有他種殭石戊又爲冰移之層中有雖約奈脫石塊已爲黃砂石層庚爲泥層亥爲西羅星安之老石平層丑處爲掘深之谷

觀前圖其有殭石之處高於海面二百尺至四百尺其層中有大塊之合拉尼脫爲撒開形此撒開之石塊不能言

其是流水中衝激而來因其中有薄殼之殭石未磨碎故也薄殼殭石皆現今北冰海中生物如圖

克斯大的岡滋里雖

甲爲外形乙爲右殼內形丙爲左殼內形

地學家言北美里哥古時之地高於今觀其山上之磨迹皆自北而南此因浮冰山自北而來凡近海之地漸低於海面者皆被其磨如是漸低低至不能磨而冰塊中融出之泥砂沈積於其上後漸高起而爲陸故成今形其末爲陸時水中有浪及流動邊之則有層壘之紋及爲陸後其處又有水道則其間又有新積之泥故從上面視之先見壚坶砂有殭石之層而其下則爲無層累無殭石之層其中每有冰移之石塊而其最下之老石上有冰石磨過之迹

冰中古象

冰中移來之物如湖中所得巨獸之全骨長二十五尺高十二尺其腹中有泥泥中尚有松樹之枝知其獸之所食也先是已有人於別處得一巨牙有博物者觀之言此獸當是象類其肋骨當有二十條人未之深信後得其全身

之骨驗之果然

查歐羅巴北方美里哥北方其生物從沛育新期至後沛育新期中間有一冰期當冰期之際螺蛤之屬及乳哺之類皆未絕滅蓋北地嚴寒在冰期之際爲尤寒然非遍地球皆然其別處之地亦有較暖者故物得遂其生也

冰期之湖

凡湖中每有冰移之石及磨擦之迹者如美里哥北方歐羅巴北方皆有之有些湖中尚有冰移之石成堆巨湖中之磨迹恆與湖身之長及湖底之凹平行蓋其湖底之凹若因地之低下所成則其湖底之石層必斷或彎

江南製造局

今則如掘去數層者然攷其掘去之故或因流水抑因冰流

有人謂瀑布從高處奔流而下其下之石必成潭則冰從高處流下亦應劃掘其地成潭夫湖即潭之大者耳冰能剷地成湖其實據難得攷古時水流所至之處今祇有砂堆石堆未見有潭況熱地之湖亦每有如剷削之痕者不可謂之俱是冰也 如法蘭西之湖其成湖之時比冰期早此因地之低窪而成

氣候改變

地面山川陵谷之形漸變則其水土氣候亦漸變如古時

南冰海之地無今之高亦無今之大而北冰海之地高於今時大於今時想其時之氣候冷熱必與今各異譬如地球之南北二極兩處均爲海則遍地球之氣候皆能變暖如兩極之處均有高大之陸地則遍地球之氣候皆能變寒

此說有人疑之以爲冰期之寒冷不可以地形改變之故解之然細攷沛育新與後沛育新之層而比較之知其地形實有不同者攷其動植之物知其氣候亦有與今不同之據

海變爲陸陸變爲海平原變爲高山海中熱泉之流變其

方向皆能使遍地之氣候改變如亞作利加之砂漠其地在冰期之際爲海底故中有海中生物之殭石其砂漠附近之處南風則漠北熱北風則漠南熱此因數百里砂漠之地其熱氣皆傳於風故也想其地爲海時南風過之得海中濕氣吹過地中海又得地中海之濕氣至遇阿兒不斯山阻之氣至高處而遇冷則爲雪所以古時之南風能使阿兒不斯之山成冰山而今之南風能使阿兒不斯山之冰消融豈非地形改變之故歟

隕星石附

在亞細亞北方新得一隕星石於金砂中深三十一尺其

石如一塊鐵重十七磅半鋼灰色硬於常鐵其質爲鐵及臬客爾不知是後沛育新期中所隕抑爲沛育新期所隕如此塊星石初隕於海中後高起爲陸則鐵遇鹹水應銹蝕試觀今時之砲沈落海中則四旁之石子皆得其消化之鐵而變爲合子石而此隕星之石獨不銹蝕者因其中有臬客爾故也

陽湖趙宏繪圖

長洲沙英校樣

科技譯著集成

地學淺釋卷十三目錄

地學淺釋卷十三

英國雷侠兒撰　美國瑪高溫口譯
金匱華蘅芳筆述

此卷論殭石層下半卷論沛育新

論十四期中殭石表

水層石之諸層從落冷須安至今時新層每層之成各有時代則此諸層之名卽可爲時之名如此層爲落冷須安層卽落冷須安期中所成之石也此諸期之層乃從各處測驗而得若據一處觀之則或有缺少數層從未遇一處諸層俱全者今特作十四期石層之全圖以明各期中所成之石層

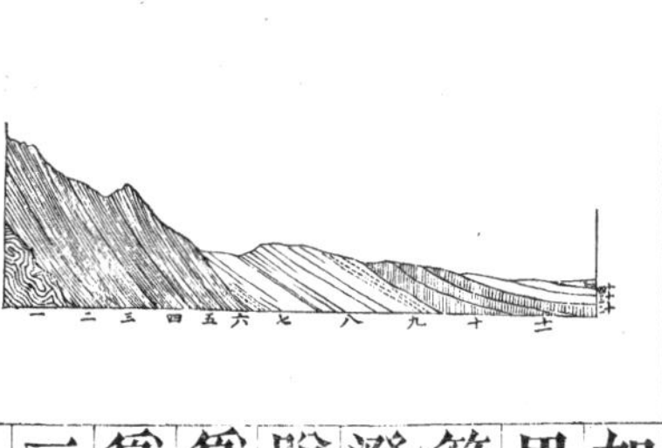

如圖一爲落冷須安　二爲堪孛里安　三爲西羅里安　四爲提符尼安　五爲卡蒲拉斯　六爲潑而彌安以上爲一次石　七爲脫來約斯　八爲求拉昔克　九爲克里兌書以上爲二次石　十爲瘗育新　十一爲埋育新　十二爲沛育新　十三爲後沛育新　十四爲今時新層以上爲第三次石

江南製造局

此十四期中之層從未於一處遇其諸層皆全者此有二故一因沈積成石時各在一方本不能遍地球皆有故此處有此層彼處無此層一因沈積成石之層每有被水蝕去所以不能諸層俱全惟任在何處遇石層其某層應在某層之上某層應在某層之下則有一定不移之次第惟中間遇缺少一二層者則常有之雖有時亦偶遇有不合理之層此因斜直反轉之故總不能古上於新也

有時石層之次序有缺少一大層者如潑而彌安及脫來約斯或克里兌書及瘞育新屢遇缺少一層或遇此兩期之層不平行

同期中之石層亦有自不相合者如上西羅里安與下西羅里安之層不平行上潑而彌安與下潑而彌安之層不平行是也

此種不合理之層攷其中之殭石可知之所以必須造殭石表如於一處見某殭石與某殭石爲上下兩層後又於他處見其上層之下或下層之上又有一種殭石則必列入兩層之間爲上中下三層

石層之不平行不過因後層沈積之時其前層之地形已變動所以知其間歷時已甚久遠若平行之層則後層沈積之時其前層尚未變動故無高低凹突之差若前後之兩石層雖平行而前層之上面或已有碎蝕消磨之迹則其兩層之間亦必歷時甚久遠其間或有缺少之層　或兩層之形雖平行而地形變動之時兩層同上同下雖未凹突折斷亦能水變爲陸陸變爲水則其前層之面上亦能被蝕而其上亦能沈積成新層故前後之疊層雖平行而其中間已不知隔幾萬萬年矣

生物漸變

造疊層殭石表因愈造愈密其中間每有新得之物添入人視之宛似每期之物皆由漸而變非有絕然各異之形所以古時地學家以爲地球上之生物每滅一世界再生

一世界而今之地學家疑古說不確以爲從古至今各生物之形皆由漸而變其視之絕然大異者必其中間之時相去甚久人未尋得其漸變之迹故也蓋今人所已攷得之古生物不過萬萬分之一耳

石層現露之處愈古愈高

於歐羅巴洲查石層升高斜露之處知古期之石層必高於新期之石層如一次石必高於二次石而二次石必高於三次石　又如瘞育新之石高於埋育新而埋育新之石高於沛育新沛育新之石又高於後沛育新是也

石層愈古形質愈異

科技譯著集成

凡石層之期愈新其金石之質愈近於現今湖海中新層之質石層之期愈古其質愈與今異蓋石層初沈積時或本是輭後因壓實而堅或本是鬆後因得金而結又有因熱而變或收縮而空或能結成又其石層或因地震而折或高低斜直卷曲反轉其中生物之質或已消滅或其本質已化去而他質代之如灰變爲夕里開

又攷得石層之期愈古其中之生物形迹愈與今異如於新層中偶遇一二種生物爲現在所無而於近古期之層則見有數種生物今并無其相似之類若最古之期其石層中之物無一爲現在所有惟無脊骨之生物如螺蛤石

珊瑚之類現今尚有然形式亦大不同矣

所以攷究各石層之期如攷人之世代愈古則愈無稽攷因各處之石造化不同故欲攷其先後之期爲甚難所以只能言某期而不言某期爲若干年惟言某期爲新某期爲古某期爲更古從已知者至不能知者一一記之而已

凡攷別種學問皆先從古者入手而攷地理之學則宜從新者起以漸及於古又須記得其最小最近之期其中瑣屑之事如後沛育新沛育新埋育新瘗育新論此數期之事書籍甚多學者須遍觀之夫以攷新期之事比攷古期之事如攷今之國史比攷古之逸史其繁簡之不同有如此者

殭石分層法

前卷論今之新層未言歐羅巴各處之土壤其地若何大若何厚爲何金石之質因其層不甚大皆撒開在各處或爲淡水造化或爲鹹水造化意其在歐羅巴洲初有之時沈積於湖海之灣

第三迹層之石遇之於法蘭西之巴黎斯其疉層淡鹹二造化相間其中之螺蛤珊瑚殭石皆今本處所無其相似之類今惟熱地海中有之又此層中陸地生物之骨有四種與今不同

英吉利倫敦亦有此層雖其層之石質與法蘭西者不同而其殭石則與法蘭西層中者相同所以知兩處之層爲同時所成以此法攷石層知法蘭西之南及以大里之北其石層亦爲同時所成　歐羅巴之第三迹層其下爲恭而刻

地學家初以爲此數處之層皆同時中所成後知其成石之期亦有先後有在法蘭西層之前者有在法蘭西層之後者

此種誤會之事時或有之其後因仔細攷究其中之殭石知鹹淡相間之層有比倫敦之層更新者

英吉利之層名刻來合其層至遠處有在藍泥之上者查刻來合中之殭石與藍泥層中之殭石各異而比之現今之生物有今英海中所無者有英海中所有者

以大里阿比闌山之旁有泥砂層其中殭石爲鹹水中生物此層之期比英法二處之層較新

法蘭西之南有石層其質與法京及以大里之層不同觀其中之殭石知此層在法京及以大里之間

觀以上諸說可知地理之學愈究愈精亦愈分愈細又有專攷地中生物之家其法先分生物爲數類其類乎某物者卽謂之某物之屬如先定甲與丙爲二類後又見此二

類之間更有一類則定爲乙列入甲丙之間爲甲乙丙三類其餘類推所以凡遇石層必攷其各層中動植生物之形迹列之爲表如於別處層中更遇他物則可比較而知其期其同者卽爲同時之生物卽定其層爲同時中所成如此列表以攷之則可知某期之造化如何或爲水中沈積或爲火山噴吐其時某生物繁盛某生物衰息其殭石之形如何如其後又遇別物介於某某之間則又必列入之勿憚繁瑣

專攷殭石之家凡遇新得之物欲列入表中其位置次序之法有時甚難蓋其物之少者寥寥不過數種故易分別若種類多者其形千奇萬變如連環之結欲分開之甚難以爲類乎此則又似彼以爲類乎彼則又似此每有似是而非彼此淆混諸家互相聚訟迄無定論者又每有先得二物其形式絕然各異則以爲二類及後又得一物其形又在二者之間方知此三物實爲一物之形所遞變則又不得不改歸一類故殭石分類之事亦甚勉强其表必時時更改不能有一定之法此書中所引用者惟據現在所分之類言之耳

第三迹層撒開在歐羅巴

第三次石層之在歐羅巴者非能處處相連在在皆有也

不過見其撒開於各處耳其各處之層石質又各異欲分別其先後時代爲甚難如以爲各處之層皆與英法兩京之層同時則其金石之質又不相同如以殭石之同異爲時之同異亦有不通之處譬如地中海與紅海今之生物亦有各異者則安可以殭石之不同遽謂其非一期所成哉

攷殭石與生物異同之數

凡第三次石層中之殭石其各異之形有因生物之形漸變而異者則變前之形與變後之形不同而其時愈近今則其形亦愈似今其時距今愈遠則其形亦去今愈遠所

以凡遇難定見之層可以此法定之

如紅海邊四十尺高處遇白灰層其中有數百種螺蛤殭石其形與奈不爾斯火山灰層中之殭石形式各異又瑞典第三迹層中遇螺蛤殭石其形亦與奈不爾斯中者各異　此三處之螺蛤殭石形雖各異要皆爲後沛育新期無疑因其殭石之形皆與現今近處海中之螺蛤相似故也

又如亦得奈斯火山與英吉利江口及昔斯里此三處之螺蛤殭石其形皆四分之三與今同其四分之一今已無此種類所以謂此三處之層是同時所成其成石之期古於後沛育新因其當時之生物至今已變去四分之一故也

以此法定石層之期雖其中生物之迹形式不同而石層金石之質亦不同亦可以殭石異同之多寡定其期之遠近無論何期俱可以此法攷之

以此法定石層之期其時愈古則其中生物之形今無其種類者愈多所以此法無甚大用又況水土氣候各處異宜往往能使此處之物其形大變彼處之物其形小變有處此類之物已絶有處彼類之物不生故同時中各處之生物亦有不同所以用此比較之法未可爲十分確據惟

近今之石如第三迹層則恆用此法以分別古今

生物之形漸變不獨古時爲然即攷現今動植之物亦有漸變之據其每物每類之漸變各有其故非偶然也此事另有專家攷之觀其書能知某處之物因其地形水土漸改變故某物之屬漸繁盛某物之屬漸衰息蓋地面任有一處其地形改變則遍地球之動植物必因之而漸變如謂一處之地形變遷而各處之生物不爲之掣動而漸變則必各處之水土氣候不變方能然一處之冷熱燥濕無有不傳遍於各處者是以知各處之物必微有變動

攷殭石以定石層之期應以螺蛤類爲主

凡以殭石別石層之古今惟攷其輭肉類生物最易明因其物各處皆有亦古今皆有故易於攷究也

凡石層中殭石其稀奇罕遇之類無甚大用不能以之辨別古今故須擇多而易見者攷之如於層中遇草木形迹又於他層見獸類之骨皆不能據之以定見其期以其少故也雖石珊瑚之類比草木鳥獸蟲魚等物較多而亦不及螺蛤之多所以凡攷石層之期必以螺蛤殭石爲主

螺蛤之屬有生於陸地者有生於水中者有爲鹹水中生物有爲淡水中生物如江流入海之處每有土中及淡水中螺蛤流至其處遇鹹水而死此處若沈積成層則觀其

殭石可知其爲淡水層所以地學家能知某期中其淡水鹹水陸地之螺蛤有某種某類生焉因此能辨別淡水鹹水內同時沈積之層如是則方能再進一步而攷究其中之草木鳥獸蟲魚等生物之形而知其時並生並育之物有某某種則任舉一物任見一斑即可知其何期矣

以螺蛤殭石定石層之期有二便處一因其所生之處甚寬廣一因其種類之綿延爲時甚久　攷螺蛤類之生於世比魚類更爲久遠此亦因其所生之處寬廣而孳生又多故不易絕種也　譬如某生物其所生之處不甚寬廣或其處世不久則其殭石不能以之定石層之期

以螺蛤殭石定三次石之期

有地學家分歐羅巴第三次石層爲上中下三等以英法二京之層爲下以法蘭西南方之層爲中凡新於中者爲上此一說也

此書分第三次石層爲四等每等皆以其中之殭石與現今之生物比較其異同多少之數而定之試以之核以大里法蘭西等處之層其數皆合所以可造一表以明第三次石層中螺蛤殭石與今時螺蛤之比例數

統計第三次石層中所見之螺蛤類約有三千種現今地面水陸所生之螺蛤類約有五千種以三次石最下之層中螺蛤與現今生者比較每百種中今尚生者只有三種半其上一層百種中今有十七種再上一層百種中今有三十五至五十種不等其最上之層如以大里昔斯里其層甚厚而高於海面攷其中殭石之類每百種中今尚有九十至九十五種生者故此層爲更新

此四等石層之期須各立一名以紀之其最下之層名之曰瘞育新此希臘語謂日初出也其上爲埋育新希臘語微新也其上爲前沛育新謂新者多也其上爲沛育新謂更新也

有人謂如此分層尚未盡善因用顯微鏡視之見其各層

中有極細之殭石其形與茶而刻中者同又埋育新與前沛育新層中每有乳哺類及蛇類今皆無此種類故以爲此分層之法未善然此法本專指輭肉類而言之其他物固不遑計也

以上總論第三迹層以下分論其各期之層

沛育新

有火山拓發石在意斯介海島此亦爲水中沈積之層其島高於海面二千尺於一千六百尺高處遇一層螺蛤殭石其中有二十八種現今尚有生者　又此層中有一螺殭石名牟力克斯肥其奈脫斯謂其口有長唇形如刀鞘

也其形如圖

弁力克斯肥其奈脫斯

維蘇維耶斯之古火山硬灰拓發壘層與意斯介海島之層爲同時在海中所成其中只有一種螺蛤類與地中海內者同

昔斯里海島局得奈火山層高一千尺大二百七十里計成此層時不知幾萬年攷其中螺蛤殭石知其爲沛育新期所成局得奈火山積漸而大因其吐出之灰燼積漸而厚亦因其火山之本身漸升而高比海面已高一千五百尺

歐羅巴洲沛育新之層莫如昔斯里之大亦莫如其高其高於海面三百尺其上爲黃白色灰石其下爲泥石

歐羅巴洲之北半邊其沛育新之層皆甚低其質皆鬆而未結實惟在昔斯里者則已堅結爲石此石之最新者也其中生物之迹或仍爲其本物之原形或其本身已化去而爲空模

昔斯里之灰石其色黃白亦有處黃白成文其形與法蘭西巴黎之灰石同其灰石之層厚七八尺其面常平行亦有處有凹谷或大孔亦有斷層其灰石中之螺蛤形狀不一有顏色如生者有本質已化去而石中有空模者此處灰石之層其遠處有漸變至與砂石及合子石相連其下面之泥層爲藍色之麻兒麻兒中有螺蛤珊瑚殭石甚多有處之麻兒層與黃砂層相間

昔斯里相近之處克退尼地方其第三迹層有處與火山石相連此火山石是從海底所出者想其時泥與黃灰砂沈積於海底而海底之火山亦有石吐出與之間壘成層也

克退尼相近之處有一層合子石其中有卒比來殭石想古時其處有一小火山後消磨碎泐而爲石子水徙至他處而卒比來生焉後有灰質固結之而爲合子石

克退尼相近處又有一層蠣殼殭石厚二十餘尺其形與今之蠣殼無異其下層爲火山石其上爲又一層火山石其中有一珊瑚層厚一尺六寸皆立如植而有枝剖視之見其枝之紋理與本身之紋理不相連蓋非本身之分支乃子母之屬體也所以知成此層之時必極久其石珊瑚之形如圖

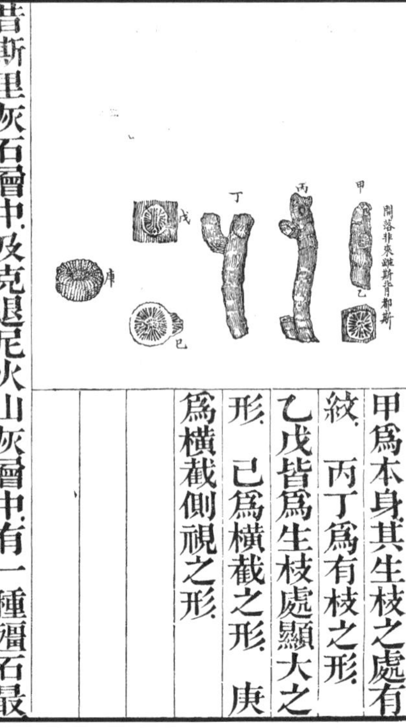

甲爲本身其生枝之處有紋，丙丁爲有枝之形，乙戊皆爲生枝處顯大之形，己爲橫截之形，庚爲橫截側視之形

昔斯里灰石層中，及克退尼火山灰層中，有一種殭石最多，此種生物現今尚有之，其名曰必克登茄過皮約斯，言其形如梳也。

必克登茄過皮約斯

圖得原形二分之一

殭石之理，人愈思之覺愈奇，其殼積成之層如此厚，一奇也；變而爲石，二奇也；比海面高，三奇也。蓋從其生長之時至成石之時，其海底已升爲高山，當其在海底未出水面時，其面上常有水與砂泥，故螺蛤之類能生焉，而其殼積成如此厚，其時不知若何久遠。又攷其每層中見螺蛤珊瑚與火山灰合于石層，層相間，知其從海底高起之時極遲極久，自有文字以來不能紀其年也。

凡石層之成，其時之久遠，遥遥莫計，有人所意想不到者，即如昔斯里海島中之殭石，比其島之石更古，非但未有此島之前，海中已有此種螺蛤，即其層未沈積之前，海中亦已有此種螺蛤。然則此種螺蛤之生於地中海，從未有此島之前，至石已成島之後，其種類之孳生尚未絕滅，故地形雖改變，而此種生物仍存。

螺蛤之種類，其綿延於世如是久長，令人知一切生物之性於燥濕寒暖各有性之所相宜，不能遂其性，則不能全其生。其處世甚久者，必其更諸變而不滅者也；其更諸變而不滅者，必其孳生之地甚廣者也。蓋生物中每有遷徙水土而仍生者，如水中之物有在陸地亦能生者，冰地之物有至暖處仍不死者，此必其物能兼具燥濕寒暖相宜之性，故能族類繁盛，歷諸變而其種不絕，此造化之理也。

前論之意若謂造化生物之時其某物之形體性情各有一定不能改變亦不能變此物爲彼物此舊說也後有勒馬克者言生物之種類皆能漸變可自此物變至彼物亦可自此形變至彼形此說人未信之近又有兌兒平者言生物能各擇其所宜之地而生焉其性情亦時能改變此論亦未定姑兩存之

以大里之阿義谷亦有沛育新期之層其層厚七百五十尺上面二百尺爲沛育新期下五百五十尺爲前沛育新期其沛育新期之層爲砂及合子石其乳哺類殭石有象犀熊虎之類又有松類之葉及子其形與今北方之松無異此樹自下埋育新期已有之

沛育新層之在英吉利者謂之克來合即蚌殼砂也克來合有白色者有紅色者如圖

子爲海面線　甲爲紅白克來合　乙爲倫敦泥　丙爲茶而刻

紅白克來合爲前沛育新期者居多惟在英吉利者則又似沛育新期所成其疊層之砂及石子中有海中土中淡水中螺蛤殭石及乳哺生物之骨故知爲江流入海處沈積之層其層之厚從二尺至二十尺不等中有蠡蛤殭石形與今之生者無異又有數種最多之殭石其形如圖

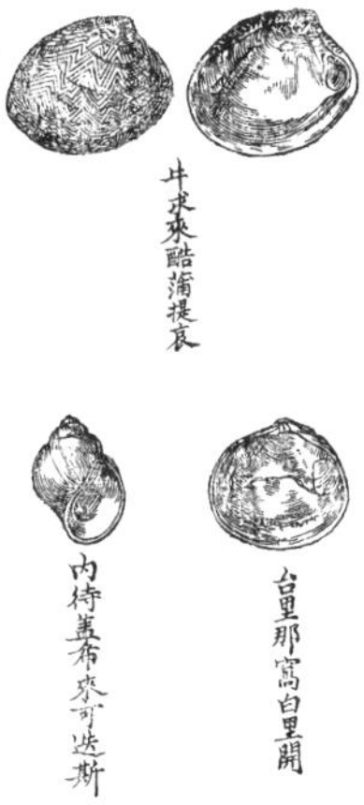

卅求來酷蒲提哀

台里那窩白里開

內特基布來可迭斯

有處克來合中遇螺蛤類殭石六十種中有三十種與今時北冰海之螺蛤同可見冰期之冷亦由漸而來從成此克來合時初冷起至歐羅巴沛育新層成時爲最冷

前沛育新

克來合之在英吉利者其上層爲紅下層爲白查其中之螺蛤殭石知成此層時水非極深不過九十尺至一百五十尺深而已惟不可謂是在海邊所成因其螺蛤殭石之處有四五十里寬故也其紅克來合爲科子砂及蚌殼粉其紅非因鐵銹乃砂與蚌殼之色也其白克來合是珊瑚之粉所成此兩層紅白克來合不甚厚其紅者厚四十尺

江南製造局

白者厚二十尺雖其地不甚寬廣亦爲地學中緊要之層因觀其中之殭石可知歐羅巴前沛育新生物之形也

紅白克來合在倫敦泥之上前圖已解之又有處遇其層之形如圖

虛線處爲江　甲爲紅克來合　乙爲白克來合　丙爲倫敦泥

觀前圖分明見白克來合被蝕之時比紅克來合沈積之時早於子處有一古岸高八十尺上有紅克來合掩之其白克來合岸邊有蠹蛤之孔中有砂滿之所以知其在淺水中所成又紅克來合沈積時因水中有波浪衝激所以其上面不能平

紅克來合中殭石其形如圖

否撒斯岡脫來約斯

圖比原形小一倍

紅克來合中殭石又有鯊魚之齒及他種魚齒或爲今英海所無之魚

紅克來合中之殭石非皆爲成此層時之物亦有從下層倫敦泥中洗蝕而來者如蟹殭石與塊形之燐酸灰在磨圖之石子間又有鯨魚耳骨之印迹其形如圖

不爾哥來脫脫來適奈

捺雖合拉牛累脫

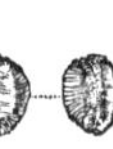

惠不里耶歐羅皮耶

白克來合之層不過六十里長十里闊其質爲灰及麻兒所合成中有珊瑚類殭石甚多如圖

倍里耶以馬茄奈脫

發昔九流里耶哇爾西恩

甲

乙

甲爲發昔九流里耶之形

乙爲其顯大之形

科技譯著集成

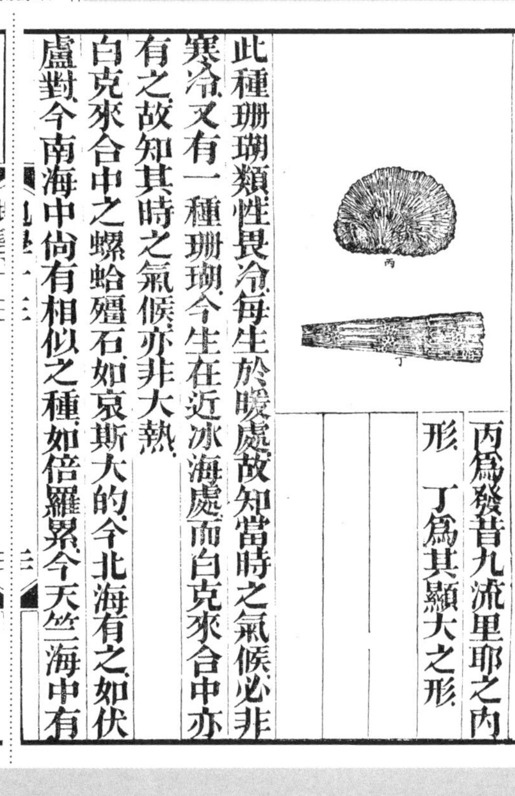

丙爲發昔九流里耶之內形　丁爲其顯大之形

此種珊瑚類性畏冷每生於暖處故知當時之氣候必非寒冷又有一種珊瑚今生在近冰海處而白克來合中亦有之故知其時之氣候亦非大熱

白克來合中之螺蛤殭石如哀斯大的今北海有之如伏盧對今南海中尙有相似之種如倍羅累今天竺海中有之如圖

哀斯大的哇每里思

伏盧對闌孛爾對

倍羅累里歇求能太

梯慢九末斯哀克斯闢雞脫斯

攷英吉利克來合前沛育新期之螺蛤殭石與今英海中所生之螺蛤相比較知成此克來合時距今之時冰期適在中間自克來合成時至冰期與自冰期至今其時相等蓋冰期之際其螺蛤畏冷而就温漸徙而南及過冰期之後天時氣候又漸暖其螺蛤畏熱又漸徙而北還其故處故克來合中有五十種螺蛤與今北冰海之螺蛤同　又此五十種螺蛤昔斯里沛育新層中亦有之諒昔斯里之地當冰期時亦不炎熱故能生焉

覩英吉利之前沛育新層知自成白克來合時至成紅克來合時其氣候漸寒至最冷之時則爲冰期

荷蘭之克來合層與英地之克來合層爲同時所成因其中俱有林求來殭石及鯨魚之骨故也林求來今地中海尙有生者其形如圖

林求來默莫的離

又法蘭西亦有克來合層

以大里阿比闌山之石爲第二次石若自其山坡邊向海而行則遇第三次石層爲一帶小山山勢與大山相接故名下阿比闌山其石爲淡黑藍色之麻兒其上爲黃灰砂及石子此層爲前沛育新

於以大里前沛育新層中遇有草木之形迹知是熱地所生如圖。

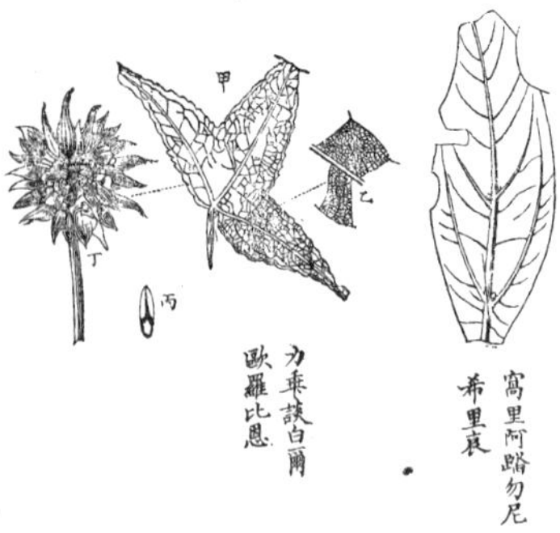

甲爲葉、乙爲葉紋之顯大形、丙爲子、丁爲花實、甲比原形小一倍、

觀此兩種植物花葉之形與今美里哥所生者大略相近其子形與悉里耶地方所生者相近惟稍小耳或此兩處之種皆從茲所變歟。又爪哇地方亦有此種樹木其形大不同遇其迹於沛育新中而現今歐羅巴無此植物。波斯國裏海地方亦有前沛育新層其質爲灰與砂疊成層其砂層爲半鹹淡水造化其中之螺蛤殭石今裏海中尚有生者其灰層高於海數百尺。

陽湖趙宏繪圖

長洲沙英校樣

地學淺釋卷十四目錄

地學淺釋卷十四

英國雷俠兒撰　美國瑪高温口譯
金匱華蘅芳筆述

此卷論埋育新

埋育新

沛育新之下其層名埋育新埋育新之層又分上下爲上埋育新下埋育新今先論上埋育新諸層

法蘭西法倫

上埋育新之在法蘭西者名曰法倫法蘭西之法倫其形畧與英吉利之克來合相同故人亦呼之爲法蘭西克來合其層厚五十尺有處在尼斯石之上亦有處在泥石之上亦有處在淡水灰石之上其中之螺蛤殭石有鐵紅色大約鹹水造化者居多亦有土中及淡水中生物又有四足乳哺類之骨名待怒希里恩才强的恩言此獸之形狀可畏也又有大牙獸獨角獸鯨魚等物之骨其形與今所有者不同蓋其種已絶矣

待怒希里恩才强的恩

攷法蘭西克來合中之螺蛤殭石知其生於水中不甚深不比英吉利克來合中之螺蛤生於深海也觀其中動植生物之迹知成此層時氣候較熱以法倫中螺蛤與英克來合中螺蛤比每三百〇二種中只有四十二種相同其珊瑚類則四十二種中有七種與英克來合中者相同現今尚生者只有一種　以地中海現生之螺蛤二百八十種與英海中現生之螺蛤六百種相比有一百六十種相同即百分之五十七也所以較英法二克來合中螺蛤相同之數其比例爲四倍雖英地距地中海遠法地距地中海近而英克來合成於前沛育新期法克來合成於上埋育新期其時有先後之不同故物形亦異

英克來合中之螺蛤類今生於近處之海中者多其已滅之類亦在歐羅巴見其殭石而法蘭西克來合中之殭石則反是其螺蛤之類生於今者少即有生者亦在遠海中不在本處矣因其就熱而南徙之故所以知其時之地形氣候與今大不相同

法蘭西克來合中之螺殭石與英吉利克來合中之螺殭石有同爲一物而形式稍異者如法克來合中之伏盧對其殼厚而重其形短而肥其螺旋之紋角度少英克來合中之伏盧對其殼輕而薄其形長而瘦其螺旋之紋角度

多如圖。

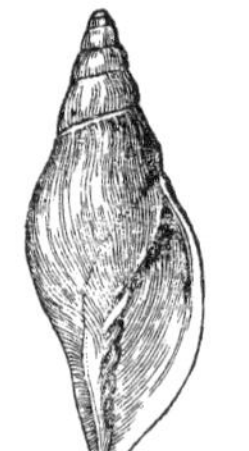

此爲法蘭西克來合中之伏盧對殭石。

此爲英吉利克來合中之伏盧對殭石。

法蘭西淡水灰石爲下埋育新

法蘭西克來合之下有處有淡水灰石層其層在埋育新期爲海濱故有磨圓之灰石子及蛏孔之石在克來合中想是成克來合時蠹蝕者其灰石在兩江之間爲一高層其質爲灰麻兒是湖水中所成也灰石中有火石塊成層又有水草子殼之迹及淡水中螺蛤凡相近法蘭西之山大抵皆是此層灰石也　淡水灰石之下有鹹水砂石層此砂石有花紋其中螺蛤殭石與克來合中者異砂石層之下有綠泥層泥中有小蠣殼綠泥之下有石膏層此石膏層爲埋育新與瘂育新之交界也蓋砂石層與綠泥層爲埋育新之底而石膏層爲瘂育新之面也

法蘭西下埋育新

法蘭西之阿勿倫地方堪泰爾地方維來地方此三處均

有埋育新之湖水灰層

如圖斜劃處爲湖層密點處爲火山石。

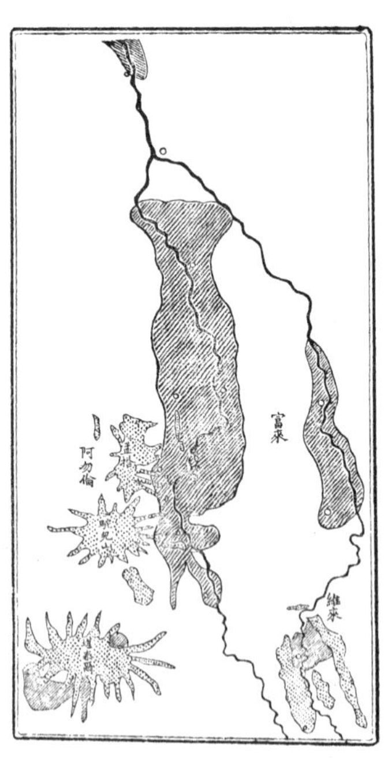

此湖水層有處在合拉尼脫之上有處在二次石之上其近處有火山石大約皆新於湖水層因其石有蓋於湖水層之上故也

阿勿倫地方因古時有火山其地形之變遷甚多湖水變而爲陸地陸地變而爲火山火山吐灰流石噴落遠近後又低而爲湖被水衝蝕而凹其凹處又有火山墳起後又低陷爲湖如是者數次均在瘂育新埋育新二期故每層中所有動植物之形迹各異地學家臆度其古時地形初有一大湖在山下其入湖之江水中流來泥砂沉積於湖底而成麻兒砂層厚數百尺其灰及砂從金水中流來亦

至此沈積而凝故螺蛤龜魚以及水鳥之骨陸地獸骨皆埋於其中此皆埋育新期之物也其後湖水涸而火山出噴吐灰燼積而爲山上生草木此在埋育新期將盡前沛育新之初其生物有象及大牙之獸犀牛大鹿種類皆與今異其骨均埋於火山灰中及火山流石中變成殭石此種獸類已滅之後又生新獸則與今時之形無異蓋阿勿倫之地爲湖水火山造化非成於海底也

阿勿倫之湖水層乃砂及砂石灰麻兒泥灰石層疊相間並無一定次序惟視其近邊之合拉尼脫古石尚可彷彿其湖形

此湖水層大約可分爲四層一爲粒砂石及合子石其中有紅麻兒及紅砂石二爲綠白色頁麻兒三爲魚子灰石四爲石膏麻兒

粒砂石及合子石在古湖之邊膠結爲石其石子爲古時近處之山石如合拉尼脫尼斯枝格昔斯脫巴弗里惟無一點倍素爾及別種火山石此砂石合子石之層不能徧滿於湖層究如其入湖之支港中沈積者其砂石中之石子有科子石泥石紅砂石木殭石有處之砂石與合拉尼脫相連無截然界限

其紅麻兒及紅砂石形與英吉利之紅麻兒相同此石是

尼斯與枝格昔斯脫縻碎更結而成其中尚有尼斯枝格昔斯脫之石子及科子之石子所以知從此而來雖此紅砂石中不見有殭石而辨其金石之質亦能知其爲湖水造化

蓋阿勿倫之合拉尼脫因碎泐爲細粉則其中之非而斯罷與枝格及霍恆白倫均變爲泥如有炭酸灰合之則成灰麻兒因灰麻兒之質輕故能隨水流至湖中沈積鋪徧於湖底而其末縻碎之石子則因重而不能流遠故衹在湖邊

綠白色頁麻兒其層厚薄不一薄處有七八尺色白而帶綠其質中灰多其所以成頁之故因水中有無數小蚌雖不里斯之類其殼上年年脫皮其皮沈於水底隔開其麻兒故能成頁因知成此層時湖水波浪恬平此麻兒沈積之時其粗砂石子亦同時於湖邊沈積成層

綠白頁麻兒有處離合拉尼脫甚近此因合拉尼脫之兩邊有水入湖此處不當其流之衝水勢甚靜粗砂石子不至此處故其麻兒與合拉尼脫相接

如圖甲爲合拉尼脫乙爲白麻兒丙爲綠麻兒其層或直或斜如丙如丁

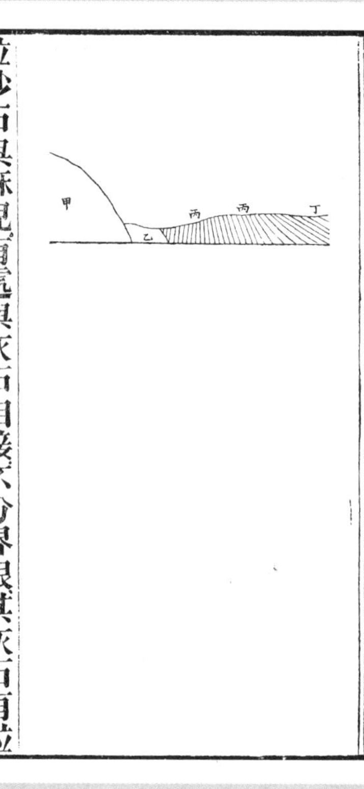

粒砂石與麻兒有處與灰石相接不分界限其灰石有粒如魚子故名魚子灰石又有一種灰石名蟲灰石乃是一種蟲蛻爲炭酸灰膠結之而成石蟲灰石在麻兒中或爲層或爲塊其質或爲淨灰或微有砂

甲爲蟲灰石　乙丙皆爲麻兒

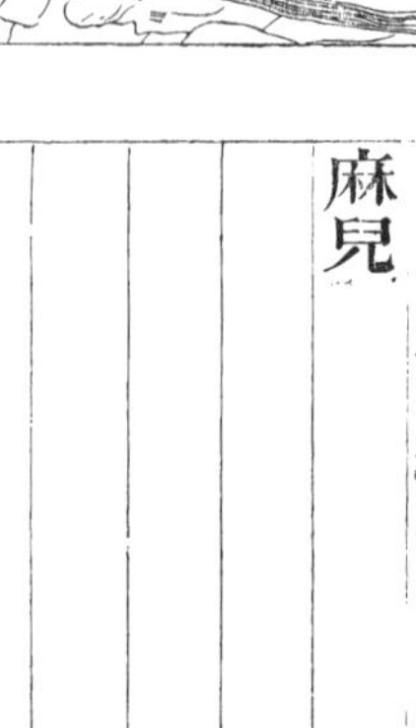

此蟲名弗來呆尼耶其形畧如蠶今亦有之每於池塘中見其死者其身上有小螺如潑來奴比斯之類攢集而食之想當時阿勿倫湖水中浮此蟲甚多又有剖盧提那等螺攢食之其後沈而爲殭石其蟲身變爲空管徑十二分寸之一其蟲如此小而能積成六尺厚之石可見其蟲之多此當是水中流來也

丙爲今見之蟲　甲爲蟲殭石　乙爲剖盧提那殭石

阿勿倫湖層中綠白麻兒之下爲石膏麻兒厚約五十尺此阿勿倫之湖水層其層累之法若但觀一處不能知之因有處粒砂石與麻兒灰石相間積疊故也其實粒砂石只在湖邊而白綠頁麻兒在湖心其灰石層大約比砂石及麻兒新故砂石及麻兒之上面皆有灰石亦從未見其灰石之上更有砂石及綠白麻兒其灰石之灰諒自泉水中來今其處之泉水中亦有灰

想此古湖層沈積之時其火山尚未出所以湖層中之石子無火山石迨砂石麻兒層積厚之後方有火山出焉其火山流石火山灰積成層而與灰石相間想此時熱水中消化之金石比前更多所以有炭酸灰硫酸灰夕里開後

其地升高而湖水涸則成陸地。

阿勿倫湖層之理可舉一近事以明之。如美里哥有大湖四周均有水道歸之。其沈積之泥砂石子亦粗者近邊細者鋪滿湖心。如此處忽有火山吐燼則其湖層與火山灰亦相間成層而其熱水中亦必有消化之金石。如古湖層之質。

阿勿倫湖水層雖畧近平行然亦稍有不平之處所以知其地形時有變遷也。其東西南三面均有合拉尼脫爲湖邊其北面稍低於古。

阿勿倫湖層之石其老者因中無生物之迹不能知其何

期。大約爲瘞育新期所成。其上層稍新之石中有生物形迹故知爲下埋育新。已得其乳哺類殭石一百餘種又有鱷魚龜蛇等物之骨。

堪泰爾之下埋育新層與阿勿倫湖層不同。其灰石麻兒中砂較多。其下層之石子砂泥宛如合拉尼脫昔斯脫等石碎下之層。其上層爲砂灰麻兒亦有石膏砂灰石。

堪泰爾淡水砂灰石其中亦有火石之塊故驟視之畧如英吉利之茶而刻其金石之質亦畧相同。故但觀其金石之質不能定其時代。

堪泰爾淡水層中砂灰石火石塊何以如此多諒因其地

久有火山其熱水中消化之金石甚多故凝結者亦多。譬如今之冰地火山熱泉中有消化之夕里開。又如汽爐之熱水中能微消化科子。蓋夕里開消化於熱泉中遇冷則凝爲火石。

堪泰爾之白灰石及火石塊入若未之深究必以爲即歐羅巴之茶而刻因其金石之質相同故也。若細攷其中之殭石則灰石中有潑來奴比斯等類爲淡水中生物。而火石塊中又有扯拉草子形迹亦爲淡水中生物。不比茶而刻中有海中生物殭石。其火石塊中有海棉爲鹹水生物也。

堪泰爾之頁麻兒有沈積極遲之據。其灰砂麻兒層其有六十尺厚而其每頁之厚只有三十分寸之一。其每頁中印有扯拉草及淡水中生物形迹。每積頁至一寸半厚其石之形色質性稍異。有處中有火山灰厚寸許間之。或有泥及白麻兒間之。試思其每頁之間有無數草木生物而其頁積成如此厚須幾何年。又試思其火山灰火山流石不知幾何年始一發而亦與此麻兒層間積疊則其年必甚久遠矣。蓋其山雖高其層雖厚亦不過火山中所出之灰砂與水中所沈之泥砂於無限久遠時中積成如此厚耳。

法蘭西南方埋育新

法蘭西之南方亦有埋育新之壘層其上層海陸相間亦有半鹹淡層而無淡水層其下層爲下埋育新下埋育新層中殭石其形與上埋育新者稍異因歷時甚久其生物之形必漸變故也

法蘭西劈立尼山之坡有上埋育新之層其中殭石有大獸大牙獸又有四手類生物之骨此歐羅巴熊類之最古者也遇之於淡水灰石砂麻兒中此熊體大如人能上樹食果其牙骸骨比猴類更近於人如今之狒狒類其頭骨亦圓其噬牙亦小其肋骨亦十二皆與人同而他種食肉之四手類則有十三肋骨者

比里脧荷蘭普魯斯

荷蘭上埋育新層中殭石與英吉利哀幾地方之殭石同所以知爲同時所成

普魯斯近京之地有泥石層厚四十尺淡藍色可用以作屋背其中有里特殭石故知爲下埋育新

比里脧上埋育新層中有螺殭石名窩里凡都弗累斯其下埋育新層中有蛤殭石名里特提雖亦西那此爲上下埋育新之別

比里脧國近都有灰砂層中有牛牟來脫殭石故疑爲上埋育新而又有雖里那西立雖恩立蘇兒旁比來等物之殭石則與英吉利下埋育新之殭石同

窩里凡都弗累斯

里特提雖亦西那

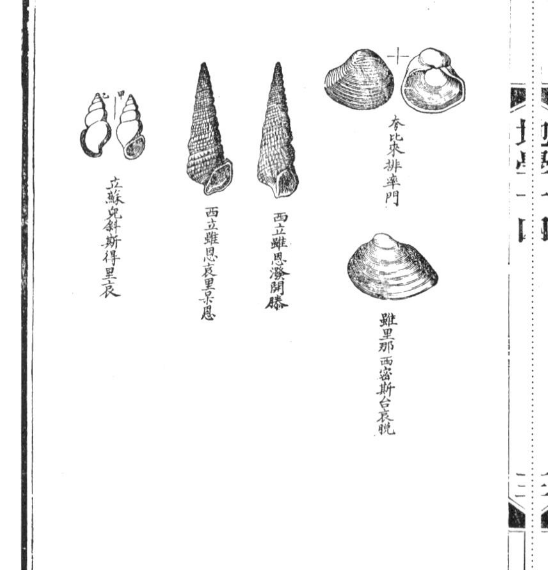

英吉利下埋育新

英吉利有下埋育新之層厚一百七十尺其中殭石甚多其上層爲鹹水砂泥層此層中有伏盧對殭石夸比來殭石雖里那殭石西立雖恩殭石凡遇伏盧對殭石必在下埋育新若夸比來則瘗育新亦有之

其鹹水砂泥層之下爲淡水麻兒層煤炭層泥層其中有西立雖恩立蘇兒皆半鹹淡水中殭石也又有淡水殭石剖盧提那潑來奴比斯由尼由立母尼耶等物

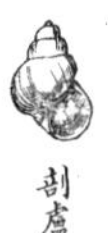
剖盧提那倫對

其下爲中淡水麻兒層其中有彌立尼耶殭石剖盧提那殭石雖不里斯殭石雖里那殭石西立雖恩殭石其最下爲下淡水麻兒層中有彌立尼耶殭石立蘇兒殭石又有猪類之骨及數種草木形迹

英吉利之南有泥層中多木殭石其四周皆有合拉尼脫其泥層之下有下埋育新層厚三百尺中有二十六層木石泥砂相間其下則爲鐵科子砂二十七尺厚再下則又有木石泥砂相間四十五層其中無螺蛤殭石此處之木殭石共有十四層有一層爲松樹之類又有無花果橡櫟之屬

普魯斯奥地里以大里希臘

普魯斯之埋育新麻兒灰石層厚十五尺至三十尺其中滿剖盧提那殭石

剖盧提那

奥地里之上埋育新層中有希力克斯殭石最多又有安非斯的其那殭石又有草木形迹甚多其下埋育新中有蟲類殭石甚多如白蟻蜻蛉促織蝴蝶等類此皆輭而易爛之蟲亦能變爲殭石亦奇矣哉

安非斯的其那恐末里那

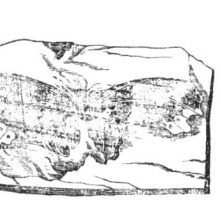

之納斯潑羅都

以大里之埋育新與他處者畧同希臘亦有上埋育新攷其地今爲高山深海者在埋育新時皆爲平原亦觀其殭

江南製造局

石而知之。

陽湖趙宏繪圖
長洲沙英校樣

地學淺釋卷十五目錄

科技譯著集成

地學淺釋卷十五

英國雷俠兒撰
美國瑪高温口譯
金匱華蘅芳筆述

此卷仍論埋育新

瑞西埋育新

歐羅巴之埋育新以法蘭西克來合爲主而法蘭西克來合中殭石只有動物而無植物惟瑞西之埋育新層則中有草木之形迹甚多曾有人作一書專論其草木之形有九百餘種前此植物家不信草木殭石及見其書則咸信之其分別草木之法以顯微鏡視其莖葉花果之迹而分

別之爲某種某類

瑞西阿兒不斯山與求拉山之間有鬆層其中層爲鹹水層其上下之層爲淡水層上層中層與法蘭西之克來合略同故爲上埋育新其下層爲下埋育新

其上淡水層爲薄頁之麻兒灰石諒其沈積於湖中甚遲其層之寬廣約三十里於取石之處見此層中又分二十一小層最上厚七尺爲藍麻兒此麻兒中無殭石其下爲灰石中有數種草木枝葉之形及數種蟲殭石又有大牙獸骨其下一層中有魚及蜻蛉之形又有榆樹之葉再下一層中有龜魚及淡水螺蛤又有水草之形再下則有狐類獸骨再下有乳哺類及蛇又有楓樹核桃之迹下至第十九小層亦有蟲魚草木形最下亦爲藍麻兒於又一取石處見其灰石有十一小層中有木殭石甚多又有數寸厚之層分之其頁薄如紙映日視之皆有蟲形如生其下亦爲藍麻兒再下爲黃麻兒三十尺厚

此種灰石層其沈積之時極遲雖其層不甚厚而觀其中所載生物形迹能知上埋育新期中九百餘種草木及其蟲類之形諒其時江水入湖浮有飛蟲木葉等物沈積於湖底又因湖水中有炭酸灰所以生物之形沈埋凝結於其中觀其每頁中草木之葉可分別其四時如於一頁中

見某草之葉方芽又於上頁見其花又於上頁見其子則可知某草之葉若何花若何子若何又如見某蟲在某草某花之間亦可知其四時其頁之薄每二寸厚可分二百五十頁

如圖爲普度過尼恩之形甲爲枝間已有花其時尚無葉乙爲其葉及子圖得原形二分之一

此圖爲普度過尼恩之子與一飛蟲、甲爲子、乙爲草葉、丙爲飛蟲、丁爲甲蟲之不全者、

蓋瑞西古湖之四邊皆有普度過尼恩之樹其樹爲楊柳之類其花時尚未有葉其有葉之時已結子其有子之時已有飛蟲所以知其花開在春子結於夏、

上埋育新期之樹木除柳類之外又有楓樹之類十九種、楓樹西名愛斯爾兹釋其數種如圖、

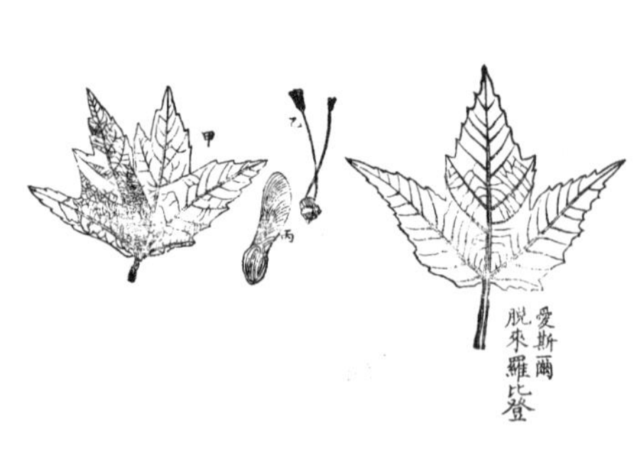

其葉爲三叉形圖得原形二分之一

此亦爲愛斯爾脫來羅比登、甲爲其葉不合理故有四大叉二小叉、乙爲花及莖、丙爲子苞、

此爲今時紅愛斯爾之形、甲爲子苞、乙爲抱花之葉、丙爲花、

此與今美里哥所有者畧同、甲爲葉、乙爲子苞、丙爲子、圖得原形三分之一、

此卽肉桂之類也、甲爲葉、乙爲花、丙爲子、丁爲今之子其蒂較古爲大、

甲爲葉、乙爲花、丁處缺去一瓣、丙爲又一種之葉、

此爲喝幾耶之形。甲爲葉。乙爲子苞。丙爲子。丁爲今荷蘭所生者。戊爲今之子。

此柏樹之類也。圖爲其子葉之形。

法蘭西克來合中有大牙獸骨。瑞西鬆層中亦有大牙獸骨。所以定此層爲上埋育新期。

瑞西埋育新層中草木形迹與今美里哥所生之草木大半相合。與歐羅巴所生者次之。亞細亞者又次之。亞非里加又次之。與新荷蘭合者最少。

觀瑞西上埋育新層中草木昆蟲之迹。知其時氣候温暖。雖尚不如下埋育新之熱。亦不如今美里哥南之熱。已攷知其中之蟲類有一千三百二十二種。凡今時所有之蟲類大約當時皆有之。其蝕木之蟲比今多。其樹木亦比今多。

此爲一種飛蟲之殭石。

瑞西下埋育新

瑞西之下埋育新皆淡水造化。其上層爲砂麻兒。下層爲合子石。其合子石有處厚二千尺。有處厚七千尺。想其處古時有入湖之江。其湖底之地漸低。故石子積久而極深。至低而爲海。故其上有鹹水層蓋之。此處地形漸低之故。前人未能解之。其合子石之石子有尼斯。有巴弗里。有合拉尼脫。今其近處之阿兒不斯山無此種石。諒當時必有此石之山。高千餘尺。皆已糜碎矣。

瑞西之下埋育新層中草木形迹甚多。與今北美里哥之草木有相似者。如圖。

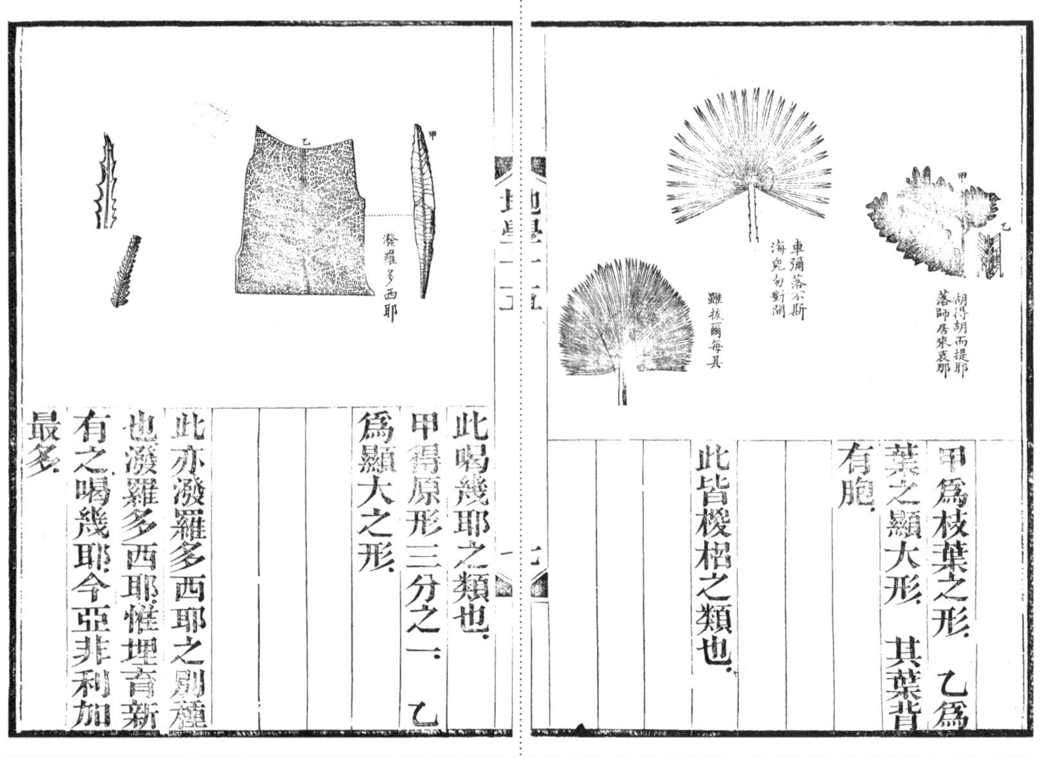

甲爲枝葉之形，乙爲葉之顯大形，其葉背有胞，

此皆棕櫚之類也，

此喝幾耶之類也，甲得原形三分之一，乙爲顯大之形，

此亦潑羅多西耶之別種也，潑羅多西耶慣埋育新有之喝幾耶今亞非利加最多，

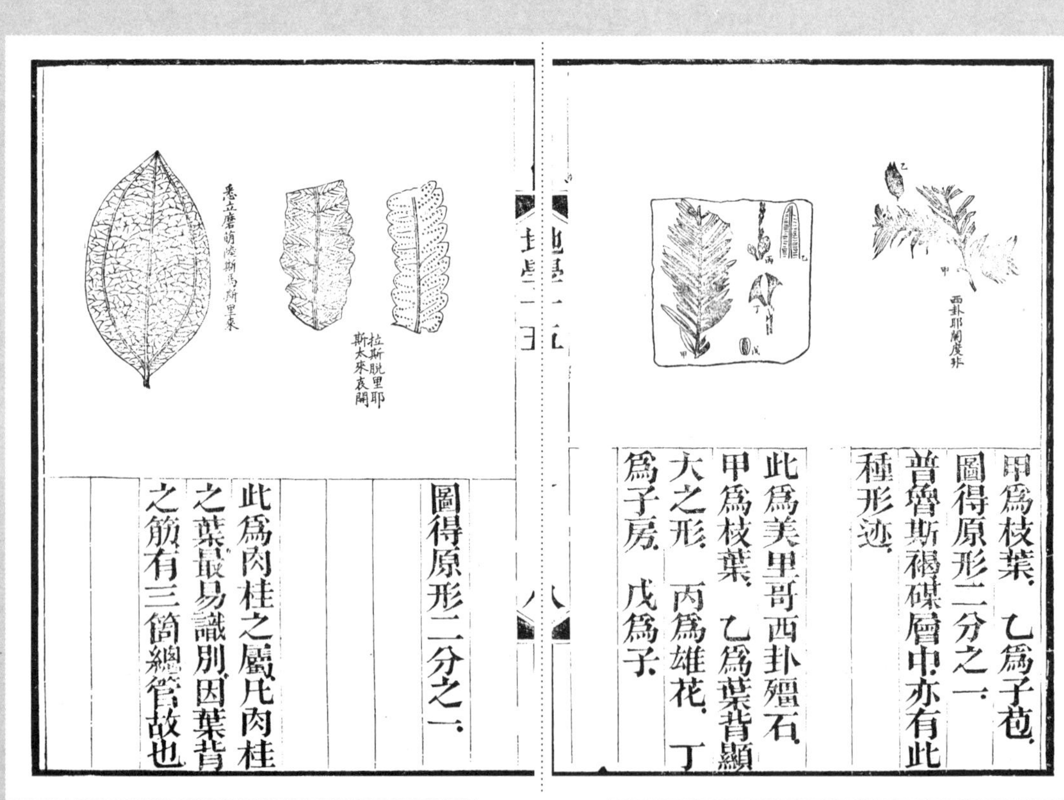

甲爲枝葉，乙爲子苞，圖得原形二分之一，普魯斯碣碟層中亦有此種形迹，

此爲美里哥西卦殭石，甲爲枝葉，乙爲葉背顯大之形，丙爲雄花，丁爲子房，戊爲子，

圖得原形二分之一，

此爲肉桂之屬，凡肉桂之葉最易識別，因葉背之筋有三箇總管故也，

此爲橡樹之類

此爲楓樹之類其葉上有泡乙爲泡之顯大形

觀瑞西埋育新層中草木知古時歐羅巴之草木與今美里哥之草木其種類大畧相同有人疑曷得闌對海當時爲陸地自歐羅巴至美里哥叢木茂草之區相接或有人言其陸地自亞細亞過北冰海至北美里哥此皆臆度之辭惟瑞西埋育新之草木其形迹相同之處東以地中海爲界西以日本爲界連爲一片而亞細亞之地形在埋育新期變動甚多

天竺上埋育新

希美來耶山之南有山高二千尺爲泥麻兒斜層其麻兒砂石中有乳哺類蛇類淡水螺蛤等殭石其比例之數與法蘭西之克來合同所以亦爲上埋育新於此山之高處得駝鳥之骨知當時曾爲平原又有大龜之殼長十八尺高七尺

美里哥埋育新

從阿里恰逆山至海邊有灰砂麻兒層其南與瘞育新之層相接此灰砂麻兒層與英之克來合相同諒是埋育新期至前沛育新期所成之層也其中得一百四十種螺蛤殭石與今生者比較有六分之一相同與歐羅巴者有十三種相同其珊瑚之類與今之生者相似知當時氣候比今地中海熱惟其熱尚不如法蘭西之埋育新期

福而蓋堪耶力來拉搭斯
言有長口如河也

香來斯可得來可斯對得斯
言口有四釘也

哀斯得闌迦葉
立尼良脫

北美里哥有白灰石麻兒砂泥層爲下埋育新其中有淡水殭石此層比法京之石膏層新

陽湖趙宏繪圖
長洲沙英校樣

地學淺釋卷十六目錄

地學淺釋卷十六

英國雷俠兒撰
美國瑪高温口譯
金匱華蘅芳筆述

此卷論瘞育新

埋育新之下爲瘞育新如圖甲爲英吉利乙爲法蘭西丙爲荷蘭斜畫處爲瘞育新密點處爲古於提符尼安之鎔結石空白處爲提符尼安老紅砂石茶而刻

英吉利上瘞育新

英吉利之爲脫島其上層一百七十尺爲下埋育新其下七百尺爲上瘞育新其下三百五十尺至五百尺爲中瘞育新其下一百尺爲下瘞育新

其上瘞育新之第一層爲麻兒泥石灰石相間或成於淡水或成於鹹水或成於半鹹淡水故大層中又分小層有上麻兒下麻兒綠麻兒黃灰石白灰石含兒麻兒諸層其中之殭石有剖盧提那倫對最多此種生物惟下埋育新期及上瘞育新期有之又有他種螺類殭石草子獸骨等殭石其形如圖

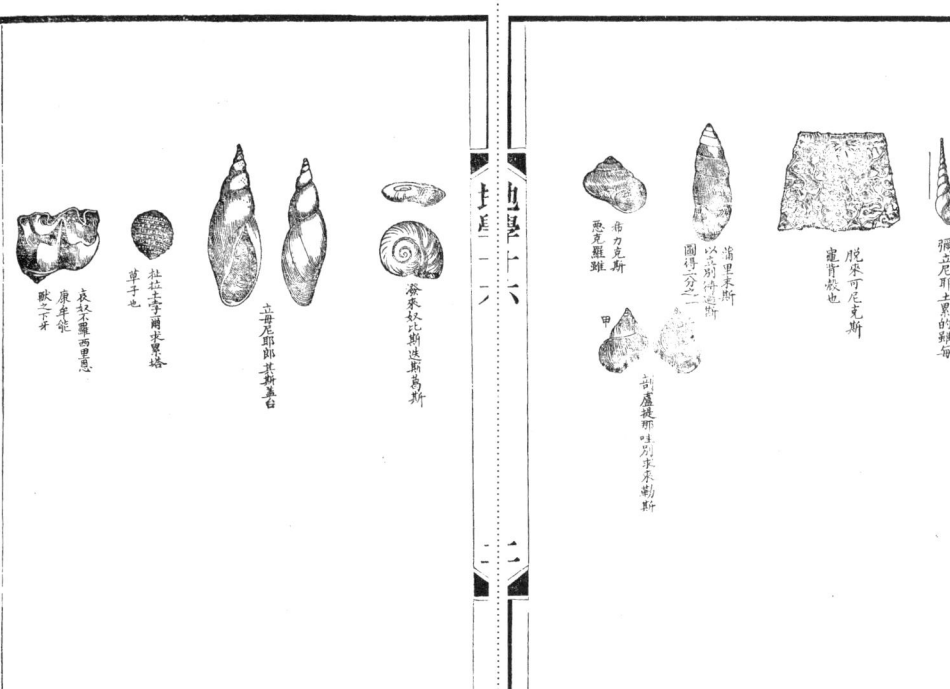

彌立尼耶土累的雞每

脫來可尼克斯
灌背殼也

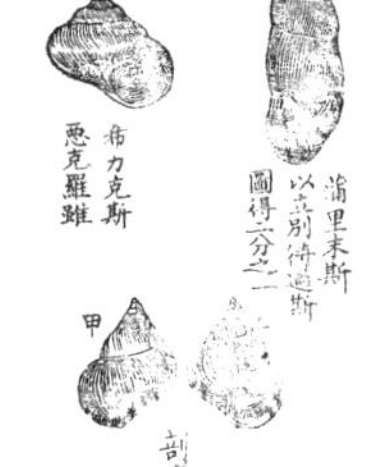

蒲里末斯
以前別得過斯
圖得六分之一

吊力克斯
悪克羅雖

剖盧提那 哇別求來勒斯

發來奴比斯迭斯葛斯

立毋尼耶郎 其斯蓋台

扯拉士孛爾求累塔
草子也

衣奴不羅西里恩
康牟能
獸之下牙

其第二層爲半鹹淡水中所成其中有海草及剖盧提那殭石亦有扯拉草子其石有波浪紋

剖利何西里恩昧葛能

其第三層上下俱爲淡水層而中間有鹹水及半鹹淡水層於其淡水層中遇恏來奴比斯由盆非拉斯知爲半鹹淡水中之生物又有他種螺類殭石如博帶美地及希力克斯等類如圖

恏來奴比斯由盆非拉斯圖得二分之一

奈立的那康開乏

立毋尼耶可待脫

西力雖恩康開文

綠白麻兒及灰石其金石之質皆如法蘭西之瘵育新諒是同時中一片沉積也其中有西力雖恩潑開滕殭石故又似上埋育新

其第四層砂石中有車麻斯貴母撒殭石泥中遇每脫拉斯蓋別爾等殭石如圖

希力克斯來倍里脫來盖

車麻斯貴母撒

每脫拉斯盖別爾

伏盧對安別求哀

太非斯本乾末斯

伏盧對矮斯里對

台里倍倫否雖福斯

台里倍倫秦背得

聞得脫乘爾盖脫

英吉利中瘞育新

英吉利上瘞育新之下有砂層為中瘞育新其上下為淡黃色砂層中間為暗綠色之砂及黑泥層皆在倫敦泥層之上

此處中瘞育新層中之草木形迹畧與今新荷蘭草木之形相同其螺蛤殭石有伏盧對及勿尼來卡提恩又有海蛇之骨海魚鬐骨等類如圖

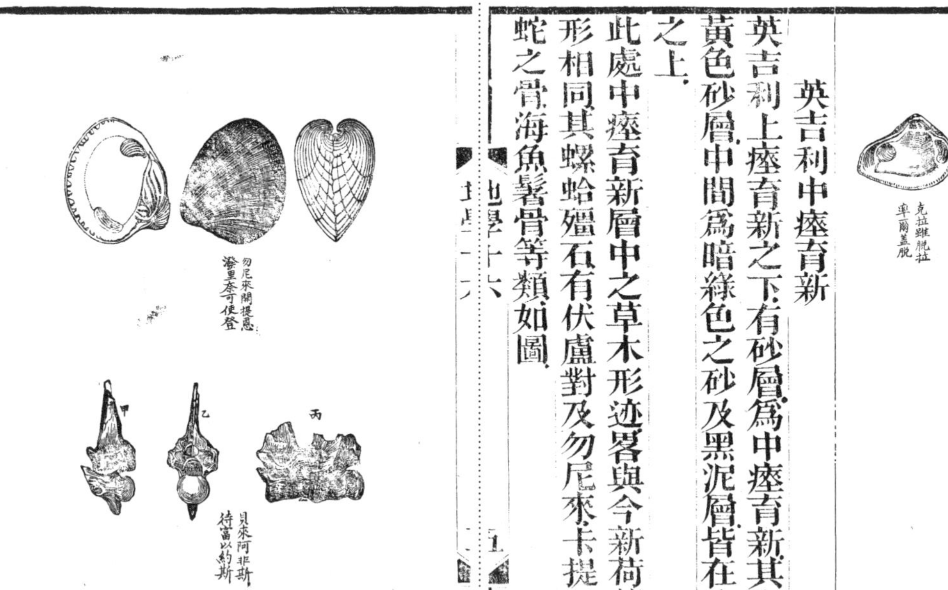

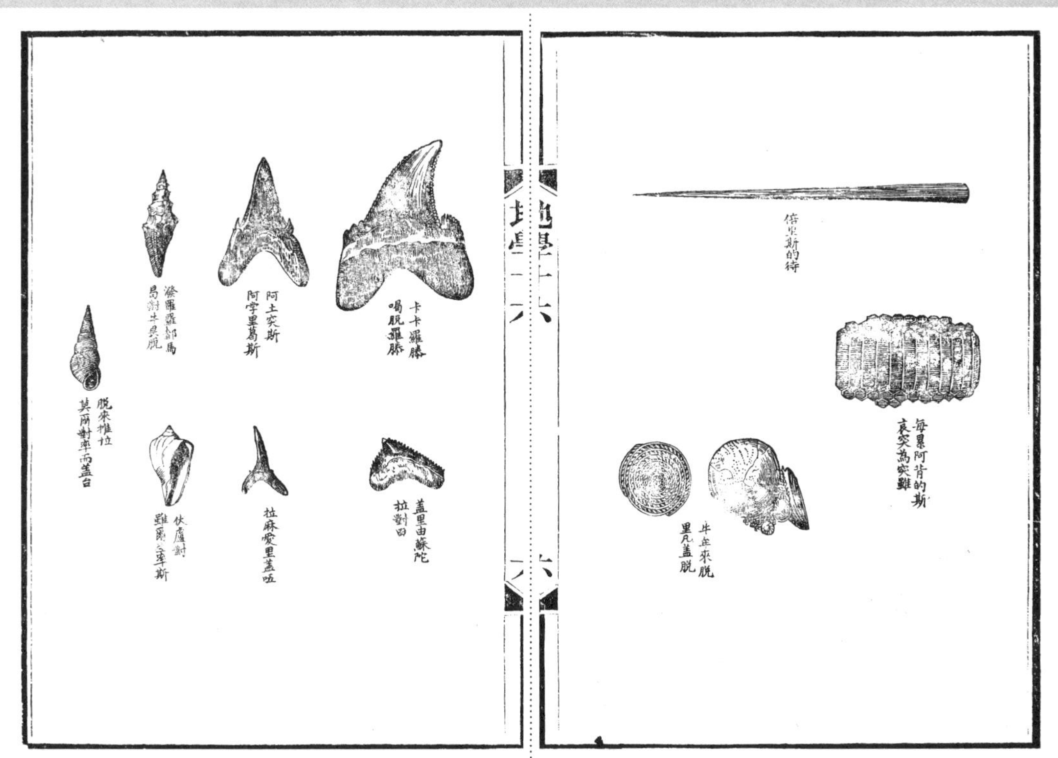

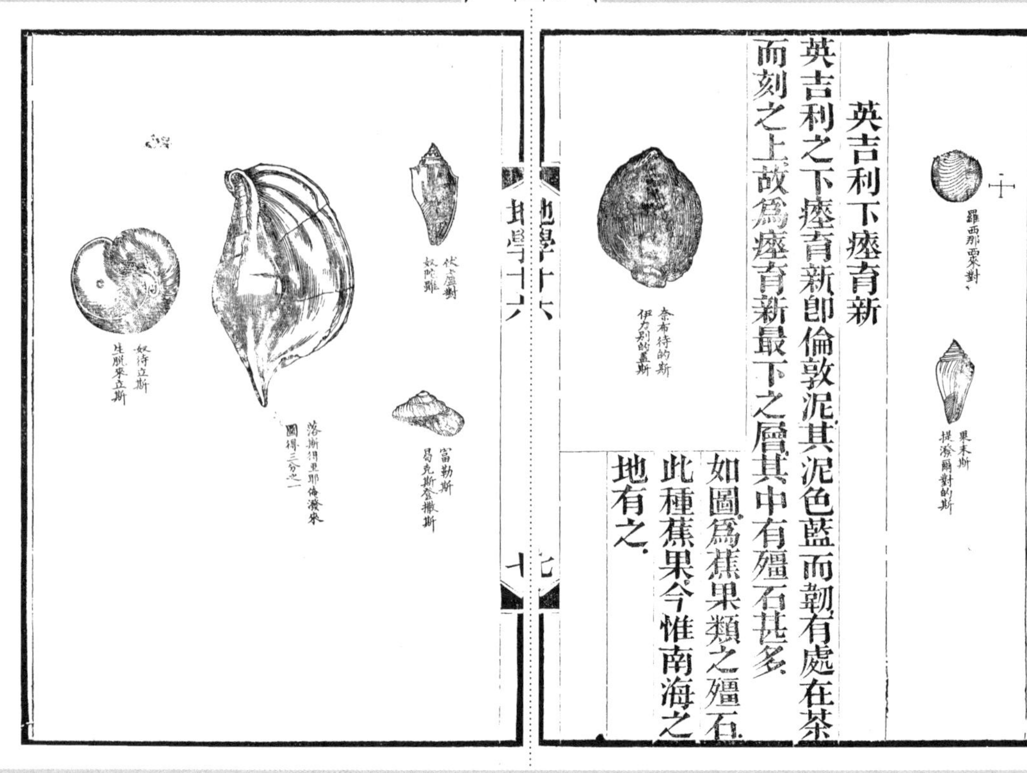

十

羅西那栗對

果未斯
提滌爾對的斯

英吉利下瘞育新

英吉利之下瘞育新即倫敦泥其泥色藍而韌有處在茶而刻之上故爲瘞育新最下之層其中有殭石甚多

如圖爲蕉果類之殭石

此種蕉果今惟南海之地有之

奈布待的斯
伊乃别的蒸斯

地學十六

十七

伏吉盧對
奴陀雖

富勒斯
曷克斯叁撒斯

落斯得里耶倫潑來
圖得三分之一

奴待立斯
生脫來立斯

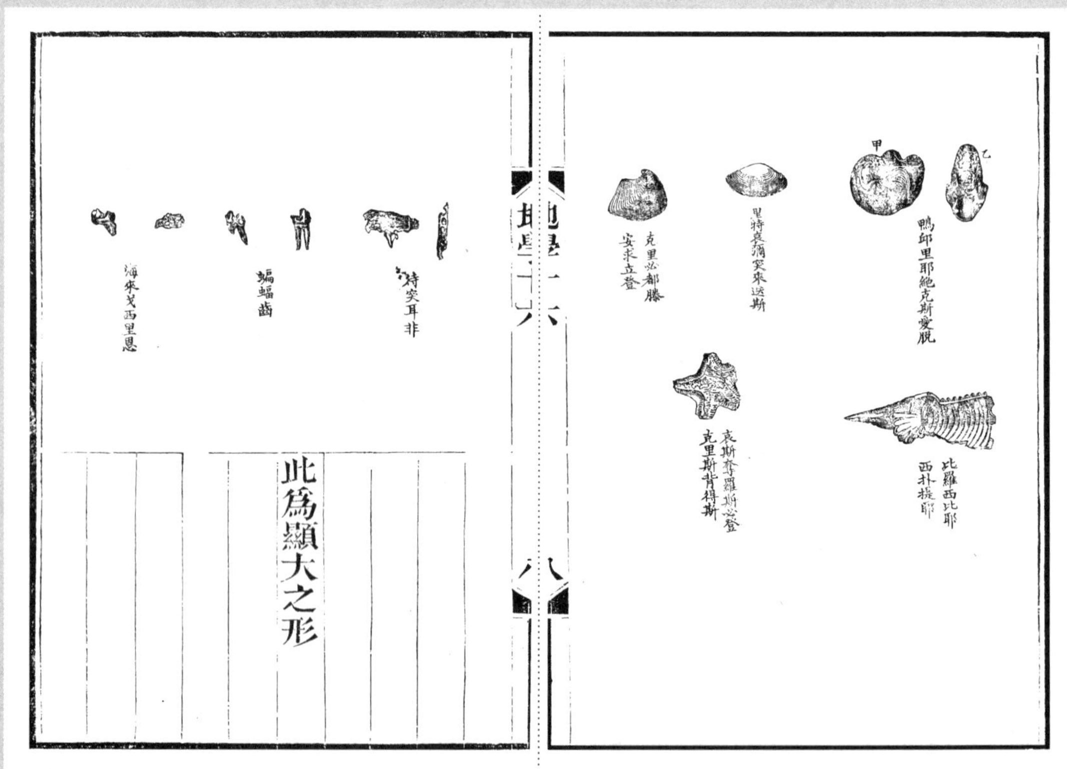

甲

乙

鴨卯里耶絶克斯變脫

里特哀㴸突來迭斯

克里必都滕
安求立登

比羅西比耶
西扑提耶

哀斯奪羅斯必登
克里斯背得斯

地學十六

八

待突耳非

蝙蝠齒

海來戈西里思

此爲顯大之形

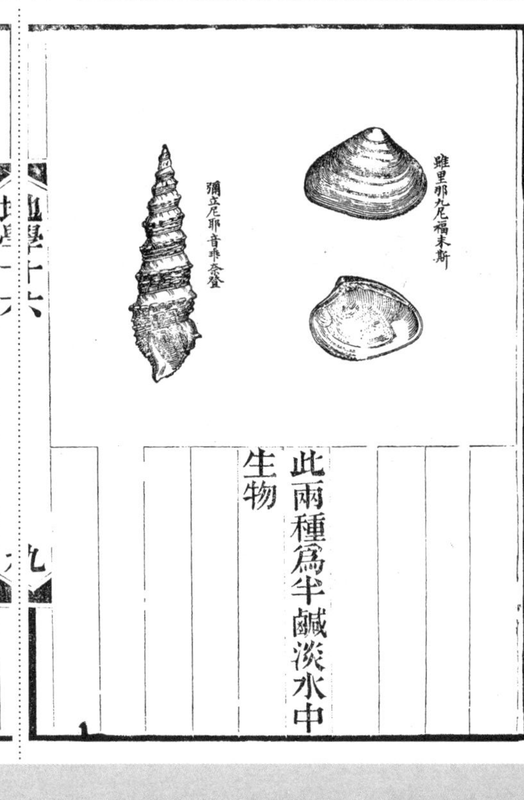

此兩種爲半鹹淡水中生物

法蘭西瘞育新

法蘭西之巴黎斯有瘞育新疊層其層鹹淡相間在茶而刻之凹處如物之在器皿中故亦謂之皿其地東西二百七十里南北五百四十里

其上瘞育新第一層爲石膏麻兒第二層爲砂灰石第三層爲砂其中瘞育新爲大灰石螺蛤殭石層其下瘞育新第一層爲藍泥第二層爲輭泥第三層爲砂

其石膏麻兒有石膏在麻兒中結成塊形此層之殭石有土中淡水中螺蛤及禽鳥蛇魚等骨又有櫻椐類之葉其乳哺類獸骨皆完全死似全身沈於水即時埋沒者其螺蛤之類皆輕而能浮游於水面者居多想古時有一江流入湖其湖中有硫酸灰故結爲石膏也 如今之昔斯里江水中亦有硫酸灰 今爪哇洲亦有小江從火山處來流至海其水色白如乳中有硫磺 今美里哥北亦有水從火山七百五十尺高處流下土人謂之酸江其水中有硫酸綠輕酸及養氣鐵此種水流入海海中之物皆畏而避之故其中無鹹水內生物

此石膏麻兒層中無小石子及砂其中獸骨殭石有食肉之獸腹袋之獸及有翼之蛇又有鳥骨十餘種皆今之所無其魚蛇之類亦與今異

石膏麻兒層中四足乳哺類殭石皆獸之生於沮澤者有食草之獸名絕夫滕葛來西耳譯言文獸也謂其獸無爪牙蹄角不能與他獸爭鬥也如圖

絕夫滕葛來西耳

西歷紀歲一千八百年間有博物士名九微埃者始攷法蘭西石膏層中之獸殭石見其一骨即可知其爲某獸之

骨其議論以爲萬物之生皆各有種類惟天時地理水土氣候古今各有不同故其物有時繁盛有時衰微有時絶滅故古今之獸形狀種類不同

其石膏層中又有數種獸類之足迹印在石膏麻兒之上想其石膏凝而未硬之時其上已有一層薄麻兒故走獸過之印成足迹也獸迹之外又有水陸之龜鼉魚大蟾蜍大鳥等足迹諒其處是古時湖濱沮澤之地爲鳥獸之淵藪其食肉之獸能食他獸故絶夫滕之骨每有嚼碎之形觀此石膏麻兒層中殭石可知當時生物之繁盛今所攷知者不及其千百分之一耳

法蘭西之瘞育新與英吉利之瘞育新今雖以爲同時所成其實或尙相去數萬年亦未可知譬如天上之星自人視之遠近如一其實不知相去幾何也

其砂灰石之形如金水中凝結而成其石之紋理屈曲宛轉其中殭石甚少間遇有淡水中生物絶無一鹹水中生物諒是火山金泉所造化也

其第三爲砂層其中有海中螺蛤殭石及平螺殭石

法蘭西之中瘞育新上層爲結實之脆灰石及綠麻兒其中有西里雖恩剖盧提那及乳哺類蛇類等殭石其粗砂石變至下層爲砂其殭石均在磨碎之蚌殼粉及灰砂中有土中者淡水中者鹹水中者想其地本爲海故鹹水中螺蛤生焉其他種則是江水中流來之物也因西里雖恩每生於半鹹淡水中故知其地是當時海灣

法蘭西之大灰石堅固可作房屋其石雖一細粒石屑以顯微鏡視之亦爲螺蛤之類如圖

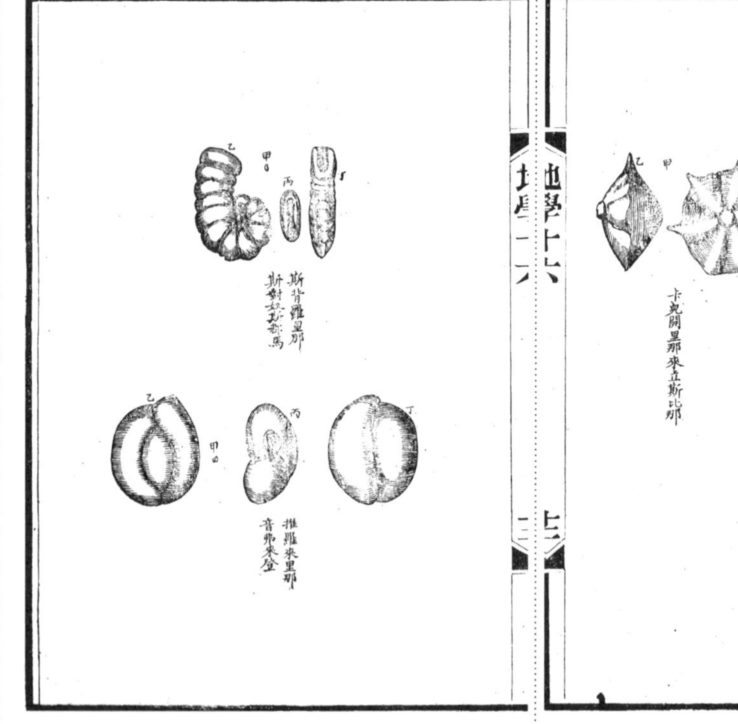

卡克開里那 來立斯比那

斯背羅里那 斯對孛郗馬

推羅來里那 音弗來登

因此種灰石從未遇之於克來合及上埋育新所以此種灰石可爲瘞育新之表記其中亦有絕夫滕之骨故知灰石沈積之時已有此獸其大灰石之下層以平旋螺爲表記

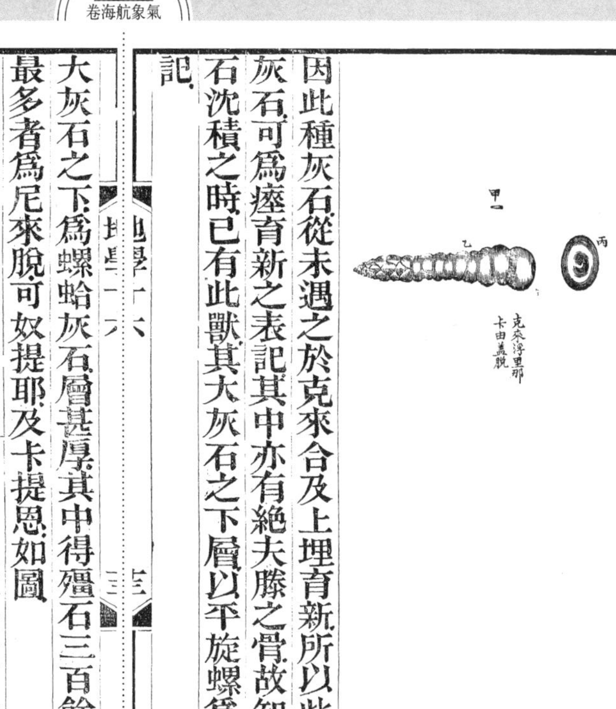

克來浮里耶
卡田義脫

大灰石之下爲螺蛤灰石層甚厚其中得殭石三百餘種最多者爲尼來脫可奴提耶及卡提恩如圖

尼來脫可奴提耶

卡提恩波羅羅生

此物之生處甚廣自歐羅巴至天竺皆有其殭石

卡提恩之在他層者大小與此異

法蘭西之下瘞育新爲輭泥層及砂層其中殭石有蠣殼及雖里那彌立尼耶又有木殭石其下有一層合子石其石子之質爲火山石或有稜角或磨圓有夕里開膠結之其中得大鳥足骨此鳥骨之僅見者也

又其砂層中得熊類之頭骨昔人以此爲最古之乳哺生物

又有一種平旋之螺西名牛牟來脫言其形平圓如錢也亦謂之錢石

此種牛牟來脫殭石歐羅巴亞細亞皆有之其形有三等可分下瘞育新爲三層上層者其形小中層者大而多下

層者小而少 此種殭石阿見不斯山灰石厚層中亦有之故歐羅巴亞細亞亞非里加之第三迹層均以牛牟來脫殭石爲最要其所在之層數千尺厚從阿見不斯山至歐羅巴之東亞非里加之北皆有之其殭石之形如圖

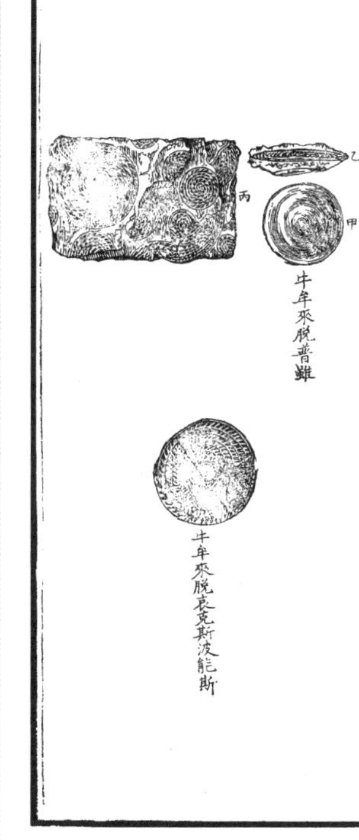

牛牟來脫普雖

牛牟來脫袞克斯波能斯

觀錢螺殭石，可定見瘞育新期，自阿兒不斯山，至亞細亞當中瘞育新期，其地俱爲海，其螺爲海中生物，及海變爲陸時，歐羅巴之西，已有數種四足厚皮食草之獸，及腹袋獸，自此之後，火山之變甚多，故阿兒不斯山之牛牟來脫灰石層，變爲結成之灰石，校格尼斯科子。

美里哥瘞育新

北美里哥，有瘞育新之大層，在海邊，其中已得殭石四百餘種，大半與歐羅巴瘞育新之殭石合，諒是與法蘭西大灰石同時所成，其瘞育新層之形如圖。

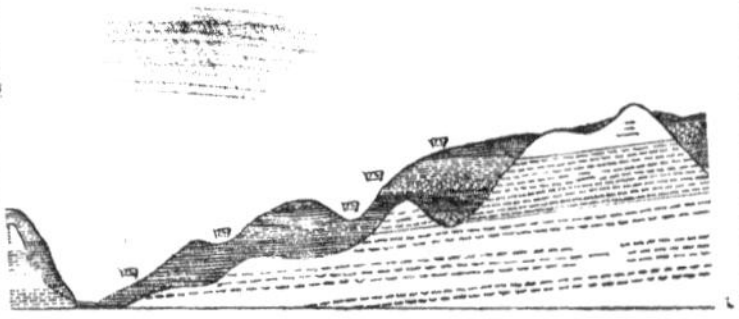

一爲砂麻兒，二爲泐爛之白灰石，三爲錢螺灰石，四爲無殭石之泥砂層，虛線處爲江。

此一、二、三層皆爲瘞育新。

其砂麻兒之層，厚一百尺，其中殭石如勿尼來卡提恩倍里斯的待，皆與他處之瘞育新同。

其白灰石之層，有處鬆如砂，有處硬如石，此層中殭石，鯨魚之骨最多，有七十尺長者。

初得此鯨骨殭石時，人皆以爲蛇骨，後有博物之士名阿恆者，辨別其殭石，見其齒有雙根，與蛇齒不類，故知其爲鯨。

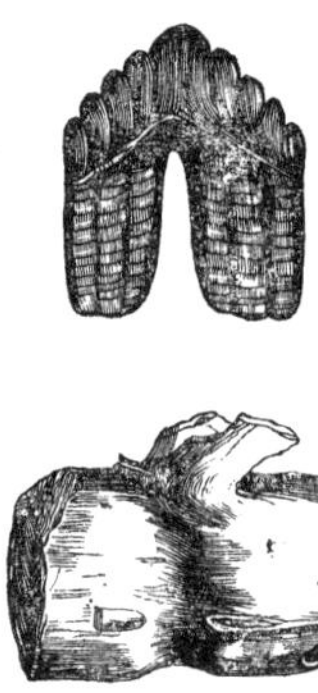

助葛羅滕西多迭斯

上圖爲鯨魚之齒，

下圖爲鯨魚脊骨。

其第三層之有錢螺殭石者，亦爲白灰石，其灰石輒如白茶而刻，夫茶而刻爲殭石朽爛而成，此白灰石亦然，其中草木形迹僅見松類而已。

灰石上之砂泥層，至今未能定其爲何層，因尚未遇見其中之殭石故也。

又南美里哥有磨石層，觀其中之殭石，知是下瘞育新，其層與科子砂、紅爐坶相間。

陽湖趙宏繪圖

長洲沙英校樣

地學淺釋卷十七目錄

地學淺釋卷十七

英國雷俠兒撰
美國瑪高温口譯
金匱華蘅芳筆述

此卷論第二迹層克里兌書

克里兌書

在歐羅巴遇一種白色之土，其名曰茶而刻，此爲第二迹層最上之層，此層中所有殭石，與第三迹層者絶然各異，所以地學家謂無窮世界中，有無窮生物，蓋克里兌書中之殭石，與瘞育新之殭石異，亦猶瘞育新之殭石，異於沛育新之殭石也。

與瘞育新交界之層

有數處遇小塊之土層，在白茶而刻之上，倫敦泥之下，此種土層雖無大塊地學家亦不能置之不論，因此零星小塊之層，在瘞育新克里兌書之間，故不能不先論及之。

如太尼之砂，比里朕之闌地尼法蘭西之別蘇來脫，皆在此零星小塊之律。

比里朕之闌地尼地方有綠色之土，名合羅過奈脫，此土可以堊宮室，其中有夫來度彌耶殭石，不甚多，其形與太尼砂中者同，惟其哀斯大的殭石，則與他層不同。

有別處之麻兒及合羅過奈脫，較比里朕者爲古，有人謂此土卽茶而刻之類然其中之殭石夫來度彌耶比茶而刻之殭石新而絕無茶而刻內之殭石所以定此爲第三迹層之下。

法蘭西別蘇來脫灰石

地學家攷法蘭西之別蘇來脫灰石比太尼之砂闊地尼之土更覺不合於理其黃白色灰石層之寬廣東西四百里南北三百里厚一百尺在茶而刻之上其面不與茶而刻平行昔人以爲是克里兌書期中所成其被水破碎時尙在瘞育新之前。

有人以其中五十四種殭石攷之以爲當是第三迹層非第二迹層又有人見其中有必克登殭石爲第二迹層中之殭石又定別蘇來脫爲克里兌書之上層又有人因其中有奴的來斯待迷葛斯殭石而從未遇哀未奈脫海每脫扳九來的斯盆廢脫土累來的斯海剖來的斯等類茶而刻中之殭石所以定之爲第二第三之間。

觀合羅過奈脫及別蘇來脫知白茶而刻之後有石層爲水蝕所餘恐第二迹層第三迹層之間本尙有多少石層皆已被水蝕去也。

以上論瘞育新之下克里兌書之上有零星石層以下方論克里兌書。

克里兌書分層之法

地學家大約分克里兌書爲上下二總層總層中又有分層其分層之法或因各有其本層之殭石或因其合質不同。

上克里兌書。

一爲美斯迭克。　二爲白茶而刻

三爲茶而刻麻兒或灰茶而刻。

四爲上綠砂。其中每有小石子或綠麻兒。

五爲夸而脫。

下克里兌書。又名尼阿可彌。

一爲下綠砂。其中每有鐵砂泥灰石。

二爲葦兒滕泥及海斯頂砂。

美斯迭克灰石

日耳曼有江名美斯其處白茶而刻之上有灰石層厚一百尺其中之殭石與第三次石中者不同與茶而刻中者有同有異如扳九來脫海每脫皆新層中所無如倍里每脫伞克羅奈得斯必克登可斯待得斯皆與茶而刻中同惟伏盧對則他層及此層皆有之。

美斯迭克灰石二十尺深處有珊瑚類名孛來阿珊其下五十尺爲黃色嫩灰石可作宮室再下則石色漸白其中

之小石子爲開而西馱能美斯迭克之下有茶而刻層厚四寸中有綠色之土及哀背下克來奈的殭石此層茶而刻之下爲白茶而刻故此茶而刻爲美斯迭克與白茶而刻分界之層其下之白茶而刻中因有火石塊及台里扳求來卡尼耶殭石爲他層所無惟海蛇之骨則其上下之層亦有之其蛇長二十四尺

又有一種殭石美斯迭克及白茶而刻中俱有之如希美牛提斯

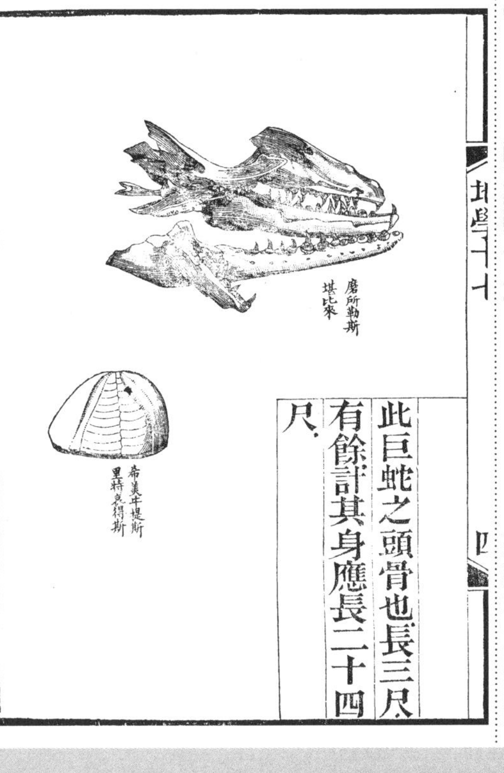
磨所勒斯堪比來

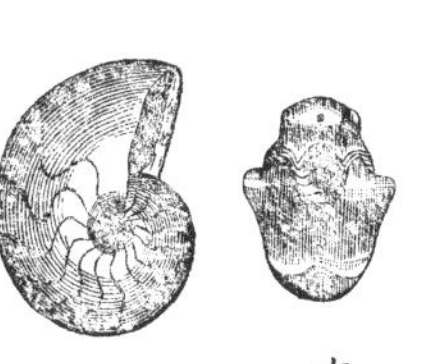
希美牛提斯里特克得斯

此巨蛇之頭骨也長三尺有餘計其身應長二十四尺

又於他處之近美斯迭克處見其白茶而刻亦有水蝕之形其上有新於美斯迭克之層其層爲小火石子中有殭石甚多

法克蘇灰石

於太尼國法克蘇地方遇最新之茶而刻爲黃色之灰石其灰石爲珊瑚糜爛所成此黃灰石之下爲白茶而刻及火石已開至四十尺深其下尚未知

法克蘇黃灰石中有蟹殭石撒開於層中又有珊瑚碎爛處其形甚似白茶而刻因此黃灰石爲珊瑚碎爛所成所以知白茶而刻亦爲珊瑚碎爛所成想古時海底遍滿珊

瑚後因腐爛而爲白茶而刻也

法克蘇黃灰石中又有奴的立斯殭石此種殭石於法蘭西別蘇來脫中亦遇之

奴的立斯待彌葛斯

白茶而刻

白茶而刻層英吉利法蘭西皆有之此爲最好之白灰可用以塈宮室其質爲最淨之炭酸灰其層曡之形不甚分明惟中有火石層厚數寸間之其火石有密而曡成層者亦有行列甚疎每塊相距數尺者

白茶而刻之上層中有火石塊其下層中則無火石塊再下則爲茶而刻麻兒與泥層相連

英吉利之茶而刻層與法蘭西之茶而刻層雖隔一海實爲當時一片所成以圖明之

如圖黑處爲倫敦泥其下爲白茶而刻層再下爲綠砂層兩虛線之間爲海單虛線處爲山脊其右爲法蘭西之京城海之左爲倫敦

白茶而刻之層如此寬廣地學家謂他新期之層從未有如此廣大者其層從歐羅巴洲之西北至俄羅斯之南從瑞典至法蘭西地中海皆有之其金石之合質俱同其中之殭石如倍里每脫哇斯得里耶哀奴西里末斯形亦相同

白茶而刻之層雖如此寬廣然學者莫謂其層處處皆有蓋中間亦或有空缺之地也 查今太平洋之珊瑚島有三千六百里長一千里濶其珊瑚若後來腐爛爲海流盪開則亦能鋪徧於太平洋海底而成新層則其層之寬廣當不亞於茶而刻

白茶而刻爲生物所成昔時亦有人言之因其質爲炭酸灰與螺蛤之殼及珊瑚同質故謂螺蛤珊瑚若腐爛當亦能成茶而刻此不過意想之辭未有實據故地學家初不信之今已求得實據於數處海島見其島之四旁有珊瑚處見其海底新泥亦爲白灰形

此白灰形之泥不獨因珊瑚腐爛而成亦因其近處之螺蛤蟲魚之屬有食此珊瑚者其糞亦白故能成此白灰形之泥如美里哥曷得蘭對海中每有巨螺其糞如丸亦爲白灰形又於水清之處見魚時食珊瑚取此魚剖視之腹中亦有白灰形

初時地學家於白茶而刻中遇一種殭石以爲松實之苞後有人攷知是魚糞其質爲燐酸灰如圖

魚糞殭石

白灰泥從珊瑚魚糞而來有時於海灣之地見之如取此泥壓堅之則其形亦甚似白茶而刻

於檀香山有珊瑚已高出水面爲石其硬如灰石其色如茶而刻又其處有新成之茶而刻其形亦與老茶而刻無異

珊瑚腐爛之灰性輕於砂而粒細於砂故能在水中流至遠處沉積成層又螺蛤殼碎爛其泥亦輕故亦能流至遠處成層所以茶而刻之層甚寬廣

近時因造電線通標測曷得蘭對海底各處深淺其測時每探出海底之泥有人取此泥用顯微鏡察之雖深於六里之處其泥亦每二十分中有十九分爲生物

又有地學家專門遍測海底之泥而辨別其質知每百分中有九十五分爲炭酸灰其浮泥之下有稍粗之泥可用顯微鏡察之見其粒各有形式其上每有細孔皆極細微之生物也其某物爲某質一視即知

合羅背其里奈　待哀得每西耶　待哀得每西耶　待哀得每西耶　斯本其耶

此形之物其質爲炭酸灰

此皆爲海中極細之草其物之本質爲夕里開

此爲海棉中之細管其質爲夕里開

觀以上諸說可知白茶而刻之層甚厚而其中不見有大殭石亦無砂想其當時之造化必甚似今之曷得蘭對海也

白茶而刻中火石

火石在白茶而刻中成層此理地學家初難解之因今之有珊瑚島處不見有夕里開故也近因測海底之泥知北海中有數小處其泥絕無合羅背其里奈之形想其物在海中熱處能生冷處不能生所以無之而待哀得每西耶其硬筋細管均是夕里開　又有人測北冰海之底其泥中之質夕里開多炭酸灰少

此種有夕里開之物腐爛其夕里開不盡消化於水其質點互相結聚遇物則膠固包結之所以火石中亦能有殭石。又有處其合羅背其里奈有夕里開代其灰。

學者如問此種微細之生物其夕里開從何而來則須記非而斯羅泐開每有消化之夕里開至水中所以凡水中總微有消化之夕里開。又泉水中每微有夕里開則海底之泉眼其水中亦必有夕里開。

有人解白茶而刻中之火石層火石塊因夕里開與炭酸灰同時在水中凝結而夕里開之質重而下沈故多則成層少則成塊然白茶而刻之層甚厚何以火石不在其下層而在上層之中央則沈下之說非確論也。

欲解火石成層之故必水中有時有灰沈積有時有夕里開沈積其說方通蓋海中流水有時能改變方向若其流水從有灰之處來則海底有沈積之灰而無夕里開若其流忽從有夕里開之處來則海水中有夕里開而無灰如是海流更迭則炭酸灰與夕里開各自能沈積成層。

地學家所最難解者英吉利之白茶而刻中每有大塊之火石其排列之面不似小塊火石之與茶而刻平行其石塊之形畧如酒罎高約三尺徑約一尺累累如貫珠每行相距自二十尺至三十尺不等碎其塊見火石之中心各有一小塊茶而刻此小塊之茶而刻包結於火石塊之中如卵之有黃其質比火石外之茶而刻硬。

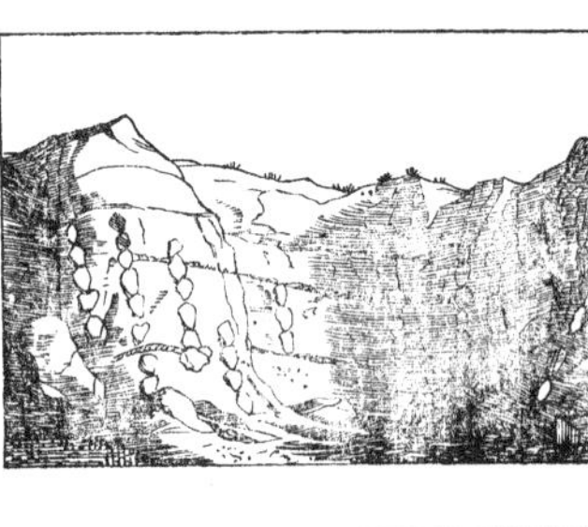

如圖爲大塊火石在茶而刻中之形

今蘇門搭喇海中有海棉草其每顆之大小與英吉利大火石塊之形相同如謂其大火石塊爲海棉所成則此處之海棉被炭酸灰沈積埋沒而變爲夕里開其每顆之上必又生出新海棉如是子母相繼則其海棉之行列形式宛如英吉利白茶而刻中之大火石塊。

白茶而刻中單塊石子

白茶而刻中除火石塊之外並無泥砂雜石然亦偶有遇單塊石子者其石子之質或爲科子或爲綠色昔斯脫若云此石子是海水中流來何以其中又無砂泥若以爲是冰中移來則克里兒書期氣候温暖故珊瑚螺蛤蟲蛇之

屬蘩生此時不當有冰況冰期去今甚近此尙在冰期之前不當有冰移之石.

有人於今之太平洋某處珊瑚島上亦見一小塊綠石亦不知此石從何處來或言其石是在大樹根中被海水漂流至此樹已朽腐而石留也.

此說有人疑之因茶而刻中木殭石最少然雖如此亦間有遇木殭石在火石相近之處其木殭石亦有水中浮來之據其上有蠹蛤之孔.

白茶而刻中單塊石子惟有一說可解之如今時葛得蘭對海之北海中有海菜生於水底高十尺枝莖叢生其葉上有泡泡大則能浮若其草在水底時叢枝之間抱有小塊石子則浮時亦能移其石至遠處. 又於一處見海菜高三百餘尺至七百尺亦能浮於海中離其本處數百里每有螺蛤之屬附而食之其根間亦有尙帶土石者效灰石層中亦有海菜殭石惟無如此之大或其石子亦是海菜中浮來歟.

單塊石子雖在茶而刻中不多見然學者莫謂茶而刻沈積之時其同時無他種石及砂在他處成層如日耳曼砂石其質爲夕里開其層在茶而刻之上其茶而刻之質及其中之殭石皆如英吉利之麻兒而其砂石中之殭石則與英吉利之白茶而刻同此蓋與茶而刻同時所成也其砂石層厚六百尺.

上克里兒書期殭石

上克里兒書之殭石以厄幾那之類爲最多此種生物有一總名曰克里奴哀提斯譯言形如蓮花也如哀奴開的斯及麻蘇倍脫密里累皆此類也此期中螺蛤之屬如哀末奈脫倍里每脫斯蓋廢脫拔九來的土累來的斯等物皆與他期之殭石不同.

效克里兒書之殭石以哀累西里末斯爲最要因其殼有絲紋遇其碎塊卽可知之.

哀奴開的斯阿肥得

每克來斯得可兒安葛尼恩

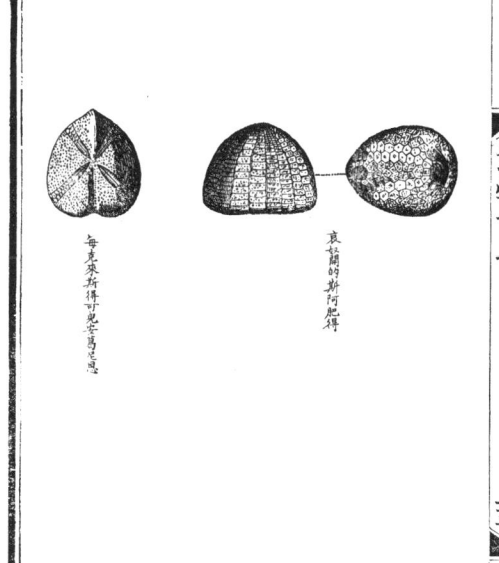

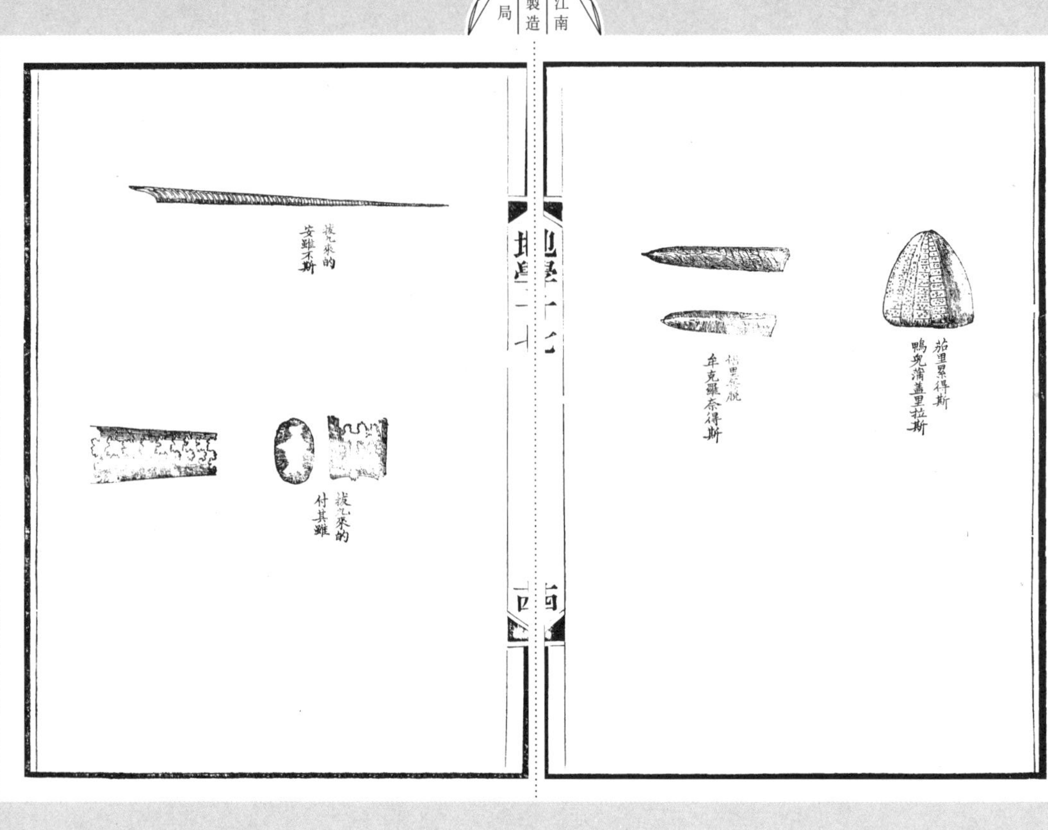
茄里累得斯
鴨兜蒲蓋里拉斯
牟克羅奈得斯
拔乂來的
安雖不斯
拔乂來的
付其雖

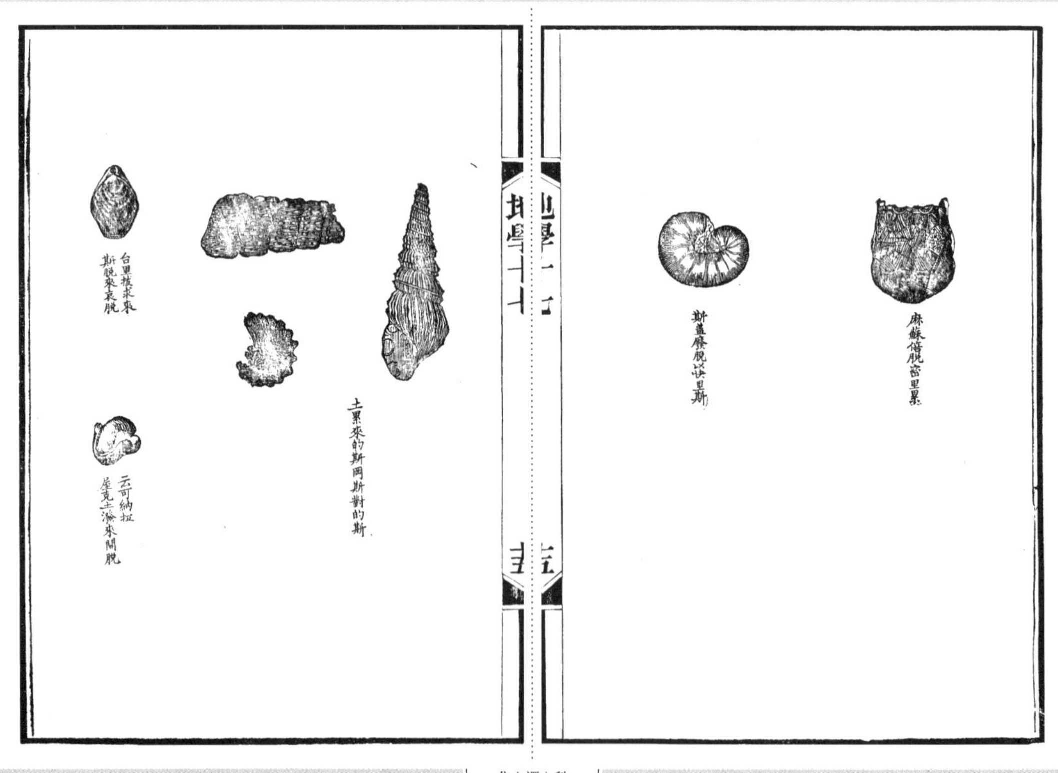
麻蘇箔脫密里累
斯蓋廢脫以伏里斯
土累來的斯岡斯斯對的斯
台里拔求來
斯脫來衣脫
云可納拉
巠克土滌來開脫

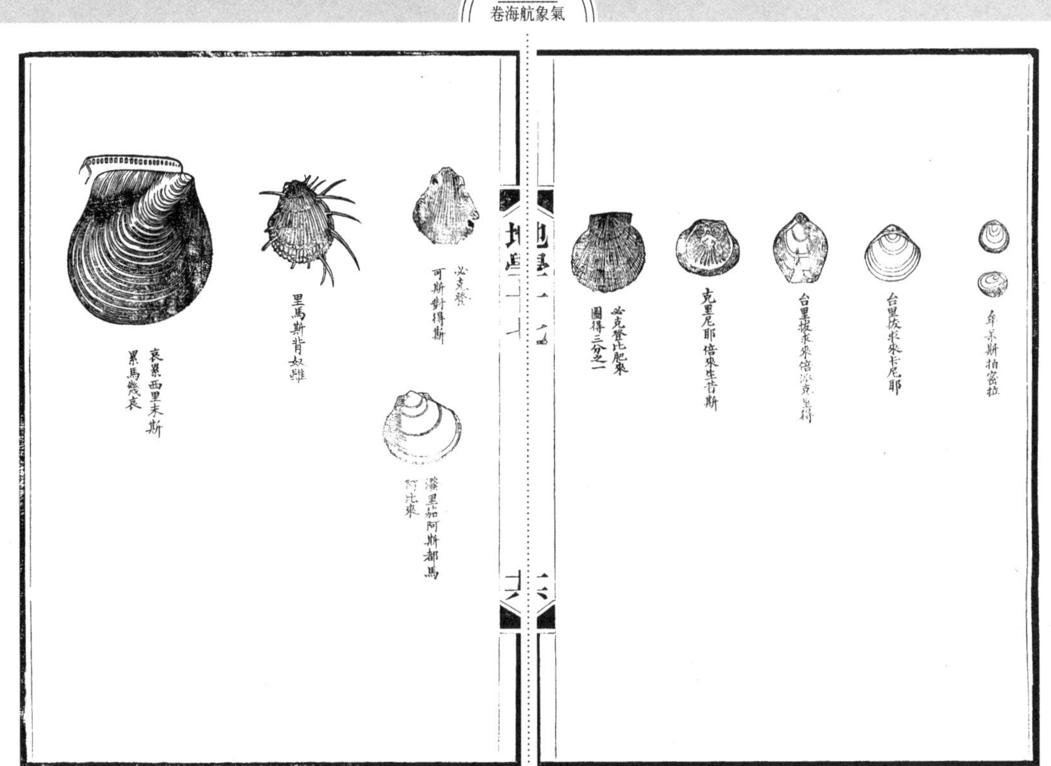

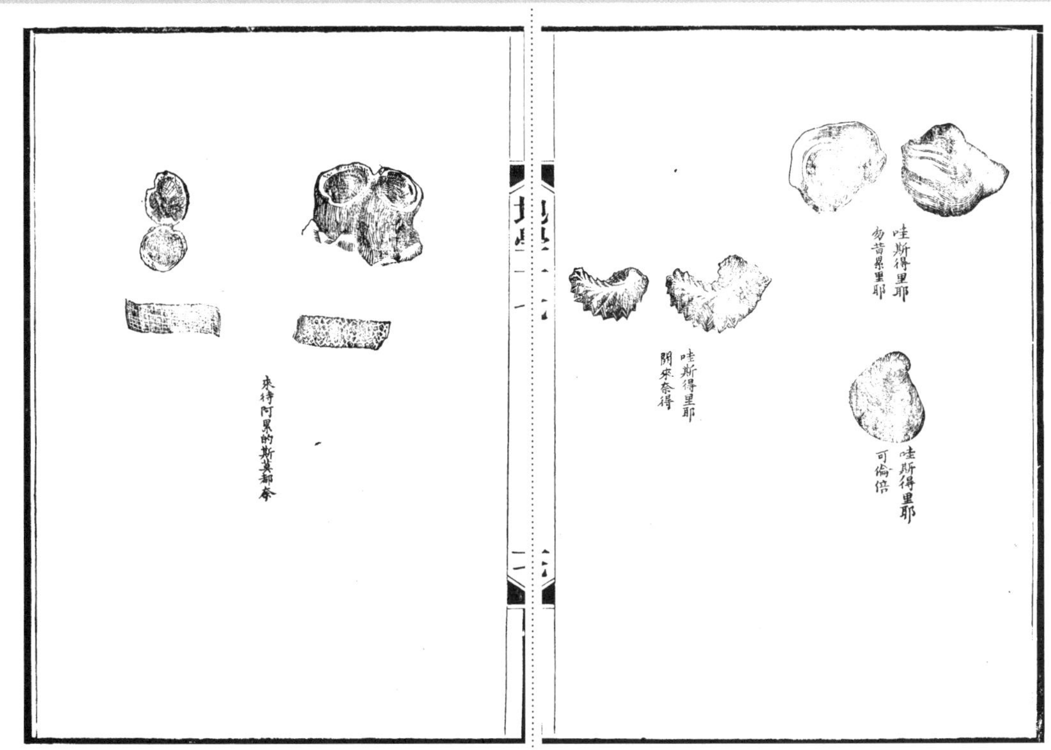

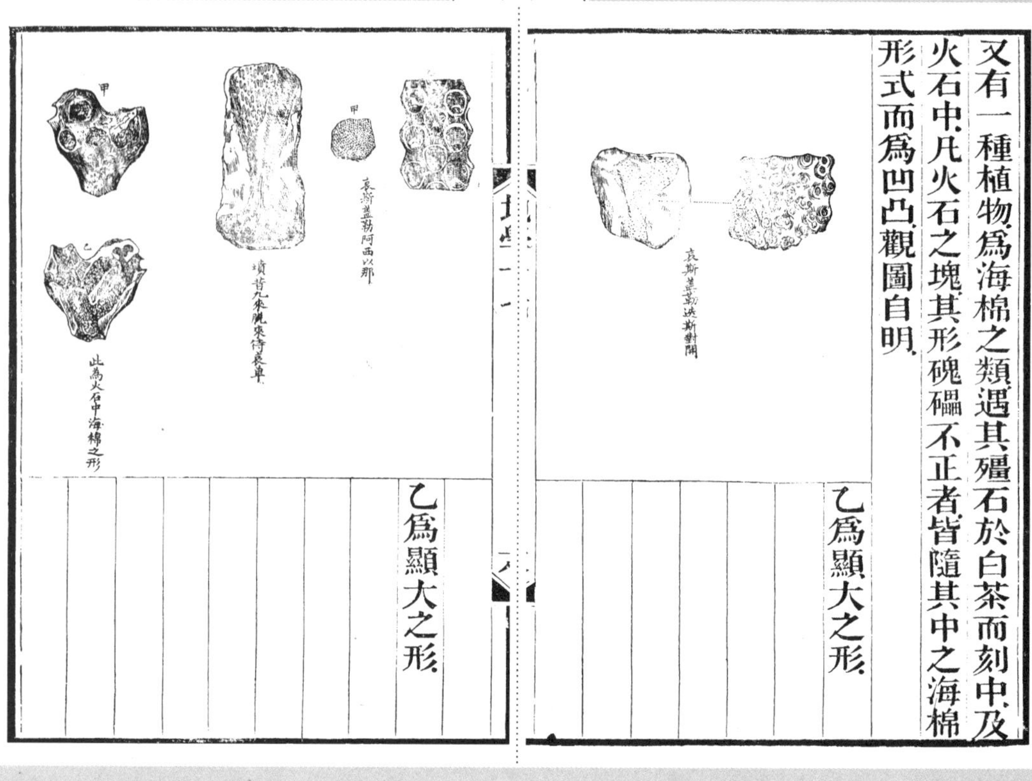
又有一種植物,爲海棉之類,遇其殭石於白茶而刻中,及火石中,凡火石之塊其形磈礌不正者,皆隨其中之海棉形式而爲凹凸,觀圖自明。

乙爲顯大之形。

此爲火石中海棉之形

乙爲顯大之形。

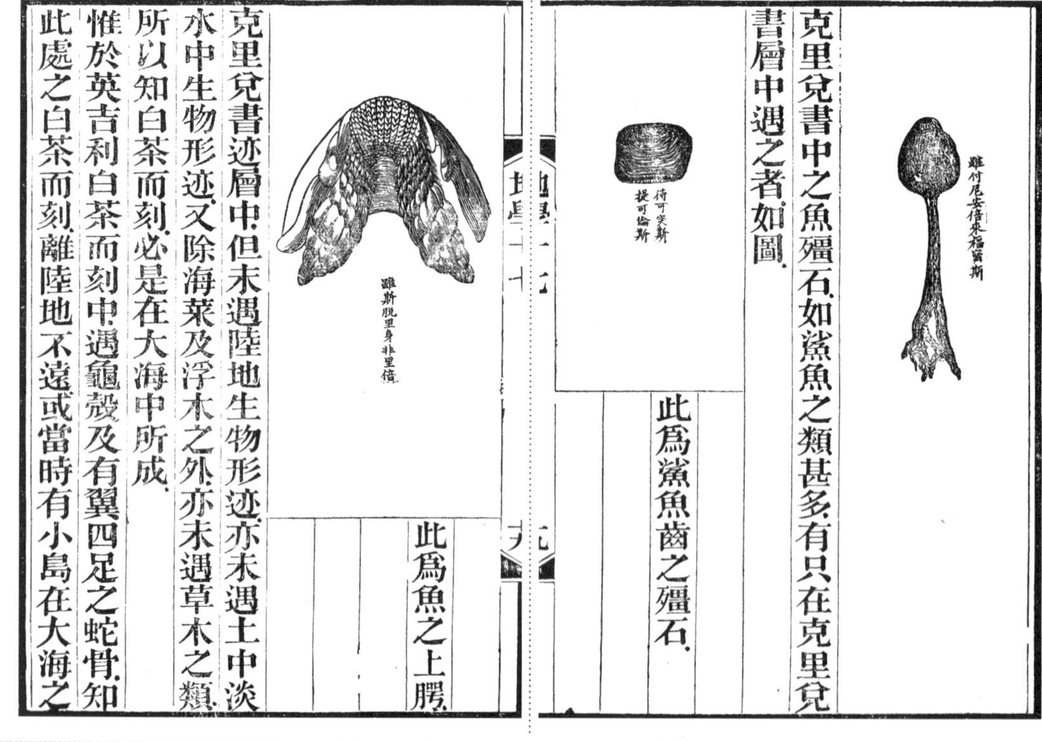
克里兌書中之魚殭石,如鯊魚之類甚多,有只在克里兌書層中遇之者,如圖。

此爲鯊魚齒之殭石。

克里兌書迹層中,但未遇陸地生物形迹,亦未遇土中淡水中生物形迹,又除海菜及浮木之外,亦未遇草木之類,所以知白茶而刻,必是在大海中所成。惟於英吉利白茶而刻中,遇龜殼及有翼四足之蛇骨,知此處之白茶而刻,離陸地不遠,或當時有小島在大海之

此爲魚之上腭

中其島上有此生物也惟今時海中之島其上每有草木想古時島上草木只有椶梠之類故白茶而刻中亦偶遇有椶梠類樹葉之迹

古期中有翼四足之蛇長十六尺初得其骨以爲鳥類今知其爲蛇類　又茶而刻中亦不見有鳥骨惟上綠砂中有之

上綠砂

無火石塊之下茶而刻其下漸變爲灰石此灰石名茶而刻麻兒其中遇哀末奈脫及數種螺蛤殭石爲上層之所無　茶而刻麻兒之下漸變至上綠砂其灰石中微有綠色之粒故名綠砂

有處上綠砂層厚一百尺有砂灰石有灰砂石又有小圓石子名豈而脫各成層壘之形

上綠砂層是在海邊沈積與茶而刻麻兒及白茶而刻俱爲同時所成因其濱海之地漸低海漸大則海邊之綠砂與海中之茶而刻層皆漸大故雖同時沈積而茶而刻能蓋於綠砂層之上所以其綠砂層能在茶而刻麻兒之下也

夸而脫

上克里兌書最下之層名夸而脫即黑藍色之麻兒也有處與綠砂相連不分層

夸而脫之層雖不甚厚而所有之地則甚寬其中殭石有斯蓋廢脫哀末奈脫台里孛來落斯登海每脫等物

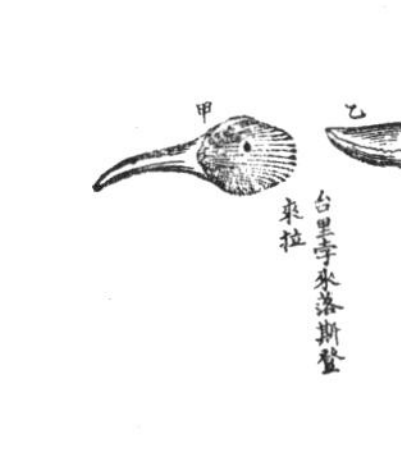

台里孛來落斯登
來拉

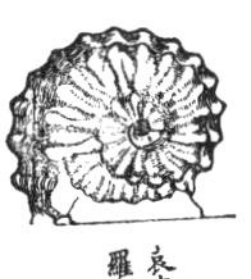
哀末奈脫
羅陀美近昔斯

安雞羅西立斯
斯背來其倫
又名海每脫

於英吉利上綠砂中遇燐酸灰可用以肥田想是魚蛇等物之糞積成層也其中遇一殭石爲水鳥之骨

上克里兌書期草木

歐羅巴洲在上克里兌書期其地爲大海其層皆在海中造化而成故草木形迹少惟於法蘭西哀來式彼兒地方

遇白砂層四百尺厚其中有草木之迹甚多亦甚分明有人細攷之言瘞育新之前植物之形惟此層有內長外長之類與今之草木相似

於此白砂層中遇二百餘種植物形迹有六十七種爲子在葉背者然能見其子者只有二十種又見背陰草之枝上皆有疤痕知古時背陰草能成大樹內有三種今時尚有生者一種在日本一種在北美里哥一種在新荷蘭

此層中有明子類植物如松實之類甚多亦有與今相同者

此層中之植物獨仁之子類少而雙仁之子類如櫟核桃無花果之類其子及葉皆成殭石其葉之形迹印於細泥中用顯微鏡察之見微筋細縷紋理如生

於一處遇一松已變爲砂石其外長之紋有二百層知其爲二百年之樹也有處遇海菜及海中生物知爲鹹水中所成又得蟲殭石十餘種

地學家久未能定法蘭西之白砂爲何期初以爲瘞育新後以爲下克里兒書今已攷定之爲上克里兒書雖其白砂之上亦有綠砂要亦與白茶而刻爲同時中所成

在法蘭西從某斯迭克地方往哀來式彼兒必先經過白茶而刻再經過綠砂方至哀來式彼兒見哀來式彼兒之白黃砂層厚四百尺在提符尼安層之上其提符尼安之層甚斜與白黃砂層不平行其白砂層之深處有結爲砂石者

哀來式彼兒砂層中有數層細泥及磦又有數層黃褐色灰石其細泥層印有草木之迹其磦中有蛭孔浮木其灰石中有海中生物殭石因此能知其爲上克里兒書時海灣中所成其提符尼安爲當時海灣之山其山石爲科子及昔斯脫故其糜碎之科子成白砂層糜碎之昔斯脫成細泥層想海灣之處必有一江故江水中浮有草木之葉沈埋於泥中江水之源漸竭則海水入而海中生物亦至江中故有鹹水層

翕比爾來脫灰石

上克里兒書之在歐羅巴南與在歐羅巴北者各異地學家因有辨石之法所以能言其皆爲上克里兒書譬如人從英吉利法蘭西行至地中海能見茶而刻層綠砂層均爲一大片其海不過是其稍缺之處耳

如圖爲從巴黎至卜哀的斯之地圖斜畫處爲茶而刻甲爲二片茶而刻之分處其處有烏來脫及他種古於茶而刻之石諒是當時海中之山也在甲之南又遇一層因辨其金石之質知其亦爲茶而刻層其乙處有第

三次石在面上非在深處不能見上克里兒書之石層

惟其水蝕之處能見茶而刻之下亦仍爲綠砂

歐羅巴南方之茶而刻亦名翕比爾來脫其中之殭石有與法蘭西茶而刻殭石相同者如斯背單葛斯哀捺蓋的哇斯得里耶必克登哀累西里末斯台里抜求來等類俱多

甲

里特殭來脫里特阿雖

乙

里特殭來脫付累哀撒斯

翕比爾來脫灰石中有一種生物之形迹最多此種生物

名海剖來的斯其殭石不多見恆見其印迹之空模地學家細察其模之內形與其殼之外形如圖

甲 丙 乙 丁

海剖來的斯

甲爲殭石形乙爲平截其上半節之形其紋縷因磨光而見

丙爲模形丁爲平截模形

美里哥上克里兒書

美里哥牛加斯地方有砂泥曇層其金石之合質與歐羅巴之上克里兒書各異因其中有殭石故識其是上克里兒書且知其與歐羅巴之茶而刻綠砂爲同時所成

牛加斯之砂泥曇層上爲淡黃色珊瑚灰石下爲綠砂與綠麻兒砂其中已得殭石六十種內有十五種與歐羅巴者同

從歐羅巴至美里哥其地甚遠而其殭石六十種中有十五種相同已爲極多因知當時之生物如哇斯得里耶葛里非耶必克登哀累西里末斯其所生之地俱極寬廣又

中有數種蛇魚之骨其形亦與歐羅巴茶而刻中者相同從牛加斯南行數百里見此層現露於地面計此層之寬廣不亞於歐羅巴之茶而刻其金石之質各異者因歐羅巴灰石多而美里哥則灰石少故美里哥所有之殭石惟此層爲多

美里哥南亦有上克里兌書之層其中殭石有哀末奈脫哀累西里末斯

亞細亞南天竺地方亦有上克里兌書層

觀上克里兌書之層幾於遍地球之四周俱有之不知當時成此層之力何以如是普遍均勻想其時海中生物之盛有莫可名言者

陽湖趙宏繪圖

長洲沙英校樣

地學淺釋卷十八目錄

地學淺釋卷十八

英國雷俠兒撰

美國瑪高溫口譯
金匱華蘅芳筆述

此卷論下克里兒書

下綠砂

克里兒書之層其老於夸而脫者為下綠砂下綠砂之名不甚便因其石不盡是砂其色未必皆綠又因上克里兒書中已有綠砂故不得不以上下別之又每以上下二綠砂為相對殊不知下綠砂之名所該甚廣幾如美斯迭克至夸而脫而上綠砂衹敵其一分耳因此諸不便處故

地學家改下綠砂之名為尼阿可彌因瑞西之求拉山亦有下綠砂之層而其地名尼阿可彌故也因而英吉利之韋兒滕有人亦謂之下尼阿可彌

英吉利下克里兒書

英吉利堪脫地方有下克里兒書其層為綠砂造化其分為三層一為白黃鐵色之砂變至結實如灰石及石子七十尺厚二為綠色之砂七十尺至一百尺厚三為灰石六十尺至八十尺厚

於英吉利韋脫島見此下克里兒書之層無第三層之灰石

有地學家名富密士者查韋脫島之下克里兒書迹層其厚八百四十尺中有六十三疊層其疊層中殭石有諸層俱有者有獨在數層者因悟得其故凡同期中所成之諸層其石層之造化同者其殭石亦同石層之造化異者其殭石亦異如海底從深變至淺或有灰或無灰有養鐵無養鐵有泥無泥有砂無砂有石子無石子其每變之際則生物之性與其水土不相宜者能死而其相宜者能繁多所以其疊層中之殭石每有異同然此不過因水中金石之質變換而某物不生其處不甚大不比因氣候寒暖海陸變遷其生物之變較大也

所以地學家有一例凡欲定某期有某生物必取普天下某物之類皆大同小異者言之如某物或專遇之於鬆砂中或專遇於輭泥中或專遇之於砂石中灰石中或但在深海或但在淺海則其生物之期皆短而不足據必其物從古至今其類同而其形已變者方足為新期之生物雖其後天時水土金石之質事事皆復古而其生物之形不能復初因其不能使古物復生故也

從下綠砂至夸而脫其中生物之形皆絕然各異疑中間缺去一大期之層此缺期之層或後來能於他處遇之亦未可知

下克里兌書中之殭石、與上克里兌書中之殭石、大約各異者多、如潑耳奈莫力對安雖羅西立斯有紋之奴的立斯台過尼耶待西勒斯、皆可爲下綠砂之表記、

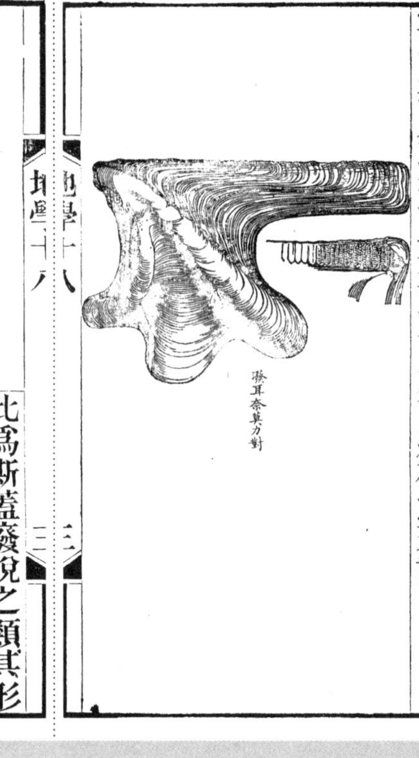

潑耳奈莫力對

奴的立斯潑來開得斯

安雖羅西立斯才蓋斯

此爲斯蓋廢脫之類其形如哀末奈脫未捲之形、

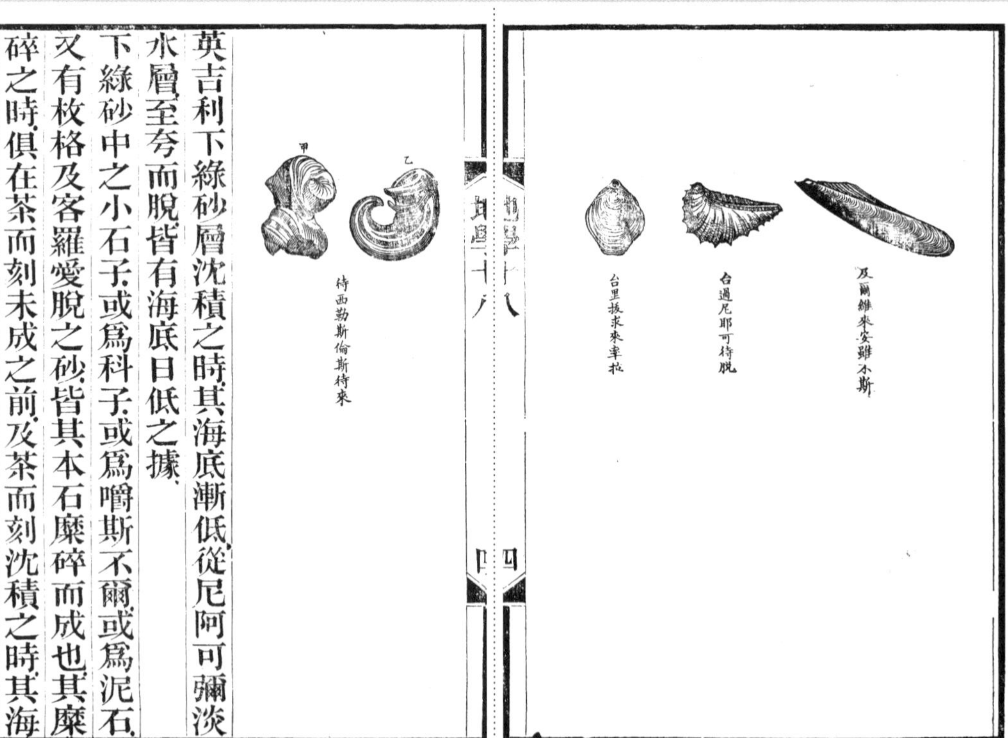

台里拔來來宰拉

台過尼耶可待脫

及爾雖來安雖不斯

甲 乙

待西勒斯倫斯待來

莫吉利下綠砂層沈積之時、其海底漸低、從尼阿可彌淡水層、至夸而脫皆有海底日低之據、

下綠砂中之小石子、或爲科子、或爲嚼斯不爾、或爲泥石、又有枚格及客羅愛脫之砂、皆其本石糜碎而成也、其糜碎之時、俱在茶而刻未成之前、及茶而刻沈積之時、其海

較大，而水亦較清。

克里兌書中之殭石，其形多各自相異，而與在他期者，亦相異，前不與烏來脫中者同，後不與瘞育新中者同，故易於辨別。

英吉利上克里兌書中，得殭石五百餘種，惟茶而刻中之台里扳求來及數種珊瑚類，他新層尚有之，其餘皆瘞育新期已無矣。

韋脫島之克里兌書層中殭石，比烏來脫中殭石，皆絕然各異，不見有漸變之形，蓋其生物變易之時，即尼阿可彌泥積成五百尺厚之時也。

下尼阿可彌

英吉利東南，下綠砂之下，有淡水層，名韋兒滕，又名下尼阿可彌，此層之在歐羅巴，不甚寬廣，而亦為地學中緊要之事，因觀其中之殭石，能知下克里兌書期之草木生物故也。

下尼阿可彌之層，為江水所成，其中殭石，不見有哀未奈脫倍里，每脫台里扳求來，厄幾那珊瑚等海水中生物，而有剖盧提那，彌立尼耶等淡水中生物，並有陸地之蛇胃及草木。

下尼阿可彌為淡水層，此說人初疑之，以為其上下俱為鹹水層，何以中間忽有一淡水層，今已攷知其層有處走入綠砂之下，又有處穿出綠砂之上。

如圖，甲為茶而刻，乙為綠砂，丙為尼阿可彌泥，丁為海斯頂砂，戊為不爾倍克，圖中虛線是意料其彎層如此形狀也。

下尼阿可彌，分為二層，一尼阿可彌泥，一海斯頂砂。

下尼阿可彌之泥，為藍黑色泥及舍兒，有處中有薄砂及灰石間之，此層之最厚處，有六百尺，其殭石有剖盧提那，其海斯頂砂，大約為粗砂，其中亦有泥及粗灰石，此層厚七百尺。

英吉利南方，下尼阿可彌之下，又有淡水層，名不爾倍克，其層為數種灰石及麻兒，中有數種殭石，如雖不里斯等類，甚近烏來脫中之形。

韋兒滕

下尼阿可彌，又分上下，其上層即韋兒滕泥，為淡水中所成，不但其面與下綠砂平行，即其金石之合質，亦相同，蓋古時大江之水分數派入海其近海之處地漸低海漸侵江地而江水仍由此出故水中之泥沈積成層其殭石有陸地大蛇之骨在韋兒滕泥與綠砂相近處此是江口之地低而爲海所以此種蛇骨能在鹹水層之底亦能在淡水層之中見此蛇骨殭石可定見其爲下尼阿可彌

此蛇名以怪奴滕在韋兒滕中遇其殭石甚多有九微哀者辨其齒有鋸鋒與他物之齒異而今時美里哥之以怪奴滕大蛇其齒亦有鋸鋒所以知其爲蛇殭石

攷今時之蛇類其食物皆是齧噬不能磨嚼而觀蛇殭石其齒尖有磨平之形有人得七十一具蛇殭石從極小至極大六十尺長者一一攷其齒見蛇大者其齒之磨平處多蛇小者齒之磨平處少疑此是食草之蛇

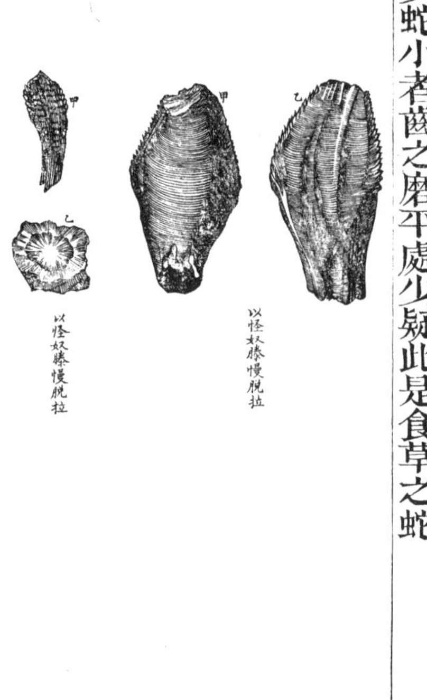

以怪奴滕慢脫拉

以怪奴滕慢脫拉

有處之下尼阿可彌爲花灰石其質幾大半是剖盧提那又有雖不里斯殭石最多有凝結成塊形如枚格者

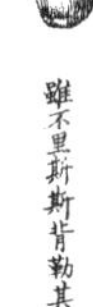
雖不里斯斯背勒其倫

雖不里斯乏爾滕昔斯

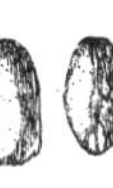

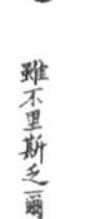
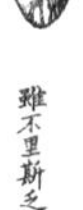

此爲石中有雖不里斯殭石之圖

海斯頂砂

下尼阿可彌之下層爲海斯頂砂其質爲砂石粗灰石泥舍兒此層雖名爲砂其泥層實多於砂層

海斯頂砂層中有魚殭石二種一種爲皮鱗之魚一種爲片鱗之魚其片鱗之魚爲江水中之魚其殭石最多

雖卑度的斯慢脫拉

如圖　甲爲魚之上腭及齒之平形　乙爲側形　丙爲鱗之一片其鱗有玻璃光

海斯頂砂中螺蛤殭石，有剖盧提那，雖不里那，由尼由台果尼耶，皆淡水中生物也。惟有處遇台里拔求來，又爲半鹹半淡水中生物，所以又有半鹹淡層，其半鹹淡層有處變至鹹水層，則中有鹹水中生物，而其殭石之形與下綠砂中者同，因此知此層亦爲下克里兌書期所成。

由尼由之爾滕昔斯

可剖里鴨雷滕

海斯頂砂石中每有浪紋之形，又有泥層，其泥之上面有燥而坼裂之紋，其迹印於砂石之下面成陽紋，又有處有石子成層，其石子有磨圓之形，亦有砂與石子相膠結爲合子石者。

又有紅色砂層，中有草木殭石甚多，根株枝葉俱全，直立如植，宛似其生時已埋沒於砂中者然。

觀以上諸說，知下尼阿可彌之層雖甚厚，要皆爲淺水中

此爲泥面坼裂之形。

此爲砂中埋沒之樹葉，乙爲顯大之形。

所成。初聞此說，人必不信，惟其地在江流入海之處，本爲淺水，設其地漸漸低，水中沈積之物漸漸厚，地低下一尺，水加深一尺，其泥亦積起一尺，則仍爲淺水也。惟其爲淺水，所以水落時水底之泥能燥而坼裂，其沮濡處亦能生草木。

下尼阿可彌層之寬廣未能攷知，因其在鹹水層之四下處，不知其下有無也。其現露者自西北至東南六百里，又新荷蘭亦有此層。

陽湖趙宏繪圖
長洲沙英校樣

地學淺釋卷十九目錄

地學淺釋卷十九

英國雷俠兒撰
美國瑪高温口譯
金匱華蘅芳筆述

此卷論茶而刻及尼阿可彌水蝕之形

英法茶而刻水蝕

凡攷水層石之形有二法，一於一處自上而下，攷其金石之質及其各層生物之迹，如前卷所言是也，一於各處所見之層，攷其古時曾爲山川湖海，或爲平地，或爲高原，今用此法，以攷英吉利法蘭西之茶而刻。

茶而刻之山，在英之東南者，其峯巒圓而平坦，因牧羊者多，故童禿無樹木，其山谷皆顯露，猶能見古時水道之形，今雖其山已爲陸地，要爲古時水蝕所餘，蓋是茶而刻層從海底高起時被蝕也，又茶而刻山，今雖離海甚遠，其處尚有陡壁爲古海岸形。

法蘭西之巴黎斯，有江過茶而刻層中，其江之兩岸皆爲茶而刻之山，其山坡不甚陡，皆圓而平坦，亦如英吉利之茶而刻山，於此茶而刻岸坡，可見其江水洗蝕之處，二三百尺深，其茶而刻層之上，有砂泥石子層，三十尺至一百尺厚，其茶而刻岸坡中，有多層火石塊，皆平行，今作圖以明之。

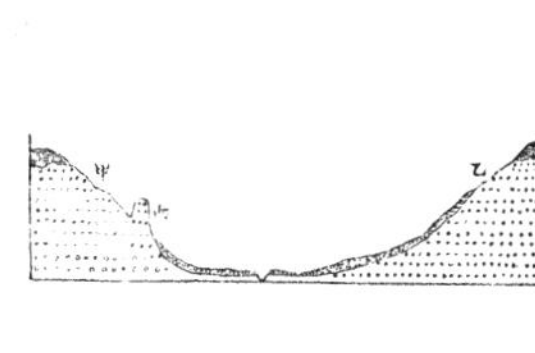

如圖凹處爲江甲乙爲岸坡其窄處二里寬處四里丙爲一大塊茶而刻乃水蝕所餘也圖中細圈爲火塊

又於一處江岸間有一大塊茶而刻圓如人頭土人謂之人頭石其石徑三十六尺又有處有茶而刻墩其中俱有火石塊與坡岸中之火石塊層層皆相對平行

又有處茶而刻山有古海岸之形甚分明其岸下有臺坡每級約高四尺其形與昔斯里之古海岸相似

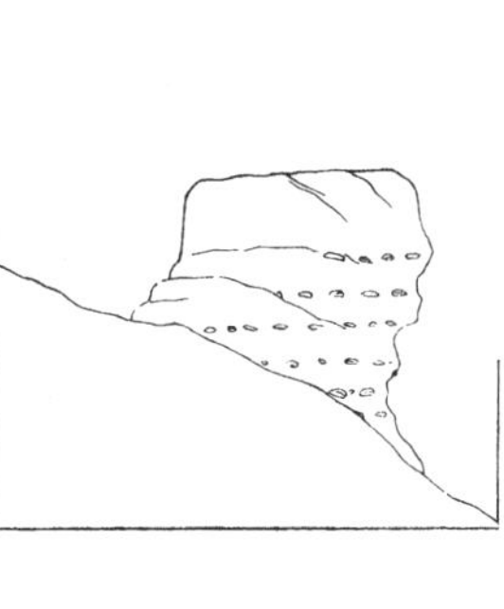

法蘭西茶而刻蝕餘之塊有直立如柱者有俯瞰如懸崖者高數十尺至數百尺不等

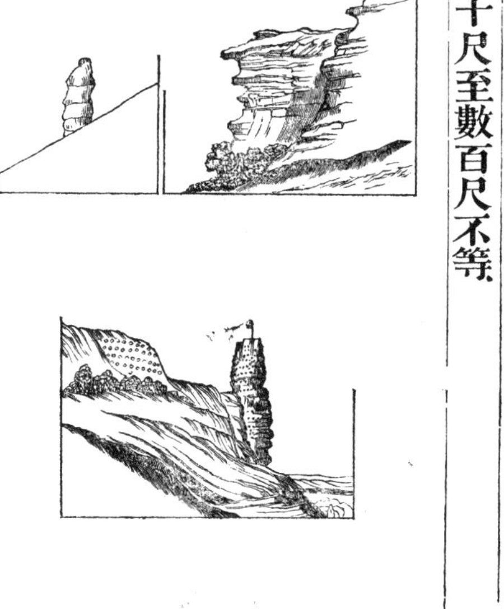

法蘭西茶而刻古海岸形只有數里其他處則爲斜坡而非陡岸矣然須知其石層從海底高起時其變動之大小同惟因海中波浪有處力大有處力小故被蝕有多少其石若成塊碎下則成陡壁或因其碎下之小塊埋沒其大塊則不見海岸形迹矣

如圖亦爲茶而刻古海岸形

江南製造局

觀以上諸圖，可知法蘭西茶而刻水蝕之形，然何以英吉利之茶而刻水蝕之形與此不同，蓋因英吉利之茶而刻不如法蘭西之茶而刻硬故也。

英尼阿可彌谷

地學家於英吉利東南查尼阿可彌之谷，有大層被蝕之形，其石層之造化比白茶而刻老，從夸而脫至海斯頂砂其有四層蓋其高起之處，曾被水蝕，而上有茶而刻蓋之後又高起而茶而刻亦碎蝕而去，故其層現露在茶而刻中，其大半在英吉利之東南而跨海至法蘭西之西北一角，如後圖。

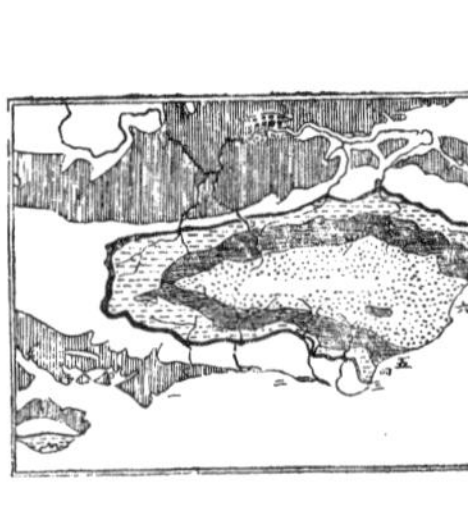

一爲三次石。 二爲茶而刻。 三爲夸而脫。 四爲下綠砂。 五爲尼阿可彌泥。 六爲海斯頂砂。 七爲不爾倍克。 八爲烏來脫。 空白處爲海。 左爲英吉利。 右爲法蘭西。

觀前圖，知各層在英吉利東南，與在法蘭西之西北者連爲一片，又可知其被蝕之谷，諸層均有支港之形，如六爲海斯頂砂，其上有五之尼阿可彌泥蓋之，又有四之綠砂蓋之，其上又有三之夸而脫蓋之，而二之茶而刻又似全蓋諸層被蝕處之上，所以地學家思之作一圖。

右圖之粗線爲現存之石層，其細線爲蝕去之石層，一二三四五六七八爲各層，與前圖同。

此圖之形，不過以顯其蝕去之迹耳，其高低尺寸非能眞合地形也，若欲知其處之地形，須觀後圖，自東至西五十

里，左高八百尺，右高八百八十尺，虛線處爲最高

觀以上二圖，知兩邊低處均有三次石，而中間則是尼阿可彌高起爲山，其山頂被蝕。

其海斯頂砂之層有破碎折斷處，約高低三四百尺，成陡絕之形。

尼阿可彌層除此處高起被蝕之外，又有平坦之山谷，諒因其高起變動之力大小不同，力大則其層斷折，力小則

科技譯著集成

其層彎曲也

後圖爲茶而刻之谷今之谷即古之江也其江斷層之形

如下圖甲爲有火石之茶而刻乙爲下茶而刻中間凹處今爲谷

尼阿可彌之被蝕人思之譬如其各層當時平疊在海底因下有力升起之故凸而爲山其山脊處折斷而被水蝕所蝕去之處極大此說人初聞之必以爲怪惟細思之其每期中有處漸漸高有處漸漸低其歷時甚久而海流及雨水皆能蝕之故所蝕極大

又有一水蝕之據凡深闊長大之谷其谷底之石必嫩而其山之石必較硬假如有茶而刻及綠砂在一面爲陡壁下臨深谷其谷爲夸而脫輭泥

有處之上綠砂層鬆者則其綠砂被蝕成谷如其處之綠砂硬於茶而刻則蝕成臺形爲茶而刻山之下坡遇茶而

刻山委宛處綠砂坡亦曲折隨之

如圖甲爲有火石之茶而刻乙爲下茶而刻丙爲上綠砂丁爲夸而脫丙之寬窄從四分三里之一至九里不等

石層被蝕成臺坡形惟此爲最分明前於第六卷中已解昔斯里被蝕成臺之故然下層之臺坡亦有被後次水蝕而去者所以此種形迹不能多見

雨水蝕石

攷輭硬石層被水蝕成山谷臺坡之形莫忘雨水亦能蝕石如觀茶而刻山下見有碎火石屑有稜角無磨圓之形究如洗去白茶而刻者然此因雨水之故也於大雨時觀其山上流下之水色亦白此種雨水洗出之細火石屑積至一百年不過厚十分寸之一惟其時若無限久則亦能成一淨火石子層

有時見白茶而刻上有一小潭中滿細泥此必因近處有哀盧彌那之石雨水中有草木腐爛之炭酸水消化其石質而沈積於潭中也

江南製造局

又炭酸水能蝕茶而刻成孔甚深已詳茶而刻泥管

攷尼阿可彌破碎之期

查尼阿可彌於何時碎而被蝕知其比歐羅巴之牛牟來脫生物早所以亦比有牛牟來脫殭石之山早故阿兒不斯山劈立尼山在海底未沈積之時尼阿可彌已碎蝕有人謂瘞育新期之海島卽尼阿可彌

欲解尼阿可彌破蝕之時比下瘞育新沈積之時早觀英吉利東南之茶而刻可知之因其茶而刻高起被蝕之處有瘞育新之泥砂蓋之所以見白茶而刻之上有第三迹層者卽是瘞育新期之海底也如圖

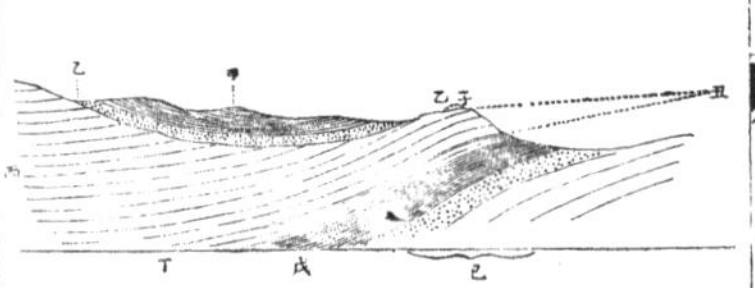

甲爲倫敦泥 乙爲下瘞育新 丙爲白茶而刻 丁爲上綠砂 戊爲夸而脫 已爲下綠砂及尼阿可彌 乙爲白茶而刻上尙有瘞育新之砂堆 子丑虛線謂白茶而刻未蝕去時至此亦漸薄至無

地學家思瘞育新時尼阿可彌爲海島故作一設想之圖如左

學者問何以要算茶而刻層遍蓋尼阿可彌之上而後有

甲爲茶而刻上綠砂夸而脫 乙爲下綠砂 丙爲下尼阿可彌 平線爲海面

處被水蝕去何不設想尼阿可彌爲灰海之底後海邊升高故其上無沈積之灰 若作如此解必其中之殭石皆爲淺水中生物其說方通今則皆爲深海中之物況尼阿可彌之層與下綠砂之層平行所以知其非因海邊高起之故

白茶而刻層在尼阿可彌之上其碎蝕之期不必皆在克里兌書之後或者美斯迭克沈積之時已碎蝕亦未可知因美斯迭克之下每有磨圓之火石子或是當時茶而刻在海中高起而其面被水蝕也

英吉利茶而刻古海岸之形如圖甲爲有火石塊之茶而

科技譯著集成

刻其層稍斜乙爲古海岸邊沉積之細砂一尺至四尺厚其上有石子五尺至八尺厚其石子爲火石科子合拉尼脫及磨碎之新蛤殼鯨魚骨丙爲象殭石層其中有魚骨之殭石其層厚五十尺大約亦爲白茶而刻及碎火石子其中亦有牛鹿馬之骨丁爲今海邊新沉之砂

觀此圖知老岸被蝕之後而乙丙之新層沉積故其中之殭石皆爲新期之生物

如以生物漸變之數推之則知從美斯迭克之至太尼砂其時之久如太尼砂之至冰期

陽湖趙宏繪圖

長洲沙英校樣

地學淺釋卷二十目錄

地學淺釋卷二十

英國雷侠兒撰
美國瑪高温口譯
金匱華蘅芳筆述

此卷論求拉昔克之不爾倍克層及烏來脫

不爾倍克

前卷言海斯頂砂爲尼阿可彌最下之層再下則有一種淡水造化之石層名曰不爾倍克層此層昔人亦以爲下尼阿可彌今因得數種殭石辨别之知其爲烏來脫之最上層

英吉利及歐羅巴諸處大都不遇下尼阿可彌及不爾倍

克層其克里兒書之下卽爲求拉昔克

求拉昔克卽烏來脫及來約斯之總名因遇之於求拉山故卽以其地名之昔克語助辭也 烏來脫魚子也因初遇一種灰石有細粒如魚子故以烏來脫名之其實此層之石非皆有粒如魚子也

英吉利烏來脫

求拉昔克之在英吉利者自東北至西南一帶寬九十里其金石之合質非處處相同

英吉利之烏來脫分爲上中下

上烏來脫 一爲不爾倍克 二爲波得蘭石及砂 三爲急末里其泥

中烏來脫 一爲珊瑚灰石 二爲屋克斯弗爾泥

下烏來脫 一爲林灰石 二爲大烏來脫及筆石 三爲肥皂土 下附來約斯

英吉利法蘭西之烏來脫地理圖

有泥層與灰石大層相間積壘爲一總層甚分明名之曰烏來脫凡英吉利法蘭西二處之山大都皆是此層其泥層現露之處爲二帶深澗之谷其谷大抵平行而兩谷之間則爲灰石之山凡泥層現露於灰石山之下脚者其灰石山皆爲陡坡

英吉利烏來脫之地形如圖

右爲東左爲西 從東起第一虛線處爲倫敦泥 第二虛線處爲茶而刻 第三虛線處爲上烏來脫 第四虛線處爲中烏來脫 第五虛線處爲下烏來脫 其茶而刻之下爲夸而脫 上烏來脫之下爲急末里其泥 中烏來脫之下爲屋克斯弗爾泥 下烏來脫之下爲來約斯

觀上圖能見山之陡處皆在西面於茶而刻陡壁之下見夸而脫爲谷於上烏來脫陡壁之下見急末里其泥爲谷於中烏來脫陡壁之下見屋克斯弗爾泥爲谷於下烏來脫陡壁之下見來約斯爲谷

法蘭西之求拉昔克其山谷之形亦與英吉利大畧相同惟其山之陡處皆在東面而平坦處皆在西面與英吉利相反因其層之斜勢相反故也

觀英法二處之求拉昔克其山皆分明有水蝕之形其泥層因較而被蝕多故成谷其灰石層硬於泥故被蝕少而爲山

上烏來脫

上烏來脫之最上一層爲不爾倍克在歐羅巴遇此層雖不甚寬廣然亦爲地學中緊要之事因其中之殭石有三大變所以知成此層之期歷時甚久今分不爾倍克爲上中下三層每層各有其本層之殭石其殭石不但各層不同亦與其上之海斯頂砂下尼阿可彌中之殭石不同所以爲定在之殭石

上不爾倍克

上不爾倍克爲淨淡水灰石層厚五十尺其中殭石有剖盧提那非雖立姆尼耶潑來奴比斯之兒肥脫雖葛拉斯

雖不里斯由尼由及魚骨殭石其形皆與他層者各異其最多者爲雖不里斯如圖

甲爲雖不里斯及蒲雖
乙爲雖不里斯土孛求來脫
丙爲雖不里斯力求門奈脫

中不爾倍克

中不爾倍克層三十尺厚其上爲淡水灰石其中之雖不里斯及脊骨之殭石皆與上不爾倍克中者各異其淡水灰石之下有半鹹淡灰石層其中滿雖里那可剖來彌立尼耶殭石再下則有鹹水灰石層其中殭石有必克登哀別求來再下則有灰石含兒其中殭石有半鹹淡水中生物亦有淡水中生物又有魚類名利背度的斯又有彌立尼耶及匍行類生物之脊骨其下又有一層十二尺厚其殭石有哇斯得里耶迭斯都得及希美雖豆立斯不爾倍克昔斯此種殭石定在烏來脫

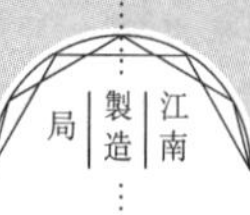

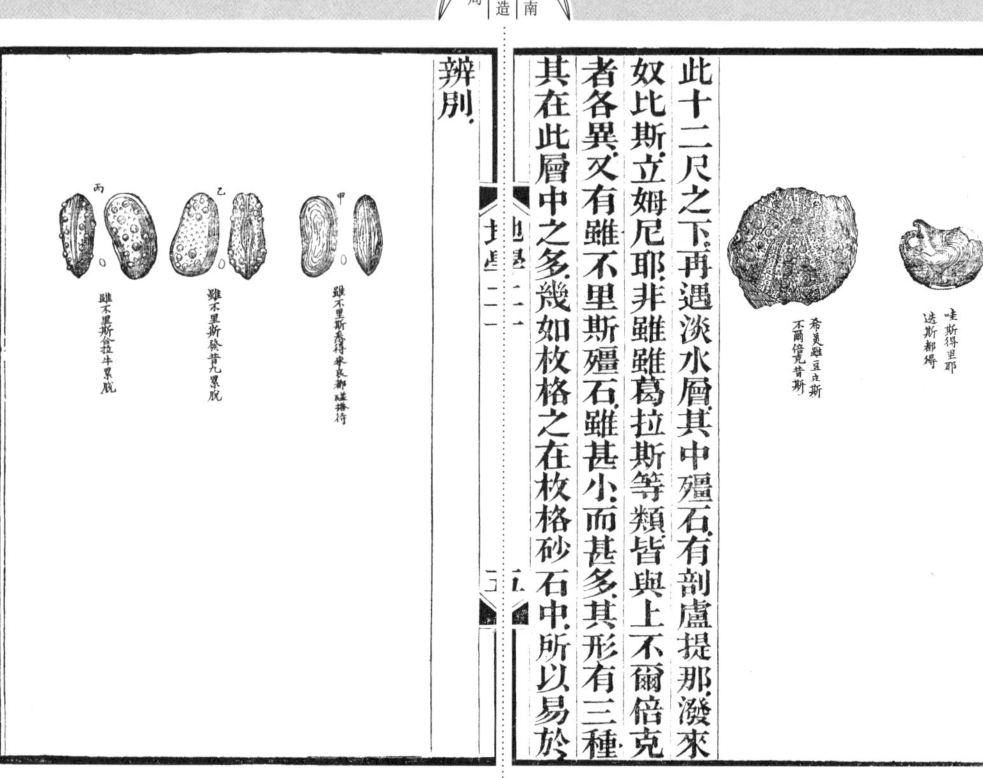

此十二尺之下再遇淡水層其中殭石有剖盧提那潑來奴比斯立姆尼耶非雖雖葛拉斯等類皆與上不爾倍克者各異又有雖不里斯殭石雖甚小而甚多其形有三種其在此層中之多幾如枚格之在枚格砂石中所以易於辨別

此中不爾倍克層亦有厚砂石石子層其中亦有雖不里斯殭石有已變爲開而西馱能者

非雖別里斯都傘

今攷知中不爾倍克層中已有乳哺類之骨其獸與今之新荷蘭所產之袋鼠相類因其齒甚奇與他物之齒各異故也其齒之異因其磨牙之前門牙之後月有數齒其齒之上面有線紋今之袋鼠亦有此齒惟紋之斜直與古稍異耳如圖爲潑來求來克斯倍葛里雖之右下牙骨其迹

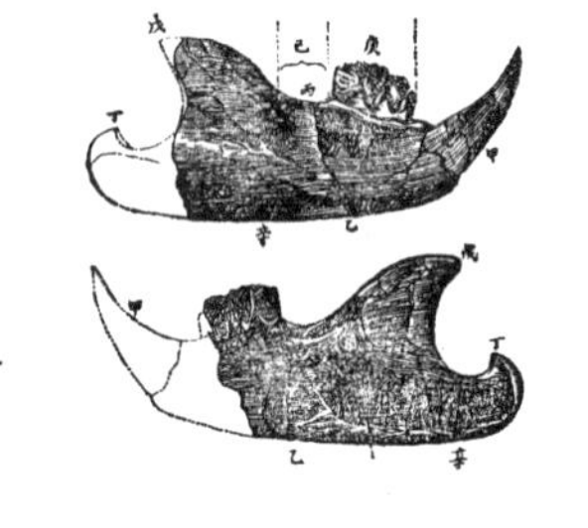

印於石中剖出之圖比原形大一倍甲乙丙印迹在石之左邊乙丙丁戊印迹在右邊其剖碎處乙丙在線紋牙之後壬爲剖處側形癸爲剖處稍後之側形已處本缺去兩磨牙庚爲三箇線紋牙子爲殭石線紋牙丑爲今袋鼠線紋牙皆顯大之形

今新荷蘭袋鼠之牙骨其形如圖

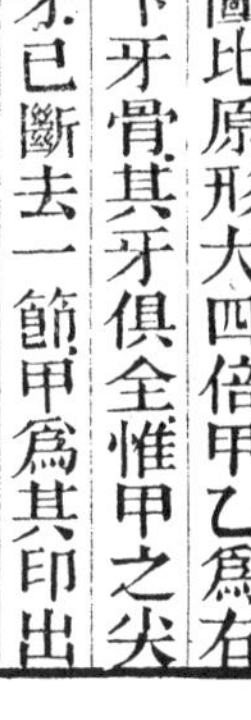

圖比原形大四倍甲乙爲右下牙骨其牙俱全惟甲之尖牙已斷去一節甲爲其印出之陰文可見其牙爲扁形乙之近牙骰處亦截斷已爲二箇磨牙庚爲四箇線紋牙丙爲第一箇磨牙顯大之形丁爲第二箇磨牙顯大之形上爲平面下爲側面

觀上圖知曠古之時蟲蛇世界已有乳哺類之物生焉其草木從脫來約斯至克里兌書時松樹之類甚茂

下不爾倍克

中不爾倍克之下爲下不爾倍克其厚八十尺上爲淡水麻兒其中之雖不里斯殭石如圖

雖不里斯不爾倍克昔斯碰搭持

淡水麻兒之下有古土層十二寸至十八寸厚其色褐黑每有石子之塊大三寸至九寸此古土中每有松實之殭石如圖

雖開披脊待彌呆雖非拉

才彌耶斯背來立斯

此爲松實殭石其松大約與今之才彌耶斯背來立斯爲一類如後圖

古土層內又有松樹之類其榦三尺餘至四尺高如植於土中者然此殭石必在其所生之處非他處流來也

如圖上爲淡水麻兒中爲古土林下爲下不爾倍克淡水層

古土林中除植立之樹根外亦有臥倒之樹枝已變至成火石長三四尺以其枝之大小合其根之大小知其樹當高二十三尺下徑一尺　此古土層沈積之時凡遇樹根

之處其土高故土之上面不平.
過英吉利至法蘭西,遇古土林爲斜層,其斜度畧近於四十五度如圖.

從以上諸說能推知數事,一能知上烏來脫波得蘭石滿海水中螺蛤,後其上因沈積江泥,而爲陸地而生樹,二能知其土後又漸低沈於淡水中,而有沈積之泥,故又有淡水中螺蛤,三能知此薄土層從陸變至水,其水波浪恬靜,故不洗去其樹根及泥.

從波得蘭至下綠砂,其海陸鹹淡變遷有表以明之.

一波得蘭海水層　二淡水層土層淡水層土層淡水層古土林又淡水層土層半鹹淡水層(以上皆爲下不爾倍克)　三海水層淡水層海水層半鹹淡水層海水層半鹹淡水層淡水層(此爲中不爾倍克)　四淡水層(爲上不爾倍克)　五淡水層半鹹淡水層淡水層(此爲海斯頂砂)　六淡水層(爲下尼阿可彌)　七海水層(爲下綠砂)

觀上表令學者知從烏來脫期至克里兌書期,其間地形之變故甚多,從海變至江,從水變至陸,從陸變至江海,如是迭變多次,故其中螺蛤生物,從不爾倍克至下尼阿可彌其形亦有四變.

學者須知不爾倍克之層分爲上中下,皆因其殭石之異而分之,如除殭石之外,則其層之形並無可分也,即如雖不里斯在不爾倍克之上中下各層滅一種,又生一種,故其形有三變,此種變故不特因水陸變遷,亦因其歷時甚久,每一土層爲一世界,少或數千萬年,觀現今赤道下之茂林數千年以來其土不過能積高數寸耳.

不爾倍克中之草木,大約葉背有子之類多,又松類亦多,以種類之異同比其年之遠近,知其距中烏來脫近於克里兌書,其動物無論有脊骨無脊骨,其種類亦近於中烏來脫,而遠於克里兌書,故以不爾倍克層爲上烏來脫之上.

波得蘭石及砂

不爾倍克之下爲波得蘭層,其上層之石可作房屋之用,其下層爲砂,其石層及砂中皆有海中生物之殭石,如珊瑚之類,哀撒得里耶,惡白郎蓋,海蛤類,替過尼耶及蒲雖等物.

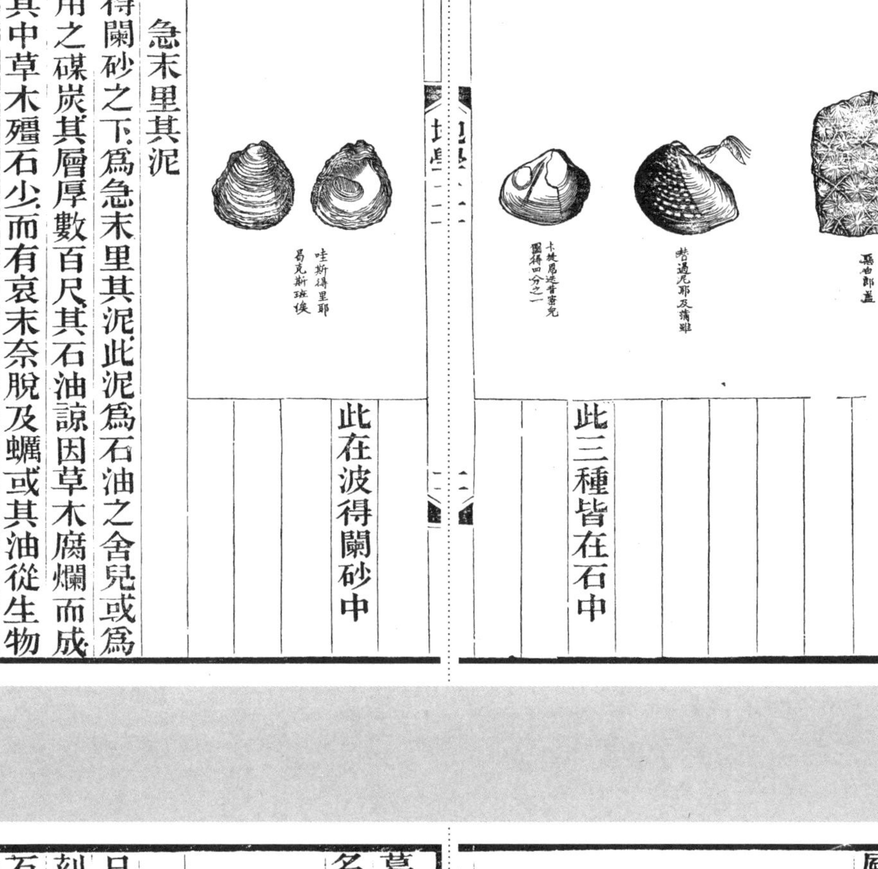
袁撒得里耶 惡白郎蓋
楷過尼耶及蒲雖
卡挺恩迭昔審兒 圖得四分之一
哇斯得里耶 曷克斯琺侯

此三種皆在石中

此在波得闌砂中

急末里其泥

波得闌砂之下，爲急末里其泥。此泥爲石油之舍兒，或爲無用之煤炭，其層厚數百尺。其石油諒因草木腐爛而成，然其中草木殭石少，而有哀末奈脫及蠣，或其油從生物來，亦未可知。

急末里其泥中，有定在之殭石。其殭石爲他層所無，惟此層中有之，故謂之定在殭石，如圖。

卡提恩昔脫來袁求倫

哇斯得里耶 投而土袁提

葛里非耶 物爾求來

葛里非耶殭石在法蘭西急末里其泥中遇之甚多，故又名急末里其爲葛里非耶。

脫里過尼累脫 來梯斯

烏來脫中此種殭石多，因其殼有粗紋可磨物，故又名鷄肫蛤。

印板灰石

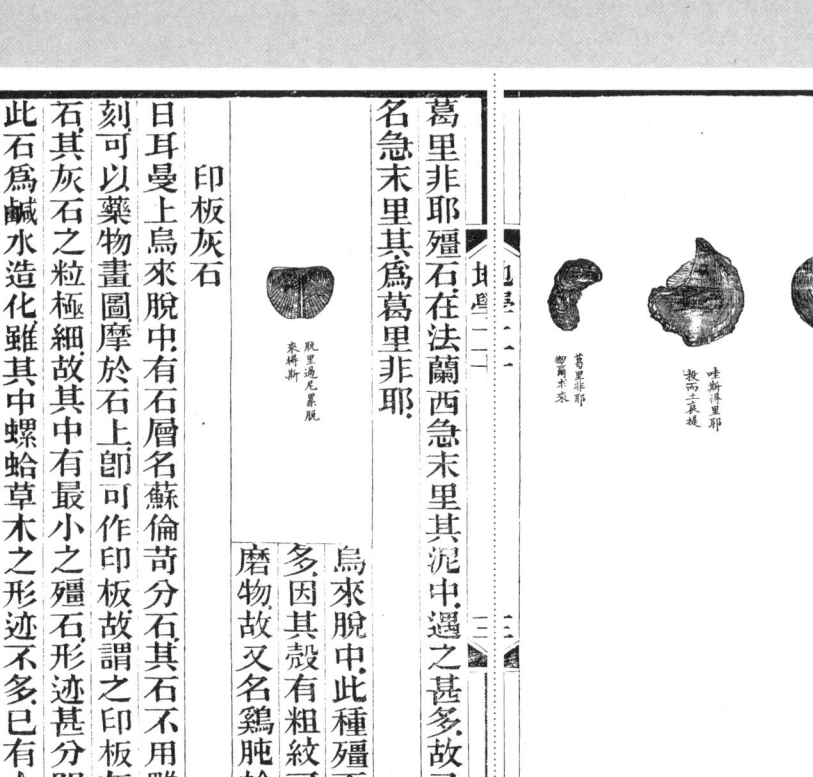

日耳曼上烏來脫中有石層，名蘇倫苛分石。其石不用雕刻，可以藥物畫圖摹於石上，即可作印板，故謂之印板灰石。其灰石之粒極細，故其中有最小之殭石，形迹甚分明。此石爲鹹水造化，雖其中螺蛤草木之形迹不多，已有八

等得二百三十餘種其七種爲蝎虎蝙蝠之類六種爲蛇類三種爲龜類六十種爲魚類四十六種爲螺蛤類其餘爲飛蟲之類想是飛蟲被風飄至海中故沈積於灰中也

透羅踏脫來斯
合羅雞羅斯得里斯

蘇倫苛分灰石中遇一飛禽類形迹其尾之羽形俱全其形與今之鳥類不同如圖爲古鳥尾之形與今鳥尾之形相比此古禽名矮几惡不的立斯馬克羅倫

甲爲其尾脊及毛之印迹圖得原形五分之一 乙爲尾脊原大之形其脊無橫骨 丙爲其一羽 丁爲今水鳥之尾形圖得四分之一 戊爲側視形 子爲尾骨之末節此骨名犁骨

凡今時所有之禽類其尾之犁骨皆大又脊之每節皆有橫骨如圖之一·二·三·四·五·六其子子虛線爲毛管之方向其毛管皆連屬於每節橫骨之肉上故尾能張而石中古禽之尾骨節及生羽之形皆與此異又其翼骨有歧如二指然 又今之一切鳥類其尾毛與尾之橫骨相連而尾骨皆數節連爲一骨而此古鳥之尾骨有二十節無橫骨每節有一層大毛如前圖之甲至二十一節方有橫骨又今鳥胎之未出卵時其骨節之形畧與此同

中烏來脫

上烏來脫之下爲中烏來脫此層分爲二層一爲珊灰石一爲屋克斯弗爾泥

珊灰石

中烏來脫有數種灰石其一種名珊灰石其層十五尺厚其中殭石多珊瑚之類如圖

西過士密倫
俺斗來立斯

其蜂窩之形一邊淺一邊深其深者蓋未長滿也

珊灰石中又有螺蛤數種皆爲定在之殭石如圖

撒永乃斯脫里耶

哇斯得里耶
葛巫呆里耶

納里尼耶海雜葛里非克

中烏來脫之在阿兒不斯山者有一層名待西勒斯灰石因其中有待西勒斯殭石多故有此名

納里尼耶故太里耶
圖得四分之一

待西勒斯衰里葛低奈

雖豆立斯可羅奈登

屋克斯弗爾泥

珊灰石之下有泥層厚五百尺名曰屋克斯弗爾泥其泥中無珊瑚而有哀末奈脫倍里每脫殭石甚多

倍里每脫
海斯對得斯

哀末奈脫
離搽盖

倍里每脫剖蘇西哀搽斯

上圖爲倍里每脫之全形甲爲近頭處之殼乙丙爲身其殭石有剝蝕碎痕丙處有一孔丙丁爲尾骨尖如錐惟尊

常所得倍里每脫之殭石往往不全故有專指丙丁一段而言者

哀末奈脫殭石其口有長唇倍里每脫殭石其口亦多半片此皆在此層中獨異之形其在他層者無此形也按倍里每脫即烏澤也

屋克斯弗爾泥之下有一層名克勒灰石其石爲砂灰石

下烏來脫

下烏來脫之中有泥層灰砂石林灰石紋灰石其林灰石之質即泥灰石有處之石有水波紋及碎塊之螺蛤殼及水漂之木故知其爲海邊所成

又泥灰石中每有薄泥間之故能分開成片可作屋背之用

泥灰石之面有凹凸起伏之形其泥層亦隨之爲凹凸其泥之上面有生物足迹之印其石中每有破碎之蟹殭石

大烏來脫

中烏來脫中因有珊瑚類殭石多故名珊灰石今見下烏來脫中亦有珊灰石其珊瑚類殭石亦多加某處之大烏來脫是也

大烏來脫中之珊瑚殭石如圖

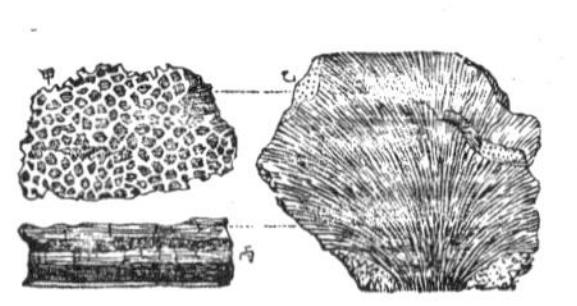

由奴彌耶里特衰得

甲爲對其孔視之之形

乙爲劈其孔之形

丙爲剖其一孔顯大之形

此殭石有數尺大者

大烏來脫中珊瑚類殭石有名石蓮或名石梨者其生於石面甚堅牢如植此種殭石在灰石中常遇之惟有處石蓮生於灰石之上面如植而其碎者埋於泥層中蓋因海流急時忽有濁泥故此物不能生而斷折也

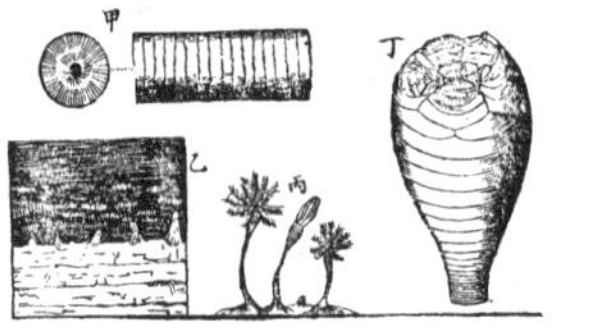

衷拜耶克米奈的羅登突斯

甲爲其莖之平視側視之形大同眞　乙爲其在太烏來脫中之形　丙爲其莖葉果植立之形　丁爲一顆石蓮之形

大烏來脫中又每有恩克奈脫殭石其上又每有卒比來及孛來阿助此爲沈積極遲之據

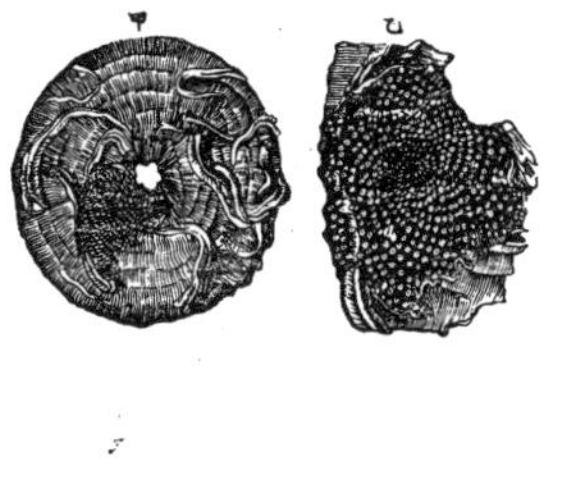

甲　乙

甲爲一塊恩克奈脫其上有辛比來及苔形之物名孛來阿助

乙爲孛來阿助及辛比來之顯大形

觀恩克奈脫殭石上有辛比來又有孛來阿助知恩克奈脫死而後有辛比來至辛比來死而後有苔形之物孛來阿助生焉至孛來阿助長成而後埋沒此必久遠在淸水中其沈積必極遲也

大烏來脫上之泥層有處厚六十尺

大烏來脫之質爲數種螺蛤灰石其石亦可作房屋之用攷其沈積之據知其成於淺海中故石中淚紋有因風改易方向之形又有碎石子及碎螺蛤殼在石中有處曾被蝕而有泥代之

大烏來脫中之螺蛤類大抵食肉者多食草者少昔人以爲古時無食肉之螺蛤觀此知其說不足信矣其中殭石有剖搭拉尼來脫立牟來等物而倍里每脫等足在頭之物少如圖

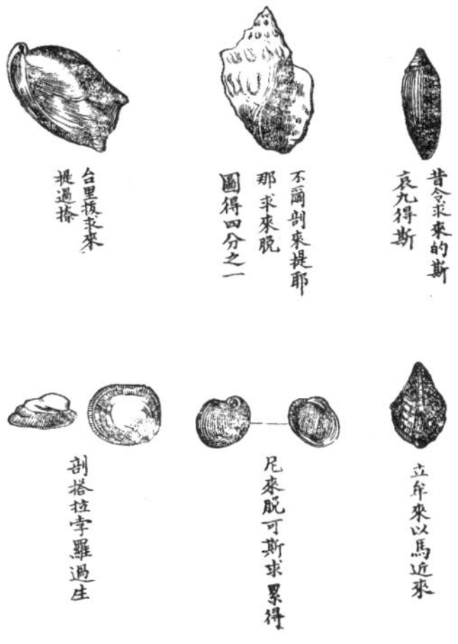

昔令求來的斯哀九得斯

不爾剖來提耶那求來脫圖得四分之一

台里搜求來提過搭

立牟來以馬近來

尼來脫可斯求累得

剖搭拉孛羅過生

斯里脫石塊

大烏來脫之下有一層斯里脫石塊其質爲烏來脫蚌蛤灰石遇其大塊累疊於砂中爲層亦有小塊者質與大塊相同想是古層碎蝕而成石塊故沈埋於砂中也

斯里脫之蚌蛤灰石塊其石可作筆而寫字於石板爲兒童習書之用故又名筆石

斯里脫中之殭石有倍里每脫台過尼耶等海中生物又有碎塊之木又有背陰草之印迹及蟲又有骨殭石尚未能攷知其爲何物之骨或云是蛇類之骨未知何據而云然

江南製造局

昔時地學家每以爲瘞育新之前尚未有乳哺類生物因未得其殭石故也今於大烏來脫斯里脫中實遇乳哺生

蒲淶米昔斯虫之硬翼也

此爲鯨骨

物之骨其形如圖

子爲安非西里恩潑里伏斯對之下牙牀骨殭石　卯與子同　丑爲子之顯大形　甲爲肉筋所附着之骨所以使口開闔也　乙爲骸杵　丙爲腮骨　丁爲其磨牙顯大之形

此殭石之形與今蘇門搭喇之處土配耶台捺獸爲一類土配耶台捺其獸胎生乳哺而食蟲其牙骨如圖

子爲土配耶獸之下牙牀骨側視之形

丑爲其直視之形

寅爲其顯大之形

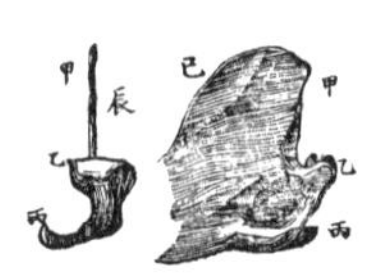

此二圖爲今袋鼠之下牙牀骨　巳爲側視　辰爲直視之形其腮骨丙彎轉之度多

凡得骨殭石未知其骨爲獸類爲魚類爲蛇類博物者能攷之如安非西里恩之牙骨殭石其牙骨爲獨塊長成不如魚類蛇類之牙骨爲數塊湊合長連也又觀其甲乙丙三叉骨其乙處圓凸如杵亦與魚蛇之骨異又魚蛇之類

科技譯著集成

其牙牀骨之三叉骨其甲處甚小或無今則甲處大所以知其非魚非蛇。又觀殭石之兩磨牙皆有雙根而其牙亦稜角峭厲所以知爲乳哺類。

凡乳哺類之物均爲胎生然胎生之物又分二類一有胞一無胞無胞者其腹外有袋如今之袋鼠之類是也今欲攷定乳哺類殭石之有胞無胞亦可觀其骨之形而知之查今袋鼠之類其下牙牀骨如前圖之辰巳其腮骨丙彎如鉤而有胞之獸其下牙牀骨如前圖之子丑寅其腮骨丙幾無彎轉處而大烏來脫斯里脫中所得之牙骨殭石其腮骨丙亦無彎轉所以知其爲有胞之乳哺類與今蘇門搭喇之士配耶台捺畧同

斯理脫中亦有袋鼠類之殭石其牙亦有線紋

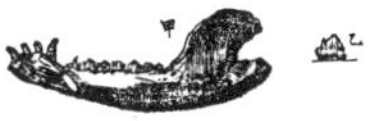

甲爲袋獸之下牙牀骨殭石 乙爲其線紋牙顯大之形

今新荷蘭海中有輭骨之魚其口之上腭有一塊硬骨斯里脫中有殭石亦如此骨之形

斯里脫中之草木殭石有內長類之子及松實之類如圖

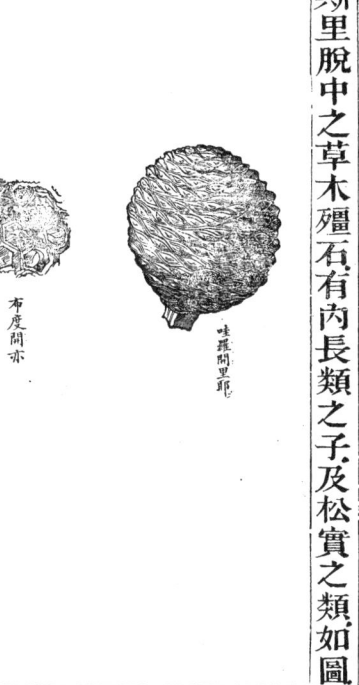

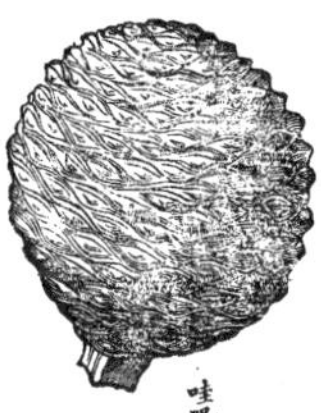

哇羅開里耶

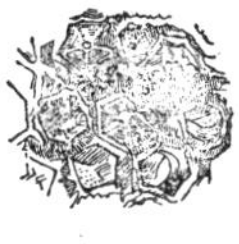

布度開亦

大烏來脫之在英吉利北者其層不甚分明其變形幾似煤炭其中有草木形迹如圖

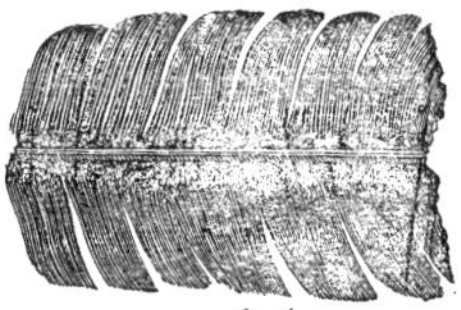

脫來非倫康姆得哇

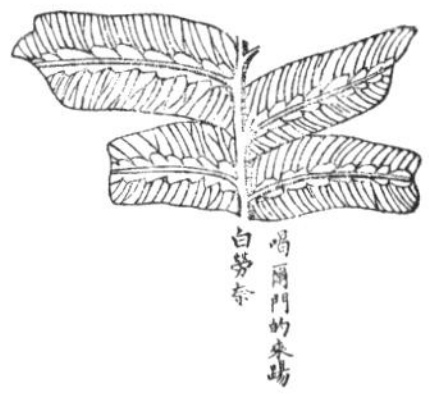

曷爾門的來踢白勞奈

肥皂土

大烏來脫之下有土層其土可以浣衣故俗名謂之肥皂土其中殭石有哇斯得里耶如圖

哇斯得里耶 亥尤奈脫

下烏來脫之底

其石爲灰砂石不甚厚有處之灰砂石在黃砂層之上有處無黃砂層而有灰砂石代之此爲下烏來脫之最下層其下則爲來約斯矣

烏來脫之最下層中有定在之殭石凡見此種殭石則爲烏來脫之底如圖

台里拔求來 訓孛羅耶

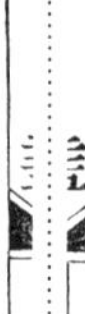
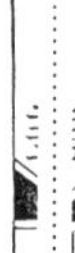

林可納拉 斯拜奴雖

富來度彌耶 非迭求來

潑羅羅都牟利耶 合拉牛累脫

下烏來脫之底又有潑羅羅都牟利耶如圖

潑羅羅都牟利耶 屋垣奈脫

克里來脫 林近

亥末奈脫洪弗里雖亥格斯

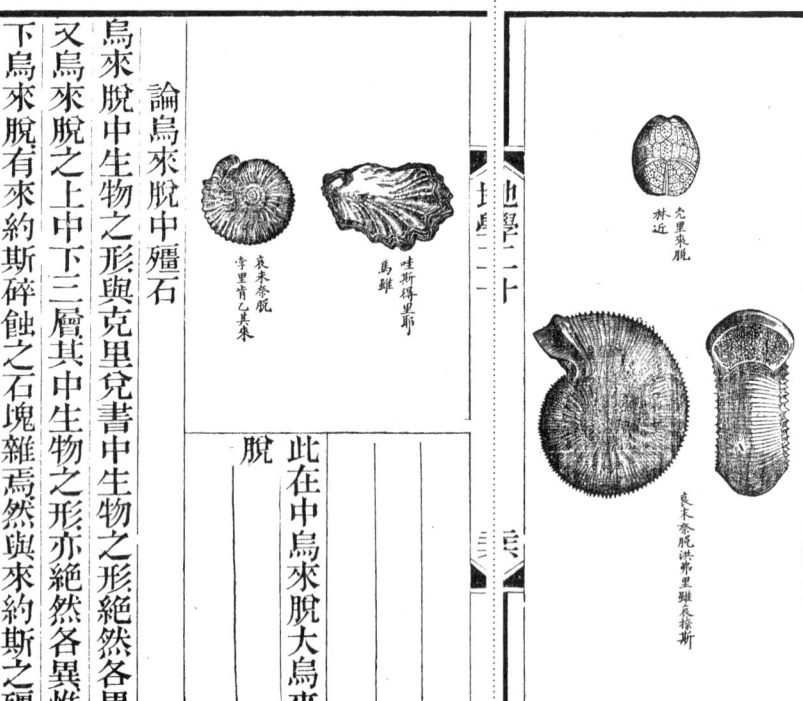

潑羅羅都牟利耶與今生之脫羅葛斯相似惟其口皆有深鈌如甲故不類

於法蘭西下烏來脫之底遇殭石如圖

哇斯得里耶 馬雖

亥末奈脫 孛里肯乙其來

此在中烏來脫大烏來脫

論烏來脫中殭石

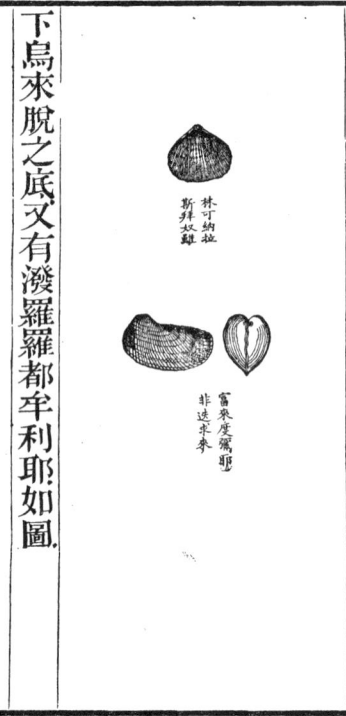

烏來脫中生物之形與克里兌書中生物之形絕然各異又烏來脫之上中下三層其中生物之形亦絕然各異惟下烏來脫有來約斯碎蝕之石塊雜焉然與來約斯之殭

江南製造局 科技譯著集成

石二百二十種相比內只有十種在烏來脫攷螺蛤殭石有二法一攷其所在之地界寬廣若何一攷其在上下諸層中幾何深淺經歷幾期今知英吉利烏來脫中螺蛤殭石祗有四種從下至上皆有之

英吉利之星克斯弗爾泥及大烏來脫中有哀末奈脫甚多其形亦與求拉山之哀末奈脫同如圖

哀末奈脫 馬高羅昔非拉斯

圖得原形二分之一

凡攷螺蛤殭石至上一層見忽無此種此非皆由絕滅或因天時地氣不合故漸徙往他處也亦有其後復還故處者故有時於其上隔數層又遇之惟滅一種又生一種者亦多

陽湖趙宏繪圖
長洲沙英校樣

地學淺釋卷二十一目錄

地學淺釋卷二十一

英國雷俠兒撰
美國瑪高温口譯
金匱華蘅芳筆述

此卷論求拉昔克之來約斯

來約斯

英吉利之來約斯爲泥灰石及麻兒泥此爲烏來脫之下一層有地學家亦以爲烏來脫者因有處之烏來脫變至來約斯故也有時遇其中之殭石亦同如圖

哀刻求來因里快肥勒斯

哀刻求來昔克奈比斯

來約斯之層雖在英吉利者所見不多又與烏來脫難十分辨別然在歐羅巴他處則有分明之層厚五百尺至一千尺其金石之質各處俱同其中各有其本層之殭石

來約斯與烏來脫雖尋常所遇之層其面皆平行而於求拉山之來約斯則與烏來脫不平行其差角有多至四十五度者

來約斯之在英吉利法蘭西日耳曼等處者其層疊之形爲薄層藍色灰石或灰色灰石相間其灰石見天空氣則變淡褐色其藍灰石灰色灰石之間有褐色泥層間之故穿礦時易作橫路

來約斯可分爲上中下三層上來約斯爲砂層此砂昔以爲烏來脫之底今攷定爲來約斯之面砂之下爲泥舍兒再下爲薄層灰石此皆爲上來約斯

中來約斯爲麻兒灰石可分爲三下來約斯可分爲六因各有其定在之殭石故也下來約斯之厚六百尺至九百尺

於英吉利來約斯諸層中見其殭石有二百四十三類四百六十七種其分層之法因其中哀末奈脫之形各異而分之雖他種螺蛤殭石有數十種相同而其哀末奈脫則各異此分層之法不特於英吉利如此即歐羅巴諸處亦莫不然

凡石層不平行而其中之殭石各異此無足爲怪惟來約斯諸層則從上至下大約皆相與平行而其金石之質亦大畧相同何以其中生物之形上下各異此理莫解豈其天時氣候漸與其新者相宜而舊者漸滅耶不然則是其

每層沈積之際，歷年甚久，故生物漸變也。

法蘭西之符蓋山有來約斯層，其中有定在之殭石，如圖。

潑來其育斯都馬才強的恩

法蘭西之來約斯，其下變至砂，日耳曼之來約斯亦有漸變至砂石者，其砂石可作房屋之用。

來約斯有時人亦呼為葛里非耶灰石，因其中有蠣殭石葛里非耶甚多故也。

葛里非耶音克爾勿

希卜頗提恩胖地羅生

第二迹層中有數種殭石於來約斯始遇之，如圖。

此種輭肉類殭石，二次石中遇之甚多，惟皆在脫來約斯之前。今知此種生物來約斯期尚有之，而新於來約斯諸層則無此物矣。

斯肖立弗爾稜克可待

立必低那磨來

來約斯層中海中生物之殭石有螺類甚多，如圖。

奴待立斯才開得斯

哀末奈脫奴度推哀捺斯

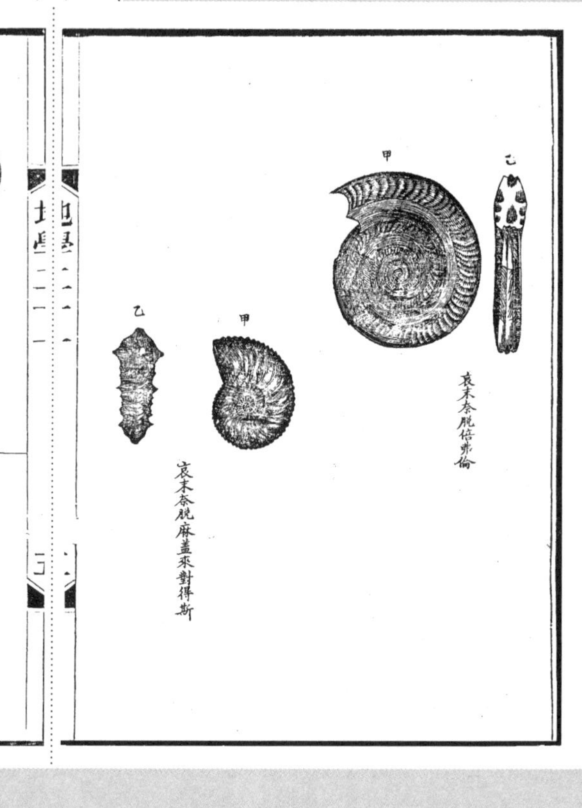

甲 乙

哀末奈脫斯脫來哀得斯

圖得原形三分之一

哀末奈脫薄刻蘭待

圖得原形八分之一

哀末奈脫潑來奴比斯

圖得原形三分之一

來約斯內其中哀末奈脫之形各異而分層如下來約斯有兩層厚四十尺至八十尺其上層中有哀末奈脫薄刻蘭待下層中有哀末奈脫潑來奴比斯在日耳曼來約斯中遇之甚多

來約斯中有石蓮類其根株甚多糾結如亂髮其中每有倍來的斯鐵又有石蓮之根如帶形者

哀克斯脫里克來納斯宇來哀里納斯

來約斯中之魚殭石大約與烏來脫中者同與克里兌書中者異皆已滅之類也

此種魚鱗殭石爲硬明之鱗類甲爲去其兩片之形遇之於英吉利法蘭西日耳曼

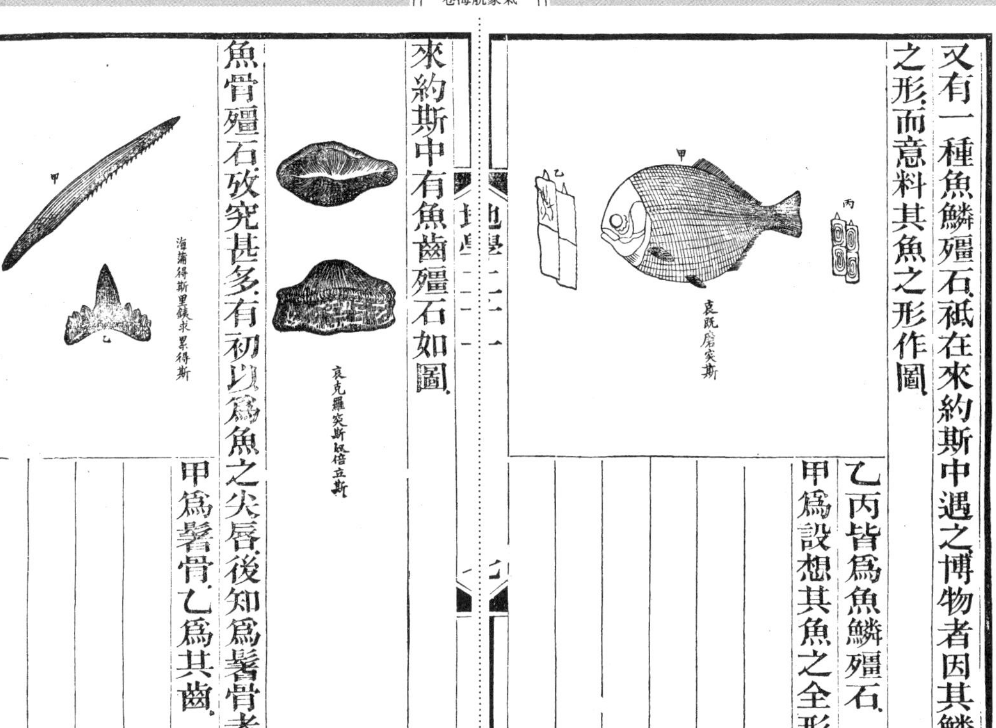

又有一種魚鱗殭石。祇在來約斯中遇之。博物者因其鱗之形而意料其魚之形作圖

良既虜突斯

乙丙皆爲魚鱗殭石。甲爲設想其魚之全形

來約斯中有魚齒殭石如圖。

良克羅突斯奴倍立斯

魚骨殭石攷究甚多。有初以爲魚之尖唇。後知爲鬐骨者。

海蒲得斯里鎮求累得斯

甲爲鬐骨。乙爲其齒。

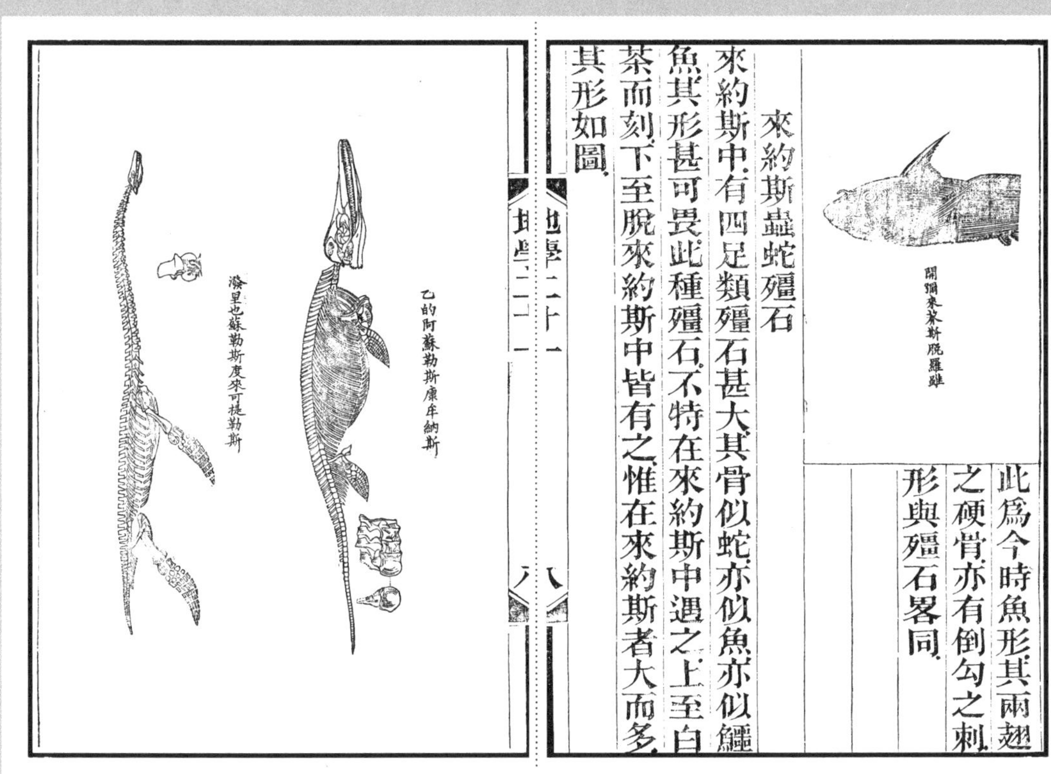

開獨來來斯脫羅雖

此爲今時魚形。其兩翅之硬骨。亦有倒勾之刺。形與殭石畧同。

來約斯蟲蛇殭石

來約斯中有四足類殭石甚大。其骨似蛇亦似魚亦似鱷魚。其形甚可畏。此種殭石不特在來約斯中遇之。上至白茶而刻。下至脫來約斯中皆有之。惟在來約斯者大而多。其形如圖。

乙的阿蘇勒斯康年納斯

潑里也蘇勒斯度來可提勒斯

觀上圖之形，分明知其骨似魚，其足亦似魚翅，若能匍匐而行，想是生於淺水之濱，又視其齒，知其食肉，又其腹中每有所食半消化之他魚，亦變殭石，視其足骨，知其爲連掌之類，其全身之長二十四尺，

此爲現今海中之蛇類，其牙與前殭石相似，如甲，除此之外，更無他物有此種牙，

來約斯中，每遇魚蛇類殭石，其殭石皆有忽然而死倏焉沈埋之據，因有時見其骨節鱗片及腹中所食之物，絕無缺少腐爛之迹，故也，有時於來約斯中，遇其糞成層，然與其骨殭石，又不在一處

來約斯中有墨魚殭石，其腹中之墨，尚爲炭質，惟微有炭酸灰，此殭石中之墨亦可用以描繪，與今墨魚之墨無異，所以知其理沒時必甚速，不然則易腐爛也

今江中發水時，其魚每有因水濁泥多閉塞其竅而死者，因知來約斯海中之魚，當亦如此，

從以上諸說，學者能知來約斯之層，大約皆成於海水中，惟有處爲半鹹淡水中所成，想其地是古時江流入海處也，故其殭石兼有草木蟲魚諸類，

又有處來約斯灰石中，有蟲殭石甚多，故亦謂之蟲灰石，其硬殼之蟲有二類，一爲食木之蟲，一爲食草之蟲，又有蚱蜢蜻蜓之類，

此爲蟲翼之形

來約斯草木

從烏來脫至來約斯，其中之草木，未遇雙仁子外有肉之類，而克里兒書及第三迹層中則有之，蓋第二迹層之時，葉背有子之草木甚繁，故他物不植也，

來約斯中遇一塊木，已變灰石，中有哀未奈脫殭石嵌焉，想其木本是硬，因水漬而輭，故哀未奈脫入焉，後則俱化爲石，如圖，

論烏來脫及來約斯造化之法

學者欲知烏來脫來約斯期歐羅巴之地形如何，則當先

思其為一片大海其海中生物如珊瑚螺蛤之屬甚多其老者遞死新者迭生不知經歷幾何年後海流中忽有濁水其濁水中之泥砂沈積於海底而珊瑚螺蛤之屬俱被埋沒不得孳生其泥沈積亦不知閱幾何年而始積至數百尺厚後其水復清而又有珊瑚螺蛤生焉復為灰石後復有泥沈而為泥層如是泥灰二質於海底相間積疊而成多層

欲解海中有泥水之故先思來約斯時陸地有江其江水中有細泥流下至海流忽緩處而泥沈焉後因其有江之處地漸低其江流漸平不能衝其泥至海中故海水清海水清而後有珊瑚螺蛤生焉又因其殼與石子磨碎而有灰砂有時但有砂此因其細灰為水洗去流向他處故粗砂留也

如欲解屋克斯弗爾泥何以在珊灰石之上試觀今美里哥南有處珊瑚之島其地漸低其相近之陸地江水中若有泥流至海中則其珊瑚島必為沈泥所埋如其地形低而復高高而又低如是上落數次則灰與泥積疊亦如古之屋克斯弗爾矣

凡地形之漸高漸低其變動極遲其歷年甚久試觀今之太平洋珊瑚島須數百年方能長成數尺厚一層珊瑚而從上烏來脫至來約斯其珊瑚灰石有多層此非其時甚久遠不能如是也所以生物之屬遞滅遞生歷年久遠而形狀漸變故其每層各有定在之殭石

陽湖趙宏繪圖

長洲沙英校樣

地學淺釋卷二十二目錄

地學淺釋卷二十二

英國雷俠兒撰

美國瑪高溫口譯

金匱華蘅芳筆述

此卷論脫來約斯

新紅砂石辨

從來約斯之下至可兒美什之上有一種壘層其石為紅壚坶舍兒砂石等土石此皆新紅砂造化也名之曰新者所以別於老紅砂也

新紅砂造化為砂石舍兒與紅壚坶為壘層在可兒美什之上來約斯之下如圖

甲為新紅砂　乙為碟層

丙為老紅砂

新紅砂層中之紅泥層人每呼為紅麻兒此名是誤蓋麻兒者專指有灰之土言之此泥中並無灰不應有麻兒之名故謂之紅壚坶

紅壚坶與求拉昔克中之泥層其易別者有三一因其中無炭酸灰一因其中之殭石少一因其土石大約紅色者居多

英吉利之新紅砂上下層初未攷知其殭石時便於用一總名以括來約斯之下可兒美什之上諸疊層因其石每有斑點花紋故名之曰破塊立迭克此名今不恆用而用脫來約斯及潑而彌安凡遇新紅砂大層未得其中之殭石者皆以此名之故名新紅砂之上層爲脫來約斯一層爲潑而彌安

脫來約斯

脫來約斯即上新紅砂此層英吉利法蘭西日耳曼等處皆有之其在日耳曼者最分明

日耳曼地學家分別其脫來約斯爲三層

一爲葛拔　二爲末斯果克　三爲盆突砂石

上脫來約斯葛拔

前卷已言近下來約斯處有數層其中有哀末奈脫殭石甚多其在上層者爲哀末奈脫薄克闌待在下層者爲哀末奈脫潑來奴比斯此在英吉利之層也

其在日耳曼者比此哀末奈脫石層之下遇一奇層其石爲鹹水造化之合子石其中之殭石與來約斯中者各異

又有魚蛇等物之殭石甚多其種類皆與下脫來約斯中者相近此即上脫來約斯之葛拔也

在脫來約斯最上之層遇齒殭石如圖

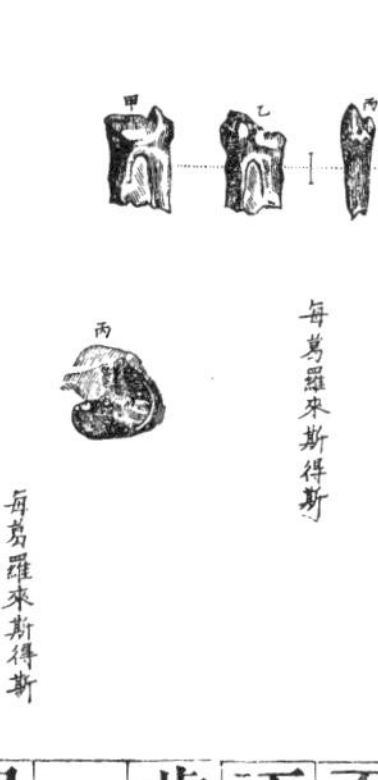

每葛羅來斯得斯

每葛羅來斯得斯

甲爲內面形　乙爲外面形　丙爲側面形　丁爲上面形　I爲原齒形之長短

甲爲內面　乙爲上面　丙爲上面顯大之形

每葛羅來斯得斯

圖比原形大四倍

此種齒殭石人初遇之見其齒有雙根而磨面不平以爲是食肉之類故名之曰每葛羅來斯得斯猶言小野獸也後於六里之外又得二齒亦爲一類今已有人攷定之知爲食草之腹袋獸

凡脫來約斯中遇有此每葛羅殭石者其層爲葛拔其下有蛇魚殭石者比此層老幾近於末斯果克矣

有每葛羅殭石之合子石名曰葛拔此層約厚一千尺中

江南製造局

有砂石石膏磔斯里脫泥諸小層其泥中遇蟲蛇殭石亦有魚齒殭石

葛拔層中之草木形迹大約與來約斯烏來脫中者相近有數種如圖

石爲顯大之形

此草木形迹在葛拔亦在烏來脫

恰西恩及霍爾斯得層

葛拔砂石層葛拔泥層皆似成於淺海中近陸地江口處其在日耳曼西北及在英法二處者其中殭石不過間有海中生物爲鹹水之據惟思其成此層時陸地之生物既多則其海中之生物亦必多特未遇之耳

歐羅巴南有一帶連山其總名曰阿兒不斯山其山綿亘於法蘭西以大里瑞西奧地里等處其在奧地里之阿兒不斯山有上脫來約斯層處地名恰西恩中有一層有海中生物之殭石甚多乃知在英法等處之上脫來約斯因爲半鹹淡水或淡水中所成故海中生物之殭石少也

奧地里阿兒不斯山之上脫來約斯層在求拉昔克來約斯之下其石爲褐色灰石中有哀末奈脫薄克蘭待等殭石

奧地里阿兒不斯山之上脫來約斯其石層從上至下可分別之爲四層

一曰上恰西恩層其石爲黑灰石及麻兒厚約五百尺其中殭石有哀別求來必克登卡提恩斯背立弗爾

二曰達克斯登層其石爲白色或灰色之灰石每小層三四尺厚相間疊其厚二千尺其上層有珊瑚殭石下層無殭石

三曰霍爾斯得層亦曰下恰西恩層其石爲淡紅色或白色之紋灰石厚八百尺至一千尺中有海中生物殭石八百餘種其螺蛤類有哇蘇西勒斯哀末奈脫西立待的斯等物而倍里每脫少

四曰葛登斯得層獲爾得層此兩層有人以爲上脫來約斯之底亦有人以爲下脫來約斯之面　葛登斯得層爲黑灰石及灰色灰石厚一百五十尺　獲爾得層爲紅綠舍兒及砂石石鹽石膏其殭石有西立待的斯等物

恰西恩霍爾斯得層中已得殭石八百餘種有新得之物尚未攷定者如圖

科技譯著集成

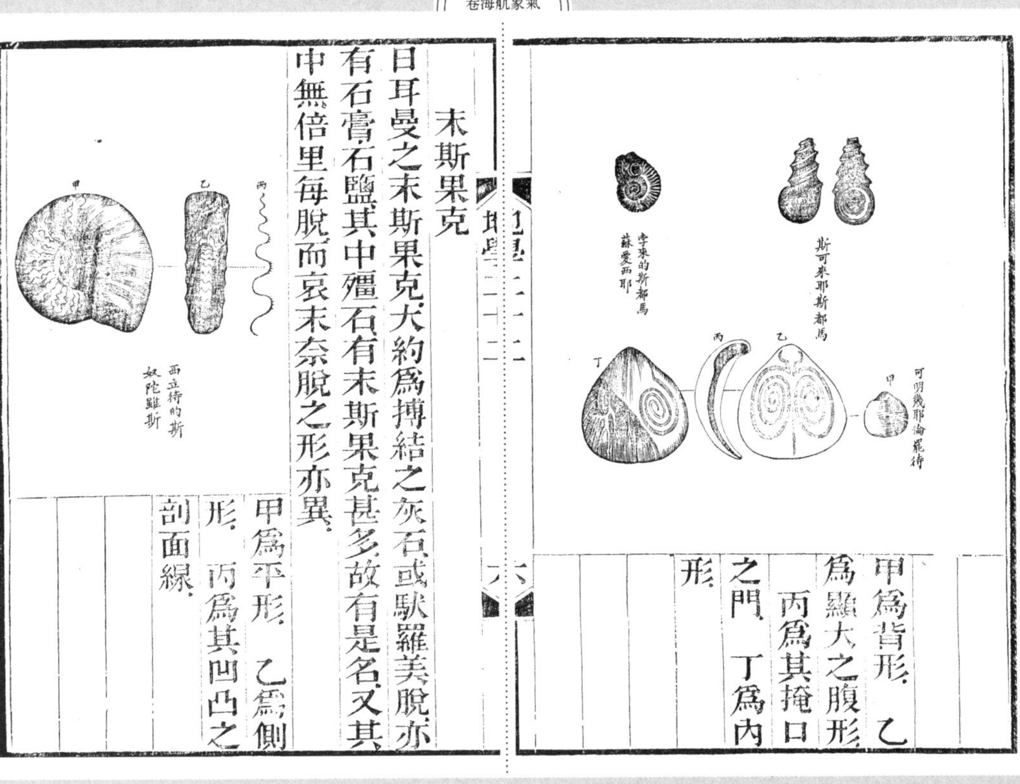

甲爲背形，乙爲顯大之腹形，丙爲其掩口之門，丁爲內形。

末斯果克

日耳曼之末斯果克大約爲摶結之灰石或馱羅美脫，亦有石膏石鹽，其中殭石有末斯果克甚多，故有是名，又其中無倍里每脫而哀末奈脫之形亦異。

甲爲平形，乙爲側形，丙爲其凹凸之剖面綫。

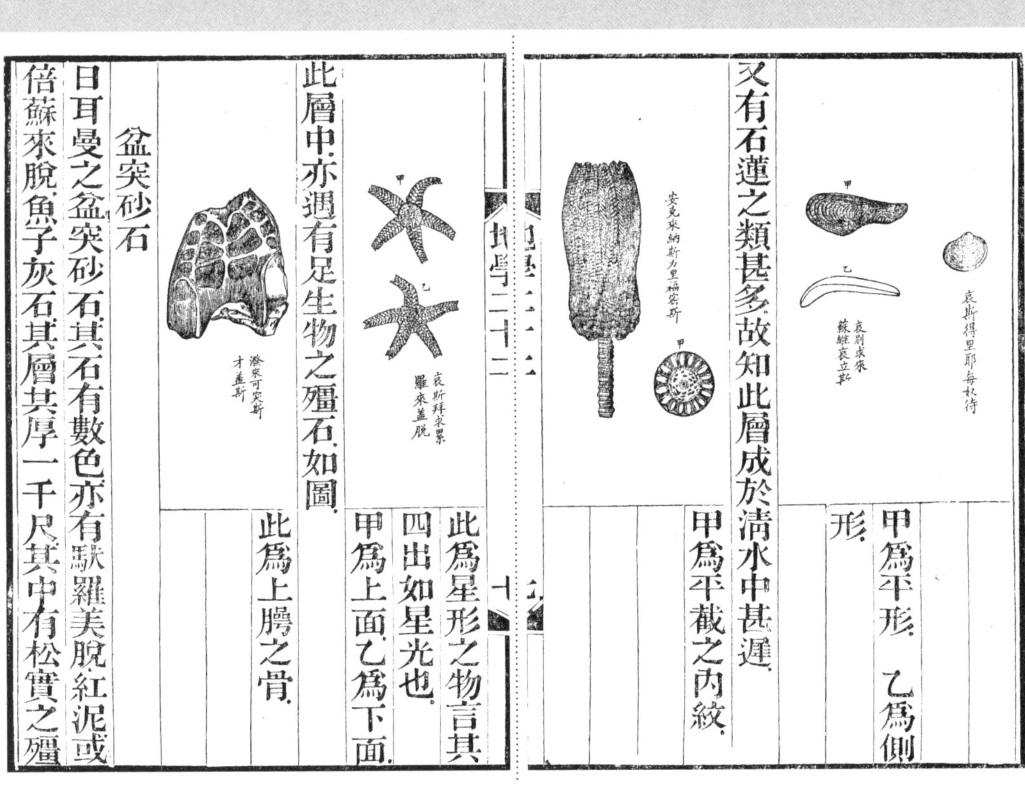

又有石蓮之類甚多，故知此層成於淸水中甚遲。

甲爲平形，乙爲側形。

甲爲平截之內紋。

此層中亦遇有足生物之殭石，如圖。

此爲星形之物，言其四出如星光也。甲爲上面，乙爲下面。

此爲上腭之骨。

盆突砂石

日耳曼之盆突砂石，其石有數色，亦有馱羅美脫，紅泥或倍蘇來脫，魚子灰石，其層共厚一千尺，其中有松實之殭

石又有草木形迹如圖

伏皃太西耶棘的屋非來

甲為原大之形乙為顯大之形

其紅泥之上有蟲蛇之行迹反印於上層之砂石上則成陽紋此種足迹及坼裂之紋波浪紋皆在忽乾忽濕之地故為成於淺水之據

英吉利脫來約斯

上脫來約斯之在英吉利者祇有葛扳及盆突砂石層而

無未斯果克其葛扳之上層中殭石有哀別求來康吐對其中層新紅脈兒中有薄層砂石間之其下層為白色褐色之砂石及脈兒其盆突之上層為數色花紋之砂石下為合子石再下為花紋灰石

英吉利脫來約斯有處在堪孛里安之上有處在西羅里安之上亦有處在提符尼安可兒美什潑而彌安之上蓋其下之古石各處高低碎蝕之時皆比新紅砂沈積之時早

其脫來約斯與上層之來約斯分界處有乳黃色灰石有時於其中遇殭石與日耳曼法蘭西之恰西恩層中殭石

相同亦有哀別求來康吐對故亦名此層為哀別求來層此層之殭石如圖

哀別求來康吐對

必克登維郎奈吉斯

卡提恩里特康毋

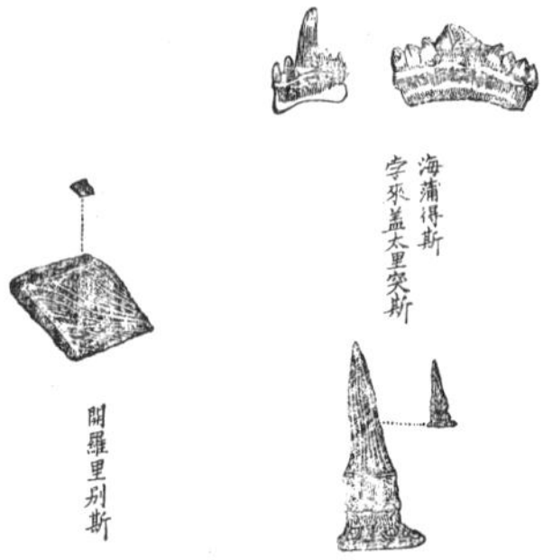

海蒲得斯字來蓋太里突斯

𤏲力的斯阿背尉昰斯

開羅里列斯

英吉利之脫來約斯其厚一千尺至一千五百尺中有石膏石鹽紅舍兒泥其石鹽有碎塊如豆在泥層之上者

英吉利之盆突砂石層厚六百尺其石爲紅含兒絲含兒紅砂石白科子鬆砂石

於白科子砂石中遇一樹已變爲夕里開其徑尺許長丈許其樹殭石有外長之紋知其爲松樹之類

又科子砂石之下面每於紅泥上印有獸迹爲陽文其形如圖

奇路布里恩

長八寸 濶五寸

此獸迹之印有平行兩行相距十四寸每一大足印之前必有一小足印其大足印約八寸長五寸濶其小足印四寸長三寸濶每印有五指之形其大拇指每步相反如圖

奇路布里恩

此足迹之印有平行兩行圖祗繪其一行耳

因在日耳曼及英吉利但見此種足印未遇其獸骨殭石及齒故不知其爲何物之足迹有人謂是袋獸之足迹因今之袋獸有大如狗者其前足短而小後足長而大其拇指亦側而不與四指平行故以爲砂石之印迹或是古時袋獸之足迹又有人以爲是古時大蟾蜍之足迹

葛扳砂石中有齒殭石初時人以爲是四足蛇類之齒有博物之士阿恆者用顯微鏡察之知其爲蛙類之齒因蛇類獸類之齒截其一片用顯微鏡察之無甚花紋今見其殭石之花紋如腦髓攷今之生物惟蛙類之齒亦有此形故知其爲蛙齒殭石

乙
甲

來倍里脫素滕

來倍里脫素滕
才奇來

此爲葛扳砂中蛙齒殭石之圖殭石之長三寸半其徑一寸半

甲爲原截一片之形 乙爲顯大之形

阿恆攷知新紅砂期有三種大蛙其後足皆大於前足故疑前所得科子砂石中之足迹即是此蛙又以石上足迹之形與今蛙類之足迹相比其形最近於蟾蜍又以其頭骨及牙比例其足迹之大小數亦相符　又觀其殭石之鼻骨知其是呼吸天空氣之屬非水中之蛙故爲蟾蜍無疑

馱羅美脫合子石

英吉利碟層之上有馱羅美脫合子石層其面不與碟層平行其石子爲古石之碎塊有馱羅美脫膠結之故成合子石其層非相連爲一片乃零星小層撒開在老紅砂石及炭灰石之凹處其石子有磨圓者有稜角者最大之塊有一千噸重者其石子之質與其本處之石相同如其下爲炭灰石則合子石之石子亦爲炭灰石如其下爲碟舍兒則合子石之石子亦爲碟舍兒又石子若爲炭灰石則其中亦有炭灰石中之殭石有破碎之鱷魚骨及牙其牙根之骨有埋根之孔甚深不比蛙類之牙根連拼不作孔也

貝來阿所力斯
牀米低阿滕

西門廖多所力斯

圖得原形三分之一

論紅砂石及石鹽造化之法

脫來約斯中有紅色及雜色斑點花紋之砂石及雜色之泥其中每有石鹽石膏及美養灰石此必有故而能然然學者莫忘亦有大厚層之紅砂石花砂石泥層其中無鹽及石膏者又石膏石鹽亦有在昔斯里之藍泥中並不在紅砂紅泥中者

欲解紅砂石層紅泥之沈積不過是尋常結成之昔斯脫朽爛或變形之昔斯脫朽爛而成如英吉利北方有山其石爲尼斯枚格昔斯脫泥斯里脫其山上之泥數尺厚皆是其山石泐爛而成其泥色之紅與紅砂石之紅色無異亦因中有養氣鐵故也如有水洗刷其泥砂流至湖海中則沈積成紅砂及紅壚坶其造化與新舊紅砂石無異紅砂石之紅色皆因霍恆白倫及枚格泐爛所成蓋其中之養氣鐵多也

有一事尚未解釋之凡石層中養鐵多者大抵殭石少如於英吉利新舊紅砂疊層中遇殭石皆在灰色砂石及灰砂石中而不在紅砂石中

石膏石鹽有處在紅砂紅泥中相與成疊層有地學家以

為其鹽及石膏從火山中來因今時海陸諸處遇地震時每有氣從地中出而近火山之處亦有氣從地中出此氣中每有硫磺及綠氣若其氣降落於水中則能結成石膏石鹽及駃羅美脫此不過意想其如此未能有實據也

石鹽每有極厚之層此是近海之湖中所成如有處上脫來約斯舊拔中有兩層石鹽厚九十尺至一百尺其上一層石鹽上面最不平有處凸如山其兩層石鹽之中有泥硬如石其硬泥中亦有鹽脉走入之其上層石鹽至西南數里外薄十五尺其層之寬廣尚未詳知惟其處之鹽泥鹽砂石寬廣四百五十里此處之脫來約斯厚一千七百

尺其砂石中有浪紋蛙迹在上下諸層因此能知其層於紅砂造化時地形漸漸低故能漸漸沈積成厚層

今天竺有一大江其入海之處有數口分流其分流處之地六萬三千方里其地非海亦非陸每年江水小時有數月乾涸遇時風從海來則有海水至其處燥則成鹽故積成鹽層後因江水大則其處又有江水又遇地震而升高則其處無水而見鹽層厚一寸

蓋海水中之常有鹽猶太陽之常有光無時或已也如近海之處有淺湖海水入於湖則能為鹽如其地形漸漸低則其鹽能漸漸積起以成厚鹽層其在湖心者為淨鹽近

湖邊者有泥砂雜之故其鹽不淨如近海之湖地低太速則其深處不能結鹽惟淺處有結鹽如近海之湖地漸高則成沮澤而有獸迹及浪紋作如是解則鹽之自來其理易明矣

亞細亞之西邊有數處之湖夏時湖水之面每有結成之鹽厚寸許土人取之為食鹽

亞非利加有湖與海相連後因有火山灰塞其流通之處其湖中之海水燥而為鹽又有處湖海相通之地有砂漲起而高故水不能通流而浸入之海水亦燥而成鹽

凡海邊能成鹽之湖其湖大抵皆無支港若有他水入湖

者不能成鹽

鹽層中不見有殭石此理可以一小事明之譬如以一淺盤盛鹽水使其味鹹於海水試以海中生物入之則死故死海中無生物如死海之地漸低能有他處之水流入則淡而能有物生準此理以解鹹水厚層如鹽泥層其中無殭石而其上每有淡水鹹水層則有多殭石

紅海之邊周圍皆為砂土並無入紅海之江而紅海與大海相通處其口又甚窄故紅海之水鹹於海水十分之一計紅海之水遇日而燥若無他水益之每年可乾去八尺而紅海之深其折中之數八百尺即燥去百分之一也如

江南製造局

是算之則紅海之水每年應加鹹百分之一又水與鹽之比例以輕重論之爲一百分之四以大小論之爲三與一紅海之水深八百尺則三千年能變成一鹽層亦厚八百尺

然今測紅海之水每年並不加鹹故博物家欲問其處有無入紅海之水足補其日之所耗又問其與大海相通之口有無鹹水重而下沈從下面流出如無此二事則其水應每年加鹹何以恆鹹於海水十分之一

美里哥勿爾其尼碟炭

在俄羅斯及美里哥海邊從未遇有鳥來脫層於美里哥勿爾其尼地方遇硬碟在合拉尼脫尼斯之上其碟層之寬廣南北七十八里東西十二里至三十六里昔時地學家以此碟爲求拉昔克之下層今細考其中之草木形迹甚近於日耳曼之葛拔故定此碟爲脫來約斯其草木之形在舍兒藍色泥中皆立如植不作臥倒之形故非他處流來蓋其生時有舍兒泥砂沈積而埋之也如圖

甲爲合拉尼脫或尼斯　乙爲三次石　丙爲硬碟層　丁爲古時流來之泥砂　戊爲勿爾其尼省城在江邊

其舍兒藍泥中有硬鱗類魚殭石其螺蛤殭石少凡遇碟層相近大抵螺蛤殭石皆甚少惟此碟層中有一種殭石甚多其在舍兒層幾如枚格之在泥石其殭石之形如圖

甲爲其殭石之大者

乙丙爲小者

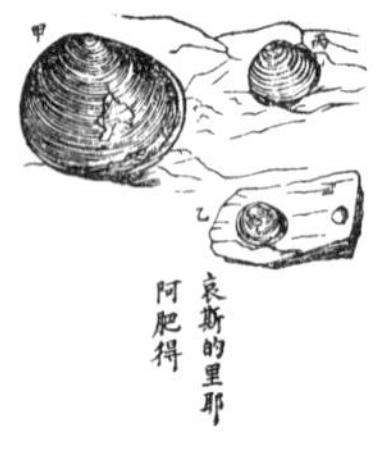

勿爾其尼碟層之石爲磨石砂石及舍兒與歐羅巴各處碟層之石同其碟厚於歐羅巴各處之碟最厚者三十尺至四十尺深於地面八百尺其碟與英吉利上等之碟同

美里哥葛納迭各脫新紅砂

科技譯著集成

葛納迭各脫地方有新紅砂舍兒合子石在合拉尼脫石之凹處其寬廣南北四百五十里東西十五里至三十里其層斜向東其斜度從五度至五十度不等其斜至五十度者不多見惟於脫拉潑走出之處遇之其脫拉潑之走出尚在新紅砂沈積之先

此新紅砂爲淺水中所成亦有其砂高於海面而他處方沈積者因其薄層砂石每有波浪之紋又有印其下層之紅綠舍兒面上之坼裂紋而成陽文者蓋其紅綠舍兒在淺水易涸之處燥而坼裂成紋後有水而紅砂沈積其上故印成陽文也又紅綠舍兒之上面每有雨點之迹亦印於紅砂石之下面成雨點陽文

此處紅綠舍兒之上紅砂石之下曾有地學家得三十二種鳥迹十二種四足之迹於二百四十里中凡遇二十餘處皆在紅綠舍兒之上面爲陰文而印於紅砂石之下面爲陽文其足迹之行列皆平行而每步之迹相距亦恆相等

此爲鳥迹之圖

觀紅綠舍兒及紅砂石之鳥迹見其左右足之大小同又足迹大者其步之相距亦大故知其物亦大足迹小者其步之相距亦小知其物亦小最小之迹每步相距半寸最大之迹其迹大二十寸其步之相距四尺六寸有處足迹之形甚分明并其爪指之皮紋亦宛肖有阿恆者攷之知此爲駝鳥之類惟此處之迹比今之駝鳥足迹大四倍所以人未之信近於新荷蘭之南得古駝鳥之骨大與此等人遂信之

凡足迹之陰文恆大於原物之足故凡攷足迹當以印出之陽文爲王

葛納迭各脫層中尚未遇見骨殭石惟見有古時生物之糞化學家攷之其質爲炭酸灰或燐酸灰知其爲鳥類之糞也

此紅綠舍兒及紅砂石中但見有足迹而未得草木形迹及鳥獸螺蛤等物之殭石故未能定其爲何期又其中雖有魚骨殭石甚多亦甚分明惟其形與他處之魚殭石不類故亦不能比較

此處有魚殭石之砂石諒比勿爾其尼及葛拔之石古因其魚皆爲正尾非偏尾所以知其比潑而彌安層較新勿爾其尼之南有與勿爾其尼同時所成之層其中遇食蟲之乳哺類殭石如歐羅巴之美葛羅來斯得斯觀此可

知腹外有袋之獸其有生以來處世已久而其所在之地亦甚寬廣

陽湖趙宏繪圖
長洲沙英校樣

地學淺釋卷二十三目錄

地學淺釋卷二十三

英國雷俠兒撰　美國瑪高温口譯
金匱華蘅芳筆述

此卷論潑而彌安

下新紅砂

前已言英吉利之紅麻兒砂石層未攷明其殭石時因其石每有斑點花紋故名之曰破塊立迭克以英吉利來約斯至碟層中間之石層與俄羅斯日耳曼諸國之來約斯碟層中間之石層比較則能分別之且能知其下層之殭石比脫來約斯更近於碟層所以如欲作一線以分第一迹層第二迹層之交界處則破塊立迭克卽是分界之線故上新紅砂猶爲第二迹層之底而下新紅砂則爲第一迹層之面又第一迹層西名胚里助哀克猶言古生物也

潑而彌安說

破塊立迭克之下爲下新紅砂造化或名美養灰石惟此等之名皆偏指一種石而言之故不甚便而便於用一總名故名之曰潑而彌安其取名之意因俄羅斯有一大省名潑而彌安其處之下新紅砂層最大故卽以地名名之

潑而彌安分層

英吉利之潑而彌安以殭石分之爲六層

一爲結成及未結成之灰石　二爲合子石灰石
三爲苦殭石之灰石　四爲結實之灰石
五爲麻兒斯里脫　六爲雜色下砂石

結成之灰石在常灰石中其結成之粒如魚子或大如葡萄塊有時石中有藍綠之紋因其中無珊瑚殭石故知爲淺海中所成其中有蛤殭石如圖

雖助得斯雖羅比每

雖助得斯脫倫開得斯

每立的斯色必發

有處之灰石未曾結成則如尋常之灰石惟其金石之合質有四十四分養氣美合尼西與炭酸灰相連有處之炭酸灰結爲球形從櫻桃大至徑尺破其球見有從中心四出之紋又有處或如土或如粉漸變至結實而硬爲馱羅美脫其壘層不甚分明

合子灰石卽潑而彌安層之灰石破碎有馱羅美脫膠結

粘合而成其石子俱有稜角絶無磨圓之形

苔形殭石灰石諒爲深水中所成因其中有無數苔形之殭石故有此名俄羅斯之潑而彌安亦有此種殭石

非拉斯搭捺力真代福帕斯

甲爲苔形之殭石大七八寸

乙爲顯大之形

地學二十三 三

合子灰石卽美合尼西養灰石其黃色之合子石中有殭石甚多此種皆爲古殭石從未遇之於新于潑而彌安之石中

潑羅克得斯霍里突斯

林求來克里尼來

斯背來弗爾安求累得斯

結實灰石其粒非結成如搏之而結實者然其中亦有苔形殭石其下爲厤兒斯里脫

厤兒斯里脫及薄灰石其中有魚殭石此種魚殭石潑而彌安及可兒美什皆有之

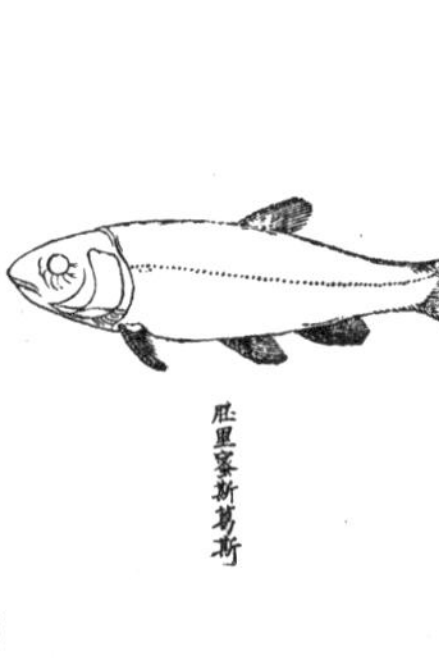

胚里寮斯葛斯

此魚之尾偏其脊骨直至其長尾之中今惟鯊魚之類有此種尾

地學二十三 四

今時所有之魚已攷知者約有九千種其魚尾之形有尖而不分者有濶而分開者其分尾之形又有二種一其尾分開而正其脊骨不透至尾中而脊末有骨如扇一其尾分開而偏其脊骨直至其長尾之中而不作扇形其短尾中無脊骨

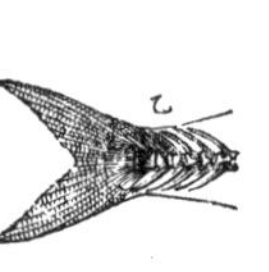

甲爲偏尾之形其脊骨直透至長尾中

乙爲正尾之形其脊骨不透至尾而末有扇形之骨

魚殭石之尾形有一奇據凡從美養灰石以下諸層其魚皆爲偏尾而新於美養灰石諸層中其魚之尾皆正者多偏者少。

麻兒斯里脫中之魚殭石甚分明得其一鱗即可知其爲某類之魚如圖。

胚里叅斯葛斯康列得斯

胚里叅斯葛斯衰里蓋五斯

此爲魚鱗顯大之形。

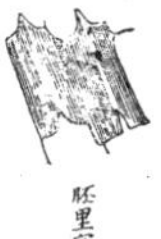

此爲鱗之反面顯大形。

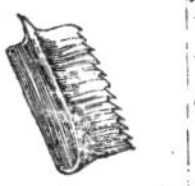

胚里叅斯葛斯合拉孚勒斯

此亦爲鱗背顯大之形。

西里堪得斯合拉牛來得斯

此爲皮鱗之面有粒形。

甲

乙

配葛不的勒斯曼迭比阿米力斯

甲爲鱗之正面顯大形。乙爲背面顯大形。

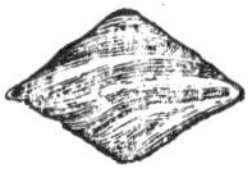

衰克羅里別斯雖其聿蓋

此亦爲鱗面顯大之形。

下等砂石。在麻兒斯里脫之下。其石爲砂石及砂有時遇此層之下。即爲可兒美什。有時與紅麻兒石膏層相連。有人言此層中草木形迹與可兒美什相同。若果如是。則此層應歸可兒美什。因潑而彌安之草木與可兒美什各異故也。

俄羅斯之潑而彌安其石爲白灰石。石膏石鹽紅綠磨石及銅礦。

日耳曼之潑而彌安層甚分明。其上層亦爲結成及未結成之灰石。其下即爲麻兒斯里脫。此麻兒斯里脫中。有銅礦甚多。

潑而彌安草木

於日耳曼潑而彌安層。遇草木形迹六十種。其四十種爲他處所未遇。其二十種內。有遇之於俄羅斯潑而彌安者。有遇之於可兒美什者。如圖。

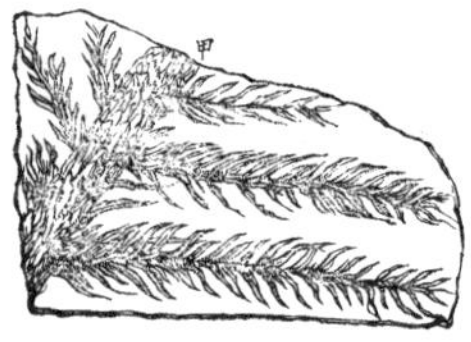

江南製造局

謳兒其耶劈奈福彌斯

尭肩特阿闌列厓士蘇斯

甲爲大榦及枝．乙爲小枝．丙爲葉顯大之形．

搽其累非耶九尼福里耶

於日耳曼潑而彌安之最下層．遇鳳尾樹．已變爲砂石．此種殭石．於法蘭西美里哥．皆遇之．於可兒美什之上層．蓋此種樹木．生於可兒美什與潑而彌安交際之時．最繁盛．故屢遇其殭石．如以潑而彌安之生物．與脫來約斯及可兒美什比．則與可兒美什爲近．

陽湖趙宏繪圖

長洲沙英校樣

地學淺釋卷二十四目錄

科技譯著集成

地學淺釋卷二十四

英國雷俠兒撰　美國瑪高溫口譯

此卷論卡蒲業非拉斯之可兒美什　金匱華蘅芳筆述

煤層

潑而彌安之下爲卡蒲業非拉斯此層分爲上下二層上爲可兒美什下爲炭灰石

可兒美什譯言煤層也因其層中有煤故名煤層其層中之煤或淨或不淨每與灰石舍兒相疊成厚層

煤層雖以煤名其層然其中之煤與他石之比煤爲甚少如英吉利北方可兒美什三千尺厚其中之煤疊層統計不過厚六十尺耳

卡蒲拉斯之造化各處比較之各異即於一處比較之亦各異如英吉利之可兒美什亦各處互異也大約卡蒲拉斯可分之爲二層甚分明一鹹水或淡水土石及煤之疊層即可兒美什一鹹水炭灰石疊層此層亦名山灰石其中有珊瑚石蓮最多

英吉利卡蒲

卡蒲之在英吉利西南者可分爲三

一爲可兒美什其層厚六百尺至一千二百尺其石爲舍兒及粗砂石疊層其中每有一層或幾層煤炭

二爲磨石層有處厚六百尺其石爲粗科子砂石變至合子石有時有疊層之舍兒此層中常無煤

三爲炭灰石其層厚薄不一最厚處一千五百尺其石爲灰石其中有海中螺蛤及珊瑚殭石此層中亦無煤

磨石之質比尋常煤層之砂石粗或與舍兒相連爲疊層其舍兒中時有草木形迹於英吉利北之磨石層中遇一帶灰石其中殭石有海中生物必克登及蠣兜似可兒美什及炭灰石中之殭石所以卡蒲拉斯只可分爲二層一爲可兒美什一爲炭灰石

於英吉利之南遇炭灰石在老紅砂石之上而炭灰石之在英吉利北者則與可兒美什相間疊其厚一千尺其下又有厚層之炭灰石獨成層

英吉利之北愛而倫海島其可兒美什分上下二層其厚一千尺至二千二百尺其下有磨石層厚三百五十尺至一千八百尺再下爲炭灰石厚一千尺至六千四百尺再下爲炭斯里脫即炭泥石厚七百尺至一千二百尺最下爲黃砂石及舍兒灰石厚四百尺至二千尺

英西可兒美什

在英吉利之西爲爾斯地方可兒美什層厚一萬二千尺

此層中除煤炭之外其石皆爲不淺不深之水中所成蓋其造化之時地漸低低久而停息息久而又低其陸地上游之水中有泥砂流來漸漸沈積而成諸層其爲陸地時有叢樹茂林生焉譬如今之熱地江口亦每有林木甚茂其地若低而有水則其林木亦能成煤

爲爾斯之可兒美什有處厚三千二百四十六尺中有砂石十層其最厚之砂石層厚十尺至十五尺中有十六層煤炭厚自一尺至五尺有一層最厚之煤厚九尺又有處可兒美什中遇舍兒疊層多

煤炭之在可兒美什中其層之多少厚薄及寬廣大小皆

無一定惟有一事是一定其煤之下面必有泥其泥之質爲砂舍兒如以此泥作磚雖猛火燒之不壞可爲火爐之用故亦名火磚泥煤下之泥或厚數寸或厚數尺至十尺俗名又謂之煤底泥有時泥中亦微有煤而色黑

煤底泥中每有草木殭石名之曰斯的克牟利耶此種殭石只在煤底泥中有之如煤面上之舍兒中雖亦有鳳尾樹之類而絕不見有斯的克牟利耶所以爲奇又煤上舍兒中之草木每有壓倒之形而煤下之斯的克牟利耶則在煤底泥中如植其細根條分縷析與生時之形無異

煤層草木

學者欲知煤炭之故須攷其底泥中之斯的克牟利耶欲攷斯的克牟利耶須遍攷煤中之各種草木形迹蓋煤中之草木形迹比他石層中爲多任何草木之類凡可兒美什中所有者煤中皆有之所以地學家以攷煤中之草木爲一要事

煤層之草木雖已攷得者不過五百餘種然觀之已知其時草木之形與今之草木有絕然各異者又有二事甚奇一其葉背有子之草名弗兒又有松樹之類皆與今時生者幾同一除弗兒及松樹之外其他種草木皆與今異更無一相似者

弗兒

煤層中有一種草木甚多其草不花而有子其子在葉之背面卽今背陰草之類西名謂之弗兒其形迹與今之生者幾無差別惟其同時之草木與今比較除此及松類之外不但不能別其種並不能識其爲何類矣

比各不的斯郎切得爾

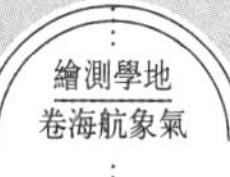

碟層中之弗兒草形不能恆見其葉背之子既不能見其子則用何法以識別之蓋觀其枝間生葉之法及葉上筋管之形而識之其草之大小亦如今歐羅巴所生之弗兒惟今之弗兒無有成大樹者而碟層之弗兒則有極大之樹其樹皮之形斑剝如鱗其殭石之形如圖

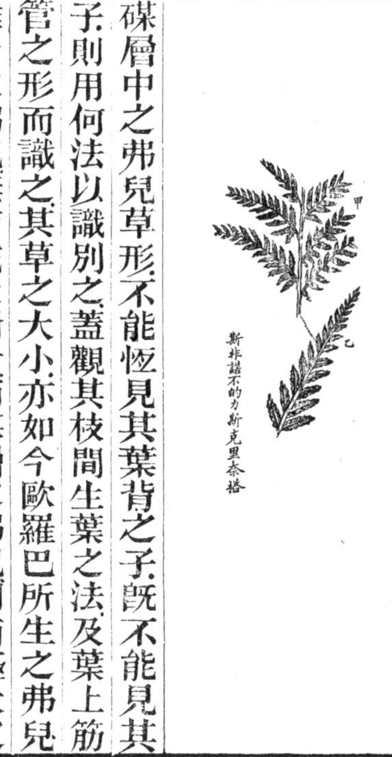

斯非諾不的力斯克里奈搭

今弗兒草之能成樹者不過數種其樹本之皮亦有節斑其節斑之形宛如前圖殭石之形

碟層中弗兒之類已遇二百五十種有六十種今歐羅巴尙有生者

里背度滕

碟層草木有名里背度滕者已得其形迹四十種其榦爲圓管形其皮滿剝落之斑節其枝之分歧恆以二其形如圖

雖亥非耶

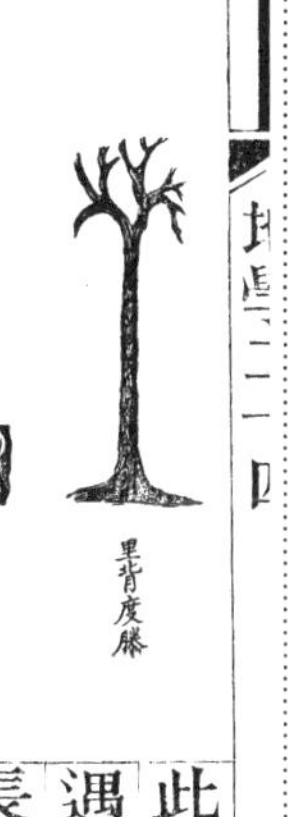
里背度滕

此爲里背度滕之形遇之於舍兒中其樹長四十九尺又有遇其碎塊之木其皮上節斑更大

里背度滕之類今有二百種生於熱地惟皆爲蔓生無有成木本者祇有一種名末可頗地恩則植立如樹形然亦高不過三尺而已如圖

江南製造局

於某處碟層中遇一種殭石，形如松實而長，其質已變爲泥鐵石，其外面有斑如鱗，有人思之，以爲此卽里背度滕之子，因於碟層中遇此殭石甚多，每與里背度滕在一處故也。

末可頽地恩

甲爲全形，乙爲其枝葉之形，丙爲枝葉顯大之形。

甲爲里背度滕之子苞殭石，圖得原形二分之一，乙爲其斑鱗顯大之形，丙爲再顯大見其子。

開拉每的

碟層草木有名衣乖西待的斯，言其形如馬尾也，又有一種樹名開拉每的，昔以爲衣乖西待的斯之類，其殭石爲管形，而外有紋如圖，然觀其管中似有輭木之心，又似雙仁子外有肉之類，與

開拉每的開柰福密斯

開拉每的蘇可爲

開拉每的之根

子外無肉之類異，故另爲一類。

此圖爲剖視開拉每的近根之處，見其有外長之圓紋。

哀斯得落非來脫

此亦爲雙仁子外有肉之類，與昔其來里耶相類，其榦有節如竹，其生枝處節節相對，其葉亦甚似竹，茲繪其枝葉之形如圖。

科技譯著集成

昔其來里耶

煤層之草木以昔其來里耶為最多已攷知者有三十五種其形皆與今之昔其來里耶異其木皮之斑形微似弗兒故疑為暗子類然其形又如樱榴則又當為明子類故

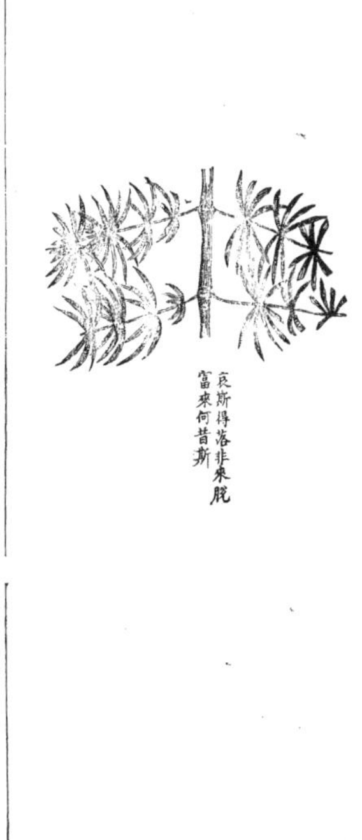

良斯得落非來脫
富來何昔斯

昔其來里耶之究竟為明子暗子尚未能攷知其樹高三十尺至七十尺其木身圓而無枝亦偶遇有近杪處分為二枝者其徑自二尺至五尺其殭石如圖

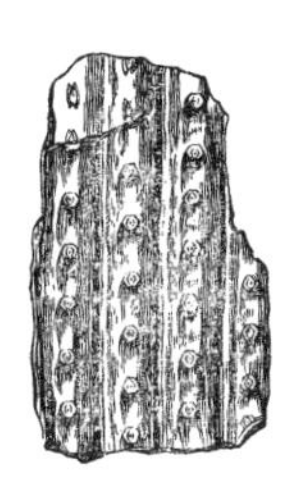

昔其來里耶
里之蓋脫

觀昔其來里耶之殭石知其中心之木比外皮易朽爛蓋其生時已有腐而中空者故其木倒於泥中能壓而扁其外皮之木變為光明之煤大約半寸厚亦有遇其木殭石

或直或斜未壓扁者則其中空之處有砂滿之今草木家以昔其來里耶為暗子類

斯的克牟利耶

煤底泥中之斯的克牟利耶昔以為水中之草今已攷知其即為昔其來里耶之樹根其根長十六尺大根之上又有小根昔以小根為葉故誤為另是一種草木今已攷得實據甚分明因見其大根中之筋管與小根之筋管相連其殭石不見小根惟見其小根之脫處有節斑之形耳蓋昔時於煤底泥中遇其碎塊未見全形故以為另一種草木後於一處煤底泥中見其全形分明是一樹根故知其

即為昔其來里耶之根如圖

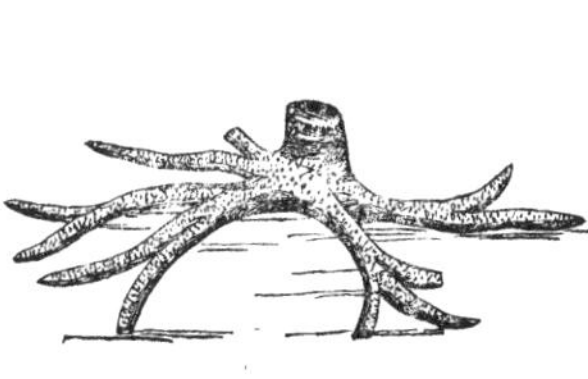

此為斯的克牟里耶之全形即昔其來里耶之根也其根盤寬廣十六尺大根之上尚有小根圖之有點處即生小根之處也

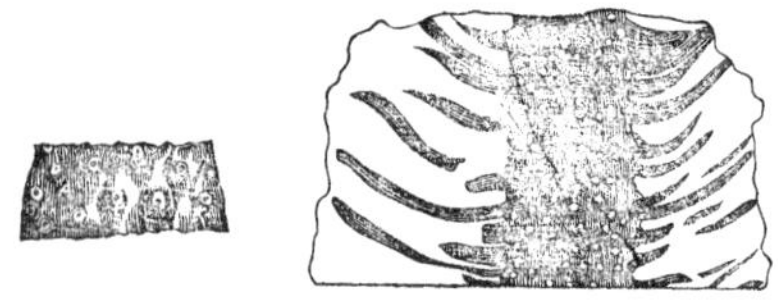

斯的克年里耶非可迭斯

圖得原形四分之一

論碟層草木

攷碟期之草木有子房者有五類。其木較今歐羅巴之松樹。與生於南方者相近。此種松類之木生於碟期。高四五十尺。細核之與今之松又不同。因其中心每有輭木如燈草故也。昔時遇其殭石另與之名。今知其卽爲此松類之木心。或其心之輭木已化去。而有他物代之。故成殭石。如圖。

特厚克斯倫

此爲直截之形。甲爲外皮。乙爲硬木。丙爲輭木。丁爲中空而有他物代之。

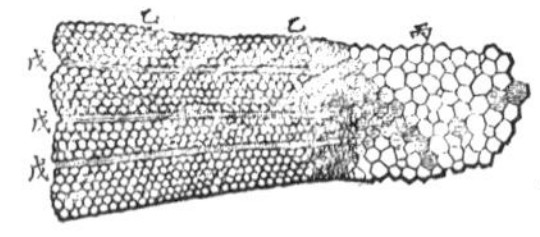

乙　乙　丙　戊　戊　戊

此爲平截顯大之形。乙爲硬木。丙爲輭木。戊爲從心四出之綫。

碟層中又有一種殭石甚多。昔以爲棕櫚之子。今攷知爲子殼外有肉之物。如今銀杏之類。此種殭石於地學中爲要物。因於可見美什中除灰及泥中無處無之。如砂石中。鐵石中。碟中。皆有此殭石。其物之多。幾可車載斗量。今於泥鐵石中得數顆甚分明。如圖。

戕來可奴卡本何肥登

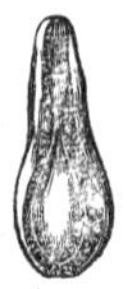

戕來可奴卡本阿里肥福恒

碟期草木之理雖未能盡知。惟知其形類有與今各異者。因其子無論單仁雙仁。而子殼外有肉者皆少。子殼外無肉而有子房者多。其暗子類亦多。

昔其來里耶及開拉每的皆與今之生者不相似惟弗兒之類今亦有之大抵皆生於陰濕之處碟層中此種植物甚多知其期之地氣必濕惟松類則燥濕寒暑之地皆相宜今天下之樹以新齊蘭之松爲多其與他樹之比得六十二分之一而亞非里加南之松與他樹比僅得一千六百分之一 又新齊蘭不特有茂松亦有弗兒草長成爲樹又有來可頗地恩若以今之草木與古相比惟新齊蘭之地更似於碟期

碟層中有一種草木之葉其葉長而筋管平行畧如草葉有人謂其是獨仁之子類然不足據因恐其即里背度滕之葉也又有一種草木如圖

或以爲葉或以爲花尚未攷定

碟之從來

地學家察碟炭之形知爲草木所變今攷草木何以能積疊成層及何以能變爲碟炭之理

在日耳曼碟層中攷草木形迹凡可見美什之草木碟中皆有之有些碟中有昔其來里耶卑背度滕斯的克牢里耶皆甚多又有處之碟大半是斯的克牢里耶有處之碟或全是開拉每的或全是弗兒

在英吉利碟層中攷草木形迹凡可見美什之草木皆在砂石舍兒中蓋草木生於泥砂之上其泥砂變爲砂石或舍兒而草木變爲碟亦有數處之碟非其本處樹木所變則是他處之樹木從水中漂流而來積於此處變成碟也此種漂流樹木所成之碟或在砂石中爲疊層或與舍兒成疊層其舍兒中每有魚殭石

碟層植立之樹

英吉利某處有一層碟厚十寸中有樹木植立之形其樹榦與碟畧成直角其樹之根俱在碟下之輭泥中又輭泥中每有里背度斯蘇白斯之子殭石

碟中樹木其質已變爲碟其樹皮所變之碟最易破碎其樹之徑有大十五尺者

又於他處碟中遇昔其來里耶其樹之中心變爲砂石而外皮變爲碟取碟者謂之碟管亦有樹之中心變爲灰石者其灰石若截爲薄片映明視之尚有木之紋縷在焉凡碟礦中遇碟管每爲險事因其木皮所變之碟易於碎裂而傾頽也

取碟之時如不從碟之下面挖掘而從上面之碟取下則碟中樹木之形易見如圖

此爲一層煤大畝許其中共有樹七十三本其樹身皆倒而壓扁變爲煤厚二寸其樹根亦變爲一層煤厚十寸其下有泥厚二寸再下則另有他種樹林變爲煤厚二尺其下有泥厚五尺再下又有他種樹林之煤

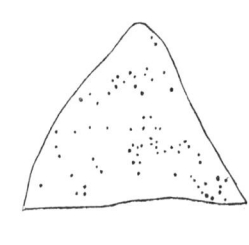

於法蘭西有一處之煤在枚格砂石中爲疊層其煤中植立之樹林爲單仁之子類其形有節如竹其樹殭石每有

中斷而上下不相對者蓋樹之埋沒於砂中時其砂尚未結實及砂結爲砂石時必收縮故使樹身斷而移過也觀圖自明

觀煤中植立之樹形知其煤皆爲古林埋沒而成蓋林木生於砂土其地形或漸低而有水則爲湖湖水中有泥砂沈積故埋沒其木歷多年而不朽則變爲煤

於英吉利北方煤層中遇有樹殭石長六十尺上徑七寸下徑二尺及五尺斜在層中亦有壓扁之形其樹之中心變爲灰石而外皮變爲最好之煤在白科子砂石中此砂石之質爲淨夕里開故色白每一寸厚有十四疊層有處其砂石之色稍黑且有煤質雜焉其砂石之下爲泥其煤木之色黑而砂石之色白故其樹殭石之形更爲顯明如圖

右邊之砂石已取去其左邊尚有砂石疊層

觀此砂石中之樹其外皮變爲煤而中心變爲砂石莫謂其樹身本是中空因觀其中所成之灰石有木之紋縷故知其埋沒之時樹心本不空其灰石之灰質非從樹旁之砂中來蓋自樹之上半截處來

凡橋梁房屋之木樁常在水中不易朽腐故樹木在水中

有砂埋之亦不易朽腐故能變為煤觀其砂石之疊層知其洗積之際歷時甚久

美里哥煤層

美里哥北邊奴勿斯果什地方有煤層如圖

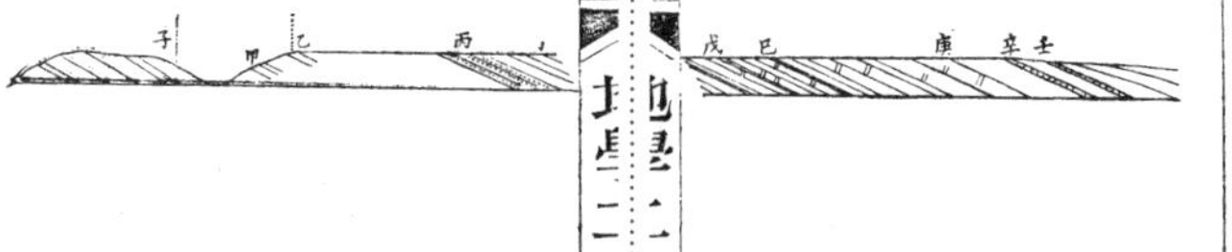

左為北右為南 子之左為紅砂石 甲為灰石 乙為石膏麻兒 丙為粗砂石 丙丁之間有九里不甚分明之紅砂石紅麻兒 己為一層煤厚四尺辛壬為舍兒 其從丙至壬諸層之斜度皆平行向西南斜下二十四度

此圖為諸斜層於海邊現露之形高五十尺至二百尺 自丁至庚見有十七顆樹形其樹身與石層之斜略成直角其煤共有十九層從二寸厚至四尺水落時能見之 又自丁至庚約二千五百尺厚其中之木殭石大約為昔其來里耶

攷奴勿斯果什之煤層厚約一萬四千五百尺其中從未遇有海中生物之形迹亦從未見其木殭石能透過煤炭其樹木之形在砂石中者除開拉每的之外無別種所以知此處之煤皆為開拉每的所變

此處之煤層曾有人細攷之其有六十八層煤因其現露之處為海水所洗蝕故煤及輭泥舍兒皆被蝕而砂石之間有縫

美里哥北煤層中之草木形迹大約與歐羅巴畧同其煤管內之砂石中常遇弗兒之葉及碎塊之斯的克牟里耶蓋其樹木沒於水中時本已中空故砂及他物走入其中也如圖

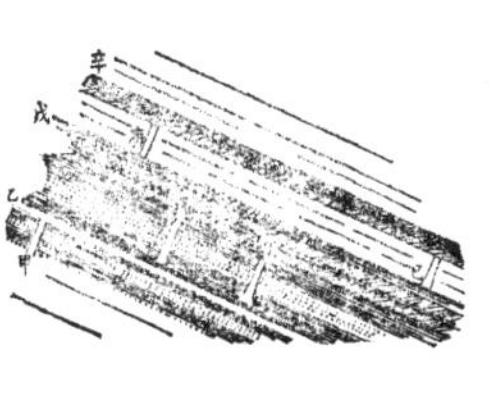

甲為樹殭石長八尺五寸其過三疊層其上白處為二尺厚之泥 乙為一層煤厚一尺 丙丁亦為樹殭石 戊為又一層煤 己庚又為樹殭石 其上又有泥其上又有一層煤四尺厚

此為前圖之甲處顯大之形。甲乙為樹。丙為泥層。丁為砂石。戊為舍兒。己為樹中之曡層。

攷碟管中心之石。其曡層每比樹外之石曡層多。此不獨在美里哥如此。即他處亦莫不然。常遇空樹殭石過舍兒砂石中。其樹中之層每與樹外之層各異。此理本非難解。因其外面沈積之時。其樹尚未空。及空而後有物入其中。

則外面之曡層已久成矣。故中外之曡層不同。又有處之木殭石。其外面之石層有沈積極遲之據。如於昔其來里耶埋沒一半處見有開拉每的自此層生出是也。凡大樹木殭石皆有中心之木易朽。外皮之木難朽之據。即如今北方之樹木亦有中心已朽蠹。而其外皮未死。仍生枝葉者。奴勿斯果什其碟層現露之處。海水長落六十尺。故每年水蝕甚大。能見其中樹木殭石之形。其有樹木殭石處自東至西約十里。攷美北之可兒美什其中之殭石無一與炭灰石中者同。

惟有時遇率比來為半鹹淡水中生物。此亦無足為異。蓋從陸變至海。從水變至土。如是變遷多次。則其地中必有數層有草木形迹及水中生物之殭石。凡地從水變至陸。從陸變至水。其間必有為沮澤之時。則其濕泥之上。必有日曬坼裂之紋及雨點滴深之痕。並有蟲行之迹。觀今之海邊濕泥上每有此種形。故碟層中綠舍兒上亦有此形。其形印於上層砂石之下面。則成凸起之陽文迹更分明。

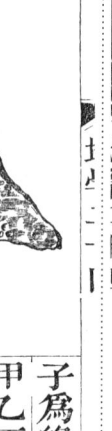

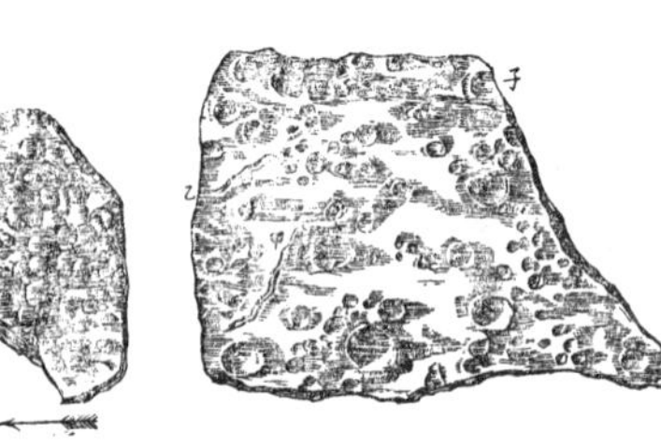

子為綠舍兒上雨點之形。甲乙丙為蟲行之迹。矢為雨點斜勢之方向。丑為印於上面之砂石。成雨點陽文。

此亦為煤期雨點石之印迹
甲為坼裂之紋。

煤期氣候

放煤期之天空氣其濕氣必比今多。蓋觀其草木而知之。

又觀石中雨點之形。知其時亦有雨。

古時地形

煤層中有煤之處。其當時之地形畧如今之江流入海處。其江口之地每有厚層之泥砂。而無石子。其泥砂中每有草木之根甚多。而無海中生物。有時亦偶有半鹹淡水中生物。

論淨煤成層之故

凡煤之淨者。其中絕無一點泥砂土石雜之。有人疑樹木枝葉。如漂流至他處積成層煤。何以其水中絕無泥。若其煤為本處樹木所成。則其根必在泥中。其枝葉皮脫落於地上。亦有泥蓋之。何以後來其泥變為泥舍兒。而其木變為煤。煤中絕無泥雜焉。此何以故。

此理觀今之密些西比江可明之。其江口之地蘆葦甚多。水流過之。如漉而清。絕無一點泥砂。由此知煤層之造化亦為清水中所成。其水清之故。亦因草木多也。

今天竺有大江。其江邊之土。掘深四百八十尺。低於海面三百尺處。遇一古林。其疊層中有今時生物之殭石。此即今之煤層也。

半鹹淡水之煤

於英吉利可兒美什。遇半鹹淡水層。與煤甚近。其近潑而彌安者為舍兒砂石層厚一百五十尺。其中有煤。煤上亦有草木之印迹。又有一層灰石厚二尺至九尺。其灰石滿細孔。畧如日耳曼之湖灰石。其灰石層寬廣九十里。其中有定在之殭石如圖。

地學二十四

甲為原形之大小。乙為顯大之形。丙為其同類之物。大小如其原形。

又於別層遇砂石漸變至泥泥層漸變至砂其層至遠處漸薄而無於七八尺厚處遇陸地草木之形及數種魚殭石又有殼蟲立牟勒斯殭石其形亦與烏來脫中及今之立牟勒斯相似如圖

立牟勒斯羅登待得斯

立非度比耶

此蟲本有長尾此爲其殭石之形其尾已斷去故視之如不類

此殭石在鐵砂中遇之

又遇螺蛤殭石四十種有爲鹹水中者有爲淡水中者諒其地爲古之海灣又見有硬翼飛蟲之迹及蚱蜢類如圖

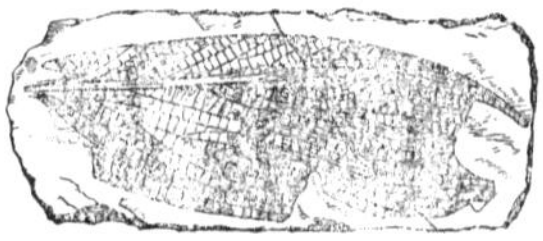

烏里來烏里斯立山蘇克來

此皆海中生物今於可兒美什遇其殭石所以爲奇

可奈衣對的斯立斯的來

衣別未黎八比來西

泥鐵石

在歐羅巴可兒美什中屢有一帶泥鐵砂石其質爲炭酸鐵及泥砂和合而成其形畧如舍兒有人言礫層草木腐爛能使一股養氣鐵不至變爲多養鐵因草木中之炭氣能收取鐵之養氣爲炭酸而炭酸又能與一股養氣鐵相連作炭酸鐵又與泥砂和合則其炭酸去而成泥鐵石

陽湖趙宏繪圖

長洲沙英校樣

地學淺釋卷二十五目錄

地學淺釋卷二十五

英國雷俠兒撰
美國瑪高溫口譯
金匱華蘅芳筆述

此卷論可兒美什及炭灰石

美里哥碟田

前卷已言北美里哥碟層中草木之形與歐羅巴大畧相同攷北美里哥碟層中草木有五分之四與歐羅巴同所以有人謂曷得闌對海在碟期時洲島相連又另有一據知曷得闌對海當時有一古洲因觀阿里恰逆山東邊之石層與西邊之石層比較之而知有一古洲在今曷得闌

對海中

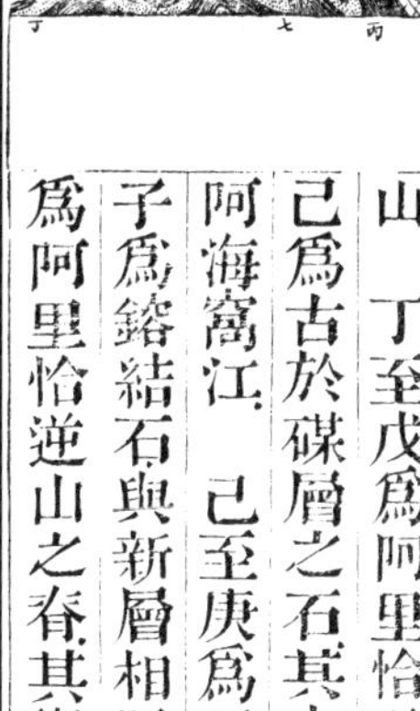

此圖爲曷得闌對海至密些西比江地形右爲東左爲西自東至西八百五十里甲至乙爲曷得闌對海邊平層乙至丙爲斜層丙至丁爲阿里恰逆山丁至戊爲阿里恰逆碟田戊至己爲古於碟層之石其中間虛線處爲阿海窩江己至庚爲伊里奴哀碟田子爲鎔結石與新層相遇處丑寅卯爲阿里恰逆山之脊其彎層至西漸平

一爲埋育新　二爲瘞育新　三爲克里兌書　四爲新紅砂此處有脫拉潑走出　五爲可兒美什中有輭磼　五爲可兒美什中有硬磼　五爲炭灰石此炭灰石惟伊里奴哀磼田有之阿里恰逆磼田無此　六爲提符尼安老紅砂石　七爲西羅里安　八爲鎔結石或尼斯枚格泥石中有科子脉　丑寅處虛線指被水蝕去之石

此圖不過畧得概梗耳因有零星小層之石及峯巒之小凹突圖中不能備見又其高低遠近尺寸亦與眞數不合學者不可因此拘泥也

如從曷得闌對海邊向西行則先見平層甲乙其石爲三次石灰石其層畧近平行次從乙至丙見其石爲合拉尼脫尼斯枚格昔斯脫居多有處其上有不平行之紅砂石如圖之四此新紅砂石中有足迹之印有處新紅砂石在一次石之上此處之小山皆不如阿里恰逆山之高其形大約如圓阜不似阿里恰逆山之有平行之脊也自此又向西行則爲阿里恰逆山

阿里恰逆山其石層彎曲凹凸其山頂俱有脊其脊相與平行又其最彎之山脊有被蝕之處能見下層之古石此山凹凸之形不如劈立尼山之有凹極凸極惟其凸處之脊與凹下之谷俱數帶平行長三千餘里濶一百五十至四百五十里高二千尺至六千尺其山脊平行直去一百五十里又平行灣轉二三十度

阿里恰逆山之石層彎曲碎蝕最大者大約在近曷得闌對海之一邊向西則彎漸少至磼田則漸平

故阿里恰逆山之諸層其高低彎曲變動之時必在可兒美什之後老紅砂石之前其變動之力在東南爲大故有鎔結石及脫拉潑兌克其兌克有處長數里亦與阿里恰逆山之脊平行

阿里恰逆山之可兒美什在丙處者爲最厚向西則漸薄所以知古時必有陸地在阿里恰逆之東又如可兒美什之底爲合子石在丙者厚一千五百尺向西三十里不過厚五百尺再向西則更薄而可兒美什中之灰石則反是愈向西愈厚又其提符尼安之紅砂石亦向西漸薄而其灰石亦向西漸厚所以分明知當時之陸地必在今曷得闌對海中而其古海之有珊瑚者必在阿里恰逆之西密

些西比江等處

可見美什最厚處如前圖之丙其中有十三層煤最厚之煤厚六尺餘皆與白色磨石粗砂石間疊離丙而西數里其粗砂之層漸薄至無而十三層煤并而爲七層最厚之煤厚四十餘尺其上之砂石層厚四十尺

此處之硬煤厚四十餘尺想其未壓緊未出輕氣時必有二三百尺厚如此厚層之煤爲草木所成而絕無泥砂土石在其內只有一說能解之其當時之樹木如弗兒之類積爲皮脫不知經幾千萬年故能積成如此厚層今於其煤下得斯的克卑利耶尚有植立之形故知此煤爲本處

之草木所成若云此煤是他處流來之草木所成則其中應有泥砂石子雜之且其根安得作植立之形

學者問十三層之煤何以能并爲七層故作圖以明之如後圖乙爲草木皮脫層甲爲煤底泥中有樹木之根未爲樹林此樹林本自未至子直接至寅亦如下圖之未子寅後因子之右邊其地低陷故成甲申乙乙形其低處有水則爲湖故子乙之林斜倒於水中而有泥砂沈積其上如丑若泥砂積滿湖底日高則能復成陸地而未子樹林亦能復生出如下圖之未子寅而其皮脫能成丙丙層所以在乙丙處能成兩層煤而在子處則兩層相并如丙乙

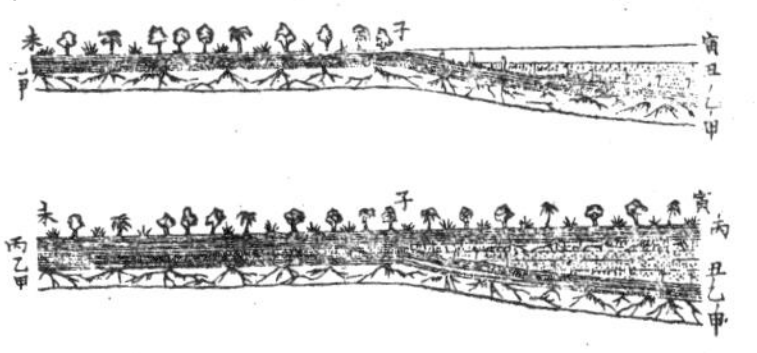

所以在圖之右有丙乙兩層煤各厚三尺而中有砂石舍兒厚二十五尺如丑而有樹殭石出於下層煤中若在乙丙處則并爲六尺厚一層煤而無砂石舍兒間隔之

有人謂乙丙之并層應比乙丙兩分層之相并者厚此論極是蓋子寅之低爲湖必歷多年而後湖底沈積泥砂復成陸地又必歷多年而後未子之林能復生至寅故丙處之煤必薄於丙惟乙等於乙而丙薄於丙故乙丙之和必厚於乙丙之和此一定之理也

從阿里恰逆山復向西行則遇阿里恰逆煤田其可兒美什之層略平其處有三條大江在江岸邊便於見其中之煤疊層有處之煤十五尺厚一百五十里長其上爲炭舍兒再上爲枚格砂石此處之煤取之甚便因能使其礦中之水自流入江其運煤之車亦能自高向下運至船中故

工力俱省也其煤之下爲火磚泥再下有數層灰石再下爲另一層煤

阿里恰逆煤田之長從東北至西南二千一百六十里最寬廣處五百四十里約計有煤五十五萬七千方里此煤田如無碎蝕之處應有二千七百里長六百里寬

觀阿里恰逆煤田其東邊之層尚有高低向西則甚平以化學之理攷之知其東邊之煤較硬平處之煤輭而易燃其在阿里恰逆山之煤最硬

自阿里恰逆煤田復向西行則遇提脊尼安紅砂石層過阿海窩江復西則至伊里奴哀煤田再西則至密些西比

江

阿海窩煤田之煤其中可升之質四十至五十分而阿里恰逆山硬煤可升之質只有二十分在其五處有最硬之煤其中可升之質只有六分至十二分則幾爲淨炭矣

有化學家試知草木之質在地中遇濕則其中之氣有一股或數股升出故朽爛極遲又漸漸生出炭酸氣則其本來之養氣亦去而漸變至爲木煤此木煤中之輕氣比木中輕氣多後其輕氣漸出則漸變至爲尋常之輭煤凡湖水中每有炭輕氣出亦因其下層之草木質所化也 又輭煤中亦時有炭酸炭輕硝酸等氣化出所以煤窟中每

易燃燒如此氣漸去則漸變至爲硬煤攷阿里恰逆煤中可升之氣各有多少其多少視其所在之處而異實與變動之事相合諒因其變動而有彎曲因彎曲而有碎蝕因碎蝕而水易入而生熱其氣亦易從碎處出故其處之煤最硬而氣最少

煤之寬廣

學者問煤田如是之寬廣豈古時有如此大之茂林耶此蓋不然觀今時沮澤之處亦每有大樹林其樹林或大數十里至數百里而他處江口亦有此種大樹林如此林後來皆變爲煤則地學家攷之知其爲同時所成亦名其層

爲煤田然則煤田之煤不過同時所成之煤並非一片相接處處有煤也

煤期天氣

初時植物家言煤期之草木其天空氣必熱於今其熱皆如今熱道之處此說地學家難解之因熱則草木之死者易朽腐不能成皮脫即如今之北方冷地其沮澤之處每有皮脫而南方熱地則無故不信其說也今攷煤期之草木知其天空氣並非熱於今

如觀弗皃及來可頗地恩二種草木惟知其所生之處必在四時和暖無大冷亦無大熱之地又其地氣必潮濕否

則不能茂盛又觀他種草木如昔其來里耶之類則與今之草木大異無可比擬故不知其性之所宜不足以資攷究

攷炭灰石中之珊瑚類及螺類之殭石皆與今之生物不同故亦不能知其性之所宜惟以理度之碟期北海之地其天氣亦必溫和然如今之島得闌對海中有流水從熱地流向北故北海中有一道溫水故其中亦有熱地之水族亦不能謂北海之地盡是暖也

碟層魚蛇殭石

有一處碟田中有數十處古林或百餘處古林其林木已變爲曑層之碟其樹之根本皆如植然何以其草木如此之多而絕不遇一呼吸天空氣之生物形迹其殭石之中有脊骨之類惟有水族而無陸地乳哺之獸亦無禽鳥龜蛇蛙黽之類於歐羅巴碟田雖曾遇飛蟲及甲蟲之迹而至今亦未遇土中螺類之殭石

有博物士愛蓋西者作一書專論魚殭石其論碟層之水族有一百五十種其中九十四種爲蛇之似魚者五十四種爲硬明鱗之魚其水族之形狀有與今絕異者大抵皆大而能食他魚之魚也愛蓋西攷其骨與今有足之蛇類相似因見其牙脉骨非獨塊皆爲數塊湊合長連故知其爲蛇類又其牙每有直紋

火落不對凡納斯海北立斯

此爲今時有足大蛇之牙

此種魚蛇之類其牙骨及牙雖似蛇而其全身之形又眞似魚比今之魚生得更巧

一千八百四十四年間於日耳曼碟層中遇殭石則實是有足之蛇其殭石在泥鐵沙中頭足皮骨俱全惟觀其足之形知其非眞能攫拏鷹踔也不過能游行於水濱耳

安昆過所勒斯每納兒

此爲日耳曼泥鐵砂中蛇魚之形

安起過所勒斯湔提約斯

此爲蛇魚之皮鱗相比之形其鱗尖長而質如角

奇路希里恩足迹

奇路希里恩譯言大足獸也在美里哥北可兒美什砂石層中遇大足獸迹之形如圖

甲乙丙爲坼裂之紋此紋及足迹皆在輭泥之上而印於上層之砂石下面成陽文　圖得原形六分之一

觀前圖見其足迹有過坼裂紋者其處坼紋稍變形知其泥因日曬而坼裂雖坼裂而尚輭故有獸迹又於一處得二十三箇足迹其兩行

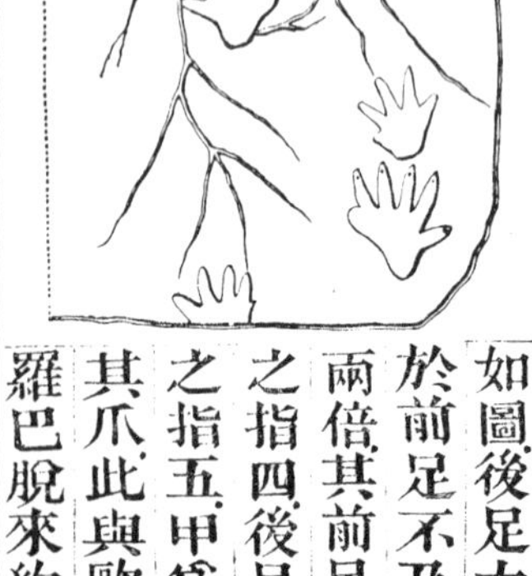

如圖後足大於前足不及兩倍其前足之指四後足之指五甲爲其爪此與歐羅巴脫來約

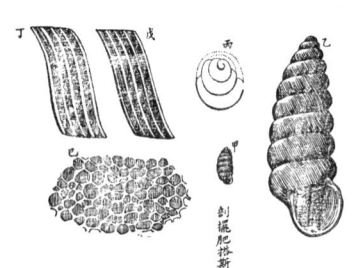

斯中之印迹不同

觀可兒美什中之足迹能定其物爲呼吸天空氣之物非水族也因物在水中不能有足迹印於水底之泥且水中之泥不能有坼裂紋是必無水而後泥燥泥燥而後坼裂既坼裂而其下尚輭則獸過之而有足迹後其上又有砂故其迹能印於砂而砂石之下面有足底之形　觀此砂石之印迹不能疑其物非生於磔期因其砂石之上有一層磔而砂石之下亦有一層磔故爲可兒美什無疑

在美里哥北昔其來里耶磔管砂石中遇四足蛇類之殭石及剖攊　案剖攊爲土中螺類此種殭石於第三迹層中多第二迹層中少惟此則在可兒美什中遇之如圖

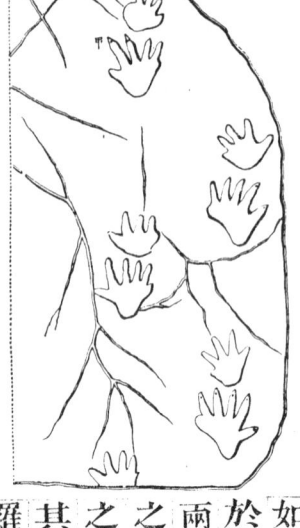

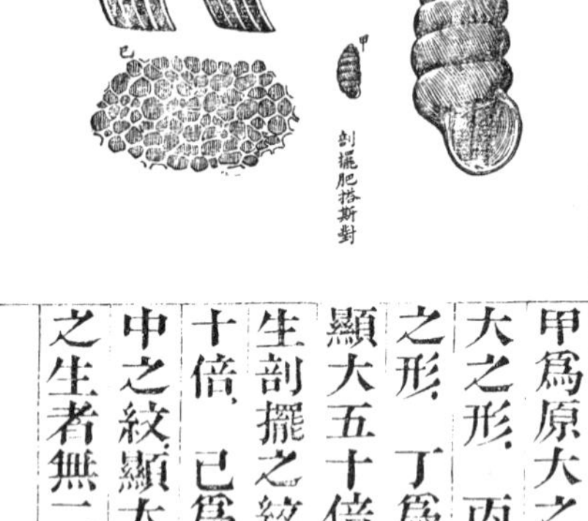

甲爲原大之形　乙爲顯大之形　丙爲從尾俯視之形　丁爲殼外之紋縷顯大五十倍　戊爲今時生剖攊之紋縷亦顯大五十倍　己爲碎而觀其殼中之紋顯大五百倍與今之生者無二故不另作圖

他處磲管砂石中又遇節蟲之殭石用顯微鏡視之其頭足口眼俱備此種蟲類初不過遇之於烏來脫今知可兒美什中已有之如圖

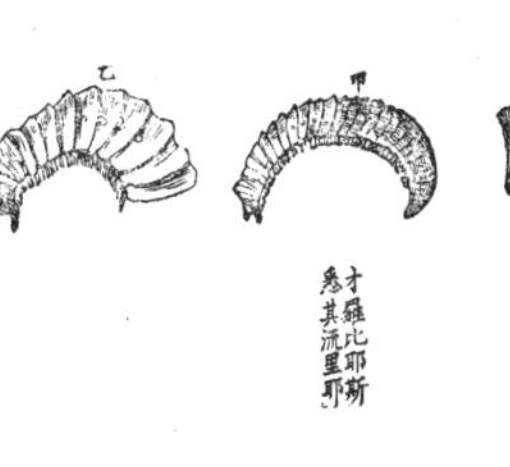

甲爲原大之形 乙爲頭之顯大形 丙爲尾之顯大形

呼吸於天空氣之生物無論有脊骨無脊骨在磲期者俱甚少

地學家每言無脊骨之生物無有比潑而彌安再古者今雖已於可兒美什遇之然所見者亦甚少況其物皆是水陸咸宜之物非專在陸地呼吸於天空中者也美里哥北之磲田每年約取得磲五百萬噸而至今亦未遇一殭石之蟲惟於歐羅巴磲層中則遇之然亦未遇希力克斯蒲來密斯立姆尼耶潑來奴比斯等物然亦無人言此等生物皆生於磲期之後

磲期之生物呼吸於天空氣中者少此事實奇因其層爲陸地之草木所成則陸地之生物亦應多不比他層之成於海中故陸地生物少也如此便於攷究而竟無之豈不奇哉

炭灰石

炭灰石又名山灰石英吉利北可兒美什之下爲炭灰石而在英吉利南者則炭灰石與可兒美什成層疊而其下復有炭灰石自成厚層

炭灰石中草木之形迹少而海中生物之形迹多大約珊瑚石蓮之類俱多

炭灰石中之珊瑚類應專攷之凡珊瑚有二類一爲盃形之類一爲星紋之類此二類珊瑚在潑而彌安以前與脫來約斯以後者其形各異故可識別之從脫來約斯以後爲新從脫來約斯以前爲古此二類珊瑚惟精於識別者方知之然亦爲地學家當知之事

此爲盃形古珊瑚 甲爲直剖之形見中有橫紋 乙爲平截之形見其頁之分每以四 丙爲其合形 圖得原形三分之一

此爲盃形新珊瑚，甲爲直剖之形，中無橫紋，乙丙爲平截之形，其頁之分每以六。

觀前圖，可知盃形珊瑚之類，古今不同，故新珊瑚之似古盃形者只有一種，古珊瑚之似新盃形者亦只有一種。除此二種之外，皆歸一例，所以易於辨別。

此爲星紋古珊瑚

此爲星紋新珊瑚，甲爲小者，乙爲大者。

凡珊瑚之頁，從中心四面向外，如星光之四出者，爲星紋；若其頁從外向內，而不湊至心者，爲盃形。炭灰石中石蓮之類亦多，其殭石有有枝者，有無枝者。

此爲有枝之石蓮

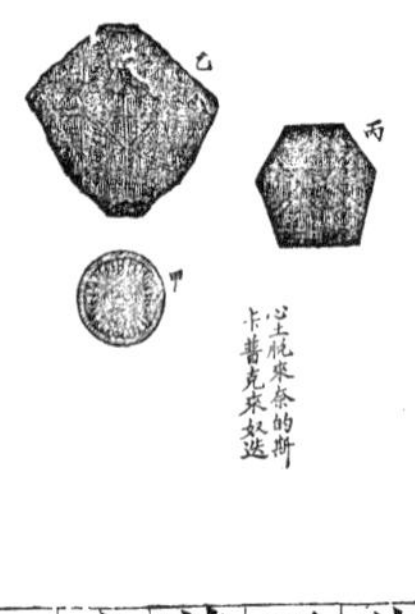

此爲無枝之石蓮，甲爲平截其莖，乙爲其本身，丙爲剖視其本身之紋。

炭灰石中之殭石，除珊瑚石蓮之外，亦有厄幾那蝸蛤等物，皆可爲定在之殭石。

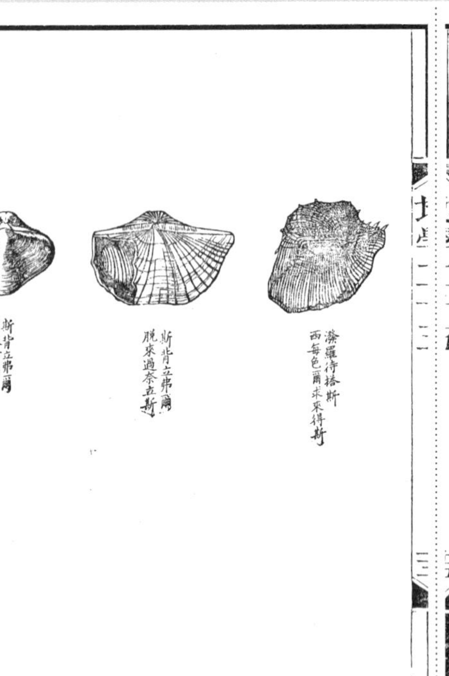

又有數種螺蛤殭石其殼外尚有顏色花紋奇其已變爲殭石而生時之顏色仍在也如圖

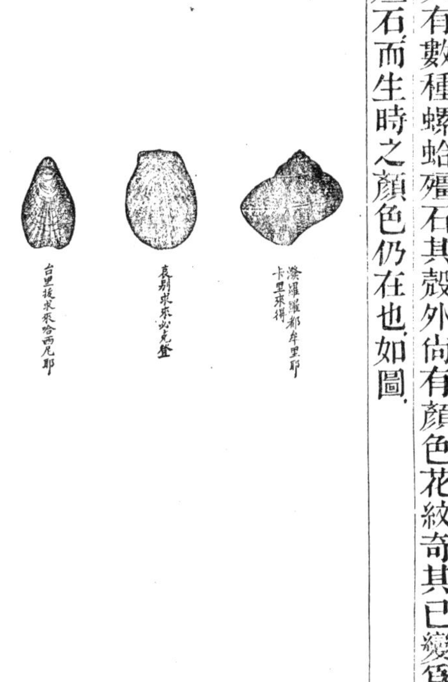

觀此有色之殭石知炭灰石之造化並非在深海中其所生之處水深多不過三百尺因今之海中螺蛤其殼外有顏色花紋者皆生在淺海中無有在三百尺以下者如於英吉利近處之深海中得螺蛤其殼外無色而其在淺海者雖種類無二而殼有花紋之色

有數種磲㻡之生物至今尚有其種類者如袁别求來牛求來等類是也又有螺類名以諾姆弗拉斯其殼中節節有隔死如其肉漸大則漸移而出累棄其後半截之殼而生隔層以閉塞之今之螺類雖無其平旋之形而殼中有隔者尚有一種名由盎非拉斯其形畧與以諾姆弗拉斯相似

甲 乙 丙

浯里羅分可使對得斯

以諾姆弗拉斯

此爲以諾姆弗拉斯殭石之形甲爲尾形乙爲仰形丙爲側形其口畧近五邊形丁爲剖視其中之格形

此螺殼中無格與今之生者同

甲 乙

過每袁射的斯 克里逆斯得里耶

哇蘇西勒斯 拉來底

過每袁射的斯 袁扶羅的斯

此殭石有時遇有數尺長者

炭灰石中之魚殭石法蘭西幾無之惟英吉利炭灰石中有一魚骨層已攷得七十餘種魚殭石其魚齒殭石最多

可克來何突斯 康可突斯

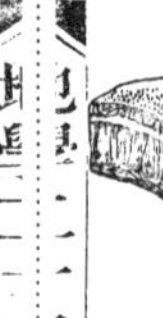

雖摩突斯 番羅水斯

此爲魚齒殭石其齒光而細如今鯊魚之類

炭灰石中用顯微鏡察之有微細生物之殭石如圖

肥蘇里耶駐林待爾

此爲微生物之殭石英吉利以大里俄羅斯皆有之

與炭灰石同時之石層

可見美什之下有處非炭灰石而爲泥石砂石是與炭灰石同時所成之石層也其中有定在之殭石如過每哀對的斯克里逆斯得里耶此圖已見前又有普雖度奴彌耶如圖

普雖度彌耶 比幾來

美里哥炭灰石

美里哥之可兒美什前卷已論之其可兒美什之下有疊層之石膏及數層鹹水灰石其灰石之質幾全是石蓮所成有時其中亦有螺蛤殭石畧如歐羅巴之珊灰石炭灰石之層在阿里恰逆山者薄在近密些西比江處厚至四百尺其殭石亦畧如歐羅巴之珊灰石

陽湖趙宏繪圖

長洲沙英校樣

地學淺釋卷二十六目錄

地學淺釋卷二十六

英國雷俠兒撰　美國瑪高温口譯
金匱華蘅芳筆述

此卷論提符尼安老紅砂石

老紅砂石

前已言𥗊層之上爲新紅砂𥗊層之下爲老紅砂此因初攷究時見一處𥗊層之下有紅砂舍兒合子石故名之曰老紅砂後因紅砂之名用之不便故改其名曰提符尼安其命名之故俟後解之

昔時以爲此層中之殭石甚少蓋有處實在如此如其石中無灰而紅色因養氣鐵者則其中殭石少

英吉利提符尼安

提符尼安之在英吉利者厚八千尺至一萬尺分爲四層
一合子石　二褐色石大約爲紅緑舍兒及褐色砂石其中有草木形迹　三爲角砂石其石質爲紅緑花點之麻兒其中有不淨之灰石合子石俗名謂此合子石曰角石有處亦有白砂石此角石灰石麻兒中若灰質多者則有魚殭石　四爲淡緑色頁舍兒在厚層麻兒中此層之魚殭石與西羅里安者各異

斯各得倫愛而倫提符尼安

提符尼安之在英屬地斯各得倫及愛而倫等處者則分爲三層　一黃砂石　二紅舍兒砂石及角石其底脚爲合子石如五卷中斯各得倫石層圖之一二三其三爲屋背路石其質爲枚格昔斯脫及炭酸灰如圖之四此三層其厚三千尺至四千尺

其黃砂石在炭灰石之下中有數種魚殭石名台里蒿的斯在愛而倫黃砂石中有定在之魚殭石又有草木形迹與可見美什者種異而類同

此黃砂石中遇螺蛤殭石大約爲淡水中生物所以有些地學家謂此層當爲碟層之底惟因其魚殭石及草木之形各異則當歸老紅砂層

此樹之本畧有五邊形圖不能顯故不見

此樹之枝榦相接處有兩皮如甲乙故知其爲弗兒之類

斯各得倫黃砂石之下有紅灰石舍兒砂石角石合子石於其舍兒中遇大魚之硬鱗殭石後又得全身如圖

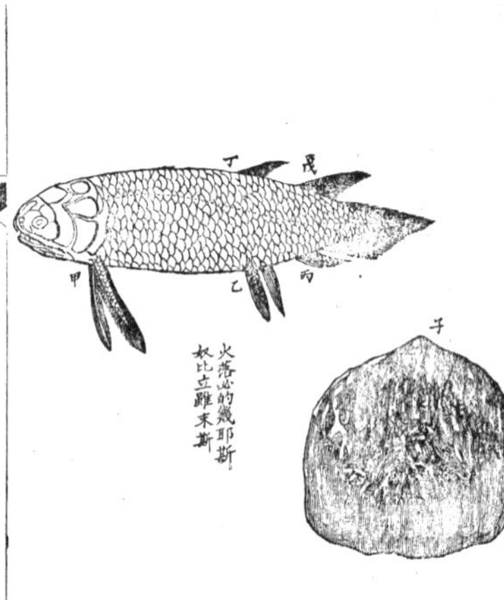

甲爲前翅　乙爲後翅　丙爲尾翅　丁爲背鬐　戊爲尾鬐

子爲鱗之一片

其第三層爲屋背泥石及塡路灰石其層中亦每有紅綠舍兒其下有厚層合子石於其灰石層中得魚殭石如圖

子爲魚殭石其頭上之鱗已脫落於他處如甲

乙丙爲身尾之鱗

全身長六寸四分寸之三

又遇紅灰石中有殭石如圖

一爲其腦後之殼有紋如鱗 二爲其足翅之末有鱗如爪 三爲其螯之根 四爲其螯之末 一二之大同原形 三四得二分之一

此殭石之全身長五尺至六尺亦有長七尺者此類今生於中國及日本海中者爲最大兩螯其長四尺體積二十五方尺胸寬一尺半身長三尺西人謂之蝦王然比之殭石猶小一半

甲爲眼 乙爲脣下之甲 丙爲螯 丁戊己爲撩取食物之足 庚爲游水之足 辛爲胸甲 一至十二爲其胸腹之節 十三爲尾

於塡路灰石屋背泥石中得一種定在之殭石其形如果尚未攷知爲何物如圖

攷今水中蛤蚌之子亦有此形如圖

又有水陸俱能生之物如蛙黿蝦蟆之類其卵形亦畧與此殭石同如圖

甲爲今蝦蟆之子 乙爲剖之見其孔

江南製造局

因此所以有人疑果形之殭石，亦爲此種卵類，又有已攷定之卵殭石其迹印於石，如圖

甲爲數卵在一處，乙爲數卵離開之形此亦水陸俱生之物也，

老紅砂石在斯各得倫之北

斯各得倫之北，有合拉尼脫及尼斯等類深造之石，宛如嵌於紅砂石中者然，諒其未有深造之石時，俱是紅砂石及其後方有深造之石突起其間爲山

老紅砂中殭石之品

老紅砂中有最古有脊骨之殭石，因蛇類之殭石，至今尚未遇之於煤層之下，雖西羅里安中，亦有魚殭石，然甚少，不足以資攷究，故以此層之有脊骨之物爲最古，

老紅砂石中魚殭石，其皮鱗魚類雖間亦遇之，然未得其全身，惟遇其翅及牙，其硬明鱗之魚除西弗來斯別斯之外，又有一種魚殭石，名哇斯的何里必斯，其形與今亞非里加之生者畧同，如圖

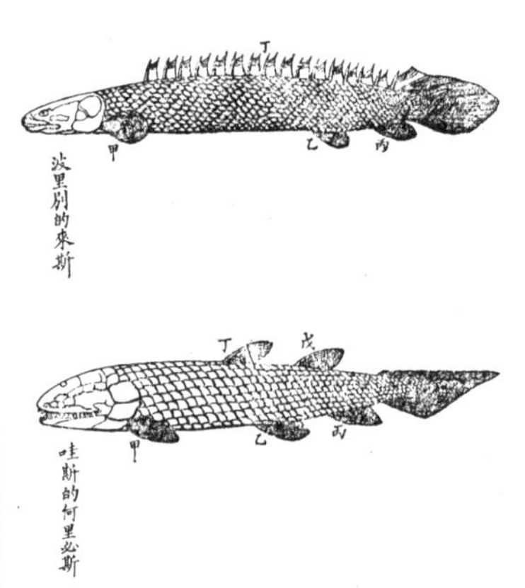

上圖爲今亞非利加之魚，下圖爲紅砂石中魚殭石，甲爲前翅，乙爲腹翅，丙爲尾翅，丁戊爲背鬐，

觀前圖魚殭石，不特其翅之形與生者同，其翅之所生之處及鱗之斜方形式皆同，惟其尾則有偏正之異，其背鬐亦不同，大約今之魚類除亞非利加此種魚，其背鬐如鋸齒外，其他尋常之魚皆只有一背鬐無兩鬐者，

又斯各得倫紅砂石中，有硬鱗魚殭石長二十尺至三十尺，此種魚殭石東至俄羅斯，西至美里哥，皆有之，其身有粒鱗如星，而其骨爲輭骨，此魚名曰哀斯得的何里必斯，與哇斯的何里必斯異，

老紅砂石中魚殭石，除數種皮鱗之外，皆爲硬鱗之魚，大約第一第二迹層中之魚，硬鱗者多，其尾亦偏者多，而第三迹層中之魚則正尾者多，今之魚類亦正尾者多，已攷知者約有九千種，英吉利博物院中已有六千種，其偏尾

科技譯著集成

之魚只有二十七種耳。斯各得倫紅砂石中又有魚殭石，如圖。

台里蔔的斯

提符尼安在英南

英吉利之南地名迭墳，其處有老紅砂層，其中殭石甚多。因其石層之色或綠或白或為舍兒，故老紅砂之名不便於用，而必另取一名，名之曰提符尼安。蓋提符即迭墳之轉音，而尼安為語助辭也。此層中之殭石，上與碟層相連，下與西羅里安相連。

於迭墳之南見提符尼安之石，為綠泥石、科子泥石與砂石相疊，有處有灰石泥石，有處遇藍色之結成灰石，有處為合子石，漸變至紅砂石，其層累之形甚雜亂，因有科子石及他種鎔結石從下突起，石層為其熱氣所變故也。

提符尼安在迭墳之北者，則無此種變形，故其層及其上之碟層皆甚分明。此處之提符尼安可分為上中下三層。

其上層又分為二　一為灰褐色泥石，其殭石有定在此層者，有與碟層相同者。　二為褐黃色砂石，其中有海中螺蛤、陸地草木，如斯的克牟利耶之類。

其中層亦分為二　一為灰色硬砂石及枚格塡路石，中無殭石，其下為綠色嫩泥石。　二為灰泥石，內有八九層灰石，中滿珊瑚殭石。

其下層亦分為二　一為紅綠紫色硬砂石，有時遇斯背立弗爾殭石。　二為綠色軟泥石及數種砂石，亦有斯背立弗爾及珊瑚殭石。

因觀此處提符尼安之殭石，而於法蘭西、俄羅斯、日耳曼、美里哥等處之提符尼安皆可以殭石識別之。

上提符尼安殭石

上提符尼安之殭石，大約百分中有二十分與碟層之底相同。此層中之定在殭石，如圖。

斯背立弗爾
迭斯窩得斯

又有一種蟲殭石，幾普天下之上提符尼安層中皆有之，如圖。

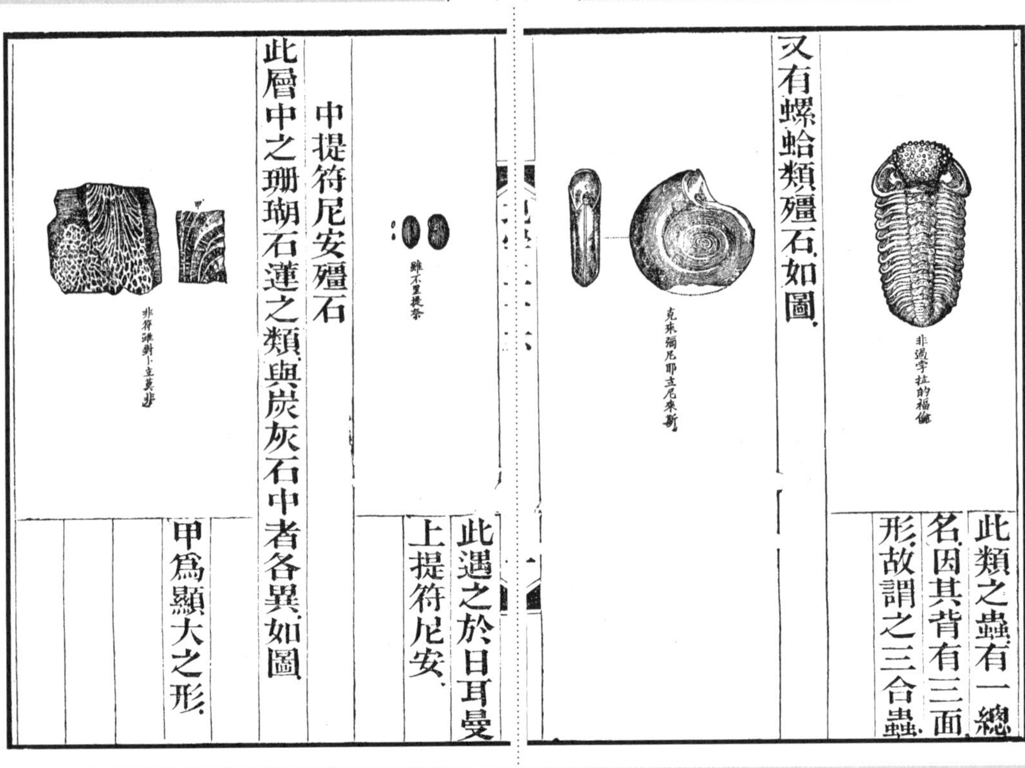

又有螺蛤類殭石如圖

非識孛拉的福倫

克來獨尼耶立尼來斯

此類之蟲有一總名因其背有三面形故謂之三合蟲

此遇之於日耳曼上提符尼安

中提符尼安殭石

雖不里提奈

此層中之珊瑚石蓮之類與炭灰石中者各異如圖

非符泒對卜立莫非

甲爲顯大之形

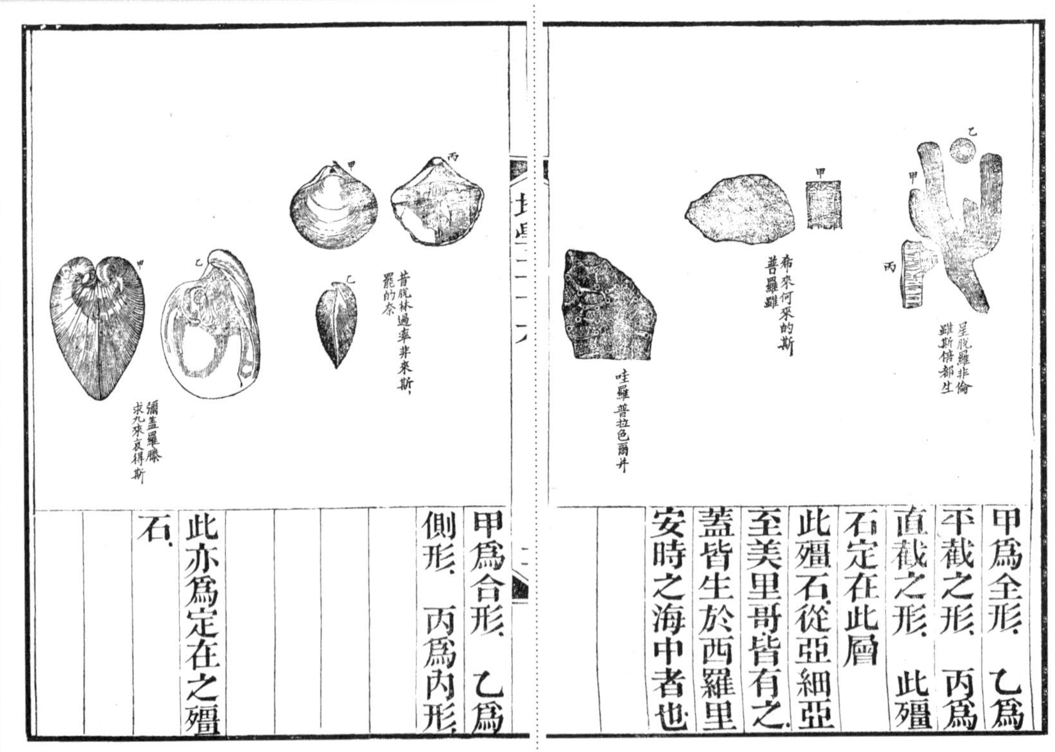

星脫羅非倫雖斯倍都生

希來何采的斯普羅雖

哇羅普拉色爾幷

甲爲全形乙爲平截之形丙爲直截之形此殭石定在此層

此殭石從亞細亞至美里哥皆有之蓋皆生於西羅里安時之海中者也

昔脫林過率非來斯罷的奈

甲爲合形乙爲側形丙爲內形

彌盖羅滕求九來哀得斯

此亦爲定在之殭石

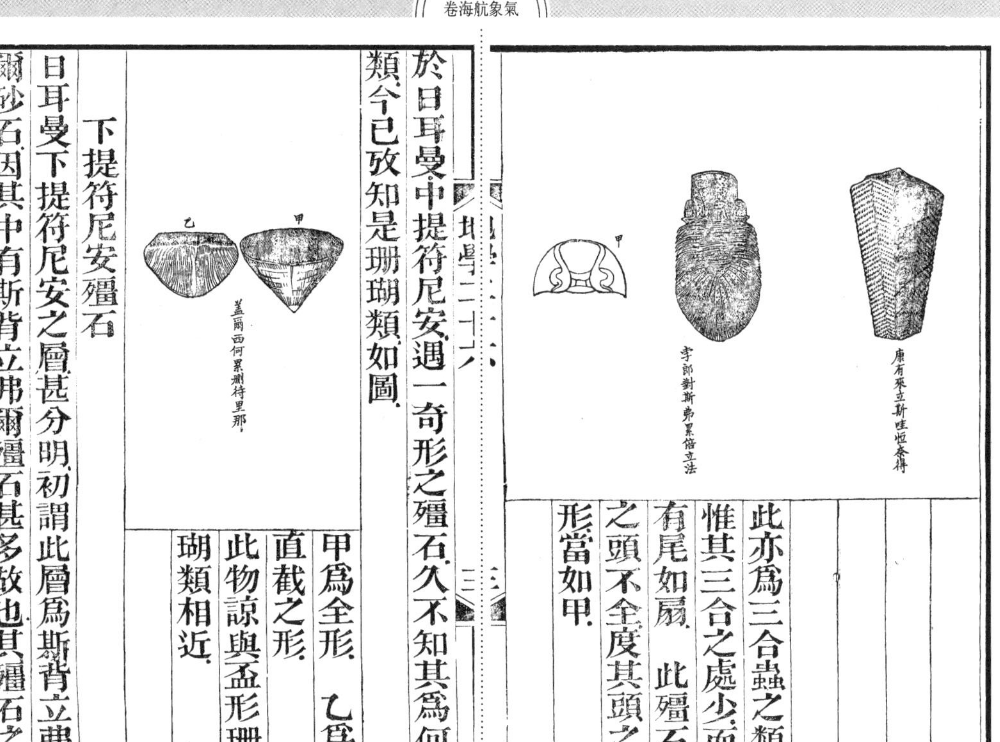

此亦爲三合蟲之類。惟其三合之處少，而有尾如扇。此殭石之頭不全，度其頭之形當如甲。

於日耳曼中提符尼安遇一奇形之殭石，久不知其爲何類，今已攷知是珊瑚類，如圖。

甲爲全形，乙爲直截之形。此物諒與盃形珊瑚類相近。

下提符尼安殭石

日耳曼下提符尼安之層甚分明，初謂此層爲斯背立弗爾砂石，因其中有斯背立弗爾殭石甚多故也。其殭石之

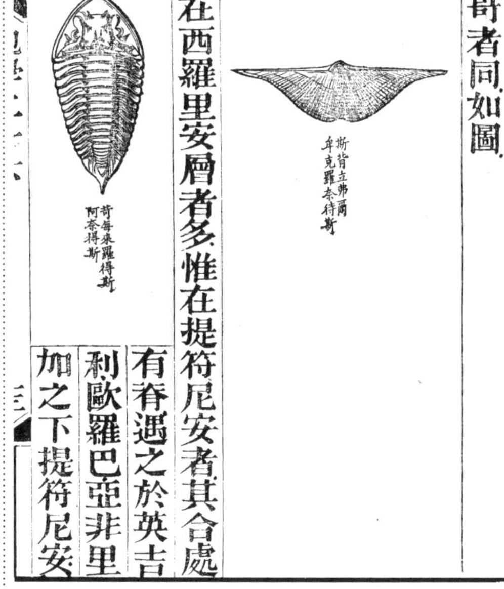

形與美里哥者同，如圖。

三合蟲之在西羅里安層者多，惟在提符尼安者其合處有脊，遇之於英吉利、歐羅巴、亞非里加之下提符尼安

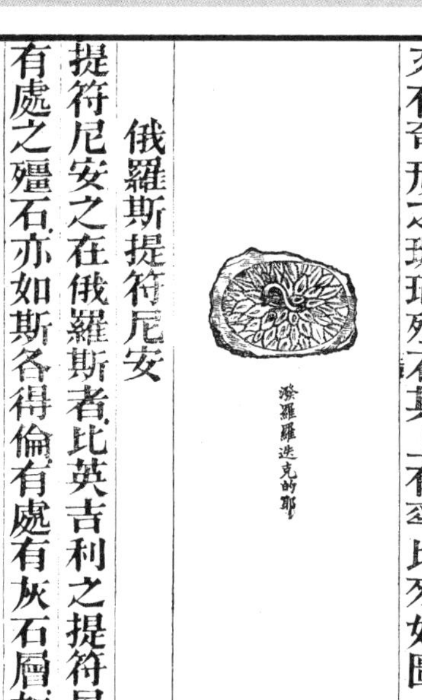

又有奇形之珊瑚殭石，其上有率比來，如圖。

俄羅斯提符尼安

提符尼安之在俄羅斯者，比英吉利之提符尼安層寬廣，有處之殭石亦如斯，各得倫有處有灰石層如英吉利之南。

美里哥提符尼安

西羅里安之上炭灰石之下普天下之石層從未有如美里哥之分明者如美里哥牛約克地方之提符尼安其層俱互相平行無彎曲斷折故易攷究其層可分為十二惟其下與西羅里安交界處則不甚分明難於辨別

牛約克之提符尼安中有一珊瑚古礁甚大其現露之處如阿海窩江自高流下處水之所激洗蝕其泥砂見珊瑚林立如植其徑有五尺大者亦有石蓮及斯背立弗爾殭石形亦與歐羅巴者同惟其同者不多所以難謂其卽與歐羅巴之提符尼安為一層

美里哥北有砂石合子石舍兒觀其中之殭石可定其為提符尼安其合子石之層厚五百六十尺其石子之質為白科子黑灰石及數色之嚼斯不爾又有巴弗里及結成灰石其膠固之者為砂石宛如砂石輭時石子入焉其砂石每有水浪紋此提符尼安之上有一層𥑮炭厚三寸其𥑮之底亦有泥其泥中有草木之根而其枝梗及葉遇之於𥑮之上層舍兒中

亞非利加提符尼安

亞非利加好望角等處亦有提符尼安層其殭石與北方者相似亦有石蓮三合蟲等物殭石

提符尼安草木

於日耳曼之提符尼安中攷草木形迹畧與可兒美什同在美里哥者亦然大約其草木亦為子殼外無肉之雙仁類及暗子類多

有一種植物獨在提符尼安而未遇之於𥑮層者如後圖

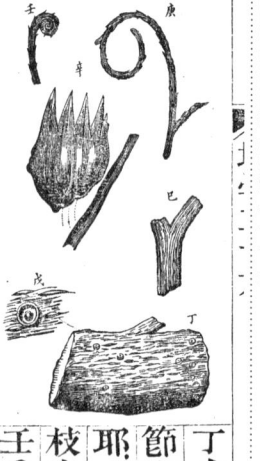

甲為樹之全形　乙為橫根　丙為細根

丁戊為橫根顯大見節斑如斯的葛牟里耶　已為幹　庚為枝之末　辛為子　壬為葉

提符尼安中未遇陸地之蟲及土中之螺後來攷究之處多或能得之

陽湖趙宏繪圖

長洲沙英校様

地學淺釋卷二十七目錄

地學淺釋卷二十七

英國雷俠兒撰
美國瑪高温口譯
金匱華蘅芳筆述

此卷論西羅里安堪孛里安落冷須安

西羅里安之初名

提符尼安再下，遇最古殭石之石層，初時地學家名此層爲變層，日耳曼名之曰合羅滑克，日耳曼之合羅滑克爲砂石之類，其石質爲小塊碎科子及硬如火石之泥石子，有泥膠固之，惟此種石形不能定爲西羅里安，因亦遇之於老紅砂層，及可兒美什磨石中，又阿兒不斯山之克里兒書及瘞育新亦有之，故其金石之質不足爲古今之據也

西羅里安分層

西羅里安分上中下三層，上層又分爲二，一曰勒羅，二曰渾落克，中層曰闌度比，下層亦分爲二，一曰開大克，二曰闌提羅，再細分之，每層中又分各小層，列之如左。

上西羅里安

一爲勒羅層，上勒羅之石，上爲細粒黃色之硬砂石，其粒微帶紅色，其下有魚骨殭石，此層共厚八十

尺下爲灰色砂石及泥石厚七百尺以上爲上勒羅 其下勒羅之石一爲泥灰石厚五十尺二爲舍兒有灰膠結之有厚至千尺者

勒羅層中之殭石有海中螺蛤珊瑚石蓮節蟲平鱗硬鱗之魚又有合拉必都來脫及殼蟲海草

二爲渾落克層 上渾落克之石爲結實之灰石其下爲泥舍兒此舍兒劈之易開可作塡路之用其下爲泥灰石舍兒有時有非而斯罷砂石及磨石代之

渾落克之諸層厚三千餘尺其殭石有海中螺蛤星紋珊瑚三合之蟲及合拉必都來脫

中西羅里安

闌度比層 上爲淡紫色之舍兒厚一千尺又有合子灰石暗色舍兒及灰砂石其下有紅色之粗砂石厚八百尺 下爲硬砂石及泥石屢有合子石在焉厚六百尺至一千尺

闌度比諸層中之殭石有珊瑚石蓮最多又有伻對彌勒斯殭石亦多

下西羅里安

一爲開大克層 上爲蛤蚌砂石合子石舍兒 下爲砂灰石及泥石砂石又有脫拉潑共厚一萬二千尺

其殭石蛤類多亦有螺類及三合蟲又有合拉必都來脫

二爲闌提羅層 其上層爲暗色之泥石灰石之路石及砂石 下層爲科子砂石及泥石 此二層中有同時之火山石諸層共厚一千尺至一千五百尺

上闌提羅之殭石以頭行者大而多又合拉必都來脫亦多其三合蟲最大下闌提羅之殭石與上層者類同而種異有數種三合蟲及合拉必都來脫其同時之火山石疊層共厚三千三百尺其石質爲非而斯罷巴弗里其中之殭石與闌提羅中者同

西羅里安命名之意因此層之在英吉利西者其處之古地名曰西羅里安

上西羅里安勒羅

勒羅之層因其殭石而分爲上下二層上勒羅之一其砂石可作房屋之用因其中有魚殭石層凡古殭石之魚於此層遇之多故爲緊要之層常有一二層褐色石中滿碎塊魚骨此魚殭石層寬二百二十五里厚從一寸至一尺不等有處比其層之上遇細粒圓形之殭石今知爲暗子類草木之子其魚平鱗者多又有魚骨魚齒殭石均有磨圓之形

上勒羅之二其石爲灰石及枚格其枚格屢有爛如輭泥者其中之殭石同前又有林求來及定在之殭石哇昔斯

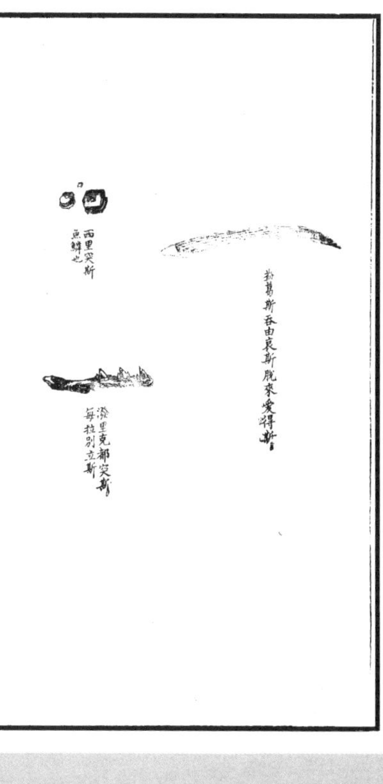

其泥中有哀雖里斯

哇昔斯哀里盖求來

哀雖里斯奈刷求來

上勒羅之砂石有處有波浪紋此爲漸漸沉積之據又有一種石俗名亦謂之泥石即細細之泥舍兒其頁厚於舍兒於此泥舍兒中遇有石蓮如植此舍兒遇天空氣易變泥故亦以泥石名之

下勒羅之一其石爲半結實之泥灰石其中之殭石如圖

甲

乙

伻對彌勒斯奈搭

甲爲合形　乙爲剖視其內之形因其中分五格故名之曰伻對彌勒斯伻對者五也

此種蛤類中分爲五格今無生者其殭石俄羅斯白灰石中亦有之又有殭石其所在之地甚大從中西羅里安至上西羅里安皆有之

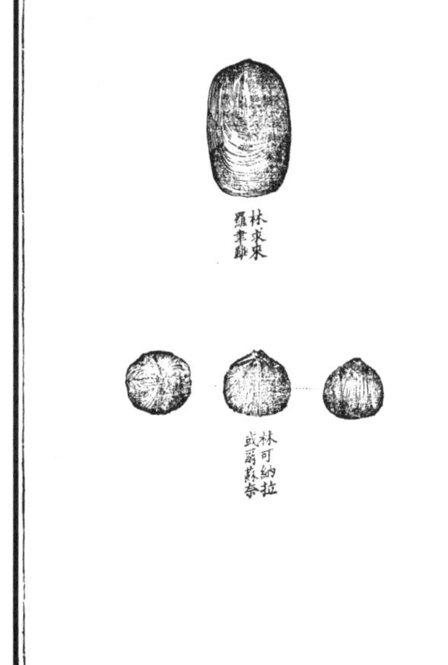

江南製造局

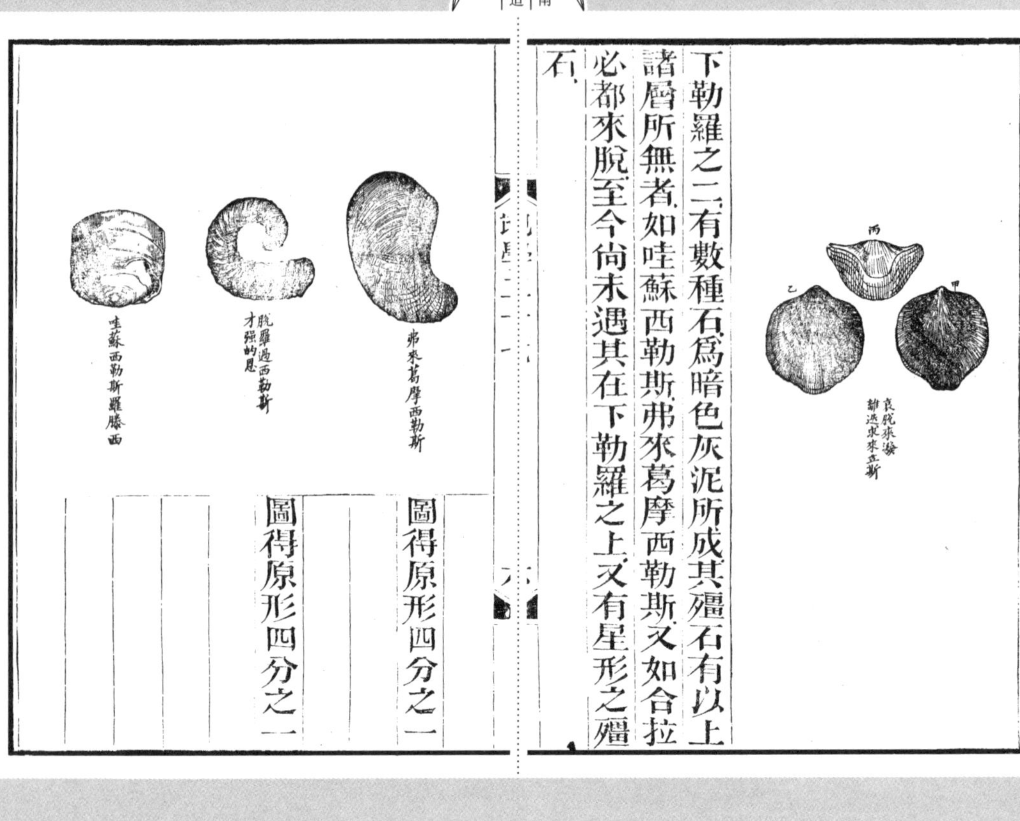
下勒羅之二有數種石爲暗色灰泥所成其殭石有以上諸層所無者如哇蘇西勒斯弗來葛摩西勒斯又如合拉必都來脫至今尚未遇其在下勒羅之上又有星形之殭石

圖得原形四分之一

圖得原形四分之一

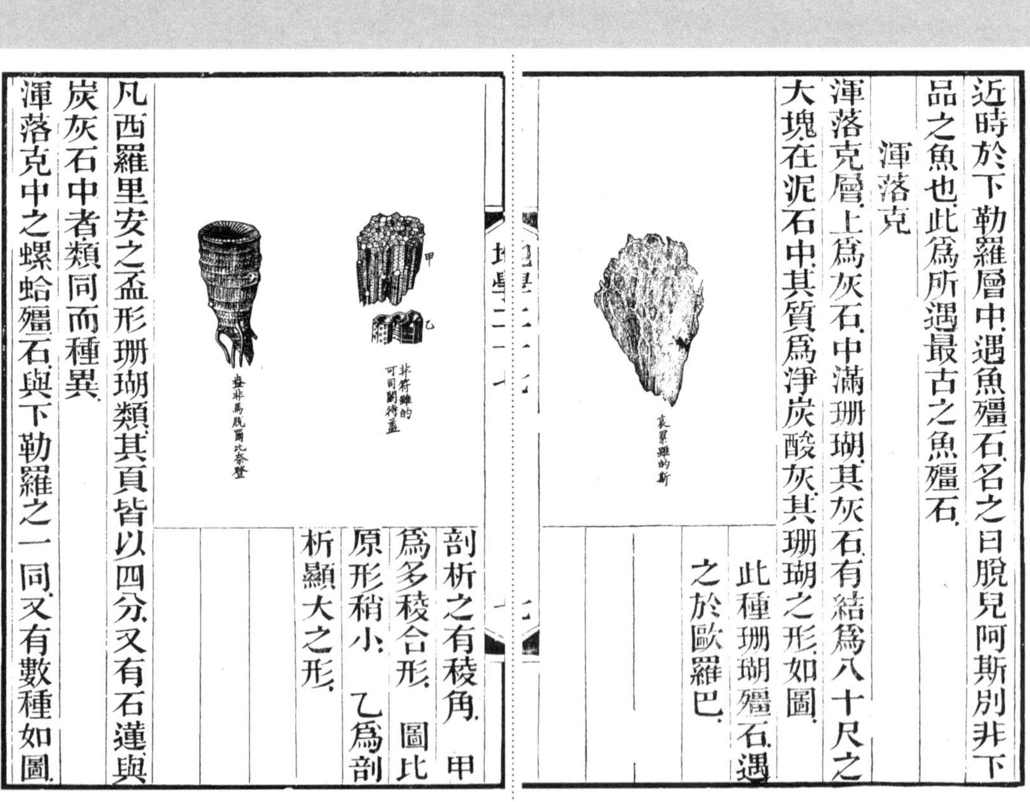
近時於下勒羅層中遇魚殭石名之曰脫兒阿斯別非下品之魚也此爲所遇最古之魚殭石

渾落克

渾落克層上爲灰石中滿珊瑚其灰石有結爲八十尺之大塊在泥石中其質爲淨炭酸灰其珊瑚之形如圖

此種珊瑚殭石遇之於歐羅巴

剖析之有稜角甲爲多稜合形圖比原形稍小乙爲剖析顯大之形

凡西羅里安之盃形珊瑚類其頁皆以四分又有石蓮與炭灰石中者類同而種異

渾落克中之螺蛤殭石與下勒羅之一同又有數種如圖

科技譯著集成

其下品生物之殭石，幾全是三合蟲，有時遇其卷曲之形，如今時木中之蟲。

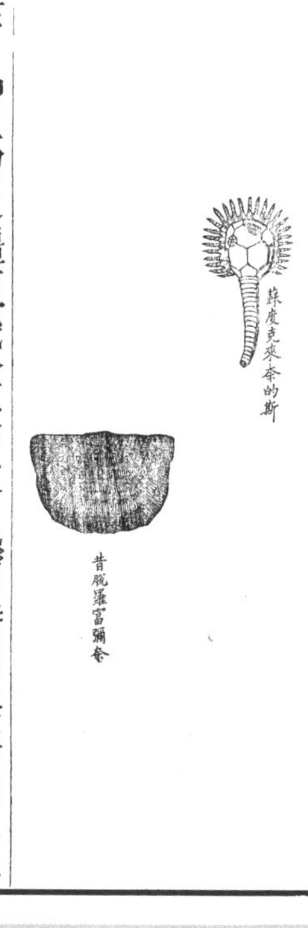

合拉必都來脫

奇每來羅得斯

斯非立葛斯阿葛斯

非各不斯可特得斯

此爲三合蟲卷曲之殭石。

此種三合蟲爲此層定在之殭石。

下渾落克之一，其殭石有數種，名合拉必都來脫，言其形如羽毛之筆也，此殭石惟在西羅里安。

下渾落克之二，爲塊形之灰石，亦有粗砂石，爲山，其山不生草木。

中西羅里安

中西羅里安上闌度比之石，爲紫色之泥石，可作寫字之板，其中殭石少，即有亦與渾落克同，再上遇一種砂石層，亦名伴對彌勒斯層，因其中有伴對彌勒斯之殭石多也。此殭石所在之地甚大，美里哥、俄羅斯等處皆有之，其形如後圖。

伴對彌勒斯里迭斯

甲乙爲外形，丙爲有丐而刻斯罷代其內形，丁亦爲內形，其縫因殼開。

上闌度比之石，有時有合子石，最多者灰石，舍兒其殭石亦多，有節蟲爲率比來之類，如圖。

呑台克來迭斯

下闢度比之石爲硬泥石及砂石其中殭石少

下西羅里安

下西羅里安開大克層之石一爲蛤蚌砂石亦屢有灰石其中殭石如圖

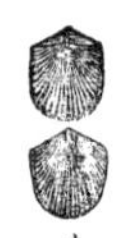
哇昔斯脫來西奈里耶

哇昔斯勿司不爾的里耶

昔脫羅夫彌奈

曾有人作一書專解三合蟲之殭石以爲此蟲能在水面游行其形從少至老大小有二十餘等如圖

上爲殭石之大小下爲顯大之形甲最小末有橫紋乙稍大丙又大於乙

開大克之二其石爲灰石中有星形之物如圖

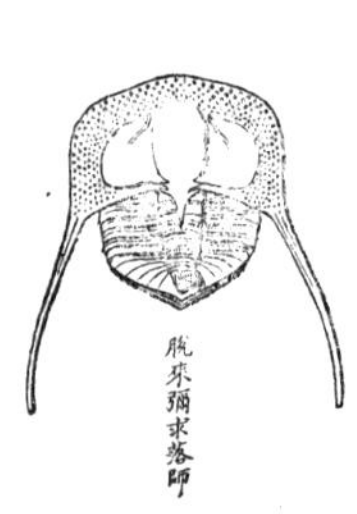
脫來彌求落師

厄幾耶斯斯非倫奈的

歐羅巴美里哥皆有之

此英吉利瑞典俄羅斯開大克層之定在殭石甲爲口乙爲末

闢提羅之一其石爲枚格塡路石及灰褐色之厚舍兒叉有黑色炭泥石屢有硫酸哀盧彌那亦有硬礫一層有人謂此種硬礫爲動物之質所成因其泥石中有合拉必都來脫殭石多故疑硬礫即此所變也

迭提符合拉必雖斯

迭不羅合拉必雖斯末爾究蘇奈

拉斯脫來的斯

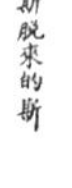

迭不羅合拉必雖斯大里恒

闌提羅之在歐羅巴者其定在之殭石如圖

哇蘇西立斯求別來克斯

良雞發斯低來格斯

三合蟲在西羅里安時海中其種類之多亦如今海中之蝦蟹

阿奇其耶獨的耶

上闌提羅褐色泥石之下仍遇合拉必都來脫及三合蟲等類殭石在厚舍兒中其舍兒中有火山石脫拉潑層究如火山從海中出而所吐之石汁流而平鋪於海底所成其脫拉潑之質或爲非而斯罷或爲巴弗里

下闌提羅之石爲舍兒砂石及科子石有人謂此層應歸堪孛里安亦未爲定論也此層中有定在之殭石其形如圖

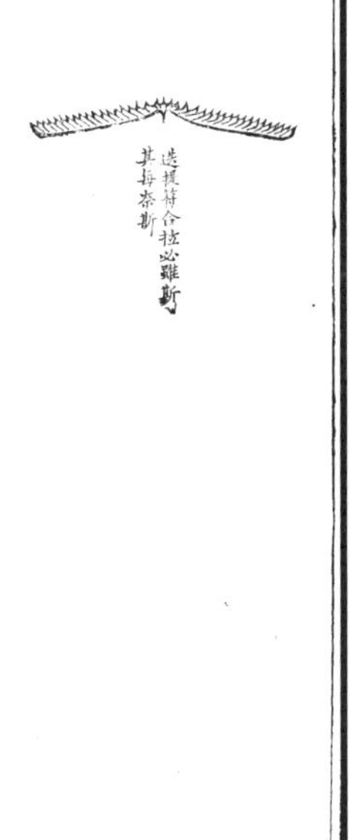
迭提特合拉必雞斯 其毎奈斯

在今海中火山羣島能見水火二力能同時於一處造成新層其火山之流石數次流出凝於海底而其噴吐之灰燼或落於地或落於海其鬆砂硬灰在水中磨汰沉積不久能成一厚層此層雖厚而其上下所埋沒之生物種類不變因其時不甚久故也然雖如此其所成之層厚必有限因攷英西之第三迹層二萬五千尺至四萬尺厚不能得生物不變之據故也因英吉利西羅里安之底爲火山石故附及之

歐羅巴西羅里安

在歐羅巴見西羅里安之層甚寬濶但未有極厚之層其在拿威瑞典者不過厚一千尺在俄羅斯者更薄於俄羅斯之西羅里安層遇定在之殭石如圖

甲 乙

雞夫奴殘得

又俄羅斯有綠砂層亦為西羅里安。

美里哥西羅里安

觀阿里恰逆山圖其西羅里安層彎曲不平而其在西邊者漸平。

在牛約克遇西羅里安平層便於攷究其上西羅里安可分為七下西羅里安可分為八其中殭石之種類與歐羅巴者大同小異。

甲 乙 阿蒲拉斯哀書里納斯

西羅里安之殭石以北美里哥者與歐羅巴者比較每百種中有三十至四十種相同。

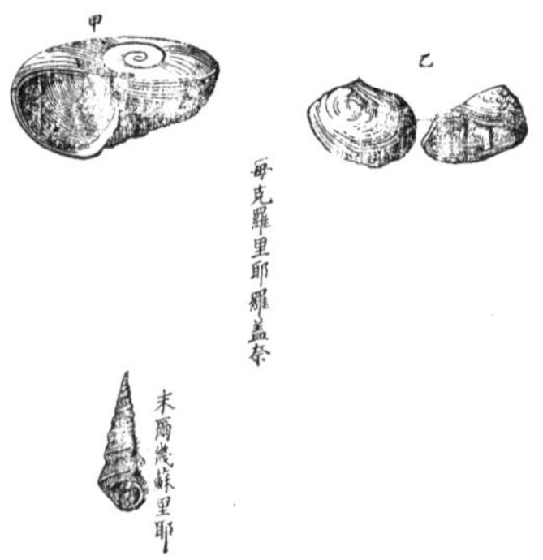

甲 乙 每克羅里耶羅盃奈

末爾幾蘇里耶

美里哥之南及新荷蘭天竺國皆有西羅里安層觀其殭石之類能知其為同時所成惟細別之則其種各異所以昔人謂有一種生物在古海中各處皆有此說非是。

或問西羅里安為深水中所成乎此言是也蓋其造化於海底必比四百二十尺深一因其蛤類之形小二因海螄之類少三因其能浮游之物多四因深海之生物多五因魚殭石少因此五據故知為深水中所成。

堪孛里安

西羅里安之下為堪孛里安此層亦分為上下二層。

上堪孛里安之石上為泥石其中有定在之殭石其泥石

之下為枚格昔斯脫可作填路之用其中有殭石如圖

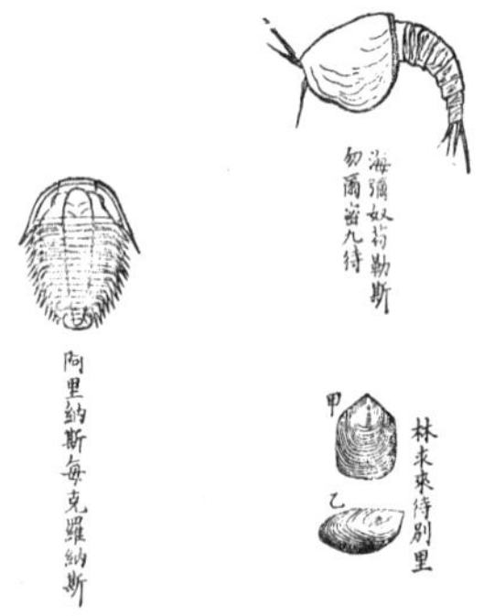

海須奴苟勒斯 勿爾留九待

阿里納斯每克羅納斯

甲 乙 林來來待別里

圖俱得原形二分之一

下堪孛里安之石爲砂石有處厚六千尺其中有節蟲之殭石其砂石每有波浪紋又有雨點之迹甚分明其下有泥石及砂爲疊層厚約三千尺其中有歐羅巴最古之殭石

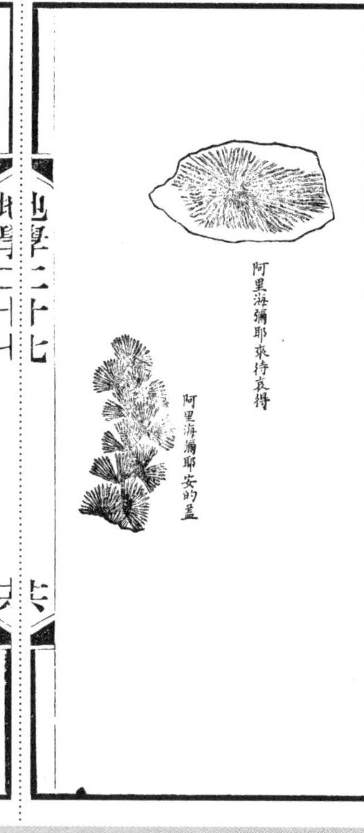
阿里海彌耶來待哀得
阿里海彌耶安的蓋

在日耳曼之堪孛里安遇三合蟲殭石如圖

胚里獨克雖的蒲希美克斯
康奴可力非昔脫來哀得
哀得奴對斯音的其耶
哀得奴對斯勒克斯

圖得原形二分之一

瑞典拿威之堪孛里安其石爲砦泥石其中亦有三合蟲殭石

美里哥剎子旦地方之砂石亦爲堪孛里安其砂石之質爲白科子細粒合成其石因有波浪紋故可劈之成片如枚格有處厚六百尺其中遇殭石如圖

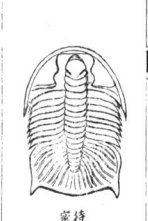

此爲三合蟲自小至大之形 甲最小身無節紋 乙丙漸有節 丁有眼 戊爲二分之一大 工爲蟲之長

侍開羅色非拉斯
密尼蘇登昔斯

又其砂石中有海萊殭石滿小孔諒因有節蟲蝕之故成細孔 於此浪紋砂石中遇足迹印阿恆攷之云是海蝦之迹此砂石之下爲科子合子石

美里哥休倫地方有下堪孛里安層厚一萬八千尺其石質大約爲科子絲泥石其中每有落冷須安之石子

又休倫有一帶灰石層至今未見有殭石故不知此灰石是下堪孛里安抑比下堪孛里安老惟其層與下之落冷

須安層不平行故附之於下堪孛里安

落冷須安

美里哥落冷斯江之北有大層之結成石其石爲尼斯枚格昔斯脫科子灰石厚三萬餘尺其層之寬廣約有二十萬方里此石不但比有殭石之堪孛里安古亦比休倫之層古其層之上下亦不自平行故有上落冷須安層下落冷須安層

上落冷須安厚一萬餘尺其石爲叠層之結成石至今未遇其殭石其石以非而斯罷爲多其非而斯罷之質各異從愛奴雖脫至伊里阿來脫皆有之其中之卜對斯素特從不滿一分至多至七分其素特每比卜對斯多此種非而斯罷之石有處爲極大之山而無他種金石惟有處亦有倍落客西能變至海不思低能又有處有合拉尼脫之山

有人言斯各得倫北邊之島其金石之質亦與上落冷須安同

下落冷須安厚三萬尺與上層之非而斯罷不平行其石大約尼斯居多其色微紅又有哇蘇克里斯非而斯罷有處亦遇淨科子厚四百尺至八百尺其叠層爲霍恆白倫及枚格昔斯脫又有結成之灰石

於一處灰石中遇一殭石用顯微鏡視之畧如牛牢來脫其紋縷又如珊瑚名之曰伊阿助呸開捺滕斯猶言第一生物也計此層之距上堪孛里安如上堪孛里安之距牛牢來脫灰石其期之久遠如此

下落冷須安之石有變動破碎之處其時上落冷須安尚未沈積

斯各得倫之古尼斯有人謂其與美北之落冷須安同

論上西羅里安之下未遇有脊骨之物

上西羅里安之魚骨層惟在下勒羅之下遇之此爲所遇有脊骨殭石之最古者也自此以下至今尚未攷得有脊骨之殭石然學者勿因此遂謂自此以前其生物皆無脊骨因所遇之無脊骨之物亦不多尚未遇陸地之蟲土中之螺陸地之草木在西羅里安之下或者因今之所攷處離其陸地遠故不遇也

下西羅里安中只於一層遇魚殭石其魚骨魚牙之殭石皆有磨圓之形此是水中流來之據也又遇有陸地之草想亦是水中流來今知凡江流入海之處其魚骨及草多今之捕取螺蛤者於海中離岸一百二十里處見其海底所沈之魚骨甚少惟得星形之物及螺蛤節蟲甚多夫海之多魚猶山之多獸而探於海不得魚骨猶觀於山不見

獸骨也因不見其骨而遂謂海無魚山無獸可乎哉

又於海濱水淺魚多之處亦不見有魚骨雖掘其泥砂見泥中亦有生魚而無死魚惟北海中有數處魚骨甚多其處寬廣約九里水深四十五拓至二百三十拓此處魚骨之多可比古之勒羅魚骨層蓋今時海中魚骨亦有處甚多有處甚少每有極大之處其泥中竟無魚骨者想西羅里安時之海亦然

海中魚最多之處魚骨每少其故易知因海中有流水能流其骨至他處故也如今之陸地生物其骨或爲他物食去或腐爛而化去或漂流至水中故其物多之處其骨亦少如後數千萬年有人查今之新層則其骨殭石必不在其生長之處而在水流所抵止之處

地學家記某年遇某脊骨之屬於某層列爲表觀之知殭石之事愈攷愈深亦愈求愈得古物

乳哺類 一千七百九十八年遇之於上瘞育新
一千八百一十八年遇之於下烏來脫
一千八百四十七年遇之於脫來約斯
禽鳥類 一千七百八十二年遇之於上瘞育新
一千八百三十九年遇之於下瘞育新
一千八百五十四年遇之於下瘞育新
一千八百五十八年遇之於上綠砂
一千八百六十三年遇之於上烏來脫
蛙蛇類 一千七百十年遇之於潑而彌安
一千八百四十四年遇之於碟層
魚類 一千七百〇九年遇之於潑而彌安
一千七百九十三年遇之於炭灰石
一千八百二十八年遇之於提符尼安
一千八百四十年遇之於上勒羅
一千八百五十九年遇之於下勒羅

昔曾有人著書言蛇蛙之類其生於世未有比潑而彌安早者後十九年於炭灰石中得之始知前說之非

從一千八百十八年以前人皆謂上瘞育新時地上始有熱血類之走獸後於烏來脫中遇其骨人皆不信遂疑其石非古又疑其殭石非乳哺生物之骨不决者久之後攷究者日多始信之

如普天下之地皆如英法二國之攷究地學其所得之殭石當必比今更深更古或者下西羅里安中能得魚提符尼安中能得蛇中烏來脫中能得禽下脫來約斯中能得獸下堪孛里安中能得三合蟲及螺而珊瑚石蓮之類能見其在下落冷須安

江南製造局

然雖如此設想卽使所見果如此其比例仍同如乳哺類仍後於禽鳥而禽鳥仍後於蛙蛇而蛙蛇仍後於魚

今知人之生也甚後故於稍古之新層已不能得人骨而見人所造之物卽知其時已有人又有處瘞育新之大層中螺蛤殭石甚多而無一乳哺類之獸骨又普天下攷灰石層之殭石惟於烏來脫中得二鳥骨豈其品愈上者其生愈晚耶抑其品愈上者其物愈難得耶

魚殭石之在各層中遇之比他種有脊骨之物多亦比他種脊骨之殭石深故可藉以攷海水層

今淡水之處極不易見鳥骨所以古層中鳥骨亦最少

陽湖趙宏繪圖
長洲沙英校樣

地學淺釋卷二十八目錄

科技譯著集成

地學淺釋卷二十八

英國雷侠兒撰
美國瑪高温口譯
金匱華蘅芳筆述

此卷論火山石

脫拉潑

水層石之有殭石者前已言之今解火山石脫拉潑之名地學家初於歐羅巴之西北攷究石質尚未明火山石之故因遇數種無壘層之石其金石之質有一定故以脫拉潑爲倍素爾緑石巴弗里合子石之總名

脫拉潑者言其石形有階級如梯也因遇其石塊累如臺堦故此名便於用

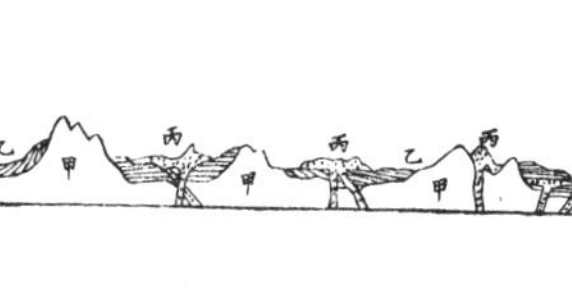

如圖甲爲結成石之山乙爲有殭石之水層石丙爲火山石脫拉潑

火山石走出於他石之破碎處能上於甲乙亦能與乙之水層石成間壘或能走入結成石而出於其巔

脫拉潑之形有二一火山中流出鎔化之石汁至平地而凝則成臺形無論在海底在陸地皆然二因其石之臺級

形屢有嶄巖之狀其中間每有一層或多層火山灰其灰因雨水洗蝕每成坡形

如圖甲乙丙爲脫拉潑其形俱嶄巖 其坡處爲火山灰之層

臺級形之石雖不獨脫拉潑爲然因大層灰石及他種堅硬之石亦有此形惟不甚多亦不如火山石之能成極大之山又火山石之質與其附近之石必各異故可識別

識別脫拉潑之形質

脫拉潑石其形質與他石各異學者易學其與水層石辨別之法

有時遇其爲大方塊之石無橫紋可分有時爲一帶連山其山頂皆尖有時壁立如墻垣透過殭石層有時如無數柱攢束之形其碎蝕之塊形如圓球從徑寸至徑數尺不等其球之皮面每有鐵鏽之色因其中之鐵遇養氣故也

凡脫拉潑之質爲鴉呆脫或霍恆白倫者此二種脫拉潑中鐵多故碎蝕之處恆有鐵鏽

脫拉潑中有非而斯罷多則其碎蝕之處有白粉形

故任何火山石如其石尚未泐蝕者恆能見其中有結成之金石有時遇脫拉潑中滿泡孔或有炭酸灰及水中能消化之金石結滿於空孔中

火山石泐爛而爲土能作極肥之田因其石中之夕里開爲砂哀盧彌那爲泥又有灰及卜對斯與鐵其配合之劑適能使草木茂盛也此種火山石所變之土因入酸不發泡作沸形人每疑其中之灰甚少然除合子石之外其中之炭酸灰雖少而其鴉呆脫及霍恆白倫中皆有灰特非炭酸灰故不甚發泡也

火山之形

陸地之火山未遇大水碎蝕者其山之頂皆有一窪形如盂法蘭西有處有羣山之峯數百雖自有文字以來不知其處有火山而觀其山上有流石之形從其峯頂之窪口下至低處宛如今之火山流石形此峯頂窪形之故觀今之火山可見之凡火山初出時其地迸裂有水氣從裂口出其氣之力能使石碎裂而爲砂又有鎔流之石汁亦從裂口噴出其石汁雖重而有氣之猛力推之故亦噴出宛如熱氣能使沸湯噴流也其流石噴至空中遇天空氣而凝則滿細孔作浮石或爲硬灰其細者如塵灰其石塊及灰落於地積起爲山成一山峯如火山出久而息息久而又出如是多次則其灰燼及流石相疊成層而其峯頂仍

有孔通於地中則其口爲窪形有時其流石不噴至空中而從峯頂之口流下則使灰中成渠形有時流石不從峯頂之口流出而自山旁另裂一口流出亦有離火山遠處亦忽有流石從石中溢出者

觀此諸說知今時火山之形與法蘭西之古火山形相同所以知其數百峯巒皆爲古時火山其羣山之形如圖

火山石之質及石名

欲解今之火山石與脫拉潑爲一類應先論其石之形及其在地球皮面之形最便者莫如先論其石之質及石名火山石之名如倍素爾 塔克愛脫 度里來脫 綠石 響石 等類是也其石之多名又有因其形色而異者如巴弗里 合子石 流石 浮石 硬灰

火山石之質大約爲二種金石合成一爲非而斯罷一爲霍恆白倫惟其非而斯罷每多於霍恆白倫即其石之形色甚肖霍恆白倫者其中亦有非而斯罷在焉

此二種金石在火山石中可分爲二類 如非而斯罷有爲哇蘇克里斯者即名卜對斯非而斯罷其中卜對斯多有爲鴨兒倍脫者即名素特非而斯罷其中素特多又有阿里哥刻來斯其素特比卜對斯多而其夕里開比鴨倍脫中少 又如辣白里駃來脫不特其形色不同其質亦異其夕里開少於鴨兒倍而有灰爲底 如愛奴雖脫其名因其結成之式爲斜方形其質與辣白里駃來脫畧同 又有玻璃非而斯罷與搏結之非而斯罷其屬非甚緊要因常非而斯罷又鴨兒倍脫每遇結成如玻璃形故有是名而搏結之非而斯罷其金石之質多少無一定有素特多者有卜對斯多者今化學中新有分開其質之

法知一切非而斯罷之屬皆有卜對斯及素特惟二物互有多少耳

如霍恆白倫大約不過二種一爲霍恆白倫一爲鴉呆脫昔時以爲其石有多種今有高明者辨之知其並無多種其結成形式之異不過如硫磺之有二形耳 倍落客西能爲鴉呆脫及待約來其與海不思低能之總名 而安非蒲兒爲霍恆白倫及阿克低摩兒愛脫之總名

辨別火山石之法

地學家初學識別時須先認得五種金石如 非而斯罷 科子 枚格 霍恆白倫 炭酸灰 此五種金石須

江南製造局

有人指示目辨而得不能從書卷中認識也以此五種石日以養大鏡視之練慣目力則見一細粒即可知之

第一事應知辨別科子與非而斯罷大約非而斯罷用刀能刻之科子則刀不能刻 此二物如爲結成則非而斯罷有頁片之形可認而科子之碎口如玻璃 如遇其粒形如砂石未曾結成大塊學者勿畏之可用吹火筩試之非而斯罷之粒經火之後其鋒稜能稍圓而科子則火不能動也 欲辨非而斯罷爲某種及欲辨霍恆白倫與鴉呆脫須量其結成之角度方能別之 非而斯罷之屬其外形內質與鴉呆脫及霍恆白倫大都各異所以火山石中如有霍恆白倫或鴉呆脫多者易於認之惟遇霍恆白倫與鴉呆脫及非而斯罷相雜者則其質互有多少其此多彼少有無數等級然其等級雖多而有數種石之形質與他種石絕然各異者所以地學家便於當作各異之石而各以一名名之如倍素爾 綠石 塔克愛脫等石是也

倍素爾脫

倍素爾脫即脫拉潑之一種或言倍素爾或言倍素脫或單言倍素皆可 倍素之名地學家常用之比言脫拉潑多其命名之意已忘其本原惟現今習用其名恆以之指脫拉潑之色黑或藍或鉛灰色碎之無雜色而性硬者則皆謂之倍素爾蓋火山石中鴉呆脫多者莫如倍素爾惟仔細論之其質爲非而斯罷與鴉呆脫及鐵和合極勻而成其中每有屋劣維恆之細塊其鐵常爲吸鐵石而鐵中每有替脫尼恩與之相連

如倍素爾中之非而斯罷爲辣白里馱來脫則又名度里來脫此種倍素爾今島得那火山有之

再細論之如倍素爾爲鴉呆脫與齊河來脫十分相連此因辣白里馱遇水所變蓋任何齊河來脫用吹火筩試之皆作泡形如沸此因其中有水故也今有化學分法知倍素爾中之鴉呆脫非緊要之物惟脫拉潑中之有鴉呆脫者則與塔克愛脫有別

塔克愛脫

塔克愛脫其名專指脫拉潑之粗粒而有細孔者言之其石之底子爲鴨兒倍脫而中有結成之玻璃非而斯罷及枚格有時亦有科子及霍恆白倫 惟中有科子者不應謂之塔克愛脫

塔克愛脫中之非而斯罷其質夕里開三哀盧彌那一

塔克愛脫巴弗里

科技譯著集成

其石之底子爲尋常之塔克愛脫而中有科子則名塔克愛脫巴弗里　此石中無替脫尼恩之鐵

安提斯愛脫

亦塔克愛脫之屬從美里哥南安提山得之故有是名其石中有非而斯罷之屬名安地西能

安提斯愛脫中亦有玻璃非而斯罷名哇蘇刻里斯又每有霍恆白倫

安提斯愛脫其石之底子爲暗色之石而中有安地西能哇蘇刻里斯霍恆白倫之結成撒開在其中

響石

火山造化之非而斯罷石有一種名響石其石劈之易成片可作屋背蔽之聲音響亮所以謂之響石

響石之質堅而結實藍灰色或褐色其合質無一定大抵皆爲非而斯罷者居多有時中有獺蘇得愛脫　如中有撒開之非而斯罷結成者則謂之響石巴弗里

綠石

火山造化之石在倍素爾及塔克愛脫之中間者以綠石爲最多石之任何粒形相合如霍恆白倫與非而斯罷或鴉呆脫與非而斯罷其總名曰綠石　如止有霍恆白倫及非而斯罷者則另有一名曰待阿來脫

綠石之以綠色爲名非因中有霍恆白倫亦非因鴉呆脫因其中有綠夕里開砂爲底子故名　綠石中之綠砂多少無一定惟待阿來脫之色則因中有霍恆白倫小塊撒開

論石中各質之多少及輕重

以上諸石如以倍素爾與塔克愛脫比則倍素中之夕里開比塔克愛脫中之夕里開少而灰及美合尼西多所以此二種石中除鐵不計外其倍素爾亦較重於塔克愛脫而倍素中之鐵又比塔克中多所以不用化學法分別亦可權其輕重而知之因倍素爾較重故也

如倍素爾之屬度里來脫其中有夕里開五十三其重二八六而尋常之塔克愛脫其中有夕里開六十而其重不過二六八　又如塔克愛脫巴弗里有夕里開六十九而其重不過二五八　惟某處有一種石名塔克度里來脫則其夕里開五十八而其重二七八此石雖比塔克愛脫重而比倍素爾尚輕

倍素爾脫之屬其石大約皆暗色或幾近於黑惟塔克愛脫其色爲灰色或近於白

以倍素爾及塔克愛脫與合拉尼脫比則倍素塔克中之素特多而合拉尼脫中之卜對斯非而斯罷多　又火山

石無論倍素爾及塔克愛脫其夕里開𥔲比合拉尼脫中者少 合拉尼脫中之夕里開爲科子其科子爲合拉尼脫中緊要之物視之甚分明 在尋常之火山石每無科子即有亦不多

凡火造化之石燒之比他石易鍊因其中之灰及素特卜對斯等物多能自作一弗拉克斯故易鎔也如夕里開之質若無灰及素特卜對斯等物和之則不能鍊

今可論他種火造化之石其形色易分别有不必論其中之原質者如巴弗里等類是也

巴弗里

火山造化之石如其中有一種或數種金石明明結成撒開在土形或結實之石中則此石名巴弗里

如圖爲白色結成之非而斯罷在暗色霍𥔲白倫非而斯罷中此種石形皆謂之巴弗里

又如塔克愛脫亦可爲巴弗里之屬因其中有結成之非而斯罷故也今之火山流石有此種之形甚多

惟有些巴弗里其中結成之物有爲鴉呆脫屋劣維𥔲或他種金石者 如巴弗里之底子爲綠石或倍素爾或别溪多能等石則謂之某巴弗里石

巴弗里石之出於哀及國者最美觀其底子爲紅非而斯罷而中有血紅色之非而斯罷結成撒開又有黑色之霍𥔲白倫結成亦撒開在其中又有粒形之養鐵細點此巴弗里中有夕里開六十二分 紅科子巴弗里其夕里開多至七十八十分

哀彌奪羅愛脫

哀彌奪羅愛脫譯言果仁石也其合質有多種凡任何火山之石中有空泡者其空泡中有他金石凝結而滿之形如杏仁故謂果仁石 如鴉呆脫 開而西馱能丐而刻斯罷 等類金石撒開在脫拉潑倍素爾或綠石中皆謂之哀彌奪羅愛脫

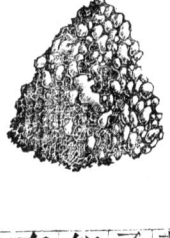

其造化之故不必疑之因於今之火山見流石中每有小泡中空其中空之故因中有氣而成或因有水而成又因石質未堅凝時有流動之勢故其空孔𥔲扁而微帶長形其孔之內面有玻璃之形其底子或如硬灰形

如圖爲法蘭西古火山之石其左下爲有空泡之形其右上有他金石滿之爲果仁形其仁滿

於石之空孔其色白其質爲炭酸灰

拉乏

拉乏者火山流石之總名也任何石汁從火山流出者皆謂之拉乏其凝結於天空氣中者外面形如硬灰其中則愈似石而硬因其在內者冷遲而又爲上之重力所壓擠所以比外面者更爲結實然雖如此而拉乏下面之底亦爲硬灰形因初流出時爲一薄層易冷故也

拉乏之最結實者每爲巴弗里其鬆如硬灰而有空孔者其中亦每有結成之金石此結成之金石蓋從老石而來因老石中之結成有不爲火熱所鎔者則與鎔流之石汁俱流出而結於其中也

凡從火山中流出之石汁無論在天空氣中或水中皆謂之拉乏如其石汁已鎔而未流出地面即凝不見天空氣者則不應謂之拉乏應謂之脫拉潑

拉乏之質有多種有些是塔克愛脫而最多者爲倍素爾亦有爲安提斯愛脫爲綠鴉呆脫爲黑鴉呆脫及辣白里駃來脫與非而斯罷

硬灰浮石

火山中所吐之灰燼有硬灰及浮石　硬灰之常色爲紅褐色或黑色其質爲倍素爾或鴉呆脫

浮石之形滿細孔而輕如海棉因有氣在塔克愛脫拉乏中故成此形其何以中有氣之故尚未知之惟知辣白里駃非而斯罷之拉乏不作浮石

拓發

任何火山中噴出之物其硬灰及浮石落於地面無論在水在陸其所積之層名曰拓發

拓發之在水底則與螺蛤等水中生物成疊層有時有灰質膠固之則成石若灰少或無灰亦自能摶結而爲石

拓發砂石與尋常砂石之別因其粒之稜角無磨圓之形仔細論之拓發之質爲非而斯罷之合質即浮石之類也其倍素爾之拓發又名不比里奴惟不比里奴之拓發常爲褐色而尋常之拓發其色或灰或白

有時遇最結硬之火山石層與水層石成疊層其石亦爲拓發者雖其石硬而重形如脫拉潑而實即拓發也如一千八百三十一年間有火山出於地中海邊有褐色之泥吐出數月方已其凝而爲石比合拉尼脫尚重有處之火山灰其重與尋常之脫拉潑同其質亦同

沛里果奈脫拓發

火山之拓發其金石之質隨其所出之處而異即一處之拓發亦因時而異

沛里果奈脫之拓發其質與尋常之拓發異大約爲水夕里開哀盧彌那亦有養鐵及灰與美合尼西其色褐或褐黑其重二四三大約任何火山石如哀彌奪羅愛脫中或拓發中皆有沛里果奈脫諒是拓發爲水氣所變也

哀葛郎牟來脫

無論何種石之石塊其稜角未磨圓者謂之哀葛郎牟來脫猶言稜角石子也

稜角石子在火山裂縫之旁屢遇之此因地中水氣遇熱驟漲而石層爲之碎裂故其碎塊之石飛落於遠近也此種稜角石子其質或爲尋常硬灰及拉乏惟有時亦有合

拉尼脫及有殭石之灰石在焉蓋熱水之氣所發之處其石無不碎裂也其撒開之方向及遠近或因風之大小縫之斜直而異或因天雨之水衝之而遠若爲流水或海流流其石塊使遠去則其稜角必有磨圓之形

磨圓之石子謂之康葛郎牟來脫

火山中吐出之石塊有時落於地面積至數十尺厚或厚百餘尺而絕無疊層之形者此爲一次吐落所積也

如拓發中有小塊稜角之石者可名火山勃里舍

拉乏之流成渠時其皮面冷而凝亦自能碎裂爲稜角石塊或能立起五六尺其形甚似哀葛郎牟來脫

拉底兒愛脫

其色土紅其質爲夕里開哀盧彌那養鐵有時爲土形在拉乏之中有時拉乏之流至拉底兒愛脫處而分開諒必拉底兒愛脫爲古土遇熱所變其紅色因養鐵

火山石名表

火中造化之石其名甚多今取尋常習見者列爲表以便學者

哀葛郎牟來脫　即大塊之勃里舍　其石塊從火山裂縫處噴出稜角鋒利絕無水中磨圓之形如有磨圓之形者則名康葛郎牟來脫

哀葛奈脫　即可尼

安非蒲兒來脫　即霍恆白倫之類

哀彌奪羅愛脫　火山石之孔泡中有他金石滿之形如果仁

鴉呆脫石　爲倍素爾之類其質爲非而斯龍與鴉呆脫相合

鴉呆脫巴弗里　爲辣白里駄非而斯罷與鴉呆脫結成在綠石中或在暗色之火山石中

倍素爾脫　爲非而斯龍與鴉呆脫及吸鐵屋劣維恆等物細細結合

倍雖奈脫。其石如倍素爾。而中有結成之鴉呆脫。

勃里舍。合子石之總名也。

泥石。爲土形結實之石。形如硬泥。其常色紫。變至霍恆斯駃能。

泥石巴弗里。泥石中有非而斯罷之結成或科子之結成。

結實非而斯罷。此與礬石相連。惟更結硬而半透明。以化學法分之質無一定。

可尼。亦名哀葛奈脫。言其靭如角也。其石任於何處碎之。絕無一點結成之形。其碎口平如結實之倍素爾。

脫其質爲霍恆白倫科子非而斯罷十分和合。

待約來其石。爲非而斯罷與待約來其相合。

待阿來脫。爲綠石之屬。其質爲非而斯罷霍恆白倫粒形相合。其色之暗。因霍恆白倫。

度里來脫。其質爲黑鴉呆脫與辣白里駃非而斯罷相合。或云中有吸鐵。

度每脫。塔克愛脫之類。土形

由富得愛脫。爲辣白里駃非而斯罷與待約來其之粒相合。或云鴉呆脫與霍恆白倫相合。

非而斯駃能。卽結實之非而斯罷。

綠石。爲非而斯罷與霍恆白倫相合。

灰色火山石。鉛灰色之綠石也。其質爲七十五分非而斯罷與鴉呆脫合。

灰拉乏。卽拉乏其質在倍素爾拉乏之塔克愛脫拉乏之間。

霍恆白倫石。卽安非蒲兒愛脫。中有霍恆白倫多。故名其石中之常非而斯罷多少無一定。變而至爲倍素爾或變至綠石可尼。

霍恆斯駃能巴弗里。爲非而斯罷之類。其底子爲霍恆斯駃能。其硬如火石。其與結實非而斯罷之別。因火不能鍊。

海不思低能石。爲辣白里駃非而斯罷與海不思低能之粒和合。屢遇之於脫拉潑。其石性靭。有人以爲卽綠石之類。有海不思低能代其霍恆白倫而成。因海不思低能之結成。每有霍恆白倫包之故也。

辣的兒愛脫。土紅色之石。其質爲夕里開哀盧彌那養鐵。有時爲土形。

彌勒非耶。黑色之巴弗里也。其質爲辣白里駃非而斯罷。微有鴉呆脫。其色有時綠。變至如色爾并台能。

沛里果奈脫。火山拓發中皆有之。因拓發爲水氣所變而成．

潑兒石．火山石團塊色如珠光與屋不洗提恩相連．

不比里奴．火山拓發其質爲倍素爾硬灰．

比脫羅雖里克斯．觀夫奴兒來脫．又爲硬非而斯罷之名．

夫奴兒來脫．亦名克里斯多能卽響石也．灰藍色劈之易成片性硬碎之面光擊之其音響亮其質大約爲非而斯罷有時有彌蘇得愛脫．

別溪多能．法蘭西謂之立的奈脫卽玻璃形之拉乏也．其玻璃光不如屋不洗提恩．黑綠色玻璃形松香光．其質爲玻璃非而斯罷微有科子攷格霍恆白倫有處於砂石中作夾膜三十尺厚．

剎密斯．卽浮石．爲輕如海棉形之塔克愛脫．

倍落客西能巴弗里．形如鴉呆脫巴弗里．

斯可里耶．火山硬灰也．卽紅黑褐色之拉乏．

色爾并台能．綠石中有美合尼西多其質詳見另表．

鐵弗林．與拉乏同．

都滋多能．滑克之別名．

塔克愛脫．非而斯罷之類摸之粗糙．

脫拉潑拓發．火山硬灰與他物合而爲石．

脫拉斯．火山中吐出之泥．

滑克．轉如土之脫拉潑其硬如泥劃之能入．

渾斯多能．綠石及他種硬脫拉潑之總名

各種火造化之金石表

火所造化之石如火山石深造石其中俱有各種金石茲取其元質之數列爲表．

鴨克低摩兒愛脫．夕里開六四．美合養二二．養鐵三．

黑鴉呆脫．夕里開四八．哀盧彌那五．美合養八·七五．灰二四．養鐵一○·八．孟葛尼斯一．

炭酸灰．灰五六·三三．炭酸四三·○五．

才哀斯多兒愛脫．夕里開六八·五○．哀盧彌那三○·一一．美合養一·二三．水○·二七．

客羅愛脫．夕里開三二·一四．哀那一七·二四．美合養三四·四．養鐵三·八五．孟葛尼斯○·五三．水一二·二．

又．夕里開三一·○七．哀盧彌那一五·四七．美合養一九·二四．灰○·四六．養鐵一九·九九．孟葛尼斯微．水一一·五五．

又．夕里開二五·三七．哀盧彌那二八·七九．美合養

一七·〇九　養鐵二八·七九　水八·九六
待約來期由富得愛脫·　夕里開四九·三　哀盧彌那五·
五　美合養一七·六一　灰一五·四三　養鐵九·四三
孟葛尼斯〇·五一　水〇·八五　綠氣客羅彌〇·三
待約來其白郎自愛脫　夕里開五〇·八一　哀盧彌那
二·〇七　美合養二九·六八　灰二·三　養鐵八·四六
孟葛尼斯〇·六二　水〇·二二
葛碑度地　夕里開三七·　哀盧彌那二一·　灰一五·
養鐵二四　孟葛尼斯一·五
常非而斯罷　夕里開六六·七五　哀盧彌那一七·五
灰一·二五　卜對斯一二　養鐵〇·七五
又　夕里開六四·九一　哀盧彌那一九·二六　美合養
〇·六五　灰〇·七八　卜對斯一一·〇七　素特二·四
九　養鐵微
鴨兒倍脫非而斯罷　夕里開五八·八四　哀盧彌那二
〇·五三　灰微　素特九·一二
巴弗里非而斯罷　夕里開七一·五　哀盧彌那一五·五
美合養〇·五　灰一·七三　卜對斯三·二六　素時五·
九四　養鐵微
安地西能非而斯罷　夕里開五八·九一　哀盧彌那二

四·五九　美合養〇·四　灰四·〇一　卜對斯二·五三
素特七·五九　養鐵〇·九九
辣白里馱非而斯罷　夕里開五五·七五　哀盧彌那二
六·五　灰一一·　素特四·　養鐵一·二五　水〇·五
辣白里馱愛脫之似玉者　夕里開五三·三　哀盧彌那
二七·三一　美合養一·〇一　灰八·〇二　卜對斯三·
四　素特三·五二　養鐵一·〇三
阿里哥刻來斯非而斯罷　夕里開六三·二五　哀盧彌
那二三·九二　美合養〇·三二　灰三·二三　卜對斯
二·三一　素特六·八八　鐵微
又　夕里開六二·八七　哀盧彌那二二·九一　美合養
微　灰三·六一　卜對斯一·三九　素特八·二六　養
鐵一·八九
茄納　夕里開三五·七五　哀盧彌那二七·二五　養鐵
三六·　孟葛尼斯〇·二五
又　夕里開四三·　哀盧彌那一六·　灰二〇·　養鐵一
六
霍愜白倫　夕里開四二·　哀盧彌那一二·　美合養二·
二五　灰一一·　卜對斯微　養鐵三〇·　孟葛尼斯
〇·二五

江南製造局

又　夕里開四五·六九　哀盧彌那一二·二八　美合養
一八七九　灰一三·八五　養鐵七·三二　孟葛尼斯
○·二二　夫羅而林酸一·五
霍恆白倫待阿來脫　夕里開四七·八八　哀盧彌那八·
二三　美合養一八四　灰七○五　卜對斯○·一四
素特○·六五　養鐵一六·一五　孟葛尼斯微
海不思低能　夕里開五四·二五　哀盧彌那二二·五
美合養一四·　灰一·五　養鐵二四·五　孟葛尼斯微
水一
抹里哥來脫　夕里開五三·四二　哀盧彌那一·三八

美合養一四·九五　灰二一·七二　養鐵八·五三
羅雖脫　夕里開五三·七五　哀盧彌那二四·六二　卜
對斯二一·三五　養鐵八·五三
彌蘇得愛脫　夕里開五四·六四　哀盧彌那一六·七
灰一·六一　素特一五·九　水九·八三
又　夕里開四六·八　哀盧彌那二六·五　灰九·八七
素特五·四　水一·二三
枚格　夕里開四二·五　哀盧彌那一一·五　美合養九
卜對斯一·○　養鐵二三·　孟葛尼斯二·
又　夕里開五○·　哀盧彌那三五·　灰一·三三　養鐵

一○·
黑枚格　夕里開四○·　哀盧彌那一二·六七　美合養
○·六三　卜對斯五·六一　養鐵一九·○三　孟葛尼
斯一·五七　替脫尼養一·六三　夫羅而林酸二·
綠枚格　夕里開四一·二二　哀盧彌那一三·九二　美
合養四·七　灰二·五八　卜對斯六·○五　素特一·四
養鐵二六·三四　孟葛尼斯一
紅枚格　夕里開三七·五四　哀盧彌那一九·八○　美
合養三○·三二　灰○·七　卜對斯七·一七　素特一·
養鐵一·六一　孟葛尼斯○·一　夫羅而林酸○·二二

淡紅枚格　夕里開四九·○六　哀盧彌那三三·六一
美合養○·四一　卜對斯四·一九　孟葛尼斯一·四
劣非養三·五九　夫羅而林酸三·二八　燐酸○·一一
白枚格　夕里開四六·二三　哀盧彌那三一·○三　美
合養二·　卜對斯八·八七　素特一·四五　養鐵三·
四八　孟葛尼斯微　雜四·二
屋劣維恆　夕里開四○·八六　美合養四七·三五　養
鐵一一·七二　孟葛尼斯○·四三
又　夕里開五○·　美合養三八·五　灰○·二五　養鐵
一二·

科技譯著集成

隕星石中屋劣維恆　夕里開四一·　美合養三八·五
養鐵一八·五
色爾并台能　夕里開四三·○七　哀盧彌那○·二五
四五
美合養四○·三七　灰○·五　養鐵一·一七　水一·二·
色爾并台能哀斯倍斯得斯　夕里開四一·五八　哀盧
彌那○·四二　美合養四二·六一　養鐵一·六九　水
一·三七
常色爾并合能　夕里開四○·八三　哀盧彌那○·九二
美合養三七·九八　灰一·五　養鐵七·三九　孟葛尼

斯微　水一·○七
斯底哀得愛脫　夕里開六四·八五　美合養二八·五三
養鐵一·四　水五·二二
又　夕里開六四　美合養二二·　養鐵三·　水五·
台而客　夕里開六一·七五　美合養三一·六八　養鐵
一·七　水三·八三
又　夕里開六一·七五　美合養三○·五　卜對斯二·七
五　養鐵二·五
普墨林　夕里開三七·　哀盧彌那三三·○九　美合養
二·五八　灰○·五　卜對斯○·六五　素特一·三九

養鐵一·五五二　燐酸○·三　布而倫酸七·六六　夫
羅而林酸一·四九
紅普墨林　夕里開四一·一六　哀盧彌那四八·八三
美合養○·六一　卜對斯二·一七　素特一·三一　孟
葛尼斯○·九七　燐酸○·二二　布而倫酸三·五六
夫羅而林酸二·七　劣非養○·四一
常普墨林　夕里開三五·四八　哀盧彌那三四·七五
美合養四·六八　卜對斯○·四八　素特一·七五　養
鐵一·七四四　孟葛尼斯一·八九　布而倫酸四○二

陽湖趙宏繪圖
長洲沙英校樣

江南製造局

地學淺釋卷二十九目錄

地學淺釋卷二十九

英國雷俠兒撰
美國瑪高溫口譯
金匱華蘅芳筆述

此卷論火山石之形

脫拉潑爲兌克

前卷已解火山石之質今解此種石何以遇之於地球之面及其形狀如何其緊要之屬無論倍素爾塔克愛脫綠石有時爲兌克走入他石層或走出於地面

兌克之形

前曾言水層石若有斷折之處常有泥砂石子滿其縫中爲合子石今言其斷縫中如無泥砂石子等物自上落下而有鎔流之石汁自地中溢出而滿之冷則凝結爲石成夾膜此石名曰兌克言其形如墻壁也

有時於鬆軟之石如拓發硬灰或舍兒中每有兌克堀露而出其形一片如墻此因其石比兌克之石嫩易被水蝕而兌克因硬而不易蝕故得巋然獨存焉

如圖爲火山石兌克露出於他石層之面

科技譯著集成

斯各得倫之北有海島其島有砂石及圓石子疊層有兌克過之其兌克不透出而反縮進故石層爲縫形此因兌克之石被蝕去故也惟此處之兌克其緣石比砂石爲硬何以緣石能蝕去而砂石反存蓋因緣石中有鐵質鐵遇水則易鏽故其石因此而泐也

如圖爲兌克在砂石中被蝕之形

斯各得倫之疊層有兌克處其石遇熱而變硬故其石層現露之處每有高低如有一帶疊層石在兩兌克之間者必比他處獨高因硬而不易蝕也

有時石層之裂縫或有分支及彎曲處則其兌克爲脉但此種形狀之脉在脫拉潑石少而合拉尼脫多

在斯各得倫海邊見脫拉潑走入灰石層中爲分支之形另有他脫拉潑之脉復穿過其老脉

如圖丙爲灰石疊層乙爲脫拉潑有脉走入灰石甲爲他脫拉潑之脉穿過前脉

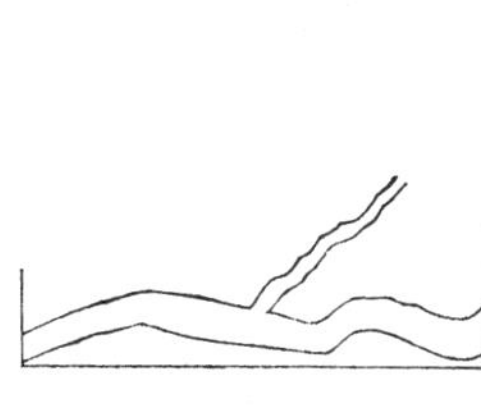

此圖爲有緣石之脉在砂石中濶六尺

斯各得倫之山有其下爲水層石其上有火山石蓋之故不見水層石惟其在海邊水蝕之處則見水層石之疊層中有兌克過之其最厚之兌克厚一百尺諒其水層石之下當有他種火山石因在水中不能見

如圖爲斯各得倫之山在海邊水蝕處見火山石之下有水層石其疊層中有火山兌克過之

任何脫拉潑之石皆有爲兌克者如倍素爾緣石非而斯龍巴弗里塔克愛脫皆能爲兌克有時有哀彌奪羅愛脫及拓發勃里舍亦爲兌克蓋拓發及勃里舍能流入水底之石縫中或陸地有裂縫而火山灰及石塊落而滿其中

也。

論兌克中結成之形

大約脫拉潑在兌克之皮面者，因其凝太速，故不能結成。其在中間者冷遲，故有結成之形。然亦間有與此理相反者。如有處脫拉潑兌克厚一尺，其兩邊爲硬倍素爾，而中間滿細孔。

在維蘇維約斯火山，有古兌克，其皮面有處之拉乏，如玻璃形。有處之兌克爲綠砂，其遇灰石處，兩邊有色爾并台能。

在拿威見一奇形之兌克，其石爲雖約奈脫及綠石，循此兌克而行，見其過西羅里安層，至近海處，入枚格昔斯脫中。其綠石與雖約奈脫爲兌克潤八尺。其雖約奈脫在兌克之中間結成，如合拉尼脫而色紫，中有枚格之細結成，而兌克之兩面各有一條暗色之綠石，宛如雖約奈脫之鑲邊。

如圖爲雖約奈脫綠石兌克在枚格昔斯脫中。圖中亂點者爲雖約奈脫。密畫中有細點者爲綠石。斜畫甚疎者爲枚格昔斯脫。

觀前圖之甲處無綠石在邊，而有一石塊在乙，其中心之石形如尼斯，而質似霍恆白倫非而斯龍。其外則有細粒之綠石包之，其綠石之質畧與兩邊之綠石同。觀此可知合拉尼脫之類近於火山石。或云乙之小塊脫拉潑因爲綠石所包，故冷遲而爲雖約奈脫。

某處有綠石兌克過舍兒層中，觀舍兒層中之殭石，知其舍兒爲西羅里安。於此綠石兌克中，見有塊形，或圓或稜角之尼斯，有白色者，有淡肉紅色者，或有頁形，或無頁形。其有頁者，形如尼斯；無頁者，形如合拉尼脫。其石塊撒開在綠石之中，縱橫斜直，無一定方向。其塊之大小，從一寸至八寸。

如圖爲綠石兌克中有尼斯石塊之形。

近兌克之水層石經熱變形

欲論兌克之熱，能變其兩邊之石，須先知其石汁鎔流之時，其熱極甚。

在英吉利西有一兌克，厚一百三十四尺，其石爲非而斯罷及鴉呆脫其兌克走出於泥灰石舍兒層中壁立如墻其舍兒泥灰石之近兌克兩邊三十尺處皆爲其熱所變其舍兒愈近脫拉潑處愈硬而失其頁形有處之舍兒變至如瓦嚼斯不爾其最硬之處殭石已化去僅存空模而遠處之殭石無恙 其泥灰石之變亦然其土形已變爲粒形或爲結成其中每有鴨揜而西姆及茄納在近兌克處結成其茄納中之灰質多諒是得之於殭石也

愛而倫之北茶而刻斷層中有倍素爾兌克其兩邊之茶而刻近兌克八九尺處俱變爲結成之灰石漸遠則其變漸少最近兌克之茶而刻變爲褐暗色之結成灰石其粒

甚粗稍遠者變爲潔如白糖之灰石再遠則爲細粒之灰石再遠則爲結實之灰石其色微藍再遠則爲黃白色最遠則仍爲茶而刻 茶而刻中之黑火石塊變爲灰黃色仍爲火石 其最近兌克之結成灰石中絕無一點殭石之迹

愛而倫之東北有兌克在紅砂石中近兌克之紅砂石變至霍怔斯馱能 又有處兌克過可兒美什舍兒變其舍兒爲硬如火石之泥石 又有來約斯泥石遇兌克處變爲硬泥石其中之哀末奈脫殭石亦化去惟尚有其空模在焉

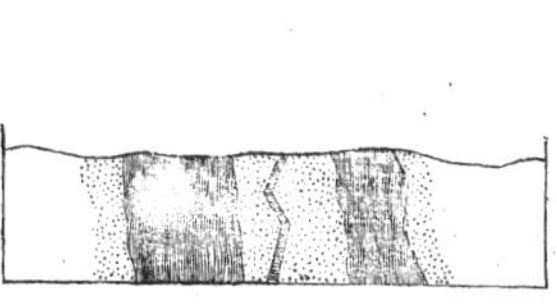

此圖爲三箇倍素爾兌克過茶而刻層其密點之處爲變成灰石

準此理思之如地中有煤炭之層若遇兌克之熱則能燒燃使其熱更甚 此種事亦曾遇之如愛而倫之綠石兌

克走出於煤層處變其煤爲硬灰每邊九尺

英吉利某處有脫拉潑兌克過煤層離兌克九十尺之外其煤如常而煤之近兌克處變爲硬灰最近兌克處變爲細鬆之煤烟

斯各得倫之灰砂石因其下有綠石兌克故碎而突起其近兌克之灰砂石變爲霍怔斯馱能亦有變爲嚼斯不爾者

斯各得倫又有砂石遇脫拉潑處變爲科子一層此亦因熱而變也

石層之近兌克者俱能爲其熱所變如舍兒變爲硬泥石

或爾斯不爾。灰石茶而刻變爲結成灰石。砂石變爲科子。碟炭變爲硬灰。其殭石或泯然無迹或僅存其空模。

火山石之能變化他石一因其熱極甚一因其中有氣如今之火山拉乏從其流出之處及其流至之處測其熱度及其中所出之氣各不同蓋石之傳熱因其金石之質而殊亦因其堅嫩鬆實而異亦因其燥濕之性各不同故同一砂石也而有遇兒克而變爲結成者亦有不甚變者又學者須知石層之裂縫中有滿拉乏而即凝者亦有拉乏長流日久者故石之受熱各有多少又有拉乏之熱與水氣之熱相并而熱度更多者

脫拉潑走入疊層石中

脫拉潑之鎔流時有力能走入水層石之疊層而劈開之

如圖甲爲倍素爾脫拉潑之山高六十尺至八十尺。乙爲灰石。丙爲舍兒。丁亦爲灰石舍兒。乙丙本與丁相疊爲灰石舍兒疊層被倍素爾流入其疊層之夾縫中而劈開故成此形

此舍兒灰石被倍素脫拉潑劈開故其舍兒在倍素爾之中遇熱而變爲硬泥石其灰石遇熱變至白色粒形之硬灰石而無殭石其未遇熱之灰石色藍而有珊瑚殭石有時遇脫拉潑走入疊層而分間之則脫拉潑亦有疊層之形幾與水層石之寬廣相爲終始

脫拉潑結成柱形球形

火山石之結成恆有爲柱形者若其石爲倍素爾脫則柱形更多。其柱有稜從三稜至十二稜者皆有之而最多者五稜至七稜。又其柱形屢有節而柱之長短圍徑無一定其徑從一寸起至九尺其長從一寸起至數百尺皆有之。其柱大約直者居多亦有微彎者其柱之長每與脫拉潑之扁面成直角如其脫拉潑爲平則其結成之柱形爲直如其脫拉潑爲兒克而直立則其結成之柱形爲橫其各柱大約平行

如合里那海島有脫拉潑之柱疊爲六十四尺高之峯蓋其先爲兒克因其旁之石被蝕故露出也

如圖爲合里那之脫拉潑兒克之峯

此圖爲其柱之層累之形

柱形之石因石汁從流至凝之時各點互相湊合故能結成其柱之長常與受冷之面成直角如其受冷之面非平面則其結成之柱形各隨其所遇之面爲直角

如法蘭西之南有一山其石爲尼斯山之坳處有一河河旁有古拉乏蓋拉乏之流於其山之坳亦如河後冷而凝又爲河水所洗蝕故河邊能見拉乏被蝕之處其中有結成之柱形其柱之方向不平行在坳之邊者橫在坳之底者直各隨其坳之凹形爲直角

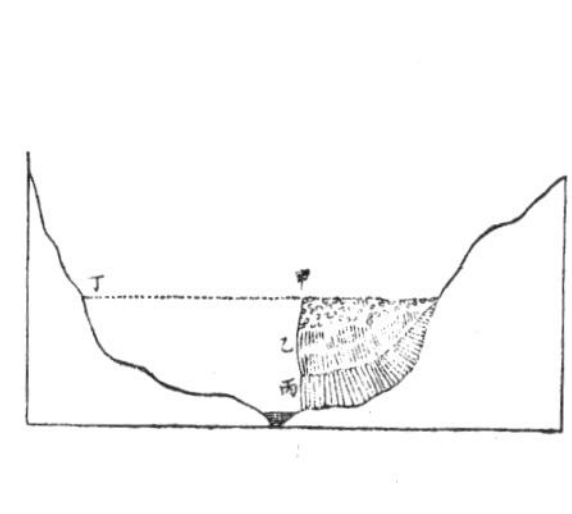

如圖爲尼斯石坳中古拉乏之形　甲爲硬灰　乙爲不整齊之柱形　丙爲整齊之柱形其柱均與尼斯之面成直角

觀此圖分明知拉乏本滿此坳如甲丁今則僅存甲乙丙其左半皆被水蝕去

以大里有一處脫拉潑其柱形彎斜不整其石爲倍素爾此倍素爾爲海中火山所成其所在之石因水蝕而不平故柱形亦不整齊

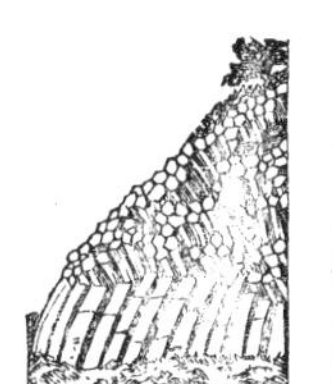

如圖爲以大里倍素爾之柱形其柱不整齊

柱形之結成不特有鴉呆脫之脫拉潑石能如是即他種火山石如響石塔克愛脫非而斯罷之石亦有柱形惟其柱形不如倍素爾之分明

前已言倍素爾結成之柱形每有節其節若大而密則圓而累累如球　如日耳曼有倍素爾厚三四十尺爲拉乏從山頂流下所成其石畧有球形

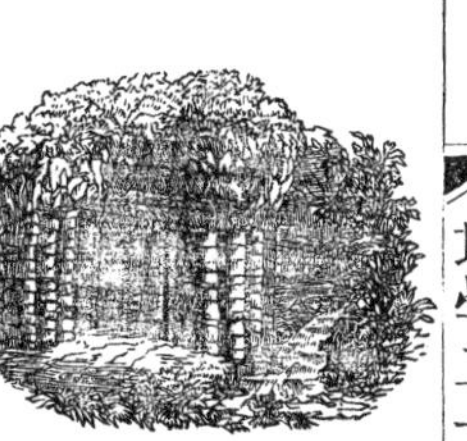

此爲日耳曼之倍素爾之圖其石畧有球形

球形之石每爲脫拉潑之柱沕爛所成如綠石倍素爾水蝕而碎則其碎塊之形圓如球有人謂其初結成時本從球之中心一點而起故有球形數球相續則成柱故其柱形每有節

以大里近地中海處有一島其石爲別溪多能巴弗里其

沕蝕之碎塊，每塊爲球形，其球微帶長，其徑從數尺至數寸不等，蓋球形之外皮，遇天空氣，則漸漸剝蝕，故大者能漸小也。

如圖爲以大里脫拉潑沕蝕成長球形。

有時遇礬石及他種脫拉潑，每有頁形，所以可劈之成片作屋背，有時於一脫拉潑遇有處爲柱形，有處爲頁形者，其故尚未明諒，因冷熱之各異而變。

脫拉潑與火山石爲一類

前言水層石近脫拉潑兌克處，每有熱變之形，準此理思之，脫拉潑與今之火山拉乏當爲一類。五十年前，人常疑之，惟其疑亦有一故，因脫拉潑之質與今火山所出之物各異故也。蓋昔時惟在日耳曼、法蘭西、拿威斯各得倫等處查攷脫拉潑，而此數處之脫拉潑或爲海底之火山所成，或有在地中所成，皆未遇天空氣，所以其脫拉潑與今維蘇維約斯島、得那等處火山所出之硬灰、拓發、拉乏，其形不類，所以久未能攷明其故。譬如樹木，其根生於地中，而枝葉在天空氣中，若以樹根比其枝葉，雖同爲一樹之物，而其形已大不同矣，豈非以其所生之處有上下之故歟？火山石之形，其成於地中者，與成於地面者不同，亦猶此耳。

六卷中曾言極大之疊層亦能被水蝕去，準此理思之，知古火山之形亦有被水蝕而泯其迹者，因火山之石水亦易蝕故也。有時於疊層中遇脫拉潑忽然斷絕，而上有脫拉潑之碎塊圓石子，此即火山石被蝕之據也。所以脫拉潑相近之處，無硬灰拓發等物，蓋亦被水蝕去也。

如後圖，上層爲砂礫，中有脫拉潑之圓石子，下爲水層石，其中有脫拉潑兌克截斷之形。

讀者觀後文，易知地球之皮面從古至今俱有火山造化之石，在水層石之間觀其海中生物之殭石，知每期中均有火山出焉。惟此種拓發及脫拉潑，莫以今之火山拉乏硬灰與之相比，須以今時海中新火山所出之物與之相比。

或言若必欲得海底之新火山石與脫拉潑比，此恐甚難。答之曰，此亦非難，因海陸變遷之事，亦近今所有，如於昔

斯理海島、故其火山石有海中所成之據、其脫拉潑之形、亦與歐羅巴各處之脫拉潑相似、此即最新之海底火山石也、

昔斯里之脫拉潑、及斯各得倫之脫拉潑、其形皆與陸地之火山石異、因其石結實而重、每與水層石相間疊、有時遇其碎塊圓石子與他層相間疊、而其處並無硬灰拓發等物積爲山形、

想昔斯里之火山、古時亦有峯巒、後因水蝕而平、則其從海底高起爲陸之處、不過是其兌克耳、今見其拉乏有平流之形、而有兌克穿透之、又其拓發亦撒開沉積爲疊層、

其石子及脫拉潑之小石子、均有水中磨圓之形、亦爲疊層、

脫拉潑之石實而不空、不如火山拉乏浮石之滿細孔、惟其實而不空、亦非其本形、如哀彌奪羅愛脫、其初本有空泡、後因有他金石、如夕里開炭酸灰等物、走入其空孔而滿之、故實、如有處哀彌奪羅愛脫、其中有褐斯罷滿之、其粒扁圓如果仁、於其水蝕之處、見其孔之內面、亦有玻璃之形、與今之火山拉乏同、又其空泡亦有至今尚空而無他金石走入者、則其形甚似今之拉乏、所以脫拉潑今定爲古時海底之火山石、

陸地火山之拉乏、其金石之質、雖與古之脫拉潑同、其結成之桯形球形亦同、而有些脫拉潑石、其形爲今之火山拉乏所無、如綠石與結成之巴弗里、及脫拉潑中之有科子結成者、觀今時火山之拉乏、不見有此種石、或有脫拉潑爲火山石鎔結石兩可之間、故其形甚近於鎔結石歟、俟三十三卷再詳論之、

論今時各處火山之形

今時陸地之火山、人所習見、其形不一、故須詳論之、

如維蘇維約斯之火山、其古者自有文字以來、未見其出火、其山形亦與今出火之火山同、其古火山之石有多種、

有在海中所成者、有在陸地所成者、其拉乏有自一縫或數縫流出者、其金石之質、亦爲夕里開哀盧彌那卜對斯素特及灰、其各質亦互有多少、

檀香山之火山、其峯甚多、有兩處之峯巒最大、其山形平坦而高四千尺、其峯頂之窪口中滿拉乏、若凝則爲兌克、又有拉乏從高處向低處流、形如河、長七十八里、濶六里、其流之斜度不等、有時山邊裂爲縫、後有拉乏流過而滿之、則亦爲兌克、其峯頂之窪口徑七八里、測其深約一千尺、俯瞰之如深井、見其井底之拉乏、尚有滾沸之形、其拉乏有時滿有時淺、惟其滿時亦不自其口中溢出、蓋有旁

通之孔能流出也於離此窪口十八里見拉孓從旁孔中流出於地面七十八里遠又伏流於山中再一百二十里流入海其伏流之處有時地爲之墳起

爪哇之火山共有四十六峯高自四千尺至一萬二千尺其峯形自東至西一帶相連

葛牟利之火山名扳爾麻其兩峯之間有凹處故遠望之如兩山

包羅島亦有古火山

爲得闌對海中有台尼立斯島亦爲古火山有火山石兒克拉孓

密待勒海島高六千尺寬三十六里亦爲古火山有硬灰拓發拉孓之拓發壘層又有拉孓兒克紅泥古土並有木殭石

密待勒火山石之最老者爲上埋育新期海中所成其石爲拓發灰石中有海中螺蛤珊瑚之殭石又有磨圓之石子與上層之稜角石子不同蓋此處因有火山其地漸高故觀其上層之石子知其石已在陸地所成故有稜角也其地東西九十里南北三百六十里於一高處有兒克甚多其旁有硬灰層離高處之兩邊則兒克漸少其硬灰拓發石子與拉孓之相間壘成層離此處三里其石外面俱爲

倍素爾而其中有分明之紅泥古土厚數寸至數尺其古土即爛腐之拉孓所成其變紅而硬亦因有新拉孓流過而受其熱也　其拉孓之質亦爲倍素爾中有空泡或多或少有處爲塔克愛脫亦有斯果利耶稜角石塊與之間壘

密待勒火山諸峯巒相連形甚壯麗又有兒克兩旁之石已爛泐而兒克尚壁立者觀其有木殭石之處知其成此層時已在陸地　攷密待勒及葛牟利之火山知其皆自海中積漸而高故今爲海島

陽湖趙宏繪圖

長洲沙英校樣

地學淺釋卷三十目錄

地學淺釋卷三十

英國雷俠兒撰　美國瑪高溫口譯　金匱華蘅芳筆述

此卷論各期中火山石

辨別火山石之新舊

前已言水層石之沈積其層之新舊各有其期今試分火山石之新舊亦如水層石之各期其法有四　一因其壘層有上下及其走出於他石之層他石遇之或變形或不變形　二因其壘層中亦有殭石　三因其金石之質　四因其中有石子可知其爲某期之石

辨上下法

如火山石在水層石之上則其石必新於其水層石　如有水層石在火山石之上則不能謂其必古於水層石因鎔流之石汁每能灌入水層石夾層之中故也

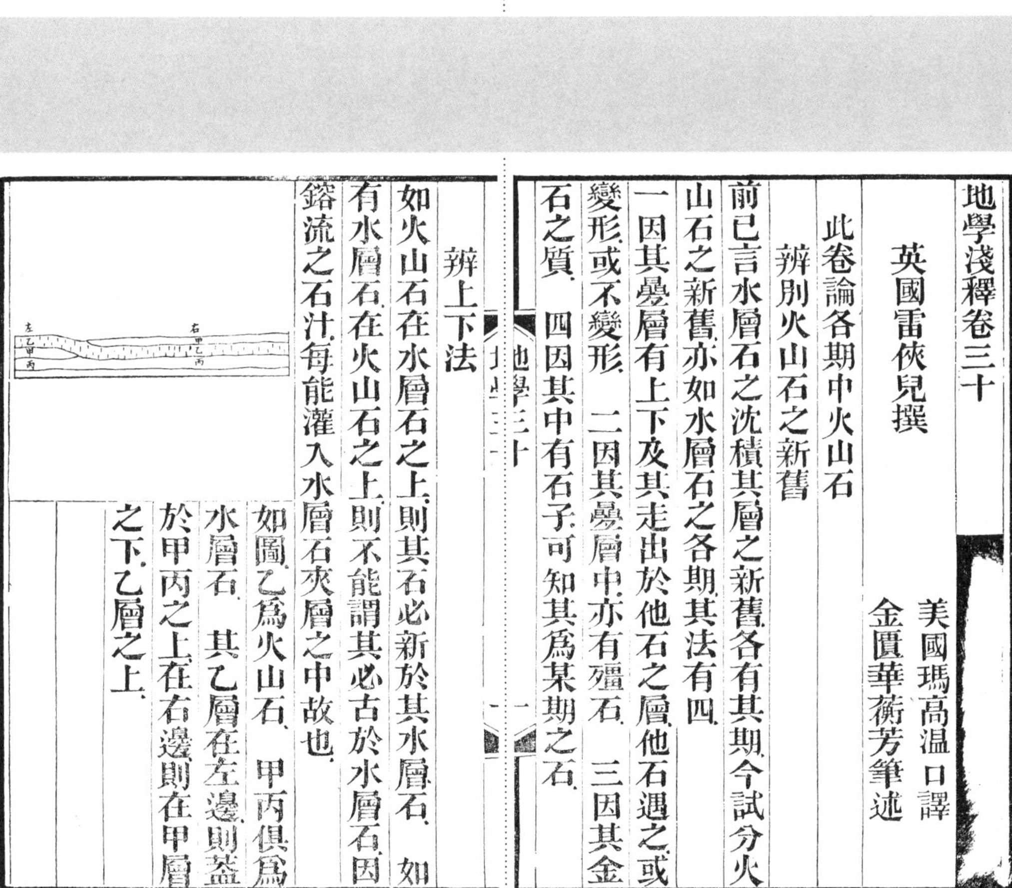

如圖乙爲火山石　甲丙俱爲水層石　其乙層在左邊則蓋於甲丙之上在右邊則在甲層之下乙層之上

觀前圖之右邊，究如其石古於甲而新於丙，及觀其左邊，則知其新於甲丙，所以執上下之法，以辨火山石之新舊，無甚大用，惟以之攷火山中噴出積壘之物，則可用之，若其石爲流淫所成者，不可用此法。

惟有時亦有以同時積壘之層，誤爲流淫者，因一層拉乏於海底平流，不能恆在一種石層之上，而其上之水層石，亦有舊者被蝕而新者補之，又每有漸薄至無之處，如拉乏過其處，則視之究如拉乏走入其層。

鎔流之拉乏在輭泥層或砂層之上，流成渠，亦能割入他層。

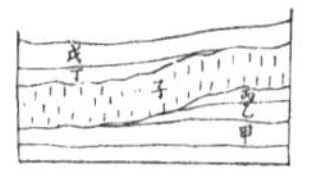

如圖，子爲拉乏之渠，割入水層石之甲乙丙層，至凝而爲石之後，又有丁戊之水層石沈積而蓋之，則其形究如走入丙丁之間。

所以凡見此種之形，莫以爲卽是走入，惟見其兩面之石，皆爲熱變者，方是走入。

辨上下之法，以之辨別壘層之火山拓發，則有用，其例如第九卷。

辨殭石法

已見今之火山發時，每有硬灰浮石細砂碎石噴至空中如雨而落，其落於地面及湖海之底，均能積累，而厚爲拓發層，每有水陸之生物，埋埋於其中，則觀其中之殭石，亦能定其爲某期之火山所成。

今之維蘇維約斯島得奈等處之火山拓發，落於海中，其層中亦必有海中之生物埋沒焉，如此層後變爲陸，則後人攷其殭石，能知其爲今期之火山，因此可以殭石定火山石之期，與水層石之期相合。

拓發中之有殭石者，亦不必定在海中，卽在陸地者，其中亦能有淡水中及陸地之物。

一千八百三十五年間，美里哥火山出火時，噴出細細之硬灰，積至十尺厚，七十餘里寬，飛禽走獸，遇其火氣者，皆死而埋沒其中，離其處三千六百里處，尙有細灰飛落，其灰之能及遠，非因地面上風之方向，因其噴至極高，遇天空流行之氣，故能至遠處也。於海中離其火山三千三百里處，船經過之，見海面一百二十里中，皆有浮石之塊，所以此火山之拓發中，必兼有水陸生物之殭石。

辨金石法

水中沈積之物，其金石之質，能數千里中相同，今知火山吐出之物，亦能爲寬廣之層，其金石之質相同。

如一千七百八十三年間，冰地之火山，其拉乏兩向分流，

至數百里外厚一百尺至六百尺此拉乏雖不在一處然爲同時中所流出其金石之質必同

金石之質其試法雖有用然學者不能常靠之因拉乏之流出雖於同時中其金石之質必同然每有一帶拉乏之流成渠而相距數里之外其金石之質已各異者

於法蘭西日耳曼等處古火山遇塔克愛脫及倍素爾因見其塔克拉乏之中每有倍素拉乏之透過之而蓋於其面故知其塔克愛脫大約比倍素爾老所以不能言火山之拉乏有處爲塔克愛脫有處爲倍素爾脫

火山拉乏其質雖無一定而有一事則易明惟知其火山發時必是非而斯罷之拉乏先流出而鴉呆脫之拉乏後流出蓋倍素之拉乏重於非而斯罷之拉乏之重者居下故後出也　如霍怲白倫及鴉呆脫與屋劣維怲皆比水重三倍而常非而斯罷鴨兒倍脫辣白里馱來脫皆不過比水重兩倍半　又倍素爾及綠石中其鐵比塔克愛脫及非而斯罷中多

譬如有極大之石在地中燒鍊而鎔爲汁則其中金石之質重者必在下輕者必在上故其溢出之時必在上者先出在下者後出而其至地面也則後來居上故重者每在上

辨石子法

有時於兩種脫拉潑中或水層中遇脫拉潑之圓石子在殭石疊層而與其大脫拉潑每相近如其石子之質與大脫拉潑同則知其圓石子爲某期

如曷得那火山之海邊每有砂及脫拉潑之石子此即今時之康葛郎半來脫也

論各期俱有火山石

以上論辨別火山石新舊之法大畧已明今取已辨明某期中之火山石列之以明火山造化之物各期中俱有之其證據甚確並可知火山所發之處亦古今不同非恆在一處

後沛育新之火山石

維蘇維約斯及曷得奈火山其拉乏拓發脫拉潑兒克有一股於有文字以後造出其另一股尚在其前其時地中海已有今時螺蛤而今所已滅之古象其時方生又有一股在後沛育新期之末其時之螺蛤有十分之一與今異曷得奈火山後沛育新期之拉乏遇之於克退尼地方而其拉乏之老者尙是沛育新

相近曷得奈有壁立之島於此島能見前沛育新之泥與拓發拉乏爲疊層又能見古火山所出之拓發勃里舍其

中有塊形稜角之石及疊層之泥皆有因熱而變之形

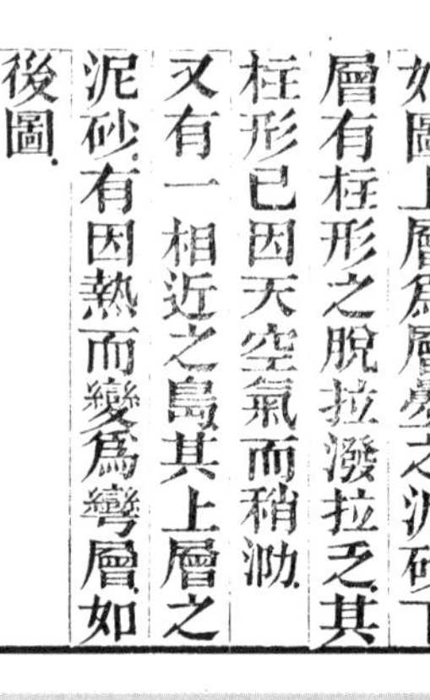

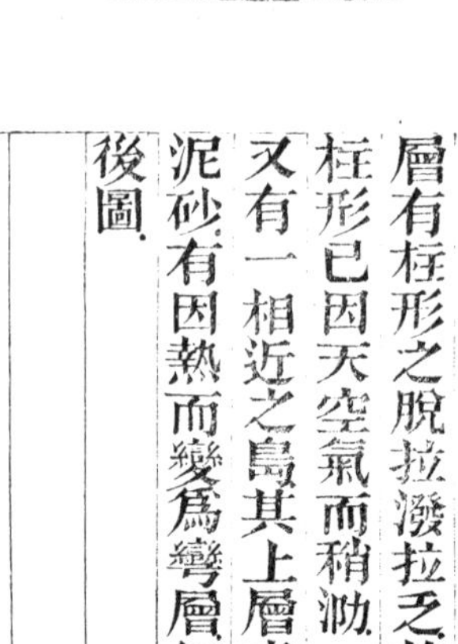

如圖上層爲層疊之泥砂下層有柱形之脫拉潑拉之其柱形已因天空氣而稍泐

又有一相近之島其上層之泥砂有因熱而變爲彎層如後圖

其島有裂開之處能見石之內形

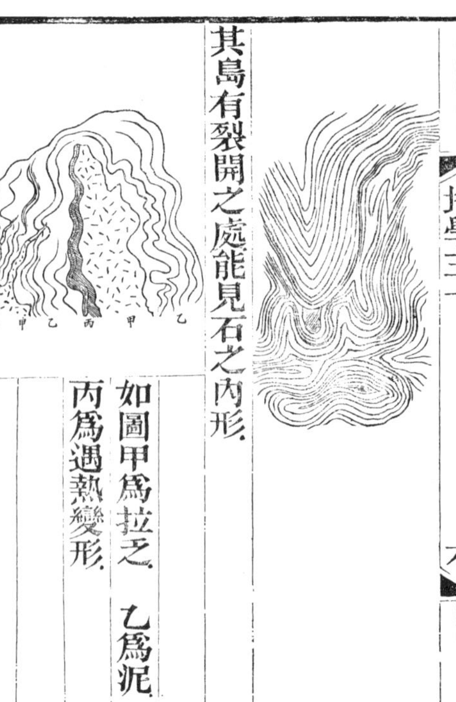

如圖甲爲拉之　乙爲泥　丙爲遇熱變形

其泥砂層遇熱處皆變硬爲夕里開昔斯脫其拉之見天空氣處滿細孔空泡中有齊河來脫鴨捺見西姆滿之又於熱變之泥石縫中亦見有齊河來脫所以知齊河來脫或由氣中結聚或由水中沁入其理相同

以大里維蘇維耶斯火山二千年以來之事人能記之其火山之峯新生出者多其拉之流至地中海其細砂硬灰浮石噴落於地有羅馬之古城埋沒其中又有在海中積起爲礁者又有江水流其噴落之拓發至海中計二千年中其地時有變動有高低至二十尺處所以於其水蝕之坳中每見古人所造之物及海中螺蛤其拓發疊層比有文字以來早積至五百尺或二千尺高其中所有海中螺蛤殭石皆與現海中生物無異惟有些疊層中之殭石每百種中有一二種爲已滅之物

有一處老火山之峯比今有火之峯大而高其兌克甚多以老峯之物與今峯比知有各異之事如於老峯見有熱變之石碎塊甚多知其火山初出之時熱力比今尤烈故能使石層碎裂石塊噴落既有裂縫之後則其所出之物不過鎔流之拉之及細砂硬灰或偶有石塊噴出亦不如初時之多

在維蘇維約斯老峯見拓發勃里舍中其熱變石之碎塊

有駃羅美脫色白如糖諒是尋常之灰石經熱所變也老峯火山石中之金石有炭酸灰多諒其下層之石爲灰石故有炭酸灰噴出

論維蘇維約斯火山老峯兌克

老峯之兌克大約直者居多每穿透拉乏硬灰勃里舍之疊層因兌克之石硬於疊層故疊層被蝕而低而兌克仍壁立高自數丈至五十丈厚自一尺至十二尺不等有自下直透而上洞穿諸層者有自半腰中穿出者其兌克之質亦如其拉乏其石中有羅雖脫鴉呆脫之大結成又有此兌克穿過彼兌克而彼兌克因此有斷層相差之處

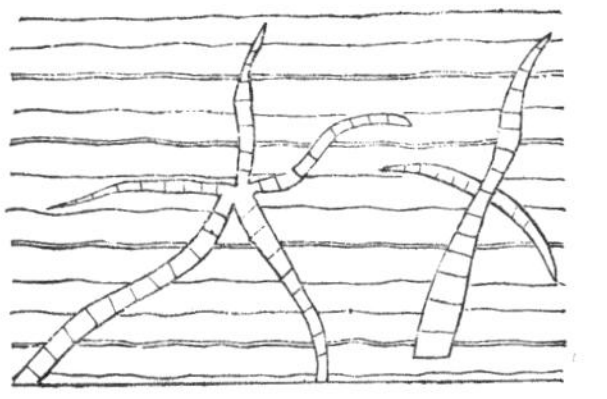

有處之兌克現露於疊層之上作四分五裂之形如圖

此種奇形之兌克爲不合理之形亦不恆遇之大約兌克之形兩面平行者多

凡石層斷裂其裂縫之兩面恆粗而不平而觀於兌克之兩面則大抵光平此何以故　此事有人解之因拉乏流於山邊割入疊層成渠其渠中之拉乏時滿時淺其凝而爲石形如兌克厚二尺至六尺深七尺至八尺有處因爲硬灰所蓋故不能見過數十步又能見之行入其渠細視之見其渠兩邊之岸皆光平如墻壁此蓋因拉乏流時有動力故能磨爍其兩旁之石而使之平也因是知兌克之兩面光平亦因其流時能磨爍其兩旁之石故兩旁之石能平及拉乏凝時以兩旁之石爲模範故兌克之兩面亦恆爲平面

老峯兌克之石其粒在中央者粗糙如結成近兩面者細而有玻璃形其兌克之兩面形似別溪多能有人言凡金石之物從鎔流而至凝結其遇冷若速則成玻璃之形遇冷遲而有重力壓之則爲結成

拉乏之在石縫中自然是其兩面先冷而中央遲冷惟其遇冷遲速之比以中央與兩面比較不如上下比較之差更多故上面之遇天空氣者其拉乏常爲硬灰及滿空泡之玻璃形稍深之處則結實爲石再深之石用養大鏡視之能見結成再深之石則目力能見其鴉呆脫羅雖脫之結成　假如於拉乏流時汲取一勺冷而凝則其外形如

玻璃而中間如石。

惟於別處之火山石兌克見其兩面有松香玻璃形者多而於維蘇維約斯火山則不恆遇之諒因其拉乏多而鎔流之日久故其兩旁之石亦熱極而兌克之兩面冷亦甚遲故不爲玻璃松香形。

維蘇維約斯火山無論老峯新峯其兌克之石質皆堅於拉乏蓋兌克在縫中窄而深其遇天空氣之面少而上之壓力重熱氣不易散故能結實而拉乏平鋪於地其遇天空氣之面大而上之壓力輕其熱氣易散故其石鬆於兌克之石。

陽湖趙宏繪圖
長洲沙英校樣

地學淺釋卷三十一目錄

地學淺釋卷三十一

英國雷俠兒撰　美國瑪高溫口譯
金匱華蘅芳筆述

此卷仍論各期中火山石

後沛育新之火山石

昔斯里之南地名奴都有海水層灰砂石其中有火山造化此後沛育新期之火山石也有大層蠣蛤珊瑚殭石在拉乏之上末爲熱變有處有兌克走入殭石層變其泥砂爲夕里開昔斯脫有處之層因兌克而破碎或彎曲

於奴都之坳有火山造化其石爲尋常之倍素爾有時有

屋劣維恆其倍素有處結實有處有孔泡其泡或滿或空或在兌克或在拉乏有時其孔泡中滿丙而刻斯罷衮來果奈脫齊河來脫其倍素爾結成之形或如球或如柱有處之兌克爲哀彌奪羅愛脫爲滑克爲倍素爾脫其倍素兌克有走入灰石者

昔斯里兌克

於昔斯里遇兌克爲哀彌奪羅愛脫其兌克過海中所成之拓發或不比里奴之層其空泡中有已滿炭酸灰者其不比里奴諒因海底之火山所成後因變動而有裂縫縫中有拉乏走出

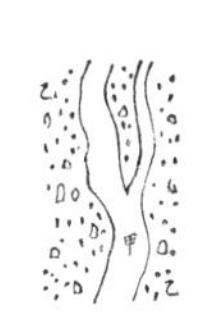

如圖甲爲兌克乙爲不比里奴其兌克因變動而折丙亦爲兌克此兌克有脉形

此二圖皆地面平視之形

西班牙火山

地學家至今尚未能定見歐羅巴之火山造化爲三次石之何期今言一處之火山造化從沛育新期至後沛育新期如西班牙之火山石是也

西班牙之古火山南北四十五里東西十八里其裂口之處有一帶黑色之石分爲兩支其拉乏經過厚層之牛牟來脫灰石爲灰色綠色之砂石其已磨圓爲石子者有科子石灰石力田石

西班牙之古火山有十四峯其火山灰不特積高爲山峯亦有因風而至平地或坳中者

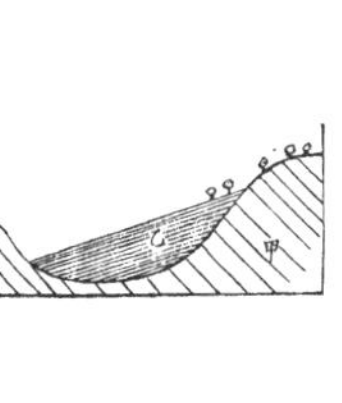

如圖甲爲圓石子合子石層乙爲古火山灰之曡層此坳中因無水流過故灰層無被蝕之形

拉乏之流於凹處必厚而深在平處必寬而薄如有江水流於拉乏之上成渠則在拉乏之平處其渠亦淺而在斜下處其渠亦深

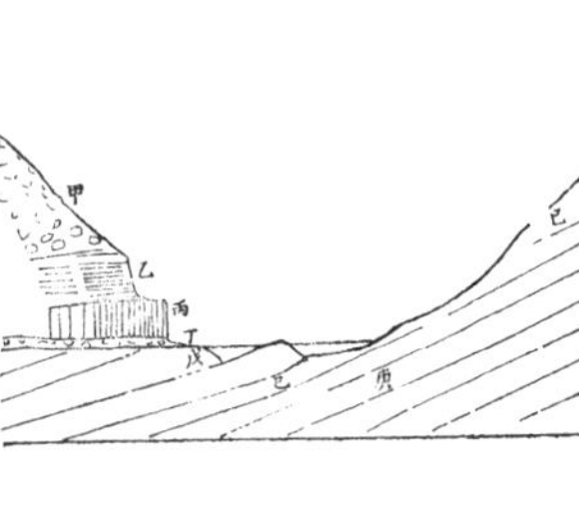

如圖江之左岸爲火山石右岸爲水層石　甲爲硬灰拉乏　乙爲昔斯脫倍素　丙爲柱形倍素　丁爲硬灰砂礫　戊爲牛牟來脫灰石　己爲衩格灰砂石

如前圖江之左岸其拉乏之最上層爲硬灰形下有球形再下爲平疊結實之石再下爲柱形倍素厚五尺其下有處有薄層硬灰有處無硬灰層而柱形倍素即在水層石之上此因其下之硬灰鬆層水蝕而去而倍素落下也其硬灰中每有圓形或稜角之石子及古土

有處灰砂層中遇拉乏之在疊層石之上有小江蝕深其拉乏之下十八尺見灰石有處見古哀盧維恩中有磨圓之科子石而不見拉乏之圓石子若今之江邊則已有拉乏之圓石子矣

小江蝕深之處又有深至一百尺者其形如圖

此處禮拜堂下見拉乏之硬灰之下變至球形之倍素爾球徑六尺再下則倍素爾愈結成其中有屋劣維恆之結成

甲爲禮拜堂　乙爲小山其兩邊有水來故成島形　丙爲柱形之倍素爾厚一百三十尺　丁爲古哀盧維恩　戊爲斜層之砂石

乙之小山固因江水蝕之而小而非因江水蝕之而低蓋拉乏從高流下至此本低也

此處共有五層倍素爾其中有二層未結成非一時一次所出也

西班牙之火山石屢有大洞如曷得奈火山石因其中空故人行其上覺足底有聲如空鐘其洞口夏天有冷氣出冬時則無此因外面空氣遇熱而薄故洞內之冷氣推出以補之也

有人言西班牙之古火山自未有文字之時其火已熄然空言不足爲據故必須實攷之如後圖甲爲牛牟來脫灰石及砂石斜層乙爲古哀盧維恩其中無火山石之圓石子丙爲硬灰拉乏丁爲新哀盧維恩其新哀盧維恩不過

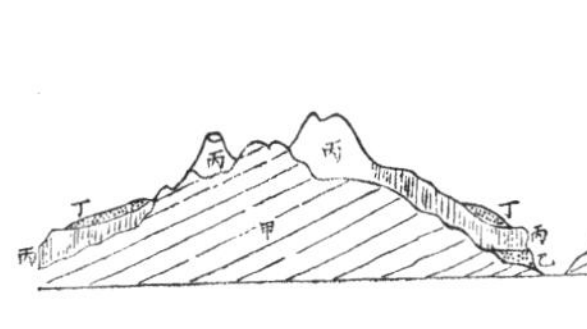

數處非各處皆有此因水蝕拉之所成而古哀盧維恩則蓋於灰石砂石之上大而寬廣於拉之其中未見殭石所以不過能言其火山石造化之時必在牛韋來脫灰石及古哀盧維恩之後若謂其山形無變動故疑爲新此不過未經地震及大水耳

於其處海邊遇三次之水層石高五百尺其殭石與下阿比闌山者對諒其層從海中高出時即是西班牙火山初

出之時準此則其火山從沛育新期起至後沛育新期止也

前沛育新之火山石

以大里塔斯蓋尼地方有火山拓發與前沛育新之水層石成疊層此爲海中火山所成其水層石與下阿比闌山之石同蓋下阿比闌山之石在海底沈積之時其火山石亦同時造化故其拓發與水層石相疊也

從塔斯蓋尼至羅馬古城其拓發與蚌蛤麻兒層皆平行攷其中之殭石可知羅馬古城湮沒之期以此處之殭石一百六十種與英吉利珊瑚克來合中之殭石比之皆相合所以知此處之火山石爲前沛育新

上埋育新之火山石

密待勒海島其火山拓發皆爲沛育新期其在深海中所成者稍老故爲上埋育新因有殭石在拓發中故知之其山今高於海面一千三百尺離其處一百二十里另有一島其水層石亦高其上有陸地之火山拓發諒此處之火山自出火之後復停息其停息之時海中有螺蛤生焉後火山又發故螺蛤埋於拓發之中蓋火山發於海中時其海中之生物亦能被其噴出與拓發同落故其殭石能雜於拓發之中　此處拓發層中之殭石有卡尼里恩及厄

幾那等物已得螺蛤殭石一百種內有三分之一其種類未絕

前論水層石曾言上埋育新之在歐羅巴者其螺蛤殭石與今南方之種類同今攷密待勒火山拓發中之殭石亦與熱地之生物合

葛牢利海島亦有上埋育新期海中之火山造化其拓發與圓石子爲疊層今已高於海面三百尺其中之殭石有安西流利耶等類已得其殭石六十二種內有十種未遇其生於相近之海

葛牢利火山拓發中有上埋育新之殭石者其石質與葛

牟利最高處之火山石同其石爲泥石礬石塔克愛脫其上有陸地之火山拉乏爲塔克愛脫倍素爾厚四千尺至五千尺 有處拉乏之形甚新其從火山流出時其處之山已有坳 此處火山拓發中遇殭石五十種爲今時海中所有之物惟非生於相近之處或在數百尺之深水中哀蘇里海島有灰石層在圓石子倍素爾拉乏硬灰之層中蓋火山熄後海中有灰沈積爲灰石後火山又出故灰石能在火山石之中 其圓石子有灰膠結之如合子石其中螺蛤殭石二十三種中有八種與今同有十二種爲歐羅巴第三迹層之殭石大約爲上埋育新

大抵窖特勒葛牟利哀蘇里三處之火山其初發之時皆在上埋育新期有至後沛育新期尚未熄者

此三處之火山羣峯皆有上埋育新期發於海中之據後其地漸漸高起而其流出拉乏又能增其高至變爲陸地後仍有拉乏之流出此與維蘇維約斯島得那之老火山石成於後沛育新期理同

葛牟利島有古海岸之臺此爲其地漸高之據

下埋育新之火山石

愛斯倫地方有火山石爲下埋育新期所成與日耳曼之褐色煤爲同時其江邊有三次石與提符尼安西羅里安之層不平行

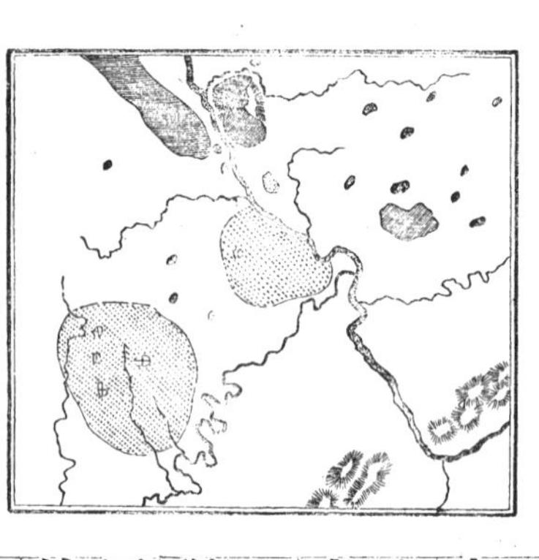

如圖爲愛斯倫之地圖 斜畫密點者爲火山石 田字形者爲塔克愛脫 大黑點者爲火山之口 橫畫者爲倍素爾 橫畫者爲褐色之煤 空白處爲西羅里安提符尼安水層石其水道爲來恆江

此處之褐煤層造化爲鬆砂及砂石合子石與泥疊層其泥層中每有塊形之泥鐵石及夕里開有時遇淡褐色黑色之木煤煤中亦有草木形迹此煤亦可用

有數處遇塔克愛脫拓發與褐煤層相疊其間亦有草木葉之印迹所以知其煤與火山石爲同時所造化其殭石有草木及淡水生物

褐煤層中有石油舍兒其舍兒爲頁形中有魚殭石而種類少又有蟾蜍骨之殭石及蟲殭石

褐煤層之上有一大層圓石子及粗砂其質爲白科子石及他石此層厚薄不等有厚一百尺之處此層之石子與

來恆江邊之石子異此層之上有處亦有火山造化之物此處之地形變動甚多因觀其石子所在之處與今之水道不合故知之其江之成渠及火山吐石皆在粗砂石子層之後

其火山石之新層硬灰細砂浮石之中有一層古土中滿淡水殭石爲後沛育新期之生物

愛斯倫之火山石一種爲倍素爾拉乏一種爲塔克愛脫拉乏其塔克拉乏比倍素拉乏早其塔克愛脫有些是結成形如粗粒之合拉尼脫而中有大結成之非而斯罷此處又有塔克愛脫之拓發甚多

蓋愛斯倫之火山造化其古者與褐煤同時其最新之火山石造化時地形已與今同

愛斯倫之新火山石

愛斯倫火山石之新者其下之水層石爲紅砂石含石及灰石其殭石爲提符尼安之生物其火山石造化時地形已與今同其出火之口有處在山上有處在谷中平地如行其山中於時門地方見有一水流向深谷其谷之石爲砂石含兒層行過此處遇一壁立之山其石亦爲砂石含兒其石層斜向山內在此山之高處遇撒開之硬灰行至其山之頂忽見窪谷如盂中有積水如湖

過此又過一高處又見一湖形如前其窪口之內四面皆

如圖爲山頂湖形觀此湖知其爲古火山之口故其四面相近之處均有火山所出之硬灰惟其湖邊之石則爲砂石絕無拉乏流出之形

有拉乏之硬灰細砂又有熱變之硬含兒石塊其南數里又有一湖其湖邊之山石爲破碎之砂石含兒高一百五十尺其坡向內斜四十五度向外斜三十五度其碎石塊中微有火山石在紅砂石之上

如圖爲愛斯倫三處古火山之口今皆爲山上之湖湖邊之碎石塊中有球形之屋劣維恆此爲火山石之據

其東數里有一山，山坡之石爲紅砂石含皃，上有二箇峯巒，其石有拉乏流下之形，而山頂之窪口其邊皆彎向外，諒其拉乏流出時已將凝而稠，故作此形。

此處火山窪口之奇，因其旁之砂石含皃未爲其熱所變，分明知其初時因氣而裂，蓋此處火山所出之物氣多而拉乏少，故只見硬灰。

愛斯倫之古火山石，又有一處觀其石，知塔克愛脫拉乏先出，後有倍素拉乏之流如江，其塔克愛脫出時有浮石多，其浮石今已朽爛變爲拓發哀壚維恩。

閼呆里火山石

閼呆里平地有五處火山，案諒爲古海中之火山島也，其金石之質與今地中海之火山石同，有阿背爾開而西馱能屋不洗提恩別溪多能。

閼呆里古火山之拉乏大約爲非而斯罷及數種塔克愛脫，其石有滿細孔而粗糙可磨物者，此種火山石爲天空氣中所成，又有浮石勃里舍，其石爲碎塊之塔克愛脫，而有浮石拓發膠結之，或夕里開膠結之，故成合子石，諒其碎塊在熱水中，而水中有消化之夕里開，及水氣已出，則夕里開降落而凝結之也。

熱水中每有消化之夕里開，或熱水之氣中亦有消化之夕里開，故有樹枝在拓發中者皆變爲夕里開木。

凡任何火山之拓發層中每遇木殭石，其質已變爲阿背爾或夕里開，故此處之殭石知其火山爲埋育新期所成。

陽湖趙宏繪圖

長洲沙英校樣

其旁流出過合拉尼脫至一古江之渠而滿之其江水有改道旁流之形令其江之兩岸一面爲拉乏一面爲合拉尼脫其拉乏水蝕之處有壁立之倍素爾高五十尺冬時江水落則見江濱淺灘有倍素爾之碎塊

惟其高岸上面之鬆砂硬灰等物絕無水蝕之形因上有樹木蔽之又無他處比此高故無水從上流下也

離此江數里又遇一小火山之峯其石爲紅黑色之硬灰拓發其西有一火山窪口其形已變動從此處有一道拉乏亦流入一江其江水亦改道從其旁流江水蝕其拉乏及尼斯爲四百尺高壁立之岸於此岸見紅黑色之拉乏

其石愈下愈結成如柱形

如圖爲岸邊所見之形 甲爲硬灰拉乏 乙爲倍素爾柱形 丙爲粗砂 子爲鉛礦之洞 丑爲岸旁之路 丁爲尼斯

柱形拉乏之下有一層粗砂此爲古江之底今高於水面二十五尺其粗砂層之下爲尼斯石昔時曾於此處開鉛礦故有礦眼 此處之古火山石其旁爲江水洗蝕成懸崖峭壁而其上之峯巒無恙

又有處一小火山峯其窪口之邊甚銳幾於不能立足其不爲水蝕之故因其石有孔如浮石能漏水故水不能積也此火山形雖如新然亦非有文字以來之事

論阿勿倫馱兒山火山石之期不過能言其在上理育新湖水層之後而堪泰爾之火山石則爲上麼育新及下理育新其石爲塔克愛脫倍素爾響石等拉乏拓發勃里舍層層積疊而爲山高約一千尺有響石塔克愛脫倍素爾兒克多

蓋法蘭西阿勿倫湖水層中只有砂石之圓石子而無火

山石之圓石子其地雖有火山而湖水層沉積之時火山尚未出

阿勿倫克爾孟相近處有一古火山雖無拉乏與淡水石層間疊而觀其拓發中之物有據與湖水層同時

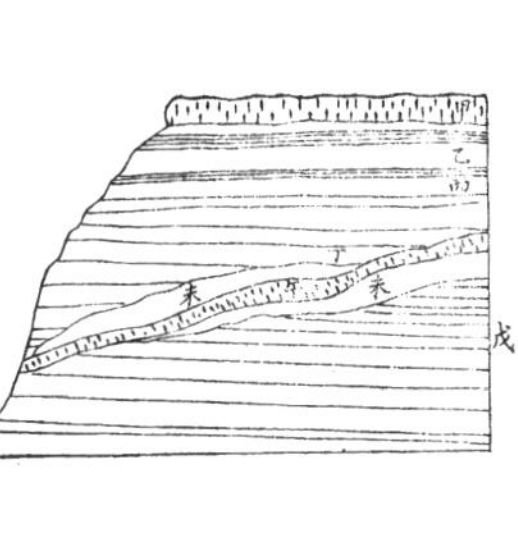

如圖甲爲倍素爾 乙爲黃白麻兒 丙爲藍麻兒 丁爲灰石及不比里奴 戊爲綠白麻兒 午爲兒克 未爲熱變之麻兒

其山之下層爲綠白色之麻兒三百餘尺厚其層微斜中有倍素爾兒克過之與麻兒不平行白綠麻兒之上有數層灰石麻兒其中有淡水殭石此層與火山拓發間壘其上有浮石麻兒與頁形之拓發名不比里奴又有塊形之灰石再上則有厚層之拓發再上另有麻兒壘層中亦有火山所出之物雜焉此層之殭石有彌立尼耶由尼由等物惟此種殭石不能定爲某期

於阿勿倫有處遇火山石從下走入泥麻兒灰石層中擾亂之爲勃里舍於其中遇碎石子爲開而西馱能及結成之彌蘇得愛脫斯底兒倍脫哀來果奈脫

瘞育新之火山石

以大里之符蓋山有頁灰石其中魚殭石甚多已知者一百三十三種又有牛牟來脫殭石所以此水層石爲瘞育新期所成有處有火山石與此灰石相間壘大約爲不比里奴倍素爾拓發則此火山石亦爲瘞育新期所成也

每有海中之火山石分明有瘞育新期所成之據因其中有魚殭石多也諒其火山發於海底時必有熱氣毒氣或泥噴出羣魚遇之齊死故其魚殭石多宛如地中海之火山發時海面有紅泥及死魚

符蓋山之麻兒灰石中有時遇一層木碟舍兒中有草木之形此草木與英吉利之中瘞育新期石層中之草木形迹同以之比下瘞育新之草木知上瘞育新時其地已熱故無冷地之樹而無花果之類多

符蓋山之魚殭石未於歐羅巴他處遇之人每思瘞育新期地學之事其螺蛤殭石從太尼砂至法蘭西巴黎之石膏大約已全惟魚殭石甚少然莫謂其時之魚眞少如符蓋山之火山造化其魚殭石甚多已攷知者有七十五種有二十種惟在此處遇之有八種亦遇之於克里兒書其四十七種爲瘞育新以前所無

克里兒書之火山石

在英吉利茶而刻綠砂層中雖不見有火山石然莫謂克里兒書期天下皆無火山查希臘地方即有脫拉潑與克里兒書灰石綠砂爲壘層其石大約爲待約來其色爾并台能哀彌奪羅愛脫

希臘之火山造化爲克里兒書期有二據焉一因其印板灰石爲克里兒書而中有脫拉潑走入之一因灰石中之殭石與茶而刻綠砂中之殭石同而其中每有脫拉潑之圓石子

烏來脫來約斯火山石

希臘之綠石及色爾并台能雖大約爲克里兒書然亦有

一様之脫拉潑在烏來脫期之石層中者此卽烏來脫期之火山石也

斯各得倫之古火山亦有爲來約斯期所出者因其脫拉潑入於烏來脫石層之中而出於其面故也

新紅砂期之火山石

在英吉利之南有脫拉潑石與新紅砂造化相連其脫拉潑非走入新紅砂乃與新紅砂同時相積

此處新紅砂層中每有磨石與紅麻兒此磨石宛似火山砂所成　又於圓石子層中每遇塊形稜角之塔克愛脫巴弗里其大塊有數千斤重者此必是其時之火山石也

礫期之火山石

斯各得倫之礫層處有兩類石與可兒美什相連　其一類爲倍素爾脫屋劣維怪哀彌奪羅愛脫綠石滑克拓發其造化之時可見美什層尚平於地平因其彎而破碎之處與可兒美什相同故知之其同時破碎之石不止爲灰石舍兒　泥石砂石亦有礫炭　其又一類石爲綠石及土形之哀彌奪羅愛脫與下可兒美什之砂石舍兒泥鐵石相疊有處與炭灰石相疊

此處之脫拉潑大約爲疊層之拓發其彎曲破碎與相連之可兒美什同於此拓發中見炭舍兒灰石有綠石爲脈

而過之有處爲海水所蝕猶有庀石嵬然獨存

如圖甲爲無疊層之拓發乙處有柱形之綠石丙爲有疊層之拓發

此石土人謂之紡車石因其柱形之綠石自中心四出而

圓如輪而拓發高立於一邊略如紡綫之具故謂紡車石其輪徑十二尺　其綠石蓋因走入拓發中故結成柱形其柱從中心四出者因四面遇冷故也若從輪之側面視其綠石柱形之底其紋縷如圖

斯各得倫又有脫拉潑兒克過灰色砂石舍兒此砂石舍兒爲老紅砂之最下層其兒克長數里又過他種火山石哀彌奪羅愛脫見此脫拉潑變至如深造石結成石此脫

江南製造局

拉潑之質為度里來脫及綠黑色之鴉呆脫與辣白里馱非而斯罷其中微有養鐵及替脫尼恩此與曷得奈之拉乏之同

老紅砂期之火山石

在斯各得倫合闌比山有圓石子層在老紅砂石中其石子之質有合拉尼脫科子及數種脫拉潑此處亦有脫拉潑走入其上之殭石層或與殭石層間疊觀此可知其老紅砂期有拉乏之多

此處之脫拉潑大約為非而斯罷巴弗里及哀彌奪羅愛脫其哀彌奪羅愛脫中每有炭酸灰及開而西馱能或為鴉呆脫又其脫拉潑亦有泥石礬石綠石及結實之非而斯罷拓發有些古拉乏之流在海底膠結其科子之石子為合子石

於合闌比之息特羅山兩旁有合子石層其中有厚層之脫拉潑拓發細砂硬灰為疊層其層斜向西北與舍兒砂石平行

又攷其他處見火山造化之石有在提符尼安之始者其老紅砂石之山高一千九百尺有合子石在磨石泥石之上不與下層平行其同時之層有非而斯罷拉乏及拓發硬灰與紅砂為疊層其拉乏有些本是結實有些有空泡變至哀彌奪羅愛脫其拉乏之質為結實之非而斯罷所以能知斯各得倫之東南於老紅砂期有一極大之火山其拉乏流如江硬灰拓發落如雨直至碟期將盡之時方息

西羅里安之火山石

攷英吉利下西羅里安之造化知屢有火山從海底出其硬灰細砂為一拓發砂石與他處西羅里安之水層石各異此拓發砂石不過遇之於有雖約奈脫及他脫拉潑走出之處其拓發砂石中每有西羅里安殭石如石蓮三合蟲之類

拓發砂石其形似砂泥石亦脫拉潑之類也其層有處薄數寸與下西羅里安之水層石為疊層其石為泥石之巴弗里其中有非而斯罷結成之塊

在英吉利之西其山幾全是火山拓發其古拓發與灰石泥有相間疊有非而斯罷之拉乏為下西羅里安其拉乏在泥石疊層之中其下層之泥石有熱變之形而其上層之泥石絕無熱變之形蓋其下層之泥石有熱拉乏流於其上故受熱而變而其上層之泥石沈積之時拉乏已凝無復熱氣故不變也惟此層中雖亦有綠石之脫拉潑與泥石平行然實是後來走入因其上下之泥石皆有熱變

科技譯著集成

之形故也。

堪孛里安火山石

前論水層石，曾言英吉利之西，有林求來殭石之水層石，厚七千尺，今攷知此層中，亦有火山拓發硬灰與其水層石相間疊，有時遇有厚層之非而斯罷拉乏，又有綠石之脫拉潑走入其疊層中。

此層中之火山造化，諒是陸地之火山，故有硬灰，想是海中火山島也。

落冷須安之火山石

在美里哥北落冷須安之石層中，遇最古之火山石，其兌克爲細粒暗色之綠石，或度里來脘，其石之底子，爲非而斯罷倍落客西能，其中微有頁形之枚格粒形之倍來底斯，其兌克之濶，從數尺至數千尺不等，其結成之柱形，與兌克之面成直角。

此處之兌克，有分支如脉者，因有雖約奈脫走入其度里來脘之間故也，其雖約奈脫中，又有非而斯罷巴弗里走入之，其非而斯罷巴弗里之底子，爲哇蘇克里斯，而中有科子。

此處之各種脫拉潑，皆爲落冷須安期所成，因於最古之殭石層堪孛里安中，已遇此種脫拉潑爲圓石子故也。

又落冷須安之石，亦每有疊層之形，甚微，而甚似火山石者。

陽湖趙宏繪圖
長洲沙英校樣

江南製造局

地學淺釋卷三十三目錄

地學淺釋卷三十三

英國雷俠兒撰
美國瑪高温口譯
金匱華蘅芳筆述

此卷論鎔結石

合拉尼脫

有一類火造化之石、與火山石相似而不同、即所謂鎔結石是也、鎔結之石、爲深造之結成石、其與水層石之異、因其石無壘層、其與火山石之異、因其石中多結成之金石而無拓發勃里舍、蓋拓發勃里舍爲火山在地面吐出之物所成也、

鎔結石與火山石之別、又因其石無空泡細孔、蓋火山石之有空泡細孔、因拉之中有氣而成、因此諸異、諒其石必是造化於地中深處、其冷必極遲、而上面之壓力必極重、其漲力不足以轟發、故即在地中凝而爲石、所以知合拉尼脫必在地中所成、學者思之、易知地中之熱力、愈下愈甚、若在數十里深處、其消鎔之物、必與近地面者異、所以火山石與鎔結石、其形狀亦各異、故雖同爲火造化、而能同時於地面及地中、各成一種石、

合拉尼脫、即花崗石也、嘗有地學家欲以合拉尼脫爲一

科技譯著集成

切深造石之總名。因合拉尼脫石每有在極遠之處其形狀相同，又常爲圓頂之山巒，而其上草木甚少。合拉尼脫之形，其皮面大約常有碎泐剝蝕之痕，所以驟視之宛如有疊層。

如圖爲合拉尼脫剝蝕之形。其面畧近長方形而稜角之處微帶圓。亦有畧近球形者。

合拉尼脫泐碎之塊每畧近球形，此猶倍素爾脫拉潑之泐蝕爲球形也。其所以成球形之故，尙未能攷知其理。合拉尼脫雖無十分定形，有時遇其泐開之紋大約爲六面方形。如英吉利最南之處有合拉尼脫如圖。

鎔結石與火山石之異同

鎔結石之造化與火山石之造化，其相同之事，一因其亦能走入他石之中爲脉，一因其貼近之石亦有熱變之形，一因其中亦無殭石。其與火山石各異之處，因其形質時常相同，無論在何處見合拉尼脫之山形石形，均歸一律，宛如一時一處一樣熱力所成。又其石亦絕無硬灰形，亦絕無空泡形，亦不與未結成之石爲巴弗里，亦不與拓發成疊層。雖有時遇有一塊細粒合拉尼脫在粗粒合拉尼脫之中，然亦不能算其是合子石。

論鎔結石金石之質

合拉尼脫悉爲三種金石合成，一爲科子，二爲非而斯罷，三爲校格。論三者之多少，則其非而斯罷每多於科子，其科子每多於校格。此三種金石各自結成，雜亂無章，不如尼斯之結成位置整齊也。

文合拉尼脫

有一種名文合拉尼脫，其結成之形稍整齊，其科子及非而斯罷微有層疊之形，諒其非而斯罷先結成，而科子又在其孔中結成也。因其石若橫截其結成，則面紋如希白來古篆，故名文合拉尼脫。

如上圖爲文合拉尼脫直截之形　下圖爲其橫截之形

有一種合拉尼脫其質爲科子非而斯罷與白色如銀之枚格此一種石每有變至文合拉尼脫者

常合拉尼脫

平常之合拉尼脫及雖約奈脫與由來脫其非而斯罷每有二種一爲常非而斯罷卽哇蘇克里斯其中之卜對斯多　哇蘇克里斯非而斯罷每爲大結成色白或肉紅色一爲小結成之鴨兒倍脫非而斯罷其中素特多其結成爲白色之點或紋

合拉尼脫中之科子大約非結成卽摶結如玻璃形爲石之底子而有非而斯罷及枚格之結成嵌於其中雖非而斯罷及枚格比夕里開易鎔鍊而其科子中每有非而斯罷枚格結成之印迹此不合理之故有多說可解之

如先算其玻璃形之科子有一股夕里開先凝而數種非而斯罷及茄納普墨林等易鍊之金石後凝此自然之理也

大約合拉尼脫之合質其從流至定時易鍊之金石結成每有透明硬如玻璃之科子抱之如模若以顯微鏡視之見科子上印有普墨林結成之小紋

有人試以科子燒鍊之知夕里開凝時每能爲輭形而哀盧彌那之金石則不然　此輭而如膏之科子可名之曰火石膏想合拉尼脫之科子雖比他金石先凝而其凝時仍爲輭形他金石雖後凝而其結成硬故能印其科子使爲模形

或言因電氣能使此輭如膏之夕里開常久不硬所以科子上能有他金石之印迹然有時亦見有科子與非而斯罷互相爲模印此又似同時結成之據

又有人試知科子之重爲二六如水中消化之夕里開降落其重亦爲二六惟鎔鍊而凝者則其重爲二三因疑其體質之輕因減熱太速之故所以疑合拉尼脫之鎔而凝結與拉乏之流而凝結其遇冷之遲速必異

準此理以論合拉尼脫造化之時且不必言其猛熱須先思其夕里開能否如化學鎔鍊之法凝結此事已試而知其能

又夕里開之凝結有不特如化學鎔鍊者因有人從某塔克愛脫遇有玻璃形之孔宛如中有結成之金石因此十分有據知科子之鎔鍊凝結如屋不洗提恩蓋塔克愛脫

中玻璃形之孔因其鎔而凝時先爲膏後爲硬而不結成亦無變動則爲玻璃形之孔

屢用顯微鏡視合拉尼脫中之金石見其空隙之處或滿氣或滿流質因其成孔之形各不同故能辨其孔中爲氣爲水爲夕里開等物

有人言合拉尼脫之空隙中每有水又拉乏中亦然四十年前有人攷知火山石中之水爲要緊之物今已人知拉乏流出之後每有水氣出或數月或數年方已

合拉尼脫與火山石造化相同皆可算其有火鎔鍊有水消化有氣凝結蓋合拉尼脫中有水之據與因火而成之據無異

石質鎔鍊於地中深處總有水在焉此有二故一因等常之金石中每有水而哀盧彌那之金石其水尤多一因天雨之水及河海泉水時沁入地中故其鎔鍊之處必有水惟雖有水而因爲重力壓之故其水不能化氣而出所以不必言其不是猛熱

有人思合拉尼脫在地中鎔鍊之時必熱至白色如但知幾何熱度合拉尼脫能結成或凝則尚不能助人知合拉尼脫熱若干能成流質俟三十五卷再詳論之

巴弗里合拉尼脫

有大結成之常非而斯罷在合拉尼脫中其結成之最長者三寸此種之合拉尼脫名曰巴弗里合拉尼脫

如圖爲巴弗里合拉尼脫兩長方形者爲常非而斯罷結成之最大者餘爲小者

於此種合拉尼脫中亦有小塊結成六面形之黑枚格其餘爲半透明之科子其半透明之科子與白色不透明之非而斯罷及黑色之枚格形色各異

此種合拉尼脫每有在極大之處其金石之質相同諒其造化必同惟有時亦每有他種金石結成於其中如普墨林阿克底摩兒愛脫入爾康茄納夫羅而斯罷等物其物皆獨自結成不變合拉尼脫之形然石中既有此則可知其造化之時其質非各處相同蓋合拉尼脫之質雖不外乎非而斯罷科子枚格而各處之石中此三種金石亦或互有多少

雖約奈脫

如合拉尼脫中有霍恆白倫代其枚格則名雖約奈脫因

埃及國雖約地方有此種石故名雖約奈脫

雖約奈脫之石形與合拉尼脫無異而其金石之質則各異故此石爲合拉尼脫之別派

有處見雖約奈脫形與合拉尼脫相同而漸遠則其形漸變變至爲脫拉潑之類故名雖約奈脫綠石有金石家言雖約奈脫之質乃非而斯龎與霍恾白倫相合其科子不過偶然在其中耳

雖約合拉尼脫

有一種石名雖約合拉尼脫其金石之質爲非而斯龎科子枚格霍恾白倫

合而客科子

法蘭西有一種石名潑羅多其因其質爲科子非而斯龎與合而客

此種石於阿兒不斯山遇之多英吉利南亦有之此石泐爛則爲高陵泥可作磁器卽作碗之砂也

刷兒石

刷兒者普墨林之別名也此石因有普墨林與科子相合故名刷兒石有時中有非而斯龎枚格者則謂之刷兒合拉尼脫此種石不多見

由來脫

由來脫之合質與合拉尼脫同惟爲細粒和合而成有時亦能見科子及枚格之結成而不見非而斯龎之結成如其中或無枚格而有常非而斯龎多則石色白其石名非而斯龎合拉尼脫法蘭西人呼之曰立底奈脫須用顯微鏡視之屢見中有茄納之細結成

鎔結石與火山石有漸變之形

合拉尼脫之屬能漸變至某種脫拉潑此爲從火而成之據如以結成之合拉尼脫與泥形之脫拉潑相比原是絕然各異惟每種火山石皆能爲巴弗里而巴弗里之石能見其結成之形如合拉尼脫所以可勿疑其不是一本而來

合拉尼脫金石之質與火山石大畧相同皆不過爲七種元質合成一爲夕里開二爲哀盧彌那三爲美合尼西四爲灰五爲卜對斯六爲素特七爲鐵

有時遇細孔之拉乏凝結之脫拉潑結成之合拉尼脫其合質之分兩相同夫某幾種元質以某多寡相合能成某石其數尚未攷知惟知其合質之股劑相同亦能爲各異之石如同一拉乏也而能爲玻璃形亦能爲硬灰形能爲純石形亦能爲巴弗里形其成石之時各照其冷熱凝結之遲速緩急而成各形又有些搭克愛脫及雖約奈脫綠

石其冷緩而結成則能爲合拉尼脫亦能爲雖約奈脫有人以爲合拉尼脫之形質因其鎔結時其中之水氣不洩所以其成石之形有一定而火山石則因拉乏中之水氣走洩有多少故石形各異者多此事曾有人試之以任何金石鍊至八百度熱則其中之水不能化氣而出因是知拉乏之水氣走出反因熱度減少故也如不用此種試法亦不足以明鎔結石之造化今可知合拉尼脫與火山石之造化各異其深淺異其冷熱異其壓力之輕重亦異合拉尼脫之漸變至脫拉潑有信而可徵者如拿威地方有脫拉潑之處甚大大約爲綠石巴弗里及雖約奈脫綠石其南方有一處有大雖約奈脫如人一路從脫拉潑處行向雖約奈脫處則見其逐漸而變不能言何處是脫拉潑與雖約奈脫分界之處

斯各得倫之合拉尼脫其金石之質亦與他處同亦有霍恆白倫代其枚格者惟有處另有一種合拉尼脫其合質不過爲霍恆白倫與非而斯罷一路視之見二物攙合之粒有處極細漸變至與綠石幾無分別又有處漸變至倍素爾脫或變至嫩昔斯脫與斯各得倫之脫拉潑無異又有合拉尼脫其合質爲非而斯罷科子枚格霍恆白倫其石漸變至倍素爾脫案斯各得倫卽蘇格蘭閟呆里有數種塔克愛脫其中不止有枚格之結成科子之結成多亦遇非而斯罷及霍恆白倫觀此易推知火山中最深若干尺則其塔克愛脫卽能爲合拉尼脫

合拉尼脫之脉

合拉尼脫之支脉能走入他石中與脫拉潑相似有時見水層石中有合拉尼脫走入之處其水層石亦有熱變之形與遇火山石兗克處無異

如於斯各得倫有灰石與泥昔斯脫壘層與合拉尼脫相遇如以爲其下本有合拉尼脫而後他石沈積焉則應如甲圖今則如乙圖

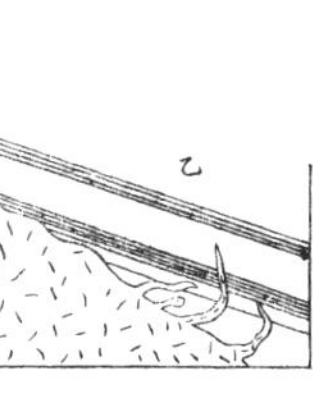

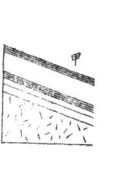

其合拉尼脫之面凹凸不平而經過數種壘層又有支脉走入其上之壘層泥石灰石中脉旁之灰石有處變硬形如霍恆斯駄能及豈而脫之形此熱變之石碎之口如玻璃入酸易發泡

斯各得倫又有一處其合拉尼脫之脉如圖

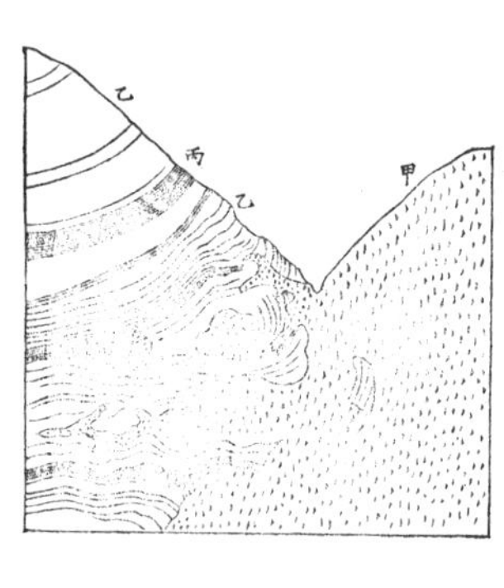

甲爲合拉尼脫。乙爲灰石。 丙爲藍泥昔斯脫。

此處之合拉尼脫之脉甚多。其走入疊層中。交結如網。其脉形近其大合拉尼脫處甚厚而大。漸遠則漸小。至薄如紙細如線。又有時見一塊合拉尼脫。與其大者不相連屬。此處之灰石等常爲鉛灰色之粗粒灰石。其粒爲結成。而其遇合拉尼脫處及有脉走入處則其灰石無粒形而變至如霍恆斯駄能。其與灰石疊層之泥昔斯脫遇合拉尼脫處變至爲霍恆白倫昔斯脫。

霍恆斯駄能爲夕里開之金石。而灰石所變之霍恆斯駄能則遇酸微發泡。如不先知此灰石本非淨灰。則其理甚難解之。蓋其結成之灰石本有粒科子。枚格非而斯罷撒開在其中。此三物之質於灰石遇熱時亦能鎔。鎔則流而相并。所以有處能變至夕里開。

鎔結石之走入他石。其形從彎曲微細之筋脉至厚如兌克者皆有之。宛如火山石之過拉乏拓發也。如合闌比山卽有合拉尼脫之兌克。其兩面亦平行。

大約普天下合拉尼脫之脉皆彎於脫拉潑之脉。其爲兌克之形者不多見。

合拉尼脫之脉形各處畧同。

此圖爲好望角有合拉尼脫之脉入昔斯脫中。

此爲斯各得倫北方合拉尼脫脉在尼斯中。

有時數種合拉尼脫之脉彼此相過。如日耳曼江邊有三種合拉尼脫。形色各異。其合質亦各異。見其二次之脉經過前次之脉。又有三次之脉走入二次之脉。

於斯各得倫北島有二種合拉尼脫。一爲雖約合拉尼脫。其石在尼斯之下。有脉走入尼斯。一爲紅色之合拉尼脫。其脉走入暗色之合拉尼脫中。

此爲雖約合拉尼脫之脉走入尼斯之圖。脉之石色白而明，尼斯之色黑而暗，故易見。

脉之石質與其本石不同

合拉尼脫走入他石而爲脉，其脉之形質與其根本之石不同，其粗粒每變爲細粒，其金石之質亦各異。

如英吉利之南，其合拉尼脫之質爲非而斯罷科子枚格，而其脉則爲非而斯罷科子，細粒相合，而無枚格。

又有處合拉尼脫之脉幾全是科子，而非而斯罷枚格甚少，亦有枚格科子俱無而爲白色粒形之非而斯罷者。

英南之合拉尼脫其本石之形畧如巴弗里，其中有非而斯罷之大塊結成，而其羣脉則皆爲細粒而無大結成。

如圖爲英吉利南合拉尼脫之脉形。　其脉之長從十六尺至二十三尺，亦有再長之處。

法蘭西阿兒不斯山之下有一常合拉尼脫，其質爲非而斯罷科子枚格，其脉走入台而客尼斯，其脉愈小者其粒亦愈細，有處之脉斷於尼斯之中而獨成一塊。

如圖爲阿兒不斯山尼斯中有合拉尼脫脉。　甲爲其脉斷於尼斯中。

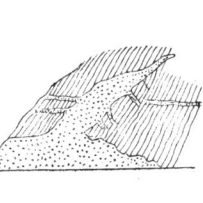

此處之台而客尼斯遇合拉尼脫處有互相變化之形，其合拉尼脫仍無疊紋而變爲綠色，其台而客尼斯變形如合拉尼脫，而仍有疊紋。

在拿威有數處之尼斯石遇新合拉尼脫而變，其尼斯仍有頁形，而有非而斯罷多，其色比常非而斯罷紅。

礦脉

合拉尼脫雖約奈脫以及一切深造之鎔結石皆有金類，其礦恆在相近之疊層中或脉之所過所入處。

凡脉之走入疊層者，其疊層中之金類大約比脉中多，所以地學家思之，以爲鎔結石鎔鍊之時其熱極大，金類在其流質中皆化爲氣，其遇他石之冷熱各異處，及有裂縫處則金氣易從此洩，或遇冷而凝。

如拿威之合拉尼脫其上之疊層石遇合拉尼脫脈走入之處疊層石之斜度不變因此地學家疑合拉尼脫非有突起之力其所以能走入他石者必有他故使然惟無入疑脫拉潑兒克其流而走入疊層無突起之力

合拉尼脫撒開之塊

合拉尼脫有實在撒開之塊及貌似撒開之塊在他石中

如圖甲乙為撒開之塊

有人思此形以為與常理不合雖有些撒開形亦有所見之處似與其本石不相連而其中仍有彎轉相通之處者然亦有實在不相連屬者蓋其支脈鎔流在他石中易凝結而獨成一塊或他石中有質經熱亦能鎔結而變為合拉尼脫故也

科子之脈

每有淨科子之脈在合拉尼脫中或在疊層石中此脈循之不能至其大塊之本石蓋其先因石中有一縫而水中消化之夕里開沁入其中而凝結也

石中之科子脈有據能知其先有一裂縫而後有科子入

其中為脈者如拿威海邊有科子脈過尼斯綠石如圖

甲乙為科子脈　斜紋者為尼斯　疎點者為黑霍恆白倫橫紋而直者為綠石兒克

如前圖疊層之石有形如合拉尼脫之白色尼斯與霍恆白倫昔斯脫相間疊其斜層中先已有綠石兒克走入之而後有甲乙之縫其科子脈在此縫中近兩面之處為透明之白科子中間為白而不透明之常科子

攷鎔結石有蓋於他石之上否

火山造化之石每有平鋪橫亘甚寬廣者此因不特能自下走出亦因其能流開而蓋於他石之上故也而鎔結石之形則與此異所以有人言可名合拉尼脫為內蘊之火山石

拿威之合拉尼脫昔時以為其石在一次石之上為山其山蓋於灰石舍兒之面上此舊說也惟合拉尼脫雖有脈走入水層石為新期中所成之據然非實在在水層石之上雖有幾處小地方其由來脫巴弗里疊層有十餘尺厚變至合拉尼脫諒此石必比脫拉潑更近於鎔結石所以其石能與水層石相疊而亦與合拉尼脫相連

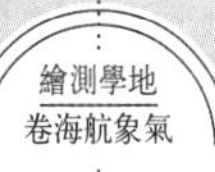

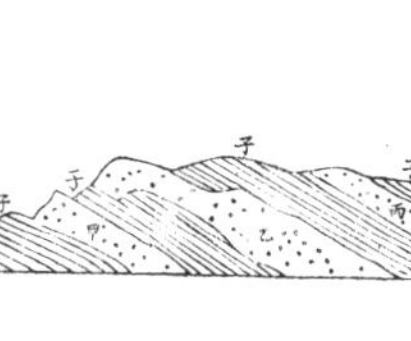

如圖為由來脫巴弗里與一次之水層石相疊之形。甲乙丙為由來脫巴弗里。子為石油含兒泥灰石。

觀前圖。知由來脫巴弗里甲丙二層之面。俱與含兒泥灰石之層平行。而乙層微有不平行處。因此人疑其有力走入子層之縫中而成。

此處巴弗里之石有些是科子多。有些是非而斯罷多。其結成之塊愈大。則石形愈似合拉尼脫。而愈與疊層不平行。亦愈有支脉走入疊層石中。

觀此形。分明可解釋火山石與鎔結石相連之故。不特為其石之形質相同。亦為其與他石相遇之處。其形亦偶有相同。如欲言鎔結石亦有蓋與他石之上面處。不過謂此處之鎔結石亦有火山石之行為而已。

地學家已有一意。謂任何火山。其熱至無限深處。其鎔鍊之物。必與近地面者各異。惟不能測知其若干尺深。熱度幾何。大壓力幾何。重其結成之形。比地面若何。但知其造化於深處之石。其形必多各異。學者執此說。自能推火山石之造化於地中者。則為鎔結石。此理是否。

有人言若如此說。則合拉尼脫與火山石。不過同一根本而有支分派別耳。則應能遇一極大之火山石兒克變而漸上。則形如拉乏。變而漸下。則為合拉尼脫。何以從未遇有此種形狀之山。

答之曰。一山之高能有幾許。其從上至下。不過數千尺耳。路之相去尙近。故不能有此形。須合數山觀之自明。如於一處遇脫拉潑。變至有空泡之拉乏。又於別處見合拉尼脫變至為脫拉潑。卽其據也。

鎔結石現露於地面因水蝕之故

已言古期之石。被水蝕去者甚多。因此不難信鎔結之石造化於地中深處。其所以能現於地面者。因其上面之石被水蝕去故也。

鎔結石之古者亦有比海面極高之山。此與水層石能高出於海面之故同。所以鎔結石亦有新舊之期。下卷詳論之。

陽湖趙宏繪圖

長洲沙英校樣

江南製造局

地學淺釋卷三十四目錄

地學淺釋卷三十四

英國雷俠兒撰
美國瑪高温口譯
金匱華蘅芳筆述

此卷論各期之鎔結石

鎔結石一定之期難知

如定以鎔結石為從火造化則一切鎔結石之現露於地面者亦有新舊之期欲攷其為某期之造化則比水層石火山石難定

學者今須記得每期中皆有火山石或拉乏從火山中流出於水陸之地或從拓發及稜角石子疊層攷其所在之

石見其疊層中有某期之殭石則可定其火山石為某期惟深造之鎔結石則無此種實據故此法不能用

今有四種試法以定鎔結石之期 一觀其上面之石 二攷其走入他石或變他石 三攷其金石之質 四攷其中之石塊

攷上面之石

任何水層石在合拉尼脫之上每有未為熱變者如拿威之後沛育新迹層在合拉尼脫之上阿勿倫淡水埋育新迹層在新紅砂石及合拉尼脫之上是也此種上下比較之法有據知其鎔結石必古於其上之層因其合拉尼脫

科技譯著集成

已鎔結之後，而後其上有沈積之層，所以不爲其熱所變，而其水層石中，必有鎔結石碎塊之石子。

攷走入他石及變他石

每遇有鎔結之石，其脉走入他石中，而他石遇之有熱變之形，則其鎔結石造化之期，必比其所入所變之石新，因他石已先成，而後鎔而走入以變之故也。

攷金石之質

鎔結石之質雖大畧相同，而亦有數種稍異者，如雖約奈脱及台而客合拉尼脱等類是也。

每有極大地方專遇一種鎔結石，如於一處得其某期之據，則其相近之處亦必同期，故每有因一塊石而知極大之山爲何期所成者。

如於拿威之雖約合拉尼脱中，見有一種金石，名入爾康，又見其遇西羅里安水層石而變之，則不必疑其南邊之雖約合拉尼脱，不是同時鎔結，因其中亦有入爾康之金石故也。

有人以爲鎔結石之期，可以金石之質定之，如合拉尼脱之有霍恆白倫者，比有枚格者新。此說近有人攷之，知其言不足爲據，如雖約合拉尼脱在拿威者，則走入西羅里安而變之，而英吉利某處之合拉尼脱，其質爲非而斯

罷科子枚格，而其石新於可兒美什，所以此說非是。

攷其石塊

此法亦無甚大用處，因他石之碎塊，在合拉尼脱中，每爲其熱所變，不能言其一定從某種石來故也。

惟於美里哥有一合拉尼脱，其脉走入他種合拉尼脱中，而脉中有泥石脱拉潑之碎塊，蓋其古合拉尼脱裂開爲縫之時，有泥石脱拉潑之石塊落於縫中，而後有新合拉尼脱走入爲脉，故石塊能在其脉中也。觀此則知其脉中有石塊之合拉尼脱，必新於其近處之泥石脱拉潑。

沛育新之鎔結石不能見

何以知沛育新期能有鎔結石成焉？如讀二十九卷至三十三卷，已知火山石之造化與鎔結之造化有連屬之理，學者試思之，某期中既有火山石造化於地面，則亦必有鎔結石同時造化於地中，特不過尚未升出於地面之上，故不能見耳。

有時見火山之拉乏流出十餘年方冷，如其來源愈深，則其冷愈緩，如墨息哥之火山，其拉乏流出五百餘尺厚，至五十年之後尚有熱氣，由是思之，地中鎔而未流出之拉乏大如湖海，其熱必極大，其冷亦必極遲，又其漸冷之時，亦能因他物增其熱而不冷者，如地中海之火山，二千年

以來恆見其拉乏在穴中滾沸諒必其下有火鍊之又如蒲盆島火山其拉乏兩年一流出諒其下必時能增熱統計每百年中遍地球之火山其拉乏之流出二千次則今之地中深處其造化之石必不少惟因其造化於地中八不能見必至其漸漸升起而其上之石被水蝕去方能見之如某期中其石鎔結於地中至某期而升起於地面其時已不知隔幾萬萬年所以莫望有新期之鎔結石見於地面除非再過數期方能見之所以水層石火山石每有甚新者而鎔結石必比其古

美里哥火山之地漸高

入今知美里哥之南其火山拉乏之地漸高因此知古鎔結石之能升起由於有新鎔結石造化於下也所以鎔結石之造化舊者恆在上新者恆在下猶之水層石之造化舊者恆在下新者恆在上也

地學家意欲解水火二種造化同時各成新石有相背而馳之理特作一圖以明之

如圖一·二·三·四爲水層石 〡〢〣〤爲鎔結石 一〡爲一次石 二〢爲二次石 三〣爲三次石 四〤爲後沛育新

觀圖之〡爲最古之鎔結石其後每有後一次之鎔結石成於下則其上之老石升高一次如是屢次升高以至高出海面則爲陸地之山其一·二·三·四次之水層石亦因下之鎔結石升起故其現露之處一高於二而二高於三而一二三遞高於四

學者於前圖能見四與〤相去最遠雖一二三四與〡〢〣〤各爲同時中所成惟一則從上增高一則自下繼長準此變動之理推之其第三次之鎔結石必再過數期方能升爲山頂

瘞育新之鎔結石

十六卷中已言阿兒不斯山劈立尼山之牟伞來脫灰石爲瘞育新期其升出地面爲埋育新期從此可知其時必有大變動故能使三次之水層石升高所以在此處如遇合拉尼脫必爲瘞育新期所成

於瑞西之阿兒不斯山見其牟伞來脫灰石有處有合拉

尼脫走入而變之為結成之昔斯脫。

阿兒不斯山最高之處其石為台而客合拉尼脫其鎔結之時幾一定是牛牟來脫灰石沈積之時。

美里哥南安提山之石層於三新期中有大變動因此而思安提山之石層開裂處必能見第三次之鎔結石今攷知有處與此言合。

有兩帶連山之脊其開裂之處能見數新期之水層石在鎔結石之上而有熱變之形。

於西邊一山脊見有黑色之泥石層高於海面一萬四千尺其中之螺蛤殭石有葛里非耶台里拔求來哀未奈脫此諒與歐羅巴之三次石為同時其石因與鎔結石之山相遇故有熱變之處其鎔結石之山為常合拉尼脫每有鴨兒倍脫霍恆白倫而科子少。

其東邊一帶連山大約為砂石及合子石之厚層其石蓋從西邊高山之石泐爛而來其圓石子大約為有殭石之泥石破碎之塊因其處與冰地相近故與冰地之三次石同不特其金石之質同其中之殭石如夕里開木亦同又因其殭石與太平海邊三次石之殭石亦同所以亦為第三次石。

又此處之合拉尼脫或為兒克過舋層其脈中每有金銀銅鐵砒硫等礦循其脈皆能至其合拉尼脫之本石因此有人思之以為安提山之鎔結石比某處之三次石尚新此書中專指鎔結石為從地中深處造出如有人疑此說非是則應遇三次之鎔結石多今則所遇之處甚少故為深處所造無疑蓋鎔結石熱變石從其造化之時至其升出於地面之時總須甚久因其變動亦極遲故必極久而後能升高又必其上面之石裂開處被蝕而後能現露所以新期之鎔結石不能見。

今知近數十年中美里哥南及天竺其地形有高低變動其變動之時火山中有拉乏流出因此能知地面高低以致水陸變遷亦是地中有火鎔鍊之故蓋熱則漲冷則縮故地形為之變動也。又火之行為能使水氣熱而漲大而石層為之開裂故其鎔流之石能走入上層之石縫中歐羅巴之高山除數處小地方之外大抵皆瘞育新期從海中高出者居多即當時已為陸地者亦一同高起。又歐羅巴有大低之處亦是瘞育新期低下蓋地中之石因鎔流至他處則中空而上面能低下以補之而他處則因有鎔流之石多而地面為之突起。

昔時地學家言地面之變動在古時愈大今試問古時之變動有更大於瘞育新之變動否則無以對矣所以古說

江南製造局

非是.

鎔結石之升出於地面.大約以三新期之變動爲最大.其所突起之石.有比碟期之造化更老者.後來其突起之力若不衰.又能使第二次之鎔結石熱變石.現露.如其力仍不衰.則又能使第三次之鎔結石熱變石.亦現露.此突起之力.能使今時沈積之新層.有大碎蝕.斯時地中.又另有熱變石鍊至爲火山石鎔結石.而地面亦同時中有沈積之大層.俟三十七卷再論之.

克里兌書之鎔結石

劈立尼山之水層石.其熱變之茶而刻來約斯與合拉尼脫相遇.此合拉尼脫之期.或爲克里兌書.或爲三新期.地學家一時尚未能定見也.

如圖.乙丙丁皆爲克里兌書期之水層石. 甲爲合拉尼脫. 其乙層遇甲之熱而變丙之最下層.亦有微變.

地學家遇此形.罕能言合拉尼脫之熱變乙層之時.丁層方沈積.因其上更有三次石.安知其不在三次石已成之後.而其熱之力.僅能變至丙層.所以地學家不敢遽定其何期.

烏來脫及來約斯期之鎔結石

於法蘭西之阿兒不斯山.有黑色泥灰石.其中有倍里每脫之殭石.其層與合拉尼脫相近處數里中.得細粒灰石.再近則爲灰色粒灰石.

阿兒不斯山之合拉尼脫.其質爲淡紅色之非而斯麗與黑色之枚格.其石有處微蓋於二次水層石之上.而水層石因其熱而變者三十尺深

如圖.甲爲合拉尼脫. 乙爲熱變石. 丙爲烏來脫水層石.

其烏來脫之熱變處.泥石變爲硬昔斯脫.而灰石變爲結成之粒灰石.其粒如糖.其磨石變至科子.又有一薄層變至形如合拉尼脫.

此處之合拉尼脫與二次水層石相遇處.每有金類之礦或爲藏.或爲脈.如白鉛白倫脫呆里那鐵礦銅倍來底斯其處之熱變石.硬而結成.而合拉尼脫嫩而無結成.

如前圖之合拉尼脫.雖在二次石之上.然不能言其是鎔流而蓋於其上.因此處之石層變動甚大.或有反轉之處.亦未可知.

在斯各得倫之北.有一大雖約奈脫.入灰石含兒曼層.其

科技譯著集成

灰石舍兒爲來約斯期所成其灰石與鎔結石相遠之處則有殭石其相近之處則變爲結成之灰石而絕無殭石以大里有烏來脫灰石亦遇鎔結石而變其鎔結石爲鴉呆脫巴弗里漸變至合拉尼脫其灰石變至結成之粒灰石最近之處變爲綠石

可兒美什之鎔結石

於英吉利之南有合拉尼脫昔人以爲是最古之石今知其在可兒美什之後因其所遇之水層石有碟期草木之形故也 此處之合拉尼脫亦如拿威之雖約奈脫其走入水層石中者水層石之斜度未爲之變動

惟此處之西有可兒美什層遇合拉尼脫而變又有合拉尼脫之兒克及脉走入之

西羅里安之鎔結石

地學家久已知拿威之合拉尼脫比其西羅里安之水層石新因見其石有處在有三合蟲殭石之灰石舍兒層中故也惟此人所攷亦有誤處因其意以爲灰石與合拉尼脫成疊層不知其合拉尼脫之入灰石舍兒層中爲脉其本石非與灰石舍兒層成疊層而其脉亦非處處皆與灰石舍兒平行

如圖中央爲合拉尼脫 兩旁爲灰石舍兒斜疊層

夫此合拉尼脫比西羅里安新故其脉能走入西羅里安之疊層而西羅里安之下有古造化之尼斯亦有合拉尼脫脉走入之則此新合拉尼脫與古尼斯其年之相去不

甲處之合拉尼脫脉走入舍兒灰石幾與其層平行昔人以爲其左邊之脉亦必與其斜層平行故誤今知乙處之脉並非與斜層平行所以知其實是走入也

知幾何

因何而知兩石之年相去甚久因見其西羅里安在尼斯石層之上而不與尼斯平行其尼斯之層被蝕尚在西羅里安未沈積之先

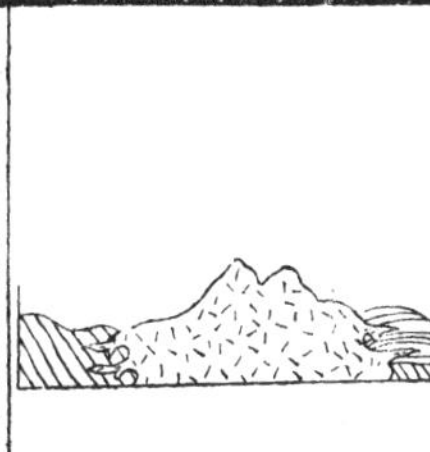

如圖爲拿威之合拉尼脫脉走入西羅里安及尼斯 右上平者爲西羅里安 右下斜者爲尼斯 左邊斜者爲尼斯 中間高者爲合拉尼脫

其西羅里安沈積於尼斯已蝕之後有二據焉一因於西羅里安之下見尼斯斜層之側面有磨光之形一因西羅里安石層中有尼斯之圓石子因此二據所以知尼斯水蝕之時其西羅里安未沈積則從尼斯造化之時至尼斯被蝕從尼斯被蝕之時至西羅里安沈積從西羅里安成石之時至合拉尼脫造化而其脉走入尼斯及西羅里安其期之久遠有不可以數計者

西羅里安尼斯之期與其合拉尼脫之期相去如是久遠而其相遇之處變至幾不能分惟其脉走入尼斯處則不甚變

於此處不過見尼斯中亦有合拉尼脫之脉走入之惟究不知其尼斯爲何期所成亦不知其合拉尼脫於何期走入或其走入之時尚在尼斯未結成之時亦未可知因此斯各得倫之合拉尼脫及其走入之尼斯究不能言其一定爲某期惟因其脉亦有走入西羅里安處所以只能言其合拉尼脫鎔結之期不能在西羅里安之前

論古於迹層之鎔結石不能得

五十年以前地學家皆以合拉尼脫無有比水層石新者所以謂鎔結石爲一次石今已攷知鎔結之石亦有新舊故舊說已不用惟難言何處之合拉尼脫一定比一切有殭石之水層石古

如遇有下堪孛里安及落冷須安層在合拉尼脫之上而無熱變之形亦無合拉尼脫之脉走入之則能言其合拉尼脫造化之時比一切有殭石之水層石早

然謂堪孛里安落冷須安一定爲最古之迹層石其言亦太鹵莽因今之所知者不過地球之一角耳如遇鎔結石在堪孛里安落冷須安之前安知其鎔結石之前更無有殭石之水層石

如於下堪孛里安中遇合拉尼脫之圓石子則能知此合拉尼脫之造化比下堪孛里安早若僅於上堪孛里安或

西羅里安中遇合拉尼脫之圓石子則其石雖古或者尚在古殭石之後

合拉尼脫硬塊突起

英吉利有一處合拉尼脫其質爲非而斯罷科子枚格與烏來脫期之水層石相遇其相遇之處水層石無熱變之形而有含兒砂石灰石之碎塊有灰色之物膠固之爲合子石觀此形知其合拉尼脫鎔鍊之時本不與烏來脫相遇及已結成爲堅石方自下突上而至烏來脫層故其烏來脫層遇此堅石大塊突起而含兒砂石灰石皆被糜碎所以其處之二次石層甚亂漸遠則漸平

如定以此合拉尼脫爲已成堅石而後突出於烏來脫疉層中則有一說以解之如日耳曼有一處爲克里兒書烏來脫石層方數百里有一大塊合拉尼脫倚之有人攷此合拉尼脫入此層時已爲堅石因其相遇之處絕無脉走入迹層而迹層石亦絕無熱變之形而有迸裂糜碎之石塊爲合子石又其合拉尼脫有處微蓋於茶而刻之面此蓋是反轉之層猶來約斯之石層能蓋於克里兒書石層之上也

攷哀蘭島合拉尼脫之期

在斯各得倫地方有一島名克蘭島其島南北六十里中能見四大類之石俱全故便於攷究

如圖右爲北左爲南一爲熱變石昔斯脫爲此處最古之石 二爲粗粒合拉尼脫其脉有走入一層處 三爲老紅砂石中有一之碎石爲合子石 四爲礫含兒灰石紅砂石 五爲細粒合粒尼脫其脉有走入粗粒合拉尼脫處 甲乙丙丁爲脫拉潑兒克其遇細粒合拉尼脫處俱絕 子丑爲另一種脫拉潑兒克此兒克貫於二種合拉尼脫而不斷 五亦爲細粒合拉尼脫 六爲脫拉潑

於此島之北邊見有粗細二種合拉尼脫其粗粒者與昔斯脫相遇又粗粒合拉尼脫中有倍素爾別溪多能火山石兒克其兒克遇細粒合拉尼脫處皆斷如圖之甲乙丙丁又有倍素爾綠石兒克通貫於粗細二合拉尼脫中如圖之子丑而於南則其合拉尼脫無粗粒者只有細粒者如圖之五此諒與北邊細粒合拉尼脫爲同時所成而此處則與昔斯脫相遇 又有火山石脫拉潑流而平鋪於礫含兒灰石紅砂石之上其質爲非而斯罷倍素爾綠石又有別溪多能之兒克貫之如卯

其粗粒合拉尼脫之山高三千尺其山坡有昔斯脫藍泥石及他種熱變之石蓋之其熱變石中有粗粒合拉尼脫之脉走入之所以此粗粒合拉尼脫新於昔斯脫

於昔斯脫之坡下有老紅砂石及合子石層蓋之其坡下又有礫層之含兒灰石蓋之又有新紅砂石合子石蓋之觀以上諸形自然除昔斯脫之外皆比粗粒合拉尼脫新然此說猶有人疑之因其相近之新舊紅砂石中有合子石層厚數百尺而不見其合拉尼脫之石子故也大凡合子石之石子皆從其相近之山來今合拉尼脫之山與合子石處甚相近而無其碎石子所以爲奇有人仔細查之亦不能得但見其合子石之圓石子或爲科子或爲昔斯

脫及他種熱變之石.

或問新舊合子石中旣不見有粗細二種合拉尼脫之石子則可言此二種鎔結石皆新於他石乎 曰是不能惟能作一曲解言其砂石合子石之層成時其合拉尼脫尚未升至現露或已現露而尚未碎蝕則理亦未嘗不通蓋其一之昔斯脫上層已被蝕爲砂及石子成老紅砂層合子石時尚未蝕至結成昔斯脫之有合拉尼脫脉處如是說法可不必以昔斯脫之碎蝕爲在合拉尼脫脉未走入之時.

此種曲解人雖不能言其錯然其證據尚不足不如言老紅砂層造化時其變層之昔斯脫爲其時之海島.

如圖子爲合拉尼脫. 甲爲昔斯脫. 丙爲老紅砂石. 平線爲海面.

則其昔斯脫被蝕之時其下已早有合拉尼脫之脉在其深處特水蝕所未及耳.

欲攷粗粒合拉尼脫於何時高起則其變動必在細粒合拉方造之時或在脫拉潑兒克流出之時其地中之熱力皆能使之升高總之其高起無論於何時惟總在昔斯脫已有之後.

此處之合拉尼脫亦有已成堅石方升起之據因其昔斯脫及紅砂石層皆在合拉尼脫之山坡如蓋於其石之上者然惟在他處則其層之斜不與合拉尼脫之山坡相順而與之相逆此因非一次變動之故也.

陽湖趙宏繪圖
長洲沙英校樣

地學淺釋卷三十五目錄

地學淺釋卷三十五

英國雷侠兒撰　美國瑪高温口譯
金匱華蘅芳筆述

此卷論熱變石

熱變之意

熱變石之名有一命名之意因其石先爲水層石後受地中之熱而變爲半結成之形故以熱變名之人若不信此說不肯用熱變之名則可呼爲深造之疊層石或者呼爲深造之昔斯脫亦通

熱變石之形

熱變石之形其中絕無殭石亦絕無他石之碎塊及稜角磨圓之石子此其恆形也其石之在地面有時爲一帶狹脊之連山其山中有現露之層亦有爲極大之層者如拿威瑞典美里哥南等處皆有熱變石爲山或有現露於平地者又如斯各得倫亦有尼斯枚格昔斯脫霍怲白倫昔斯脫此數種熱變之石其形甚近於合拉尼脫

熱變石其結成之形雖多然不似合拉尼脫之有脉走入他石無論新舊昔斯脫俱無脉走入合拉尼脫亦無脉走入水層石因此知其熱變之時未至鎔流

熱變石之新舊不關其金石之質

地學家欲辨別熱變石之新舊屢推測之忽於一處得一據如泥昔斯脫常比枚格昔斯脫高而枚格昔斯脫常在尼斯之上此層累之法雖偶於一處如此非能處處皆然俟三十七卷詳論之

熱變石之名

今先言熱變石之大種類如尼斯　枚格昔斯脫　霍恆白倫昔斯脫　泥昔斯脫　客羅愛脫昔斯脫　結成灰石　又有數種科子石名科子愛脫

尼斯

尼斯之石亦有疊層而地學家不謂之疊層而謂之頁形

亦有人呼爲頁形合拉尼脫其金石之合質與合拉尼脫同亦爲非而斯罷科子枚格惟其結成之形有頁

如圖爲尼斯頁形側視之形頁之厚薄與眞石同　其白色處爲非而斯罷之粒而中有撒開之科子枚格　其暗色處爲灰色之科子與黑枚格有時亦微有非而斯罷之粒

尼斯石於其暗色之頁劈之能開其劈開之面光亮如烏金蓋枚格之面也　尼斯中之質科子爲多而暗色之頁則枚格多故易劈開

尼斯之頁亦有不如前圖之薄而爲厚層則其厚層之頁每多斜形不如薄頁之略近平行

地學家名此種石爲尼斯不過是一總名耳其實此種之石亦不止一種如霍恆白倫與尼斯間疊者亦爲尼斯之類

與尼斯相連之石有非而斯罷者居多假如霍恆白倫與枚格科子非而斯罷爲一雖約奈脫之尼斯而有台而客代其枚格則爲台而客尼斯其合質爲非而斯罷科子台而客每物皆有分明之結成

霍恆白倫昔斯脫

其石常爲黑色其合質爲霍恆白倫與非而斯罷而二物之多少無一定之數有時亦有科子之粒在其中如霍恆白倫與非而斯罷均分而石形不類泥石則與綠石脫拉潑爲一類

霍恆白倫昔斯脫亦名霍恆白倫石有爲極大之層其先爲火山石後變而至結成者

枚格昔斯脫

熱變之石以尼斯爲最多其次則枚格昔斯脫爲多其形如斯里脫（卽字板石）其合質爲枚格與科子有時視之如全爲

枚格亦有淨科子在其層中。其石有時漸變至泥斯里脫。有處之枚格昔斯脫中有茄納結成十二面形。

泥斯里脫

泥斯里脫亦名泥昔斯脫。此石形如硬泥亦如舍兒劈之最易成片。可作屋背之用。故亦名屋背泥石。

泥斯里脫劈開之面有時甚光明或有絲光。因其中有枚格故也。其石之顏色從藍綠至鉛灰色皆有。

熱變石之昔斯脫其合質與水層石之昔斯脫（即泥石）同。不過經熱變硬耳。

科子愛脫

亦名科子石。其石爲粒科子搏結而成。其細粒或爲結成或爲圓粒。遇其壘層與尼斯及他種熱變石相連。

又有凝結之科子在他石中爲脉者。此種亦與粒形之科子愛脫相連。

此二種科子。每有與尼斯枚格昔斯脫相間壘。或因枚格漸多。或因非而斯罷枚格漸多。則漸變至爲尼斯及枚格昔斯脫。

客羅愛脫昔斯脫

綠色之斯里脫中。有厚片之客羅愛脫多。故名客羅愛脫昔斯脫。其中常有細粒之科子及非而斯罷枚格之結成層。有漸變至泥斯里脫及尼斯之處。

結成灰石

亦名熱變之灰石。昔人名之曰第一灰石。有時爲白色結成之粒灰石。如遇厚層可取之作房屋之用。

此石大約薄層者居多。其石亦有頁。如尼斯枚格昔斯脫有時與尼斯枚格昔斯脫相間壘。則其中每有結成之枚格。亦有科子非而斯罷霍恆白倫台而客客羅愛脫茄納等金石結成於其中。

此石在拿威瑞典斯各得倫等處不恆遇之。於阿兒不斯山最多。

熱變石中金石表

今欲解熱變石之所從來。先用一表以解其各種金石之名。

鴨克低摩兒愛脫昔斯脫　頁形。其質大約爲鴨克低摩兒愛脫（綠色之金石。形似霍恆白倫。）其中微有茄納科子及枚格。

安比來脫　此石即泥斯里脫之別名。

安非蒲兒愛脫　即霍恆白倫之別名。　霍恆白倫中之非而斯罷或多或少。則以此名之。遇之於火山石及熱變石。

泥昔斯脫　亦名泥斯里脫。　亦名泥石。

阿過斯、其形質與合拉尼脫同。即合拉尼脫與他石相遇處之變形也。其中每有結成之非而斯罷科子，有時亦有結成之枚格。其非而斯罷已與合拉尼脫之本石相離而泐，後有夕里開膠固之屢有科子之脉走入其中。

才哀斯得奈脫斯里脫、質與泥斯里脫畧同，惟其中有才哀斯得奈脫斜方形之長結成。

客羅愛脫昔斯脫、綠色之石，形如斯里脫，而中有客羅愛脫多，故有是名。客羅愛脫爲一種綠色片形之金石。

泥斯里脫、即泥昔斯脫，解已見前。

由來脫、前於鎔結石中已解之。惟遇其石質相同者在尼斯或枚格斯里脫中，故又爲熱變石之類。

尼斯、疊層或頁形。其石之合質與合拉尼脫同。解已見前。

霍恆白倫石、已見於火山石表中。惟其合質與霍恆白倫昔斯脫同，而其頁不脆。

霍恆白倫昔斯脫、俗名斯里脫。其石之合質爲霍恆白倫與非而斯罷。

霍恆白倫尼斯、別名雖約奈脫尼斯。其石之合質爲非而斯罷及科子與霍恆白倫。

海不其音灰石、海不其音，譯言深造石也。因其灰石於深處結成，故有是名。

麻勃耳、即結成之灰石也。任何熱變之灰石，硬而磨之能光者，皆名麻勃耳。

枚格昔斯脫、即枚格斯里脫。其石之合質爲枚格與科子和合而成，故二物之多少無一定之數。

枚格斯里脫、即枚格昔斯脫。解見前條。

非來脫、泥斯里脫之別名。希臘語謂樹木多葉之貌曰非來脫，因其石多頁故也。

第一灰石、即海不其音灰石，解已見前。

潑羅多其因、即台而客尼斯。其無頁形者，謂之台而客合拉尼脫。

科子石、別名科子愛脫。其石爲科子之粒結合而成疊層，解已見前。

色爾并台能、已詳火山石表。因熱變之石亦有此種，故復列之。

台而客尼斯、其合質與台而客合拉尼脫同，惟有頁形如尼斯。

台而客昔斯脫、其石之合質大約爲台而客與科子，或台而客與非而斯羅劈之亦能成片如泥斯里脫。

論熱變石之自來

已解熱變石之質再論其造化之故因何而成此石惟須先爲學者言凡以前所論者皆是實有證據之事而以後所論者不過人推測之姑作如是觀莫以爲已有一定不易之理也

地學家有一舊說今時尚有人信之其說以爲凡石之多結成而無和合之形亦無生物之迹者其造化之時必有一非常之變非尋常造化之法所能成此說今已知其非蓋其石亦各期俱有新者其變化之故亦由漸而然非有格外之事也

如尼斯與枚格昔斯脫泥斯里脫及海不其音灰石其變成此形不止在古殭石時亦有在生物遞變之際者故變之一字不過言其石本爲沈積之層而後來漸變爲結成之石也

今試問其石之形爲有疊層無疊層則無人不云有疊層惟因其有疊層故其質本是從水中沈積而來今地學家大約呼其名爲疊紋石因其層疊之形亦與有殭之水層石同又其石之形不特因其層疊之形與水層石同除無殭石無泥砂無碎石無圓石子無砂浪紋之外皆與水層石之形同蓋其殭石砂浪等形皆爲火之熱力所變去矣故謂之熱變石

熱變石之疊層

水層石之疊層其形色各層不同而熱變石之疊層其形色亦各層互異如尼斯與霍恆白倫昔斯脫相疊或尼斯與客羅愛脫昔斯脫相疊或尼斯客羅愛脫昔斯脫與粒科子灰石相疊其從下至上能有多層又如枚格昔斯脫與客羅愛脫昔斯脫或與淨科子粒灰石相間疊

熱變之據

前已論合拉尼脫火山石兒克與水層相遇處其水層石

均有因熱而變之形如與合拉尼脫相遇者其變更甚除此之外另有一據凡有殭石之石層與熱變石之石層每有不能分界之處

拿威之南有合拉尼脫或雖約奈脫之山與水層石相遇亦有脉走入疊層石中其舍兒灰石或砂石疊層中本有螺蛤石蓮殭石甚多而近鎔結石一百五十尺至一千二百尺處其泥舍兒變硬如火石有處變至如嚼斯不爾之形其綠色與褐色之泥石變至如帶嚼斯不爾其本來之疊層仍甚分明愈近鎔結石則其昔斯脫中屢有霍恆白倫之結成又屢於合拉尼脫與霍恆白倫昔斯脫之間有

江南製造局

枚格及非而斯罷之結成因此其石形漸似尼斯及枚格昔斯脫而其中之殭石亦漸少至近合拉尼脫處則絕無殭石矣 其砂石變至粒科子而霍恆白倫枚格之昔斯脫又變至如合拉尼脫而無壘紋 其灰石之離鎔結石遠處爲土形藍色其中每有珊瑚殭石而近鎔結石處則變爲白色結成之粒灰石愈近則其結成之粒愈粗如砂此灰石層離合拉尼脫一千二百尺處其中之殭石幾無不過見一二處而已

此處變形之灰石中及硬昔斯脫中每有茄納之結成又有銅鐵銀鉛等礦

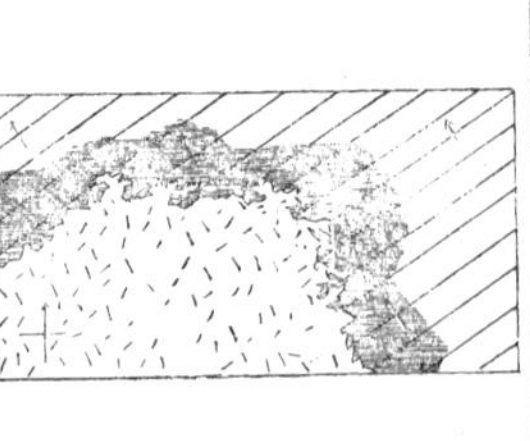

如圖爲拿威合拉尼脫變其灰石昔斯脫之形 黑暈處爲熱變之石中有各種金礦 矢指其壘層之直角 十字線指其地之南北

此圖爲地面平視之形

此處合拉尼脫之脉走入壘層中脉之方向或與壘層之面平行或與壘層之面成直角觀前圖自明

英吉利之南有合拉尼脫脉走入粗泥昔斯脫中其近脉之昔斯脫變至如霍恆白倫石

又他處有合拉尼脫走入斯里脫砂石使其壘層彎曲其斯里脫變至枚格斯里脫有尼斯之形又有變硬之處中有非而斯罷

劈立尼山之合拉尼脫新於其處之來約斯層及茶而刻層其層之近合拉尼脫者結成之粒如白糖而其中之殭石不見 案此處亦有鐵礦

有處灰石變至馱羅美脫其中滿細脉之炭酸鐵又有撒開之鐵礦其來約斯近合拉尼脫脉處不止有鐵礦又有倍來底斯低摩兒愛脫及茄納又有一種新金石名苦齊兒愛脫

夫水層石之近火山克及合拉尼脫處其石既均有變形則明明有一種能力能變其水層石爲結成之層又其力能使變成新金石與尼斯枚格昔斯脫等類深造之石毫無二形故此種之石便於呼之曰熱變石其熱之所以能變之故尙未能詳知惟其實在是爲熱所變則其據顯然如定見以合拉尼脫爲熱而鎔結則此石之變形亦由於熱此熱變石之所由名也

論熱之行爲

有人以石燒煉之得一據知凡石不必熱至鎔流但使其退熱極緩則其中之質點已能結成爲粒所以知任何水

科技譯著集成

層石經熱則其殭石之迹能消而石中之各質能從新化合而爲別種金石惟其熱力尚不至於使石鎔流故其疊層之痕迹不滅

然學者莫謂其熱之行爲皆是火因地中之熱或有與地面之熱各異者譬如火山出時不止有流出之拉乏亦有沸泉熱氣自其中出歷久不衰而拉乏凝時其中仍有熱氣發出又每見火山發火已久其力漸衰不復出火則有熱水從其山來而地震之處亦曾有熱水從地中出其水蓋從石層之裂縫處來此種熱泉之中每有數種金石之質消化於水中又其熱水之熱度大約數百年間不減而

水中消化之物亦數百年不變

凡泉水無論冷熱其水中每有炭酸故其力能使他石消化若其水中有夫羅而林酸者其消石之力更大

如法蘭西某處有熱泉其熱一百六十度比其處平常之泉熱一百〇九度其水中每有辞味之物二千年前羅馬國人每引其水至遠處作浴池其浴池之底爲磚及砂石或灰所作久經熱水所浸而水中辞味之物與其池底之泥砂雜質化合成他種金石今見其浴池之底尚有存者其中每有齊河來脫丙而刻斯罷哀來果奈脫夫羅而斯罷等類金石又有夕里開金石如阿背爾觀此可知水之

熱度雖不大而熱至二千年之久則其變化之力亦極大從以上所見之事及試知之事思之能信地中能有極熱而鎔鍊之質在壓力極重之處有水過之則分去其熱而爲熱水有氣遇之則分去其熱而爲熱氣其鎔鍊之物亦因其熱爲水氣所分而熱度漸減則其鎔鍊之質漸凝惟其處尚未遇天空之氣其濕氣亦未能散想其凝成之物必軟如海棉而中滿水

有人以壓水之器使其壓力與九十六尺高之水等重則所壓之水能蝕炭酸氣比尋常多三倍其蝕他氣之比例亦然雖氣在水中因壓力擠小其氣之體故氣中之熱傳

於水又因其水之蝕氣多故後來之氣其熱又能傳於水所以壓力重處能使其水常熱亦能使近水之石常熱

水之行爲不但有熱其性每喜與夕里開合故能走入石中而消化之而爲非而斯罷科子枚格等金石

論科子之造化能因熱水而成若熱水中有辞味之物則能消化夕里開而爲科子如古浴池中金石是也

若照某人之試法則知金石不必有多水即能變化如用水化學法造夕里開不過熱至微紅即能成

有人作一書專解阿勿倫尼斯中金類之造化言其尼斯之頁紋細縫中滿流行之炭酸氣其近尼斯之土中亦有

炭酸氣蓋土中之炭酸氣自尼斯中來而尼斯中之炭酸氣從地中來地中之炭酸氣源源而來經過於尼斯之中故其尼斯之質除科子之外皆與炭酸氣化合而爲炭酸灰炭酸鐵炭酸孟葛尼斯等物爲新合之質

又有據知地中之氣有成物之力如地中海邊立剖來島有平疊層之拓發十二里大二百尺高有氣從下而出至石中石之遇其氣者顏色漸變能使黑色變至黃黃色變至白或爲雜色之點或漸爲紅筋此因地中養氣之鐵隨氣而升遇石而凝聚其中爲脉也　其脉中又有開而西馱能及阿背爾亦有絲紋之石膏皆其氣中之質與石中之質化合而成也

希臘地方有處有硬如火石之嚼斯不爾因遇地中流出之氣而蝕　以大里有塔克愛脫因遇地中之硫輕氣緣氣流出而沏爛

氣之行爲皆有造化之能然人不過攷究其事於地面耳意地中之氣亦必能走入石之空隙中而變化之又想地中必有容氣之處其大如海其氣每從石隙中走洩故其氣能至地面所以地面之石數千尺厚能有熱氣以變化之

法蘭西有熱泉其熱度不過一百三十三度至一百六十七度能變黑色之結成灰石使其皮面軟如膏因此思地腹中之氣能比鎔流之拉乏更熱其熱力能使地中之石銷鎔

駁論解釋

觀以上諸說凡一切疑難不通之說皆可以此解釋之如有人疑石之傳熱比金類爲極遲而火山兒克兩旁之石變形不過數尺今謂極大極遠之石皆因熱而變說恐難通

夫前已言合拉尼脫離約奈脫之近水層處能變其水層石至四分三里之一其變不循疊層而依鎔結石之四至

此固格外之事惟人可思之同一熱變之故何以此處之變獨多且熱變之意並不言必須與鎔結石比隣者方變所謂熱變者不過言有一種行爲在地中或火熱或水熱或氣熱要總不外乎熱其熱之力能使石變形其行爲與合拉尼脫無異其熱於無限久時生出無窮之力能使數千百尺之石變至將鎔未鎔迨熱力漸衰則其石漸冷而結成爲尼斯

蓋水氣之行爲甚大能使其熱傳遍於甚厚之石層又能變其金石之質或爲流或爲氣走入他層因此不必算其熱度極大惟須其時甚久則其所變之處能極大譬如有

螺紋頁形之石。一邊與水層石相連。一邊與鎔結石相連。其遇鎔結石處必變。所以能定見尼斯與枚格昔斯脫不過爲枚格砂石與泥砂石之變形。粒科子。爲夕里開砂石之變形。泥斯里脫爲舍兒之變形。粒灰石麻勃耳爲螺蛤珊瑚灰石之變形。而灰砂及麻兒能變爲不淨之結成灰石。

霍恆白倫昔斯脫。有人謂其卽是尋常之泥所變。因泥舍兒遇脫拉瀡處能變至力田石。其合質與霍恆白倫昔斯脫無異。特未結成耳。又斯各得倫之尼昔斯脫其遇合拉尼脫處亦有變至霍恆白倫昔斯脫者。

安得里雖脫硬𥔲與筆鉛之質同。所以開府愛脫或爲𥔲炭所變。在美里哥有處一層不淨之硬𥔲與開府愛脫及枚格昔斯脫爲壘層。於此處能定見其炭舍兒或斯里脫屢有變至枚格昔斯脫。十分結成之處其硬𥔲有變至純炭質及開府愛脫之處。

照法蘭西金石家某人之說。凡石中之金石各視灰石之變形多少而異。其灰石之變形多者。其中之金石種類亦多。其灰石變形少者。其中之金石種類亦少。如其灰石變至微結成。則每有台而客客羅愛脫色而并台能安奪羅斯愛脫開約奈脫。譬如其灰石結成再多則每有茄納霍恆白倫胡拉斯得奈脫迭配耶苦齊兒愛脫如灰石變至全結成則有各種金石同前。而更有非而斯罷之金石及猝味之金石多。又有枚格結成。此人亦言灰石層之沈積時常有哀盧彌那及泥砂。所以結成之灰石中能有夕里開哀盧彌那之金石可倫滕。

美里哥金石家代那言結成灰石中每遇夫羅而林酸灰及燐酸灰。其燐酸及夫羅而林酸或從生物之質而來。又開府愛脫中有時或有哀盧彌那灰鐵等雜質。有時或無此。亦從生物之質而來。

熱變之石中因不見有殭石。所以有人疑此石造化之時宇宙間尚未有生物。雖明知其殭石亦能爲熱消化。然如某處之斯里脫中尚有圓石子未消化。如其時已有生物則其殭石亦應有未消化處。何以無之。

爲此說者大約已忘記甚厚之水層石壘層其上下各層皆有殭石。而中間每有絕無殭石之層。蓋其生物之形迹有或因水或因氣或因酸與其質化合而去。所以水層石之古者雖未遇熱變而其中之殭石亦愈少。況更有熱力以變化之耶。

又有人嘗熱變之意因見二次之水層石其化學之元質與結成之昔斯脫各異者多。其言謂結成之昔斯脫中常有卜對斯及素特多而二次之泥石舍兒中無卜對斯及素特故疑其石從非而斯罷沕爛之時其中之卜對斯素特等辞味之質皆已化去故石中無此二物

此論之誤處因其根源已看錯卽如泥麻兒泥舍兒等石其中亦何嘗無素特卜對斯等物所以有處之泥燒之不能成磚又如斯各得倫老紅砂層之泥舍兒其石因從非而斯罷沕爛而來故其中有辞味之質多試以此泥舍兒燒之亦不能成磚而爲玻璃形此卽其中有卜對斯素特之據此處之泥舍兒中無灰故燒硬之後究如合拉尼脫之細粉搏結細視之能見其粒如合拉尼脫之細粒假如

此頁舍兒遇熱結成則其石亦如結成之昔斯脫

又如草木殭石中每有卜對斯而美里哥南之二次水層石中有素特此且勿計今有據知化學分法試英吉利之礫層美里哥北之上下西羅里安層或落冷須安層之石其中辞味之物多少之數皆與熱變石中之數同

又有人因變形之石每有明明結成之層與不甚結成之層間疊故疑同一熱力其熱必從下至上而何以先遇之昔斯脫不過微變而其上之石結成反多

故應之曰如疊層之石其質同其性之燥濕堅嫩同而所遇之熱力大小亦同則其變形亦同如其疊層之石質多各異或燥濕輭硬不同則雖同遇一樣之熱力其變必有多少所以有其層雖在上而反比其下之石易消化者如石中本有素特卜對斯等物則自能作一弗拉克斯以助其消化如無素特卜對斯等物則雖得熱同而不甚變又不應忘記變形之石大抵上層微結成下層全結成者居多其反是者不過偶見耳況熱之行爲已在石層變動不平之後其熱之來處或能與新石近而與古石遠則其變新石之力或能較大

如阿兒不斯山有斜層變至尼斯其斯里脫在牛牢來脫灰石之上而斯里脫中有灰層砂層與尼斯形之合拉尼

脫相疊此蓋因熱水或熱氣能過其易入之層而變之使其結成之形獨多而其比隣之層或因水氣不能走入或因其質不易分化故其變形偏少也總之無論如何解法惟有一事是一定阿兒不斯山之三次石其熱變之多少各歸各層各循其本層之路平行

陽湖趙宏繪圖
長洲沙英校様

地學淺釋卷三十六目錄

地學淺釋卷三十六

英國雷俠兒撰　美國瑪高温口譯　金匱華蘅芳筆述

此卷論熱變石之紋理

熱變石有四種紋理

觀前卷已明石之經熱而變為結成者其變化之力極大今可論熱變石之質點互相湊合其結成之紋理如何或其紋理與沈積之層累平行抑其結成之後自有紋理凡熱變之石大約有四種紋理一曰疊紋（即沈積時層疊之紋）二曰裂紋（為結成時裂開之紋）三曰劈紋（循其紋劈之能分開）四曰頁紋（分之可成細片薄頁）此四種紋理雖有時甚難分別然大約總不外乎此

裂紋與劈紋之別因裂紋之間再平行劈之不能開而劈紋則再可平行劈之

有時遇彎層之石則其疊紋亦彎而劈紋則不彎如英吉利韋爾斯地方之書板斯里脫其疊紋彎曲不平而劈紋則直而平行故劈紋與疊紋之交角無一定之度數其斯里脫之石色綠而質硬因觀石色之明暗處各分層及其中殭石之迹亦分層故知其為疊紋觀疊紋中每層客羅愛脫之結成其粒各有粗細各自分層且有彎曲凹凸之

形故知其疊紋彎曲然劈之則其粗細粒之各層能在一片之上惟其細粒之處則劈開之面光粗粒之處則不光故知劈紋不與疊紋平行

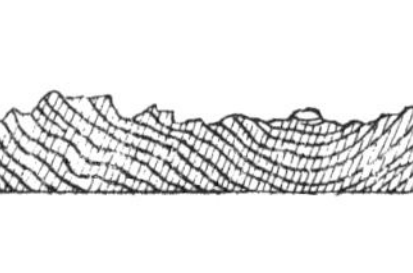

如圖爲斯里脫疊紋劈紋之形　粗線爲疊紋　細線爲劈紋

劈紋與疊紋之方向相反者多一順者少如疊紋向南北則劈紋向東西其交角之大者約三四十度

大約有一例凡粗層與細層相疊則其細粒之層劈紋甚分明而粗粒之層不過微能劈耳無論其劈紋之方向與疊紋相順相逆皆歸一例

裂紋之經過石中有分明之線因此石工便於取之其裂紋之面大約比疊紋之面平而整齊蓋石之各點於此處本自相離如裂故謂之裂紋

裂紋不特能透過數疊層即遇灰石結如球形之處裂紋亦能透過而破之所以知其成此裂紋時已在結成之後矣

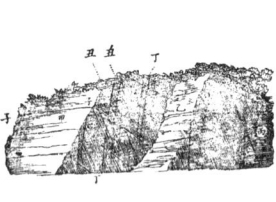

如圖甲乙丙爲裂紋之面　丁丁爲裂紋在石中不能見其與裂面平行　子子爲在裂面所見之疊紋　丑丑爲石中之劈紋

於阿見不斯山有大灰石其裂紋從上至下甚平直而比疊紋分明人不看慣每易誤認爲疊紋直立諒其所以能

成裂紋之故與火山石結成柱形梯形之理同

試以一小事明之如用泥或粉濕而搏之作一餅及其燥而收縮則坼裂成紋所以知成裂紋之故每因其中之水遇熱而去則其物收縮而成裂紋

人皆知任何砂石遇熱皆能漲大遇冷皆能收縮則地上之石層其遇冷遇熱亦必漲縮無疑因此漲縮之故能助其石成裂紋

日耳曼有倍素爾脫拉潑在砂石之上其倍素爾結成柱形而其下之砂石亦有柱形與脫拉潑同此即裂紋能過疊層之據　有時見火爐中之石其熱雖未至於鎔亦能

結成柱形。又有些結成之物，因遇熱而質點變動，雖其形仍完好，若擊而碎之，其碎口之面一樣方向，此亦裂紋也。

某人言昔斯脫之成劈紋，不能以冷熱漲縮之理解之。其故或因結成之力有一箇方向，或其各質之點均有極線，其質點變動時，皆與極線平行。

傒失勒言劈紋之故，因其石遇熱之時，石中各質之點必能動，動時各循其本點之極而行，冷則各得其位置相宜之處而止，則能結成。諒各點之極必各對其熱去之方向，故其熱若從一箇方向而去，則衆點之位置亦均一箇方

向，所以其劈紋常平行。如用硫酸貝而養，調於水中，以顯微鏡視之，見其將結成時，細粒流行於水中，其面之絲光一樣方向。又如以肥皂中不能消化之油酸置水中調之，亦見其顆粒一向，則石之諸質點亦當如是。

有人攷知斯里脫中之輭殼類殭石，(如三合蟲之類)其長短斜直之形比原形稍變，其變之方向，在數十里中相同，最大之差至四分寸之一。此亦因其中之質點依一箇方向走動故也。

斯里脫成劈紋因兩旁有擠力

有人用重學之理解某處斯里脫，言其成石之時，兩旁有力擠之。如圖為一塊斯里脫，因其石色有深淡，粒形有粗細，故能見其疊紋。甲乙丙戊為細粒處，己庚為暗色處，丁辛為最粗而色淡之處。其縱線為劈紋。圖之一寸，當石之一尺。

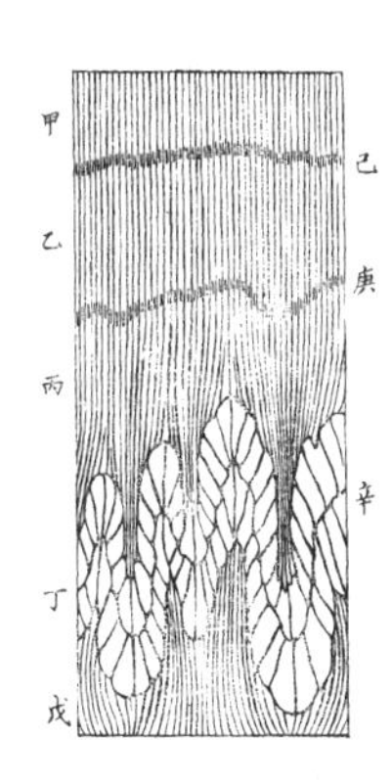

觀前圖，知其成石時，兩旁有力擠之，故其粒之最粗處丁

辛，因不肯讓而變為彎曲，而其細粒之處，因能讓而不至於大彎。觀丁辛彎曲之形，知其未彎曲時，比今寬四倍。及其遇擠而彎，故丁距辛近四倍。想其先大約亦厚四倍。量其彎中線之直角可知之。其丙處之疊層亦為之微彎，至乙則彎更少，而甲處則幾不彎矣。其劈紋之線亦因疊紋之彎而有處微彎。

然此粗細粒之諸層，其所受之擠力同，何以或為甚彎，或不甚彎？蓋細粒之層，其體積能小，此有二故：一因其各點能相湊而近；一因其各點能照劈紋之方向而行，其點行之方向與擠力之方向成直角。譬如以一紙夾於濕粉

中而兩旁用力擠之則紙因不能縮而彎粉則因能讓而不覺其彎則量其彎紙之長可知其擠窄多少量其粉之高可知其變厚多少

學者易思之凡殭石之形或某金石之結成或球形之物若兩面有重力擠之皆能變形其所變之形各照其擠力之方向而扁其裂紋劈紋或與擠力之方向相順或與擠力之方向相交

某人攷斯里脫知其結實之體比未結實時小一半此或因質點之間有空隙故各點湊緊也

枚格昔斯脫其中枚格之片每與劈紋之面平行有時遇斯里脫劈之不能開者因其中枚格之片其面非一箇方向故也凡任何能劈之石其中結成之面必與劈紋之面平行

然則劈面之平行是否因擠力之故試以打鐵時飛下之細鐵片與白泥搏和而壓之使其厚變扁一半烘硬之磨其旁使磨面與壓面成直角則皆見養鐵之細片爲側面如側而劈之亦能開此理與斯里脫同

或言若試劈紋之理不必用數物任用一物壓之皆能成劈紋卽如用白蜜臘用力壓之亦能成劈紋 以顯微鏡視細泥見泥中之細枚格片非平行若用重力壓之則泥

中之細枚格片片平行若數面有力擠之則枚格之片其側面恆向力小之方向凡尋常之泥重壓之皆能成頁紋其頁亦可分開

如是推之則倍素爾枚格尼斯以及頁形之合拉尼脫皆因擠力而成片或其結成之後更遇擠力則成劈紋亦未可知

某人解閧呆里之塔克愛脫成橫紋之形因其將凝之時自山流下爲上流之重力所擠故成橫紋攷他處火山石之塔克愛脫其頁紋各照其流勢而扁其中之空泡亦有扁形

質點結成之力在劈紋之方向爲大在擠力之方向爲小或因其質點之動力恆向其不擠之處而行故易於相合也他故尚未攷知

論頁

凡尼斯枚格昔斯脫其結成之形可名之爲頁頁者視之若不見其縫而分之則能成平行之薄片是也因尼斯與熱變之昔斯脫其金石之間壘亦有頁形故亦以頁紋名之

如美里哥南有泥斯里脫其劈紋與頁紋在數百里中皆相與平行而與壘紋不平行又其處之枚格昔斯脫尼斯

其頁紋亦與劈紋平行、因此忽思得成劈紋頁紋之故、必有一力與沈積之事不相關、

結成之昔斯脫在拿威者、其頁紋與疊紋平行、在斯各得倫者頁紋亦與疊紋平行、

任何造化之疊層、或有一層砂、或有一層枚格、或有一層泥與他雜物相間疊、因此有人思之、其非而斯罷枚格科子之質點本相親、故於其沈積之時能相結、則其所結之形其面與疊紋平行、無甚大差角、

因此可否言凡無劈紋之石、其頁紋常與疊紋平行、因有劈紋之石、其頁紋亦有與劈紋平行故也、

某人言石之結成時、先成劈紋、至成頁紋而止、因其結成之力於劈紋之方向爲大、故成頁紋有一據可以助人信之、

好望角有一泥斯里脫、其頁紋經過疊紋、因此亦可算其卽是劈紋、其每頁兼有各異之色、因其結成之質亦各異之故、又有頁比他頁更似嚼斯不爾者、觀此可知其成頁之力亦能微變其金石之質、

英吉利之西有斯里脫、其劈紋變至頁紋、因斯里脫之上有一層客羅愛脫、其結成有平行之劈紋、其劈紋不特在客羅愛脫、亦透入斯里脫、故與斯里脫之頁平行、

美里哥南有曷碑度地結成、及枚格結成、在斯里脫之面、其劈紋與頁紋亦平行、

論劈紋疊紋難辨之處

頁之平面或與本來沈積之面平行、則與疊紋平行、或與擠扁之面平行、則與劈紋平行、此理並非難解、而地學家所以如此紛紛聚訟者、以有時遇形色相同之石、甚難定其何者爲劈紋、何者爲疊紋、每因劈紋之形甚分明、疊紋之形不甚分明、遂誤以疊紋爲劈紋、劈紋爲疊紋、蓋斯里脫變至結成爲尼斯與霍恆白倫昔斯脫、則其劈紋能比疊紋分明、亦有人言石之未成劈紋時、其頁諒與疊紋平行、及既成劈紋、則頁與劈紋平行、

折中之說、莫如信頁與疊紋平行、如斯各得倫之尼斯枚格昔斯脫、其頁俱與本來沈積之疊紋平行、其中有一層淨科子一二尺厚、寬廣數里、其頁亦與疊紋平行、又有灰石層及客羅愛脫昔斯脫、鴨克低摩兒愛脫霍恆白倫昔斯脫、其頁亦皆與本來沈積之疊紋平行、

人因已知沈積之層能因漸變結實而收縮、故思其頁本來與沈積之疊紋平行者、或能變爲不平行、此不過意想如此、其實事甚難求、蓋其疊紋亦有因水之流勢改變不能相與平行者、如查結成之石、見有疊紋、莫以爲其疊紋

處處平行每有粗砂石子層其上下兩面本不平行又有假疊紋彎疊紋浪形疊紋以及彎亂之層其斷層之縫寬窄不一或有兌克走入之處皆能使其疊紋與沈積之面不平行如無此種不便之處則又將疑其非變形之石矣

有些結成石中之頁其頁紋與疊紋不平行宛如有假疊層雖枚格科子非而斯罷等類金石自有層累甚分明而其中亦有斜頁

在斯各得倫之枚格昔斯脫見其疊紋有波浪之形又有西班牙之劈立尼山之粗泥昔斯脫亦有波浪疊紋之處如圖

圖之厚爲三尺 其石爲藍綠色之屋背泥石及細科子其下漸變至枚格昔斯脫其頁之薄五十分寸之一中有淨科子之頁 其疊紋爲波浪形

法蘭西地學家言阿兒不斯山之尼斯枚格昔斯脫本爲沈積之層而遇鎔結石變之亦有火山所出之處其合拉尼脫變至如塔克愛脫亦有頁形

如石中有枚格合而客等已結成之金石者若有重力擠壓之能使其結成之物於某方向扁想其扁面亦必一順平行

大約有一例凡結成之昔斯脫因其所得之熱力未能使其質點成流質故不能如合拉尼脫之有脉走入他石

陽湖趙宏繪圖
長洲沙英校樣

地學淺釋卷三十七目錄

地學淺釋卷三十七

英國雷俠兒撰　美國瑪高溫口譯　金匱華蘅芳筆述

此卷論熱變石之期

熱變石之期有二

熱變之石既爲水層石所變則其石有二期焉一爲其沉積之期一爲其結成之期此二期之分明有確據者甚少因其中生物之形迹已爲熱力化去而其金石之質又大抵相同故其沉積之期難定若欲知其結成之期則其上下層累之次序無一定故辨其上下之法亦無用

如阿兒不斯山之石層爲來約斯期沉積又知其爲克里兒書期熱變而結成則其二期皆可定焉

來約斯之水層石可在克里兒書期遇熱亦能在瘞育新期結成如爲瘞育新期結成則應呼之爲瘞育新之熱變石而來約斯爲其沉積之期準此例則有茶而刻在其上層亦能爲瘞育新之熱變石惟其沉積之期則爲克里兒書

水層石變至結成因熱之力

前論鎔結石已言一二三次之水層石其近合拉尼脫之處均有熱變之形則水層石之能爲熱變不必復以爲疑

當其沈積之時先爲粗細之砂或碎塊石子或泥麻兒含兒灰石與螺蛤珊瑚等物相間積疊或厚數十尺或厚數百尺遇熱而漸變至爲尼斯爲枚格霍恆白倫客羅愛脫等昔斯脫及結成之粒灰石等石

惟此熱變之行爲能於極大之處變去其昔時之形有時易認作兩種石假如一處之石其與鎔結石相近處則已變爲結成之灰石或霍恆白倫昔斯脫而稍遠則爲未變形之水層石其中之殭石無恙則可言其結成之某處即是此層所變惟若遇一帶連山石層甚亂則雖精於地學者亦有時易誤今擇熱變之大者爲學者言之使知極大之水層石能因熱力而盡變爲結成石

以大里阿比闌山

阿比闌山之結成石其總名曰克喇拉昔時因其灰石有結成之形與尋常之灰石異又其中無殭石故名之曰第一灰石言其最古也其層高於海面六千尺從上至下變至台而客茄納枚格昔斯脫再下變至尼斯而遇合拉尼脫之脈

克喇拉灰石昔人謂是最古之灰石以爲其造化之時地面尚未有生物故其中無殭石今攷知其上層結成之粒灰石是烏來脫期之灰石其下層結成之昔斯脫乃是二次之砂石舍兒不過皆遇熱而變其形耳準此說以攷其相近之灰石中有烏來脫殭石者其質甚近於克喇拉灰石其有脫拉潑深造石走入處則其烏來脫灰石之形愈近於克喇拉 此處之脫拉潑深造石爲待阿來脫由富得愛脫色爾并台能合拉尼脫

後又攷知其相近之二次石亦有未變之處其上層爲阿比闌山灰石中有火石之塊其中層爲舍兒下層爲泥夕里開砂石於此二次之灰石中見殭石多而舍兒及泥砂石中殭石少其遇熱變形之處則上層爲白色結成之灰石其中絕無殭石亦幾無疊紋亦不見有塊形之火石有夕里開代其火石撒開於灰石中結成柱形之科子其中層之舍兒變爲台而客昔斯脫嚼斯不爾霍恆斯默能其下層有科子愛脫及尼斯代其泥砂石

阿比闌山之二次石如處處俱如此變則不能知其爲何期之水層石惟因有處變有處未變所以尚有端倪可尋昔人因未得其變形之據故以爲最古而以第一灰石名之若其石果爲宇宙間第一先成之石則應比堪孛里安落冷須安阜今已攷定其爲烏來脫之水層石所變則其熱變之期必更在烏來脫期之後

瑞西阿兒不斯山

阿兒不斯山綿亘至東邊者其山石有處是一次石及二次石烏來脫俱甚分明亦有三次新層惟其山之在瑞西者古水層石不見而有克里兌書烏來脫來約斯亦有瘞育新此諸期之水層石皆連至熱變石

其熱變之石爲粒灰石台而客昔斯脫台而客尼斯枚格昔斯脫等石此處之熱變石其共有若干期之水層石爲熱所變不能知惟知其上層之石爲二次水層石之新者連至瘞育新而已然不能不疑其下有二次水層石之古者連至一次石亦變爲結成之昔斯脫

人不至阿兒不斯山祇其石層不能了然於心若見之卽能知有處之烏來脫克里兌書瘞育新等層其近合拉尼脫者變爲結成灰石尼斯及各種昔斯脫見此據者必不能言其不是熱變蓋此處熱之行爲甚久連至中瘞育新期有牛牢來脫殭石之層人若觀此易信其下層之石得熱更甚其變形亦當愈多

又於阿兒不斯山見大層之二次石連至三次石變爲半結成之形此卽爲納兒所謂間石也所以其弟子以其石之質與他石不同又以爲其石比二次石古夫此石之變至半結成諒亦因熱惟此處之變形不如他處之多蓋阿兒不斯山之石不止離合拉尼脫近處有熱變之形卽遠處亦微有變形

阿兒不斯山之合拉尼脫及深造熱變之石其現露於面上者本不多其在他石層之下者雖於山之深洞中亦不能見惟觀其合拉尼脫脈走入二次水層石處其石變爲尼斯則不能不信他處亦爲熱變

攷熱變之石於阿兒不斯山比別處更便因此山之石熱力之變動甚大每有數千尺厚之壘層因下有突起之力而彎曲反轉者其烏來脫克里兌書期之石高於海一萬二千尺其瘞育新亦有處高於海面一萬尺其埋育新高於海面四五千尺

學者攷阿兒不斯山之結成石皆以熱變之說爲是又有某地學家言其山有二次水層石與尼斯及他種熱變石爲壘層今至其處攷之見其近合拉尼脫處皆爲熱變石不見有二次石與熱變結成之石爲壘層惟於冰雪綫處見有尼斯一千尺高一萬五千尺寬不止在烏來脫之上亦有烏來脫在其上此種不合理之事有一說以解之因其石層已變動不平故究如其尼斯之大層走入烏來脫中想是彎曲反轉而成此形也總之阿兒不斯山之石層甚亂任用何說解之皆可通

落冷須安熱變石

美里哥北落冷須安層之石、有尼斯科子愛脫、灰石皆可謂之熱變石。因於其灰石中遇有殭石之形迹、故知其先本是水層石。

其上落冷須安之尼斯、及辣白里駄非而斯罷與非而斯駄能共厚一萬二千尺、其結成之故、不能疑其非熱之行爲。因其層與下落冷須安已不平行故也。

此處之落冷須安變至尼斯等石、其時甚古。因其碎塊磨圓之石子、每遇之於休倫、所以知其熱變之期必比堪孛里安早。

每期皆有熱變之石

古期熱變之石、如英吉利之結成昔斯脫、爲下西羅里安。美里哥之尼斯古於堪孛里安。新期熱變之石、如瑞西之灰石昔斯脫、爲瘞育新。因思新舊各期中、必皆有熱變之石。惟最新之熱變石、今時尚未升出地面、故不能見之耳。

熱變石疊層

每種熱變之石、自爲一律之疊層者、惟於一處遇之。此因其水層石之疊層、亦各歸一律故也。如於阿比闌山攷熱變石、其上之疊層爲冰糖形之粒灰石、中之疊層爲台而客尼斯、下之疊層爲科子石及尼斯。其未變之水層石、上爲灰石之疊層、中爲舍兒之疊層、下爲泥砂石之疊層。

假如遇數帶連山、見其熱變之石、有尼斯、有枚格昔斯脫、有霍恆白倫昔斯脫、有客羅愛脫昔斯脫、有結成之粒灰石。此多種石互相間疊、無一定之法、而其上有泥斯里脫。所以人疑結成之石、其上常有泥斯里脫。此說非是。

泥斯里脫有與熱變之石相疊者、亦有與未熱變之水層石相疊者。所以其石介於水火二造化之間。諒泥斯里脫若所得熱力多、則能變爲霍恆白倫昔斯脫、頁形客羅愛脫、片形之台而客與枚格昔斯脫。

熱變石之質

有日耳曼地學家言、凡地上一切動植之生物、其在東西兩半球或南北兩半球者、其形大抵各異者多。而天文星座南北兩半球之形亦各異。惟於深造之石、如合拉尼脫、尼斯、枚格昔斯脫、科子等石、無論在何處遇之、其形質恆相同。

普天下之深造石、（鎔結熱變之總名）無論新舊、亦無論在何處、其形質大約無不相同。所以欲知其各異之處、莫攷其金石之質、須攷其成此石時、從何者變化而來。蓋水層石之所以不同者、因其中糜碎和合之物多、故形色不一。如熱之、則各物之質皆依化學之法而變爲結成、所以任在何處皆同。

有人以為深造之石亦因地而異者誤也如言尼斯枚格昔斯脫之在斯各得倫者英吉利西南之熱變石無此種又言阿兒不斯山之尼斯合拉尼脫中有台而客而斯各得倫之尼斯合拉尼脫中無台而客而有枚格又如斯各得倫之合拉尼脫中有霍恆白倫多而英南之合拉尼脫中有刷兒多美里哥南之鎔結石有鴨兒倍脫而歐羅巴之鎔結石有常非而斯罷斯各得倫某處之枚格昔斯脫中有茄納而他處枚格昔斯脫中無茄納美里哥南之茄納則在尼斯中此種議論不過因各處之石種類不一各有有無多少之殊或其中結成之金石合質微異或元質同而配合之法不同要無關於地之南北東西期之古今遠近也

熱變石中灰質少

熱變石及鎔結石其合質中之灰每比水層石中之灰少如結成之昔斯脫在斯各得倫者其石為尼斯枚格霍恆白倫昔斯脫厚數千尺其中之灰石層少雖有處亦有結成之灰石與尼斯枚格昔斯脫相連者然亦不多

任在何處遇灰石必在他種熱變石之上面如阿兒不斯山之克喇拉灰石多則其灰石亦在台而客尼斯科子之上是也惟美里哥北下落冷須安中有數層灰石甚厚似與此例不合惟其中之鴉呆脫色爾并台能等類金石亦多非專為灰石也

於深造石中不恆遇炭酸灰此必有一大緣故舊說以為此石之成比迹層早其時無螺蛤珊瑚等生物則其無灰之故甚易言之惟今之新說已定結成之石因熱而變則必究其熱力之行為果能化去其石中之炭酸灰否如果能之則結成石中灰少之故可解

地中甚熱之處人雖不能見之而觀古火山之處如阿勿倫地方有泉水數百或冷或熱從石隙流出其泉水中有消化之炭酸灰此泉自地中之熱處來至地面源源不絕其時必無限久

如其泉中有夕里開哀盧彌那亦多則人能云此因地中有金石泐爛故其質自水中流出惟今攷泉水中消化之質炭酸灰甚多而夕里開哀盧彌那甚少若水之流出歷年甚久則地中之灰質必因之而減

水層石之灰質多亦因地中之灰能消化於泉水中流出之故如湖海中有泉水江水從上流來則其水中亦有炭酸灰所以珊瑚螺蛤之屬能得其灰而生長所以湖海之底能有沈積之新灰石則水層石之多灰未始非因地中之炭酸灰能隨熱水流出之故

地中熱變之處不特有炭酸灰自泉水中出亦有炭酸氣從火山中出無論新舊火山皆有炭酸氣出焉因此知地中之水層石其生物中之炭酸能遇熱化氣而出則其石漸變至霍恆白倫鴉呆脫茄納等結成金石

又殭石中之灰質亦能走出故每有夕里開或他種金石代其灰有時又有其灰走出而無他物走入則爲空模此皆炭酸能走出之據也

結成之石中無殭石

於熱變結成之石不見有殭石莫以爲奇蓋新層之殭石已有腐爛而化去者何況於古故每有大層之砂石舍見厚數千尺其中絕無殭石者

又如落冷須安層其殭石已化去而其石變爲半結成且熱變之石其遇熱亦有不止一次者故其殭石無不化去矣

元和江衡校字

地學淺釋卷三十八目錄

地學淺釋卷三十八

英國雷俠兒撰
美國瑪高溫口譯
金匱華蘅芳筆述

此卷論五金藏脉

為納兒論金類之脉成於裂縫

金類撒開於地球之皮面，或為碎塊，或為藏脉，凡有用之金皆在是焉，故地學家以攷五金之所萃為最要之事，以其於取礦之人最有益也。

金類之脉，百年前曾有人論之，其說與今相反，後有日耳曼地學家為納兒者，為金石博物院之主，合以前諸說推

得其理，以為金類之為脉，因石中本有裂縫，若金類入其中而凝結焉，則為脉，有時成脉之後復能裂開，又有金類入焉，蓋金類之脉非一期中所能成。

前論之意雖昔人已言之，惟為納兒之前，無人信之，及為納兒言之，地學家始攷古說，知為納兒之說亦有所本而來也，又其同時之赫敦論合拉尼脫為火造化，比為納兒之說是。

照為納兒之說，凡火造化及結成之昔斯脫，皆為洪水橫流中所沈積，或於初有地球之時，或於地面大變動之際所成，所以謂金類之在鎔結石昔斯脫中者，其造化之法

亦同。

為納兒解脫拉滃石，亦為水成，謂巴弗里絲石、倍素爾脫等石之為兒克，皆因他石中本有縫，故有物自上而下，沈積凝聚於其中，所以其論脉中之金類，本消化於水，而降落於石縫中，非自地中升出也。

為納兒之說後來漸改之，今時地學家只有本火成之說以化學熱力電氣等事以解金脉之理，今先論各處礦脉之形。

數種金類之脉

地學家皆知有科子之脉，結成於深造之石中，或撒開成

塊在他石中，有時亦遇之於砂石舍兒中，又有炭酸灰之脉在水層石中，及各種灰石中。

此種之脉，以人所見者言之，宛如本來是一小縫或小孔而有鎔化消化之物，自熱漸冷，如夕里開灰類金類等物走入其中而成，或因石質鎔而未凝時，熱水熱氣中有消化之金類，滲入其中，亦能凝結成藏脉。

脉之常形

尋常之礦脉，大約從地面直至地中，此分明其兩旁之石本有裂縫，而脉在其裂縫中，能過諸種石層至任幾何深不能窮，此種裂縫中之脉厚或數寸，或三四尺。

熟於開礦者言有時見脉形與裂縫之事不合此可以斷層之理解之

任於何處遇礦脉忽斷則其脉必在斷層對面之石中而其新斷之裂縫中或又有他脉

如英吉利之南有錫礦之脉遇銅礦之脉而斷如圖

甲爲錫礦之脉厚三寸

乙爲銅礦之脉厚與錫礦之脉等

觀此圖分明知第一次裂縫時先成錫礦之脉甲甲後又裂開而成乙乙銅礦脉故其錫礦脉之斷處相差

其錫礦之脉在第一次裂縫中其金石之質有從化合而成者如科子夫羅而斯罷多養錫硫磺銅砒礦别斯末斯硫臬客爾等物有從變動而來者如泥砂石子其金類塊形之礦與科子有處排列各成層與脉之兩面平行又有處礦與科子分開有泥砂等物間隔之有處之礦撒開於脉中

其第二次裂縫中之銅脉其金石之質有與第一次之脉相同者如夫羅而斯罷及科子有與第一次之脉相異者如銅礦多錫礦少

今設此銅錫二脉又有第三次裂縫斷之其縫中或有他物滿之則能使其第一第二之脉皆有斷層之差如圖

甲爲第一次裂縫所成之錫脉　乙爲第二次裂縫所成之銅脉　丙爲第三次裂縫其中滿泥

觀上圖知錫脉最老故既爲二次之銅脉所斷又爲三次之裂縫而斷其二次之銅脉亦爲三次之裂縫所斷所以均有斷差

設此脉又有第四次裂縫斷之則又多一斷差如圖

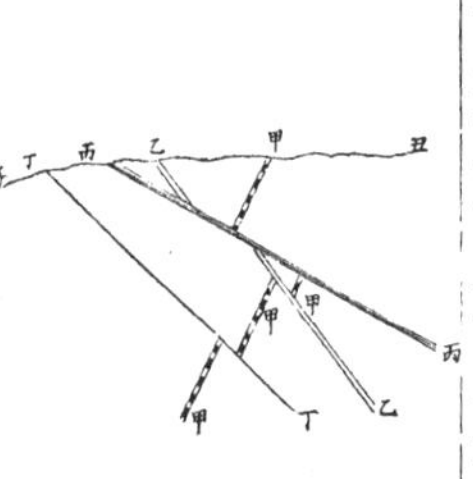

甲爲第一次之錫脉　乙爲第二次之銅脉　丙爲第三次之裂縫中滿泥

丁爲第四次之裂縫中亦滿泥

此種斷形之脉非皆爲設想之形實於開錫礦處見之其斷脉相差之數如前圖之丙縫處最大斷差八十四尺然於其脉縫之現露於地面處如子丑線上之甲乙丙丁初

不知其下之有斷差亦不能知其斷差之數有多少也查英吉利之錫礦斷脉其斷之最多有八次者曰耳曼之礦脉亦然

脉之兩面有磨痕

脉成於斷裂之縫中又有一解凡脉之兩面大抵皆平而光或有磨擦之痕宛如轆石磨於硬石又如冰移之石磨於他石而有紋痕又脉之斷處亦有磨痕其斷口兩邊之磨痕亦相對諒此種平行之磨痕因斷縫兩邊之石上下變動所磨擦也 如近年來美里哥南地震時牆壁裂開爲縫後於其縫下見有磨下之灰

某處炭灰石中有鉛脉其脉中自有一線界開之故分爲二其分開之兩面亦光平而有磨紋如取去其一邊之礦則一邊之礦自碎裂或鑽之作孔亦能自碎裂所以取礦者每相去六尺作一四尺深之孔則歇半日自碎此諒是電氣之故尚未攷明

脉中石子

凡脉之爲裂縫時若曾經爲地面或在海底者則有一據其脉中或脉之斷處每有泥砂石子

日耳曼蒲希彌地方一千零八十尺深處之脉中有水中磨圓之石子

英吉利錫礦之脉六百尺深處亦有科子斯里脫之圓石子有養鐵硫礦銅結之又其中亦有海中生物之殭石諒其裂開之處曾爲海底也

於法蘭西鉛礦中遇葛里非耶殭石於閧呆里惜納扳水銀礦中曾遇珊瑚殭石

多脉平行

有多脉在一處其脉之方向平行若其脉中金石之質相同則爲同時所成

如英南之錫脉銅脉皆自東向西而鉛脉則南北此不過於一處偶見其如是過數里則又不然非有一定之法也

多脉皆平行一向亦可算其脉不過是尋常之裂縫所成此理與脫拉潑兒克走出石縫中爲脉同因脫拉潑亦每有平行之兒克故也

脉有數次開裂所成

學者如不信脉爲裂縫所成則亦不必論之如已定見脉不過爲裂縫因縫中有物入而凝結焉故成脉則可準此理以攷其裂縫之中漸漸有物滿之後其縫又裂開又有物滿之如泥與科子在脉中各爲平行之面是也

爲納兒曾於某處見十三路礦在一箇脉中其位置之法甚整齊中間一路爲丐而刻斯罷兩面甚平其兩邊又有

江南製造局

夫羅而斯罷呆里那等類金石各爲一路兩兩相對疊附於丐而克斯罷之兩面合成一總脈

此種脈形其中間之一路金石爲最新而最近兩邊之金石爲最古　如其金石爲化合結成之物則可算其縫每次裂開時地中升出之物各異

如某脈中有金石之結成其結成之長樞常向脈之中央蓋先從裂縫之兩面結起故也所以結成之金石自兩面而向中央先後有層累排比而兩邊恆相對及中間最後之結成則兩邊相遇故成犬牙相錯之形

如英南合拉尼脫中有銅礦之脈脈中之結成其有六路

知其脈爲六次裂開所成如圖

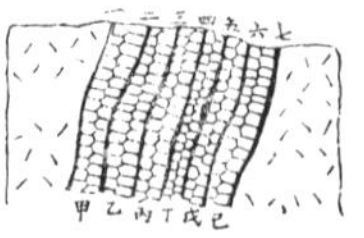

甲乙丙丁戊己各爲一次結成之脈各有兩排結成其尖相錯　其每路脈有一二三四五六七之紅泥隔開之合成一總脈

觀此脈形知其裂縫本無如此濶蓋因漸生結成之脈撑裂其縫故縫漸大而成總脈　其每路之礦因各有紅泥隔開之所以取時易分開

有時脈中有泥砂土石與礦相間亦各爲一路形與上圖

相同試設想有一裂縫在火山之處其縫中有熱氣熱水過之則其中升出消化之水夕里開等物遇冷能附於縫之兩面石上各爲結成後有泥砂土石入其中而滿之則兩邊之結成爲泥砂石子分開如後又遇他變動則能復從有泥砂之處開裂而氣水中升出之物又能附於兩面結成後或又有泥砂塞之其泥砂或又能因變動而裂開則又有金石結成其中所以能成總脈如氣水中有消化之金類則凝結而爲金類礦脈

此種意想之事往往與實見之形合如某人言阿勿倫礦眼遇合拉尼脫脈走入合拉尼脫中其石裂開之縫過合

拉尼脫亦過合拉尼脫之脈其縫中有科子硫礦鐵砒倍來底斯結成其中爲礦脈再有震動仍依原縫裂開所以其新縫中不特有稜角碎塊之石子亦有老金脈碎塊之礦其老礦脈之裂處有兩面相磨之紋其二次裂縫中有硫礦錫及霍恆斯駃能科子等金石與老礦之碎塊相膠結如合子石後或因震動再裂開則又有他金石滿之而膠結其碎塊如前至最後裂開有倍素爾拉乏之圓石子滿之諒從水底流入也　此說雖不甚詳細然有大用處因觀此即能知礦金之脈非一次之變動所能成也

如已信脈之成由於裂縫則固易知其原縫再能裂開蓋

科技譯著集成

縫中之脉結成充滿者少而空處與鬆處多每遇震動其處最易裂開此與脫拉潑兌克之在縫中其理相反因兌克鎔流而凝結及有重力壓之故能彌滿於縫中而膠固之使後次震動不易開裂如某處之兌克能使鬆石反堅固後遇震動他處裂開而有兌克之處反不裂

脉形忽厚忽薄

凡礦脉之兩面大抵平行而厚薄一例者多如日耳曼之礦脉深一千五百尺長二百尺厚三尺兩面皆平厚薄均勻而英南之礦脉其兩面非平行故有處厚僅數寸過數丈則厚七八寸再深又漸薄其忽厚忽薄之故今應解之

有人言裂縫之面本非平直若縫邊之石有高低相差則其縫有處寬有處窄脉成於縫中故亦有處厚有處薄

此理可以紙剪開爲縫以明之譬如紙剪開之縫如一圖之甲乙則其縫之寬窄處處均勻如移其紙使如二圖之甲申乙乙則一二三四五等處之縫最窄丁處之縫最寬丙處畧近平行而長如移其紙使如三圖之甲申乙乙則其縫形又不同其戊處寬而長

此種譬喻之形實與礦脉厚薄之形合

觀此圖知其紙不過稍移而縫形已大異矣故知礦脉厚薄之故亦因縫旁兩面之石移動所致

礦脉彎曲

礦脉之形直下者居多亦有斜至四十五度者礦脉之路

大約爲直亦有稍彎曲者其彎曲之處每有泥砂石子阻塞之故其處之礦少如圖

甲爲脉之彎曲處因有泥砂土石碎而下落積於彎處故其處之礦少

如循脉取礦遇脉中數十尺皆爲碎石泥砂所塞其泥砂中亦有碎塊之礦撒開於中有時遇脉之彎曲處有分支此因裂處成歧縫故也

裂縫成礦脉之故

今論裂縫中何以能凝結而成礦脉之理如石之斷裂處

其縫未爲泥砂石子塞滿，而有熱泉從地中出過其縫中，則其縫通於地中甚熱之處。此固易知，又攷知礦脉在火山石熱變石之中，則金類愈多，若有鎔結石之脉，走入熱變石處，其金尤多。因此思之，諒必礦脉之根源恆在鎔結熱變之石。

人皆知金水熱泉，雖離火山極遠之處亦有之，其水每從石層有裂縫之處流出。

任何熱泉中消化之質，每與火山熱氣中消化之質相對。

又熱氣熱水中消化之物，有能凝結於經過之石縫中，而爲結成者，如夕里開炭酸灰硫礦夫羅而斯罷硫酸倍來底斯美養鐵等類金石是也。

譬如脉之滿，由於有熱氣從鎔鍊之處來，則消化之物漸漸遇冷，能依化學之法變爲結成。

石之自鎔流而至堅凝，其體必收縮，如合拉尼脫之結成時，能收縮十分之一。所以地中之石，自熱而冷，漸漸結成時，其收縮之力極大，不特能裂空上面之石，亦能使地球皮面之石低陷而爲斷折。

從上說觀知熱泉中消化之金石，其事與礦脉之故相關。惟學者莫謂熱泉中消化之質，定與礦脉中之質同，亦有熱水最難消化之物，礦脉中有之者。

無論元質合質，在熱水中從地之深處流向地面，其難消化者，必易與水離，故未至地面已先凝結，而其易消化者則在水中能流至地面，故尋常所見熱泉中，不過有卜對斯素特之類，因其在微熱之水，即能消化故也。所以素特卜對斯雖在合拉尼脫中爲多，而從未遇之於礦脉中，亦因其易消化故也。

脉中礦金多少

準此理以論礦金之形，或聚或散或撒開，皆尋常化學之力所成，或消化於水，因水之冷熱而凝結，有先後，惟猶有所遇之事，其理殊不易解者，如英吉利之鉛礦脉，其中有鉛銅與白鉛，而鉛爲多，其脉經過灰石綠石中，其過灰石之處，脉中礦多，過綠石之處，脉中之礦不過一線耳。此非因其裂縫之獨窄，乃因水過此石處降結之金少也。

礦脉之金因電氣而凝聚

有人攷英南之礦脉，知其礦金之多少，各視其脉之所過之石而異，如其脉過合拉尼脫者礦金多，其脉過泥斯里脫者礦金少。又如一樣之脉，其過合拉尼脫處有銅，而過泥斯里脫處則有錫，或有相反者，於合拉尼脫處有錫，而於泥斯里脫處有銅，此蓋因電氣流行之故也。

因思脉中礦金之理，諒必硫礦銅錫鉛鐵白鉛綠氣消化於熱水中，而有電氣之力，使之凝聚於脉也，因英南之礦脉從東至西，與吸鐵之極直交，故以爲電氣橫流之力所成。

此論雖是，然脉之交錯者甚多，大約皆因裂縫而成，未必盡與吸鐵之極直交，惟各種之石，有各種之電氣，其電氣能使金類凝聚於石縫中，則其理可信。

化學家，以消化之綠氣錫，置於水電氣器中，見其二極，各有多養錫凝焉，此與英南錫礦之理合，此種試法，可解錫礦何以與銅礦相近，及與銅礦相合，亦可解他處之錫礦與銅礦不相連。

各金先後之期

前論四大類石，各有新舊，皆可知其成於某期，又如合拉尼脫之脉，走入舊石，亦有其期，準此論思之，則石之裂縫中所成礦脉，亦必有新舊之期，惟其期愈難攷定，因其縫不知幾時裂開，且有裂開數次，成數種礦脉者，故難定也。地學家舊說，亦有言某金爲新造化，某金爲古造化者，如言錫比銅爲古，銅比銀鉛爲古，任何金皆比黃金古，惟黃金之成最晚。

今先論昔時以爲可據，而後來更攷之而知其不合者，如攷地中每種金類之礦，是否各有其期。

如言英吉利之錫礦脉爲最老者，此說非也，查愛而倫銅鉛之礦脉，皆比英吉利之錫脉更古，蓋愛而倫銅鉛之脉比提符尼安早，而英吉利錫脉，成於碟期之後。

脉之在愛而倫者，有新合拉尼脫之脉，過老合拉尼脫而入西羅里安，此西羅里安之石，及其中之脉，已蝕於提符尼安未沈積之前，又見有巴弗里合拉尼脫兒克，過西羅里安，而未走入提符尼安，後有銅鉛之脉造化焉，其銅鉛脉之成時，當在提符尼安之前，故其脉未走入提符尼安。

又有一據更明，其提符尼安，近西羅里安銅礦處，有磨圓之碎塊銅礦，故其銅鉛礦脉，雖不能仔細言其與某石

同時，惟總可言其脉之結滿時，約在西羅里安之末，提符尼安之始。　此處之脉中，除銅鉛銀之外，亦微有黃金，其碎蝕之砂礫中，亦微有錫。

脉之在英吉利者，有細粒合拉尼脫之彎脉，走入老合拉尼脫中，又走入第一迹層，運至可兒美什，又有火山兒克過合拉尼脫，亦過合拉尼脫之脉，亦過斯里脫水層石，其錫礦脉，尚比火山石兒克新。　此處之錫礦脉，卽前所言中分八路者是也。

所以可言英南之錫礦脉，比可兒美什新，故比愛而倫之銅礦脉爲更新，其所新幾何期，則難言，諒必不能比潑而

彌安後因於其磔層之上尚未遇有錫礦之脉在紅砂石破塊立造克中故也

英吉利他處有鉛脉過炭灰石入潑而彌安馱羅美脫合子石及來約斯有處入下烏來脫層

在蒲希彌耶地方有多銀鉛之脉過倍素爾脫其倍素爾脫中有屋劣維倕結成倍素爾脫之下為第三迹層其中有無用之木碟所以知此銀鉛之脉為三新期中所成

黃金之礦

俄羅斯及美里哥金山之金大約從砂礫中淘汰而得後遇有科子脉在合拉尼脫中及昔斯脫中其科子脉中有黃金此處有黃金之科子脉諒比其處之雖約奈脫合拉尼脫新故可謂之三次石時所成至今於其山之潑而彌安合子石中雖遇銅鐵之礦多而尚未遇有黃金所以知此科子脉中之黃金成於潑而彌安期之後或者其時已成脉而尚未碎蝕亦未可知

於俄羅斯美里哥金山之金砂中遇陸地大野獸之骨於新荷蘭金砂中遇袋獸之骨其大如犀

美里哥南之黃金遇之於銅倍來底斯中其脉過克里兒書烏來脫其石中之殭石半似烏來脫半似克里兒書

美里哥之東遇金銀之脉在西羅里安中亦在砂中得碎塊之礦蓋從西羅里安碎蝕而來也

黃金之在各種石中如科子愛脫斯里脫砂石灰石合拉尼脫色而并台能此諸種石中皆曾遇黃金在脉中有時於近脉之石中有粒形撒開之金

新荷蘭之黃金不特在哀盧維恩砂礫中亦在近脉之石中其金非在脉而在有脉之斯里脫其石大約是西羅里安之舍兒其有金之處寬廣經九度緯十二度於一千八百五十三年取起每年取得之黃金其數與花旗金山相仿絕無每年漸少之據

鉛錫之脉

法蘭西某人言倍素爾綠石兒克中亦遇鉛及他金又見有金脉與脫拉潑相連惟錫脉則遇之合拉尼脫或與合拉尼脫相連之石此論若果是則可算錫比鉛老蓋錫之造化深於鉛亦猶合拉尼脫之造化深於脫拉潑也

假如數處之裂縫為同時變動所成其縫淺深不一有些與火山連有處與深造石連其縫中各有金類結成為脉則自然其脉愈深者其升起至地面愈在後其經歷之變動亦愈多

結論

深造化之石各期中皆有之即今時地中亦有新成之石

惟尚未現於地面耳此種新說近年來漸有人信之蓋人之所以不能速信者因其證據非甚分明又因有些地學家不肯信迹層石能變爲結成故常欲尋得一最古之石比地面有生物之時早

人雖不能知天地造化之始然能攷比人生以來更古之事並能知何期爲人生之初亦能知一切生物無論今古各有其元始之時

地學之事能令人知地面之物其變不知幾何次高山變爲深谷深谷變爲高山海變爲陸陸變爲海凡地形有更變則天空氣之冷熱亦必因之而變而動植之物遞生遞滅於其間其種類之異或因漸變或由特生每物各有族類其所生之處天時地氣必與其性情相適否則不能孳生

地球繞日而行亦爲行星之類天文家雖不能見諸行星上動植之物然言行星上亦各有生物人咸信之惟不知地球上古今之生物有與某行星上之生物相合否其同耶異耶不可得而知之也

昔時地學家有言古期之生物簡陋新期之生物愈近今愈精巧今細攷生物漸變之據知已滅之物與新生之物其化工之奇皆莫可名言非有古拙今巧之分也然今所知者不過於無窮世界之無量數生物中得其一二端而已造物之奇曷可限量耶

陽湖趙宏繪圖
長洲沙英校樣

江南製造局

科技譯著集成

地學測繪氣象航海卷

第壹分册

行軍測繪

《行軍測繪》提要

《行軍測繪》十卷，首一卷，附圖一卷，英國連提（Auguste Frédéric Lendy）撰，英國傅蘭雅（John Fryer, 1839–1928）口譯，新陽趙元益筆述，陽湖趙宏繪圖，桐鄉沈善蒸校字，同治十二年（1873 年）刊行。此書底本爲《A Practical Course of Military Surveying》。

此書是一本介紹測繪行軍地圖原理的實用教科書，共一百五十四款，後附英國講武書院所定繪圖線法之比例表，以及 1867 年 2 月 23 日英國管理教習武事將軍那比兒批準的英國講武書院所設繪圖線法之章程。

此書內容如下：

卷首　界說

卷一　畫行軍圖法

第一節　地平面各物之線號

第二節　論指出地面之高低

第三節　論地面之各形

第四節　習練畫圖各法

卷二　地面分三角形

卷三　測量之法

卷四　測向羅盤用法

卷五　平面桌用法

卷六　紀限儀用法

江南製造局

科技譯著集成

行軍測繪卷首

英國連提撰

英國 傅蘭雅 口譯
新陽 趙元益 筆述

界說

第一款 凡畫地圖以備行軍之用不及地球面萬分之一而觀其圖即可知形勢之若何如親歷其境也

用兵必先知地理欲知地理必先得地圖因圖可顯地面各物之方位并各處之險要一切戰守計策皆由是而定

各物之方位有天成者山谷江河等是也有人造者城墻房屋等是也

昔人地圖不過畫其界線而已各物之形未能悉肖所以附說以詳之近年以來始得新法能顯地面之眞形雖不用一字亦可瞭如指掌矣

第二款 欲顯地面之眞形其法有二一爲象形之圖一爲繪畫之圖

象形之圖或以泥或以木或以石膏雕刻摶埴而成看其圖即知地勢之高下曲折以及山谷城郭之形但此不能猝辦其體又極重滯祇可存之以備一格如英國講武會所存斯伯斯圖布城華他羅戰場是也

紙畫之圖用各種線號顯地面各物之形而定其方位此種圖能隨時畫之則攻守之宜按圖可辨斷非象形圖所能及也

行軍一切之事如列陣圍城移營屯兵等必先相地畫圖庶幾胸有成竹可以制敵

西國諸史載前人用兵之事必有地圖以明之所以讀史者彼此參觀知其有益而取之知其有害而舍之

第三款 用武之事固以相地畫圖爲要矣而將帥之略尤須一覽地圖即知其山川之遠近阨要之多寡此種學問若非討論於平時安能値倉猝之際而了然於心目之間乎

第四款 行軍測繪之事有分別焉一爲正圖一爲草圖如有建立城墻營壘房屋等事必先作一詳細之圖是爲正圖 如行軍之時欲知地勢之宜忌而粗列大略是爲草圖

凡畫正圖之法與所用之器必極精良斷不能成於俄頃也 若畫草圖必時已急迫宜速而不宜遲即有畫圖之器未必能佳況不帶一器亦須畫圖有時祇能歷覽之下而隨時畫之有時默記其形而回營畫之有時人述其情形而據說畫之皆草圖之類也

武事所畫之圖正者甚少大敵當前必不能從容而畫正圖苟有草圖雖少差亦屬無妨然欲築城攻城以及造礮臺必須極準之正圖故學畫者宜先講正圖之理法習練既久可舍精器而畫草圖且爲之甚速而無極大之差

第五款　凡行軍測繪之圖（以後省曰行軍圖）以六十英里之長爲限如過此限則不第供行軍之用必用更準之法測之如畫一國一省之圖是也　測量一國之山川境界定其位而畫其圖詳見於他書此書不必贅言大抵一國之全圖祇載夫名山大川都會關塞之所在其餘細微之處未能盡顯若畫行軍圖必將地面緊要之處一一備列於圖而并顯其中各物爲極細之形圖

第一圖

第六款　凡畫地圖將其地面之各點引至平面上其平面即爲底而從各點作直線於平面則直線與底相切之點爲平形　設圖之平面爲地球之切面者如第一圖甲乙丙爲地球之面斷不能在吅乙丙而畫其圖但在六十里之內所有之差不過三碼（三尺爲一碼）　畫者心中以地球爲平面亦不妨設所畫之圖爲大地全圖或一國之圖則必知地球之理也

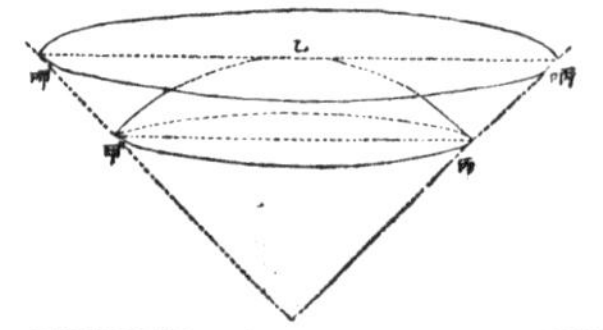

第七款　畫行軍圖工夫分爲二層一爲地面所有平形之各物一爲地面所有物形之高低如地面爲平則第二層工夫可不必用

凡畫行軍圖顯地面之各物必恃一定之線號各人用之無不相同在學者必細察線號之理而習畫線號之法習之既熟能看能畫則圖之要事已明此事在後卷詳論之下款先論畫圖有大小之比例

第八款　任一處地面而畫一圖可大可小各適其用圖若愈大則愈詳而愈準

凡圖之尺寸與其本物之尺寸其相比之數即圖之比例數也　如有一直路長一里而在圖中長一寸則圖之比例爲一寸與一里之比例　又如牆長六百碼而在圖中長一寸則圖之比例爲一寸與六百碼之比例也

亦有反言其圖之比例者　如十二碼與一寸之比或四里與一寸之比其意爲以圖中之一寸代地面之十二碼或四里也

又法用分數明圖與物之比例　如二千分之一或四萬分之一其意爲以圖之尺寸比物之尺寸小二千倍

或小四萬倍也。

以上比例之說可以更換之。如圖之比例爲一寸與一里之比，亦可更之爲六萬三千三百六十分之一之比例，因一里之數實爲六萬三千三百六十寸也。又如一寸與十二鏈之比（六十六尺爲一鏈），亦可更之爲九千五百〇四分之一之比例，因十二鏈之數實爲九千五百〇四寸也。

反言之，法國之地圖如爲四萬分之一之比例，則圖之每一寸代地之四萬寸。

第九款　凡圖之比例不可任意而定，必詳審之，其故有二：一圖有詳細與粗略之別；一畫圖之紙有大小之別。如地面長三里，而紙長二十四寸，則圖之比例不能以大於二十四寸代三里，即以八寸代一里；若以大於二十四寸代三里，紙不能畫其全也；若小於八寸之比例可任用之，或四寸代一里，或二寸代一里是也。

若圖之比例小於八寸代一里者，則圖中諸小物不能畫其全，即能畫之，亦細而難見，所以畫圖者先議圖之若何詳細，而後圖之比例可定也。如以一寸代一里，設一里之內有一處長十碼，在圖中不過長一百七十六分寸之一，自不能顯出，何況此十碼之中地上所有之物，豈能一一畫出乎。大抵人目不能看小於百分寸之一，用規尺之分寸不能辨其多少，所以一寸代一里，而差有百分寸之一，則其圖之差爲百分之一千七百六十碼，即差十七碼也。如欲圖之各尺寸不差至十碼，則其比例必以百分寸之一代十碼，即以一寸代千碼也。如欲圖之各尺寸不差至三十五碼，則其比例必以百分寸之一代三十五碼，即以一寸代三千五百碼也。

設如任一地圖看其比例表，則知其差至若干數。如一寸代四里，則其差必在百分里之四之內，即不差至七十碼。

由此可知人目所能見者百分寸之一爲最小矣，如勉强分之極細至六百分寸之一，恐畫圖之事亦不能不爽毫釐也。天氣有燥濕之異，則紙常有縮漲之差，而圖中各點之相距不啻日日改變，所以圖不差至百分寸之一，已爲極微之差矣。

第十款　凡草圖未必詳細，而準所畫之營盤、大路等類，其尺寸稍差不妨，常用之比例如左。

築礮臺城壘之圖，以二十四寸代一里。

攻礮臺城壘營盤等類之圖，以十二寸代一里。

廣野鎭市大營盤行軍路之圖以六寸代一里

測量大地而畫圖以四寸代一里

英國所刻一國之全圖以一寸代一里

近年法國所刻一國之全圖爲八萬分之一之比例

圖之小於此比例者則謂之地理圖

凡圖必當有其比例數寫明於上使閱者一覽可知

陽湖趙　宏繪圖

桐鄉沈善蒸校字

行軍測繪卷一

英國連提撰　　英國　傅蘭雅　口譯
　　　　　　　新陽　趙元益　筆述

畫行軍圖法

地平面各物之線號此爲第一節

第十一款　各物之中有與武事相關者草圖內必以公用之線號指出之　如鐵路大車路分歧之小車路乘馬之路狹隘之路行船之縴路以及大小水道并堰壩等處皆關乎行軍之進退　如民房村莊礮臺廟塔等皆能暫駐兵丁以避風雨　如濠溝壁壘籬栅等可以圍護我兵而阻禦敵兵　如鄉間耕地草地花園果園菜園可供人與六畜之食樹林竹園能出柴料并可做檔木地刺之類又可埋伏兵勇　又空曠之地亦須表明　又有從遠望而易見者如通衢大鎭人所共知我兵往來易於認識卽或交戰失利令兵丁從此等處會聚可以整旅再戰

第十二款　草圖有三要一曰準二曰清三曰簡　其宜準者何也營官之號令兵勇之行動皆以圖爲主所以必要準　其宜清者何也事出於迅速不及從容看圖所以必要清　其宜簡者何也不必專家畫圖主將能

自染翰或觀他人所畫之圖便可明晰所以必要簡

第十三款　如附卷之一二三四圖皆以線號指出各物之形此線號大半爲西人華廉司所輯又爲征賦圖册內所公用者初學必臨摹嫻熟方能隨筆畫出畫時先用鉛筆後用墨筆　如圖之比例以四寸代一里則各物亦用此比例而稍大無妨　如圖之比例以小於四寸代一里則所有旱路水道必以此比例酌加若干以能顯見爲度

第十四款　隨測隨畫之草圖用鉛筆時不可忽略恐後此無間暇之時再加詳細之墨筆也　初學作畫用筆

切不可遲鈍須求一劃而成則工夫快而能準遲鈍則志意不定每多抹改又有抹改一處而帶去傍線者此大病也　草圖已成之後必加一番墨筆之工暇時設施五色燦然可觀若不及加墨則以草圖釘於板上弸緊用牛乳與水調和灑於其面待乾則不易揩去如以淡膠水代乳水亦可

第十五款　草圖之光有俯視之意所以無暗面形詳見二十二款圖之比例小於四寸代一里者水石房屋樹林若其寬處能分兩線畫之則常作一暗面形　各圖之光從圖之左上角而來者成四十五度之角其暗面之粗線

能令圖中所有之各物更易清澈耳

第十六款　行軍圖已成其設色之例如下　田禾等物用正黃色　地面之小礫石先設暗黃色後用褐色作小點　蕘森草西國山草之名兵馬遇此則不能行用深紫色　低窪之處用淡藍色作長方點各點之間設綠色兩色之交互處勻而無痕　草地設淡綠色　耕地設淡紫色　長江設正藍色　大河用藍色而以深藍色爲其暗邊　路用淡褐色　砂地設淡暗黃色　砂地有水亦設淡暗黃色微加紅色　磚石造成之屋設紅色西國之磚其色皆紅所以設紅色　尋常瓦屋設水墨色　叢樹用淡黃色　獨

樹用深綠色　兵丁屯處用其號衣之顏色

第十七款　用以上設色線號之法可供尋常行軍圖之用猶有別物可另定線號如第二圖

第二圖

營
馬兵
步兵
望臺
斥候
營臺
正形小營臺
鹿角
距馬
籬笆
陷馬坑
能過之處
馬兵不能過之處
步兵不能過之處

凡有奇異之物則無公用之線號必另設一線號畫之惟於圖之邊亦畫此號而書其意於右

第十八款　線號之畫法擇其要者而詳論之如左

凡畫道路之線將筆尖向內而兩邊線之粗細相等且必作平行惟其路之分寸於通衢則寬於山徑則窄先畫路之左邊線右邊之線順其曲折而為之　鐵路恆多直者可用直尺劃粗線而邊必平行　馬路比鐵路更寬

若有多路相交則其轉折處不可用直角必略帶圓鈍之形

河道近於光之邊線宜比彼邊之線更粗

河之寬廣者則其中可作多細線而與邊線相遇之處必更密

江海亦以上法畫之而其中之細線或為橫平行線或為豎平行線

樹林之疏密其畫法有數種　如附卷三十三圖以公法畫之路旁之樹則用密點代之　草圖中畫叢樹之法數十百樹相結成林與畫山水之法略同而其光從左上角來

花園菜園外有圍牆或有籬者內分多小方而各方之內用細線劃滿園內之小路以空白代之

房屋不設色者則用細線劃滿如其比例小於六寸代一里者則以墨渲染之中間須劃斜線者則向光之處宜細背光之處宜粗

論指出地面之高低此為第二節

第十九款　地面正平則各物之界限方位用上款之各線號已足若地面有高低之處必另設線號諸法顯出山谷等形　營官看此圖而知地面之高低用兵能占形勢并可知若干斜度何處馬兵不能上何處步兵僅能上

畫此圖有二要事述之如左

一令人一觀即知各處之高低有相關之理并知斜

面之角度此用幾何之法

二不必有說令人看圖即能知各物之高低此用粗細鬆密之線以為記號

第二十款　幾何之法能得地面平剖多層之形即以其各層平行之尺寸而畫其圖

西人名伯辣者有相地畫圖之書將以上所言之理設一變法淺而易明述之如左

法曰檢一塊石宛如山形者用一方箱其底旁作一塞門如第三圖將石置此箱中用極淡墨水傾入箱內至將近石頂為止過數刻後石有墨漬之痕拔塞放水至

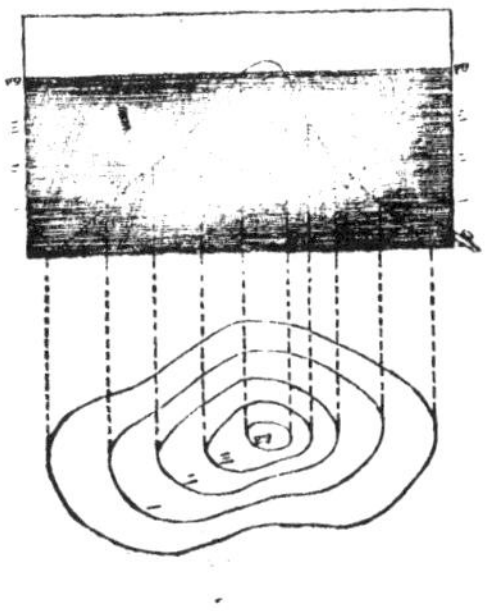

水面低四分之一而止再過數刻後拔塞放水如前如是四次即成四三二一各平面鹽水之漬石成多平形如俯視各層之鹽痕而作四三二一等界線則

第三圖

圖可顯石之高低與其平斜水之面本平所以各線必爲平剖面線

第二十一款　觀畫石形之法可知畫山之法其理相同其平剖面界線得幾何層即知山之形

設各平剖面爲等距知其一點之高與其共距則可知任一點之高　若將其共距以相連剖面式之垂線約之則得其斜面之角度

第四圖

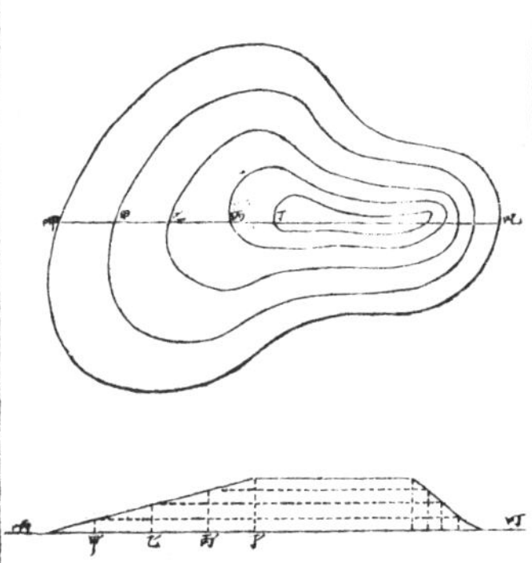

又法有平剖面界線能得其任一方向之剖面式如第四圖向呷叱方向求其剖面式必在任線呐叮上作呐甲呐乙等各相距與呷甲呷乙相等再於甲乙等各點作垂線同於甲乙丙等剖面界線之高以各垂線之端相連爲所求任方向之剖面式　又可用幾何之常法作立視圖如附卷十七圖是也

若能令各層之相距爲極近則知地面之高低測繪甚準幾無分毫之差愛爾蘭地方所畫全圖以六寸代一里耕地之共距爲五十尺山地及空曠地共距爲百尺○法國之共距與圖之比例爲長比例數等於二千分之一之比例也○如此即得便用之法無論圖之比例爲若干數其斜度必以等距之線明之如萬分之一之比例其平剖面相距爲五枚二萬分之一之比例其平剖面相距爲十枚餘仿此○地面若有非常之形可改其比例如三並地方其地面爲平原則測地畫圖所用之比例爲四千分之一之比例即如二萬分之一之比例得共距爲五枚此法即是前第十九款所言第一要法現西國用之而作各種工程之圖

第二十二款　前第十九款所言第二要法用記號而得之如用此記號依其各層平剖面式則所畫之圖準而且清

凡從任高處望地面各物之形必非其正形而爲其偏形所以正形之圖必有巔頂俯視之意然光面之明暗時時改變從日光中看之上午與下午不同尙不能得其正形

天陰之時山色平勻設登其巔頂俯視四周則面愈平者光愈濃面愈高而愈斜者光愈淡如此看山繪圖知

光之濃淡與面之斜度有比例。

第二十三款　若作多面相近之平剖面則各界線自顯其濃淡之色但爲行軍圖無暇作多界線此法不便用之。若平剖面之界線甚少而中間任加數線如附卷八圖必不能準因平剖面界線之間其斜度未必處處皆同祇能得其中數而設立一假平剖面界線。以上兩法費時煩心非易爲也。

近時各國之人設立新法其最要者有三種。法國之法能令所畫之圖準而清。日耳曼國之法能令所畫之圖準。英國之法能令所畫之圖清。

第二十四款　法國之法將平剖面界線之間用垂線補其空處則其距與垂線之比若與斜面之比。平剖面界線必留於圖面而面之濃淡以下法得之

如第五圖寅卯與寅卯爲平剖面界線甲乙丙丁爲所補之垂線其相距甲丙等於甲乙所成之方形以甲乙線平分之則成長方形甲乙甲丁再平分之則所得之垂線之端其相距爲四分之一用此法或畫圖或刻板工夫極易而甚速。

第五圖

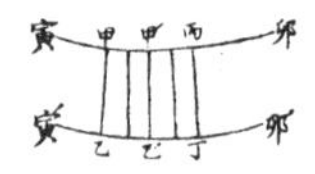

如平剖面之界線不爲平行者則其垂線與界線相遇。

第六圖

必成直角如第六圖。

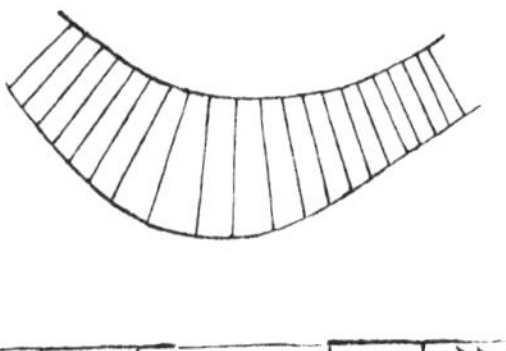

如平剖面之界線相距甚遠可在其間另作數界線略得平行而補垂線可以得其相距而無差。反言之界線相距甚近而其方內不能作三垂線則必作極粗之垂線而其相距與垂線之長等。如此所得之暗面與

少斜之面可以相配如第七圖凡已得界線小於十分寸之一者必用此法而相距愈近則垂線當愈粗。

第七圖

第二十五款　此種圖已成之後平剖面之界線必揩去之若兩平剖面界線中之垂線與上層之垂線或與下層之垂線相連而成一線如第八圖甲則揩去界線之後揣圖中各處之高低甚難所以每層之垂線必對準

第八圖

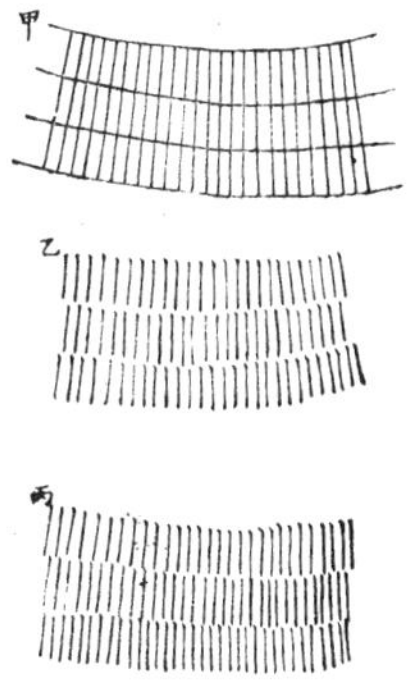

上下兩層垂線之間如乙又垂線不可相離而致中間各層有空處必令垂線適抵平剖面之界線如丙

第二十六款　有人思得一公法能令線之粗細準則各圖之濃淡面可依公法而作之法國所作全圖其黑面與白面之比若斜面之切線以二分之三乘之如第九圖斜四十五度則黑面與白面之比若三與二之比凡大於四十五度之斜面如城壘等之面另有畫法

第九圖

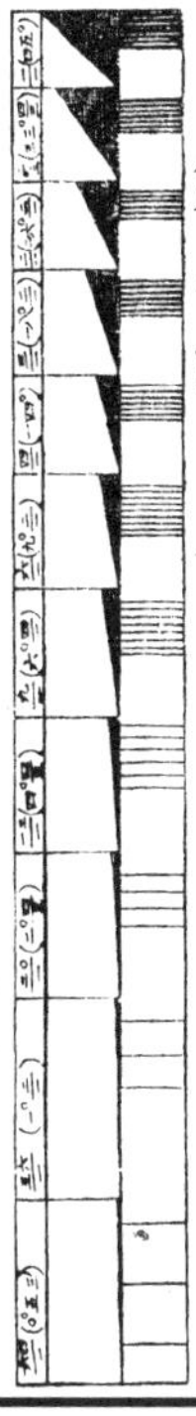

法國之法能準與清是其所長但畫之不能速是其所短若圖欲刻板而印者此法爲最便　如附卷十六圖十七圖十八圖二十三圖二十四圖二十五圖

第二十七款　日耳曼國之法其補垂線與剖面界線無論已知其共距或不知其共距而垂線總以一法作之如日耳曼之人名勒慢者其設立之法不問其共距而將各斜面與其平面底所成角度以度之　如第十圖

第十圖

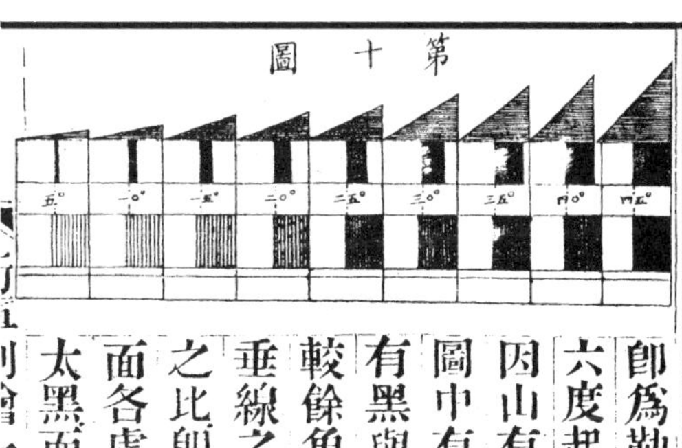

即爲勒慢所設補垂線之法從五度或六度起至四十五度止詳見第十卷第十三頁之表因山有四十五度之角兵丁難上則觀圖中有全黑者知不能上也　凡斜度有黑與白之比等於斜度與四十五度較餘角之比　如斜三十五度則其補垂線之粗必得黑與白有三十五與十之比即七與二之比　用以上之法地面各處高低圖中極易清楚不過用線太黑而圖中之字難顯也

日耳曼國又有一法以六十度之線爲最黑但用此法必測其各角之度甚覺費時所以廢而不用

第二十八款　英國之法分二種一爲平法一爲立法設此法者祇欲圖之清不問其更準與否平法用粗細鬆密之線顯出其高低而高之不可忽略處用數目字記之　如附卷之九圖十圖十五圖皆用平法所畫之圖其粗細工拙在乎畫手之高下　如附卷十一圖起至十四圖止爲一千八百六十七年以前英國三脫斯脫講武書院之學者所用之圖此各圖與地形甚對較之近所設之新法亦無甚差

立法專欲圖之清而用之，但與平法相比，亦未能更準，而所費之時甚多。如附卷十九圖爲英國人在俄羅斯國古蘭密雅地所畫之行軍圖。

第二十九款　一千八百六十七年以後，英國講武書院又廢舊法，而用斯各德所設之平法，因舊法雖看之甚清，而平剖面之界線已磨滅，尚嫌其不能醒目也。如附卷十一圖至十四圖。斯各德之法，留其界線爲虛線。如附卷三十三圖至四十圖，又有斯各德所設黑白之比例圖，如第十一圖。既知此表之用法，將名家所作之圖擇其多種，用顯微鏡看之，而度其粗細，推算其中數。

第十一圖

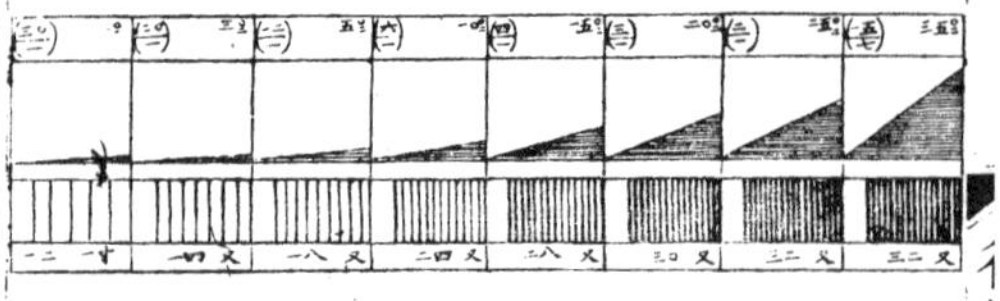

圖中之斜面不清，往往誤軍行之要事。斯各德之法，能免此弊，所有勒慢設立之表（詳見第十卷第十三頁之表），用以爲主，而改其各界限虛線之立相距，令其依斜面與比例表不差。

如圖爲六寸與一里之比，界限虛線之立相距如左：

五度以下，各斜度二十五尺。

五度至十度，五十尺。

十度至二十度，一百尺。

二十度至四十度，二百尺。

如以三寸代一里，則各相距爲五十尺或一百尺或二百尺（詳見第十卷第十四頁之表）。

以上之法更繁於法國之法，其故因一圖內界線之相距可以改變也。

凡以平法畫圖，其弊有二：一，山路已過與平面不甚有差者，則與別處平面極難分別；一，山之巔與山之麓，光之濃淡不能由漸而改變，所以難肖眞形。

第三十款　以上三法之外，又有數法能顯山之形。此數法皆用深淺之墨色顯其高低，不能求其甚準，作粗圖恒用之。

有人用斜光之法，顯各山之高低，但此法山之斜度不能顯出，因山之斜面可以任置一方向，而光之濃淡各不相同；又其平面須作黑面之線者，若用此法，圖亦不肖眞形。

法國博物院之師名伯庭者，教畫地圖，所著畫學一書，論及光之明暗與濃淡茲從中檢出兩圖如附卷二十六圖二十七圖是也.

又有人用鳥道圖之法古時畫圖亦用此法如附卷二十圖此法不精前有高數里數亦不足據今置之粗圖之列如遠處爭戰則本國之人多印此圖賣與民人令其略知爭戰處之情形.

論地面之各形 此爲第三節

第三十一款 地面無論大小所有凹凸彎曲之形能包於數圓形之內. 如看數百里地面有全爲海水環繞者或大半爲海水環繞者則看地面從海邊起向上斜

之成山一帶能分其全地面得兩斜面此山名之曰正分水嶺. 其餘之小山名之曰副分水嶺. 凡兩山之間低者爲谷山之雨水瀉入谷中谷能受之而數谷之中從高併入於低即從最低處流入於海. 谷有相連者其水從合口之低處入海則其谷謂之河瀆.

第三十二款 山之形狀各不相同有兩山之頂合爲一片而成嶺者有山頂平坦者有山頂成坎窞之形受雨水而停蓄者.

第三十三款 山之駱驛相連屬者其山頂無數或大或小或遠或近其兩山相交之空處則謂之峽.

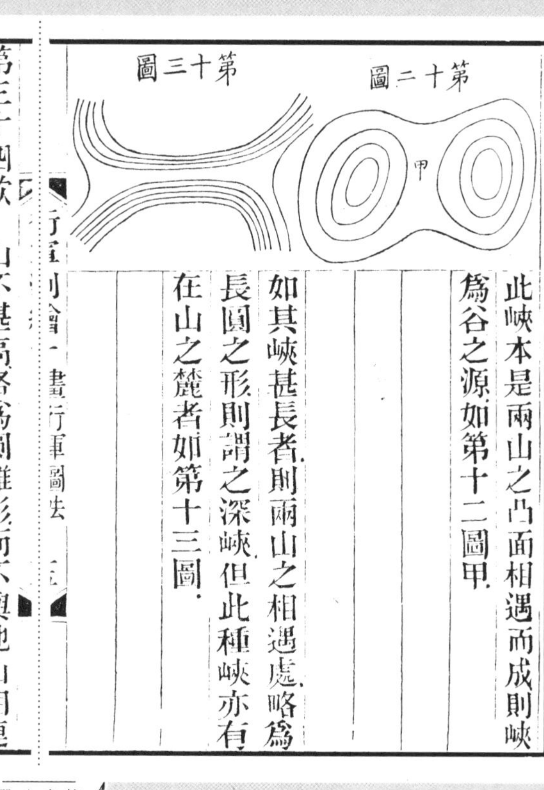

第十二圖

第十三圖

此峽本是兩山之凸面相遇而成則峽爲谷之源如第十二圖甲.

如其峽甚長者則兩山之相遇處略爲長圓之形則謂之深峽但此種峽亦有在山之麓者如第十三圖.

第三十四款 山不甚高略爲圓錐形而不與他山相連者則謂之峰如第十四圖.

一帶山之邊而與他山成谷者則謂之斷坡.

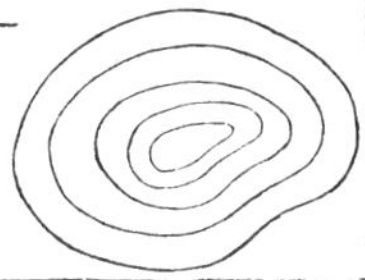

第十四圖

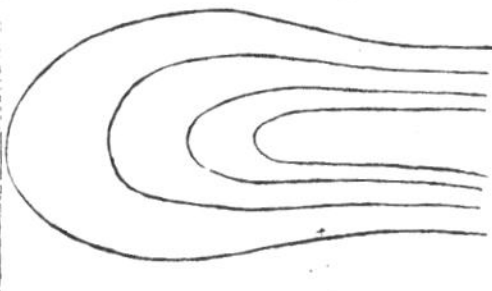

第十五圖

第三十五款　兩山之斜面互相對待其中空處則謂之谷如第十六圖寅寅爲小斜度之線。如斜度甚小其谷寬廣則謂之深谷如第十七圖。兩山並立而相近者則謂之對峙之山如第十八圖

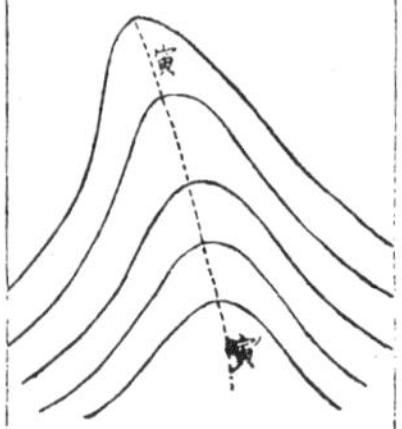

第十六圖

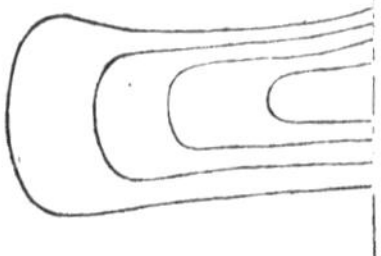

第十七圖

第十八圖

附卷五圖爲地面山峽等之總圖其呷甲甲甲爲峽唊唊則爲深峽叱叱乙乙爲山峰呐呐呐爲山之斷坡叮叮爲谷吰吰爲深谷吧吧爲對峙之山晬晬爲山頂之平坦者。

第三十六款　平剖面界線之間畫補線必仔細察之其要事詳之如左。

凡斜面之補線其兩端愈細愈佳因暗面在白紙之上不可有筆墨痕須漸過於不覺乃與地面各處之形相肖若忽起忽止則所畫之斜面必不能肖眞形

山之斜面在中間者或爲分水嶺之方向則所有之斜度甚微不可用補線因看其補線不能得山之眞形。

對峙之山其邊外有補線不可以相交祇成一曲線角。

如第十九圖山峽之小平而似縷空之形而所補之虛線寅卯寅午午巳巳卯爲峽之界限補線在此相切成角而止。

如附卷十六圖十七圖十八圖

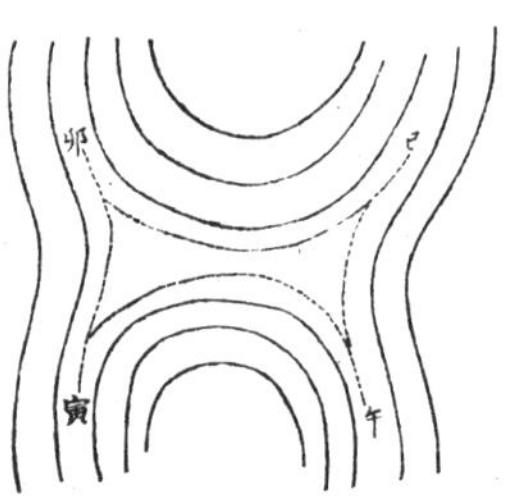

第十九圖

第三十七款　用以上各法能畫出地面之眞形因補線之方向郎指出斜面之方向而從其補線之長與平剖面之共距可以得斜面之斜度。凡斜面分爲三等一爲馬車能行者以十五度爲止二爲馬兵能行者以三十度爲止三爲步兵能行者以四十五度爲止。由此可知圖內之斜面屬於何等若補線之長小於共距三四倍則礮車不能行過若補線之長小於共距二倍則馬兵不能行過若補線之長與共距相等則步兵僅能行過。

第二十圖

習練畫圖各法此爲第四節

第三十八款　習畫行軍圖學其手法爲第一層工夫此無捷法宜時時習練方能熟極生巧　學畫線號指出地面之各形爲第二層工夫必臨摹名手所作之圖方有進境　以上兩層工夫必循序爲之否則不能成也

第三十九款　凡有一圖欲依其尺寸而再作一圖法將其全面用縱橫線分爲多長方或正方如附卷二十四圖圖內之各物細密而多所分之方必愈小　再另作一圖其邊之尺寸與本圖同分爲小方亦與本圖同如附卷二十一圖　再以本圖之各物分寸於小方內畫之但不可用規尺必用眼力臨摹如此習練能速而準

若一方之內形式繁多人之眼力難求其準不得已作對角斜線設尚不能準則一方之內再分多小方

本圖工細者劃縱橫線於其上必致傷損須用玻璃片一塊置於圖上而各方劃於玻璃面可也　畫圖之法先用鉛筆畫其馬路河房屋牆園石籬等後加墨筆於其上其次第如下　馬路河房屋牆小路園溝籬田之界線以所種之物分別之然後畫大石

以上各事視附卷二十一圖便知其詳再畫平剖面界線如附卷二十二圖所畫之山或用平法或用立法如附卷二十三圖　所有樹林沮澤草田或作記號或設顏色再書明各處之名并高處之若干數　比例尺寸或畫出或書於圖之上下方則臨摹之事已畢如附卷二十四圖

第四十款　凡以大圖縮爲小圖如欲小一倍則先作小一倍之邊而將其面分等數之方其餘各事如前　小圖中之線必少其半或三分之二或四分之三等小圖與大圖之比例亦爲小二倍或三倍或四倍等此不必設圖學者以意會之可也

第四十一款　欲令所畫之圖與原圖有一定之比例即如大小兩圖之比若寅與卯之比則必作丙丁丁乙二

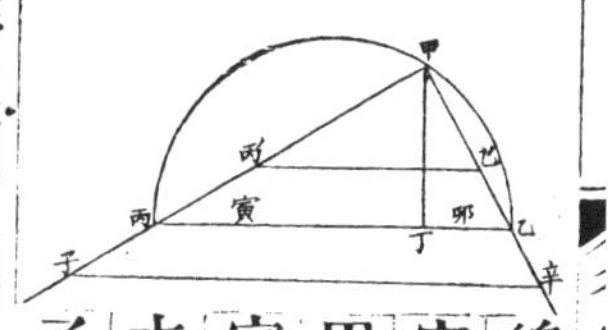

線如第二十一圖令丙丁與丁乙之比若寅與卯之比則乙丙上作一半圓界作丁甲爲乙丙之垂線則甲丙與甲乙之比若寅與卯之比從甲乙線引長作甲辛等於本圖之邊自辛點作乙丙之平行線則甲子爲所畫新圖相配之邊第二邊以同法作之圖之邊已成則分其面爲若干方數同於本圖之方數其餘各事如前

第二十一圖

新圖之比例極易得之作甲丙代一寸又作丙乙與丙乙平行則其相距甲乙度於圖之比例線上可知新圖

以若干代一寸

陽湖趙　宏繪圖

桐鄉沈善蒸校字

行軍測繪卷二

英國連提撰

英國　傅蘭雅　口譯

新陽　趙元益　筆述

地面分三角形

第四十二款　前於第六款言畫平面圖即是將地面各點之形畫於紙上顯其小而似之平形但畫行軍圖必先擇各點內最要之物如塔煙通獨樹等易見而易辨之者心中必想各物之間有直線連之各直線之平形圖爲多三角形湊合而成如第二十二圖圖中之餘物必在多三角形之內畫平面圖之第一要事在幾

第二十二圖

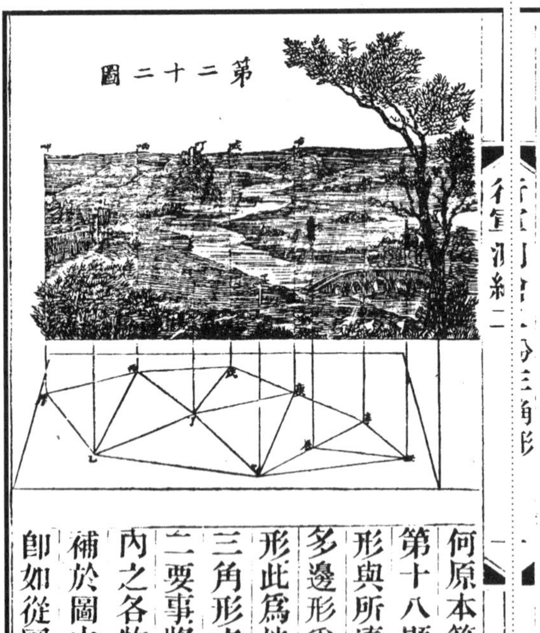

何原本第六卷第十八題作一形與所湊合之多邊形爲相似形此爲地面分三角形之法第二要事將此形內之各物一一補於圖中

即如從圖之叩

吃呐叮四點作直線至下平面內而爲甲乙丙丁各件則甲乙丙丁爲湊合之形而甲乙丙與丙乙丁兩三角形內各物即爲補圖之物。湊合各三角形其多少必依其圖之比例或大或小則補圖之各物畫於一定之方位不至於有差。

第四十三款　凡作三角形必先知其三邊或知其二邊與一角或知其一邊與二角由此可知相地畫圖有三法。常用之行軍圖以速爲貴測其三邊或二邊與一角或一邊與二角太覺費時所以另有簡法如下。如第二十三圖先測準一邊呷吃將其形圖依比例畫如

第二十三圖

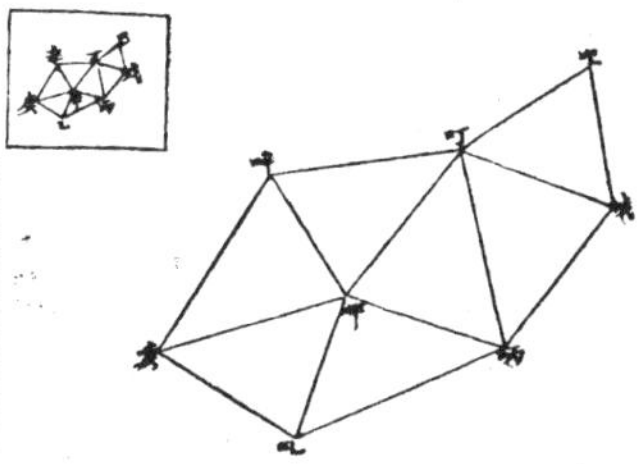

甲乙再測其呐呷吃呷吃呐二角則呷吃呐三角亦得即甲乙上作甲乙丙三角形與呷吃呐等式。因呷呐吃呐二邊已知可測叮呷呐呷呐叮二角即得甲丙丁三角形與呷呐叮三角形等式。又從呐叮呅呅呐叮二角能得丙丁戊三角形其餘依此類推。

所用之呷吃線爲圖之底線此線必適當所畫地面之中則從其二端易見最要之點人可站在一處而測多角如從呷點能測吃呷呐呐呷叮叮呷哰哰呷咦咦呷吃。

第四十四款　分圖成各三角形不可任意定之其各三角形或爲等邊甚妙若有一角甚銳者則別角測量必有一小差如第二十四圖之甲角則其頂點丙差之甚多。又角度愈小則兩線之交點最易差。用略等邊三角形又有一妙處因有若干面積分爲三角形則等邊三角形比別種三角形之數更少可省測量之工。

第二十四圖

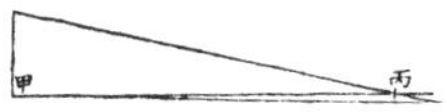

第四十五款　三角形之邊并底之極大之長數必測量

其角至甚準并留意所用之比例。已知三角法之人可用代數式得其極大之長數即$\text{丑}\text{——}\frac{\text{三正弦呷}}{\text{訥}}$其丑爲線之長數訥爲比例之差數依第九款之理則呷爲測角之差數此差數與測量之器之精粗有比例。本卷之末有表爲角差數所得之數。

第四十六款　測量用底線起則圖上作各三角形與地面三角形同式。此事依其角之大小之度數而得之或推算而得或以其角作圖而得之。但三角形之法如知一角與二邊則三角形其餘之各尺寸與角度可

以推算所以已測底線與各角之後則各邊皆可以推算而以幾何之法照比例而畫之凡緊要之圖以此法作之爲最準然費時甚多所以行軍圖不便用之

第二法行軍圖便於常用即測得角度遂劃其線於圖

第四十七款　畫行軍圖之人不必另記尺寸之數須求一看之後遂畫其圖不分心於別事　如已帶一本記事之簿則不必記其測量之尺寸只須記某處人民多寡之數以及地產各物之數兵丁之數官員之數武弁閱之大有裨益詳見一百三十九款

武官學畫行軍圖之工夫必屢次測地畫圖方能準而且速　最要之事須畫地面尺寸詳見一百二十二款

多三角形湊合之後則各三角形內之各物亦必以三角法得其一定之方位於圖內又必測其相距之角方能得之所以下卷各款內論及測量之器

長邊之碼數	以若干寸代一里	角差數
六二一五一 二六五七 二四〇五	·二 ·四 ·六	一分
八〇〇一 四〇五 六三三	·二 ·四 ·六	一五分
四〇五 二三二 八六一	·二 ·四 六	三〇分
二五二 六二一 四八	二 四 六	一度

行軍測繪卷三

英國連提撰
英國　傅蘭雅　口譯
新陽　趙元益　筆述

測量之法

第四十八款　測量之法用細鏈或繩長一百尺每節爲一尺另有十箭此二物量地者已足用之

用法令二人一在前一在後前人右手持鏈之一端左手持箭十根後人手持鏈之一端而站在起測之點令在前之人依任方向前行曳至緊時前人將一箭插於地下即向前行而後人隨之至插箭處前人再將一箭

插於地下而後人將始插之箭拔起自收之如是十箭用盡則所行之路爲一千尺記之後人將所收之箭付與前人再依前法至測盡而止

用鏈時必留意使平因所測之相距以平爲主也若地面不平者則鏈之兩端尤須曳平因有地心力能使鏈之中段向下略彎所量之地則稍短而得數反多故不如將鏈靠於地面而後以相距折算變爲平面也　工程家平時量地所用之鏈長二十二碼即六十六尺　英國一畝之地縱六百六十尺廣六十六尺所以用此長鏈量產業面積最爲便捷

第四十九款　相地畫圖補圖中各物之相距必依其方位步而測之詳見本卷五十二款或路遠可騎馬而行算其步數詳見本卷五十三款

又有一法依時而定各物之相距其人必先細心試過平步謂不疾不徐也若干時可行若干路或騎馬若干時可行若干路用此法所得之數必少有差因路或不平或不直之故如路少不平可減去七分之一爲差數如路大不平可減去五分之一爲差數

又法聽聲於無風時過空氣極速每秒以尋常熱度論能行一千一百十八尺所以令一人在遠處放鎗看其火光即用度時表看其秒數至聞聲而止將其秒數以一千一百十八尺乘之即得略數

若無度時表可用診脈之法代之脈動之數每分七十五至八十爲常

又有粗法天晴時相距四千碼看房屋之窗戶而算得其數大約相距二千二百碼看人與馬如細點而相距一千二百碼看馬已能清楚相距八百碼人之行動能見之相距四百碼看人首已能清楚

測相距之器另有多種但畫行軍圖者能明以上之說已屬敷用此書可不贅言若必欲測知詳細即看算學中所用之器可也

第五十款　既測得各相距必依其比例而畫之此設立數式爲作比例線之法

設圖之比例以六寸代一里

此即以六寸代一千七百六十碼則一千碼爲 $\frac{一七六〇}{六\times一〇〇〇}$ 即三四寸所以作一線長三四寸平分之爲十分則每分代一百碼各分再平分爲十分則每小分代十碼作比例線之法先作三平行線相距爲十五分寸之一如第二十五圖甲乙爲底線長三四寸將甲乙平分爲十分其分法自甲點任作一線甲辰與甲乙任成何角於甲辰線任取一點丙而從甲向丙分爲十等分再作丙乙線而自各分點丙八丙七丙六等作丙乙之各平行線而與甲乙線相交則必平分甲乙爲十等分將甲乙向左邊引長之作甲乙等於右邊之一分又以同法分之得十等分而自各分點作短垂線至第三平行線爲止於各分點之上書其數而并書其數之名或爲尺或爲碼等

第二十五圖
以六寸代一里之比例線

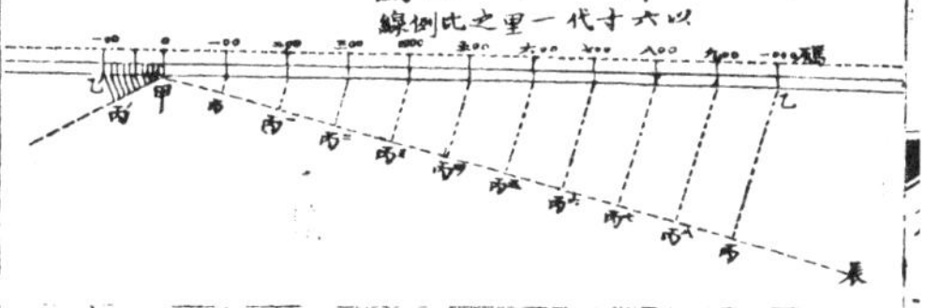

此比例線之用法將規度各點之相距同於用鏈量地之法。如欲量四百七十碼之相距將規之一尖指在四百之點又第二尖指在第七箇小分點兩尖之相距爲四百七十碼。反言之圖內有二點要測其相距先用規度之再將規之一尖指在比例線之○點看其第二尖指在何數之點若第二尖不對準右邊之分點則移向左邊第一尖既對準一分點則規之第二尖必對準小分點。

所用之鏈長二十二碼而圖以六寸代一里作比例線之法如第二十六圖。

因六寸代一千七百六十

第二十六圖

碼即八十鏈則六十鏈等於$\frac{八〇}{六\times六〇}$＝四.五寸。所以作一線長四.五寸平分之得六分又將其左邊分十等分則其每小分等於一鏈之長。

以二寸代一里作比例線之法如第二十七圖則不能得十碼之分數因二寸代一千七百六十碼則四千碼爲$\frac{一七六〇}{二\times四〇〇〇}$＝四.五四寸。將此長數平分爲四分則每分爲一千碼再平分爲十分則每分爲百

第二十七圖

碼。

第五十一款 作二萬分之一之比例線則三千碼之相距等於$\frac{二〇〇〇〇}{三〇〇〇\times三六}$＝五.四寸。如第二十八圖將此長分之得三等分則每大分爲一千碼。

第二十八圖

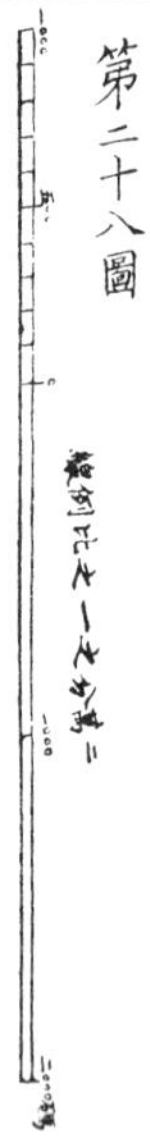

每小分爲一百碼。

第五十二款 如以步數量地則必另設一種比例線。

各人之步有大小之別尋常以二千步爲一里所以圖之比例以四寸代一里則以四寸代二千步各大分爲百步小分爲十步如第二十九圖將其四寸平分二十分每分再平分爲十分即

第二十九圖

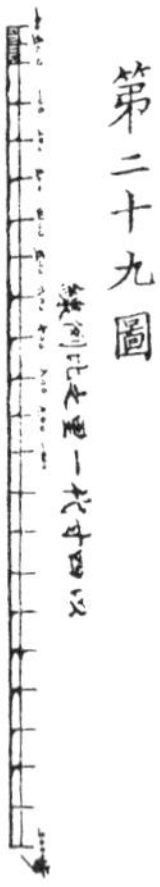

得之 若人之步數大於尋常之步數或小於尋常之步數者則必量準一里之路而試得其行路之步數而用之。

第五十三款 又有一種比例法以乘馬而行之時測其相距蓋相距之路必有行若干時而能至之理馬行之

遲速平勻在乎人之駕馭如欲作一萬五千分之一之比例線則必先知馬行之率嘗考定一分時徐行爲一百碼花蹄爲一百八十碼快蹄爲二百三十碼跳蹄爲二百八十碼此馬行遲速之率也　即如馬徐行二十分時能過二千碼則依其比例得線之長爲 一五〇〇〇/二〇〇〇×三·六＝四·八寸　若花蹄行十分時能過一千八百碼又快蹄至二千三百碼則依其比例得線之長爲 一五〇〇〇/一八〇〇×三·六＝四·三寸　又 一五〇〇〇/二三〇〇×三·六＝五·五寸　若跳蹄行十分時能過二千八百碼則五分時行一千四百碼以比例線長三·三寸命之　以上四箇長數即是四·八　四·三　五·五　三·三　分之爲二十與十與五分得每分時各分線之長如第三十圖

第三十圖

一萬五千分之一之比例線

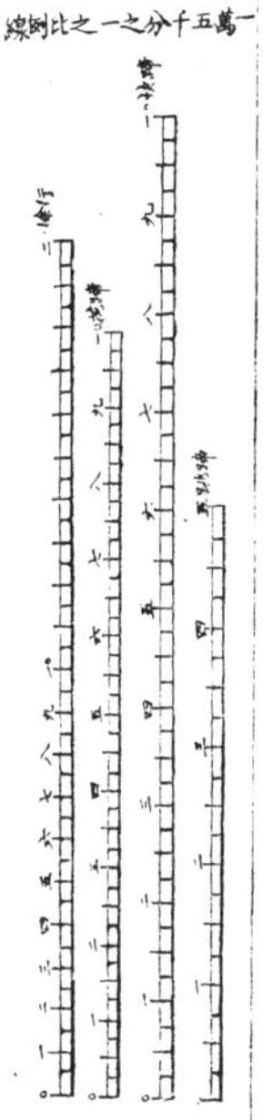

第五十四款　凡看他國之圖畫本國之比例尺於旁最妙　如看法國之圖其各圖以一枚（英三九·三七一寸爲一枚）爲主　如已知圖之比例分數則可用五十一款之法而得之　如圖上不載其如何分數則其比例線上取任相距爲一千枚　如相距爲三·九寸則即以三·九寸代一千枚

第三十一圖

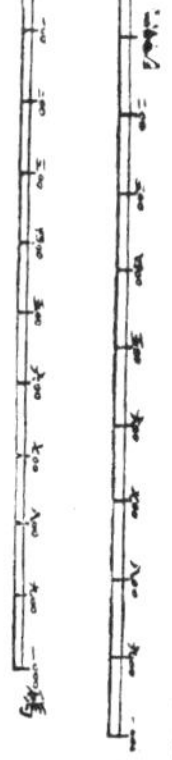

如第三十一圖或 一〇〇〇×三·二八英國尺＝三二八〇尺＝一〇九三·三三碼　因此知一千碼之比例線長爲 一〇九三·三三/一〇〇〇×三·九＝三·五六寸　則用前各式之法畫其比例線

第五十五款　前於四十八款言用鏈量地所得之數或有差因所測者必須平相距而所畫者必是平形圖也　若已明三角法者去其差數而得其平形之真數甚屬易易法將其斜面之相距以其角度之餘弦乘之則爲真數　凡線表一時不便於查此另設一表而知測量之差數變爲平形之真數（詳見一百十五款）

測數長一百碼表

角度	實相距
〇度	一〇〇
五	九九六一九五
一〇	九八四八〇八
一五	九六五九二六
二〇	九三九六九三
二五	九〇六三〇八
三〇	八六六〇二五
三五	八一九一五二
四〇	七六六〇四五
四五	七〇七一〇七

第五十六款　凡有二點，定其任方向，設二點相距甚遠，則測其相距而得直線甚難，必在二點之間另作記號，方能測得其直線。茲設數例，講明各法如左。

設有甲乙二點，從二點之間作記號而得直線之相距。

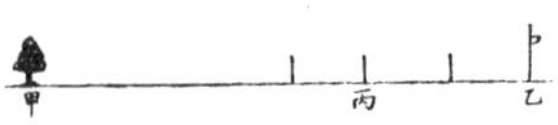

一例：如第三十二圖，甲爲能到之點，則一人站在甲點，又一人丙，用桿插地，向乙方向而與之相對，則甲必看丙，指使左右移動，至見丙桿與乙桿相合而止。

第三十二圖

第三十三圖

二例：欲知甲乙二點引長之方向，如第三十三圖，在丙點插一桿，而從丙點能見乙與甲相合，則丙乙爲引長之方向線。

三例：如呷吃二點，人不能到，并遠望不能見，如第三十四圖法，用甲乙二人在相離不遠之處，任取一方向，能見其二點，乙不動而令甲或偏左或偏右至甲點爲乙

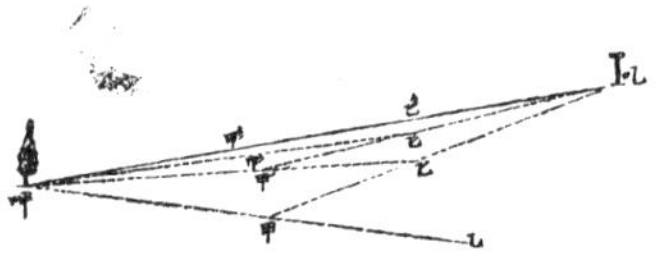

呷線內之點，甲不動而令乙站在甲與吃之間，或偏左或偏右至乙點爲甲吃線內之點，再乙不動而令甲偏左偏右至甲爲乙呷方向內之一點，再甲不動而令乙至乙，如此遞做，至兩人彼此遮蔽呷吃二點，用兩竿插之如前。

第三十四圖

如二人相離太遠，不能知彼此之號令，則乙站在甲呷之方向，如第三十五圖，甲之面向乙而切近呷吃線而行，乙比甲行稍速，常得甲呷、甲呷等方向，久之則甲見乙遮蔽吃，則呷甲乙吃必在直線之內，可以插竿。

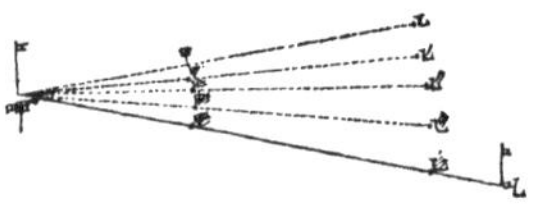

第三十五圖

前卷諸法，爲畫圖之總理，雖行軍作圖，不能出其範圍，然營中未必常帶測角之器，所有尋常測量之略法，亦須知之。觀下款數題，可以得其益處。

第五十七款　有線甲丁而不能引長之，求在甲端作垂

線

第三十六圖

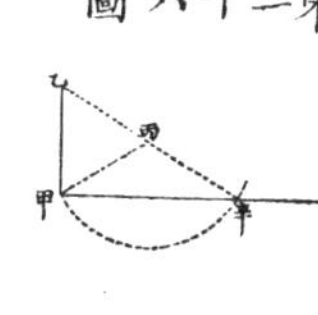

如第三十六圖任取一點丙而用鏈或步法量丙甲而作丙辛等於丙甲將丙辛引長之至乙（用五十六款之法）作丙乙等於丙辛則甲乙爲所求之垂線

第三十七圖

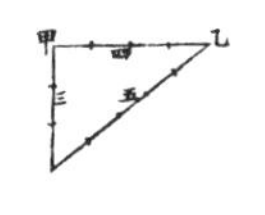

又有變法用三根繩在地面作一正角而有三四五之比其法以四靠作正角之邊甲乙餘三五之兩端各靠甲乙二點再以二端同拉至相遇則三與甲乙成正角形如第三十七圖

第五十八款　有甲乙二點其甲點不能到求二點之相距

如第三十八圖將甲乙線引長之至任點丙自丙任作丙丁線而平分於戊作戊乙線而引長之至已令戊已等於戊乙作丁已線而引長之至庚令與戊與甲合爲一線則已庚等於甲乙

第三十八圖

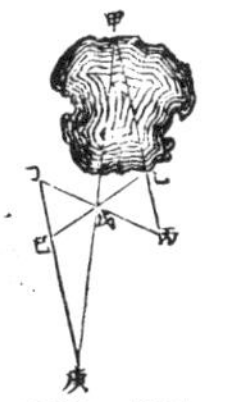

又法亦能得甲乙之相距

如第三十九圖作乙丁爲甲乙之垂線長四碼而丙丁等於一碼在丙點立一竿作丁戊爲丁乙之垂線而從戊點看丙甲在一線之丙則丁戊等於甲乙三分之一　若甲乙之相距極大則每一碼可以代其若干碼

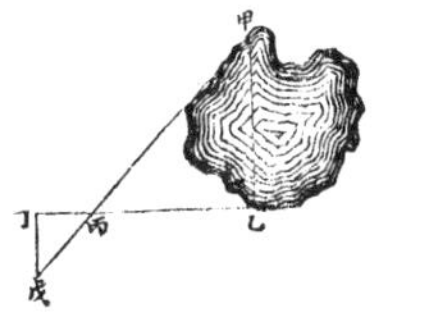

第三十九圖

第五十九款　有角乙求作相等之角

如第四十圖乙甲乙丙爲乙角之兩邊自乙丙邊度其長卽將乙丙之長度一線爲寅卯而以寅卯各爲心度甲乙甲丙爲半徑作短弧相交於已則已寅卯角等於甲乙丙角

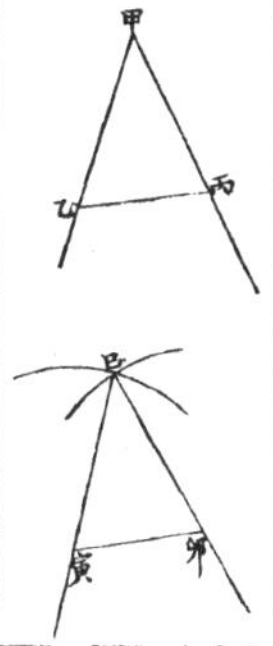

第四十圖

第六十款　有點丙有線甲乙求自丙點作線與甲乙爲平行線

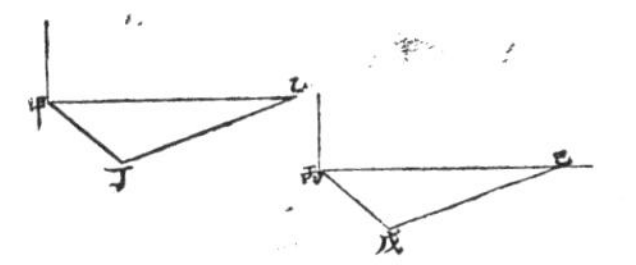

如第四十一圖在甲點立一竿度其影之長甲丁又度甲乙乙丁二線之長至丙點立等長之竿得影丙戊卽作丙戊已三角形等於甲丁乙則丙已爲所求之平行線

第四十一圖

第四十二圖

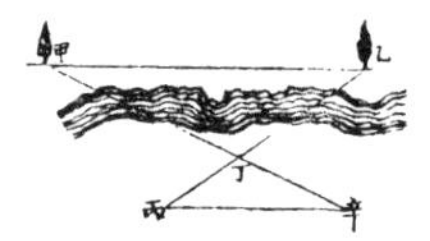

若無日影或甲乙二點不能到如第四十二圖則於丙乙方向內任取一點丁作丙丁而度丁乙之長用五十八款之法將甲丁引長之而度丁辛與甲丁之比若丙丁與乙丁之比則丙辛為甲乙之平行線

第六十一款 有線甲乙而遇物不能過求於物外引長其線

如第四十三圖任取一點辛而作乙辛線又自物外取二方向作辛丙辛丁二線在辛乙線任取一點巳度辛巳與乙巳之長自巳點作巳寅與甲乙平行用六十款之法而

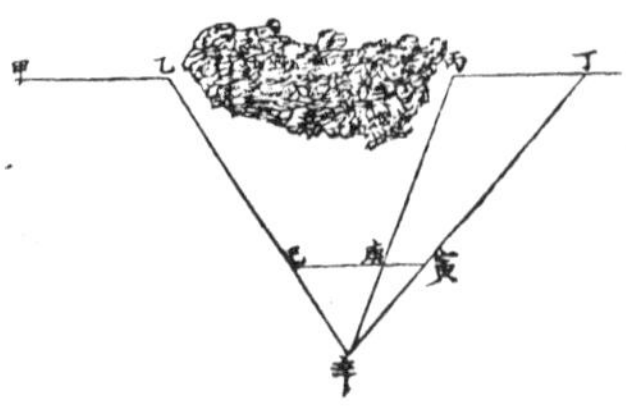

度辛庚與辛寅之長

再令庚丙寅丁兩線與辛庚辛寅二線之比若乙巳與巳辛之比則丙丁與甲乙在一直線之內

第四十三圖

如度甲丙線之長中有阻物如第四十四圖則自乙點任作乙戊線而平分之於庚度庚丁而引長之至辛度庚辛等於庚丁作戊辛線等於乙丁

第四十四圖

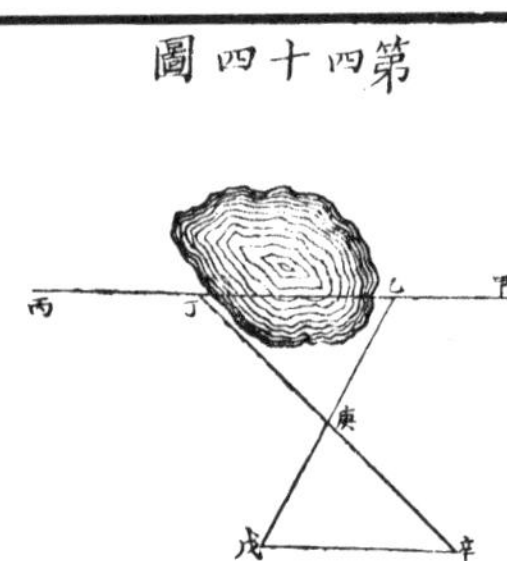

第六十二款 有甲乙二點不能到求其相距

如第四十五圖甲乙之間有能到之點丙作丙丁垂線即於此線取丁戊而度其長作寅卯為丙丁之垂線而寅點與卯點各與戊乙戊甲合為一線則寅卯與甲乙

之比若丁戊與戊丙之比

第四十五圖

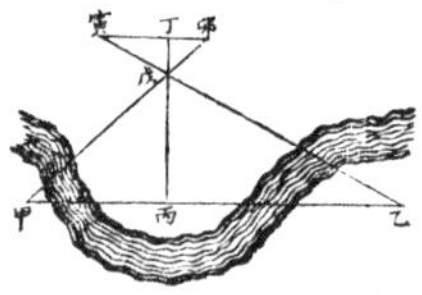

第四十六圖

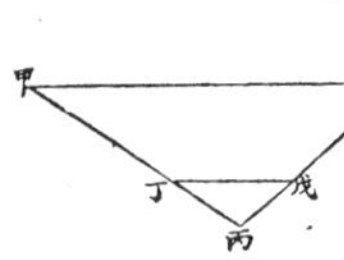

設甲乙之間無能到之點如第四十六圖則任取一點丙而度丙甲丙乙之相距用五十八款之法取丙丁為丙甲之若干分數而丙戊為丙乙之若干同分數則丁戊亦為甲乙之同分數

第六十三款　有角求平分之.

以角點爲心作半弧界度通弦甲乙而平分之於辰如第四十七圖丙辰線爲所求平分角線.

第四十七圖

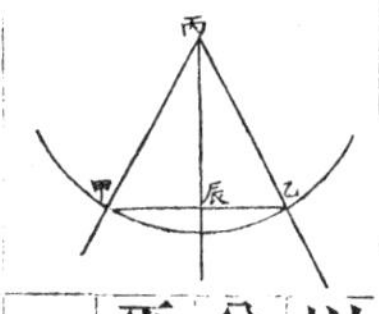

若不能以角點爲心如第四十八圖作任線甲乙而測其丙甲乙丙乙甲二角之度將其兩數相加平分其和而作丙甲丁角等於半和則甲丁線之中點辰必在平分丙角線之內.

第四十八圖

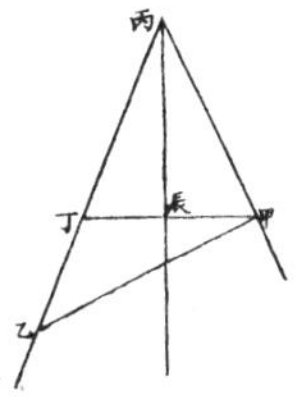

若不能到其角點者如第四十九圖作任兩點戊與丁各向角點作引長之線自丁點作丁庚與丙戊平行而度丁辛等於丁庚將辛庚引長之與丙戊引長之線遇於壬將辛壬線平分之於辰則丙辰線爲平分角線.

第四十九圖

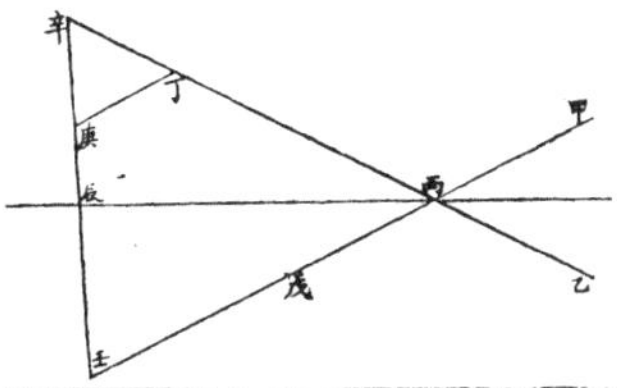

第六十四款　城壘之形有凸角者西人曰巴斯頓求其方向.

如第五十圖先將甲丙乙丙二邊引長其線至寅與卯

作直線與二線相遇於寅於卯平分丙寅卯丙卯寅二角用六十三款之法得相交線於寅丙卯丙則丙點必在凸角形之方向內.

第五十圖

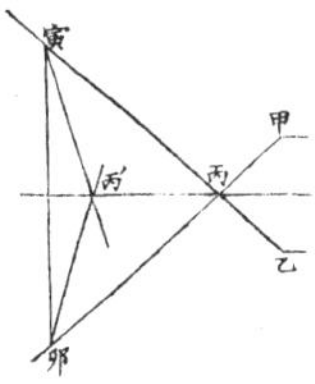

第六十五款　有房屋或塔或臺如甲乙求其高.

如第五十一圖在前立一竿丁戊前行至辰點見丁點與乙點在一線之內再測戊辰辰甲丁戊三線則甲乙與丁戊之比若甲辰與戊辰之比.

第五十一圖

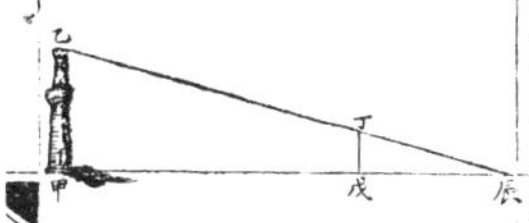

又有别法爲測高之最簡便者如第五十二圖立一竿而同時度竿影與物影之長則物高與竿高之比若物影與竿影之比.

第五十二圖

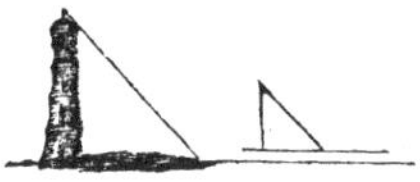

第六十六款　圖已有物點成二線形於地面任測一點而加於圖.

如第五十三圖天點在二線之方向內則引長圖之二線必得天點.

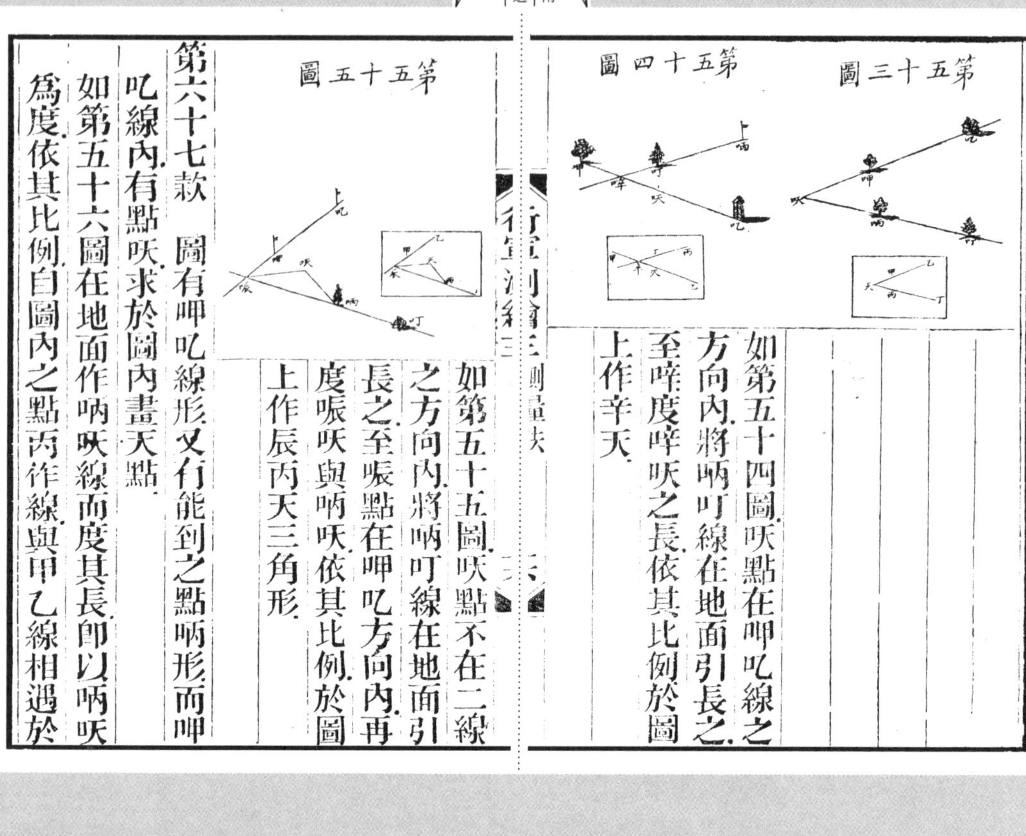
第五十三圖　第五十四圖　第五十五圖

如第五十四圖吠點在呷吃線之方向內將呐叮線在地面引長之至啐度啐吠之長依其比例於圖上作辛天.

如第五十五圖吠點不在二線之方向內將呐叮線在地面引長之至㖴點在呷吃方向內再度㖴吠與呐吠依其比例於圖上作辰丙天三角形.

第六十七款　圖有呷吃線形又有能到之點呐形而呷吃線內有點吠求於圖內畫天點.

如第五十六圖在地面作呐吠線而度其長即以呐吠爲度依其比例自圖內之點丙作線與甲乙線相遇於

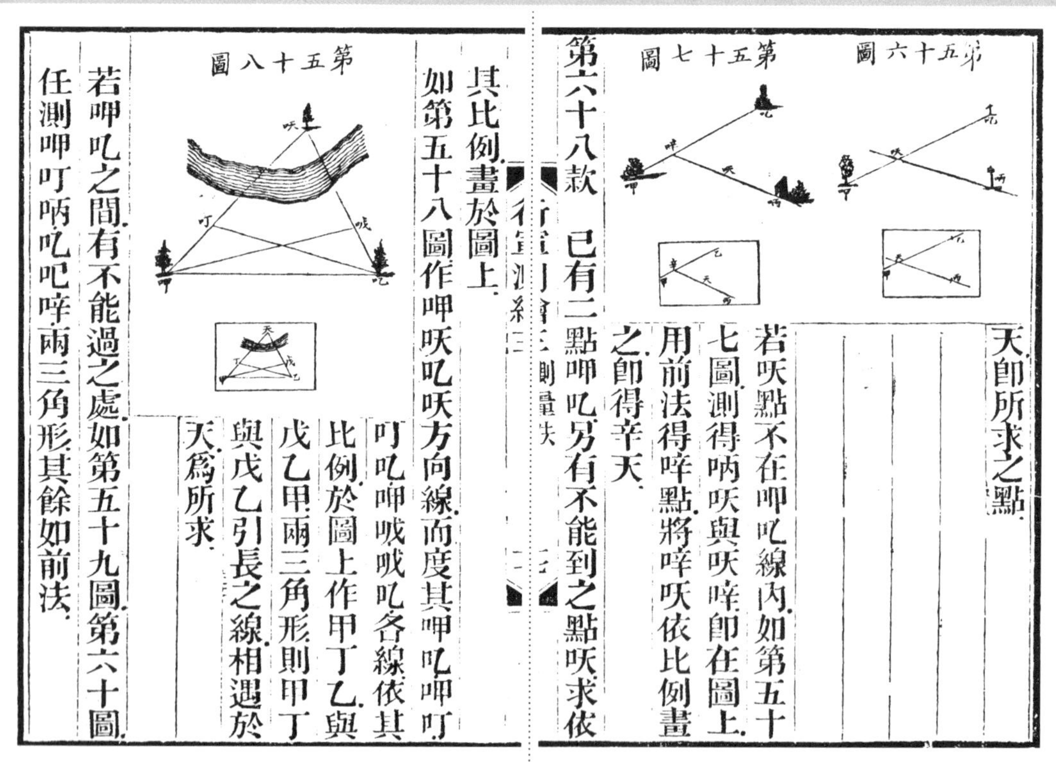
第五十六圖　第五十七圖　第五十八圖

天即所求之點.

若吠點不在呷吃線內如第五十七圖測得呐吠與吠啐即在圖上用前法得啐點將啐吠依比例畫之即得辛天.

第六十八款　已有二點呷吃另有不能到之點吠求依

其比例畫於圖上.

如第五十八圖作呷吠吃吠方向線而度其呷吃呷叮叮吃呷哦哦吃各線依其比例於圖上作甲丁乙與戊乙甲兩三角形則甲丁與戊乙引長之線相遇於天爲所求.

若呷吃之間有不能過之處如第五十九圖第六十圖任測呷叮呐吃吧啐兩三角形其餘如前法.

第五十九圖

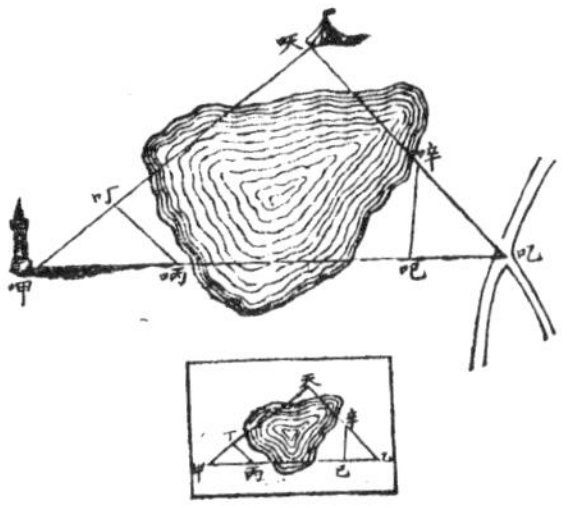

第六十圖

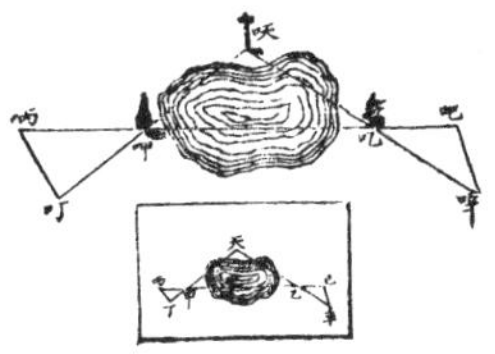

若甲點亦不能到者如第六十一圖測得乙㖶之長將㖶㕦線引長之至任點叮於㖶於乙成一三角形依其比例在圖上作丁乙丙三角形又在地面將乙叮線引

長之至啐與㕦呷引長之線相遇而測叮啐之相距依比例畫於圖得丁辛線將辛甲與丙丁引長之即得㕦點

第六十一圖

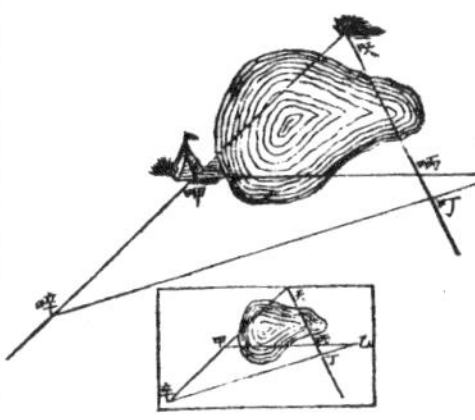

第六十九款 有數點甲乙丙求畫於圖上

如第六十二圖測得底線叮㖶而以叮與㖶各爲心以叮呼吔㖶爲半徑各作半圓界而測得呼吔吁噢吁啐與吔嗔吔唧吔吒六通弦依其比例於圖內作底線丁

第六十二圖

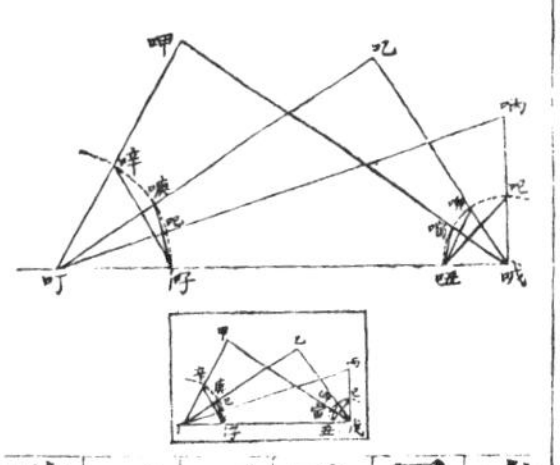

戊幷得半徑丁子丑戊各作半圓界則以子巳子庚子辛丑寅丑卯丑巳六通弦再作丁辛子丁庚子丁巳子戊丑巳戊丑寅戊丑卯六三角形引長其線即得甲乙丙三點於圖上

第七十款 營官度地畫圖所用測量之器以簡便而能攜帶者爲妙若能隨時作之更覺便捷所以下二卷詳論測向羅盤幷平面桌學者苟能明之可以任用別種測量之器而不以爲難 紀限儀等器於測量一事用

之最爲精妙然無事時用之則可若行軍之際最不相宜因其螺絲與回光鏡以及相連之各件多而易差且易壞而須時時修理也

陽湖趙 宏繪圖

桐鄉沈善蒸校字

行軍測繪卷四

英國連提撰

英國　傅蘭雅　口譯
新陽　趙元益　筆述

測向羅盤用法

第七十一款　羅盤中之指南針有定向之性情故以之爲主也

任一線與指南針之經線所成之角則謂之方向角而角之度數爲其方向數

用羅盤而測各物之方向又能測任二箇方向之角度因二方向所成之角度等於二箇本方向角度之相較如第六十三圖乙甲丙角之方向數等於乙甲卯角度與丙甲卯角度相較數

第六十三圖

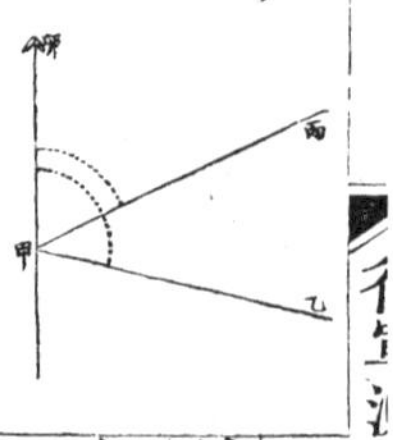

第七十二款　常用之測向羅盤如第六十四圖丙爲羅盤之活表面自○度起至三百六十度止而以其度分其半指南針之重心有瑪瑙帽子罩於釘尖轉動極活表面依指南針而用之甲爲視孔有絲線一根繫於其中乙爲折光鏡亦有長小孔兩孔相對以便於觀　視孔與折光鏡皆有鉸鏈不用之時可以壓平

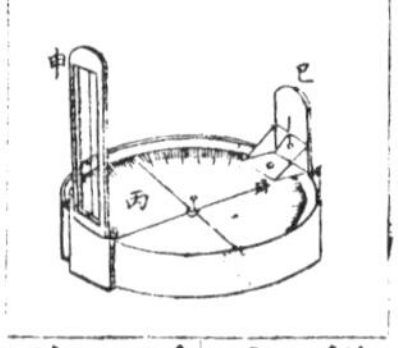

第六十四圖

折光鏡能上下移動則羅盤表面移過時之小分數必易見之

羅盤之活表面欲其不動時有一小簧在視孔之下或在別處可以止之

設人立於甲點而求甲乙方向則將視孔與折光鏡豎起以折光鏡上下移動至能見表面之度數爲止將此器平置於掌中或平置於桌上以羅盤旋轉至對準乙點之物能從視孔中看之與絲線相合則以小簧壓定其表面然後看經線與絲線相遇之角度卽爲甲乙之方向

若欲測太陽出沒時之角度則必另加一暗鏡有時用一鏡可在視孔上移動則所看之物或在眼上或在眼下能見其形此與用武之事不相涉故不詳述之

第七十三款　測向羅盤簡便易帶且所測之角度皆爲地平面之角度故行軍用之最宜畫圖之法初分三角形而後補滿各物於其中皆用此器

第七十四款　圖上畫各物方向之法先作多直線與指南經線爲平行其各線之相距依圖之詳略而定此各直線皆爲指南經線之方向　尋常一處之圖算其平

行無甚大差。各線之相距合於圖之比例者最爲便捷。如圖以四寸代一里則各線之相距等於四分寸之一或八分寸之一則可代一百十碼與五十五碼。補圖中之各物甚易。

第七十五款 用薄而明之牛角做一半平圓之分角器

第六十五圖

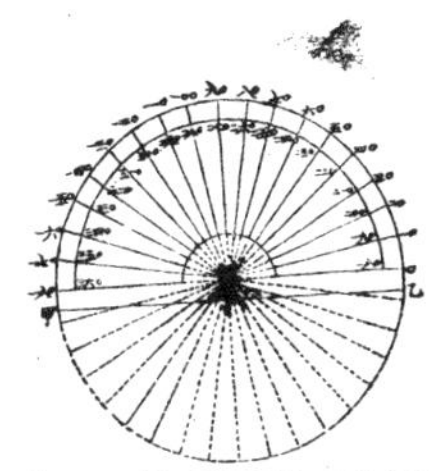

如第六十五圖外周所分之度爲共度之半從○度起自右而左至一百八十度而止內周從一百八十度起亦自右而左至三百六十度而止甲乙線與圓徑爲平行。

又有一種分角器用長方之象牙薄板爲之如第六十六圖其度數自左至右而分之內外兩周皆同上法甲乙爲圓徑面有多平行線爲甲乙線之垂線。

第六十六圖

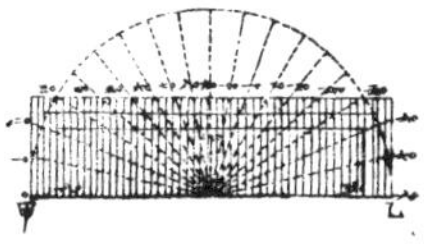

畫各物方向必自北而東而南而西推算之不可不知。如第六十七圖欲從丙點畫一線與平行線成五十度之角則將半圓分角器之五十度半徑靠於平行線而移其圓心至丙點而作丙乙線

第六十七圖

從○度至一百八十度可用器之外周畫之從一百八十度至三百六十度可用器之內周畫之如第六十八圖

第六十八圖

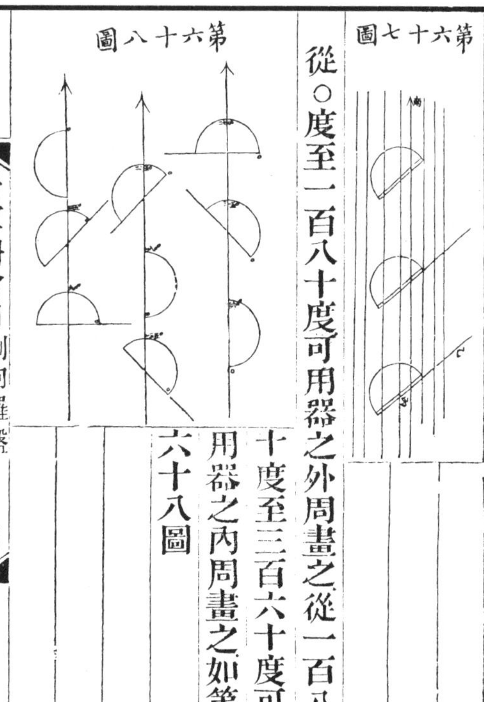

用長方分角器則其多平行線爲指南經線之垂線而移之至與紙之平行線相合而止。

第六十九圖

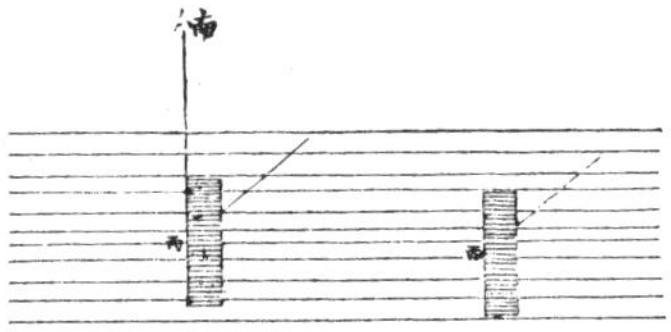

如第六十九圖欲自丙點作六十度之方向角則將分角器之心置於丙點而令任一橫線與紙上之線相合。但其心必不可離丙點耳。分角器之甲乙邊與指南經線相合在六十度半徑之端用鉛筆作一點而自丙點作線至此點必與指南經線成六十度之角。如所作之方向角大於一百八十度者則

分角器置於丙點之左邊任用內周之度畫其所求之角度
英國常用之長方分角器不如半圓分角器之佳因長方者其橫線本短與紙上之線稍不相合則底線之方向可以大差如第七十圖若用半圓者可免此病因半圓分角器其半徑相等則不至有此大差也

第七十圖

下款各題爲習用測向羅盤之法
第七十六款　有呷叱二點已畫於圖上爲甲乙之方位另有吠點之方位求畫於圖此爲第一題

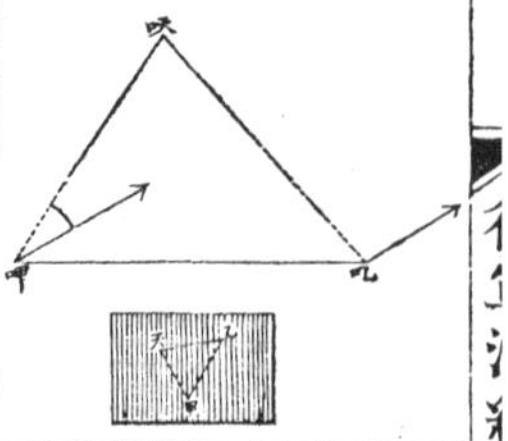

如第七十一圖先站在呷點測得呷吠之方向再至叱點測得叱吠之方向則圖上自甲乙二點用器畫其各角即得吠之方位

第七十一圖

由此可知測地所站之方位不難定也
設呷與叱爲不能到之點而吠爲能到之點即站在吠點測得吠呷吠叱之方向於圖上甲乙二點用器作角甲天與乙天二線引長之相遇於天點
以上之法最爲便捷可於所站之點同時測得數點之方向如第七十二圖但入地天等角不可太銳詳見四十四款如覺其太銳必從別方位如丙測得第三箇方向則各點方準

第七十二圖

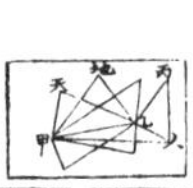

第七十七款　有路呷叱吶叮求畫其圖此爲第二題
如第七十三圖令呷點爲原方位而測得叱之方向即在圖上甲點用器畫其角度度呷叱之長在圖上依其比例引長其線得甲乙在叱點測得吶之方向而在圖上用器

第七十三圖

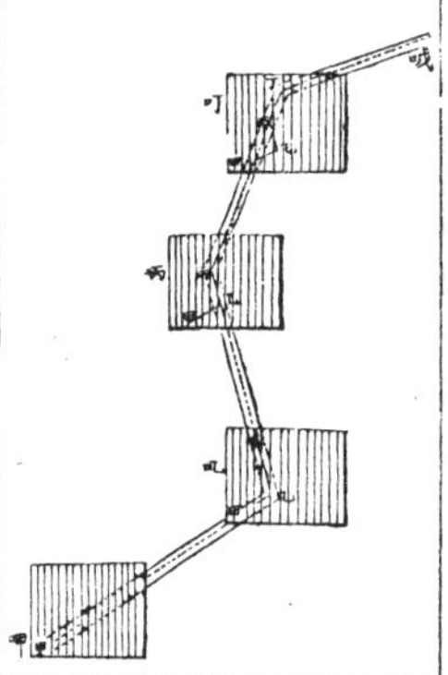

畫其角度再度叱吶之長在圖上依其比例作乙丙餘倣此　又有一法若測量時遺卻叱叮等方位則先從呷點測得叱之方向再度呷叱之長而從叱點徑度叱吶之長既至吶點則依其比例畫甲乙於圖又測得吶叱吶叮二箇方向則用器畫叱吶角於圖而得乙丙其餘類推　此法最爲便捷名曰測反角之法

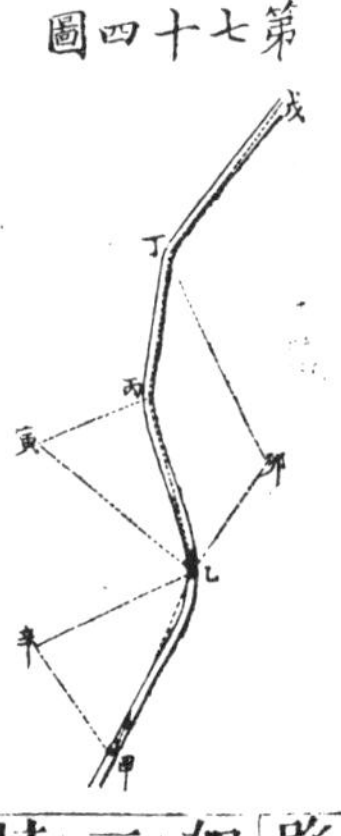
第七十四圖

路之兩旁有必測之點如第七十四圖辛寅卯三點則從甲乙丙丁測其方向角而用器畫其

角於圖上

城壘有凸角等形而為人所不能到者欲求其方向角

此為第二題

第七十五圖

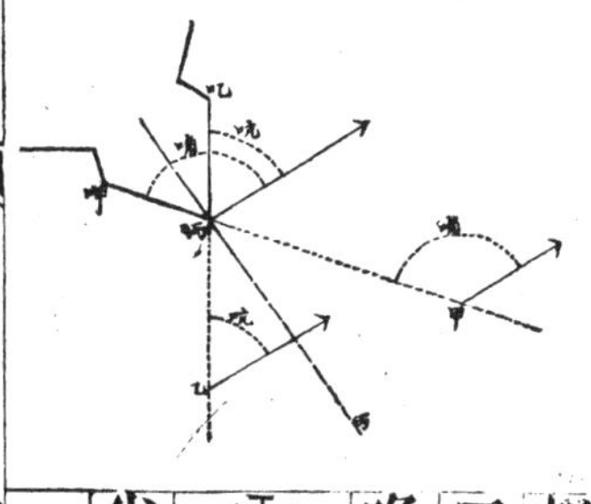

如第七十五圖引長其兩邊至甲乙二點測甲呷角之原度為哂又測乙吃角之原度為吭則吭丅哂＝呷哂吃而$\frac{吭丅哂}{二}$為所分凸角形之半

第七十八款　山林之處不能從一處測得多點此種器用之最宜武事之測量大半有藉乎此

此器用時置於掌中手少振動分度極難看清必平置一架上則視孔易於直立如不能直立則所看之物比地面更高易差至十度　用此器者不可佩刀帶洋鎗刀殼等鋼鐵之器又衣袋中不可帶鑰匙小刀恐指南針嚮鐵而至不準也

第七十九款　指南針經線與地面經度線不常相合各處略有不同一處之不同謂之某處指南之偏差　求偏差之法先畫地球之經線後加指南之經線看二線所成之角度即是偏差之數　反言之如已知此處偏差之數亦可揣知地面之經線

地球各處指南之偏差雖不同而英國所用之測向羅盤處處可用因測其兩方向所成之角之相較無論指南經線偏差若干其角不改變也　如欲知其正南北之經線必先知本處之偏差方能得之

凡一處之偏差常有改變即如一千五百八十年法國京都之偏差為東十一度三十分至一千六百六十三年竟無偏差至一千八百六十一年則偏西十九度二十六分　此偏差之數不但每年不同有時一日之內有偏差至二十五分者所以用羅盤測量所作之圖總有小差若能仔細揣之而得其角度則不必問其差

第八十款　法國有武臣名塗林刻耶自造一器行軍畫圖用之最宜能不用分角尺比例尺等器而畫出方向各線之圖此器作之頗簡便數分時即可成矣　如第七十六圖甲乙丙丁為長方木板板面釘極厚之圓紙一張戊為圓心既釘之後可以任轉之圓周分三百六十度面有縱橫之多平

第七十六圖

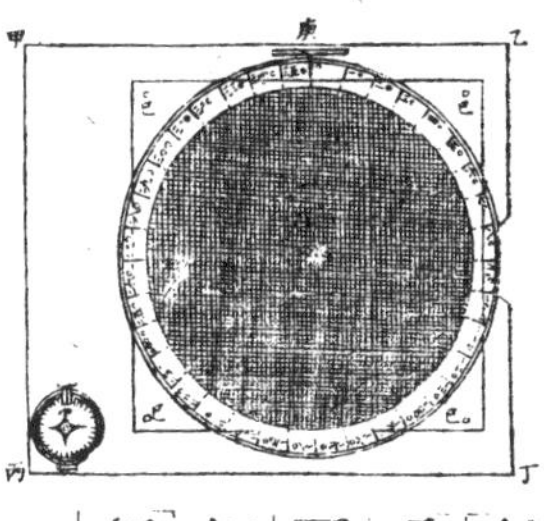

行線彼此成角，自九十度至二百七十度徑之平行線用朱色其各平行線之相距代十步代二十步等依圖之比例而定每第五根線必稍粗則易分別也。自○度至一百八十度徑之平行線用黑色則其相距可便於得其度數

庚爲指角度之針與圓紙相切而不礙其轉動則庚戊半徑爲指南之經線。

畫圖所用之紙必擇薄而明者用四箇釘已已已釘於板面。木板之右邊有一缺口令圓紙轉動甚便。用此法可畫任方向之線即如一百三十度之方向必

將其圓紙轉動一百三十度至指角針庚之下則圓紙黑線與所求之方向爲平行用鉛筆照薄紙下之黑線影而劃之所作線之長短用朱線度之。設如長一百五十步則照黑線之影過朱線十五行即得。

若用羅盤指南針用銅螺絲二箇定於木板之角則此器用之更便。

陽湖趙　宏繪圖

桐鄉沈善蒸校字

行軍測繪卷五

英國連提撰　英國　傅蘭雅　口譯

新陽　趙元益　筆述

平面桌用法

第八十一款　前卷之法先測得其角度然後用分角器畫其線此下數款所論平面桌之用法測得角度遂畫其線於圖。

此器之全形如第七十七圖用木板一塊其方邊或一尺或十八寸下用三足架頂任令平此足可任便移動底有螺旋若旋緊之架不能動畫圖紙置於板上掤緊

用帽釘釘之。測角之法用一紅銅短柱托住遠鏡而令之在托處任便移向上下。

第七十七圖

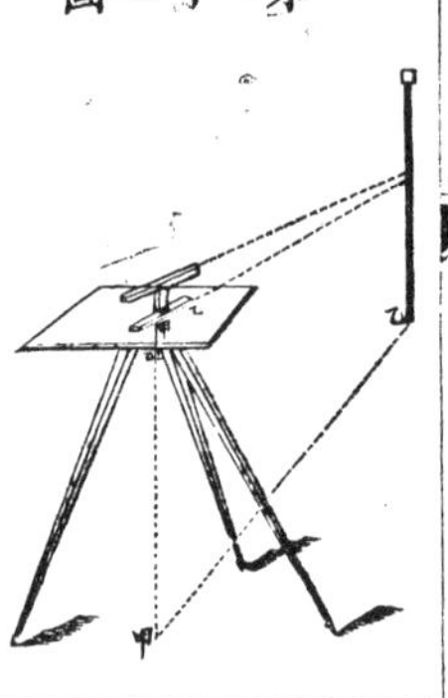

昔時此器另加多件加件之意欲求其更準耳不知件愈多則其差亦多所以近今廢而不用。英國作工程者不常用此器然於武事用之最爲便捷而省時

法國有行軍測繪之官曾用極簡便之法作此平面桌而帶於馬鞍之前其法用薄木片六條寬二寸長一尺

一面糊上蔴布或羊皮則紙可置於其面各塊木片平行而稍相離易於摺疊如第七十八圖另有甲乙兩水

第七十八圖

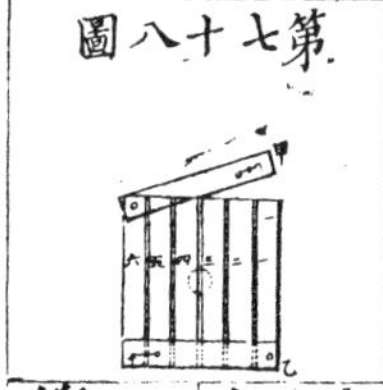

片可以展之令平木片之一端有一帽釘釘之任便轉動而與第一第六之眼相合

第三第四塊下有一活節臨用之時活節接住一竿而木片可靠住此竿任畫角度之線測竟竿子取出活節之螺絲旋開甲乙木片之鈎拔出旋轉與第一第六兩片相合而摺疊之詳見第九十款

此器不用遠鏡祇有一視尺以木爲之上有兩針豎起如第七十九圖

第七十九圖

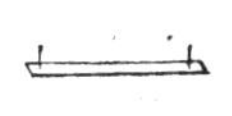

又法用極厚之紙板其底用厚紙做一圈能套於竿上再將一紙條摺起如相連之塹堵形而覆之在其脊線對準各點其功用同於視尺此爲最簡之法

又法將畫圖所用之書置於左手曲肱上令平而用紙條看之

第八十二款　又有别種器如第八十圖等式但無論用何種器其用法在圖之南北經線上定三角形之頂其一邊爲已知或作四邊形之二角點其餘二角點爲已知或已知其三角而求其第四角　以下各題皆隨測隨畫非俟測量之事畢而後畫其圖

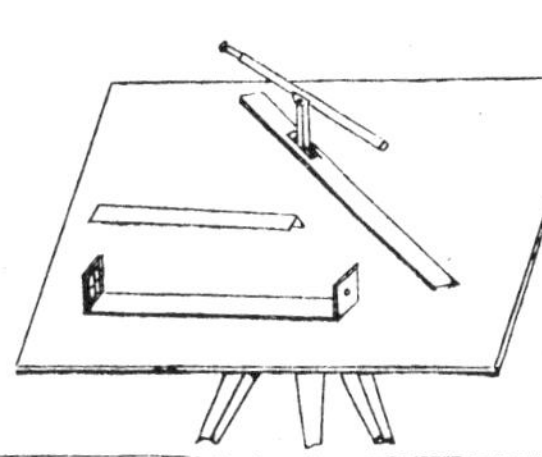

第八十圖

第八十三款　設呷與吃爲能到之點已畫於圖爲甲乙求畫呋點之方位於圖此爲第一題

如第八十一圖先將平面桌站在呷點必令其極平三

第八十一圖

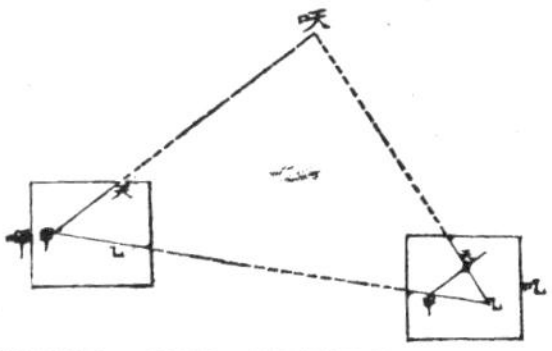

足亦必平穩將視尺置於甲乙線上而以平面桌轉動至吃點與尺邊在一線内則甲乙線與呷吃線在一箇方向内即將桌底螺絲旋緊令視尺之邊靠住甲點而轉之至與呋點成一線則作甲天線

再將平面桌移於吃點照前法將視尺置於甲乙線上而以平面桌轉動至呷點與尺邊在一線内以螺絲旋緊令視尺之邊靠住乙點而轉之至與呋點成一線則作乙天線

江南製造局

甲天與乙天二線相交之點即是圖有吠點之方位爲天而叱呷吠呷叱吠二角亦必得其圖.

鄉間空曠之地無山林等阻隔者則用平面桌置於甲乙線之二端一次測得多點吠咃叺哂在圖上之方位如第八十二圖.

第八十二圖

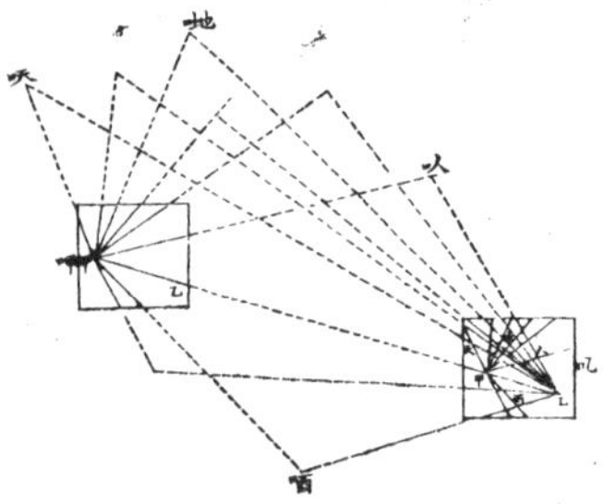

第八十四款　設兩點之內叱點爲人所不能到求畫於圖此爲第二題

如第八十三圖仍在呷點置平面桌而作甲天線再於吠點置桌將視尺置於甲天線上而令視尺與呷成直線即將桌底螺絲旋緊再將視尺之邊靠住乙點而轉之至與叱點成一線而作乙天線則此線必與甲天相交在所求之點天.

第八十三圖

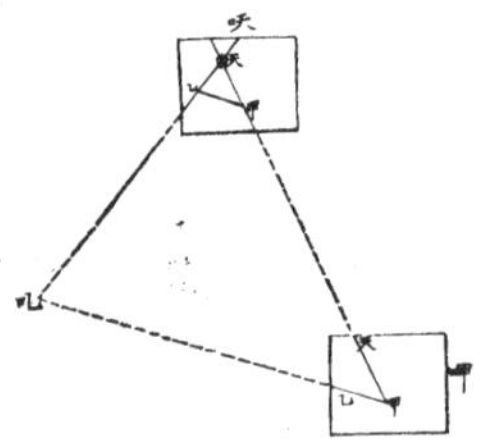

第八十五款　設兩點皆不能到祇能在中間置平面桌.

求畫於圖.此爲第三題

如第八十四圖將平面桌置於呷叱方向內之哂點而於圖上作丙點即爲其方位將視尺置於甲乙線上而令平面桌轉動至視尺與呷或叱爲一線將桌底螺絲旋緊再將視尺之邊靠住丙點而轉之至與吠點成一線而作丙天線即得天丙乙角與吠哂叱角等式則哂點上或立一竿或令一人站於其處.再以平面桌移至吠點將視尺置於天丙線上令平面

第八十四圖

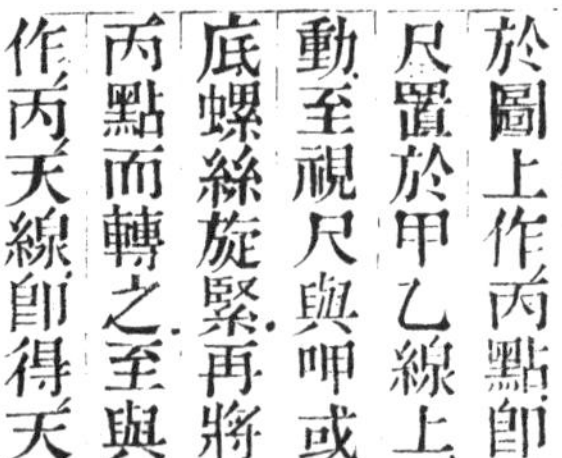

桌轉動至視尺與哂點爲一線將桌底螺絲旋緊再將視尺之邊靠住乙點而轉之至與叱點成一線而作乙天線將視尺之邊靠住甲點而轉之至與呷點成一線則作甲天線此線與乙天線相交之點即爲所求之點.

第八十六款　有呷甲叱乙爲人所不能到之二點而從此二點求畫能到之點吠與叺之方位於圖.此爲第四題

如第八十五圖或用指南經線或另用一紙粘住一角.於圖上作天人線而代吠叺之方向將平面桌置於吠點而令天人線與吠叺在一線之內見前八十四款即將桌底螺絲旋緊再將視尺之邊靠住吠點而轉之至與呷點

科技譯著集成

第八十五圖

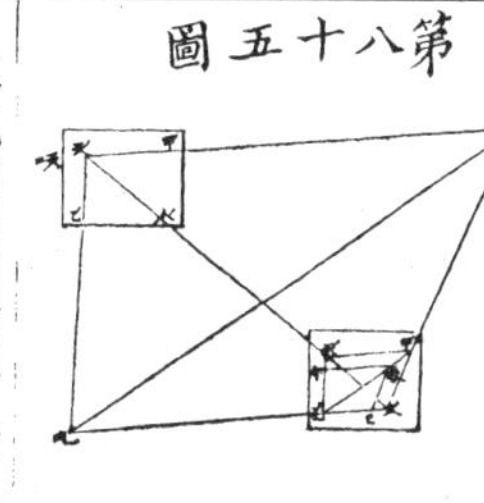

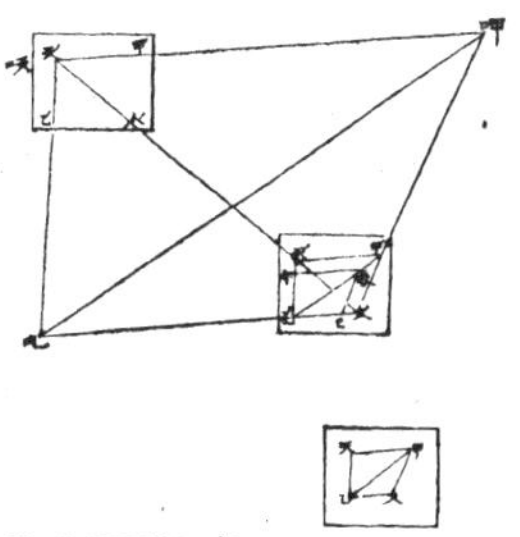

成一線而作天甲線再轉動視尺至與叱點成一線而作天乙線。平面桌移至叺點以同法作人甲人乙兩線。所得之四邊形天人甲乙與呷叱吠叺爲同式形依其比例畫於指南經線上之法在甲乙作乙辰等於甲乙又作辰巳與甲人平行又作辰午與甲天平行則乙辰巳午爲甲乙天人四邊形所從出之圖。此圖在甲乙線上畫之甚易法以甲爲心以辰巳辰午爲半徑作兩弧界以乙爲心以乙巳乙午爲半徑另作兩弧界與前相遇於天於人即爲所求之圖。

第八十七款　有一線與一點欲自此點作線與一線平行法將視尺置於一線上遠看此方向內相距二百碼或三百碼之物將視尺移於所設之點而靠住此點轉動至視尺與前所見之物成一線則視尺之邊與所設立之線爲平行。

如前圖辰巳辰午兩平行線亦可以本款之法作之。

第八十八款　有呷叱呐三點爲人所不能到者而圖上已有此三點甲乙丙求能到之點吠畫於圖此爲第五題

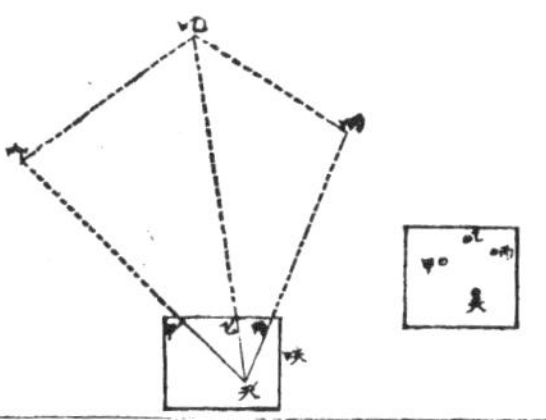

欲求吠點必在呷叱線上所作容呷吠叱角之圓分又必在叱呐線上所作容叱吠呐角之圓分所以將平面桌置於吠點如第八十六圖作呷吠叱叱吠呐二角作此二角之法甚易另用紙一張任作一點天爲頂點而用視尺對準呷叱呐三點而作天甲天乙天丙三線然後在甲乙線上作能容甲天乙角之圓分又在乙丙線上作能容乙天丙角之圓分則得吠點之方位於圖以上之法尚爲不便可另設一法在平面桌之角用油

第八十六圖

紙一張粘住一角紙上任作一點吠以前法作天甲天乙天丙三線即成兩角爲呷吠叱叱吠呐

再將此紙移在指南經線之上至三線合於甲乙丙三點用針刺小孔揭去油紙而所得之孔即是天點在圖上之方位。

用此款之法測地繪圖凡得已知之三點易得未知之點天。

平面桌易得圖內之多三角形曠野無山林之處最爲便用用過此器者竟不願舍此而用別器也。

第八十九款　平面桌加指南針於上則任一處方向極

易得之設有呷吃線畫於圖上為甲乙而已與呷吃成相似面內之一線如第八十七圖則看指南針所指之角而記之然後將平面桌置於平行之方向令其轉動則指南針得其同方向亦必為平行

第八十七圖

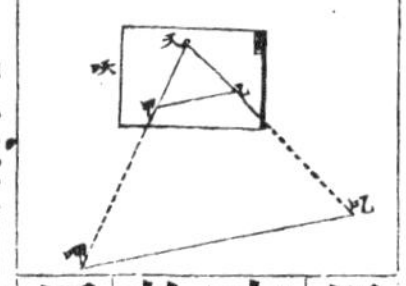

用此法畫圖甚速 假如測地畫圖之時有呷吃二點為人所不能到而圖上已有呷吃二點之方位為甲乙求畫能到之點吠之方位如上八十七圖則必以平面桌置於吠點令其轉動至同於指南針所指得之方向將桌底螺絲旋緊視尺放於甲點上而轉之至與呷點

相合則作甲天線再將視尺放於乙點上而轉之至與吃點相合又作乙天線與甲天線相交於天點之方位

有時不用指南針則用一直針立於平面桌上而用一時辰表看其每半時所得之日影如此即得一日晷可供數日之用用時將平面桌轉至初起時平行之方向然後令其轉動影與時相配則線必為平行

第九十款 近時有法國人名否發者造一新式之平面桌專供行軍測繪之事各國之人皆樂用之其制長十一寸寬八寸重二十八兩其形如第八十八圖第八十九圖甲為四邊之銅管乙為螺釘管能容之此螺釘能

第八十八圖

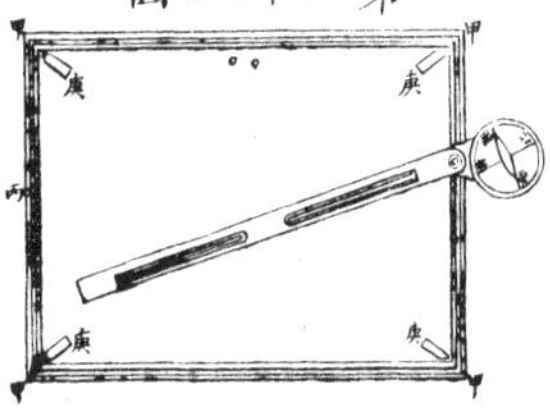

第八十九圖

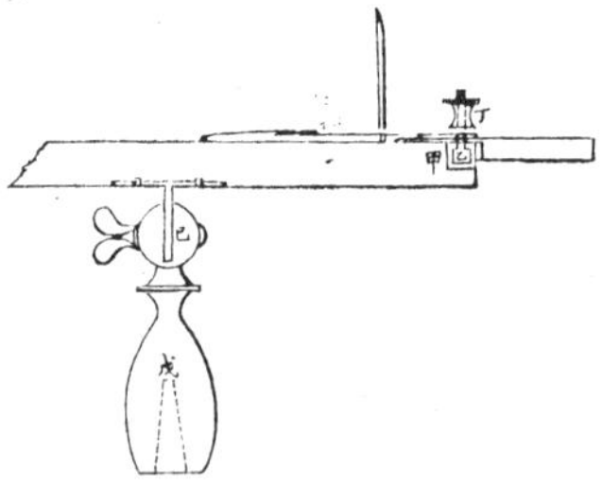

帶指南針與視尺自平面桌之邊周圍轉動內點之孔有活關啟閉為螺釘入於管中而設丁為螺絲釘能壓緊指南針與視尺不欲動之時可用之 此視尺是黃楊木所作不用之時其黃銅釘可以壓平合於桌面之槽戊為空心木柄巳為球形節能繞

其所接之桿而動所以騎馬之時可將左手持柄而畫圖趕路之時即套於桿之上

平面之四角庚庚庚庚為壓簧底有螺絲旋緊

不用之時可將視尺指南針并木垂矢置於桌下所鑿空之處桌邊有兩孔可繫一繩而掛之便於行路

所用之指南針非平常之式底板活動而面有正角方向之二徑線其東南西北字與桌面之邊相配初畫圖時求一方向之本度數以徑線之端移於針尖之下即如其方向為南則將指南針移於桌之別邊其針或指東或指西或指北則每次將指南針移至別邊可不必

加九十度於本方向之度數如第九十圖

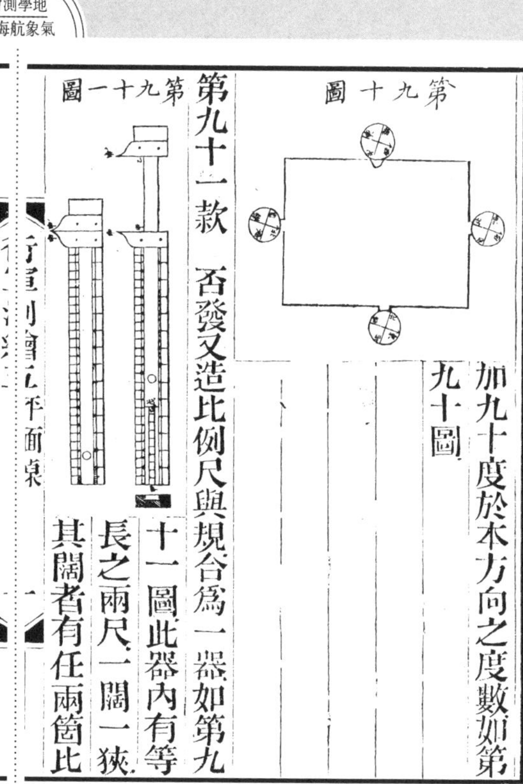
第九十圖

第九十一款　否發又造此例尺與規合爲一器如第九十一圖此器內有等長之兩尺一闊一狹其闊者有任兩箇比

第九十一圖

例或以四寸與二寸代一里皆可用之兩尺彼此相切而能移動則其甲乙之相距兩處必相等串串爲兩銅尖連於兩尺之端可代規度之各相距用時看小尺之端戊則知其相距有若干　寬尺之槽底亦可爲步數之比例尺

陽湖趙　宏繪圖

桐鄉沈善蒸校字

行軍測繪卷六

英國連提撰

英國　傅蘭雅　口譯

新陽　趙元益　筆述

紀限儀用法

第九十二款　如第九十二圖爲盒內紀限儀其盒形如短圓柱蓋有螺旋開則旋於盒之底便於手握甲之下藏一回光鏡戊爲遊表與鏡相連而平行乙爲螺絲令其轉動遊表之端有佛逆能看寅卯之度分不差過一分之

第九十二圖

外詳見九十五款其度數自○度起至一百二十度止嗔爲顯微鏡看度數時用之

丁爲視孔可以移開而插入遠鏡之管對準其孔又有一鏡在庚之下半回光半透光所以鏡之背面一半爲擺錫者

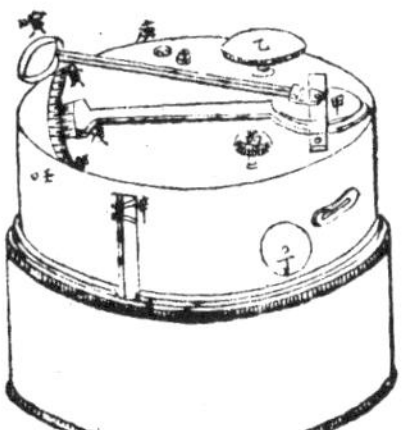

此二鏡本與儀之平面爲垂線此係造器者原定之式

辛爲兩柄以柄壓下則有兩面暗玻璃鏡可以分開回光鏡中所有之物而遠鏡近眼之一端亦有活動暗鏡如看太陽用此暗鏡不傷人目而能清楚

測繪之人常言用此儀必親自配準則用時不至有差

余以爲配準此器件愈簡則愈佳因此種器極難無差如稍有差必修理一番方可再用然而畫圖之人帶儀器遠出未必左右有能修之人若忽然受傷不準則無如之何所以下款言配準之法用此儀者自能修理豈不甚便乎

第九十三款　此儀不差毫釐則回光鏡與半回光鏡必與儀之平面爲垂線而彿逆在○度此二鏡必平行造此儀之人本以回光鏡詳細定之不致有差所以欲知垂線之方向能準與否必須試半回光鏡　法將紀限儀平置在視孔丁看遠物或看水天之際或看太陽

若見兩影則知其有差丙爲鑰匙轉動令脫而放於鑰匙孔庚轉之至於兩影相合則爲無差

如欲準其平行則以遊表置於○度之點將此器平置遠望屋角或太陽之下邊對準人目處自此孔而看至半回光鏡之透光之一半若其眞形幷回光鏡回至半回光鏡與其影相合則爲平行　若不爲平行必將鑰匙丙連於鑰匙孔壬內令其轉動至兩影相合必爲平行

第九十四款　測兩物相距之角度則以彿逆置於○度用左手持此器在物之平面內而自視孔丁看過或用

遠鏡看左邊之物而用右手轉螺絲甲至右邊回光鏡之形與左邊物之眞形相合看其彿逆則知二物中間之角度

求立面內兩物之對角則以彿逆置於○度用右手持此儀豎立令上物回形與下物眞形相合看其彿逆則知其角度

第九十五款　彿逆能測極小分度其形或爲弧或爲尺依所刻之度數或爲直線或爲圜線而定

如第九十三圖爲直尺形之彿逆與分度線相切此分度線之長爲卯叮－一各分數等於叮而在彿逆作卯分數等

第九十三圖

於丁所以兩線之長可以(卯丁－一)叮與卯丁明之因二線等長所以(卯丁－一)叮＝卯丁．則叮丁＝$\frac{卯}{叮}$．若彿逆之○度過分度線爲一分則彿逆之○度過分度線爲$\frac{卯}{叮}$或$\frac{卯}{二叮}$或$\frac{卯}{三叮}$等皆自一二三等分點與分度線之分點相合　凡測相距或角度之器上有彿逆必揣其與分度相合而以$\frac{卯}{叮}$乘之將乘得之數與已過彿逆○度後之

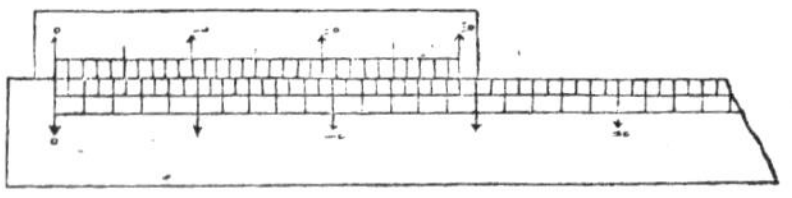

分度相加即得。如此卷所論叮之同數等於三十分，而卯等於三十，所以吓等於一分。分度線分至各半度，佛逆三十分與分度線二十九分相配。假如佛逆之〇度過分度線十二度之點，而佛逆之第九分點與之相合，則所測之角度爲十二度九分。又如佛逆之〇度過分度線四十三度三十分，而佛逆之第二十三分點與之相合，則所測之角度等於四十三度五十三分。

第九十六款　盒內紀限儀，人初觀之，必爲此器更精於測向羅盤，因可手握而測得一角，不差過一分之外。又

可測各物向上或向下之斜度，此爲指南針所不能者。不知此器之病，在於所測之角常不合於平面角（或兩點太高或兩點彼此有高低，測其角必不能合於平面角也）。如站於一處而測周圍各物相距之度，將各度相加，必不能合於三百六十度，或多或少，則其差較之用測向羅盤更大也。

將此儀所測之各角合於平面角，亦有一法，但繁而難用耳。若人已習用此器，則在所測之物或上或下檢出其一點而合於地平面，則得之矣。

第九十七款　作紀限儀之理，可以下法明之。如第九十四圖，嗦味爲光線，呷叱爲鏡，則有回光線爲味吒，成咳

第九十四圖

第九十五圖

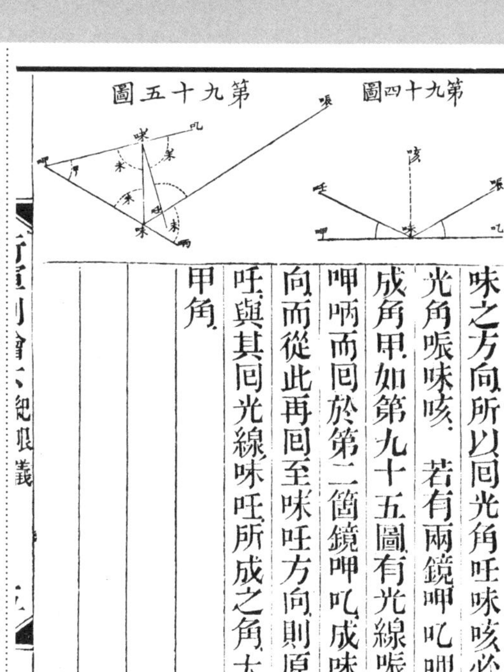

第九十六圖

味之方向，所以回光角吒味咳必等於射光角嗦味咳。若有兩鏡呷叱、呷呐彼此成角甲，如第九十五圖，有光線嗦味至鏡呷呐而回於第二箇鏡呷叱，成味咪之方向，而從此再回至味吒方向，則原光線嗦吒與其回光線味吒所成之角，大一倍於甲角。

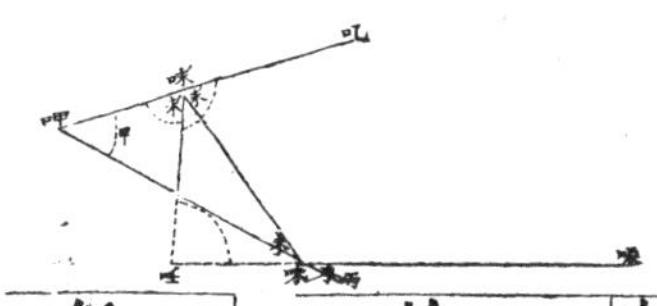

如第九十六圖，即解此理。其咪吒嗦角等於味咪吒、咪味吒兩角相併，即等於

一八〇－未丄一八〇－二未
＝三六〇－二（未丄未）。

但呷味咪三角形之呷角等於

一八〇－（未丄未）。

所以味吒嗦角等於兩呷角。

如第九十七圖，甲爲回光鏡，乙爲半回光鏡，寅巳爲兩

第九十七圖

物所成之角爲寅戊巳則物之影寅從甲至乙又從乙至戊所以甲戊乙角依前言必等於辰甲庚角之倍數若巳點在戊乙之一線內則甲戊乙角爲所求之角

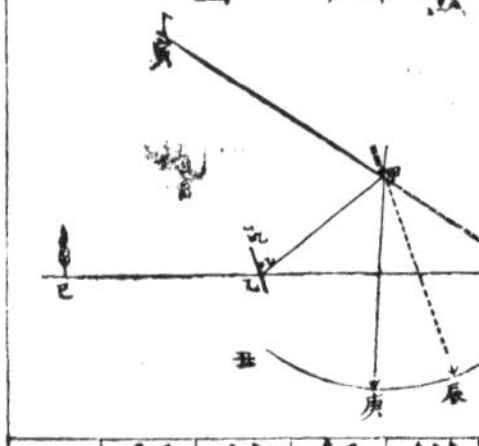

半回光鏡在叱叱處祇能透光不能受形所以人目直看戊巳之方向第可見巳點之物若以回光鏡轉動令寅點之回形與巳點相合則兩鏡所成之角等於兩物所成之角之半　紀限儀之甲庚線連於指鏡甲必定

指出丑辰之度數而此度數之倍數必等於角度所以看其度數即得其角度　甲鏡與乙鏡平行則所指必在○度

第九十八款　前二卷所設之題用羅盤與平面桌測得者亦可用紀限儀測之既測得其角度即用分度尺畫其圖亦可代平面桌而隨測隨畫之或代指南針用圓角相交之法而得其角測繪之人能用此紀限儀則前二卷之題極易解之此款另加兩題如左

設任點甲在地面欲自此點作直線與所設之線乙丙爲正交線此爲第一題

如甲在乙丙之外則在甲點立一竿如第九十八圖將

第九十八圖

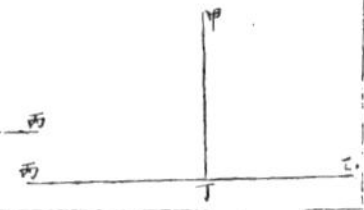

第九十九圖

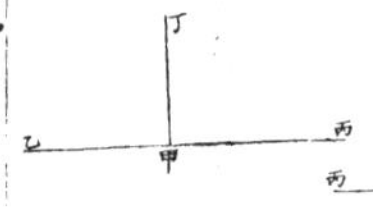

紀限儀之佛逆置於九十度自丙向乙從紀限儀看乙點至竿與乙相合而止從相合之點丁作丁甲線爲乙丙之正交線　若甲在乙丙之內如第九十九圖將佛逆置於九十度而人站在甲點從紀限儀看丙點另令一人持一竿向左邊行至見人影與丙點相合而定從其定點丁作丁甲線爲乙丙之正交線如令人向右邊行則紀限儀必倒置

有能到之點甲有不能到之點丙求其相距此爲第二題

第一百圖

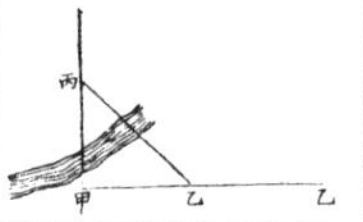

如第一百圖將佛逆置於九十度而自甲點依前法作丙甲之垂線甲乙再將佛逆置於四十五度向乙甲行走從紀限儀看甲點得丙點與甲點相合而止則所得之點乙爲兩等邊三角形丙甲乙之底角所以乙甲必等於甲丙

第九十九款　測直角器各種工程家常用之能於地面作一正角畫行軍圖用之甚便於補圖後之餘事此器

第一百一圖

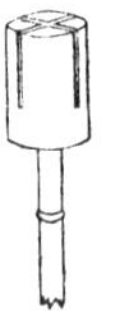

第一百二圖

有數種尋常者爲圓柱形或爲六角形圓柱面平分長縫四條成四箇正角如第一百

一第一百二兩圖

有用黃銅圓圈中有正交之徑線徑線之端有四針亦成四箇正角如第一百三圖

第一百三圖

無論用何形必有一柄柄之末甚尖可插於地

測繪之人不帶此器可用平板一塊釘於竿頂板上作正角線在線之端插四針如第一百四圖此種器最便於山林之處或在山麓或在下隰皆可用之如以步數量地可用以補各物之方位於圖下設數題以明其理

第一百四圖

第一百款　有點甲有線乙丙求自甲點作乙丙之正交線此爲第一題

如第一百五圖左手持此器行過乙丙線上一縫對準丙點而又一縫專望甲點見之即停則所見甲點之方位已即爲所求正交線之端

第一百五圖

第一百一款　有阻物在前求過之而引長其線此爲第二題

如第一百六圖甲乙線之前有阻物即自乙點作甲乙之正交線乙丙法將器之一縫向乙甲而令一人帶一竿向丙點行自乙點之又一縫望之俟見即停既得乙丙即作乙丙之正交線丙丁引長此線而過所阻之物又作丁丙之正交線丁戊與丙乙等長再作戊丁之正交線戊巳即爲甲乙引長之線

第一百六圖

第一百二款　自任點甲作線與所設之線丙乙爲平行線此爲第三題

如第一百七圖先於丙乙線上求其正交線甲丁將此器置於甲點其一縫向甲丁又一縫必向甲辛則甲辛爲丙乙之平行線

第一百七圖

第一百三款　有甲乙二點甲點不能到求相距此爲第四題

如第一百八圖自乙點作乙甲之正交線乙丙而平分之於丁在丙點作丙乙之正交線丙戊行過此線至能見戊與丁與甲合爲一線則丙戊必等於甲乙

第一百八圖

第一百四款　有甲乙二點皆不能到求相距此爲第五題

如第一百九圖作任線丙丁此丙與丁必爲自甲與乙所作之平行線而成甲丙乙丁引長其線爲丙庚與丁辛將丙丁平分之於戊而在丁辛線行見辛與戊與甲合爲一線而止

第一百九圖

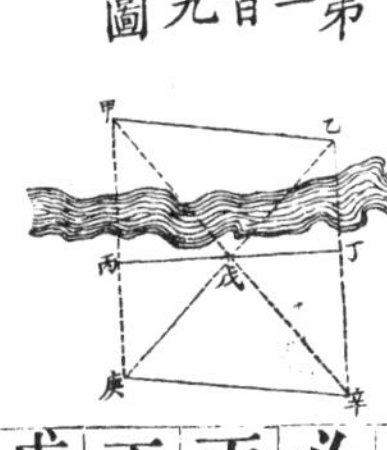

又以同法行於丙庚線上見庚與戊與乙合爲一線而止則庚辛等於甲乙

第一百五款　地面有多不等邊形甲乙丙丁戊求畫其圖此爲第六題

如第一百十圖作對角線甲乙線上作巳丙巳戊巳丁各正交線先測甲巳巳巳巳巳巳乙各相距再測巳丙巳戊巳丁則能畫其圖

第一百十圖

凡河或樹或湖邊等能用此法畫之可得其甚準之各彎曲如第一百十一圖作任線甲乙而在此線上度甲

辰辰辰辰等各相距又測其正交線甲午辰辰辰辰午等

第一百十一圖

第一百六款　有一別法能用此器測得田之面積如第一百十二圖作甲乙丙丁方形在田之外而以其比例畫一方形於極勻淨之厚紙上再於方形之四邊用上法測其各

第一百十二圖

正交線之長即畫田形於紙將鋒利之刀依方形之邊切下用極準之小天平權之再依田形之邊切下又權之則田形之重數與全方重數之比若田之面積與全方面積之比

陽湖趙　宏繪圖
桐鄉沈善蒸校字

行軍測繪卷七

英國連提撰

英國 傅蘭雅 口譯
新陽 趙元益 筆述

測高下各法

第一百七款 求兩點或多點之高之相較數。

如第一百十三圖甲與乙二點必以前法畫於圖此甲乙辛三角形內之辛角爲正角甲辛之長可用比例而得之所以能知乙甲辛之角度可得其相較數或推算而得甲乙辛三角形亦能知乙辛之高。

第一百十三圖

有時徑測辛乙之高或不能直測則環繞之而測其高。亦得其較數。

測高之器有兩種一能測高之斜度一能測高之尺寸。

測斜度便用之器或用盒內紀限儀或用象限儀。

第一百八款 象限儀或用厚紙或用紅銅板爲之在心點甲掛垂線甲辛如第一百十四圖而圓周之度數自〇度起至九十度止。

第一百十四圖

設如甲乙辛欲求其斜度之角如第一百十五圖在甲丙面見乙點則垂線指出爲辰丙亥角。欲求向下之

第一百十五圖

斜度必反其儀器而測之。

此象限儀行軍測地用之甚爲簡便功用不減於盒內紀限儀且紀限儀偶然傷損亦可作象限儀而代之。

第一百九款 若用紀限儀見前九十四款測其角甲辛乙如第一百十六圖設辛乙之相距大則與甲辰乙之眞斜度不甚有差。若測角之時切近地面而看之則更準。尋常測繪之事此法可用若欲求其極準之角度則用平

面回光之法盆內容水數寸或用水銀即可得天際之平面尋常擺錫鏡置之極平亦可得之。如第一百十七圖寅卯爲鏡用象限鏡測得乙點與在乙方向內所見丙之回形成乙辰乙角依顯寅辰乙角等於丙辰卯角見前第九十七款又丙辰卯角等於寅辰乙角所以乙辰乙角爲所求角度之倍數。

第一百十六圖

第一百十七圖

第一百十款　已知甲乙之平距幷乙甲丙角度則可測乙丙之高如第一百十八圖其公式爲

第一百十八圖

辛＝乙切線角

乙爲平距角爲斜度辛爲高數

甲乙平距等於一百碼之切線表

角度	切線	行度	切線
一	一·七四	二四	四四·五二
二	三·四九	二五	四六·六三
三	五·二四	二六	四八·七七
四	六·九九	二七	五〇·九五
五	八·七五	二八	五三·一七
六	一〇·五一	二九	五五·四三
七	一二·二八	三〇	五七·七三
八	一四·〇五	三一	六〇·〇七
九	一五·八四	三二	六二·四九
一〇	一七·六三	三三	六四·九四
一一	一九·四四	三四	六七·四五
一二	二一·二六	三五	七〇·〇二
一三	二三·〇九	三六	七二·六五
一四	二四·九三	三七	七五·三五
一五	二六·七九	三八	七八·一二
一六	二八·六七	三九	八〇·九八
一七	三〇·五七	四〇	八三·九一
一八	三二·四九	四一	八六·九三
一九	三四·四三	四二	九〇·〇四
二〇	三六·四〇	四三	九三·二五
二一	三八·三九	四四	九六·五七
二二	四〇·四〇	四五	一〇〇
二三	四二·四五		

此設一題爲講明上表之用法設如兩點相距四百五十七碼而角爲十度求其高若干

看表內角度之行數其十度所對之切線爲一七六三但此表以一百碼爲平距所以一百與四百五十七之比若一七六三與八〇五五之比即所求之高數也

初學之人不知三角法或無切線表可作比例線如第一百十九圖其辰辛爲天際線而自辰點作割線以次成五度之角如以其平距依比例度於辰辛線上爲辰丙則自丙點作正交線與其相配之割線相遇於丁其高丙丁即爲所求之高以比例測之　但此數正交線

第一百十九圖

之高或加或減依其所測之地比人所站之地或上或下而定又所用之器離地若干亦必或加或減之

第一百十一款　測高下相較之器有數種惟法國所用瓶水準最爲簡便如第一百二十圖甲乙爲空管長三尺或以錫或以銅爲之甲丁乙丙爲短管相連於兩端其兩口容玻璃瓶中爲活節裝入三足架其用法傾水於兩瓶中至三分之二看瓶水之面則知辛辛爲平面之方向

第一百二十圖

第一百二十一圖

有兩點甲乙求其高之相較則將此器置於中間如第一百二十一圖令一人手持長尺立於丙點而看器之面辛辛向長尺所對準之分寸記之即得乙丙之高再令

其人至丁點立其長尺亦得甲丁之高將甲丁與乙丙相較之餘數爲兩處高之加數

所用之長尺有極巧妙者行路之人可攜帶之設人未備此物可用直竿上刻分寸之記號代之持竿之人必用白紙圍於分寸間可以移動用瓶水準之人看紙已準令停即知紙在若干分寸若相離稍遠而不能辨其分寸之記號則持竿者看之而告於其人

若地面極不平則必從數處測之如第一百二十二圖申申申申等之間可置瓶水準若以寅寅寅爲後測其高而卯卯卯爲前測其高則兩點之相較以算式明之

第一百二十二圖

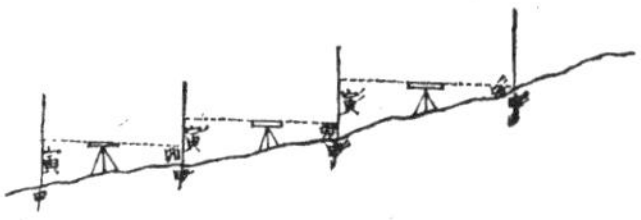

等……卯卯卯　等……寅寅寅

用此法必須記各數於簿中免遺忘也

此種瓶水準尋常用之在一方向內測地面各處之高低凡作城壘者亦必用此法測各處之高點

第一百十二款　若無瓶水準可用下法代之如第一百

第一百二十三圖

二十三圖甲乙爲小尺用兩繩丙甲丙乙懸之下有小錘令其不受風動搖將繩提起則甲乙爲平線　用此器之法從呷測叱之高則在呷點將尺掛於眼前對準乙之方向而仔細看其邊對準何點行至此點則向上之高數已等於人目離地之高從此點再看其邊對準何點又行至此點在呷叱之間所測之次數乘人目離地之高數即乙高於甲之數也

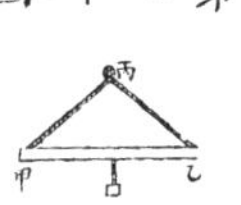

第一百十三款　又法用細鏈或繩測量物之高見前四十八款

但此法不如象限儀之便捷　設有塔呷啐人難至其處而呷點在一直線之內可以求其高如第一百二十

第一百二十四圖

四圖在任一處作任線𠼝叮平分之於哌從叮點向呷行度任長之線可𠯑作哌𠯑線而引長之令哌吧等於哌𠯑再作𠼝吧線而引長之與哌呷引長之線遇於叱則哌叱等於哌呷可知叱呷之長

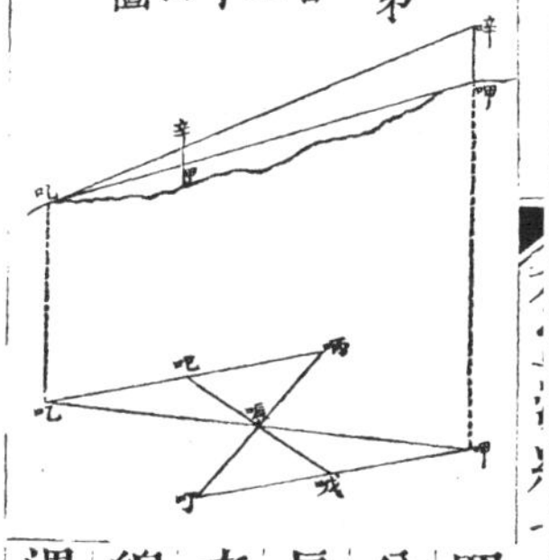

在呷叱線內任點甲立一竿其高以從叱點見啐點與竿尖在一線內爲度再測甲叱與甲辛則呷啐與甲辛之比若呷叱與甲叱之比

第一百十四款　任兩點高之相較可用平面桌得之即如否發所造之平面桌見前九十款用木垂矢面刻尺寸之度在辰點懸之如第一百二十五圖人站在呷點左手持桌從呷哂邊看𠮙點而垂矢自能直立則巳辰午與叮呷𠮙兩角相等自辰至丁度丁辰相距與呷𠮙之相距有比則辰庚丁三角形與𠮙呷叮三角形同式而庚丁線為所求高之相較數

第一百二十五圖

若不自辰至丁度相距與呷𠮙有比可在辰寅度其任一倍數為嗔　若右手持桌則垂矢必在辰午方向卯卯之相距等於相較數之二倍為嗔如此放大作之不同小線之易差也

但辰點有螺絲則不便在此點作線將垂矢之邊申申代辰巳之長記於邊上若將圖之倍數從申至未度之而巳寅等於申未則寅點可得　如垂矢中有長孔用鉛筆尖入於孔中作辰午辰午兩線

第一百十五款　西士名奪林格耶造一儀器譯曰奪林儀不但能測角度又能測兩點之平距與立距如第一

第一百二十六圖

第一百二十七圖

百二十六圖已為測向羅盤此奪林儀若為其蓋而形方未為方銅片可合蓋直立不動丁為蓋之裏有定徑線分之為兩半平圓下半平圓有等分之垂線其數自中至邊又有等分之平行線其相距為垂線

相距之半其度數自上至下如第一百二十七圖

乙為黃銅所作之半平圓在心點甲用螺旋定之如第一百二十八圖可繞其心而轉動蓋之裏有壓簧可令其不動其尺寸與上圖同丙丁邊之分點亦與前圖同分其半周之兩象限自〇度起至九十度止𠮙為圓垂能準丙丁活徑恆與天際平行其器任在何方向而不改其常徑上有兩針在丙丁兩點此丙丁本與天際平行故於寅寅兩視孔見

第一百二十八圖

兩針相對則知定徑與活徑平行申申爲金類所作長方片兩條用螺旋連於蓋之邊申片有一孔爲丄形申片繫細髮兩根與孔相配此孔與髮爲測向羅盤測方向之原度數而用與測高之角度無涉設人目在午點看任一物令午與髮與午與物在一線之內則定徑與視線必平行而活徑與天際平行　此器各分線恆爲正角三角形與地面之形等式而活徑之半徑爲斜面兩點之相距定徑之半徑爲平面之相距而垂線爲立距　茲特設一式爲示人用器之法如第一百二十九圖吠咃爲視線之方向則觀此儀器知斜度在咋即爲

第一百二十九圖

二十五度再於吠咃之斜面上自人所站之方位咃測相距設爲二百二十碼即於天際平行之半徑以一度代十碼則第二十二分點與其垂線之分點二十相合所以其平距爲二百碼其立距必看活徑二十二點與定徑之平行線相遇於何分點如本圖之平行線爲十八因平行線相距爲垂線相距之半所以定徑與活徑以一分代

十碼二點高之相較必爲［一八×五＝九〇碼］

如有兩點其方位在圖已知其平距爲一百九十碼而欲求其高之相較則從此點測彼點揣定徑第十九分點其垂線與活徑相交之點又與平行線第十二之分點相合則其立距爲［一二×五＝六〇碼］

陽湖趙　宏繪圖

桐鄉沈善蒸校字

行軍測繪卷八

英國連提撰

英國 傅蘭雅 口譯
新陽 趙元益 筆述

相地畫圖依次總解

第一百十六款 畫行軍圖第一要事擇底點而測之見前四十三款然後用緊要之點爲各角而成多三角形 此多三角形應略爲三等邊形苟非急迫之事則先一日在其地作一粗圖而分之得多三角形則圖所藉用之各點已定

作粗圖之法如第一百三十圖呷爲所擇之底點在紙劃一線呷吃爲指出地之方向將此線與地面之線相配而在平面一線之內見前八十四款再用視尺對準呐叮吙吧各點見前八十二款而測繪之或測其角度詳見一百三十五款則作呷呐呷叮呷吙呷吧各線

第一百三十圖

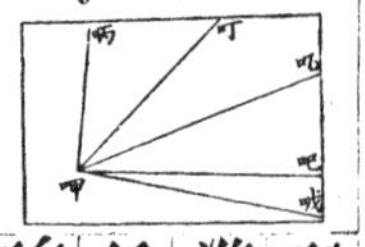

再至吃點如第一百三十一圖照前法另用一紙對準前之各點而畫之若見別點則對準其點畫之

第一百三十一圖

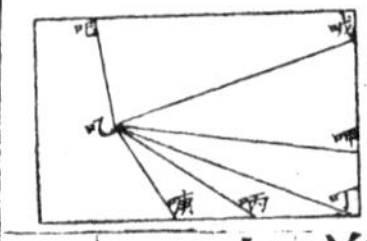

再往他點吙等測得其各角如第一百三十二圖但從每一點測得之各角必另用一紙畫之

第一百三十二圖

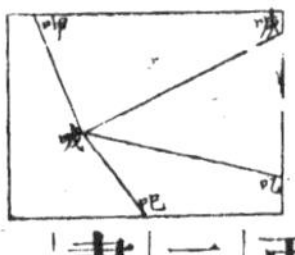

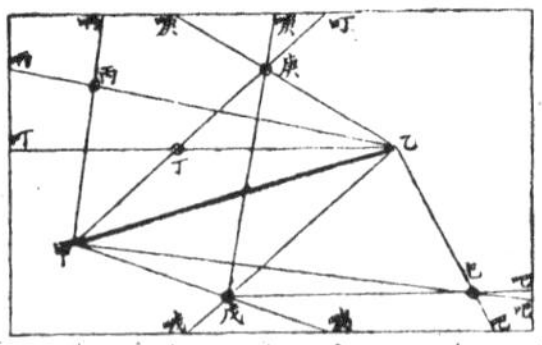

測畢而回用一張稍大之紙爲總圖作呷吃線爲底線而繞其呷線作第一紙所有之各角如第一百三十三圖將第一紙呷點置於總圖甲點而呷吃在甲乙之方向用針在各線之端刺孔即得呷呐呷叮呷吙呷吧各方向 再將第二紙吃點置於總圖乙點而吃呷在乙甲之線上而以前法在總圖上得吃點所見之各角 若各方向線有相交之處則作一小圈記之如丙戊丁已 再將第三紙吙點置於總圖戊點而吙呷在戊甲之線上如此將各紙之角盡畫於總圖得多三角形之方位并各三角形之大略

第一百三十三圖

第一百十七款 得此粗總圖而擇其緊要之各方位在地面測其底線而以所定之比例畫於紙上用其指南針之正方向再於各點用平面桌測向羅盤等器測準其餘各點之角而畫於圖底線之長或以細鏈或以繩

或以步數量之。設時值匆促可用昔人所作之圖而得其底線宜細心測其各角而不可用粗法若竟無測角之工夫可依舊地圖畫成多三角形但用此法不能到之點甚多必從此不能到之點定其能到之點（見前十八款七十六款八十八款）

圖上劃多三角形線爲最要之工夫必用精器而仔細作之方準後有細微之物補於圖內而無差必藉此多三角形也。所有遠望易見之物如塔煙通獨樹等必留意測準而得其方向又有高路之彎角或樹林已過行人往來之路或鄉村或山嶺與山谷相較之點均須留意測準。

第一百十八款　多三角形圖已成之後畫正南北之經線設圖之底線得自舊地圖者則本方向之度數在舊圖得之甚易若底線爲測量而得者卽於地面底線之一端作南北經線而測其與底線所成之角度畫於圖地面得南北經線之法如第一百三十四圖設地面插一竿於辛點卽以辛爲心作同心多半圓界於午前午後視竿之影而記其影於圓界得相交之點爲寅卯寅卯寅卯等各圓界平分之於⿰口寅⿰口寅⿰口寅在此平分各點得南北之經線。

第一百三十四圖

又法在圖上立一針以代竿但南北經線必有平行之方位不可不知（見前八十四款）

若值陰雨之時或測之欲速可用羅盤之指南針得圖上南北經線之方向但必知此處指南針之偏差若干或加或減而得之。

又法能測得南北經線夜間無雲看勾陳第一星與北斗第五號玉衡星爲垂線在子午線之方向內設用一垂矢則能見兩星相對成直線之時。

第一百三十五圖

第一百十九款　若於極大之地面畫圖則必派數人同測之先以多三角形圖畫於紙上然後分爲數小圖而各小圖并合欲求其不差必作縱橫線而記其與兩徑線相遇之點所用之兩徑線常用南北經線并其正交線如第一百三十六圖寅卯爲大圖分之得四小圖將各物之方位補滿於小圖內可合之而得其全圖。

第一百三十六圖

第一百二十款　已得分圖之紙而圖上有多三角形則補滿各物之方位其法如左。

最便用之器固爲測向羅盤然測繪家不可專恃此器設至遠方測地而指南針忽然不靈甚屬誤事苟於平時習用平面桌或細鏈或紀限儀等可代此測向羅盤而運用不窮最要之事在習用平面桌得此分圖之紙即用八十二款之法可畫其圖

用測向羅盤而測各點必先擇定一處或歧路或牆角或路之轉角處或樹旁之路口或鄉村之路口或地面凸角之處皆可用之而測圖上所有數點之方位如此即得本方位於圖上見前七十六款再測各物之相距見前七十七款而屢測其已得各點之方向又從本方位用步法步至

各處而知其相距

平面桌亦可用上法檢出各點而以八十四款等法測得所擇之方位或用量法或用步法或用相交線之法或用七十七款之法皆可求得其各點而補於圖

若用盒內之紀限儀其法更繁而其理則同也

第一百二十一款　測量之法無論用何種器必屢用已知之定點準所至各物之方位否則愈測愈差

所有溝石樹木園牆等并地面之植物先記其名而後用已定之各線號畫其形

補圖時必留意測準馬路小路樹旁之路大河湖溪池

泉街橋鄉村孤村風車磨坊水輪磨坊禮拜堂礮臺等處且行過一處必訪問一切要事與行軍有關會者記之因此可作一篇記事之文與所畫之圖相輔而行

測量河之長短廣狹則此邊用七十七款之法彼邊用相交線之法溪湖可測其方向而定數點之方位或即用測直角器測之見前一百五款

鎮市鄉村先測其基址路口然後測量大路如逢歧路之口在路之左右者算得其步數隨測所遇便點或爲空場或爲禮拜堂等而測至各路口而止　天井花園等看其形而約略畫之不必測量　牆之形用粗線爲

記號房屋之形用密線爲記號

茂林叢樹亦用上法測之先測界限繼測中之通路後測各路之口

補圖之事須相機而行非言之所能盡也苟得熟悉斯理者而以之爲師測繪之時學習其法雖一日之工勝於看書數倍總之測繪之公理簡而易明運用諸器之法亦不甚難而成事之靈敏不外乎理法之兼長神而明之存乎其人　如所用之器盡其能力所測之地得其眞形則人皆子子我獨有餘昔人謂準之一字乃畫學之金針信夫

第一百二十二款 以上各事已明則講求地面高低凹凸之形并斜面之方向而畫其圖

其法先用前數款之理測得各高點而以各點作多三角形之圖如已知其一點離海面若干高則其餘各點之高可推算而得見前一百十款若未知其一點離海面若干高可另擇一點爲主而其餘各點之高依此而定大抵武事畫圖不必求各點離海面之若干高祇須求各點彼此之高低也

第一百二十三款 求高點之多三角形圖已成必須測定各斜面高低之點并一切峯嶺峽谷等以及地面所

有異形之處畫方位於圖上必求極準否則圖內之相距必差

已得高低之各點則站於已知之高點將紀限儀測他物高低之斜度或用公式角線切丁一辛或查表見前一百十款或用更簡捷之法見前一百十二款將各點之高一一測得之中有緊要之點必從別兩點以測定之彼此相較則物無遁形

第一百二十四款 以上各事已畢用其平剖面之界限以顯其形之凹凸若站於各點測角度之時作其記號指出斜面之方向則工夫更易 管理行軍測繪之官

測其平面之時隨即從各點看四圍斜面之方向而作小箭頭記之再加補線數根或粗或細如第一百三十七圖或畫平剖面界線數層其相距合於斜度之或多或少已可搞斜面之方向與其斜度看時必站

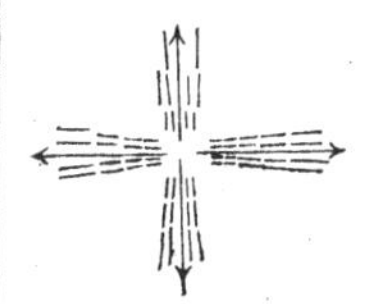

第一百三十七圖

於斜面之前逐一察之否則其形不準而易差

用四面方向已足爲測斜面之法如四面皆向外斜向外向內依人所立之處而定也則所站之地必在山之巔三面向外一面向內則所站之地在一帶山之高坡兩面相連向內兩面相連向外亦在一帶山之高坡如第一百三十八

第一百三十八圖

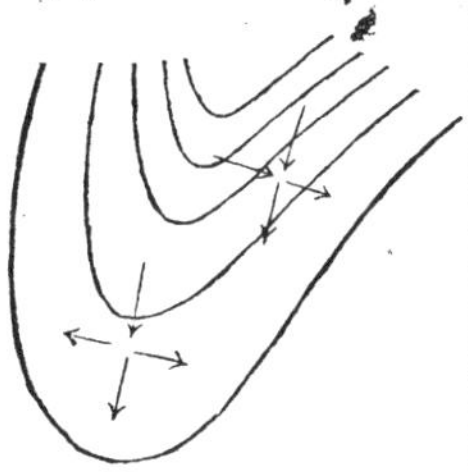

第一百四十圖

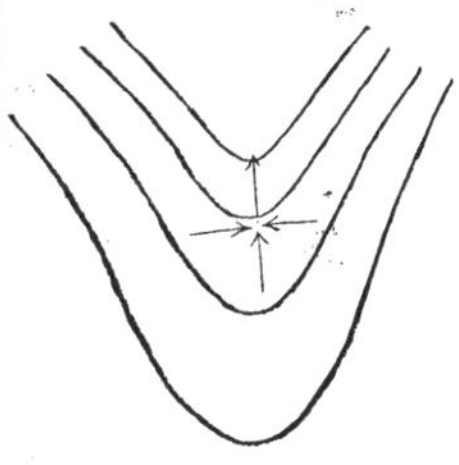

第一百三十九圖

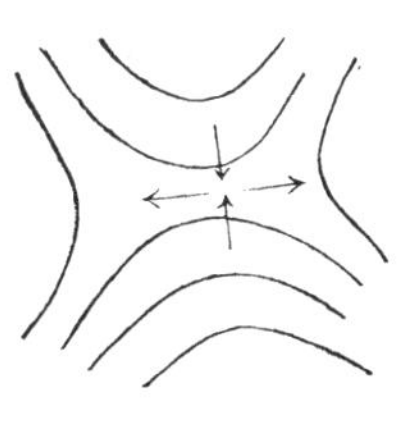

第一百四十一圖

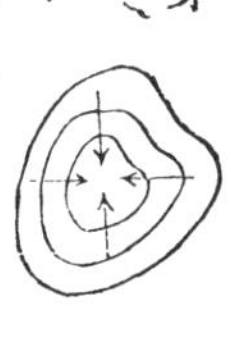

圖兩面相對向內兩面相背向外則所站之地必在山之峽如第一百三十九圖三面向內一面向外則所站之地必在山之斜谷

如第一百四十圖四面皆向內則所站之處必在山之凹如第一百四十一圖　此種雖是畧法然用之數次已能顯出各處凹凸之面於圖畫大有裨益精於此事者祇看圖之界線不必看圖之四面方向線也

第一百二十五款　畫平剖面之界線可分爲二種一詳細而遲二粗畧而速　求其甚準必用詳細之法如築城等事地面用瓶水準等器以測其平如第一百四十二圖甲與乙二點其高一爲八十尺一爲十尺而平剖面之共距爲十尺見前四十一款甲乙之間

第一百四十二圖

有六箇平剖面界線將甲乙分爲七等分其高爲二十三十四十五十六十七十尺在各分點立竿而站在任點已將水準置平令一人持長尺站於甲點而自看水準直對長尺若干分寸然後令其人在甲點左右行動至從水準直對長尺任得同數如丙則已點與甲點必等高在丙點立一竿令其人再向前行至看得尺上同數再立一竿如此作之卽得所求之各點其七十等分點亦以同法作之　各平剖面界限已得之後用測向羅盤測插竿之方向

以上之法殊非易易無事時測地可用之第二法粗畧而速武事用之甚宜雖有小差亦不妨也

第一百二十六款　如第一百四十三圖甲乙丙丁等各點之高已測得其數見前一百二十二款又令其共距爲十碼用直線連其各點則甲點在於平剖面界限但其辛點不在界限而辛與甲之間作五箇平剖面界線將甲辛以幾何原本第六卷第十題之法分爲六分五分相等而其餘爲十

第一百四十三圖

分之二則平剖面界線必過各分點再以乙丙相距之線平分六等分其形略爲平行之斜面見前一百二十四款但甲丁線上斜度小而斜面長向甲斜度大於向丁之斜度則將甲丁分六不等分而近甲之分比近丁之分小再將寅卯分三等分若卯向上而寅向下尙有略同之斜度則三分點外再加分點將各線上所得之分點等高者用線連之

第一百二十七款　以上工夫用覓林儀最爲便捷見前一百十五款　如用活徑與兩針此二物可定天際平行線可依第一百二十五款之法得其平剖面之界線　如第一百四十四圖

甲乙丙丁戊爲原有平剖面界線，而令其共距爲五碼。

第一百四十四圖

則站於甲點而用毊林儀測最大斜面之角度或最小斜面之角度至下隰平坦之地而止。若向下之角度爲二十五度，（看一百二十九圖）則定徑第十平行線與活徑相遇之分點，又與定徑第十一垂線相配，則知一百十碼之平距，其自上至下之數爲十乘五，即等於五十碼。若平距爲十一碼，則向下之數爲五碼，所以向甲甲之方向，依指南針畫於圖上，取十一碼之各分任得多點而作各平剖面界線。再自乙點

測之所用之法與甲點同，如定徑第十平行線與活徑相遇之分點，又與定徑第二十垂線相配，則乙乙線上，能知其平距爲二十碼，其餘類推。

第一百二十八款　測繪之學由淺入深，學者必先考究畫平面圖而後進求測高繪高之法，精通其理，則可兩法兼施。武事畫圖，未嘗以此兩層工夫遞爲之也。　凡行軍圖，不必作最準之平剖面界線以定高下，最要之事不過指出各斜面分別步兵馬兵礮兵之能行與不能行耳。　測繪一處之圖，必在地面之周圍或高或低，用粗線幾根指出之，至別方位亦然。既得此各方位，再

用粗線連之，然後用儀器測各方位之高，必能無差。測量之時，必不可帶一本書，記許多言語，預爲畫圖之用，又不可自恃不忘，記於心中，必隨測隨畫，錯誤最少。名手測繪，不過此法，所以象數皆得其準確也。

第一百二十九款　凡往遠省或他國測地繪圖，必有包括各事諸題，（詳見一百四十款）閱之可免遺漏，或作詩文或作序記，備載大山川景物風土人情，以資考核。

陽湖趙　宏繪圖

桐鄉沈善蒸校字

行軍測繪卷九

英國連提撰

英國傅蘭雅口譯
新陽趙元益筆述

論行軍畫草圖各法

第一百三十款　兩軍交戰之時固不能從容測地畫圖但移兵紮營擇地攻城過山渡河等事若不看圖譬如瞽之無相夜行之無燭也其何以成事所以西國出師必有工程之官隨時測地繪圖以供軍事

為武事而畫圖不可存畏難苟安之意必求其無所不能所以初學此事必惴惴焉懼不勝任當此時且勿多

議循序而作之久之自得其理法有志竟成非虛語也

統觀以上諸款可見畫一草圖祇有兩事　一為測其相距一為測其角度能盡力於兩事圖不患其不成

測相距之變法有三一為行路之步數一為騎馬之步數一為看表而知行路之時刻此三法中第一法人人能知能用乃不廢之法也　測角度之器有三平面桌測向羅盤奪林儀此三器內平面桌最易用之其餘可用之器為直角器與象限垂其式甚簡可以隨時作之

畫圖之紙并鉛筆小刀象皮必須預備其餘之物不必再加

第一百三十一款　草圖之第一要事先測底點而作多三角形尋常以四寸代一里但此種圖以步數定其比例如已得舊地理圖則依此而得底線與多三角形之線從各三角形之頂點可測風車磨坊或高塔或煙通或橋或通衢但此法在歐羅巴可用之若往他處無舊地理圖必自測得底點作線而并測多三角形線之各角若所測之地樹木成林或曠野平地無下手處必以步法測之而令人立定一處為三角形之頂可也

第一百三十二款　如多三角形之線不差則補圖之事用前所言之各法作之甚易遇曠野平地可用相交線

之法樹木成林則用七十七款之法或兩法並用亦可

補圖之法從此點測得彼點大半可測得其相距若逢遠處目力難達者偶見高樹至其頂而望之可省卻許多步數

地面之高數以一處為主而其餘各點之高可用象限垂測之每至一處地面之高低用粗線記之則平剖面界線并斜面之方向可從此而得之見前一百二十四款

第一百三十三款　已得多三角形之圖將各物之方位補入之法先繞其周而行測得近處各物之方位然後測其中路或有山則先測之行過之時左右順測各物

之相距如此卽分爲兩三角形再以分形用同法分之以次遞測地面物形皆在圖中矣

行路之時不過一次左右測繪之物不宜太多可先作一點爲大略之方位以後可從他處測之知其有差極易改也　凡畫路必依其總方向畫之初學之人見路有彎曲之處所畫之圖亦必彎曲如第一百四十五圖呷吃爲路之眞形若畫作甲乙則已差初學在此等處必須留意

第一百四十五圖

若遇鄉村鎭市能從高樓或高塔上畫其大略之方位然後測量大街而畫其圖再測其正角界而畫其圖如此已得其分形再測其周以分之至所有餘物補入圖中而止　大樹園亦以此法作之

凡畫地面高低之線有差必以爲所站之面斜度甚大如斜度遞更大小則其差更易如第一百四十六圖乙甲爲眞形初學之人每畫作乙甲則其差已多

第一百四十六圖

山邊小斜谷其深不過二碼如第一百四十七圖酉爲其眞形初學之人每畫之如酉則其差亦多

第一百四十七圖

第一百四十八圖

凡畫圖之人常令山谷之形有寬大之狀如第一百四十八圖欲免此病必須細心測其谷之邊改變其斜度之線甲乙甲乙之方位則不至於有差

第一百三十四款　敵軍逼近之時測相距之變法皆不能用若欲知地面之形祇可一望而得其大略所以畫草圖者平時必操練其眼光可以任看多形而揣其相距或任看多角而揣其度數若未曾操練其眼光斷不能看一次而卽畫其圖以此法看地畫圖不過歷覽一周所知之地面必甚少如遇大地面則必測量之否則望遠之時尺寸與角度必有大差蓋眼光所得之尺寸從他物比較而得之不足恃也

畫極快之草圖與平常畫行軍圖其理相同必先測得底線再至高樹之頂或登山邱之上看地面所有各物之方向或擇其易見之三處而以行步若干時測其相距用比例法在圖上作三角形從此角起向彼角行走而測得各物之角如是偏行三角之邊而至內面所有地面凹凸之形隨時卽畫於圖所有斜度之大小用粗

細鬆密之線指出之　各處之高數以第一號第二號第三號分別等次以明步兵能上馬兵能上礮兵能上之斜面或三種兵皆不能上者亦必分別之

人目之視遠物也欲得其眞形則甚難設如遐觀峭壁遠望平原約計之以為極近及實測之則知其遠也若值天陰之時或濃霧之中則近者反以為遠矣仰觀俯察尺寸之大小又不同所以過一里之長不可恃目力而測各物之相距

第一百三十五款　畫極快之草圖操練眼光之法須從遠處看一人或馬或樹或屋試自已相距之眼力至若

千步則清楚若千步則模糊如此則畫圖時可用此法揣其相距之數

凡角度亦必揣之有一變法能得角度之大略其器之形如第一百四十九圖用兩木尺相交於甲點成正角而定之甲乙甲丙甲丁各相等而甲戊為其半在乙戊丙丁四點插四針此器之用法略如九十九款所言測直角器之法能測

第一百四十九圖

得數角乙丁戊戊丁丙丙乙丁乙丙丁各等於四十五度戊乙丙戊丙乙各等於三十度乙戊丁丁戊丙各等

於六十度戊乙丁戊丙丁各等於七十五度乙丁丙等於九十度乙戊丙等於一百二十度此器日耳曼國測繪家常用之

如用尋常有鉸鏈之尺如第一百五十第一百五十一兩圖皆可用以測角度或以紙為之如第一百五十二圖將正方紙一張從甲乙摺二分之一又摺四分之一又摺八分之一等則所得之角為九十度四十五度二十二度

第一百五十圖

第一百五十一圖

第一百五十二圖

半十一度又四分度之一等如摺去全方八分之一八分之二八分之三八分之五等則得七十八度又四分之三六十七度半五十六度又四分之一三十三度又四分之三等

又法將一手伸出以大指與食指所對之角度揣之略為十一度如第一百五十三圖

第一百五十三圖

用以上粗法頗為便捷但必時時習練揣角之工夫如

站在曠野間，看四圍所能見之物，揣其角度，即將各角度相加，與三百六十度相較，如有餘，則知所揣之角度大，如不足，則知所揣之角度小。如先揣其四角，繼揣其八角，後揣其十二角，爲一周，由大角以至小角，從容習練，久之不至有甚差。

第一百三十六款　官軍所行之路，必派一員爲前導，測其路之險夷，稟報營中，由此可知明以上之法，而畫行路之粗圖，非細故也。所用之法，即是前七十七款所言測路之各彎角而畫其圖，路之兩傍數百碼以內，有緊要之各物，必測其相距而畫之，總之耳聞目見，有相

關於武事者，必一一詳記而畫其圖。詳後一百四十一款

第一百三十七款　畫圖一事，須相機而行，不可固執，已見有時匆促之間，不及照上款之法作圖，或多人圍住，衆目注視，則志意慌張，無從下手，或賊營在彼，或勍敵臨前，亦不能細心詳測，當此情形，必另設巧思，專恃善記，且必知此時不可忽略者爲何事，而此事之外，斷不分心於別事矣。行過各路，看所帶之表，知行過此路，費若干時，記之，又必詳察路之廣狹險夷，河之曲直長短，小大並斜面之方向度數等，記之。回至本營，依其行路之時，畫一粗圖，所有路傍已見之各物，畫其方位，

此爲行軍測繪中最要之事，不可不知。

第一百三十八款　至敵國測地，而敵人尚未知覺，無防守之營，可從近界之居民訪問行路之大略，而得一極粗之圖。本處民人，或以行路爲業，或以打獵爲業，或以販賣爲業，或養馬之人，或牧羊之人等，必分開數處，逐一問其大路通至某地，小路通至某處，并路上有無難行之所，如山峽、山谷、樹林、下隰、河橋等。訪問之法，先順其所說之情形，即於此時畫各物之相距，再另擇一二處問其情形，如有僞言，必與前說不同矣，每問一人，自己必立定主意，以決其所言之或是或非，如此可

得地勢之大略而畫其圖。

第一百三十九款　爲武事而測地繪圖，必知地面之性情，并他處所有之食物，與本處相較若何，且必知敵營之方位與其人數。

行軍繪圖之外，稟報各處情形，亦爲要事。

所報各情形之書，必論及與現在行軍有利有弊，其中之事物有耳聞者，有目覩者，須留意分別之，不可混於一處。

凡主帥派一測繪之官，前往各處辦事，必特意諄囑，現在各事情，以何者爲要，則要事情可詳細報明，而無用

之事情、一概從略、此種工夫極不容易、蓋訪問事情、取其緊要、删其繁蕪、非曾經閱歷者不能當此任也、所以承平之時、必令步兵官馬兵官礮兵官等往他處測繪而稟報各種事情、預爲操習、則臨事庶幾無失焉、

在本國訪問各事、已難確切、況在仇讐之國乎、大抵鄉間居民被武官詳細訪問、則生疑懼之心、反以危言恐嚇、僞言阻撓、故訪問者斷不可聽一人之言而信之、必須察衆論以定指歸、可得其確實之情形、

測繪之人、能通各國之語言文字、最爲有益、訪問之時、從容婉轉、百姓之懷疑盡釋、何患實情之不吐耶、

畫圖之時、不但訪問各事而已也、所有前人之地里圖及地里志等書、亦須查核、

第一百四十款　本款下五節爲法國所設詳報各事之總題、皆依次第排列、若測繪之人未曾習練稟報各事、只須看此總題、自無遺漏矣、

所呈稟報、字不可模糊、文理必須簡要、一切人名地名不可誤寫、主帥訓辭必詳載於前、末頁書官職名號、且蓋印以爲憑、

天時地理　此爲第一節

〔地面方位〕　所測繪之地、當緯度若干度、經度若干度、高處分水嶺、海岸之界限、分水嶺之界限、水之入海屬於何處之總河瀆、

〔地面形狀〕　大山、小山、平地、樹木暢茂、樹木稀少、可通之路、或有籬笆溝牆石等不能行過之路、或爲曠野、或有花草、或高原、或下隰、

〔河瀆〕　地面之河瀆有若干數、大山有若干層、并相連之小山有若干層、山形屬於何類、山高處有平面、其面積若干、分水嶺之方向、并屬於何處緊要之地、山之高數、

寬谷、小谷、斜谷、山峽、各形之尺寸、并其邊之高與角度、又各形內凹凸彎曲之處、或有橫山隔山、或與樹林、大湖、下隰等接壤、

〔平地〕　或極平、或少不平、或有通過之山與山嶺、或爲下隰等、

〔海濱〕　近海之地、其形如何、里數若干、或有山、或爲曠野、或爲下隰、或爲砂地、或爲茂林、或爲耕地、或未開墾之地、有無居民、或有鎮市與村庄、海邊有幾處可以泊船、島之見於水面者有若干種、

〔水道〕　大小河道、其長有若干里、其源出於何處、其左

右有無城市鎮口、或與他河相連、或有支河通至何處、

所測繪之河其深與寬平時改變之形若何、水落時改變之形若何、能過之津在何處幷水深若干、河岸之高若干改變之形若何、支河在何處分出此支河有無關係、每長一里上流與下流高低若干、河之大彎曲處、或有瀑布、或有灘水、或有旋流之水、

水中之大石、河流之速每半時行若干里、河水每年之漲落在於何時抑或隨時漲落、水溢之故幷其高下相較之尺數、水漲淹沒之地其已遇水患者、何處爲最重宜用何法以除其害、堨閘在何處、河底之物質或爲大石或爲礫石或爲砂或爲泥、河邊之形狀或爲平或有小石或有大石其岸或爲直或爲斜、河岸離水面之高若干尺、岸上或爲純石或爲樹林或爲草田或爲蘆葦或爲花園或爲菜園、兩邊河岸之高相較若干、河岸之形或處處皆同或各處不同、

運河各事亦須詳細報明見後第三節

湖之積廣幷其底之深岸之形、濟渡之津、泊船之處、左右之鎮市以及一切之形狀均須詳記勿略、

溪與池有天成者有人作者、或常不改變其形、或易放出其水、或難放出其水、或底淺而人能過之、

水有何種魚其魚或爲人養或爲自生、水面所發之氣有害於居民否、

下隰 或爲溪流泉水所成其面或有水或爲泥、長廣若干面積若干、大小通路之有無兵丁能過否、

停蓄之水可放出而令其地乾燥否、

低窪之處可作何用所發之氣有害於人否、

泉水 或多或少或鹹或淡或濁或清其性若何飲之無害否、水之熱度與空氣之熱度有極大分別否、居民取此水作何用、水湧之源在於何處、

人所開之池與井幷自然之井其水能供居民之用否

湧水井其深若干尺其水之性情多寡如何、又其近處有眢井否、

海岸 其形或直或斜、或爲山之邊其高數若干其形如何、海浪洗去之地或爲下隰或有礫石或爲砂或爲平面之岸或爲凹凸之岸、所有自然之河港或是常泊船之處或是暫泊船之處其寬廣若干里、何處便於上岸、何處便於行船、何處已築海塘、何處有阻海水之工程、船之進口者入水可若干深、

江南製造局

近岸之處行船之路有無淺砂泥壩阻礙之、船之進口與出口有無風浪潮汐之險、淺砂泥壩之在一處者能設法以移易之否、行船之路其難易有一定者有無定者、便於黑夜行船之表識如燈塔之類設於何處或現在無之而將來必須設立否、

陸地　泥土深淺之性情、山之洞幷近海邊之洞其長若干有何用處、山之斜面若干度、平原物土之宜有若干深、

火山　或今時出火、或昔時出火、或前已出火而今又有火、因火而變化之石其形如何、山頂凹形

之方位、山高之尺數、山之形象、火時所出之渣滓與材料在地面者有若干種、

地產各礦　或已採、或未採、開煤之井及開金類之井其深若干其數若干其層之厚有若干、所出金類與礫分別之等次、

所有出灰石石粉石膏之礦已採者有若干未採者有若干幷分別之等次、

水泉　或含金類之質、或噴熱水其性若何可作何用、

產鹽之地　有出於坑者有出於泉者有出於下隰鹵

地者、

天氣　寒暖燥溼之不齊、或平匀、或有驟來之風雨、或下雹、或有羊角風、一年中所記風雨表所得之中數、寒暑表四時之熱度一年內熱度之中數幷其寒暑極大之度、

一年內下雨之日數、一年所得之雨有若干尺、所得之雪可留幾日、河水結冰其堅若何人與馬車能過之否、

恆風之方向、霞霧之或多或少或濃或淡、空氣與水能令人畜生病或能令人畜無病、瘴疫之疾水土

不服之疾其故安在可以何法治之、地土宜種之物合於何類、樹木何種較多、民人屬於何類、禽獸昆蟲何類最多、潮水之性情幷海口江中漲落之分別、

政事風俗此爲第二節

國政　所測繪之地古時屬於何郡今時屬於何省治民之道、斷獄之法、管理教門之事、軍營之制度、防海之章程、賦稅之利弊、一國分省府州縣都圖共爲若干、審問各事之衙門、教會之事共分若干處、大小書院、遞信之驛、管理大路之官

科技譯著集成

管理地產各礦之官。管理大小樹林之法。收各種稅餉之關。各處所派礮兵所築營盤其總營設於何處。各處所作工程之事其總官駐於何處。管理海岸之事其總官駐於何處。

【民事民數】所測繪之州縣。民數有若干。鄉間居民若干分。城市居民若干分。居於山者若干分。爲農夫者若干分。爲工藝者若干分。人數於幾年中相較。或多或少。或漸增若干。或漸減若干。他國之人來者作何事業。本國之人去者作何事業。每平方一里所居之民有若干。共成若干家。習武藝之人與全人數。其比例若何。考試之人與不考試之人其比例若何。學武之人身高若干尺。其人內有幾分能爲步兵。幾分能爲馬兵與礮兵。各種人身高之中數并强弱之分別。品行風俗若何。禮儀容貌若何。食用衣服若何。

【士人】或爲一類。或爲數類。或常和睦。或常爭鬭。又其人習武藝工匠格致貿易農圃等事之精粗之別。

【官兵義勇】本處官兵。分若干營隊。每一州縣或一鄉。馬兵步兵礮兵救火伴人數有若干。無事回籍有事而出者有若干人。義勇之器械與口糧。抑出於朝廷。抑捐於富戶。着何種衣服。穿定色之號衣者有若干分。各種陣法講究與否。能帶兵者有若干人。百姓能助官兵者有成效否。

【語言文字】土語有若干種。能通各種土語者有若干人。地名寫法用何字母。地名之正音。地名之俗稱有何分別。緊要地方之名。取義何在。言語之中有奇異之字音在內否。

【教門】各教之人共有若干分爲幾種。各教之人彼此同好。抑彼此交惡。

【文風】讀書人之多少。學問之深淺。能文之人與不能文之人其比例若何。各種書館之多少。官書坊所藏書籍有若干種。大書院并各種博物會共有若干。

【公屋】禮拜堂廟礮臺公廳衙門大小書院博物館官書坊通商會館街市燈塔檻房等設於何處共有若干所有奇異之房屋。以何法造成。起於何時。現爲何用。其內容積有若干。居民貴重何種華麗之房屋。平民所住之房屋如何。大農夫家之房屋如何。田庄房屋分列之法并其大小。而其質或爲石。或爲磚或

爲泥或爲木所造成、屋面或用瓦蓋之或用稻草蓋之、

兵房 可住兵丁養牲口之房屋有若干、或可久住、或可暫住、此房屋或專爲武事而設或由民房公屋所更改、此種兵房若住多人與馬能容之否、其房屋之小者在何處、所有醫館園囿場圃火藥房等設於何處、

造屋之材料 或用灰石或用硬石或用磚等、或用木與金類等、出此各種材料在於何處、

城鎮等事 內地之城近海之城有若干數、礮臺之

數、鎮之能容三千以外之人其有若干、各處之方位或合於築城或合於各種工人造作之事、城鎮相距之里數、房屋大略之形狀與造作之法、所作之城或用新法或用舊法如何堅固、城內大小職官之數有若干所作何事、辦公事之人有若干、汲水之井有若干、工藝與通商各事如何、所到之處從古至今盛名之人有若干數

城堡形之各種數并城牆之式爲何類、城有幾面城外堵牆有若干、城外河道之有無或環繞幾面或可開通其河、或有下隰或有陡絕之面兵丁所難行者

城內之兵房共有若干中有礮彈所不能擊破者有幾處、城內大小民房於武事有何裨益、

農事 察其大概情形或勤或惰或荒或熟、泥土之或肥或瘠種何物爲最宜、耕田之法或用人工或藉馬牛之力、收成次第何物爲先、布種收成若何比例、田畝之價值幾何、隙地之栽培何物、生物之原與用物之數亦須察其衆寡之比例也、

樹林 有屬於國家者、有屬於百姓者、杞梓松栢何者較多、高大之木矮小之材分辨其種類并詳察其老嫩或合於造船或合於製器、入林伐木定例何

時、其地之面積若干、中間隙地或築室或開池或種花草蔬菜等、中間有路或險或夷步兵礮兵能行過否、

六畜 馬之種類有若干今昔相較其優劣若何、各種馬之性情與用處、戎事之馬可用者有幾種、行騎之馬服駕之馬有若干種、廄舍有若干、養牲馬之處有若干、每年能生小馬若干數、驢騾與牛之數并牛數與人數之比例、牛之種類有若干其好壞若何、用牛力耕田可代人工多少、胡羊之類若干共數有若干、山羊成羣者有若干、

雞鶩之類或多或少。野味之可食者。或多或少。市上所賣之魚肉油糖等物。或多或少。

工藝製造 人磨風磨水磨汽機磨設立於何處。能出料若干。壓油鋸木之處有若干。造紙之屋在於何處。其紙或好或壞。或爲人力或用輪機。製造各種金類之廠。造作器用什物之所。幷燒各種磚瓦瓷器之窰。有若干處。業此之人有若干。每年能出貨物各種之數。

權量 各種權量之數與本國各種權量之數。相較而得其實數。

通商貨物 或爲食物。或爲用物。或爲土產。或爲他處運來之物。運用貨物用何種船。起落貨物章程如何。每年各貨出口進口之數。貿易會在於何時。

國課 收稅餉錢糧之法若何。其各衙門設於何處。有時國用不足。所有借餉等事。用何法行之。

水陸諸道 此爲第三節

陸路 大路詳細之情形。幷鐵路與電氣通標之若何。總方向與寬數若何。其地面或鋪泥土或鋪石類路邊或有樹木或有籬笆溝牆等。或有凹形或有凸形。又有路之易於水淹者。其故或爲人工所作。而絕行人之往來。路或在山峽之中。又有馬車所不能過之路。城鎮各處之相距。有路能通之處。路上人與馬車之往來。或多或少。租馬租客車租貨車之客寓。古時羅馬國所設之路。在於何處。

小路 小路之與武事有相關者。幷與上所言之事有牽涉者。必詳述之。或可用行路權變之法。或於冰上過之。或乘木桄過之。路之兩傍。或分爲馬車路。騎馬路。行旅之路等。或又有分歧之小路。

鐵路 有已成者。有甫經造設而未成者。或今茲未造。

而他日必欲造之者。從某地起至某地止。經過之處有無鎮市。分支之鐵路。其路之一端或可屯兵。路長之里數若干。幷各處之斜度幾何。又有路之難行處。如過山渡河穿過樹林等之路。行路遲速所費之時。作路之法。或在泥土之面。或作大橋。或作高臺。或過山洞。火輪車用何種汽機。往來之車。或客商或雜貨或藝器或地產各物何者較多。鐵路之與武事相關者詳見第四節

河道 行船之各港。與各河詳細之事。幷能行船之各界限。又埠塢等停泊之處。或地勢有阻礙船行者。又有疏通河道。令其寬深之各法。即如隄岸閘壩

閘築壩去水起泥、一切工程講究或否、

凡一河道能行船之總數、幷船之尺寸、與入水之淺深、必詳考之、帆船輪船及各種之船之共噸數、每年往來客商多少水脚、農家所運之各物、工藝所運之各物、出口之貨、進口之貨、取多少水脚、而值錢若干、

運河 一切運河之名、幷其起訖處、或有支河、或與他河相連、或與他河會合、河中所行之船、或能多、或不能多、河長里數若干、可達於某處、或爲重地、或非重地、所過之各大鎭、水面之寬與水之深、所有隄岸單閘雙閘等、幷兩處閘門之相距、與水面高低相較之尺寸、

船數等事、亦必詳記之、與河道同可也、

海中行船之路、兵船可停泊之浮島、本國戰船之數、每年商船往來之共數與噸數、船上之水手若干名、行大洋船之水手若干名、行海邊之船及捕魚之船之總數與人數、

渡江河各事 任何處可過此江河、橋之方位、與其長廣、設於岸之何處、橋洞或以石、或以鐵、或以木爲之、或有多環洞之掛橋、或爲馬車能過之橋、或祇能人行之橋、行過之人須給錢否、或有可起落之橋、或有可旋轉之橋、或有小橋低橋、鄰近地方有修理橋之材料否、所有各種橋用何法可去之、而令人不能過、

用渡船與飛橋過河、須費若干時、又若干時內可過人與馬與車有若干數、

濟渡之處、或爲定所、或可移動、或爲便宜之方位、又其方向或直或斜、其津或爲大石、或爲礫石、或爲各種砂子、長與廣若干、礙兵馬兵步兵、或易過之、或竟不能過、用何法可截斷之、而令人不能過、

兵橋浮橋輕橋等、何處可作之、各種橋須長若干、又橋之兩邊、或可聚集兵馬、河水平時、人能行過否、

千里報 或以空氣傳信、或以電氣報信、又電氣報之方向、與其電線通過要口之各鎭、幷電線之兩端設於何處、所測繪之地、或有通過電線之處、

武事此爲第四節

攻戰 所測繪之地、與武事或便或不便、或有可據守之方位、或有易通各處之要口、或有占此一處之形勢、可爲數處之保障者、打仗時能作堡壘之處、敵兵能通之處、或有可阻敵兵之處、或有可築小壘之處、幷誘敵之可分爲第一等第二等便宜之處

現在各處已有之城壘并將來各處必築之城壘。海邊所有便於泊船之處與停泊之船之噸數。又有因風潮而不易停泊之處。

〔守禦〕境界之大小。地面之總形與極高極低之方位。或爲衝途。或爲僻壤。築城壘之界限并其保護民人之力量如何。何處之堡壘能與他處互相救應。地面之性情或可築堅固之城壘或易守或不易守。或有他處可與所築之城壘爲犄角之勢。與他處所通之路或直或斜以何法可保護之。敵兵攻打從何方向而來。敵人侵占要地從何處而進用何法可禦之。依地面之形勢與其通路或可設守城壘之各法與一切用兵之法。

〔險阻〕或爲高山或爲樹林或爲山峽。則敵人必分兵來攻或出奇兵以乘我之不備。埋伏兵丁或便或不便。或有可屯兵之處。近處之土人或能助攻戰之事或助資糧或供船馬以爲隨處可戰可守之計。

近岸之堡壘敵人可用何法來攻。防守敵兵登岸之處何處最爲緊要。用何法可守住此處令敵兵不敢來攻。

內河各港所防守敵兵登岸之堡壘設敵兵登岸徑入

內地有幾分力量能阻禦之。或另有能保護之各法。又高山等能阻住敵兵者我軍可作何用。或須添設堡壘更可阻住敵兵。操練兵丁分派防守要隘在何處可以會合而得其全力。所備接應之兵在何處會合。打仗最緊要之地方在於何處。

〔屯兵之地〕分派兵勇所距守之處或有天成之險隘可阻住敵兵或必作堡壘以自固。又或有便於交戰之處或可作營盤或可作礮臺等。本處之各方位與敵人之各方位相較孰爲便利。離敵人之礮臺若干遠前面若干寬而其邊若干深兩邊與前面或有阻物否。所通各處之路與退守之路或便或不便。守此各方位派各種兵丁之數若干。城鎮鄉村礮臺禮拜堂墳墓等或可設兵保守否。資糧水草與馬料等從何處可以接濟而不憂匱乏。

近海之城鎮必詳察其形勢與用武之事利弊若何。排列各城之法與造城之法或便或不便。或城牆有兩邊可互保之法。每一城能保護多少地方。其堅固若何能當近時之大礮攻擊否。或須時時修築否。城分若干面城外之形勢若何圍攻此城或難或易造兵船之廠或容易將開花彈打破或可用兵輪船放礮擊之或可用火箭射之。保護之時常用何法能免此害。

考古此爲第五節

史事 所測繪之地自古及今各朝所有奇異之事及用兵之事。要害之處所築之城始於何時。土人從何處遷移至此。自古及今歷朝幾何現屬於何國。其地或已受過大災患否。或曾有名臣及善用兵之人否。

古蹟 或有古人所作之房屋塔碑等傳至今時而未毁壞者即如希臘國羅馬國或耶穌教之各物此各物

留傳至今可分爲三種一爲教門之事而作之二爲用武之事而作之三爲公事而作之。

古時城村堡臺營盤廟等其方位如何前朝如何今時如何考究此事者必詳述所記各事或從史書而得之或從古圖而得之或從古老相傳之語而得之。

羅馬國曾於其地作路否所作之路通於何處之方向有無分歧之路。今時見其古蹟須察其所作之路用何種材料而成之。

博物院內所有之古董及雕刻人物之像從何而得之。公書坊私書坊或有古時之書籍與圖或刻印者或抄或畫者可爲秘笈否。

陽湖趙 宏繪圖

桐鄉沈善蒸校字

行軍測繪卷十

英國連提撰　英國　傅蘭雅　口譯
新陽　趙元益　筆述

測大地面之略法

第一百四十一款　一國一州地形遼闊必用三角法測其面而畫其圖見前第五款

測繪大地面之理與平常測繪一處之地面理雖無異而法則不同蓋地形愈大則測繪愈難所需測量之器亦必擇其精良而用之

第一百四十二款　凡測地一事不可有忽略之心因其

內有四件要事必明是四者方能成也

一用尺依測量之長數

二將所測各熱度之分寸以六十四度之熱為準而變化之

三將所測之地面與天際平行為準

四將所測之地面與海面平為準

第一百四十三款　如測地之時欲作三角形而無房屋高塔等以為三角形之頂則必另立高竿以為記號三角底線常為六里至七里之長三角兩腰則為十二里至十八里之長有時兩腰可加長其數至七十里或九十里之長如英國昔時所測愛爾蘭地面是也

凡三角形之長數分為三等第一等者其兩腰為數十里之長第二等者由第一等分之其兩腰為十里至十五里之長第三等者由第二等分之其兩腰為五里至七里之長

第一百四十四款　欲測各三角形之角必用經緯儀測多次所得之角度而得其中數

所得之中數必有差其改變之法有三

一變為所站方位之心

二變為天際平行線此法為不用經緯儀而測者

三為經緯儀之下窺筒經緯儀有用上下兩窺筒者與指南針不同心之差但此數差之甚微測量家皆不論之

第一百四十五款　既改差數之後將三角形之頂一一推算之因所得各三角形皆為弧三角必將其底變為平面之數然推算之事不能便捷可將其弧三角用平三角法推算之或改去弧形之餘數以其弧之通弦代之　弧三角之三角必大於一百八十度所以從各角減去餘數三分之一而用所得之三角作一直線三角形其邊等於弧三角之邊

第一百四十六款　三角形各方位之高必揣其數

任一處離海面之高或用風雨表測之或測海面之斜度若已知一處之高則他處之高可推算而得卽測得高角之餘角與高下之相距也

所測各角度必有光差與弧差須改正之又必變之與各記號之平面相合

又法能測兩處高之相較數卽是同時測得兩點彼此相距天頂之數則不必論其光差

小三角形之各點祗測天頂之相距其餘之差可任意推算之

第一百四十七款　所測之三角形在地面之方位可測一處之經緯度又一邊之原角度其餘角點與線其經緯度與原角度亦必知地球略爲圓形之理而推算之

第一百四十八款　所測之地面爲極大者必設立一形（見前第一圖）以明其理法因所測之地不能從球面而畫其甚準之形必推算各數得地球切面之縱橫線

第一百四十九款　玆將其改各差數之法逐一言之底線之界限如第一百五十四圖甲乙丙等邊三角形爲所測之一角甲乙爲其底而以吧代之則甲與乙之

第一百五十四圖

光差度爲啲如此差在一方向丙則丙點之差爲丙丙之相距而以哦代之甲丙丙三角形丙丙與丙甲之比若丙甲丙角正弦與丙丙甲角正弦之比所以

$$\frac{吧}{哦}=\frac{正弦丙丙甲}{正弦啲}$$

但

丙丙甲＝一八〇度⊤（二丙⊥啲）

所以

正弦丙丙甲＝正弦（二丙⊥啲）＝正弦二丙

爲極近之略數因啲爲最小之數則

$$\frac{吧}{哦}=\frac{正弦二丙}{正弦啲}$$

又因丙等於六十度則 正弦二丙＝三 所以

$$\frac{吧}{哦}=二正弦啲$$

又

$$吧=\frac{二正弦啲}{哦}$$

若將此式之哦代其比例之同數（見前第九款）又以啲代其測量儀器之略數卽得底線之長

又以同法揣得已知之底線之長爲 $正弦啲=\frac{二吧}{哦}$ 可知測量儀器之有無差數

又如已知底線之長而有測量儀器之差數則用 哦＝二吧正弦啲 可知圖有幾分準數

第一百五十款　改其差數而得應立方位之心如第一

第一百五十五圖

百五十五圖測量之時或不能立於甲處而以其角爲心設立於辰點而測丙辰乙角代丙甲乙角則所測乙丙兩物之角必有差欲改其差數則求其丙甲乙角與丙辰乙角之相較其法如左.

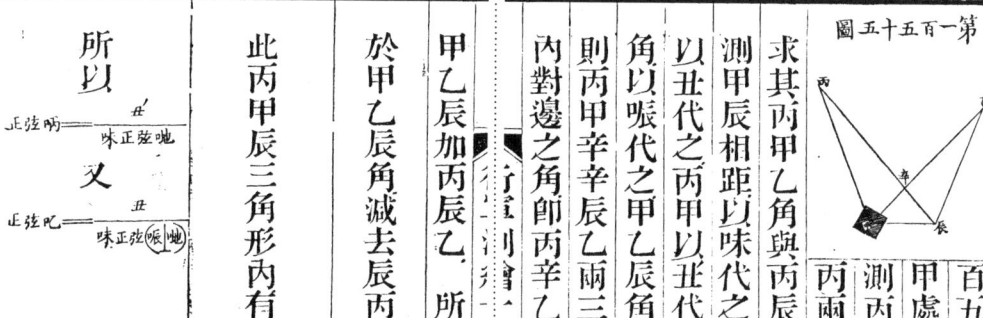

測甲辰相距以味代之又測丙辰甲角以哋代之甲乙以丑代之丙甲以丑'代之丙甲乙角以呷代之丙辰乙角以唇代之甲乙辰角以叱代之辰丙甲角以昞代之.則丙甲辛辛辰乙兩三角形之外角丙辛乙等於兩箇內對邊之角即丙辛乙等於辰丙甲加乙甲丙亦等於

甲乙辰加丙辰乙所以丙甲乙角減去丙辰乙角等於甲乙辰角減去辰丙甲角即 $呷-唇=叱-昞$ 爲第㊀式.

此丙甲辰三角形內有 $\frac{正弦哋}{正弦昞}=\frac{丑'}{味}$ 又乙甲辰三角形內 $\frac{正弦(唇-哋)}{正弦叱}=\frac{丑}{味}$

所以 $正弦昞=\frac{丑'}{味正弦哋}$ 又 $正弦叱=\frac{丑}{味正弦(唇-哋)}$

因丙與乙兩角甚小可用其正弦在第一式內代之即得

$呷-唇=正弦叱-正弦昞=\frac{丑}{味正弦(唇-哋)}-\frac{丑'}{味正弦哋}$

又如以秒數明之則

$呷-唇=\frac{正弦丄秒}{味}\left(\frac{丑}{正弦(唇-哋)}-\frac{丑'}{正弦哋}\right)$

其丑與丑'之兩數已從三角法而得之即唇哋味已測之甚準其角哋從左至右而得之必留意於唇加哋幷哋正弦之正負號因其差數或正或負不能定也.

第一百五十一款 所測角度欲改之而合於天際平行線如第一百五十六圖丁辰丙三角形從辰方位測丙丁兩物所得而其面爲斜面不合於天際平行線必將丁辰丙角化爲甲辰乙角.

第一百五十六圖

從辰點作垂線辰叺而以等半徑作叺甲叺乙兩弧.

所測之角度爲丁辰丙或測其邊甲乙.

先測其高之斜度乙辰丙以辛代之甲辰丁以辛代之.

將丁辰丙以唃代之甲辰乙以甲代之.

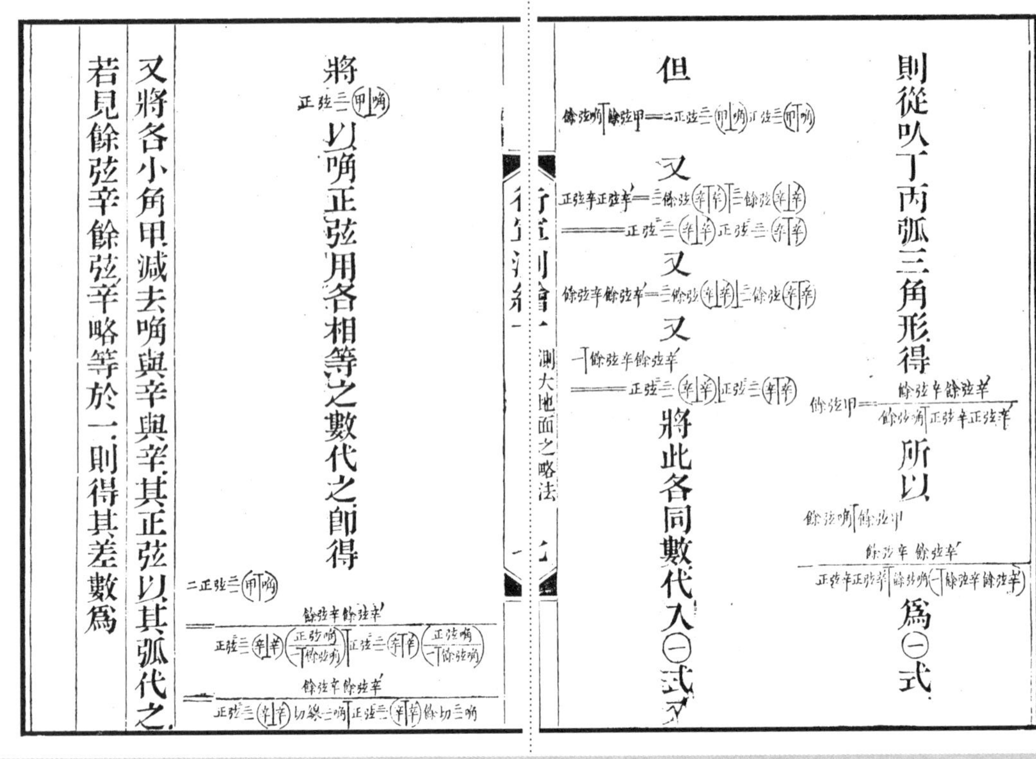

則從吠丁丙弧三角形得

餘弦甲＝（餘弦辛餘弦辛′）／（餘弦吠正弦辛正弦辛′）

所以

餘弦吠丅餘弦甲＝（餘弦辛餘弦辛′）／（正弦辛正弦辛′）丅（餘弦吠（一丅餘弦辛餘弦辛′））／（正弦辛正弦辛′）

爲㊀式

但

餘弦吠丅餘弦甲＝二正弦二三（甲丄吠）正弦二三（甲丅吠）

又

正弦辛正弦辛′＝三餘弦（辛丅辛′）丅三餘弦（辛丄辛′）

＝正弦二三（辛丄辛′）丅正弦二三（辛丅辛′）

又

餘弦辛餘弦辛′＝三餘弦（辛丄辛′）丄三餘弦（辛丅辛′）

又

一丅餘弦辛餘弦辛′

＝正弦二三（辛丄辛′）丄正弦二三（辛丅辛′）

將此各同數代入㊀式，又

將

正弦二三（甲丄吠）

以吠正弦用各相等之數代之，即得

二正弦二三（甲丅吠）

＝（餘弦辛餘弦辛′）／（正弦二三（辛丄辛′）（正弦吠／（一丅餘弦吠））丅正弦二三（辛丅辛′）（正弦吠／（一丅餘弦吠）））

＝（餘弦辛餘弦辛′）／（正弦二三（辛丄辛′）切線三吠丅正弦二三（辛丅辛′）餘切三吠）

又將各小角甲減去吠與辛與辛′，其正弦以其弧代之。

若見餘弦辛餘弦辛′略等於一，則得其差數爲

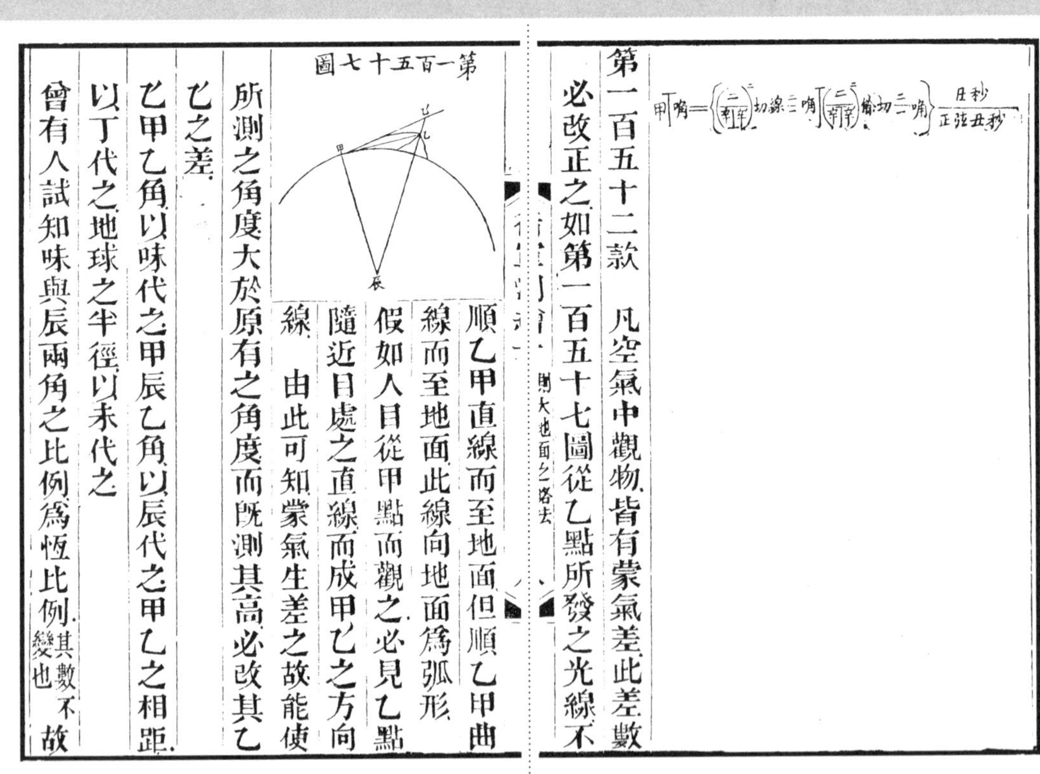

甲丅吠＝{（二／辛丄辛′）切線三吠丅（二／辛丅辛′）餘切三吠}　丑秒／正弦丑秒

第一百五十二款　凡空氣中觀物，皆有蒙氣差，此差數必改正之。如第一百五十七圖，從乙點所發之光線，不順乙甲直線而至地面，但順乙甲曲線而至地面，此線向地面爲弧形。假如人目從甲點而觀之，必見乙點隨近目處之直線而成甲乙′之方向線。由此可知蒙氣生差之故，能使所測之角度大於原有之角度，而既測其高，必改其乙′乙之差。

第一百五十七圖

乙′甲乙角以味代之，甲辰乙角以辰代之，甲乙之相距以丁代之，地球之半徑以未代之。

曾有人試知味與辰兩角之比例爲恆比例，其數不變故

將此比例以巳代之則 $\frac{辰}{味}=巳$ 又 $味=巳辰$

乙甲乙三角形之乙角略近於正角又 $\frac{乙}{乙}=\frac{甲}{乙}切線味=丁切線味$ 即 $=丁未$ 因味

角切線之角度甚小可以其弧代之

所以 $\frac{乙}{乙}=丁巳辰$ 爲㈠式

設甲乙辰三角形之甲角爲正角則 $\frac{甲}{乙}=\frac{甲}{辰}切線辰$ 而 $丁=未切線辰$ 又 $丁=未辰$ 因

辰之角度極小故也

若求辰之同數則 $辰=\frac{未}{丁}$ 以此代入㈠式中得 $\frac{乙}{乙}=\frac{未}{巳丁}$ 因巳

已知其數爲十二分之一

凡測物之高必將已知之高數減去其差數令 $\frac{乙}{乙}=\frac{一}{二}\frac{未}{丁}$

第一百五十三款 地球面弧形之差數如第一百五十

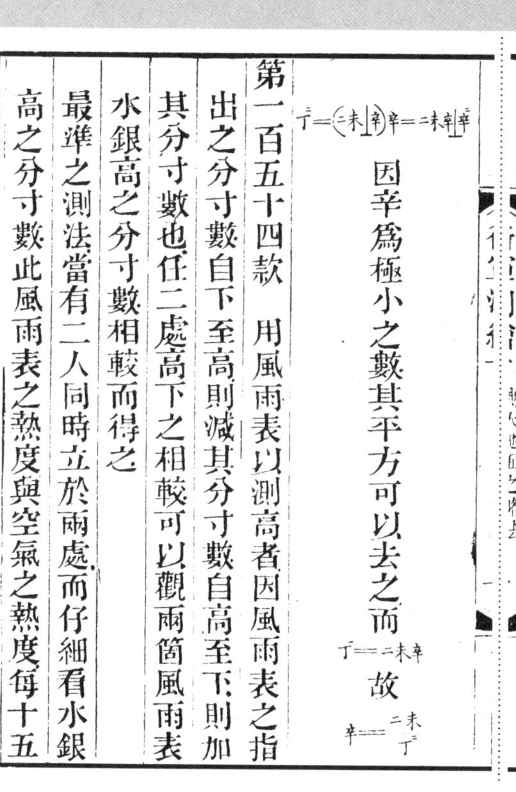

八圖乙爲所測之物甲爲人所立之方位

如欲求自甲至乙之平距必另設一平線甲丙爲人目所視之平面而甲丁爲其眞平面所以必求得乙丙而代乙丁爲所求高低之較數

求丙丁之差數則知丙甲爲甲點之天際平行線所以丙甲必於此處爲切線故 $\frac{甲}{丙}=\frac{丙}{寅}\times\frac{丙}{丁}$ 又將地球之半徑以未代之其差數以辛代之甲丙之相距以丁代之則得

$丁^二=(二未 \perp 辛)辛=二未辛 \perp 辛^二$

因辛爲極小之數其平方可以去之而 $丁^二=二未辛$ 故 $辛=\frac{丁^二}{二未}$

第一百五十四款 用風雨表以測高者因風雨表之指出之分寸數自下至高則減其分寸數自高至下則加其分寸數也任二處高下之相較可以觀兩箇風雨表水銀高之分寸數相較而得之

最準之測法當有二人同時立於兩處而仔細看水銀高之分寸數此風雨表之熱度與空氣之熱度每十五

分時看一次過一時後將所看得之各數而用算式得其高下之較數　下算式從卑利智天文書中錄出

測時祇有一人必先於一處測之數次而再至一處測之但此兩處所測之時必須天時之寒暖略同也

天＝（甲）×（乙）×（丙）

甲＝六〇三四五五一｛一丄〇〇一一一一一一一（酉丄酉丅六四）｝

乙＝對$\left[\frac{亢}{亢}\times\frac{一丄〇〇〇一（人丅人）}{一}\right]$

丙＝一丄〇〇二六九五餘弦二虛

以天爲高下相較之尺數酉爲空氣之熱度人爲水銀之熱度亢爲水銀高之分寸數以上爲低處所得之數酉人亢爲高處相配之數虛爲本處之緯度

昔時有人用此式造表茲從革廉司測地畫圖之書錄出以備檢閱

此表爲西士厚立德用卑利智之算式所造

申	甲	丑（本處緯度）	丙（本處緯度）
一四五	四八一八〇七一四	〇	〇〇〇一一六八九
一四六	四八一八五一四〇	三	〇〇〇一一六二四
一四七	四八一八九五五九	六	〇〇〇一一四三三
一四八	四八一九三九七五	九	〇〇〇一一一一七
一四九	四八一九八三八七	一二	〇〇〇一〇六七九
一五〇	四八二〇二七九四	一五	〇〇〇一〇一二四
一五一	四八二〇七一九六	一八	〇〇〇〇九四五九
一五二	四八二一一五九四	二一	〇〇〇〇八六八九
一五三	四八二一五九八八	二四	〇〇〇〇七八二五
一五四	四八二二〇三七七	二七	〇〇〇〇六八七四
一五五	四八二二四七六一	三〇	〇〇〇〇五八四八
一五六	四八二二九一四一	三三	〇〇〇〇四七五八
一五七	四八二三三五一七	三六	〇〇〇〇三六一五
一五八	四八二三七八八八	三九	〇〇〇〇二四三三
一五九	四八二四二二五六	四二	〇〇〇〇一二二三
一六〇	四八二四六六一八	四五	〇〇〇〇〇〇〇〇
一六一	四八二五〇九七六	四八	九九九九八七七五
一六二	四八二五五三三一	四九	九九九九八三七二
一六三	四八二五九六八〇	五〇	九九九九七九六七
一六四	四八二六四〇二四	五一	九九九九七五六六
一六五	四八二六八三六五	五二	九九九九七一六七
一六六	四八二七二七〇一	五三	九九九九六七七二
一六七	四八二七七〇三四	五四	九九九九六三八一
一六八	四八二八一三六二	五五	九九九九五九九五
一六九	四八二八五六八五	五六	九九九九五六一三
一七〇	四八二九〇〇〇五	五七	九九九九五二三七
一七一	四八二九四三一九	五八	九九九九四八六六
一七二	四八二九八六二九	五九	九九九九四五〇二
一七三	四八三〇二九三七	六〇	九九九九四一四四
一七四	四八三〇七二三八	六三	九九九九三一一五
一七五	四八三一一五三六	六六	九九九九二一六一
一七六	四八三一五八三〇	六九	九九九九一二九三
一七七	四八三二〇一一九	七五	九九九八九八五二
一七八	四八三二四〇〇四	八一	九九九八八八五四
一七九	四八三二八六八六		

不相連寒暑表

申	甲	申	甲	申	甲
四〇	四七六八九〇六七	七五	四七八五九二〇八	一一〇	四八〇二二九三六
四一	四七六九四〇二一	七六	四七八六三九七三	一一一	四八〇二七五二五
四二	四七六九八九七一	七七	四七八六八七三三	一一二	四八〇三二一〇九
四三	四七七〇三九一一	七八	四七八七三四八七	一一三	四八〇三六六八七
四四	四七七〇八八五一	七九	四七八七八二三六	一一四	四八〇四一二六一
四五	四七七一三七八五	八〇	四七八八二九七九	一一五	四八〇四五八三〇
四六	四七七一八七一一	八一	四七八八七七一九	一一六	四八〇五〇三九五
四七	四七七二三六三三	八二	四七八九二四五一	一一七	四八〇五四九五三
四八	四七七二八五四八	八三	四七八九七一八〇	一一八	四八〇五九五〇九
四九	四七七三三四五七	八四	四七九〇一九〇三	一一九	四八〇六四〇五八
五〇	四七七三八三六三	八五	四七九〇六六二一	一二〇	四八〇六八六〇四
五一	四七七四三二六一	八六	四七九一一三三五	一二一	四八〇七三一四四
五二	四七七四八一五三	八七	四七九一六〇四二	一二二	四八〇七七六八〇
五三	四七七五三〇四二	八八	四七九二〇七四五	一二三	四八〇八二二一一
五四	四七七五七九二五	八九	四七九二五四四一	一二四	四八〇八六七三七
五五	四七七六二八〇二	九〇	四七九三〇一三五	一二五	四八〇九一二五八
五六	四七七六七六七四	九一	四七九三四八二二	一二六	四八〇九五七七六
五七	四七七七二五四〇	九二	四七九三九五〇四	一二七	四八一〇〇二八七
五八	四七七七七四〇〇	九三	四七九四四一八二	一二八	四八一〇四七九五
五九	四七七八二二五六	九四	四七九四八八五四	一二九	四八一〇九二九八
六〇	四七七八七一〇五	九五	四七九五三五二二	一三〇	四八一一三七九六
六一	四七七九一九四九	九六	四七九五八一八四	一三一	四八一一八二九〇
六二	四七七九六七八七	九七	四七九六二八四一	一三二	四八一二二七七八
六三	四七八〇一六二〇	九八	四七九六七四九三	一三三	四八一二七二六三
六四	四七八〇六四四五	九九	四七九七二一四〇	一三四	四八一三一七四二
六五	四七八一一二七二	一〇〇	四七九七六七八二	一三五	四八一三六二一六
六六	四七八一六〇八九	一〇一	四七九八一四二〇	一三六	四八一四〇六八八
六七	四七八二〇九〇二	一〇二	四七九八六〇五二	一三七	四八一四五一五三
六八	四七八二五七〇九	一〇三	四七九九〇六八〇	一三八	四八一四九六一四
六九	四七八三〇五一〇	一〇四	四七九九五三〇三	一三九	四八一五四〇七〇
七〇	四七八三五三〇六	一〇五	四七九九九九二〇	一四〇	四八一五八五二三
七一	四七八四〇〇九八	一〇六	四八〇〇四五三三	一四一	四八一六二九七〇
七二	四七八四四八八三	一〇七	四八〇〇九一四二	一四二	四八一六七四一三
七三	四七八四九六六四	一〇八	四八〇一三七四四	一四三	四八一七一八五三
七四	四七八五四四三八	一〇九	四八〇一八三四三	一四四	四八一七六二八五

相連寒暑表

丁	乙（低處熱度之更大數）	乙（低處熱度之更小數）
〇	〇〇〇〇〇〇〇〇	〇〇〇〇〇〇〇〇
一	〇〇〇〇〇四三四	九九九九九五六六
二	〇〇〇〇〇八六九	九九九九九一三一
三	〇〇〇〇一三〇三	九九九九八六九七
四	〇〇〇〇一七三七	九九九九八二六二
五	〇〇〇〇二一七一	九九九九七八二八
六	〇〇〇〇二六〇五	九九九九七三九三
七	〇〇〇〇三〇三九	九九九九六九五九
八	〇〇〇〇三四七三	九九九九六五二四
九	〇〇〇〇三九〇七	九九九九六〇九〇
一〇	〇〇〇〇四三四一	九九九九五六五五
一一	〇〇〇〇四七七五	九九九九五二二〇
一二	〇〇〇〇五二〇八	九九九九四七八五
一三	〇〇〇〇五六四二	九九九九四三五〇
一四	〇〇〇〇六〇七六	九九九九三九一六
一五	〇〇〇〇六五一〇	九九九九三四八一
一六	〇〇〇〇六九四三	九九九九三〇四六
一七	〇〇〇〇七三七七	九九九九二六一一
一八	〇〇〇〇七八一〇	九九九九二一七六
一九	〇〇〇〇八二四四	九九九九一七四一
二〇	〇〇〇〇八六七七	九九九九一三〇五
二一	〇〇〇〇九一一一	九九九九〇八七〇
二二	〇〇〇〇九五四四	九九九九〇四三五
二三	〇〇〇〇九九七七	九九九九〇〇〇〇
二四	〇〇〇一〇四一一	九九九八九五六四
二五	〇〇〇一〇八四四	九九九八九一二九
二六	〇〇〇一一二七七	九九九八八六九四
二七	〇〇〇一一七一〇	九九九八八二五八
二八	〇〇〇一二一四三	九九九八七八二三
二九	〇〇〇一二五七六	九九九八七三八七
三〇	〇〇〇一三〇〇九	九九九八六九五二
三一	〇〇〇一三四四二	九九九八六五一六

第一行之對數從甲行而得觀甲行相配之數申即（酉丄酉）

末行之對數從丙行而得又必知丑行相配數而得之

中行任數之對數從乙行而得之

$$\frac{一丄〇〇〇一（人丅人）}{一}$$

法將其較數人丅人從丁行而出其乙行左邊之數爲低處熱度大於高處右邊之數爲低處熱度小於高處　如令寅爲中行即得

寅＝對亢丅（對亢×乙）

而其全相較數爲

對天＝甲丄丙丄對寅

勤慢所作地面斜度能行何武事表

	五度	十度	十五度
步兵	能排列而行如下行衝敵放槍最為猛厲	能排列而行若排列甚密則其行稍難	排列而行不能甚速且向上之槍無力
馬兵	能排列而行但向上行則稍難	下山祇能平步上山尚可衝敵	上山可跑花蹄下山祇能平步
礮兵	下山放礮更能得力	行衝最難不能常放礮且不能得力	行衝最難概不能放礮

	二十度	二十五度	三十度
步兵	不能排列而行必成魚貫可以放槍	輕身之兵亦可成魚貫而放槍	追兵及螺絲槍兵可成魚貫而放槍
馬兵	上山可徐行下山必亂步而斜行	輕身者可散列斜行上下非易事也	身極輕者可散列斜行上下但必為軟土方宜

三十五度	四十度	四十五度
追兵及螺絲槍兵能散列上山然亦甚難行走	追兵及螺絲槍兵不帶物件者可用手爬上山也	慣上山之兵亦能用手爬上然墜下亦甚易也

英國講武書院所定繪圖線法之比例表

線之粗數	每寸線數	斜度
一/五〇寸	三二	三五
一/七〇寸	三二	二五
一/九〇寸	三〇	二〇
一/一二〇寸	二八	一五
一/一五〇寸	二四	一〇
一/二二〇寸	一八	五
一/三〇〇寸	一四	三
一/四〇〇寸	一二	二

從三十五度至四十五度之線依繪圖人之本領而加其線之粗

英國講武書院所設繪圖線法之章程

一凡用墨筆或鉛筆必依上比例表作線依平剖面之界限之公相距為二十五尺或為其甚便之倍數凡大於四十五度之斜面必明顯其不能行過之處四十五度與三十五度之間必用更粗之線補滿之如斯各德所設之比例以三十五度為止

二墨筆或鉛筆之線必依繪圖平法而作之

三所畫之各線祇與地面斜度有相關而與離海面之高無涉且不可用斜光之法以顯山之高低

四凡平剖面線必以所定各顏色之線明之如不作有色之線則以虛線明之必再書其高數指出之此高數即與所定平面高數之相較數即如與圖上最低處相距或高一百尺或高五百尺或高一千尺是也

五圖邊必先明各平剖面之立距又必明所定之準高數與圖內最低處相距若干高

六凡地面緊要之各物必用別種顏色之字不可墨書求明顯也又必記其高之次第以最高者為第一等

七設遇地面有異形而觀圖者不能明其斜面方向必作小箭形指出其斜面向下之方位

八凡圖必有比例線指明以若干寸代一里此比例線必再分之每分為英國碼甚便之倍數

一千八百六十七年西二月二十三日英國管理教習武事將軍那比兒批准

行軍測繪一　測大地面之略法　三六

陽湖趙　宏繪圖
桐鄉沈善蒸校字

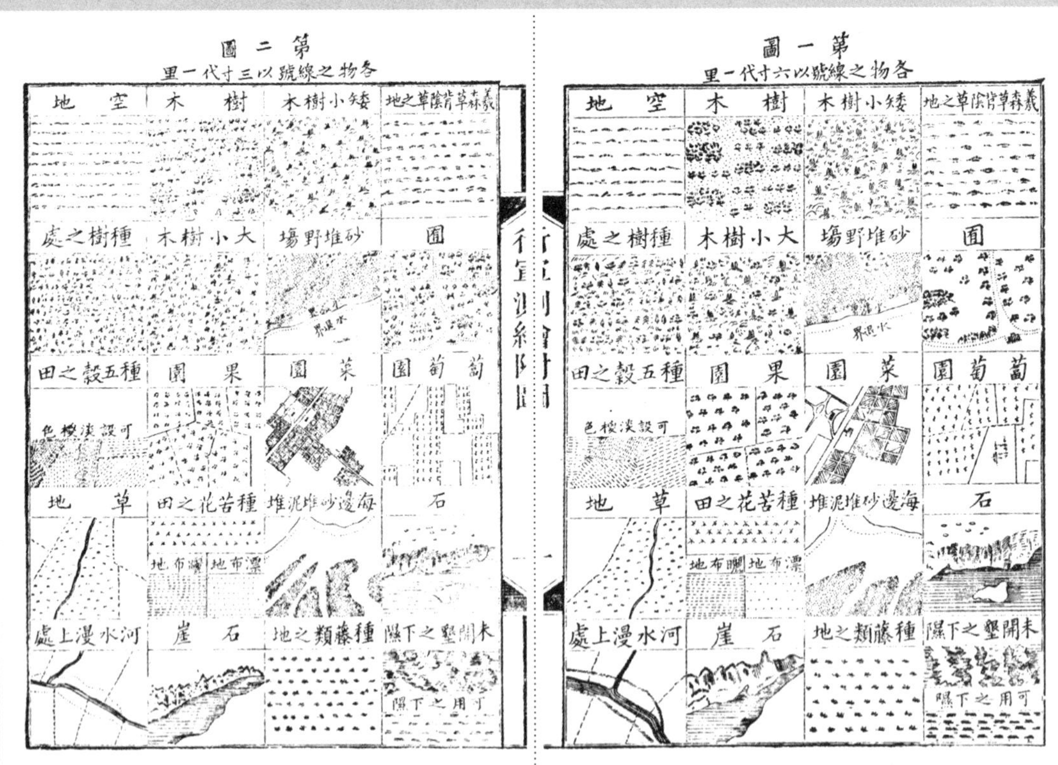

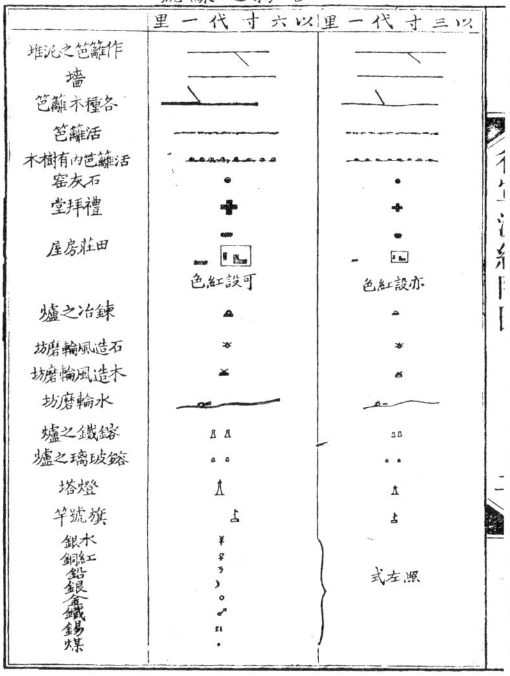

第三圖

地面各處之線號

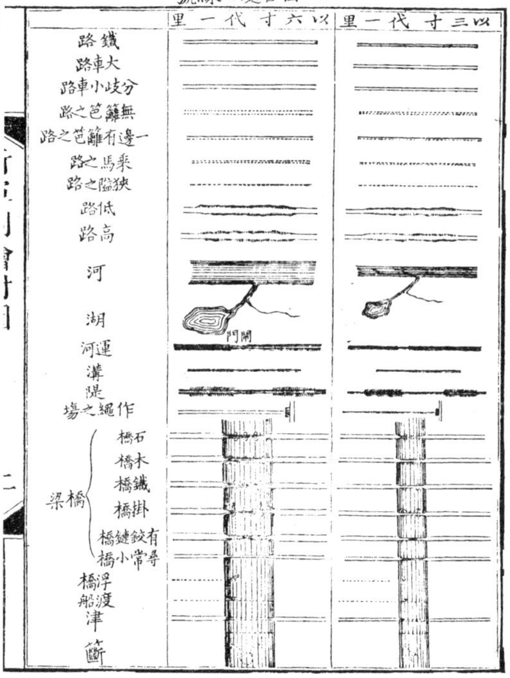

	以六寸代一里	以三寸代一里
鐵路		
大車路		
分岐小車路		
無籬笆之路		
一邊有籬笆之路		
乘馬之路		
狹隘之路		
低路		
高路		
河		
湖	閘門	
運河		
溝		
隄		
作繩之場		
橋梁　石橋		
木橋		
鐵橋		
掛橋		
有鉸鏈橋		
尋常小橋		
浮橋		
渡船		
津		
斷		

第四圖

各物之線號

	以六寸代一里	以三寸代一里
作籬笆之泥堆		
墻		
各種木籬笆		
活籬笆		
活籬笆內有樹木		
石灰窑		
禮拜堂		
田莊房屋	可設紅色	亦設紅色
煉冶之爐		
石造風輪磨坊		
木造風輪磨坊		
水輪磨坊		
鎔鐵之爐		
鎔玻璃之爐		
燈塔		
旗號竿		
水銀		照左式
紅銅		
鉛		
銀		
金		
鐵		
錫		
煤		

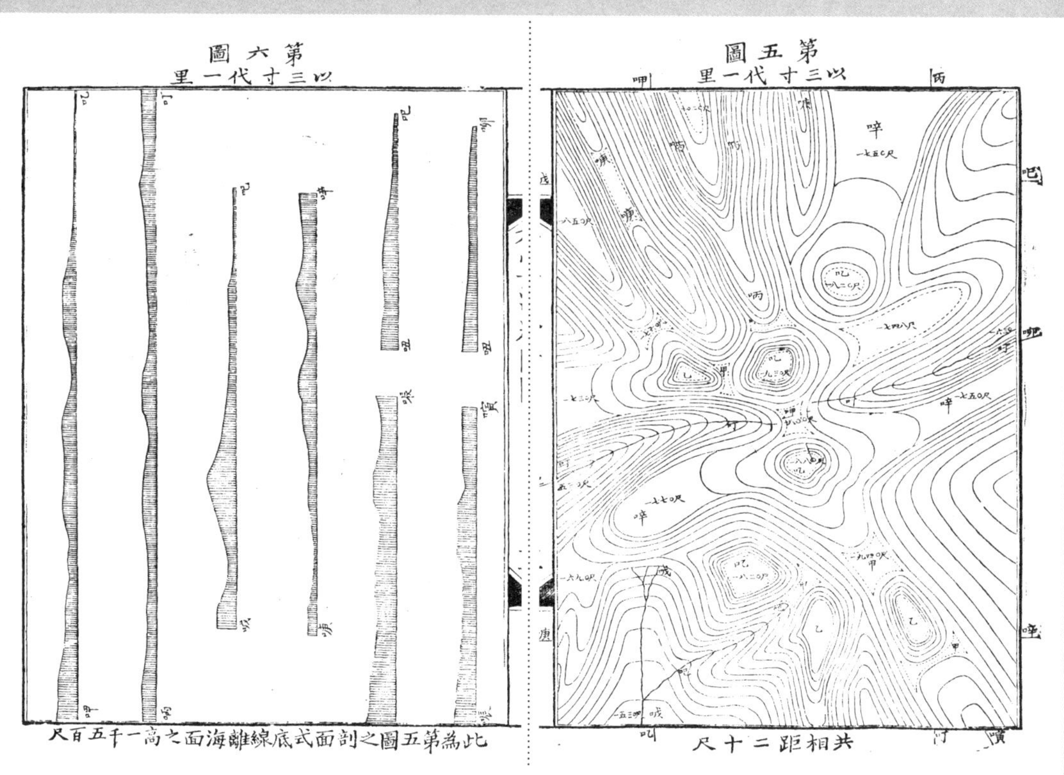

第六圖　以三寸代一里

此為第五圖之剖面式底線離海面之高一千五百尺

第五圖　以三寸代一里

共相距二十尺

江南製造局科技譯著集成

地學測繪氣象航海卷

第壹分册

繪地法原

《繪地法原》提要

《繪地法原》一卷，未署著者名，美國金楷理（Carl Traugott Kreyer, 1839–1914）口譯，懷遠王德均筆述，光緒元年（1875 年）刊行。底本爲英國胡斯（William Hughes）之《A Manual of Mathematical Geography》。

此書共十二章，附表五種，附圖五幅，先論考求朔望交食、測定經緯，後論繪圖諸法。

此書內容如下：

第一章　論諸曜運行及地球形體
第二章　論本軸旋轉及縱橫諸綫
第三章　論地循黃道分四季五帶
第四章　論月繞地球及朔望交食
第五章　測定本處經緯
第六章　考定地體扁圜
第七章　論製造地球法
第八章　論平面圜圖式
第九章　論繪平面圜圖法
第十章　論繪各洲各國分圖法
第十一章　論繪圜柱形全圖法
第十二章　畫圖餘論
附表
附圖

繪地法原

英國　原書

美國　金楷理　口譯
懷遠　王德均　筆述

第一章論諸曜運行及地球形體

地學與算學相通其理昭然易于推測欲知全地之形者先明為行星之類欲知地面之方位者先明其天空之經緯至於水陸之形勢氣化之流行須推以格致之事人民之情狀物產之異同須考諸記載之書故地理之學實廣大精深包舉而靡遺焉一

地為球體繫於天空為諸行星之一近世論之詳矣諸行星莫不繞日而行地球亦然日有光而行星無光地球每歲繞日一周每日又自轉一周因其自轉時與日有向背之不同於是晝夜分為地球南北點正對天空南北二極其中腰大圈亦與天空赤道相應人在北極處見諸曜每日繞北極一周及向南行見北極漸低行至赤道見北極與地平合而諸曜東出西沒復向南行見北極入地諸曜每日繞南極一周故天空南北二極為地軸定點二

天空諸曜惟恒星亘古不移目力能見者數約三千窺以遠鏡則繁莫可紀恒星可分為六等一等最大光甚顯明六等最小晴爽無月時則目能見之散布天空疏密不一如在赤道北二十八度以上不見近南極之十字架及南行抵赤道見十字架出地二十八度及行至赤道南六十度處見十字架已當天頂於是可悟地體渾圓之理學者胸中先虛擬其象則天地之圓轉瞭然易明矣三

恒星而外有行星如今夕見某行星近於某恒星閱數日則見移至他處因其周繞太陽居無定位故曰行星四

行星最大者為五緯曰水曰金曰火曰木曰土自古已有定名近年新測而知為行星者如天王海王與地球其外甚小之行星目力所不能見者尚有八十餘各行星周繞太陽之軌道為橢圓形其體積大小并距日遠近與繞日速率亦各不同依距日遠近以定次序則水最近金次之次地次火次木次土天王海王又次之前四行星目能見之光與大恒星等惟金火木土較大水恒近日陽光爍目不能顯見天王之光明目者僅能見之至海王以及其餘小行星非大力遠鏡不能見也小行星多聚於火木之間又數行星上兼有小月繞之如月之周繞地球然詳于後表五

地球既周繞太陽而月又周繞地球每二十七日七小時四十三分而繞地一周且地球既繞日而在地球上視之如日繞地球每三百六十五日六小時九分而繞地一周

行星之外又有彗星數等移行最速偶見之後久不復見近時推得彗星所行軌道爲極長橢圓形推步家已有定率其應伏應見之期可預知之七

玆於天空各曜內專以地體言之欲知地理先知地之形體及縱橫各線大小各圈凡人在地面視之幾謂地爲平面天爲盂形覆于地上而不覺地爲圓體也及向南行則見北天各曜漸低南天各曜漸高向北行則反是東地之日出早於西地之日出航海者自東而西或自西而東可繞行一周而仍至本處是知自北而南自東而西皆循弧綫而行則地體之爲圓球無疑曾測得地球徑爲七千九百一十六英里周爲二萬四千八百七十英里八

地爲圓球已無疑義而初學者見地多高山凸出恒謂地非渾圓然山之最高者不過二萬九千尺其與地之全徑相較亦甚微矣假如作十八寸徑之球其最高之山僅高于球面八十分寸之一耳九

第二章論本軸旋轉及縱橫諸綫

天空各曜自東而西本有兩說一謂天空各曜周繞地球而地不動一謂天空各曜不動而地球自西而東周繞本軸然考各曜不相連屬且距地有遠近體質有大小必不能不先不後恰合二十四小時繞地一周所以地球自繞本軸之說爲確有可信葢地球恒以平速轉動凡地面各物俱附之而行故人在地面不覺地球自轉地既爲圓球則可縱橫各分三百六十爲經緯度綫俾與天空之經緯度相應玆先譯論各綫如左十

第一圖

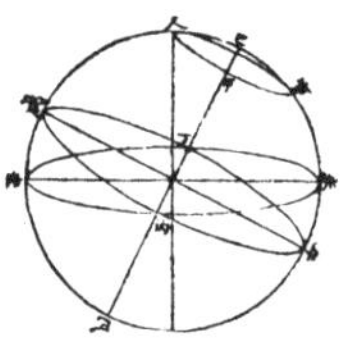

地球自轉不動之綫自北至南直貫球體如第一圖巳巳爲軸綫又名地軸又名地球本軸十一

地球軸綫之兩端與地面相交之點爲兩極如第一圖巳爲北極巳爲南極十二

地球中膂距二極適中處作一周如第一圖戊丙午丁分爲南北兩半球即赤道大圈大圈之剖面與地球軸綫成直角亦若天空有赤道大圈與地之大圈相應凡在地球圓面作圈其徑線過地心者爲大圈又名大周不過地心者爲小圈又曰小周十三

第一圖巳戊巳午爲過兩極經圈若展大經圈之面以應天空則爲天空經度大圈又名子午圈又可任分地球各點爲子午圈又名各經圈赤道各經圈相交成直角遂分爲四象限如第一圖戊巳巳午午巳巳戊十四

凡本處天空上面正中之點爲天頂自天頂作垂綫過本處又過地心再引長至本處下面正中之點爲天底距天頂天底適中處作一周爲地平圈十五

就本處地面之一點展作平面令與本處垂綫成直角其所成之平面爲視地平就地心之一點展作平面令與本處垂綫成直角其所成之平面爲實地平盖一以地面處作平面一以地心處作平面也十六

本處子午圈與地平圈交點處爲南北二點過天頂而與本處子午圈成直角者爲卯酉圈其與地平圈交點處爲東西二點既有子午復有卯酉遂分地平圈爲四象限十七

平分大圈爲三百六十度每象限爲九十度每度六十分每分六十秒省法以○・：代度分秒假如二六○一四・二六：卽知爲二十六度十四分二十六秒十八

本處距赤道北或赤道南若干度如第一圖戊人爲緯度凡緯度自赤道起至南北兩極各九十度其赤道南北與赤道平行之各小圈如第一圖人甲寅爲距等圈十九

各經線卽各處之子午綫亦卽各處之中線中線偏東或偏西若干度爲經度如第一圖巳戊巳爲中線丙點之經度如丙戊弧分地球爲東西兩半球每半球得經度一百八十度各國中綫不同如中國以京師觀象臺爲中綫英國以格令囘次天文臺爲中綫法國以巴黎斯爲中綫美國以華盛頓爲中綫昔西國以緋羅島爲中線便于剖分東西半球今航海者恒用格令囘次經度則巴黎斯偏東二度二十分二十四秒華盛頓爲偏西七十七度二分緋羅島爲偏西十七度四十分如某處在格令囘次西五度卽巴黎斯西七度二十分二十四秒亦卽緋羅島東十二度四十分又如某處在格令囘次東五度卽巴黎斯東二度三十九分三十六秒亦卽緋羅島東二十二度四十分二十

天文家名赤道南北之距等圈爲赤緯度過春分點之經圈爲中經度凡某曜距中經度偏西或偏東若干度爲本曜之赤經度二十一

自東西二點偏北或偏南爲地平卯酉經度自南北二點偏東或偏西爲地平經度凡大圈過本處天頂天底而不過南北二點者卽不與赤道成直角爲地平經圈某曜出地平之高度爲地平緯度又名高弧二十二

第二章論地循黃道分四季五帶

地面視太陽既如每年繞地一周而太陽每日午正之高弧又漸高或漸低故如太陽所行之大圈斜絡于赤道成

交角二十三度二十八分所行大圈為天空黃道地球亦有大圈與之相應如第一圖辛丙未丁二十三

黃道赤道相交之二點為晝夜平分點如第一圖丙為春分丁為秋分太陽距赤道南北最遠之二點為二至點如第一圖未為夏至辛為冬至自夏至點與赤道平行作小圈為夏至圈自冬至點與赤道平行作小圈為冬至圈二圈距赤道南北俱二十三度二十八分二十四

地面視太陽雖似周繞天空然日大於地百萬倍各行星無不周繞太陽非太陽繞地球實地球繞太陽也黃道非太陽之軌道乃地球之軌道也此軌道在金火星二道之間金水軌道在地球軌道之內為內行星餘為外行星地球與各行星繞太陽之道為橢圓形太陽不居中心恒在橢圓之帶徑心二十五

第二圖

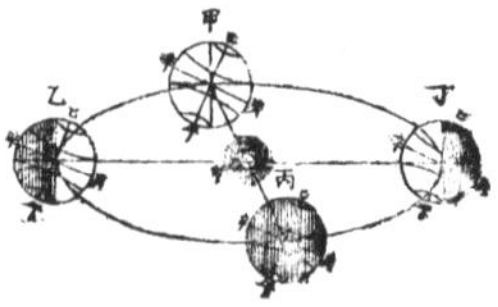

地軸在黃道內不論何處皆與天空之南北極綫平行因黃道與赤道交角二十三度二十八分故地軸與黃道面成交角六十六度三十二分因交角終歲不變遂成四季如第二圖申為太陽甲為春分點乙為夏至點丙為秋分點丁為冬至點巳午為地軸蓋地為球體日光祇照一半如春秋分地球在甲或在丙太陽正照戊己赤道與黃道辛庚交點以上故巳午二極為恰受日光之界而統地面晝夜平分如地球行至夏至點乙則北極以南二十三度二十八分太陽不入地平為永晝南極以北二十三度二十八分太陽常在地平下為永夜如地球行至冬至點丁則南極以北二十三度二十八分為永晝若于北極以南及南極以北二十三度二十八分處各作距等圈與赤道平行為北黃極圈南黃極圈亦名北寒帶南寒帶二十六

地球在乙點時愈近北極之地其晝愈長愈近南極之地其晝愈短地球在丁點時則反是各處熱度亦緣晝長晝短而異蓋太陽光線與各處地面所成之角愈近直角則受熱愈多其冬至圈以南夏至圈以北太陽光線與各處地面皆不能成直角故惟冬夏二至圈之間為熱帶夏至圈與北黃極圈之間太陽光線斜射愈近黃極圈光線愈斜為北溫帶冬至圈與南黃極圈之間亦然為南溫帶北黃極圈以北光線甚斜冬至不能見日為北寒帶南黃極圈以南光綫亦甚斜夏至不能見日為南寒帶二十七

地球各圈可以三式繪之一以子午圈為圓界令正東點或正西點合于地心如自正東或正西點參直處視之謂

之正式此式以地平圈赤道圈及各曜繞地之小圈俱平分爲兩其各曜在地平以上時與在地平以下時相同一以赤道爲圜界令北極或南極點合在地心如自北極或南極參直處視之謂之平式此式以各經綫平分爲兩如作北半球者全見赤道以北作南半球者全見赤道以南一以地平爲圜界令天頂合于地心如人在赤道之或南或北天頂參直處視之謂之斜式此式以赤道及本處子午圈俱平分爲兩各圈經緯相交之角俱成斜角能全見地平以上各曜所在二十八

第四章論月繞地球及朔望交食

月之繞地每二十七日七小時四十三分而行一周其所行之白道與黃道成交角五度八分四十八秒其相交二點爲上下交點自南而北過黃道爲上交點自北而南過黃道爲下交點古時稱爲正交中交二十九

月爲實體受日之光以返照于地球如第三圖戊爲地球㖕㖕等爲月在白道之各處申申各平行綫爲太陽光綫之方向因月距日極遠故光線可作平行論向日之一面常明背日之一面常暗合朔時月與太陽同度即不能見月因暗面向地也如第三圖㖕爲合朔時月所在復循行白道一象限明面在旁如㖕爲上弦時月所在及循行白道半周明面向地恰見光滿如寅爲望時月所在及循行白道三象限明面又在旁如寅爲下弦月所在復行一象限仍至㖕而又爲合朔自前望至後望爲二十九日十二小時四十四分其多於二十七日者因地球亦循黃道前行故月須多行數日始能追及太陽三十

第三圖

日月食之必在朔望者因月爲實體不能透光故月在日與地之間一綫參直月體掩蔽日光而爲日食及地在日

與月之間地入闇虛不見月光而爲月食故月食必在望日食必在朔設以白道黃道合成一圈即每月有日月食各一次今因黃白二道交角有五度奇故朔望日不恰值交點即不見食三十一

第四圖

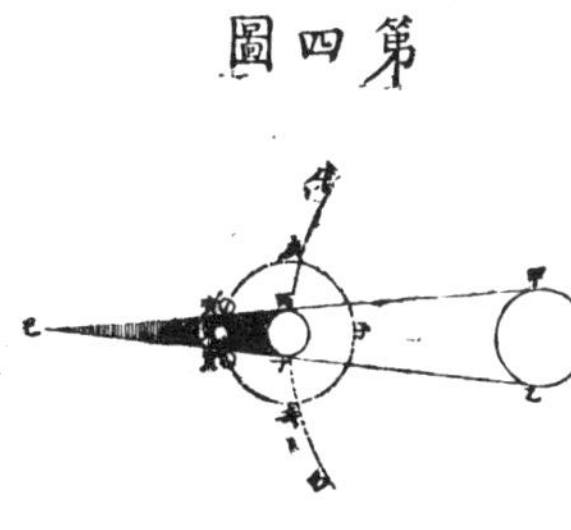

第四圖明月食之理戊庚辛巳爲黃道之一段庚寅辛子爲白道甲乙爲太陽丙丁爲地球若以甲丙兩點聯作直綫引長之又以丙丁兩點各作直線引長之相遇於巳成丙巳丁地影圜

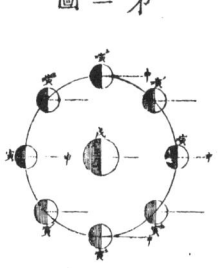

江南製造局

錐凡入此影內則不受日光如月至寅處恰值黃白交點則初入地影爲初虧及至寅處月體全入地影爲食旣又漸至寅處初離其影爲復圓若望日不值黃白交點則不食當月入地影時其距地影心有遠近之別故食旣時候久暫不等最久約兩小時三十二

第五圖明日食之理戊庚辛已爲黃道之一段庚子辛丁丙爲白道甲乙爲太陽丙丁爲月酉爲地球若以甲丙兩點及乙丁兩點各作直線引長之成酉丙丁月影圓錐至酉點合于地面人在此點以內不見日光爲食旣他處僅見食數分而已如圓錐影尖偏倚不能正對地面則不見食如圓錐影尖正對而不及于地則見月體掩日四周尙露光環爲金環食若合朔日月距交點稍遠則不皆見食又如月徑甚小于日圓錐影甚短則見食之時甚暫不能過乎七分五十八秒三十三

第五圖

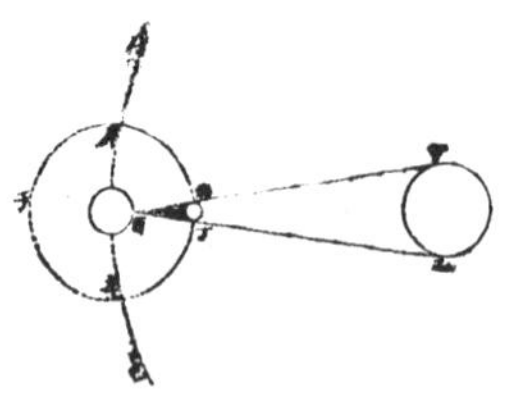

預推日月食時刻法頗繁瑣昔人推二百二十三月即十八年又十日日月至原交處之點相差無幾其所推應食時刻次序相去亦不遠有一年內七次入交者計日食五次月食二次大約每年常有二次日食而月食或有或無是日食應多于月食然日見食之次數究少于月見食之次數何也緣日食僅能見於一處月食則大地皆同惟所見時刻不一耳三十四

月距地最近故周繞天空屢掩各星又知木星旁有四小月偶爲木星所掩或入木星闇虛似地球上之月食此亦有關涉地理之處附詳于後三十五闇虛即圓錐影也

第五章測定本處經緯

必知某處之經緯若干而後可知在地球面之某處故地理與天文互相表裏凡欲定某處經緯應詳測天空各曜經緯具詳航海專書茲特撮其要旨三十六

一測本處午綫卽天正子午也凡天空各曜合午綫時高弧最大若某曜於一日內赤緯不變則其未及中線若干時與已過中綫若干時兩高弧相等如冬至夏至太陽赤緯變易甚緩其午前與午後之時同其高弧亦同設于是日植一直桿于地如第六圖甲乙午初量直桿影如乙丙以乙丙爲半徑直桿底爲中心展作平圓線如辛庚及太陽漸高桿影漸短及合午線時太陽在申

第六圖

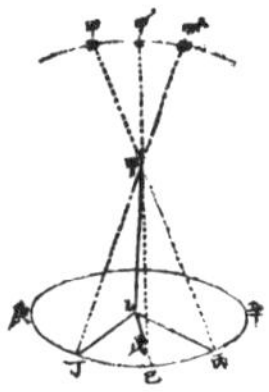

科技譯著集成

其影最短如乙戊為正午時刻過午線後影又漸長及太陽至申為未初與午初之影同長如乙丁次取丙丁弧之中點如巳與乙點聯作直線為午線之方向此為簡法若欲加詳須預推某恒星過午線時刻再用儀器將推定時刻詳細考測以正南北二點三十七

第七圖

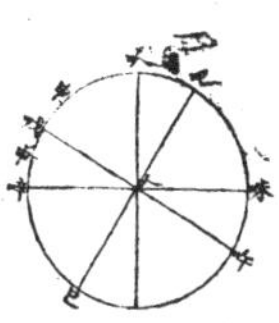

二測本處緯度如第七圖吧哦巳午為本處午綫吧巳為南北二極哦咋為赤道啐味為地平叺為測量處哦叺弧為本處緯度吧哦與叺味皆為一象限設以北極吧點移于叺點則哦點必合于辛點故吧叺弧必與戊辛弧等且哦叺弧必與吧味弧等即北極高度恒同于本處緯度三十八

天空之經緯大圈各與地面相應前已論之詳矣若以地球半徑與恒星距地相比則地為甚微無地半徑差可言直以地為天空之小點如第七圖吧哦巳咋為天空子午圈即為地球面叺處子午線又哦咋為天空赤道圈啐味為地平圈吧巳為經圈叺為地面人處之天頂人為測量處無地心地面之可分蓋前以圓界為地面以人為地心今以圓界為天空子午圈以人為地球可知天空之各弧無不與地面相應故地面所測之弧即為天空相應之弧

設勾陳大星正在天空北極處即可測其出地之高弧為本處緯度然勾陳大星非正在北極而距極一度二十四分咸豐二年恒星緯度故須設法測之以推本處緯度勾陳大星恒一晝夜兩次過午綫一次在極上一次在極下其極下過午線時高弧最小極上過午綫時高弧最大故可用象限紀限等器測其最大最小高弧度相加折半為北極高度與九十度相減為測量處餘緯度但所測高度尚有蒙氣差映卑為高再依立成表數減之始得實高度　如第七圖啐哦為叺處天頂距極度又名餘緯即本處緯度與九十度減餘之度亦即本處赤道高於地平之度若能推得此弧即能推本處緯度凡先知某曜在赤道南或北若干度是為赤緯俟其到午綫時測本曜高弧將赤緯北減南加之即得本處餘緯如申為太陽在赤道北人在赤道北測太陽高度為啐申以與哦申赤緯相減得啐哦為本處餘緯如申為太陽在赤道南以申哦赤緯弧與啐申高弧相加而得本處餘緯次以餘緯與九十度相減而得本處緯度各曜之南北赤緯具載航海通書檢用頗便惟所測高弧須減蒙氣差與地半徑差又名視差始得實高弧凡測日月及諸行星皆有視差惟恒星無之因地半徑與恒星

距地相比甚微可作無視差論惟在海面測量則又有目高差目愈高於海面視高度愈多於實高度故應以目高差與測得之高弧相減而得實高弧三十九

三測本處經度須先較正兩處經較經較者即以兩處時較之刻分化作度分也時較有數類如測得某恒星自本處午線起復至本處午線為恒星日計二十三小時五十六分四秒如太陽自本處午綫起復至本處午綫為太陽日又名眞太陽日較恒星日稍長如今日測太陽與某恒星同時到本處午線至次日某恒星到本處午線較早於太陽數分時此因太陽循行黃道每日地軸自轉一周太陽已東行一度許故太陽日長短不一或過於二十四小時或少於二十四小時如冬至日西十二月二十一日之太陽日約二十四小時又半分秋分前二日西九月二十一日之太陽日約二十三小時五十九分半因此法畸零不便入算故天算家以終歲之太陽日勻作二十四小時為平太陽日平太陽日與每日眞太陽日之較數為時差每日時差已算列航海通書依數加減即得眞太陽時眞太陽時或遲於平太陽時或早於平太陽時凡時辰表所行之時皆平太陽時日晷測得之時皆實太陽時故太陽中心合本處午綫時刻為眞午正時凡同經度之地同此午綫即同此眞午正時四十

太陽自東而西周繞地球各處俱以太陽到午綫時為午正如太陽到倫敦午綫時倫敦以東已為午後倫敦以西尚在午前凡歷二十四小時太陽歷過地球一周三百六十度是太陽每小時歷過十五度故倫敦午正時倫敦以東十五度處已為未初倫敦以西十五度處尚為午初及太陽至倫敦以西三十度則倫敦已為未正太陽至倫敦以西一百八十度則倫敦已為子正既得本處時較可與中線時刻相較而得經度如已知某處午後三小時為格令回次午正即知本處為格令回次偏東四十五度若本處午前九小時為格令回次午正即知本處為格令回次偏西四十五度凡時較二刻則經較為七度三十分每時較四分化作經較一度每時較一分化作經較十五分四十一

凡推本處經度者一應知本處平時一應知此時之中綫時凡本處眞時可測太陽而知之或測恒星過本處午線而知之已知本處眞時欲推本處平時則檢航海通書本日時差依數加減而得之若已知本處平時欲推本處眞時可用度時表之中綫時與本處時刻相比以時分變度分而得經較如有極精之度時表離格令回次而至巴黎

斯測得時刻遲於度時表九分二十一秒又十分之六以時化度卽知巴黎斯爲格令囘次偏東二度二十分二十四秒若早於度時表者爲偏西蓋表旣極準每日或加或減之速率常同則欲得某處經度不難矣四十二

若無精表或因天氣寒暖及他故而表之速率不同則用別法以推其時刻如預算某曜於何時恰過中線列入航海通書以爲準的後於某處測得此曜恰過午綫卽以本處時刻與通書內預算之時刻相比得時較化作度分爲經較四十三

設經較甚小可於已定經度之處發火標俾測量處能見之後以測量處之時與發標處之時刻相比而得時較近用電氣通標以定兩處時較尤爲便捷四十四

第六章考定地體扁圓

昔以地爲正圓今知地非正圓因地心攝力之故是以兩極處較赤道大圈稍褊四十五

凡懸空之體若近於地面而無阻滯必爲攝力引至地面推之天空中各體莫不交互相攝其各體攝力之大小若本體重積之比故輕體下墜之速率苟無空氣阻之則恒與重體下墜之速率相同可取玻璃器抽去器內空氣置一輕微之物與一重質之物令其同時下墜皆同時及底四十六

各物之引至地面與各行星之環繞太陽皆係攝力使然蓋攝力之大小若兩體相距平方之比例愈遠愈少天空中有質處固有攝力卽無質處亦有攝力一體之中各質點攝力之大小若各質點距心平方之反比例四十七

欲於地面偏量一周須先量準一度以與三百六十度相乘卽得地球全周之數凡周與半徑之比若三一四一六與一之比故知地球全周卽可知其半徑若量子午圈之一弧者須循正子午量之設有險阻不能徑直測量必用三角法推算苟地球爲正圓形則各段每度必無長短之殊布算甚易今細量之自赤道至北極各度不同故知地非正圓四十八

地面高下不一測量難以準確道光十五年英人在倫敦與堯克二城之間量得一弧嗣於美利加亦量得一弧後另立一法依地之高下算之尚無大差近來更立新法凡量地面一弧先量定底線後用三角形法測各處相距若干再量相距甚遠之處四十九

凡量地面之弧可算地球各段之長短各國算家已屢試多次而知距赤道愈遠者緯度愈闊其漸加分數具如下表五十

地名	緯度中界	一度之英里
秘魯	一° 三一' 〇''	六八七〇〇
印度	九° 三四' 四三''	六八七一八
印度	一二° 三二' 二一''	六八七三一
印度	一三° 〇二' 五四''	六八七三四
印度	一六° 三四' 四二''	六八七五五
印度	一八° 三四' 三四''	六八七七六
印度	二一° 三六' 三三''	六八八〇〇
法蘭西西班牙	四〇° 〇〇' 五二''	六八九八三
法蘭西西班牙	四二° 一七' 二一''	六九〇一〇
法蘭西	四四° 四一' 四八''	六九〇三九
法蘭西	四七° 三〇' 四六''	六九〇七三
法蘭西	四九° 五六' 二九''	六九一〇二
法蘭西英吉利	五一° 一五' 二四''	六九一一七
英吉利	五二° 二五' 一八''	六九一一九
日耳曼	五二° 三二' 一七''	六九一三二
英吉利	五三° 五〇' 三〇''	六九一三五
英吉利	五四° 〇〇' 五六''	六九一四九
俄羅斯	五七° 二六' 二六''	六九一八七
俄羅斯	五九° 一三' 五八''	六九二〇六
瑞典	六六° 二〇' 一二''	六九二七四

檢表而知子午圈非正圓可爲地體非正圓之證赤徑大極徑小略成橢圓形按幾何學推得橢圓北半徑長數即知各處地半徑長數則極徑約小於赤徑二百九十九分之一赤徑七千九百二十五英里又百分里之六十五極徑七千八百九十九英里又百分里之一十七較數二十六英里又百分里之四十八故地球赤道之全周爲二萬四千八百九十九英里五十一

舊時祗憑算例尚未詳測地面之弧巳有天算家推得兩徑大小不一法以地之離心力爲根每日二十三小時五十六分地球自轉一周在赤道處之各質點隨地轉行一小時行一千英里其赤道南北距赤道愈遠轉行之率愈緩故兩極處地質之離心力漸增入赤道處而成爲扁形曾依此法推得赤徑與極徑較數爲二百三十分之一其所算之數不合所量之數者因地面各質有疏密之異也五十二

又有一法可算赤徑與極徑不同以地心攝力爲根蓋地心攝力與離心力之向相反在赤道處離心力最大至極則漸小而無故可用鐘擺驗之鐘擺在赤道處每晝夜來往之數必少於巴黎斯來往之數距赤道北四十八度五十分如在赤道處每平太陽日鐘擺來往八萬六千四百次在倫敦則來往八萬六千五百三十五次因近赤道處攝力小於遠赤道處故擺之動率較緩且因近赤道處離心力大於遠赤道處故擺之墜時較遲五十三

第七章論製造地球法

不製地球無以知大洲之形勢各地方位及兩處相距之方向是製成球式爲表明地形之要法初學地理須置所製地球環轉熟玩則孰爲陸地孰爲海洋山島孰爲江湖皆可歷歷在目又能識別各國疆界及市場商埠與夫都邑村鎮犬牙相錯道里遠近恒風之順逆海流之來去及火山地震之處俱可口講指畫識其大略五十四

常式地球或木或紙而空其中外繪海岸陸地并經緯各圈雖地體兩極之徑稍扁然僅差三百分全徑之一數尺之球可以不計球而有赤道圈黃道圈黃極圈每十度作經緯圈或十五度作經緯圈經度皆以本國中線起初度向東西各一百八十度緯度自赤道起初度向南北各九十度五十五

球外製一大圈爲子午圈或銅或鈹爲之鑿兩圓孔以函球之南北極兩軸圜轉無閡大圈之面分四象限又分三百六十度以爲緯度則地球在大圈內旋轉一周可見各緯綫相交之點五十六

作大平圈爲球架分地球爲上下兩半即借此圈爲實地平圈欲知某處實地平圈可轉某處至中頂則某處之實地平即與大平圈相合圈周亦分三百六十度或自南點向東向西或自北點向東向西自初度至一百八十度或自東點向北向南或自西點向北向南各由初度至九十度而抵南北點既勻分度數又分三十二向又分十二宮又分每年月數及周歲日數令閱者知每月每日太陽躔某宮某度或分二十四向以定方位五十七

子午大圈上又設銅垂弧分九十度爲高弧尺兩極有小圓盤勻分二十四小時爲時盤架底有羅盤以定南北五十八

緯度以赤道爲大圈愈向南北則愈小各九十度至兩極而成一點經度俱成大圈愈向南北相距愈近至兩極處而作交點緯度各圈名距等圈各圈相距均勻愈近兩極則圈愈小圈雖有大小而每圈俱三百六十度與赤道相應經度各圈名曰經圈各圈與赤道相等俱三百六十度而與赤道及各距等圈相交成直角五十九

分羅盤爲三十二向各向相當之度詳於後表六十

度	分	
〇	〇	北
一一	一五	北偏東
二二	三〇	北東北
三三	四五	東北偏北
四五	〇	東北
五六	一五	東北偏東
六七	三〇	東東北
七八	四五	東偏北
九〇	〇	東
一〇一	一五	東偏南
一一二	三〇	東東南
一二三	四五	東南偏東
一三五	〇	東南
一四六	一五	東南偏南
一五七	三〇	南東南
一六八	四五	南偏東
一八〇	〇	南
一九一	一五	南偏西
二〇二	三〇	南西南
二一三	四五	西南偏南
二二五	〇	西南
二三六	一五	西南偏西
二四七	三〇	西西南
二五八	四五	西偏南
二七〇	〇	西
二八一	一五	西偏北
二九二	三〇	西西北
三〇三	四五	西北偏西
三一五	〇	西北
三二六	一五	西北偏西
三三七	三〇	北西北
三四八	四五	北偏西
三六〇	〇	北

地球之製簡明便捷初學者最爲適用茲試言其大略六十一

第一用法可定兩處相距若干里法用弧規展開兩尖量得相距數以弧規兩尖移量大圈得其度數每度化六十分爲英國海里或每度化六十九里一二爲英里設如英

國倫敦距美國紐堯克量得四十九度三十分以六十九又百分之十二相乘得兩處相距三千四百二十一英里或以高弧尺量其相距得數亦同若同經度之兩處欲求相距海里若干與緯度分數同只須移至子午綫上查之而以六十乘之若同緯度之兩處應依前法量算之欲更詳測分秒須用弧三角法算之六十二

如欲知兩處相距爲何方向應提動球上極點高出地平圈與本處極出地度相同然後將本處合子午大圈再移高弧尺與本處相合旋螺定之乃引高弧尺過又一處視其至地平圈處卽知其距南北點偏東或西若干度六十三

視兩極時盤可知兩處相距時較若干如求某國都城午正至倫敦午正相差若干時可轉地球某國都城切子午圈視時盤所切卽得相距若干時或先量得兩處徑較以度分化時亦得相距之數六十四

凡地球經度自赤道向兩極漸狹如欲推地面各處經度相距若干者則有比例式緯度相距若干與某處經度相距若干若全地半徑與某處緯度餘弦之比以第八圖明之呷爲極呷呐爲地半徑呷戊哦與呷乙吃爲兩子午圈之象限哦吘爲赤道乙戊爲距等圈之一弧若以哦呐兩點與吃呐兩點聯成直綫各爲赤道大圈之半徑戊丙與乙丙聯成直線與呷呐成直角各爲乙戊距等圈之半徑卽爲本緯度之餘弦依此比例哦吃弧與戊乙弧若哦呐與戊丙之比而哦呐卽半徑戊丙卽戊點或乙點緯度之餘弦故哦吃經度在赤道相距若干與戊乙經度在距等圈相距若干一若半徑與戊丙卽戊乙餘弦之比故赤道經度

第八圖

相距若干與某緯度處經度相距若干若半徑與某緯度餘弦之比第八圖內呐叮戊與呐哦吧爲同式三角形所以呐哦半徑與丙戊餘弦若呐吧正割與呐戊半徑之比而丙戊餘弦等於呐叮故緯度相距若干與經度相距若干若某緯度正割與赤道半徑之比依此算式檢八線表卽知某處經度應濶若干如在緯北五十度處問經度應濶若干檢對數表五十度餘弦爲九·八〇八〇七又檢六十對數爲一·七七八一五以半徑一〇·〇〇〇〇〇與九·八〇八〇七之比若一·七七八一五與一·五八六二二之比檢對數爲三十八分五七卽赤道以北五十度處每一經度之闊數依法布算列於第二表表內係海里數每六十海里爲赤道之一度六十五

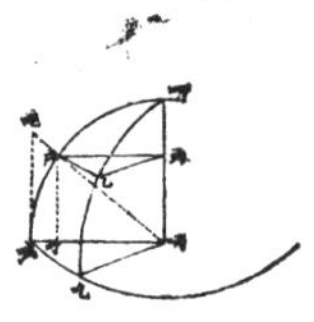

若不須詳算每度之濶則可用第八圖之法以規勻分哦

㖨為六十分設戊為赤緯若干度從戊平向呷㖨作橫綫如戊丙等於叮㖨為所求若干海里六十六

以上所說俱以地為正圓體蓋製數尺徑之球本無大差故不必計及其圓扁若作極大之地圖自應理會卷末第三表以每緯度濶若干海里表明兩徑之較最大為全徑三百零四分之一六十七

第八章論平面圓圖式

尋常所製地球攜帶不便須繪成平面庶易展觀渾面萬不能合於平面故所繪地形必有不合渾面之處且各圖有各種用處應思一法以適於用而其平面渾面之差又須最小其法甚夥各以人目所在為主分地球為兩半而繪成兩平圓面六十八

約舉之則有三式俱以人目與畫面相距為分率如畫半球則畫面圓界必為球之大圈第一式人目離球面無窮之遠即弦線法第二式人目切於球面即切線法第三式人目稍離球面今詳記各式如下六十九

第一式各綫入目俱為平行一若以半球仰置紙上自球面各點作垂綫移繪於紙其理有四一凡球上各綫或與畫面平行或與畫面斜交其平行者在畫面亦等長其斜交者在畫面則較短如第九圖呷吃平行綫畫於叮已吠之畫面與甲乙綫同長吃㖨斜交綫畫成乙丙短綫二凡全周或半周之弧綫與畫面成直角則作直綫等於徑綫如吠叮吧半周之綫作甲吠與半徑同此周上相等之

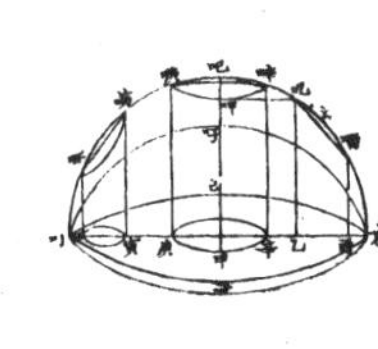
第九圖

弧畫時俱不能等如吃㖨弧等於㖨吠弧而作乙丙與丙吠三凡周面與畫面平行即作等大之圓周如嗔呷哰作為庚甲辛四凡周面與畫面斜交即作橢圓綫其長徑與大周同短徑為斜弦之底如吒嗔周作壬寅橢圓又有叮呼吠半周亦與畫面斜交作叮子吠橢圓之半七十

第二式人目切于球面即在畫面中心以上一半徑處其目離四周圓界各九十度二若其球透明中隔平圓玻璃而於球面穴孔窺之見其球內隔玻璃之象從人目至球內各象作綫透過平圓玻璃以為畫面其理有七一凡大周面過目點者作直綫如第十圖吠叮吃吧為大周叮嗔吧咖為畫面吠為目點則大周作叮吠吧直綫凡等大之弧畫面上不能等大如叮嗔弧嗔哰弧哰呷弧呷吃弧各相等而在畫面則不等又無論大圈小圈有一段過目點者必為直綫如吠庚嗔周之一段作寅庚卯直綫二凡圓周面與畫面平行仍為圓周因自吠點向呷吒呼各點聯

以直綫成爲圓錐則圓周必爲錐底而畫面與圓錐軸必成直角故畫面作甲壬子正圓而恒小于原形三凡圓周與畫面斜交則圖內亦非正圓如⿰口庚⿰口辛周作庚辛如第十一圖⿰口庚⿰口辛爲周之全徑割有⿰口戊⿰口庚⿰口辛斜圓錐形其底爲⿰口庚⿰口辛周今作⿰口庚吇與叮吧平行卽有⿰口戊叮⿰口庚並⿰口戊吧吇兩相等之弧又有⿰口戊⿰口辛⿰口庚角等于⿰口戊⿰口庚吇角因⿰口庚吇與叮吧平行故⿰口戊⿰口辛⿰口庚角又等於⿰口戊庚辛角惟斜圓錐之剖面與底面同式故圖內之形必與原形相似而以原形⿰口庚⿰口辛全徑爲圖內庚辛全徑七十一

庚辛既爲⿰口庚⿰口辛之圖則乙庚爲⿰口庚⿰口戊⿰口乙角之正切卽⿰口庚⿰口乙之半弧正切是⿰口庚⿰口乙爲⿰口庚⿰口辛周距⿰口乙極最遠之數又乙辛爲⿰口辛⿰口戊⿰口乙角之正切卽⿰口辛⿰口乙之半弧正切是⿰口辛⿰口乙爲⿰口庚⿰口辛周距⿰口乙極最近之數且⿰口庚⿰口辛直綫卽爲兩半弧正切之較四凡大周之弧過目點者作直綫等於半弧之正切如第十一圖⿰口辛⿰口乙弧作辛乙直綫辛乙爲辛⿰口戊乙角之正切卽

第十圖

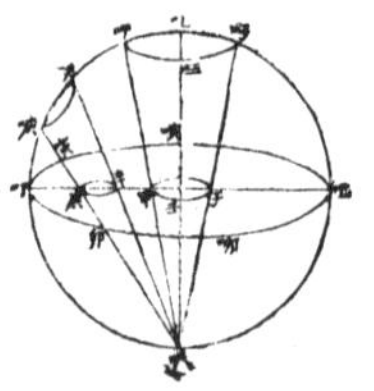

第十一圖

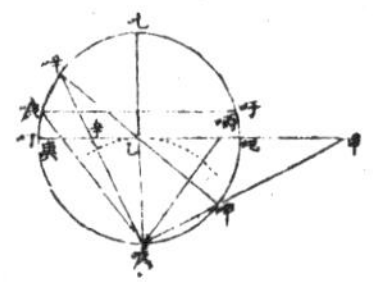

與⿰口辛⿰口戊⿰口乙角等又與⿰口辛乙⿰口乙之半角等五凡大周與畫面斜交者其大周之中心距畫面中心若干等于球面與畫面所成角之正切其半徑等于此角之正割如第十一圖⿰口辛呷爲叮吧畫面斜周之全徑球上⿰口辛呷卽圖中辛甲故以辛甲全徑折半于⿰口丙點卽以爲周之中心以⿰口丙⿰口戊爲周之半徑而⿰口丙⿰口戊乙角等於⿰口辛乙叮角卽斜周之角其⿰口丙乙卽斜周中心距畫面中心之數而⿰口丙乙爲此角之正切⿰口丙⿰口戊爲此角之正割辛乙爲辛點離畫面中心之數且乙辛爲⿰口辛⿰口戊⿰口乙角之正切卽⿰口辛⿰口乙之半弧正切是⿰口辛⿰口乙卽爲⿰口辛呷周距⿰口乙極最近之數又乙甲爲⿰口乙⿰口戊呷角之正切卽⿰口乙呷之半弧正切是呷⿰口乙卽爲⿰口辛呷周距⿰口乙極最遠之數所以各斜周全徑之兩端距畫面中心之左右等於斜周距極點最近最遠兩半弧之正切六凡小周與畫面成直角則圖內亦爲圓周其中心距畫面中心若干等於小周距極若干度之正割其圖內小周半徑等於距極之正切一若人目至周之各點成一斜圓錐而各直綫過畫面所成之角與錐底之斜角相等故圖內亦爲圓形如第十二圖叮吧爲畫面呷⿰口乙爲小周全徑甲乙爲圖中小周之全徑折半於⿰口丙

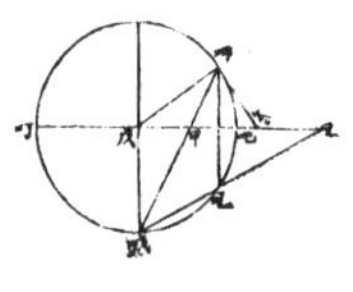

第十二圖

呐戊爲小周中心距畫面中心之數惟呐呷戊爲正角所以呐呷等於呐甲爲呷吧弧之正切即爲呷吃小周距吧極之數而呐戊爲此角之正割七凡兩周相交之角在畫面與實角相等七十二

觀上文之理知弧相等者在圖中則不等然圖內各處形式俱不甚變惟中心之形最小而近邊處漸大耳七十三

以上兩式凡球上相等之弧與畫面成直角成不等之弧且第一式近圓邊漸窄而第二式近中心漸窄其增減適相反故別用第三法以消息之令人目既不在無窮之遠亦不貼在球面以稍免其增減之差七十四

第三式人目在畫面中心垂綫以上距畫面一半徑又加四十五度之正弦一若人目離開透明球體望至對面半球自人目各聯直綫穿過畫面以成圖上之象凡畫面成直角之周亦爲直綫與上二式同惟等大之弧在圖中雖非等大而不似上二式相差之多如第十三圖吃呷全徑引長至戍作呷戍綫等於甲戊即四十五度之正弦次以對面之半球吃吧吃可分爲等大之弧如吃呐呐噢噢啐等次自戍至各分點作直綫則可吧畫面所分各綫大小所差不遠若畫小圖不見其差其與畫面平行之周圖內亦作圓周其餘各周俱作橢圓形因自目點作直綫即成

第十三圖

斜圓錐畫面所割不與錐底平行故俱爲橢圓綫然其大小徑不甚懸殊故作小圖者竟可作平圖畫之雖與眞形不等而所差無多其兩周相交之角圖內不能等大

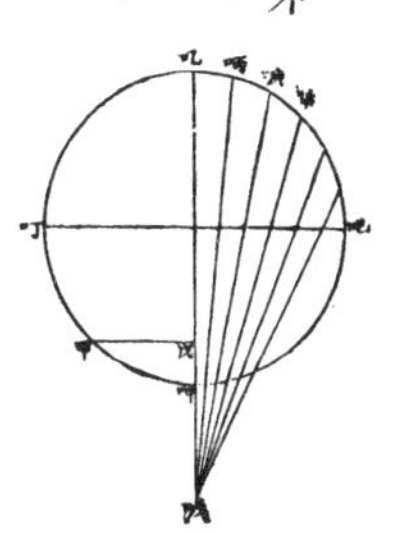

觀上文之理而知此法等大之弧在圖中不甚相差故可名爲等距畫法其球上直角在圖中愈近邊則愈不成直角故大小不甚差而形象之所差甚大更不及第一第二式之可得其形似且畫時亦不省便故用此法者甚少七十五

以上三式用法不同或以子午綫爲周而分東西半球或以赤道爲周而繪黃道經緯七十六

又有中心畫式以人目在球中心視之上三式人目在球面之外則畫面即爲大周此式人目在中心則畫面切於球外畫天圖者恒用之一若以玻璃空球置立方形之內方形之六面緊切球外即爲畫面人目在球中心透過球面望之以球面各象作直綫而至方面而成畫面各象以全球分爲六分每分畫一方面此法各大周作直綫各小周與畫面平行或斜交者其形不同平行者爲相似之形斜

交者爲橢圓或拋物或雙曲等綫按小周離畫面中心不同或與畫面所成斜角不同而異

中心畫式之便于繪天者因每兩星在畫面相離綫爲最短之綫數星參直者畫中亦參直此圖每分爲天球六分之一所以相近之星大約可列于一幅之內在天爲何形者圖中亦爲何形七十七

第九章論繪平面圓圖法

凡畫地球以三等面爲準或以子午圈爲圓界或以赤道爲圓界或以某處地平爲圓界名之曰正球平球偏球爲三等面七十八

三等面俱可用正弦畫法如畫天者欲表明太陽出入地平及朦影刻分必用此法惟畫地者嫌近邊處太狹故不恒用此法茲將正球平球之正弦畫法詳述於左七十九

用弦線法作正球者以子午圈爲圓界如後第一圖作唧哦呷吘圈唧爲北極哦爲東點呷爲南極吘爲西點哦吘爲赤道又作唧呐呷全徑及哦呐吘全徑成十字則哦呐吘爲赤道唧呐呷爲經圈卽爲軸綫離東西各九十度乃分四象限各爲九分每分十度自赤道向北向南聯作橫綫爲距等圈赤道南北各二十三度作冬夏至圈距南北極各二十三度作黃極圈自圓界每分作垂綫至赤道如

圖中〡○甲〢○乙〣○丙〤○丁其與赤道交處卽各經圈所過處乃各作橢圓如唧甲呷唧乙呷等綫各橢圓之長徑均等其短徑卽赤道上各交點任以一綫爲中綫而左右各記以偏度八十

用弦綫法作平球者以赤道爲圓界如後第二圖呷吃哦叮爲中心呐呷爲半徑次作呷呐哦及吃呐叮兩全徑成十字以呐爲極兩全徑爲相距九十度之徑圈分每象限爲九分每分十度各記以數再自各交點作呷哦之垂綫如〧○甲〦○乙等數又以中心至各交點爲半徑作各圓周爲距等圈自叮至甲得二十三度作呷哦垂綫亦以交

點至中心爲半徑作黃極圈又作每十度之全徑成各經圈如十至一百七十二十至一百六十等直綫自中綫向東西各一百八十度紀以偏度八十一

弦線法之圖中心與四周寬狹懸殊不能用比例尺量之若欲畫偏球則較難因各綫俱爲橢圓形也八十二

用切綫法作正球者以子午圈爲圓界如後第三圖作唧哦呷吘圈次作十字綫如唧呐呷及哦呐吘唧爲北極呷爲南極哦呐吘爲赤道唧呐吘爲距子午圈九十度之經圈亦爲軸綫分每象限爲九分每分十度各記以數又作距極距赤道各二十三度半之點其各距等圈皆小周與

畫面成直角應用圓綫畫之其圓綫各有圓界上之兩點其中點則自戌點斜至右邊之十點作戌十綫割軸綫於甲則由甲點與兩邊之十點聯成圓綫即十度之緯綫遞南遞北之綫俱仿此凡圓心角所當之弧必同圓邊半角所當之弧故其軸綫及赤道上交點所分之每十度俱可用半弧之正切綫度之不必概作斜綫如卯天爲五度正切即自兩向上下左右俱十度之點其餘仿此惟恐正切檢查易悞故不如仍用斜線爲妥次用第十四圖三點求心法作各距等圈又以三點求心法作各經圈八十三

第十四圖

用切綫法作平球者以赤道爲圓界如後第四圖作卯乙叮戌圈兩爲中心相對作十字全徑爲相距九十度之經圈分每象限爲九分每分十度亦自戌作斜綫至邊如上法得中綫之各交點自中心作各圓綫爲距等圈又作每十度之全徑成各經圈八十四

以上二法較別法更妙故畫地者恒用之因此法正球子午圈與距等圈俱作直角與球體相合對角綫俱相等與球面之象不甚改變故較良於偏球法然閱者但閱切綫圖式必疑近邊之地大於中心故須將偏球參看以明其理凡用切綫圖者可以切綫尺自中心向四邊量之其尺每距五度作密分只可自中點向四邊量其經緯度不可任取兩點量其相距度八十五

用切綫法作偏球者以本處地平爲圓界如後第五圖作吻卯戌呻圈兩爲本處天頂卯呻及吻戌兩綫成十字卯北呻南吻西戌東設倫敦北極出地五十一度半爲本處緯度即自卯度至吧五十一度半又自戌度至吘亦五十一度半則吧吘爲九十度次自吻至吧又至吘作兩直綫與卯呻綫相交之吧點爲北極吘點爲赤道與倫敦子午圈之交點次分每象限爲九分每分十度乃自吧向吻又向呻遞度其每十度作一分一如子午圈上北極至南北點之若干分本圖北極至南點有十二分即爲甲甲乙乙丙丙等點各點俱作直綫至吻視其橫綫上之交點如橫綫不足可引長至圓外令與各吻綫相交即爲赤道及距等圈之全徑各以全徑折半爲赤道及距等圈之心然後可作赤道及各距等圈圖中未列冬夏至圈恐綫多而迷目也

欲畫圖中經綫須作南極點于圓界之外法自吧點作吧丙巳全徑次自吻過巳作直綫與卯呻引長之綫交于巳即爲南極點各經綫須過吧北極及巳南極將吧巳折半

於吧以爲中心作叮吧嘆巳大圈以過吻西點戌東點及南北兩極爲距子午圈九十度之經圈次于叮嘆吧巳大圈內按切綫法作各經圈而引長過吧點以抵原圓界其各圈中心在叮嘆引長之直綫內則巳一吧之經圈必引長至一：凡圖內虛綫俱以鉛筆畫之畫成後擦去之如後第六圖。八十六

凡畫偏球圖不論何處俱如上文倫敦畫法然亦有稍異者或緯綫之中心不盡在畫面中心之右而間有在畫面中心之左者設欲作緯北三十度之地平圈如後四之五圖唧呻爲南北點吧爲北極自唧度向戌取三十度至吧又向吻作直綫交于唧呻綫得吧點次自戌向呻取三十度至咋又向吻作直綫交于唧呻綫即赤道與子午圈之交點其分距等之法與前同按北極至南點有若干度而定本圖爲十四分每分十度次以甲甲等字記之或于軸綫左右作丰丰等記之定子午圈之全徑與前同自北極至緯南二十度其中心皆在畫面中心之右二十度以南如三十度之中心已在吻點初度故爲直綫其四十五十度之中心在其左其法與前同而畫綫時須移而向左此圖緯北四十度與北極之間距等各圈全在戌東點之右故其全徑等於距等之周距極最遠最近兩半弧之正切較設緯北八十度距等圈則五十度爲最近七十度爲最遠俱自畫面中心向右度之兩半弧之正切相減爲八十距等圈之全徑又設緯北四十度距等圈則十度爲最近一百十度爲最遠兩半弧之正切相減爲四十距等圈之全徑又緯北三十及緯南二十之間距等各圈有數綫在中直綫之左其全徑之左右兩界距畫面中心若干等于最遠最近兩半弧之正切總數如緯南十度之距等圈其左界距畫面中心等于四十度之半弧正切爲距畫面中心最近數其右界距畫面中心等於一百六十度之半弧正切爲距畫面中心最遠數又緯南三十度距等圈作直綫者因此距等圈之右界距畫面中心一百八十度恰過人目故爲直綫又緯南四十五十度之距等圈與畫面斜交全在人目之左故其全徑在畫面中心之左凡作經度法仍與前同。八十七

用此畫法有一妙處若用中間子午圈爲表尺即可自中心起周圍旋轉細量其遠近即地平緯度又可分圓界爲三十二向以量某處距本地若干遠是何方向。八十八

又有一種偏球畫法將畫面全徑勻作等分爲平分畫法則除畫面平行各周之外經緯各綫皆爲橢圓形然作橢圓形頗不易而用此圖者每不思此理故雖形象無偏大

偏小之弊而畫地者絕不作此八十九

用平分法作正球者以子午圈爲圓界如後第七圖作卯申戌午大圈又作卯酉申及戌酉午㐅字全徑卯北申南卯酉申爲距子午圈九十度之經綫戌酉午爲赤道分每象限爲九而紀〡〇〢〇等數中心向四周又平分爲九如甲乙丙丁等其子午圈可另以天地八紀之若欲作距等圈則如圭〇天圭〇土〇地土〇其中心俱在卯申引長之綫上緯南北二十三度半及極南北二十三度半亦按此法作之其經圈卯甲申卯乙申卯丙申等周之中心在戌午引長之綫上八十九

用平分法作平球者以赤道爲圓界作呷吃叮哎圈如後第八圖爲赤道次作呷丙戊吃丙丁兩全徑分每象限爲九分各作全徑爲各經度九十

尋常作地圖者俱用平分畫法因畫圖者不知量算之理但取簡便故用此法若以子午圈爲圓界則每方之對角綫俱不能合因本爲直角而圖中非直角也愈近邊愈不合若以此圖與地球相比或與切綫法相比俱不甚合尋常以緋羅島中綫爲圓界則歐洲東北西南失之長而西北東南失之短若以赤道爲圓界亦有此弊因其距赤道南北十五度處經度大於緯度故南亞美之寬幾加半倍

除全徑之外不能用表尺若用切綫畫法則縱橫可用表尺矣惟初學者可用平分法俟能知切綫畫法卽不必用此矣九十一

用平分法作偏球者以某處地平爲圓界然各距等圈及各經圈俱改爲橢圓而距等圈之東西太長九十二

近年英國兵部測地官亨力才生思得新法欲以球體三分之二畫於一幅紙上以見全球之大分人目點在球中心垂綫以上一半徑有半以窺視球內其畫面較此大周更近於目二十三度半各作直綫以過二十三度半處之畫面以爲圖則圖中有一百八十度又加四十七度共得二百二十七度卽爲十分全球之七此圖之人目距外球面稍近於等距畫法因一爲四十五度之正弦一爲半個半徑也因畫面移近二十三度半故與前法不同如第十三圖作平綫與可吧平行低于丁巳綫二十三度半卽爲畫面因目點距半個半徑之故其各周畫法略與偏球法相同如以是圖之人目爲赤道北二十三度半英京東十五度則可畫歐羅巴亞非利之兩全洲除軸綫子午圈以外俱爲橢圓綫故作畫時不易然欲大洲在一覽之中或欲比較物產及地勢者必用此圖且可以此法作星圖九十三

道光十五年西國吳耳告耳思得一法用四幅圖以畫全地每圖爲全球三分之一其近邊處有重複其意欲畫地形於方錐四面每面可畫四分之一因見切綫法中狹而邊寬故欲稍減之以免此弊然作四分之一則邊處不清故展寬爲三分之一耳其法以北極爲方錐之頂南極爲方錐底之中心其中緯爲赤道北十九度二十八分十六秒最大之南緯在赤道南五十一度其各圖之中經度各相距一百二十度其半徑不爲九十度僅有七十度三十分其表尺差數爲一與一五之間若切綫法則爲一與二之間九十四

咸豐十年西國海失耳思得一法可畫全球于三幅而但少近南極處一用二百四十度之周一用半周一用一百二十度之周其法見倫敦地圖會書第三十册詳論各距等圈之半徑惟西國用此法者不多耳九十五

第十章論繪各洲各國分圖法

既知全球之理可明分圖之理如畫半球及球面之一分皆可用上文切綫等法若欲不改其眞象之大小須用別法將穹圓面鋪平入紙如有球面之一分不甚大者或兩距等圈中間之一段地則與圓錐面展開之形相差不遠如第十五圖吃吶及吖啶爲兩距等中間圓錐面之一分

一若圓錐包圓球之一分其圓錐綫切于兩距等間之中圈次以錐尖爲中心作兩距等圈之弧其各經圈俱爲直綫次於距等之中圈上平分其各經度其中圈處無差而上下之距等圈略有大小之差因南北圓錐之面不切球面之故

第十五圖

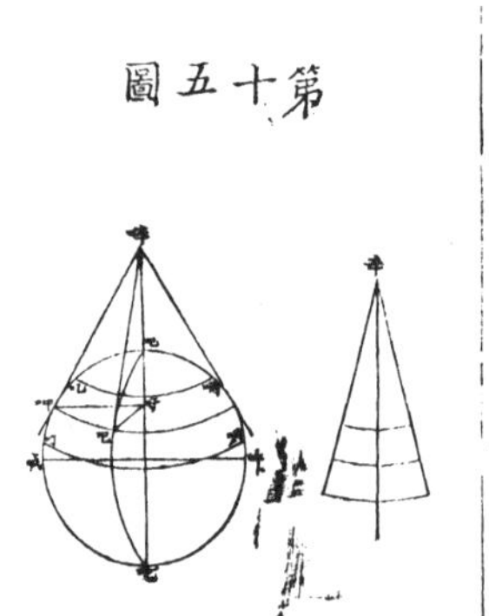

如第十五圖吃吶及吖咦爲第十至第五十度又有吧呷吧及吧吧間爲六十度濶之經綫哰呷爲圓錐之旁面卽中圈三十度之切綫吧爲北極其切綫爲中圈之餘切若欲推算其大小則有比例式三一四一六與一若三六〇度與一一四五九一度之比其半爲五七二九五度卽爲半徑之度故哰呷度爲三十度之餘切卽一七三二〇六乘五七二九五得九九二三八三七度卽九十九度十四分十八秒可作辛辰直綫內以丙爲中圈點自此點起向上度九十九度十四分十八秒至辛卽爲緯北三十度之中心又爲本圖各距等圈之中心等常於中圈上勻分經度而各作直綫今若用算法

則中圈以上之六十度角有比例如下圖中呷子吧與呷啐吧角之比若啐呷與呷吁之比或若三十度餘切與三十度餘弦之比或半徑與正弦若餘切與餘弦之比或一與·〥〇〇若六十度與三十度之比今以三十度在辛辰之左右度之又分為六平分每分作十度或可用卷後三表之數于中圈上度之其距中圈上下愈遠則差數愈大若所畫之圖南北短而東西寬者此法最善所差甚微其緯綫與經綫若成直角其對角綫恒相等九十六

畫圖者比較數法欲免東西南北之差故第一法係以經綫作曲綫其距等圈則仍以圓錐尖為中心中圈之南北每五度作識又左右每五度作識次以曲綫聯之然作東西極濶之圖則北面太狹而對角綫亦不等故此圖之形亦不甚准作亞細亞圖恒有此弊作歐羅巴者地較窄尚可用之歐羅巴圖尋常錐尖在球面北極以上八度亞細亞則或三十度或三十二度半九十七

又有一法不用圓錐外之切綫而用圓錐內之通徑其圓錐面出入圓面而交於中圈或下圈此法百餘年前木耳大克所創又有得里耳法畫俄羅斯圖其圓錐綫入於圓面在上圈中圈之間其出於圓面在中圈下圈之間此法為最善若用此法則距等有公心中經綫與圓錐綫相交處為公心次于相割之出入兩弧上向左右各平分其里上狹而下寬上下各聯直綫然每中間太小而兩邊太大九十八

若圖內緯度有二三十度亦所差不多若用大幅作大洲雖有微差而形式相似因經緯皆成直角之故所以下文畫大洲說內即用此法

第十六圖

畫歐羅巴全洲圖者先作底綫呷吃如後二之一圖其長不計折半於戊又作戊叮垂綫其長不計為本圖中經綫約為英國偏東二十度先作緯綫法以規尖定每五度為若干長因歐洲在三十五度至七十度之間故可分為八分自戊向叮為各距等與中經相交之點以緯北五十五度為中緯

第十七圖

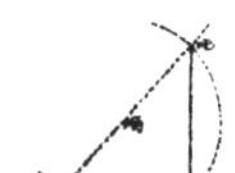

按本法圓錐面與球面之兩處交點一在中緯北十度一在中緯南十度其各距等之中心即圓錐之尖在吧北極以上四度三十分二十五秒可以自吧度之

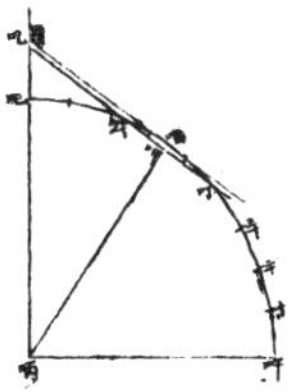

第十八圖

先作緯綫如第十六至第十八圖作吧吘為球之象限吶為球心吧為極吶吘為地半徑可分吧吘為九平分每分

爲十度緯北三十五度與七十五度間之中緯是五十五度若欲作五十五度之切綫卽爲哂酉五十五度之餘切酉爲錐尖卽各緯圈之中心然上文所說乃兩處交點而非一交點此兩交點在中緯南北各十度所以圓錐面與㖠哂半徑交於甲而㖠呷吃及㖠哂酉兩三角爲同式故㖠哂與哂酉若㖠呷與呷吃之比惟㖠呷等於哂戌之餘弦卽十度餘弦哂酉爲五十五度餘切亦卽三十五度正切故有比例半徑與三十五度正切若十度餘弦與呷吃之比半徑爲五七·二九五度所以呷吃之度易於推算因五七·二九五度與四〇·一一八度若五六·四二四度與三九·五〇七度之比得三十九度三十分二十五秒卽爲呷吃故吃爲圓錐之尖距中緯三十九度三十分二十五秒減三十五度得四度三十分二十五秒卽高於北極之數或圖幅不大則大約取極上五度亦不甚差

次作經綫其緯北四十五度六十五度間本圖經綫之相距與球形同可自中點向左右度之又每度作一點或作對角分微尺度之如後二之二圖呷吃爲五緯度作呷吃㖠可方形次分呷㖠及吃可各爲六以數紀之分底綫爲十平分以數紀之各綫上作垂綫與呷㖠平行又於呷㖠及吃可各分作對角綫如圖卽可量呷吃六十分之一試查第三表四十五度兩經綫相距爲一四九五分乃在四十五度綫上度取各經綫之相距作點又各向㖠作直綫卽爲經綫次作呷甲吃乙甲乙三綫卽本圖之界過此界以外之經緯俱不用其兩旁及上下俱畫度數畫成後各將本圖之表尺里數畫於圖內九十九

以上作法爲歐羅巴最准之圖因其圓錐與圓球所差不大四十五與六十五度之處極准兩處之間所差亦不大故二三百英里之中尚無差數其形象亦不變經緯相交亦爲直角對角綫亦等又有一法是才五司所創可作大洲今英國兵部地圖局俱用此法其距等之中心不一而皆在圖之中直綫上其經綫爲曲綫凡過各緯綫處有比例若緯度餘弦與半徑之比緯綫與經綫亦成直角每距等圈上經度之相距極准其書中有表記每緯綫有半徑若干及各緯綫處經度若干見英國地圖會全書第三十冊然此法不甚佳因各緯綫之經度相距不等且其經綫相距亦旁邊大於中間故用比例尺恒不能合不能及上文圓錐之法一百

畫亞細亞大洲法見後二之三圖先作呷吃底綫次作戌可中垂綫爲中國西三十一度半卽英東八十五度爲亞細亞中經綫

先作緯綫取每十度爲一分自戌起可作七分半則呷吃

爲緯北第五度因亞細亞在五度與八十度之間故圓錐與球面交于二十五度及六十度其錐尖在北極以上十二度七分五十八秒因半徑與四十七度三〇分正切若十七度三〇分與五十九度三十七分五十八秒之比故減四十七度半而得十二度七分五十八秒次作經綫取二十五度六十度兩交點之緯度查第三表緯北二十五度兩經綫相距四四一五分向左右度之各與兩作直綫乃作四邊界綫又作表尺如上法此圖地太寬處不及歐洲全圖之準百一

又有畫亞細亞之法因地太寬濶圓錐法不甚合故以圓錐與球面交於二十度及五十度兩處其公心在北極以上二十四度其中緯爲三十五度所以圓錐與球面交點在中緯南北各十五度半徑與五十五度正切若十五度餘弦與所求錐尖距中緯之比即五七五九五與八一八二五若五五三四三與七九〇三五之比得七十九度二分六秒故減去五十五度而得二十四度二分六秒

先作緯綫如後三之一圖先定十度之規在中緯上度之又定錐尖以得公心而作各緯綫次作經綫查第三表各緯綫上經綫相距向左右度之乃聯各點作曲綫即各經綫其畫亞非利加南阿美利加亦用此法若紙幅甚大則每五度作一緯圈各查五度之經度相距數左右度之尋常畫亞細亞俱用此法然不甚准因旁邊之地改變其形故不及上文圓錐之法百二

畫阿非利加全洲者可以赤道爲中界不能用上文圓錐畫法圓錐形既不能用而圓柱形之法亦不可用故尋常畫阿非利加者以緯度作平行綫按第三表每綫之經度相距度之聯成曲綫先作緯綫如後三之二圖作戌吘横綫爲赤道中作直綫爲東二十度又每十度作識至南北四十度各作横綫次作經綫赤道處經緯之相距恒等查第三表緯北南十度爲四九〇九五分按分微尺向左右度之二十度亦如之俱聯作曲綫次作四邊界綫又畫度數作表尺而成圖此圖惟經緯綫不成直角各對角綫亦長短不同近邊處差數愈大故地形不甚准耳作一表尺度之恒多不合百三

畫北阿美利加圖者須知此洲在緯北五度及八十度之間與亞細亞相似可用前亞細亞法畫之惟此洲緯北三十度以下甚窄故其相割處可在三十度六十度之兩處則較准于亞細亞因亞細亞兩點相離三十五度此圖相離三十度故能較准其中界爲阿美利加最濶處其南雖有差數因地形甚窄可以不問應作圓錐尖於北極以上

十度二十分三十四秒即中緯以上五十五度二十分三十四秒可查第三表各數如上法度之與後三之三圖相似以英都西一百度為中經度其圖之旁須留空地以畫東北之格令蘭得及西北之倍令海百四

畫南阿美利加圖者可用上文阿非利加法畫之但須知南阿美利加自緯北十三度至緯南五十六度不能以赤道為中界須北有十餘度南有六十度以英都西六十度為中經綫其圖之不甚准與阿非利加略同而其南尖却不甚差如後三之四圖百五

隨意畫某地之分圖又與上文畫全洲者不同若所畫處界於赤道南北者可用阿非利加及南阿美利加之法其他處可用亞細亞歐羅巴之法若南北長二三十度者可用圓錐法畫之亦無甚參差惟須知錐尖在何處以定其公心設欲作澳大利阿並南島在緯南十度四十四度之間即令圓錐交于二十度三十五度其中緯為二十七度三十分其錐尖在中綫以下一百零九度七分十二秒即南極以下四十六度三十七分十二秒于第三表內查三十五度經綫相距度之自錐尖作直綫如上法百六

畫英倫及威爾勒士圖者自北至南僅八度或十度其比例尺必大於全洲其錐尖極遠不便作各緯度故用下法變通之查是地在緯北五十度五十六度之間如後四之一圖先作呷叱底綫折半于吶而作吶叮垂綫為英都西二度又定一度之數向上下度之作六距等圈之點次于五十度以南又加十分各以數紀之乃於五十一度橫綫作對角分微尺如四之二圖以定第三表五十一度五十五度之經綫相距如尺內天天五十一度地地五十五度各相距數次作丙甲及丙甲皆半度又於五十五度上作丁乙及丁乙亦皆半度乃以甲乙及甲乙聯成直綫為中經旁半度之經綫以規度甲乙對角綫以移於丙作戊戊虛弧又移於丁而作巳巳虛弧又以丙為中心天天為半徑作弧而定巳巳又以地地為半徑亦作一弧而定戊戊即得交點于巳巳戊戊次以巳丙巳丙戊丁戊丁聯成直綫又作戊巳戊巳直綫為經綫即為叮吶中經度之左右第一度又將吶叮兩點亦以此法定之以吧哦為中心以甲乙為半徑而作庚辛兩弧仍以天天地地為半徑而定庚辛兩點又以戊巳為中心以定其弧如此定吶叮左右之各經度然後以各點連作弧綫次又以規度其緯而作兩弧間之各緯弧若其度甚大則每半度作一綫百七

畫巳勒士登圖者係緯北三十一度至三十四度英都東三十四度至三十七度中經度為三十五度三十分如後

四之三圖呷吃爲底綫呐可爲中綫于中綫上定緯綫四又作對角分微尺如四之四圖檢第三表內三十一度三十四度之兩經相距以三十一度爲天天三十四度爲地地呐點左右各作半天天可點左右各作半地地而定甲乙兩點次以呷甲吃乙聯成直綫爲三十五度三十六度之經綫其餘經綫按前法作之半徑之長爲呷乙對角綫或甲吃移於呷爲中心作戊戊弧又以吃爲中心作辛辛弧又以甲爲中心作庚庚弧又以乙爲中心作子子弧又以呷爲中心吃爲中心各以天天爲半徑定寅卯兩點又以甲爲中心乙爲中心各以地地爲半徑定辰巳兩點聯作辰寅及巳卯兩綫爲三十四度三十七度之經綫次以甲乙辰巳聯作微曲之緯綫乃按前法作三十二度三十三度之緯綫尋常作此圖者每自三十度五十五分至三十三度五十分百八

以上兩圖與上交圓錐法相同其經緯相交成正角惟緯綫之畫法不同欲作某處分圖俱可用此法其差數與圓錐法略同所定兩緯綫須距中橫綫等遠則差數甚微若其地更小寬濶不及三度者可以最北最南兩綫定其交點百九

若欲作南北十度或八度之圖則每度按法定其中心左右之對角綫其中綫左右之各經綫亦稍曲此非圓錐法故其弊與亞非利加圖同百十

第十一章論繪圓柱形全圖法

凡但考地勢可用上文各法若用以航海須用圓柱畫法蓋凡航海者以羅盤爲準子午綫過南北兩極又過任何處之地平南北點而東點西點常與某處午綫成直角其與各經綫成直角之大圈惟赤道而已其赤道南北之各點聯成大圈均不能與各經綫成直角若以東點或西點爲極常令與極等遠周行一轉則所行必非大周因其距極非九十度故必爲小周也惟在赤道向東向西則爲大周向南向北亦爲大周若別處向東向西則行距等圈即爲小周如不正向東西而恒向一方則行螺絲綫因大周斜絡與各經綫所成交角度不同故恒向一方者必非大周向來所繪地圖向四方俱爲曲綫若用以航海則船行之路亦爲曲綫不易畫出故航海者欲問某處距本處若干是何方向俱不能知有荷蘭人墨加禱思得一法令相距方向與圖相符其法以各經綫爲平分直綫各距等圈爲橫綫與經綫成直角其緯綫之相距愈近極愈疏即同于球面經綫愈近極愈密之率百十一

法以地球變爲同徑之圓柱赤道處球面與柱面相合赤

道南北漸與球面不合則將各距等圈展大以抵于圓柱次以圓柱剖開展為平幅若用此法卽以赤道之一分為相度之尺設以一分為半徑則其比例如半徑與緯度正割若一分經度與一分緯度之比其一三率同為一則四率與二率同故正割卽為經度一分之數若以六十分之正割相加得一緯度之共長卽為午分表明萬厤二十七年英人而來脫曾作一表可按表以作圓柱之圖而荷人墨加禱于嘉靖四十五年已有此圖惟不詳其作圖之法其表雖不甚差究難確準其後七十餘年有人訂正其訛云應用餘緯度折半之正切是書第四表卽用此法自赤

道至八十九度止又地半徑距極愈近愈小故卷末另有一行以地為橢球之數百十二

用墨加禱法畫地球總方圖如後五圖先作呷吆為赤道平分三十六各為十度甲甲乙乙兩垂綫為左右界查第四表得緯南北十度（六〇三分）另作分微尺度之如第四之二圖南北各作十度橫綫又查南北二十度為（一二二五分）亦以分微尺度之餘仿此等常以緯南六十五度緯北八十度為限于赤道各點作垂綫為經綫自中綫左右各紀以數百十三

此法雖為航海所用然講地學者亦尚用之圖中方向雖不差而距赤道愈遠則地形愈失之大如格令蘭得幾與北阿美利加等其量遠近則另有算法定之因航海者不問面積之大小而但論方向遠近故用之甚便其船行與各綫所成之角與在球面相同百十四

近年論大周行船法卽地球上每兩處相距最近之路必與地球大周相合若船行此路較省於墨加禱圖內之路凡行船者須知大周之各段應改何方向近年欲省布算先將各數列表使于查檢可用規量取其數于圖中作一曲綫設自英國海汊至美國紐蕘克每日行一百五十海里按尋常法則需四十九日若行大周則需四十三日八小時因常法行七千三百六十一海里而大周為六千四

百八十八海里計省八百七十三里百十五

第十二章畫圖餘論

自七章以下皆定經度緯度之法至於地形山川等綫學畫者但按度臨摹其形應用何法各從其便閱者視經綫緯綫之合否以別圖之精否凡臨摹者必畫成相似形其九宮方格愈密愈妙或放大或縮小俱可用之百十六

凡摹圖縮小者較准于放大因其不准處漸少也畫時縮小亦便於放大如作歐羅巴全圖者先作各國分圖而縮臨之以合成全圖畫時先用鉛筆然後著色再加墨綫庶不糢糊其山色可用深黃或淡墨色染之百十七

凡畫圖時一絲不可苟且方能精確庶不貽悞用圖之人蓋天文家地學家用兵家測海家所欲考訂之事俱須于地圖攷之故各圖所用不同或表明山原之高低或表明水道之分合或表明省府之界址或分圖上表明村鎮林木鹽地等處惟天下甚大尚未細細探測除歐洲數國之外據行旅者之劄記而已以後可用圖中已測定之山以轉測附近各處之經緯度

凡畫地者須細訪地理各事以輔佐所作之圖或考地產或考河海之漲落或雨暘風浪之異同凡爲圖中所需者俱須考測以著爲成書

尋常閱圖者勿因地名甚多而即信爲善本有時以地名少者易查緊要之地其去取出入煞費苦心若荒僻處填註甚密而繁庶處反多缺略則必爲識者所笑矣故圖中每註一地須較量其間可略則略之

若作歐洲各國分圖宜用相等之比例尺庶幅員之廣狹一覽而知惟有最大最小之國不能概用一比例尺耳故欲畫小國之圖須定四倍或八倍之大庶入目中亦有成數（如瑞士比利時等國）

欲考幅幀大小須論各緯度之面積第五表記南北緯每度面積可推算某國之面積若干又可考某國水面若干

第一行星表

方里陸地若干方里

名目	赤道全徑（海里）	中距日（海里）	周率（平日數）
日	八八二〇〇〇		
水	三一四〇	三六七八四〇〇〇	八七.九六九
金	七八〇〇	六八七三四〇〇〇	二二四.七〇一
地球	七九二六	九五〇二五〇〇〇	三六五.二五六
火	四[illegible]〇〇	二四四七八九〇〇〇	六八六.九七九
木	八七〇〇〇	四九四三九四〇〇〇	四三三二.五八五
土	七九一六〇	九〇六四二三〇〇〇	一〇七五九.二一九
天王	三四五〇〇	一八二二八〇七〇〇〇	三〇六八六.八二一
海王	四一五〇〇	二八五四二四七〇〇〇	六〇一二六.七一〇

名目	全徑	中距本星心	周率（平日數）
地球一月	二一五三	二三七〇〇〇	二七.三二[illegible]
木星四小月	二五〇八	二六三〇〇〇	一.七六九
	二〇六八	四一八〇〇〇	三.五五一
	三三七七	六六七〇〇〇	七.一五四
	二八九〇	一一七〇〇〇〇	一六.六八八
土星八小月	、、	一二三〇〇〇	〇.九四二
	、、	一七〇〇〇〇	一.三七〇
	、、	二七〇〇〇〇	一.八八七
	、、	二[illegible]〇〇〇〇	二.七三九
	、、	三七八〇〇〇	四.五一七
	、、	八七六〇〇〇	一五.九四五
	、、	一一〇八〇〇〇	二二.五〇〇
	、	二五四七〇〇〇	七九.三二九
天王六小月	、、	〇〇〇〇〇	四.〇〇〇
	、、	二九三〇〇〇	八.七〇五
	、、	三四一〇〇〇	一〇.九五八
	、、	三九三〇〇〇	一三.四六三
	、、	七六七〇〇〇	三八.〇八三
	、、	一五六九〇〇〇	一〇七.五〇〇
海王一月	、、	二四九〇〇〇	五.八六八

第二各距等圈兩經相距海里表

度	經距	度	經距	度	經距
〇	六〇.〇〇〇	三一	五一.四三〇	六一	二九.〇八九
一	五九.九九一	三二	五〇.八八三	六二	二八.一六八
二	五九.九六三	三三	五〇.三二〇	六三	二七.二三九
三	五九.九一八	三四	四九.七四二	六四	二六.三〇二
四	五九.八五四	三五	四九.一四九	六五	二五.三五七
五	五九.七七二	三六	四八.五四一	六六	二四.四〇四
六	五九.六七一	三七	四七.九一八	六七	二三.四四四
七	五九.五五三	三八	四七.二八一	六八	二二.四七六
八	五九.四一六	三九	四六.六二九	六九	二一.五〇二
九	五九.二六一	四〇	四五.九六三	七〇	二〇.五二一
一〇	五九.〇八八	四一	四五.二八三	七一	一九.五三四
一一	五八.八九八	四二	四四.五八九	七二	一八.五四一
一二	五八.六八九	四三	四三.八八一	七三	一七.五四二
一三	五八.四六二	四四	四三.一六〇	七四	一六.五三八
一四	五八.二一八	四五	四二.四二六	七五	一五.五二九
一五	五七.九五六	四六	四一.六八〇	七六	一四.五一五
一六	五七.六七六	四七	四〇.九二〇	七七	一三.四九七
一七	五七.三七八	四八	四〇.一四八	七八	一二.四七五
一八	五七.〇六三	四九	三九.三六四	七九	一一.四四九
一九	五六.七三一	五〇	三八.五六七	八〇	一〇.四一九
二〇	五六.三八二	五一	三七.七五九	八一	九.三八六
二一	五六.〇一五	五二	三六.九四〇	八二	八.三五〇
二二	五五.六三一	五三	三六.一〇九	八三	七.三一二
二三	五五.二三〇	五四	三五.二六七	八四	六.二七二
二四	五四.八一三	五五	三四.四一五	八五	五.二二九
二五	五四.三七八	五六	三三.五五二	八六	四.一八五
二六	五三.九二八	五七	三二.六七八	八七	三.一四〇
二七	五三.四六〇	五八	三一.七九五	八八	二.〇九四
二八	五二.九七七	五九	三〇.九〇二	八九	一.〇四七
二九	五二.四七七	六〇	三〇.〇〇〇	九〇	〇.〇〇〇
三〇	五一.九六二				

此表以地形爲渾圓球體

第三各距等圈兩經相距里表

度	經距	度	經距	度	經距
〇	六〇.〇〇〇	三一	五一.四七五	六一	二九.一六一
一	五九.九九一	三二	五〇.九三〇	六二	二八.二四〇
二	五九.九六四	三三	五〇.三七〇	六三	二七.三一〇
三	五九.九一八	三四	四九.七九三	六四	二六.三七二
四	五九.八五四	三五	四九.二〇二	六五	二五.四二六
五	五九.七七三	三六	四八.五九六	六六	二四.四七一
六	五九.六七三	三七	四七.九七五	六七	二三.五〇九
七	五九.五五六	三八	四七.三三九	六八	二二.五四〇
八	五九.四一九	三九	四六.六八八	六九	二一.五六四
九	五九.二六六	四〇	四六.〇二一	七〇	二〇.五八一
一〇	五九.〇九四	四一	四五.三四六	七一	一九.五九二
一一	五八.九〇五	四二	四四.六五四	七二	一八.五九六
一二	五八.六九七	四三	四三.九四八	七三	一七.五九五
一三	五八.四七二	四四	四三.二二九	七四	一六.五八八
一四	五八.二二九	四五	四二.四九五	七五	一五.五七七
一五	五七.九六八	四六	四一.七五〇	七六	一四.五六〇
一六	五七.六九〇	四七	四〇.九九二	七七	一三.五三九
一七	五七.三九四	四八	四〇.二二〇	七八	一二.五一四
一八	五七.〇八一	四九	三九.四三七	七九	一一.四八五
一九	五六.七五一	五〇	三八.六四二	八〇	一〇.四五二
二〇	五六.四〇三	五一	三七.八三四	八一	九.四一六
二一	五六.〇三八	五二	三七.〇一五	八二	八.三七七
二二	五五.六五七	五三	三六.一八五	八三	七.三三六
二三	五五.二五八	五四	三五.三四三	八四	六.二九二
二四	五四.八四二	五五	三四.四〇〇	八五	五.二四六
二五	五四.四一〇	五六	三三.六二七	八六	四.一九九
二六	五三.九六二	五七	三二.七五四	八七	三.一五〇
二七	五三.四九六	五八	三一.八七〇	八八	二.一〇一
二八	五三.〇一五	五九	三〇.九七七	八九	一.〇五〇
二九	五二.五一八	六〇	三〇.〇七四	九〇	〇.〇〇〇
三〇	五二.〇〇四				

此表以地形爲扁圓球體

第四午分表

緯度	渾圓午分	扁圓午分	緯度	渾圓午分	扁圓午分
一	六〇〇〇	五九六三	四六	三一一五五五	三一〇〇一四
二	一二〇〇二	一一九二七	四七	三二〇二七一	三一八七〇五
三	一八〇〇八	一七九〇四	四八	三二九一五三	三二七五六二
四	二四〇一九	二三八七〇	四九	三三八二〇八	三三六五九一
五	三〇〇三八	二九八五二	五〇	三四七四四七	三四五八〇六
六	三六〇六六	三五八四三	五一	三五六八八一	三五五二一五
七	四二一〇五	四一八四四	五二	三六六五一九	三六四八三〇
八	四八一五七	四七九〇四	五三	三七六三七六	三七四六六五
九	五四二二三	五三八八九	五四	三八六四六四	三八四七二九
一〇	六〇三〇七	五九九三六	五五	三九六七九七	三九五〇四二
一一	六六四〇九	六六〇〇二	五六	四〇七三九〇	四〇五六一五
一二	七二五三二	七二〇八七	五七	四一八二六二	四一六四六三
一三	七八六七八	七八一九七	五八	四二九四三〇	四二七六一二
一四	八四八四九	八四三二一	五九	四四〇九一四	四三九〇七六
一五	九一〇四六	九〇四九二	六〇	四五二七二七	四五〇八八一
一六	九七二七三	九六六八二	六一	四六四九二三	四六三〇四七
一七	一〇三五三〇	〇二九〇四	六二	四七七四九八	四七五六〇七
一八	一〇九八二二	一〇九一六	六三	四九〇四九四	四八八五八二
一九	一一六一四九	一一五四五三	六四	五〇三九四二	五〇二〇一五
二〇	一二二五一四	一二一七八一	六五	五一七八八一	五一五九三八
二一	一二八九〇九	一二八一五二	六六	五三二三五一	五三〇三九四
二二	一三五三六九	一三四五六七	六六三二	五四〇三〇三	五三八三三一
二三	一四一八六三	一四一〇二七	六七	五四七四〇一	五四五四二七
二三二八	一四四九一〇	一四四〇七四	六八	五六三〇八二	五六一〇九四
二四	一四八四〇六	一四七五二五	六九	五七九四五六	五七七四五二
二五	一五四九九九	一五四〇九五	七〇	五九六五九二	五九四五七五
二六	一六一六四七	一六〇七〇九	七一	六一四五七〇	六一二五四三
二七	一六八二五二	一六七二七九	七二	六三三四四四	六三一四四六
二八	一七五一一六	一七四一一一	七三	六五三四四二	六五一三九〇
二九	一八一九四四	一八〇九〇五	七四	六七四五七四	六七二五一二
三〇	一八八八三八	一八七七六八	七五	六九七〇三四	六九四九六〇
三一	一九五八〇一	一九四六九八	七六	七二一〇〇七	七一八九一六
三二	二〇二八三八	二〇一七〇三	七七	七四六七二一	七四四六三〇
三三	二〇九九五三	二〇八七八七	七八	七七四四五七	七七二三六二
三四	二一七一四八	二一五九五一	七九	八〇四五七一	八〇二四六三
三五	二二四四二九	二二三一九九	八〇	八三七六二〇	八三五四〇五
三六	二三一七九九	二三〇五三九	八一	八七三九〇六	八七一七九三
三七	二三九二六三	二三七九七四	八二	九一四五四六	九一二四二一
三八	二四六八二六	二四五五〇八	八三	九六〇五八二	九五八四五五
三九	二五四四九三	二五三一四六	八四	一〇一三八九	一〇一一五五九
四〇	二六二二六九	二六〇八九三	八五	一〇七六四六二	一〇七四三二七
四一	二七〇一六〇	二六八七七六	八六	一一五三五二	一一五一一〇九
四二	二七八一七一	二七六七三八	八七	一二五二一一一	一二五〇〇八四
四三	二八六三一〇	二八四八四八	八八	一三九一四三	一三八九五〇三
四四	二九四五八一	二九三〇九四	八九	一六二九九五六	一六二七七七八
四五	三〇二九九四	三〇一四七八	九〇		

表內午分之數可以赤道每度六十分作尺度之

繪地法原附表

第五每緯度一周之面積表

緯度	面積方英里數	緯度	面積	緯度	面積
〇		三一	一四八〇三〇一九六七	六二	八一九七一二九九二
一	一七一七八五五〇五	三二	一四六四七六九五七四	六三	七九三二三四七五六
二	一七一七三四三二〇六	三三	一四四九八六三一四四	六四	七九九五二〇六一五
三	一七一六二八〇一五二	三四	一四三二五四三三〇五	六五	七三九五八九九二七
四	一七一四一〇五一五八	三五	一四一五七七〇六八三	六六	七一二二〇六四五七
五	一七一二六一八六二二	三六	一三九八五八四六五三	六六三二	三六八七七四三九六
六	一七一〇〇一九八四九	三七	一三八〇九四五八三九	六七	三一六二五八四〇九
七	一七〇七八七〇一六〇	三八	一三六二九一三三〇二	六八	六五七四一九八四一
八	一七〇三二二八一一八	三九	一三四四四四七六七〇	六九	五二九六〇二一六五
九	一六九九〇五四七四九	四〇	一三二五五八八三一三	七〇	六〇一六〇九五二三
一〇	一六九五四三四九七五三	四一	一三〇六三一五五四八	七一	五七三四五八二九二
一一	一六八九二五一〇三三	四二	一二八六六四九〇五八	七二	五四五〇九〇三一三
一二	一六八三四二三九二六	四三	一二六六五八八八四五	七三	五一六五八四九三一
一三	一六七七二〇三〇九四	四四	一二四六一三四九〇九	七四	四八七九〇二一七四
一四	一六七〇四五〇七三六	四五	一二二六一三三七五	七五	四五九〇八一六一二
一五	一六六三一八六五三七	四六	一二〇四一〇五二四	七六	四三〇一二三二四八
一六	一六五五四四九八七〇	四七	一一八二五二八八七六	七七	四〇一〇四六七六七
一七	一六四七一六一九九〇	四八	一一六〇五九八四七七	七八	三七一八一二七九七
一八	一六三八四〇一六四二	四九	一一三八三三三四二	七九	三四二五〇〇〇八一
一九	一六二九一四九一四〇	五〇	一一一五六九四三一〇	八〇	三一三〇六九二四九
二〇	一六一九三六五一一〇	五一	一〇九二七四〇三〇	八一	二八三五二〇九九
二一	一六〇九一二八二九八	五二	一〇六九四三一七九八	八二	二五三九一七九八
二二	一五九八三七九七四七	五三	一〇四五七八七〇一	八三	二二四一二五五九
二三	一五八七一三八八四一	五四	一〇二一八五〇三一二	八四	一九四四六〇四
二三二八	七三六六九六〇五九	五五	九九七五八六九四三	八五	一六四六五五一七二
二四	八二八七二九五〇七	五六	九七三〇四八二八三	八六	一三四七九一四
二五	一五六三二三九八二四	五七	九四八一八四六四三	八七	一〇四八六八五七
二六	一五五〇五六一九二七	五八	九二三〇二五七一一一		
二七	一五三七四三一二四八	五九	八九七六一〇八五八	八八	七四九二五五八四
二八	一五二三八〇六四一五	六〇	八七一九〇〇七一三	八九	四四九六二五
二九	一五〇九七三二七九九	六一	八四五九三四六四七	九〇	一四九八一八〇
三〇	一四九五二一四四〇二				

全地球面積一百九十六兆八十六萬一千七百五十五方英里

繪地法原

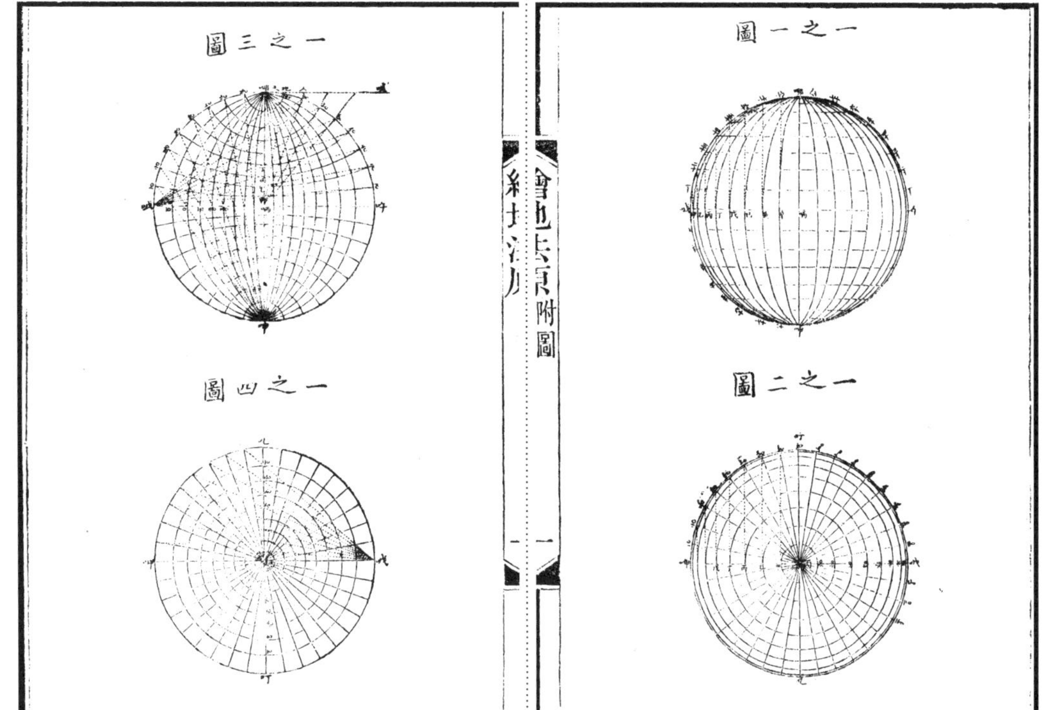
圖一之一
圖二之一
圖三之一
圖四之一
繪地法原附圖
一

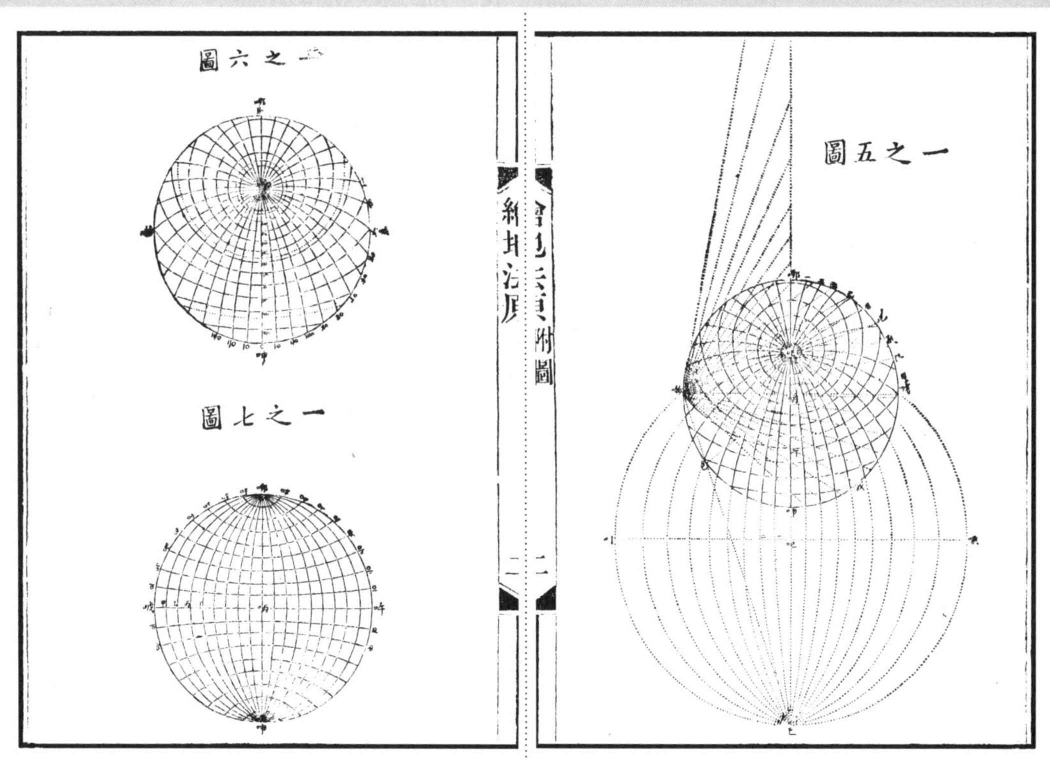
圖五之一
圖六之一
圖七之一
繪地法原附圖
二

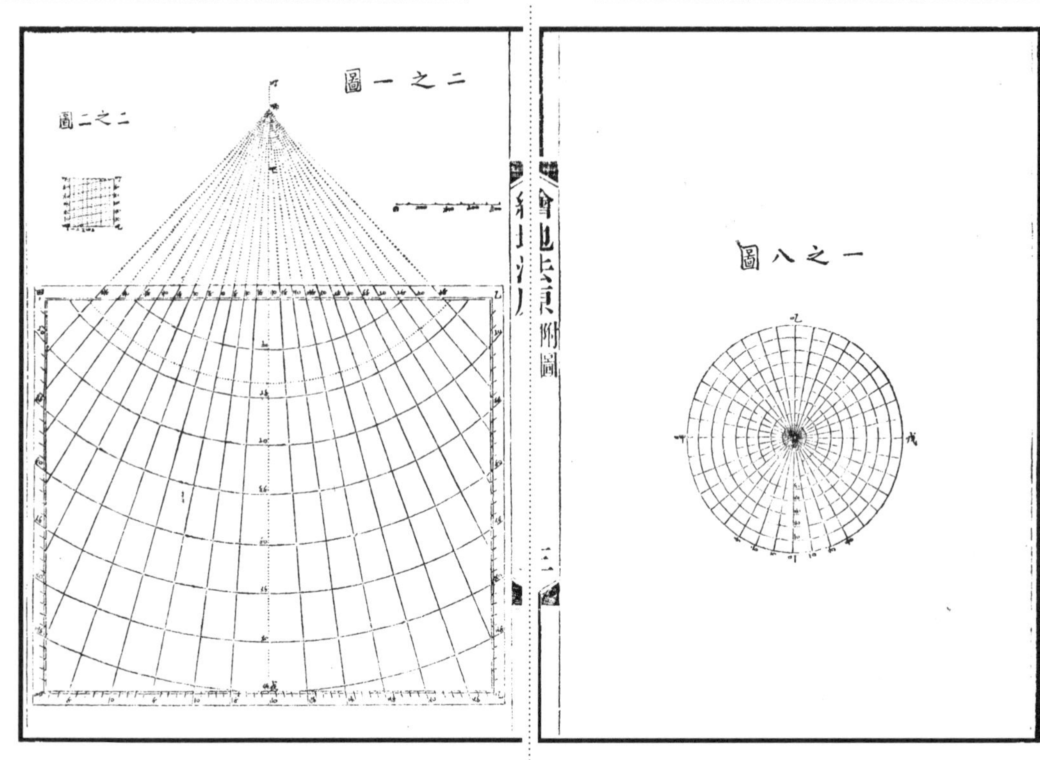
二之一圖
二之二圖
一之八圖
繪地法原附圖
三

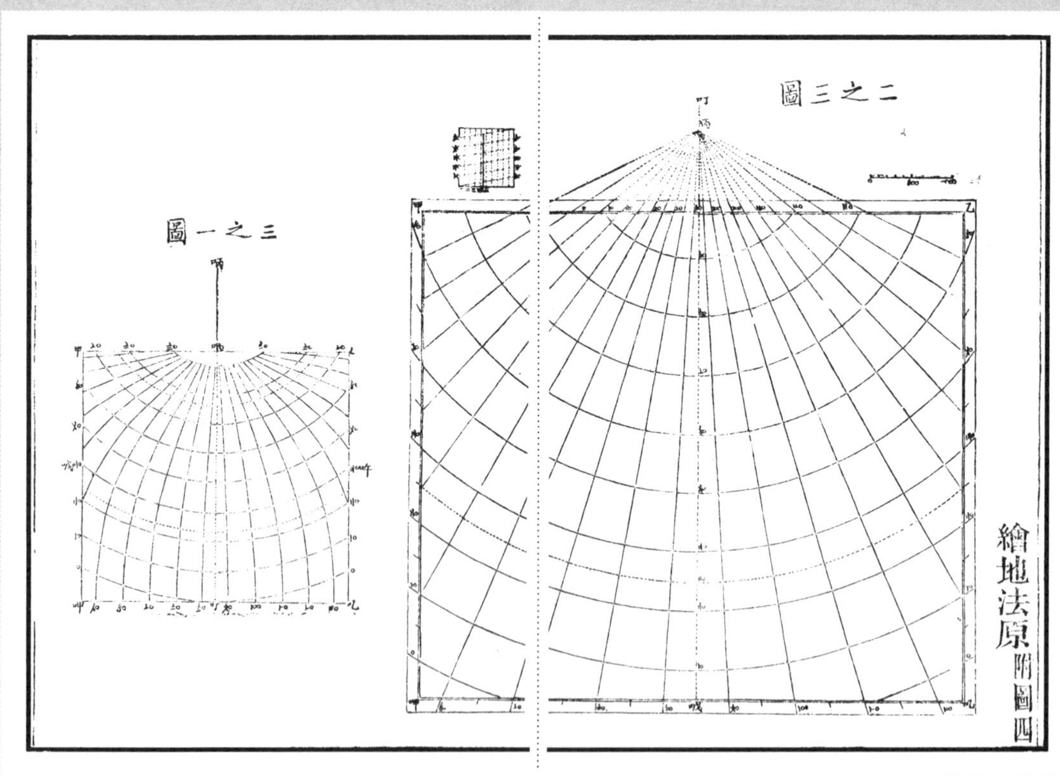
三之一圖
二之三圖
繪地法原附圖四

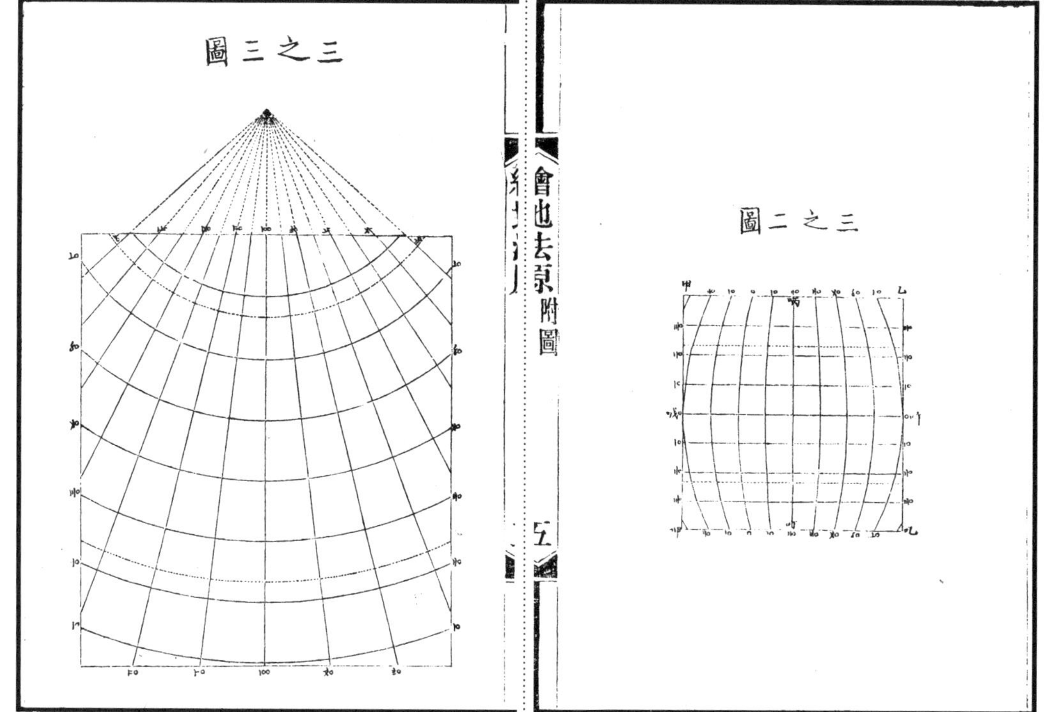
圖三之三
繪地法原
附圖
五
三之二圖

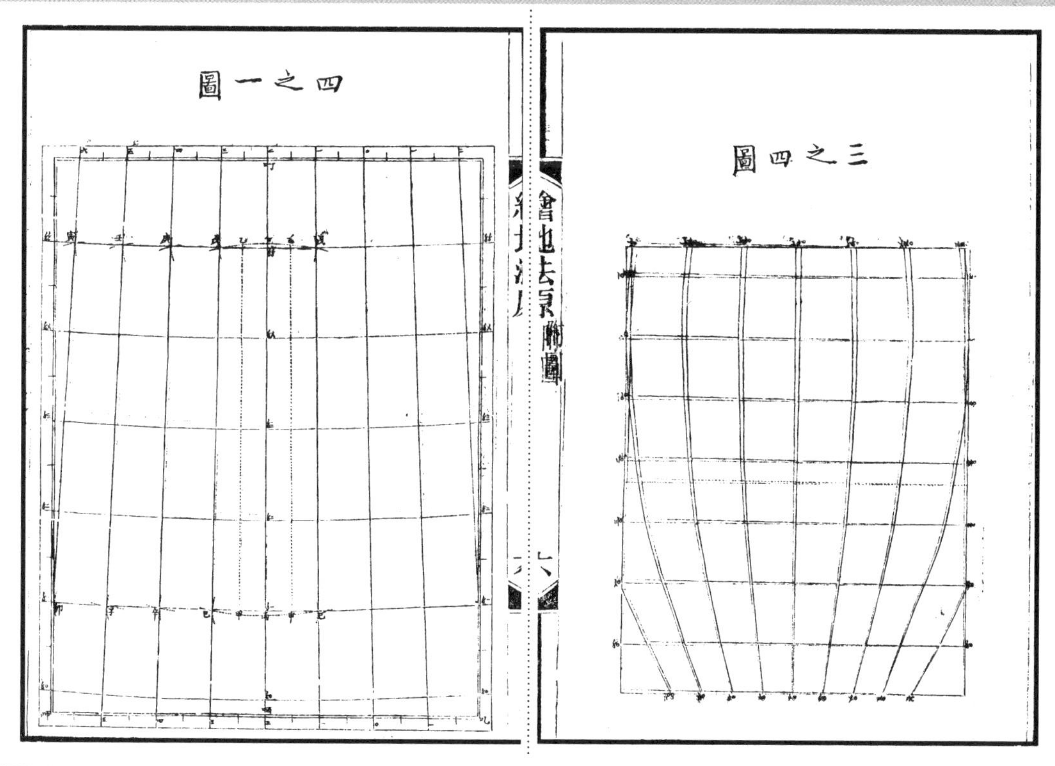
圖一之四
繪地法原
附圖
六
三之四圖

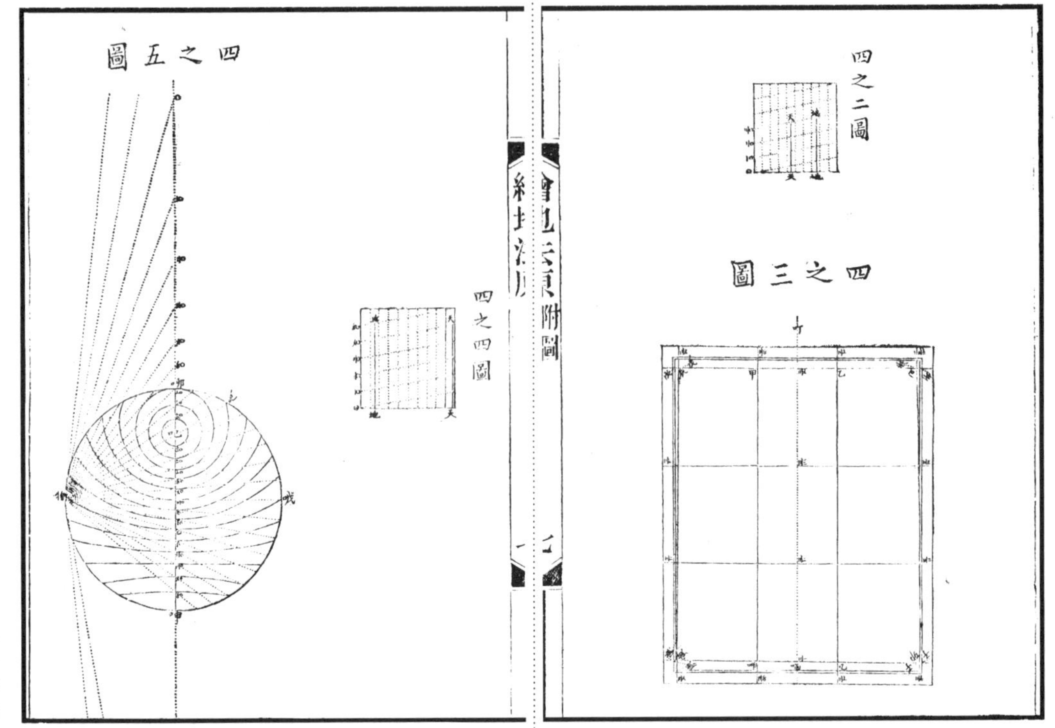
四之五圖
四之四圖
繪地法原附圖
四之二圖
四之三圖

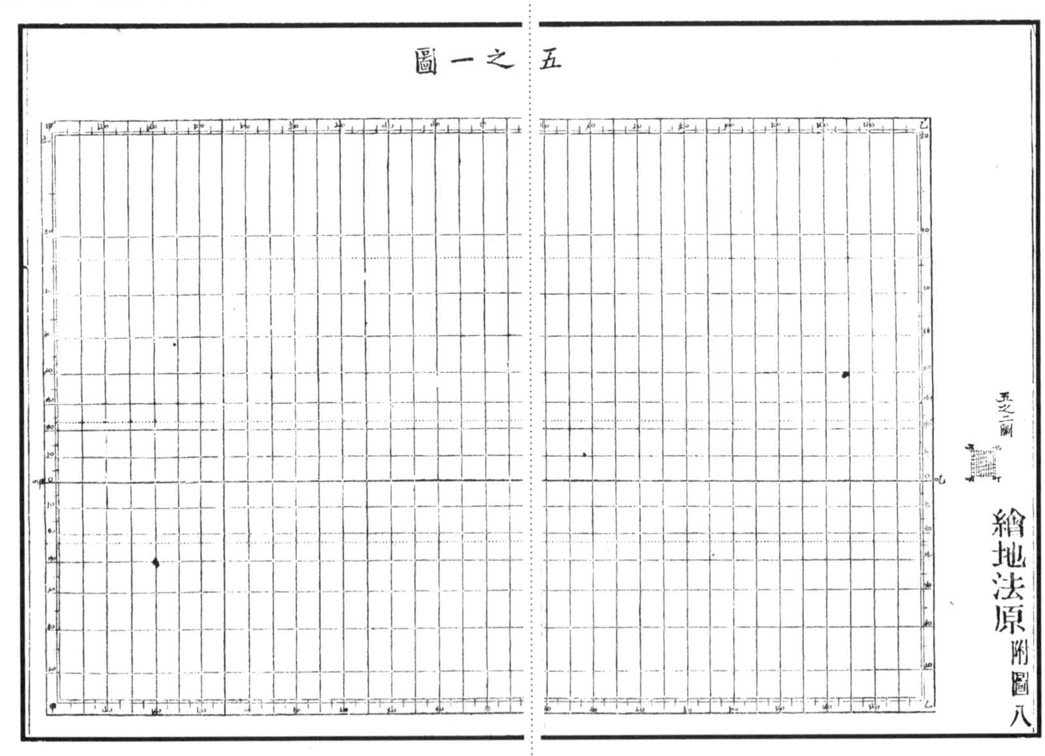
五之一圖
五之一附
繪地法原附圖八

江南製造局

科技譯著集成

地學測繪氣象航海卷

第壹分冊

測地繪圖

《測地繪圖》提要

《測地繪圖》十一卷，英國富路瑪（Edward Charles Frome）撰，英國傅蘭雅（John Fryer, 1839–1928）口譯，無錫徐壽筆述，光緒二年（1876年）刊行。底本爲《Outline of the Method of Conducting a Trigonometrical Survey》。

此書主要介紹三角測量法的基本原理、測量儀器，以及繪圖方法等，共配圖一百幅，附表二十一種。卷八所附《照印法》，英國浙蜜斯著，英國傅蘭雅口譯，元和江衡筆述，配圖十一幅。

此書内容如下：

卷一　總論

卷二　測量底線

卷三　分地面爲原三角形

卷四　圖内實補衆物

卷五　行軍揭要

卷六　準平線以定高低

卷七　證驗高低諸器

卷八　臨摹鐫刻諸法

卷八附　照印法

測地繪圖卷一

英國富路瑪譔

英國 傅蘭雅 口譯
無錫 徐壽 筆述

總論

凡里法尺法以及權量俱用英國制因繙譯華文奇零甚繁也

大地有形有度測量者隨其形而考其度無論平原曠野峻嶺大川皆可筒窺筆畫而顯於窄幅之上以得山河一覽之指趣爲論其條件或測經線之弧或測緯線之弧或測全洲或測一國以正各省各府之界線以定各城各鎮之位置或因經畫而專稽一方或因武事而專詳一處總以三角廣容之法爲本而其法則於平面上測定底線爲

起手之功再從底線之兩端測得便當之物點使與底線之兩端成角並各物點彼此自成角如是而各物點與底線兩端之相距並物點彼此之相距皆可推算而知然後依此各點相連之線爲底線如前分測以至全地面俱析爲小三角如網罟之形所得三角形之大小必與地面之大小並測器之尺寸俱有比

以上所得之各三角名爲原三角此功成後必將各原三角分爲次三角圖欲極細者又將各次三角再分之爲小三角各次三角既成又須再求此內各物點之方位或以帶尺量之或以經緯儀測之各視其便而相因爲用如有

不便之處則將易於攜挈之器以測各物之大畧茲二器者或專用或兼用必依圖之或粗或細以準比例之或大或小而定其尺寸如英國測量全國而作圖其南半國以二寸代一里兼用二器成之至印圖之時縮小而以一寸爲一里其北六省之地並蘇格蘭愛爾蘭多用帶尺成之各處地面之高低用平剖面線顯之其高低之各數以實測而得之平剖面每層之厚薄必相等以六寸代一里則以垂線準之

英國測量全國之圖因用平剖面之法工甚多而費甚繁故用第二法

測量之地面不甚大雖欲詳細之圖亦可不必用極詳之三角法蓋用器測地難免器有小差並用器人之視差而此差有時依所用之器與法爲一定之數有時與工夫之精粗有比

凡測角度所生之差全在器之精粗於地面之大小不相關惟依所用之法並地面之形則其差與所測之遠近有比故所測之地面不大而其圖之尺寸甚小則帶尺所有之差圖面尚不能見自可不用極細之分三角法而已得準圖矣

測量之處如爲遠郊荒野其地面平而林木多者以極細

分三角法測之究屬費工故圖可畧而尺寸之比例可小則以天文測得經緯之度幾處而推算其相距再將原處周圍各物之方位補滿其圖如測極長之海岸不能將其全底分三角則必用經緯之法所以測量之人欲將寬大之地作圖不可不知天文之事也其餘如地殼之學亦宜知其大畧因細圖之內應記各處之土石與礦藏也此外如各山之高各谷之深河源高於海面之數雖為粗畧之圖亦宜記明所以必備水銀風雨表或空盒風雨表或水沸寒暑表以得各數之大畧則候氣之學又所當考也

平常畧圖因尺寸之比例甚小則圖內一處不足備行軍相關之事須大其比例而作分圖始能逐一指出如城營村鎮之位置與大小陸路水路之方向與形式此種粗圖謂之武事圖而其粗細亦有等次依所費之時與工而定之

凡作一國或一洲之圖必先得大規模之全圖而後作分圖猶之測量之時亦須先得原三角形而後再測次三角形也惟先測其原形而後補其次形工雖大而差則小如反用之必致愈差愈多有差必須改正而改正之工反大矣

測地繪圖卷二

英國富路瑪譔

英國 傅蘭雅 口譯
無錫 徐壽 筆述

測量底線

底線為測量之首務宜擇地面極平之處為之此線之兩端三角之從以出也其所測之點並周圍當測之點必須盡見如量此底線而欲極詳極細常用鋼鏈或玻璃條或杉木條或白金條皆欲免其小差也但無論何器用時必平置而下有平物托之（任其彎曲即是小差推算其差費工更多）所測之底線為地球大圜之若干分必依海平面同高而以一定之中

熱度改正其長數（所量之器必有冷縮熱脹故當加減而合於中數）

測量之地面不甚大則用帶尺量其底線二三次帶尺必先與準尺相比試其有差否

底線量時欲極準則帶尺之端有螺簧其式與簧稱畧同視遊表尖所指之數即知牽出鬆緊之數帶尺與準尺相比之時即當慎記表指之數

地面不平另用經緯儀測之依各處之高低改準帶尺所量之數變為真平線之長數如此測量二三次而後用玻璃條等器覆量之始得極詳極細而不差毫釐

測量地面之寬曠者其三角之底線必極準是為極要極

難之事如有毫釐之差則一切之工俱有差英國於前七十年測量本國之地其底線尚是十七年前用蘭司頓鋼帶尺所量者作此底線之時將英國格令會知觀星臺與法國京都之觀星臺以三角法測其相距後即用此底線爲測英國之用而再覆量一次所用之器爲伏性之杉木條先用鋼帶尺再用杉木條復量所得中數變爲海面之高得二萬七千四百零四尺零一三七

第一圖

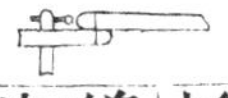

杉木條用疊合之法相接其法於木條之端作垂線而以細螺絲推移二垂線至相合如第一圖因此法費工而不用祇將木條之二端爲半球形令

第二圖

其相切如第二圖以後盡用此器量之故不能知二法何者爲差大畧第一法較好於第二法

前八十四年考證此底線即以帶尺量遠處三角形之邊再從此底線測之二數不差其後七年又在原處名晒司柏里依三角形之邊還證此底線亦不差

前二十四年高勒比在福以勒測邊作底線用以測量愛爾蘭全省所量原三角底線之器乃二種不同漲縮之金類所作則器之長短不能爲冷熱所變又能細察其兩端之相切

二種金類條各長十尺一爲鐵一爲黃銅平行相距一寸

又四分寸之一中間用冒釘相連如第三圖試得冷時加熱或熱時加冷二條漲縮之數有三與五之比其銅條外護以不傳熱之料一層則二條因冷熱而漲縮其快慢畧等二條之兩端各有橫鐵舌相連舌上有白金之微點其細幾不能見無論二條漲縮如何其二點之相距常爲十尺故名定距尺

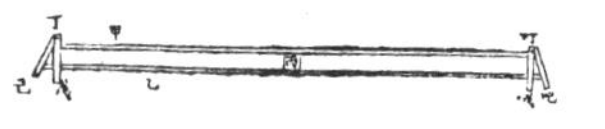

第三圖

甲爲鐵條闊八分寸之五厚二分寸之一其漲縮之率爲三乙爲黃銅條闊厚與前相同漲縮之率爲五二條在丙

相連叮哦丁戊爲二鐵舌用釘連於二條之端能隨二條之漲縮而動叮丁爲二箇白金點六十度熱之時二舌與二條成方角甲條因熱漲三而乙漲五則兩舌變其方向至叮吧丁巳故叮丁二白金點恆相距十尺而不變但用此尺時二尺之白金點不能相切須再設法使各尺此端之點與第二尺彼端之點有等相距亦用鐵與銅相合之條長六寸以極精之顯微鏡連於一端名爲接尺此接尺又連於一架上安酒準得眞平顯微鏡之心正對定距尺端之白金點

接尺之長六寸爲顯微鏡心之相距但定距尺之端或

有阻礙而不能安平則此接尺當用三寸長者白金點始能對準鏡心前言晒司柏里所測之底線即用此器量之

各定距尺安平之後用三箇極細螺絲轉至各點對準鏡心其螺絲連在藏此器之箱上能令其或進或退或高或低此箱之內有木塊托之各木塊勻列於箱底量底線之初點立一方石柱在柱面之心綴一極細白金點此點之上安一横窺筩能窺所作之底線爲眞直用定距尺時盡一日之工能量底線二百五十尺爲中數每次連置五箇尺箱並有鏡之接尺共量五十二尺

此底線有一處經過魯河寬四百尺量過此河勻植多杙於河底各杙之心相距五尺三寸尺箱置於杙頭與陸地相同每日測此底線至傍晚即於其處挖一坑置錐形之石於內而露其尖於地面戴以生鐵帽帽上有黃銅板板中有圓銀片片中作細點以螺釘進退銀片使細點正對顯微鏡之心而止明日即從此點量起配準之後再加木罩專人守護

此處所量之底線共長八里餘後又依下法添二里共約二端相距十里餘

歐羅巴洲除英國之外尚有別國測量底線之法詳見

各種測地之書如法國人畢學與亞賴箇測地書布以三得格西尼福蘭庫爾蘭布頓等各有專書詳論此事法國人米歇那與德蘭白所量原弧之底線用白金條爲尺其長爲兩箇法國托（每托核英尺七尺六寸六八）各條之一端連一黃銅條其黃銅與白金漲縮之比已知則白金條漲縮能從兩條之較而得之其條置於箱內下有架托之而條之二端不相切用能伸縮之尺接量之所準之熱度爲六麻表十三度栢比那之底線長六千零零六托二八枚倫之底線長六千零七十五托九從枚倫之底線而推算栢比那之底線所得之數與量地而得之

數所差不過十一寸

白金條之尺在布以三得測地書第一本二百零三頁詳之凡底線專爲測經線弧與緯線弧而量者少大半爲作圖之用又英國天文家艾爾衣所作地球形書有論尺條之做法與用法並測法之詳

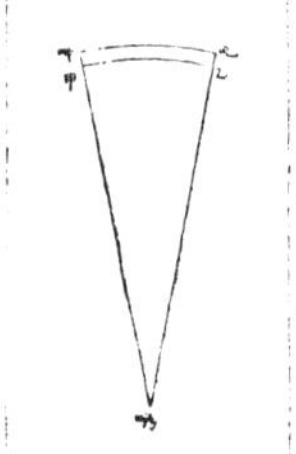

地平面高於海平面之處則量得底線之尺寸當變爲海平面同高之尺寸如第四圖高於海面之底線呷叱以叱代之海面同高處之線甲乙以乙代之地球之半徑呷乙以味代之底線之高於海面呷甲以辛代之

第四圖

此高數或以經緯儀測之或以風雨表測之則味加辛與味之比若叱與乙之比即 $乙=\frac{味丄辛}{味叱}$ 又叱減乙爲量得之底線與推算海平面同高之底線之較等於 $叱丅\frac{味丄辛}{味叱}=\frac{味丄辛}{叱辛}$。

地球之半徑畧爲二千一百零零萬八千尺故將底線尺數之對數與高之尺數之對數相加而減半徑與高之和之對數所得餘對數之眞數與所量之底線相減即得本底線在海面同高處之長但此二數之較亦甚少平常之事固可不計如底線爲甚長而離海面甚高者不可不細

推也

英國天文家艾爾衣所設之算式命未爲地球之半徑辛爲測底線處高於海面之數則所得底線之長數自必以 $\frac{辛丄未}{未}$ 乘之即 $一\frac{未}{辛}$ 而乘之或可將全底線之長數減去其 $\frac{未}{辛}$ 如所測之面其斜度各處平勻則可用其總高數如斜面爲亂形則必分得若干分而將各分另爲推算如第五圖

第五圖

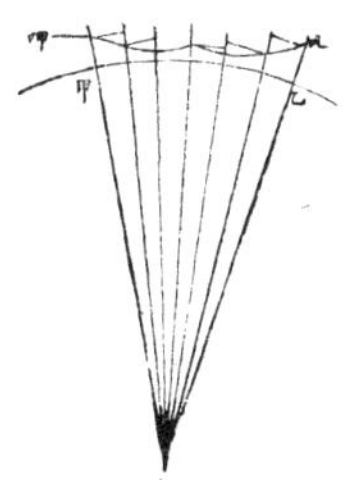

底線呷叱已變爲海面同高之數而欲推算其通弦則將

海平面同高之數與 $\frac{二四未^{二}}{呷叱}$ 相減即得

尋常測地之事可以球形爲平面因地面一度之長爲六十九里有半則弧之長於通弦祇得二十五尺

底線之二端恆有石柱上之白金點爲識然其線內數處亦應另立石柱其上亦用白金點爲識如各分有差即可覆量其何分有差且可各分彼此相較前言愛爾蘭所用之底線不是全用量法其線共長十餘里內有二里推算而得者此推算之分亦能用以證量得之分其事全藉線內各石柱之識如第六圖甲乙爲量得之分乙丙爲推算之分另加此乙丙分之意乃乙點不能作底線之端而於

丙點爲甚便故引長之

第六圖

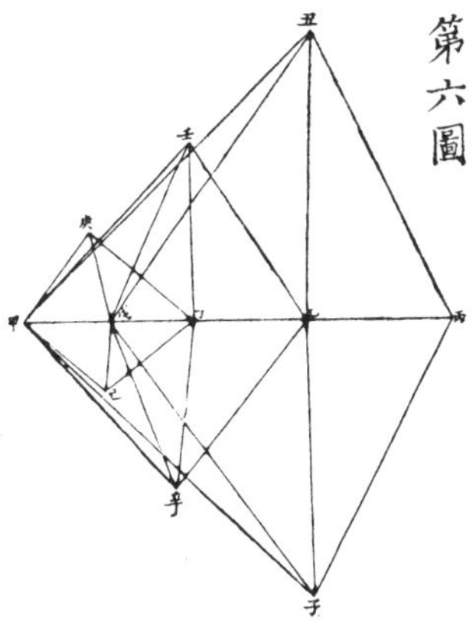

甲乙線內在戊丁兩點各立石柱爲識先擇己庚二點能與戊點成二角畧爲正角己庚二點畧與底線等相距而其二線之長畧等於甲戊又擇辛壬子丑各點用大經緯儀在甲點測得各點之角再將經緯儀移至本底線上之各點又測前各點之角從甲戊並

江南製造局

所測之三角。即能推算庚戊與戊己。從此二者又能推算戊丁邊。此邊在庚戊丁與丁戊己兩三角形爲公邊。二形內各測其數。彼此能相證。又可與所量之數相比。而三者俱能相證。又以甲丁與戊丁爲底線。能測壬丁與丁辛兩線。從此能證丁乙線。再從甲乙與戊乙各能得乙丑與乙子。而從各數之總數。能得本底線甲乙引長之乙丙。如其全底線已量準者。亦可用前法證線內之各分點。又能證一切測角之器。所以辛子丑壬之方位。不但能證底線之用。而測量之時。亦可當次三角形之定點。

底線之功既成。即依此底線而分得地面爲各原三角形。

然底線之用。不但用於測地。又能用以測二處經度之較。又能用以測經線弧之長。從此能得各緯度在二箇經線中間之長。從此能推地球之形與尺寸。

測地繪圖卷三

英國富路瑪譔

英國 傅蘭雅 口譯
無錫 徐壽 筆述

分地面爲原三角形

原三角形之三點。必擇極便之方位定之。又須畧近於等邊三角形。因三角形愈近等邊。則測角之工雖有微差。而推算邊數之差尚甚小。

底線之長與原三角邊之長。其比例本甚小。然定原三角之邊則愈大愈好。而必使畧近於等邊三角形。其各點以窺筩能望見爲限。

測愛爾蘭所用原三角之點。有相距一百里者。但其中數大約六十里。俱從十里長之底線所得。有時測角之方位中間有物遮隔者。必藉氣差始能見。然空氣忽有異常之氣差。則不可以測角。因其差不能定也。

前四十九年。哈奴威國用平面回光鏡置於所測之點。日光照於此鏡。易從遠處望見。高勒比與加德爾考證來氏所測之法國京都與英國格令會知觀星臺之三角形。其內有一角點在恆爾山之臺上。一角點在始塔山上。相距十里。而兩點相連之邊經過英國倫頓之中。炊烟甚濃。不能窺測。故於作識之桿上掛以磨光之馬口鐵鏡。此鏡正

科技譯著集成

對窺筩約定測望之時將鐵鏡緩緩轉側使窺筩能見其後一年英國亦用此法在多爾金相近之立德山此角點與別角點之相距四十五里其山形雖不能見而鏡光宛然可見由是測地之人知鐵鏡回光之法大有裨益英國工程官得勒門設立一器能令其鏡恒向窺筩之處有回光此器之制用小銅圈在鏡前五十尺至六十尺其高低並方向之角度爲略對窺筩之處此圈應得之方向與高低可推算至不甚差其鏡有人經理令其光常照小銅圈光若不離此圈必能爲窺筩所見如相距四十里至五十里其鏡徑五寸已足用相距一百里者其徑須十寸

回光鏡必在日光中用之如空氣不清或陰霾皆不能用所以測地之人思得火炬之法夜中亦能望見如來氐用孟加刺所出之料燃火又用空心燈與拋物線鏡後有福來司奈勒與阿來戈用凸面透光鏡又阿來戈與高勒比與加搭所用之鏡燈能於四十八里之遠望見其後德勒門剏立石灰燈比一切火光更亮用石灰球徑四分寸之三安在拋物線鏡之心以酒燈之火噴養氣於火中令其火射於灰球則所成之光亮於空心燈之光八十倍自有此燈之後高勒比測愛爾蘭時欲在第非司山巔一要點不能見即將此燈送至要點之處噴氣燃火適遇風雨然

其光遠距六十里竟能窺測如無風雨雖相距更遠亦能清楚此燈另可作別用如測兩地經度之較用以作記號其法詳後

燈塔欲得極大光亮者用此最宜前四十一年英國命德勒門試此燈時用輕養氣分藏於收氣箱內噴射灰球比測地時以酒燈之火代輕氣者更亮輕氣之價雖不貴於酒然難攜至山上所以測量英國之時亦不多用此燈因作此事不易而其器價又貴也

前言原三角形從底線測起愈能放大愈好如第七圖即放大三角形之法甲乙爲所測之底線或長三里或更多

第七圖

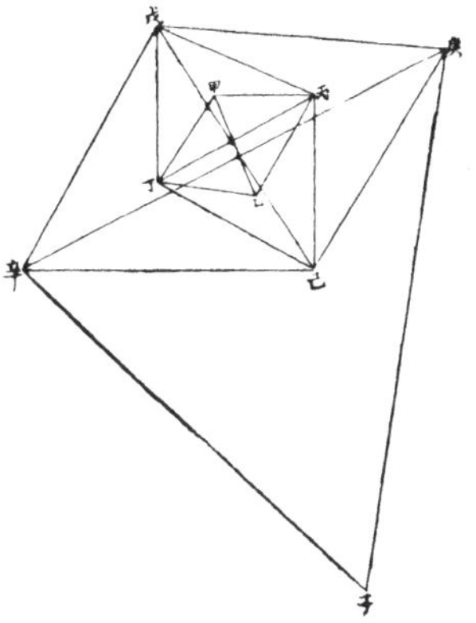

丙丁爲相近三角形之兩點則兩箇三角形之各角測至極詳之後即可推算丙丁兩點離底線二端之相距其丁乙丙三角形已有兩邊並其各角自可推得丁丙線又能證前數之有差與否再以丁丙爲底線即可推戊己兩點離丙丁之相距後在丁戊己己戊丙兩三角形之中推得戊己線之長

又同法以戊己爲底線則得庚辛線之長如此逐層放大以至原三角形之點各得適當之相距

測量英國與愛爾蘭所用之經緯儀其制甚大全徑三尺用以測定要點者凡用大儀不可爲空氣內之事所侵故於不用之時必有蓋護之器其器又須易於啟閉

分測次三角之儀其制稍小各三角之邊爲八里至十里次三角再分爲小三角邊長一里至三里所用之儀徑七寸至九寸或十寸測原三角時而卽欲定次三角之各點亦用極大之儀測次三角時而定小三角之各點可用稍小之儀如風輪磨禮拜堂塔高樹木皆可爲小三角形之

點如此而三種三角形之點彼此各有相關次三角形所測之數能與原三角形所測之數相比則大小三角形彼此能相證如第八圖戊點之方位能從乙丙底線而定之辰點之方位能從丁丙甲丁兩箇底線而定之所以大小三角形彼此相證不致有差其小三角各邊之長依補圖之物之詳

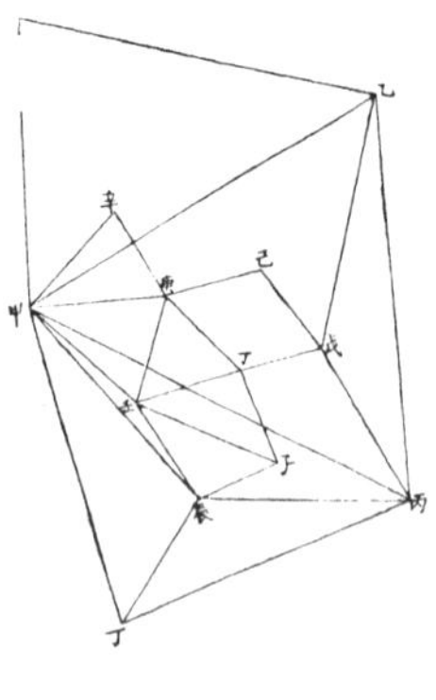

第八圖

與不詳如一國所有之各縣各鄉並各村莊是也小三角形之點相距一里或二里爲人物稠密之所如屬稀少則二里至三里不必推算面積而祇欲得界線準圖者其小三角形各點之相距必依圖之比例大小並工之粗細

原三角形之一邊或多邊必依經線定其方向其邊與經線所成角之測法詳後

各角不但在各三角點之處測量應依別處所定之某點而覆測之

底線未經細量之前而欲分測各三角可設一數畧如底線之長數卽依此數推算各三角之邊至量準底線眞數之後知前數有差則將測得各三角邊長之數以其差數

用比例法改正如第九圖乙丙爲先設底線之畧長數甲乙爲後量準之眞長數戊乙與甲戊爲戊點之眞相距丁乙與丁丙爲先設底線推算之畧相距

第九圖

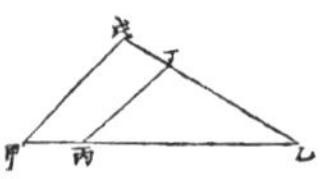

則

$$\text{戊甲}=\text{丙丁}\times\frac{\text{甲乙}}{\text{丙乙}}$$

而

$$\text{戊乙}=\text{乙丁}\times\frac{\text{甲乙}}{\text{丙乙}}$$

歐羅巴除英國之外信用布爾打之壘測儀以測原三角形與次三角形之角

英國不常見此器惟於法國人福蘭庫爾與布以三得書內詳之英國天文會日記之書第一本論此圖極詳

即英人士樂頓所造。

此器之妙處在易於攜帶，但有常差，無論反復若干次，其差之故不能知，雖有測量名家用之，往往有差，惟依其反復之理，不可有差。圖上所用之窺筩不能甚大，因此亦難準。

英國全用經緯儀體制甚大，工作極精，能測高弧及平面之角，又能將斜面上之角變為平面上相當之角。如有兩物與天頂之相距不同，而欲測此兩物之角變為平面上之角，或依離天頂之相距，或依離地平之高，如第十圖，辰為窺測之點，呷吃為兩物，其兩弧高於地平不等，則兩物

第十圖

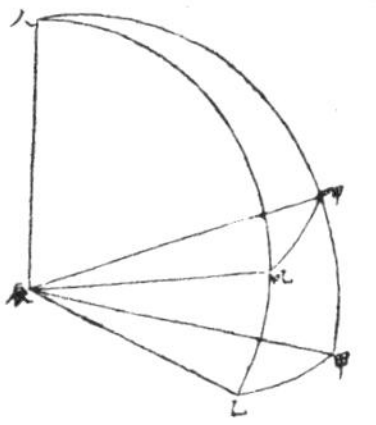

與辰點所成之角呷辰吃，必以呷吃弧度之，惟人甲人乙各等於九十度，則甲辰乙為甲乙弧所度，而非為呷吃弧所度也。此角即所求之平面角，其呷辰吃角與甲辰乙角之較，即所有改正之數，得變為平面之數。此不同方位之平相距，可從其高與低之交互角與測望或推算之相距考知，如令其相距為正角三角形所對正角之邊，而所求之相距為底線，則地平面相配之角可從此底線推得之。

英人畢而生所設之算式為斜度不大者改為平面相配之角。凡測地之時，在地平所有原弧之角常得斜度甚小，故其法合於平常之事所用。命甲為窺測之點，哮辛為兩物之高，令

卯＝正弦（三（哮丄辛））×正切三甲丅正弦（三（哮丅辛））×餘切三甲

則其改正所用之數

天＝卯正割哮正割辛

用此法另有表

以便推算。表內有哮與辛之每度每分之卯之同數，並呷每十分之卯之同數，如其高從〇度高至二三度，則下式更便：

正弦二人＝正弦房正弦房′ / √（（正弦二申丅房）×（正弦二申丅房′））

其人為改變所得之角，其申為所測之角與兩物距天頂之和數，其房與房′為二物與天頂之相距。

凡測地面之平三角，本為弧三角，故地面無論何處所成之三角形，其三角之和大於一百八十度，因其邊為球之

切線也所以測得地面上之三點而當平三角用之則此三角之各邊等於弧三角各弧之通弦但此弧與通弦之較其數爲極微平常之器所測者不能辨因此微數比器自生之差尚極少也然欲測全國所用之原三角則又不能不計此小差也其改正此小差之意以爲弧三角之邊與全球相比其比例爲極小故其面積可以同於平三角形之面積其平三角之邊亦可同於弧三角之邊而其各角則減去弧餘數三分之一此理爲法人勒正德所考證故謂之勒正德之理從其式 $\frac{申}{未}$ 而得之或以秒數算其餘數則 $\frac{申}{未^{二}}$ 求 其申爲三角形之面積其未爲地球之半徑

其未畧同於 $\frac{一}{正弦''}$

弧餘數者卽弧三角形三角之和大於一百八十度故與平三角形三角之和相較有餘數測地之三角常爲畧等之角故減三分之一如角度有大小又當以大小之數爲比例

如以地爲正球形而半徑爲二一〇〇八〇〇〇〇尺則 ∠ = 一〇一·四三尺

而 $(一〇一·四三)^{二}$ 等於一平方秒內之平方尺數減其半徑未卽等於

二〇六二六四秒八而其式變爲

$$\frac{面積之尺數}{(一〇一·四三)^{二}\times(二〇六二六四·八)^{二}}\times二〇六二六四·八$$

或用對數則

面積對數四·〇一二三四八六減五·三一四四二五一等於面積對數減九三二六七七三七爲弧餘數之秒數

測英國之時常推此弧餘數不但減所測之角而得其眞數尚能證所測之角數如英國多爾色喜爾地有一原三角形甚大其三角之和少於一百八十度之數爲半秒而所推之弧餘數爲一秒二五則可知所測之數共差一秒

七五亦有別三角其差更大者如將此差數三分之一與每一角相加則變爲弧三角之角再將其各弧三角之角減其弧餘數則變爲平三角之角其三角之和等於一百八十度以備推算之用視下表推算之工卽明

	三處所測之角度			差數三分之一	改正爲弧三角			弧餘數三分之一	變爲平三角以備推算		
	度	分	秒	秒	度	分	秒	秒	度	分	秒
美宅山	四五	五四	三七·	加〇·五九七	四五	五四	三七·五九七	減〇·四三	四五	五四	三七·一六七
巴得里特	四八	三九	二四·五	加〇·五九七	四八	三九	二五·〇九七	減〇·四三	四八	三九	二四·六六七
柏得頓	八五	二五	五八	加〇·五九七	八五	二五	五八·五九七	減〇·四三	八五	二五	五八·一六七
	一七九	五九	五九·五		一八〇	〇	一·二九		一八〇	〇	〇

以上推算之工將各角減去其弧餘數三分之一但三角可以各自推其餘數卽將弧線之三角變爲通弦所成之

三角所以測量地面之大原三角推算之工有三法一當爲弧線三角而依改正之弧角推算之二當爲直線三角而依通弦之角推算之三用勒正德之法依弧餘數三分之一改變各角推算之用此法爲最便法國測經緯線而定測量之數之時所用之各三角必用三法推之而令各法彼此相證英國測國之時初用第二法推算而以第三法證之以後專用第三法推算

經緯儀不能置於窺測之點則有一差當用準心之法如擇得三角點爲風輪磨或禮拜堂塔易從遠處望見者而儀器不便置其上則所測之角必以準心之法改

正之可用一架另擇一便當之點置此架其架以四木桿長十尺至十二尺相連如第十一圖頂上有伸出之桿桿上有圓鐵二彼此成正角架內懸錘以指置儀之心間有用長桿代此架者

第十一圖

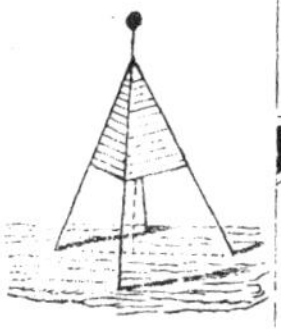

第十二圖

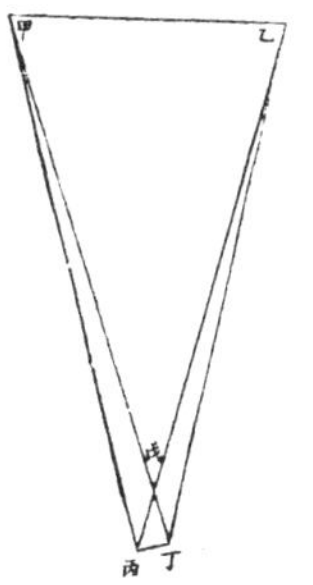

第十二圖甲乙丙爲三角形而丙爲不便置儀之處則另擇便處如丁而測甲丁乙甲丁丙兩三角形並量其丙丁相距則甲丙乙角能以下法推算

$$\angle 甲戊乙 = \angle 甲丙乙 + \angle 丙甲丁$$

又

$$\angle 甲戊乙 = \angle 甲丁乙 + \angle 丁乙丙$$

所以

$$\angle 甲丙乙 + \angle 丙甲丁 = \angle 甲丁乙 + \angle 丁乙丙$$

又

$$\angle 甲丙乙 = (\angle 甲丁乙 + \angle 丁乙丙) - \angle 丙甲丁$$

但

$$正弦\ 丁乙丙 = 正弦\ 乙丁丙 \times \frac{丙丁}{乙丙}$$

又

$$正弦\ 丙甲丁 = 正弦\ 甲丁丙 \times \frac{丙丁}{甲丙}$$

因此各角爲極小可以正弦代弧得

$$\angle 甲丙乙 = \angle 甲丁乙 + \frac{丙丁}{乙丙}正弦\ 乙丁丙 - \frac{丙丁}{甲丙}正弦\ 甲丁丙$$

如以秒數明之則

$$\angle 甲丙乙 = \angle 甲丁乙 + \frac{丙丁}{正弦一秒}\left(\frac{正弦\ 乙丁丙}{乙丙} - \frac{正弦\ 甲丁丙}{甲丙}\right)$$

現在英國測量之人雖遇本方位不能置儀亦不用另擇他點之法可省改正其三角形之煩如所測之角多者更能省工

以上改角之法在測國時不常用因所測之原三角方位恆擇便於置儀之處也如次三角形已有兩角其第三角可以不測

測三角形之角度欲準不可不慎用儀之事五寸或七寸徑之儀配準各件之法茲言其大畧如大儀之徑三尺依作者之名爲蘭司頓英國測量全國之時從博物會內借用凡測原三角與次三角之大儀做法與用法並同小儀

小者既明大者亦不難矣今祇論其小者

英國測印度所用三尺徑之儀爲杜賴頓所作英國將軍壘知因大儀體重不便移動故作十八寸徑之儀其環爲壘測之法壘知之意能以此儀代三尺徑之用惟壘測之益不能補減小其徑之弊然當時雖有三十寸十八寸之儀間亦有用七寸與五寸者

經緯儀較準之法有三其一令窺筩中之十字線交點常與其架之中心垂線相直先將窺筩測得極細之物而稍鬆窺筩之架遂將窺筩輥過一周視十字線之交點不離所測之點則知已準如其交點繞行所測之點即是未準

其十字兩線平常與地面成四十五度之角配準之時先將筩輥過四十五度使一線合垂線即轉筩旁之小螺絲令其線移過至差數之半其螺絲一邊放鬆一邊收緊須屢屢試測務使的準此當知鏡內之像爲倒影故所測之物亦相反

筩內之十字線以白金爲最好然常有彎曲之病故近來常用蜘蛛絲代之惟此絲易壞用儀之人應能自換十字線圈之面原有細紋以指絣線之處用膠或漆粘絲其上製造測器之人名雪末司其法極簡極巧捉一蜘蛛將其所放之絲繞於乂形之器如第十三圖繞時以蜘蛛之本重絲能適緊換絲之時在圈面之細紋內加漆或膠將乂上之絲正對細紋粘之

第十三圖

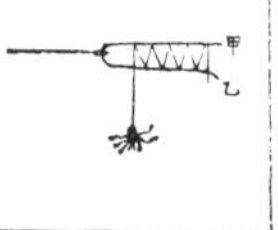

其二將酒準與窺筩之視軸平行又與托筩之立弧平行先鬆立弧之螺絲令筩或俯或仰視酒準之泡適在中點再鬆筩托將筩調過以泡不動爲準如泡移向前後必視其差若干將差之一半以酒準之螺絲配準又一半以立弧移就必須屢次試驗再將窺筩向右向左稍稍輥轉細視其泡動否如已不動即知酒準上與視軸下與立弧同在立平面內否則將或右或左之螺絲配準

其三令儀心立軸正合垂線則地平圈能得眞平此事亦賴酒準爲之先將儀安置略平而夾緊其底板（即地平圈）次將上板轉移至窺筩之視軸略在對面兩箇螺絲（此螺絲共有四所以準平地平圈者）之上而視立弧酒準之泡適在中點又以上板轉過一百八十度如酒準不平將其差之半以板之螺絲改正又一半用立弧之螺絲改正再以上板轉過九十度而以其餘二螺絲照前法爲之然後轉移窺筩數次無論對何方向得酒準之泡常在中點始信經圈頂點正合天頂亦即儀心立軸與地面正交上板二箇小酒準即依大酒準相配

前事俱已配準，則立弧之佛逆應在○度，如不在○度，可將夾於立弧之螺絲放鬆，即佛逆之螺絲細察其差數，或加或減若干。

考驗立弧佛逆之差，有一更準之法，擇得高低二處，相距四百碼或五百碼，在二處迭測其高低之交互角，如已無差，則對面兩角正相等，如有差，則兩角之較必有加倍之差，以其差之半爲佛逆○度之差。

所測之處如太遠，必須另推氣差與弧面之差，此差在相距之弧之長詳論見後，然專考佛逆之差，其相距不必甚多，但以四五百碼爲率。

佛逆之差應試六次至八次，各次相加而得其總數之中數，如測英國所用之大儀，其原佛逆祇有兩對面之點，如第十四圖甲乙所以考驗之時，將兩箇佛逆取其中數，後又另加丙丁二佛逆各相離一百二十度，丙丁之自相距亦一百二十度。用器之時，先得甲乙二佛逆之中數，後得甲丙丁三佛逆之中數，以此兩數相加，以二約之，再得中數，或言此法不合於理，因所得之數專賴甲乙兩佛逆也。故甲佛逆相關之差爲五，乙佛逆相關之差爲三，而丙丁兩佛逆相關之差不過爲二，近有人作同

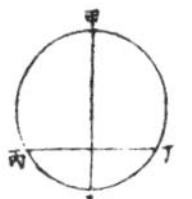

第十四圖

甲 乙 丙 丁

徑之儀，其四箇佛逆各爲等相距。

所有不同心之差並分度之差，依此法變爲極微，故所測之角之差自減，得極小。凡用小儀，必迭測數次，其中數方能推算詳細測量。英國所用二尺徑之儀可測高弧及平面角者，後附天文題內論此器之制度與配準之法。

佛逆之用，所以審察各分度之微分，能進退於分度之面，佛逆之分線與分度面之分線相切，其分線之法，將分度面若干分之長刻在佛逆之面，即以此長分爲多一分或少一分。平常俱用少一分之法，窺測之時，視佛逆之第幾分線與分度面之線相合，即爲分度之小分數，命丑爲分

度面一分之長，亥爲佛逆一分之長，卯爲佛逆總分之全數。

$\text{丑}(\text{卯}-\text{一})=\text{亥卯}$ 即 $\text{丑卯}-\text{丑}=\text{亥卯}$ 所以 $\text{丑卯}-\text{亥卯}=\text{丑}$ 又 $\text{丑}-\text{亥}=\frac{\text{丑}}{\text{卯}}$ 即佛逆各分點與分度面各分點之較爲分度面一分之卯分之一。分度面分點之數本不能甚寬，只能與圓周相配，則佛逆之分點亦不能寬，所以分點爲極細者，必用顯微鏡窺之，或用測微鏡以代佛逆，如佛逆之○度正對分度面之一分，則爲整分而無尾數。九寸徑紀限儀之弧，每度常分爲三分，此分等於六十分度之二十。佛逆之六十分合於分度面五十九

江南製造局

分所以 丑丁亥＝六〇/二〇＝二〇 則此佛逆不能見二十秒已內之尾數而佛逆之長必等於十九度四十分為極小之數

測微鏡有數層凸鏡與平常顯微鏡相同鏡筒中聚光點之處有方匡其平面與鏡之視軸為正角此匡有板兩層一在上一在下上板能移動而有十字形之細線並分度面俱用細螺絲令移動螺絲之外端安平輪分為六十等分此螺絲切於方匡不動之處另有一板其邊刻齒如梳能記平輪轉過之次數此齒配準之時則十字交點之○度與梳之○度相合如轉平輪而得十字線平分分度面之任一分則可轉動至○度其梳齒之弧之分數相配或為五分或十分或十五分螺絲外端之平輪如分六十分則每分代分度面之一秒平輪轉五次則合於分度面五分之長

測角以後之數月或數年必再到原處覆測或定中間之點或訂前測之差所以當時測得之各要點應立大石柱作識如原有不能動之物即以此物為識測量簿內隨時記明各要點周圍之物以便日後覆測之用然數年之後間有遺失之要點而無從稽考者覆測之時可用高勒比

第十五圖

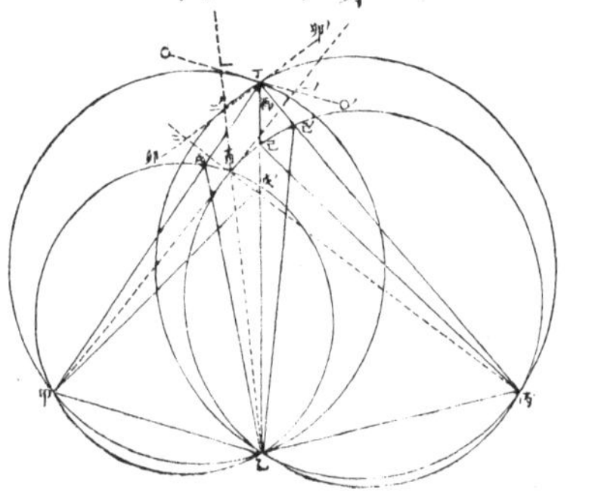

所設之法不甚費時而所得之數亦準如第十五圖丁為遺失之原點現欲考其的處先設酉為略近之點此點愈能近於原點愈好然圖內不作極近者恐混目也從酉點求甲酉乙與乙酉丙二角其甲乙丙為原定之三點而皆預知者並知各點離丁點之相距設所得之甲酉乙角小於原角甲丁乙則知酉點必在甲乙通弦大弧之外設其角大於原角則必在大弧之內其乙酉丙與乙丁丙兩角可類推

甲乙丁三角形必再推算各數以丁角改變而等於酉角故其甲角亦有改變之數

再設乙角為改變數之角而依此再推算三各角之各數再於乙丁丙三角形內以乙丙兩角迭更改變因乙丁丙角之改變故其三角形各數改變而重須推算則得四箇三角形甲乙戊甲乙戊乙丙己乙丙己俱依酉角之數而推算得其各新數如圖內各數大於原點之各數而其甲

科技譯著集成

乙丙三箇角，因此依此例迭更增減，將甲酉與乙酉引長，使酉一與酉一′等於戊丁與戊丁′，即求得之相距與原時相距之較，再過一一′兩點作○○′線，其一一′兩點畧在甲乙丁三點圓界之內，但不能正在圓界，又以乙丙丁三角形同法爲之，則得二二′兩點，過此兩點作卯卯′線，與○○′線交於酉點，即所求原點極近之畧點，是圖只作兩箇三角形而其餘不作者，欲清楚也，但至少須三箇三角形以證所得之酉點，如其三線不在一點相遇而成小三角形，則必求此小三角形之心，而再依前法證其心點能與原點合否，如依此心點所得之數與原時所得之數相合，則此心點已得所求之原點。

測得之酉角，或小於原角，則必向甲乙丙三點度其各相距酉一酉一′酉二酉二′而得酉點，此各點不可離丁點極遠，而必成三角形，畧近於三等邊形，則其角之小差易見，如各角測得詳細而推算不差，則所得第一交點能爲原點極相近之點，再測第二次而必得其眞點，無庸三次之煩矣。

如預先推算甲乙丙等角，或加一分或減一分，而得甲丁丁乙丁丙等邊或加或減之尺數，不必到其處另加推算，以此所得之各數與酉角之差數相乘，即得從酉向甲酉

乙酉方向所應得之相距，如欲免重加測量各邊之工，而得酉點，則以大比例之尺寸作一圖，將其相離酉點之各相距向酉甲酉乙引長之線上度之，而得一一′二二′線之交點酉，又從此圖而得酉點與酉點所成之角，其線能向甲乙丙內成一點之方向，而爲之其酉酉相距亦然，則到此地時不過測一箇角並一短線而已可。

凡測各三角形，必先用器量其三角形之原邊以證底線，又必推算別三角形之邊以證各數無差，然後作各三角形之圖，作圖之時，必用長桿規，其長必合於要點之相距並圖之比例，此圖既成，即可賓補陸路與水道並一切物

點所有賓補之工，或測或量，俱如前法。

測量英國之時，其各三角要點之經度緯度，考得極詳極細，俱用天文及推算之法，測緯度之天頂儀爲英國天文官所監造，安於木臺之上，可以移動，將此器之視軸適合卯酉線，而平面用三箇酒準衡之，遂將窺筩對準欲測之星，而視測微鏡中間之十字線所對之高度，同時必記其時刻，候星過子午線後，再將窺筩翻過，如前測之，又記其高度與時刻，得此兩時角與星之餘高度，即能推算本處之緯度，其推算之工，詳後天文題內。

天頂儀能測近於天頂之星之天頂相距，其立弧之分

度而不作全圖三角法測地常用此器以求本處之緯度即測星過子午線時之天頂相距此種用法可一測而知不必推算

英國全圖近已印出其比例以六寸爲一里其經緯有一秒之線雖有極大之差亦是極微之數數年以前或以爲此事斷不能成現在將欲成功此言在前十年

測地繪圖卷四

英國富路瑪譔
英國 傅蘭雅 口譯
無錫 徐壽 筆述

圖內寘補眾物

測量三角之工愈詳則補圖之工愈省測量之時或全用帶尺與儀器或半用此二器而半用相度之法今以全用二器者立論

英國地圖其小三角形之邊用帶尺量之即依此邊補畫樹林或村莊或縣治等如作粗圖指出日後補圖之工則於各三角之邊作識而用橫線連之或連兩邊或連一邊與其對角初見此法之人必以爲枉費工夫然至補圖之時始知其妙所以測量者必在地面作識而記明於測量簿內以免補圖時之遺忘

所用各線應連於遠處易見之物如禮拜堂塔及風輪磨之類總不可用舊法先測各分而并合爲全圖今反其法而爲之可免舊法之大差

測量簿記明各事之法並推算各處面積之法與平常測地相同觀此書者應預知之故不贅言惟測量之時雖有褊小之處與偏僻之地亦必一例細測不可以各人之臆見爲之

量地所用帶尺西名牽長二十二碼計六十六尺分爲一百分西名連每連長七寸九二十平方牽等於英國一畝故有平方牽數與其小分數而以十約之則得畝數其所餘之小分數以四乘之卽得分數再餘之小分數以四十乘之卽得釐數

如六百六十九平方牽又小分一四六等於六十六畝九一四六將其小分數以四乘之得三分六五八四再將其小分數以四十乘之得二六釐三三六〇共得六十六畝三分二十六釐三三六〇

量三角線左右各相距之長亦分爲連

測量一處必先周行四圍而擇其何者爲便於用儀之處或在邱陵或在山峰或在湖與河之平面必是周圍能見者各處立一作識之物其高等經緯儀視軸之高此各識專測地面高低之用須記明於別簿名爲高低簿又須定其次第之數所有測得高低之角度亦記於此簿始能從此推算各線之平面相距並其高低之較數後將此數變爲高於海面之眞數

地圖能作各處之高低線則興造馬路或鐵路或運河披閱此圖卽知其路之應過何處爲便又能作距等之平剖面線則易作本處任何方向之立剖圖

測各原三角線之時必擇其合式之點便於作小三角形而從小三角形之邊能測本處之界線又能從其線之左右測得各物而記明於簿內後將簿內之各數推算能與所測之數相同卽爲確據當時應用帶尺量其各三角點並量各高地之各識而此各識必記明於簿凡量斜面而相距不大者可將帶尺一端提起而得畧平挂一垂線至地面卽可得平距之畧數如相距甚大則量得斜面之長而用經緯儀測其斜度以立弧背面相配之數與斜面之長相乘而再與斜面相減卽得平距之數此減數卽各度之正矢線

測量英國之人量得各斜面之數卽變爲平相距之數而記於簿內如其面甚斜而用帶尺一端提起之法則每量一次不宜甚長可免後來改變各數之工

相距甚大者其數必從高低簿內各數推算而得其格式如後

從某處	至某處	平看數	向上向下斜數	雜說

第三格平看數將儀用酒準安平之時視立弧面上之差定此差之法用前言高低交互角其第五格雜說爲周圍各物之平面角並一切旁有之事從所測之各

角並各點之相距得下表

圖上對號		甲二	
測得相距	乙	乙一二五四丙	丙九八四丁
向上向下斜度		四〇一六〇〇向上	三〇二〇三〇向下
變得平面之數		九.九九八八〇四一 三.〇九八二九七五 三.〇九七一〇一六	九.九九九二六〇九 二.九九二九九五一 二.九九二三五六〇
平相距之眞數		一二五一.九	九八二.三五
推算之高相距數		九.八一九五四三九 八.八六九八六八〇 三.〇九八二九七五 一.七八七七〇九四	九.八一九五四三九 八.七六五五九四三 二.九九二九九五一 一.五七八一三三三
高之比例尺數		六一.三三	三七.八八
高於海面之數	三五五	四一六.三三	三七八.四五
雜說	測平面而得之數		

前式與此表俱從愛爾蘭測量簿內摘出

第一格各數在某圖之某處第二格爲甲乙丙各字所記之線之長數第三格爲從本點測第二點或高或低之中數此數從高低簿中所有之交互角所得亦用高低簿內改正之如其相距甚大者必依其弧差與氣差改正之第四格爲前格之角之餘弦對數並其相距之對數此數之眞數爲第五格之數第六格由六十六之對數等於九八一九五四三九即一連與一里之比例並角之正弦對數並相距之對數此三對數相加得其和數之眞數爲高之比例之尺數即第七格其第八格爲各處高於海平面之數此數用經緯儀所測得以紅色記之其餘數即將前格各高數或加或減而得之。

測量道路之時其路之線應與三角形有相關又須與接連之物之線彼此有相證如不用此法而但在所測之路記明三角形之邊亦可自相證而且省工如圖用帶尺與儀器從路上之任何點起如甲將儀配準〇度以窺筩對準乙點而得甲乙線謂之主線此線與經線所成之角亦須記明再測丙丁戊各點以此三角之和將上板螺絲夾緊以存其度數

然後移儀至戊點還測原方位之甲點此後放鬆上板而轉測丙點所得之角不記戊甲線所成之角而記乙甲主線所成之角由是移儀至丙測丁移儀至丁測乙皆記主線所成之角此法爲測地者平常所用畫圖時不必每一角移動其分角器故能省工而更準因各方向從一箇主線測得也如一箇方向之線有差且與第二線不相關

凡畫圖之各線其方向俱從一箇主線得來者可用圓形紙所作之分角器如上圖其〇度對準主線以平行尺對準所欲作角之分點而移向前即成方向線如測量

極寬大之地而其圖之比例甚大者宜用半圓分角器此種器以銅爲之其周用佛逆能得其小分數

依此法測路如遇第一線不便爲主線之處須在近處另擇一線每日畢工之後又應測或向前或向後之方位與所能看之二三箇定點所成之角以證前工

詳細測三角形內之物而畫地面形狀之粗圖須在本處爲之如畫等高之平剖面線而無有別物寘補者測量時已得各處高低之數而記明簿內自可日後作界線圖之時爲之如欲考知各縣各鄉之界線而畫於圖上則必尋覓本處練達之人令其指出疆界

前言從測量簿內之各數推算各線而得界線內之面積則所測之每一形必爲三角形或爲平行四邊形

凡基田闌國俱從測量簿內得其面積或亦從其圖內得之如測愛爾蘭之時各縣各鄉之面積畝數俱用推算所有水澤之面積亦推算而各府另設一面積表惟每畝之面積不計然亦可從圖上量得之即在圖面作縱橫線各線相距一牽或兩牽或將透明紙作縱橫線按上先數其前方之積後將各零塊補湊成方積或分爲三角形而即以三角形之法推算

推算之器亦能測量三角形或四邊形之面積此器詳

後附卷英國戶部常用之能證別法推算之各圖又有一器與此器同理亦詳附卷二器之理依下相等式此式爲四不等邊形之對角線與兩箇垂線之較命甲爲對角線乙爲二箇垂線之和則面積

$$\frac{甲乙}{二}=\frac{\left(\frac{甲}{二}+\frac{乙}{二}\right)^{二}-\left(\frac{甲}{二}-\frac{乙}{二}\right)^{二}}{二}$$

現測英國其圖上之各面積用前器推算極速雖有小差不能過百分畝之一

畫圖之時須另作面積圖與直線圖則推算之時可常常

披閱以免錯誤兼可相助面積簿而各田之畝數即從此簿算得所記各數之測量簿並直線圖與面積圖並面積簿其式如後

測量簿中所有左右各物垂線之長如與界線無相關者俱不用以免繁冗蓋或縣或鄉之面積本從測量簿內推算此所設之測量簿即推算各大塊之法其粗圖雖用測量簿之數然不依此例只作線之大畧而指明測角線之畧方向至直線圖與面積圖始從此粗圖詳細爲之其粗圖上寫明簿內各線記號並各點之相距其界線用虛線使與左右各垂線有別其測量簿與面積圖不用虛線以

免混日後依比例而作直線圖易辨何爲所測之線何爲界線。

測量簿之式爲測英國時所用者每測一線以起測之點記在上測至某處之點記在下每線記數之下用雙橫線使各線之數有別簿上之各線各號與圖上相同所測之各線俱成三角形而其左右之垂線指出旁物之相距即畫於面積圖能免推算有差

第十八圖爲直線圖第十九圖爲面積圖其甲乙丙丁大約相距半里奇所以平常之圖不能分至如圖之細又不用甲乙丙丁各號而用各縣各鄉之名

第十八圖甲乙丙三角形內所寫乙二字樣爲測量簿內之對號而其各小數三四五等寫在各直線之旁俱註明於簿內第幾頁第幾數若在圖上認一線開簿即知其數所有各大分之面積從簿內推算所有小分之面積用測面積器從圖上得之凡縣或鄉之面積亦從圖上推算又能證前所推算之數

測量簿之面積圖與面積簿所以明丙甲丁三角形之面積從所測之三角形與左右之垂線推出之法其甲乙丙之三角形各數各事與丙甲丁之理相同

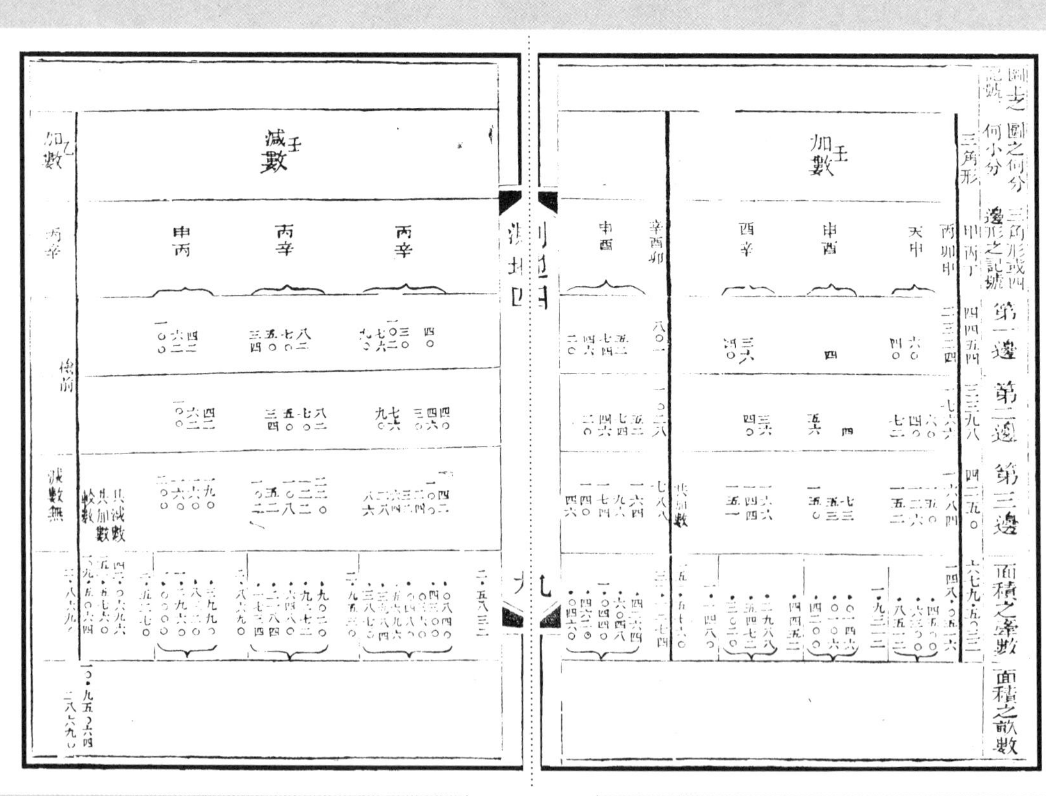

圖上之記號	圖之何分 何小分	三角形或四邊形之記號	第一邊	第二邊	第三邊	面積之釐數	面積之畝數
	三角形	甲丙丁	四四五四	三三九八	四二九〇	六七九·五〇三	
		丙卯甲	三三二四	一七六六	一六八四	一四八·〇五一六	

癸加減數	
申丙	
檢前	
·	·
無	
三·五二七〇	

丁加數	辛酉卯 酉辛	卯戊亥 卯未寅	酉戌	戌亥	卯亥	卯未	未寅
檢前	五八四 八四四	五六 五四	二〇	一〇四	一三六 九〇 四六 三〇	三〇 二六	
· ·	七四二 九七二	五四 九八	二〇	一〇四	一三六 九〇 四六 三〇 三六	三〇 二六	
· ·	五九〇 六〇〇	三四 一七〇	九六 四四	[illegible]	三二〇 一〇四 一〇八 [illegible]	二五六 一六四 一八〇	
共加數	三三·〇九〇四	一六·八七五九 二五·一一八四	[illegible]	[illegible]	[illegible]	[illegible]	八六·四七五九

丁減數	酉辛	戌亥	卯亥
檢前		九〇 四八	一〇〇
· ·		九〇 四八	一〇〇
· ·		七二 三八 二五〇	一六二 一二六
共減數 共加數 較數	一二·四八〇	[illegible]	八·六四七五九 / 八·一六三〇七

八·一六三〇七

己加數	甲卯辰	未辰
	二一三〇	三六 二六二 一〇
	一三四〇	六二 一〇
	一九四八	一七六 二三〇 一六〇
共加數	三·七八三二八	三·七二〇四 / 三·五五二二

己減數	卯未寅 未寅	未辰
檢前		三六 五〇
		三六 五〇
		二三三 一〇九 一九七
共減數 共加數 較數	二·七五七四四 / 三·五五二二	一〇·三九七七八

一〇·三九七七八

止加數	丁卯辰	未卯亥 未辰	亥巳	巳午
檢前	三一三六		五二 五〇	三五 三〇
檢前	二〇五八		五三 五〇 三〇	三五 三〇
· ·	一九四八		二一四 三九六 三六	二七四 九二 六六
共加數	一九五·三〇七二	一·四四〇〇 / 一三·七七八	五·五六四 四·八九六	二〇·〇一八〇

丑加數	丁巳午 卯亥	卯未 未辰	亥巳	巳午
檢前	一六八〇		三六 四〇 三〇	五二 三〇
· ·	一六九八		三六 四〇 三〇	五二 三〇
·	一〇七八		一一〇 一八八 三〇 四〇	二五〇 一八〇 二一六
共減數 共加數 較數	八六·二六五〇	三·四一五四	一〇·〇八二九八 / 一〇·〇一八〇	一〇·〇一八八二

一〇·〇一八八二

寅加數	丁巳午 丁物天 巳物	物天
	一三七〇 三〇〇	五六 三六
檢前	一四四二	五六 三六
	七七〇 三一〇	一一四 一〇四 九〇
共加數	八七·五六七〇	五一·八三三九 / 四六五〇

寅減數	巳午	物天
檢前	五二 六四	
· ·	五二 六四	
· · ·	一四二 三三二 八八	
共減數 共加數 較數	一四〇·八二五五	一三七·二二七一

一三·七二二七一

子加數	丁卯申	申酉 戌亥	亥巳	物天
檢前	三一三六	四〇 四一		
檢前	二四八四	· · ·		
	一六八四	· · · ·		
共加數	二·八一二四九	二·五八三二 / 二·二五七二	八四七四 / 一·九九六四	二五·八〇九一

未申 申酉	
檢前	
· ·	
· · ·	
二·三七六四	

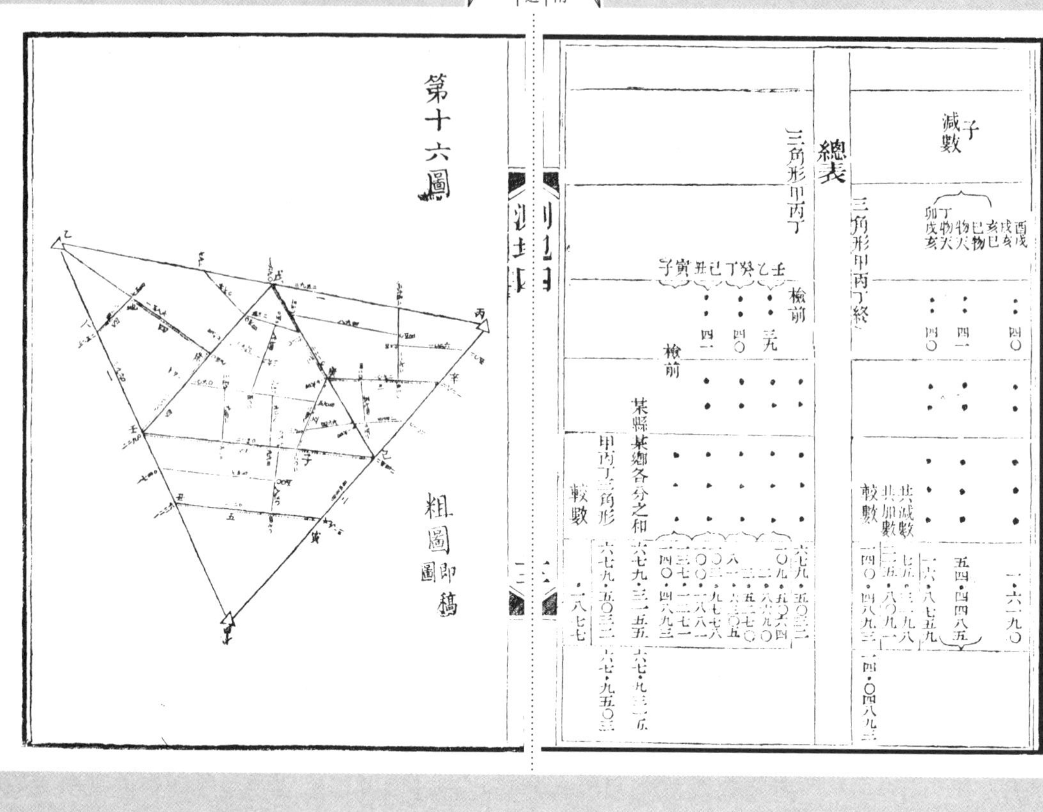
第十六圖
粗圖即圖稿
總表
三角形甲丙丁
三角形甲丙丁終
子減數
檢前
檢前
某縣某鄉各分之和
甲丙丁三角形
較數
共減數
共加數
較數
六七九·三一五五
六七九·五〇三二
·一八七七
六七·九三一五
六七·九五〇三
一·六一九〇
五四·四四八五
一·六八七五九
一四〇·四八九三
一四·〇四八九三

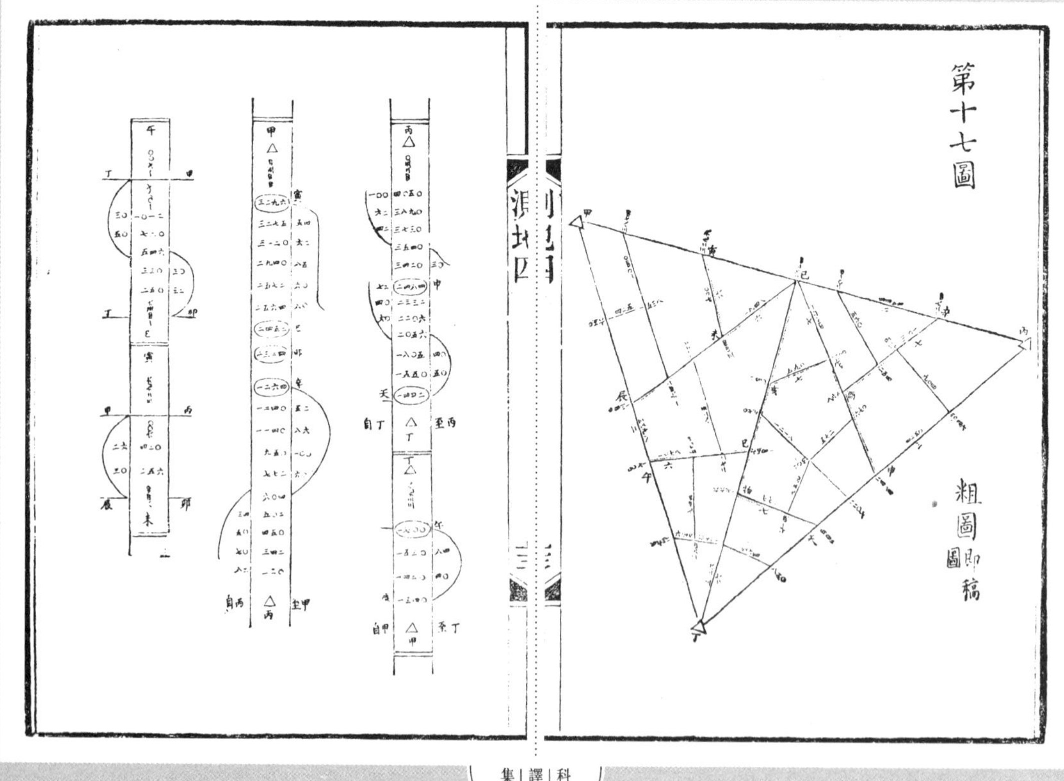
第十七圖
粗圖即圖稿

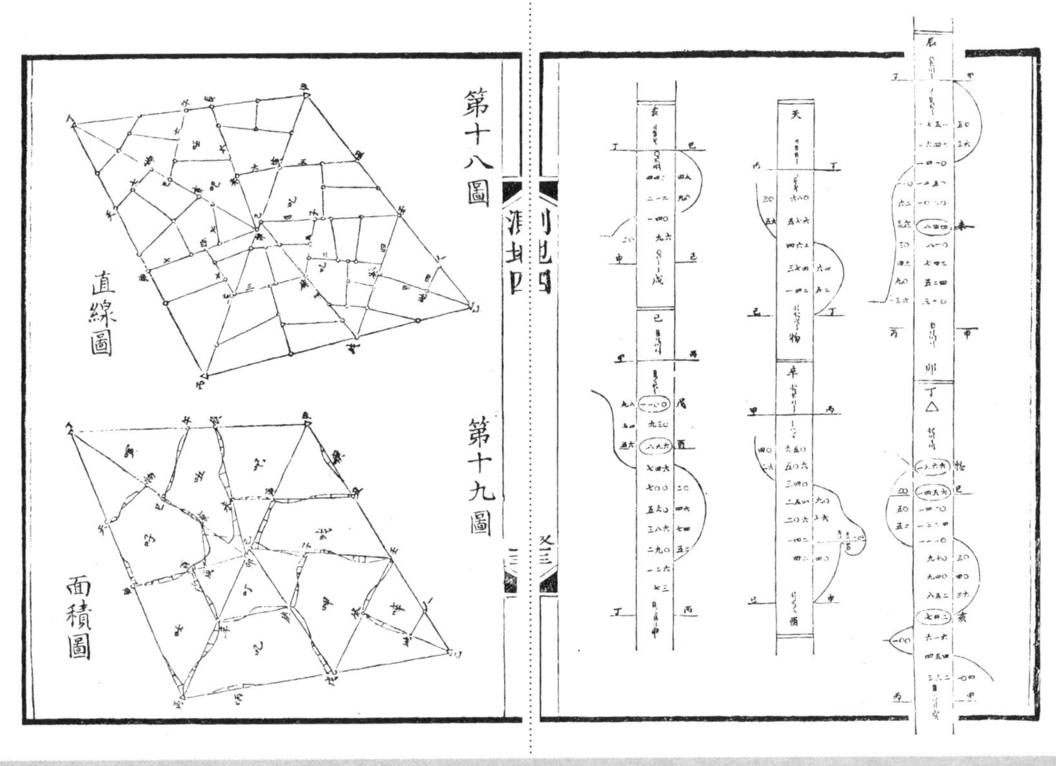

測地繪圖原爲極大之事而此大事又爲衆小事相合而成端緒甚繁條件甚多不能以一例爲之如不先定章程而各人自以臆見爲之其工必不平勻其事亦難成就惟測量一處而作圖其尺寸比例不欲甚大而各分之面積亦不必另推算者所有小事略從減省若欲測量全國則以愈詳愈妥四旁所有當考之事於國家人民大有裨益者不在測地之時考之費工費時必致甚多如何處爲何種土石並各處之土產是也測量愛爾蘭之時記倫頓脫里府之書所有旁事考得極詳如各府盡依此法爲之則其全書之詳細莫與相比矣

以後用帶尺與經緯儀實補圖內各種要事依極簡之法論其大畧

測量簿所記各數之字應用墨筆不可用鉛筆所記各事應與圖上作對號以便查考每日畢工應記明時日並測者之名記事程式應照一定之章則彼此互看一覽而知儀器應日日配準帶尺應日日與準尺相較如有小差隨時改正或記明於簿內而至畫圖之時藉以改正測量之垂線應多而其詳畧必依圖之大小各鄉各鎮之名應依正音寫明其字必用眞書如有轉音傳訛之不同必加考訂

凡欲推算各小分之面積或作大比例圖其左右所量之垂線以一牽至二牽爲最長圖或不欲甚詳比例不必甚大者垂線過長無妨畫圖之紙糊上板時必漲揭下之時則縮又常依天氣溼燥而或漲或縮所以比例尺即畫於圖紙之上如紙有漲縮其尺亦隨之大小而比例相同糊紙於板宜在未畫之前不可畫至半而糊上畫圖之房其熱度應四時略同

測長線之時其兩端有易看之物則中間應留記號日後能用橫線證之或依此記號另作小三角形如線中間有房屋或不能過之物必用以後所設之法

亂形之地面或道路不能測其三角形者固可專用帶尺量之但不如並用儀器爲好

第二十圖

專用帶尺之法如第二十圖甲乙爲第一線乙丙爲第二線之方向將甲乙引長至戊作乙己等於戊乙量得戊己通弦能知乙丙之方向

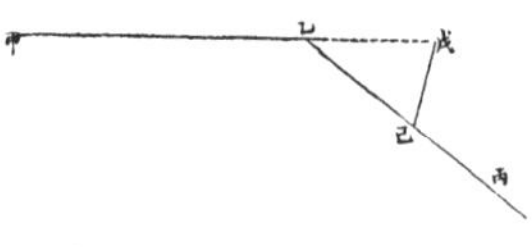

測量簿每線相距之尺寸寫在平行格式之間而平行兩線之左右記垂線之尺寸如前式或先作一草圖而將各數記於此圖用此法者以爲可從此草圖即畫正圖然用測量簿記各線從何處起至何處止與何線相連而左右記上下二線之四點則對簿畫圖亦不甚難平常測地者從所作之圖推算各分之面積將各分之面積相加而得其全圖之面積再在圖上用鉛筆畫成大三角形數個其線略與地面之界線相同設推算之工有差即可藉此覆核然有人不肯從記數簿逐細推算以爲太費工夫者殊不知地面所測各大三角形之面積亦應從記數簿內推算也其亂形之界線或加或減依此法證各分面積之和數比常用之法更準所有各三角形外之亂形面積可作

不等邊形而得其等積之三角形

每畝田之面積欲在圖內推算者用量面積器最能省工其比例尺不可小於二十牽爲一寸而可大至三四牽爲一寸其二十牽爲一寸者英國所作道路之圖其三四牽爲一寸者乃各產業之圖

以上爲全賴測量而補圖之法此下則半用測量半用相度之法此法爲但作一處之圖而用者

路之尺寸必照前法測量每若干相距作橫線以證各數其測量簿內亦照前法寫明各事線之左右各要物必用經緯儀測角而得其交點測角之處或在線之兩端或在

線中間便當之處作圖之時得此角點而從測量簿內得其各垂線其餘相度之工如田之界線或別種線更易爲之雖有小差必是極微之數

近有何殺弗辣所作之比例尺其各分點用最準之器印於厚紙甚是適用而價則甚廉又有麻苦愛所作之比例尺作等相距之平行線又有羅伯所作之左右垂線尺並比例尺尤爲畫圖器內之最便用者其比例尺一邊削薄如刃各分數兩邊並刻其〇點在尺中而數向左右其畫左右垂線之比例尺分開而葉於本尺之面可移動其〇點合於所畫之相距線此尺斜刃一邊之數亦在〇點之左右若作本線之左右垂線不必將尺倒轉其二尺分開之意使不易壞

凡用指南針補圖中之物必依後法考其差數針之指向不但每年改變而每月每日亦改變每日之差夏大冬小最大有十五分最小亦七分如英國極大差之日其時在早七點鐘有偏東之差至午後二三點鐘爲偏西之差此後又漸偏東但此每日之差在測地之時尚可不計因常用之指南針本不能看清半度雖能看清亦不過四分度之一故不必計此小差矣

補圖所有測定之線並測定之點其中間尚有別物或爲

武事畫圖而不及細測者即用四寸徑之小紀限盒或別種小回光器並三角鏡之指南針以及便於攜帶之器

回光器不可測甚銳之角亦不可測甚近之物因有光差也所測之兩物須擇易看清者令過此回光鏡內如兩物所成之角極鈍者必於中間另擇一物將此物與前兩物測成二角相加而得其全角又如所測之兩物其面極斜者祇可得其平面角之畧數其法向左或向右擇得遠物而測二物與此遠物所成之角其二角之較數即所求平面角之畧數

紀限儀必常考其差數最準之法測太陽之徑若用小盒者可將一易看之線如遠處房屋之角線令其眞形與回光形相合視分度面所指之數即是差數小盒改正其差之法雪墨司算學器具之書甚詳此器之各鏡總以少動爲妙

窺筩之上有一細線或三角測微分器最便於相度畫圖之用或看遠物如人之形所成之角畧能知其相距或各處立一分尺之桿自能更準羅申測微分器詳見第五卷

小盒紀限儀配準之法與第十一卷所論之紀限儀畧同此儀藏於盒內用時取去盒蓋其分度面上之佛逆用小

輪轉動窺日鏡亦藏於盒內至用時移上配準此器之法只能移動天涯鏡此鏡須與器之平面成正角另用一匙改其差其窺筩亦能藏於盒內如作粗事可不必用即在安筩處之小孔內窺視其分度而每度作二平分即三十分用顯微鏡看之此鏡常隨佛逆移動

三角鏡之指南針大半爲武事圖之用所以測各物與經線所成之角或補圖內各物又可用以測太陽或星之方位此針之盒平常爲三寸徑者其分度面之每度分爲二平分盒徑更大者分爲四平分其分點從北方向東起數其有三百六十度照星之間有一線對準之時則三角鏡

令線影照於分度面上即指出若干度分此照星亦有一回光鏡如所看之物或高於平面或低於平面則其影能照在人目欲看太陽出入之方向必用此鏡另有數箇顏色鏡此鏡與三角鏡相連於照星盒邊有簧能令分度面不搖動又有撬桿能將針盤托起不用之時必有此物用此器必將三角鏡之光界移對分度面如欲求平面角則將其方向之度數彼此相減即得但不能免少於半度之差如將三角鏡之指南針數件並試之難有兩件同數者故用此器必與經線相比而記此器之方向與已知之數相較而得其差凡回光鏡之器測兩物略在平面之角比

指南針更準因其度數一窺而得入手雖有振動無害於事故在馬上亦能窺測惟兩路中間之各物或河道或長而窄之山谷則用指南針爲便

分角尺畫指南針所得之各方向線將其面上作橫相距四分寸之一而圖紙之上亦作甚淡之橫線與經線正交其線相距不遠而其各相距不等則易令分角尺之橫線與紙上之橫線一條或數條相合如將分角尺繞其心點而轉移至有相合之線爲止則其尺之斜口必與經線平行遂以所測之方向從心點作線則得本物與經線所成之角

第二十一圖丁爲心點所測遠物戊之方向爲三十度而

第二十一圖

欲畫此線於圖內則將分角尺置於紙上如圖式而得丁戊線之方向如反求之用指南針測一點與周圍兩三物所成之角而從其各角求心點在圖內之方位則將分角尺之心點先與一物相合作線成所測之角再將各物同法爲之視各線相交之點即所求之方位若作縱線與經線平行亦便於用分角尺如第二十二圖

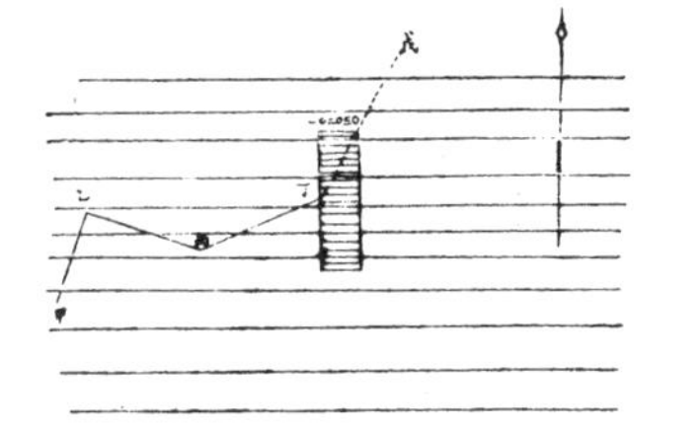

第二十二圖

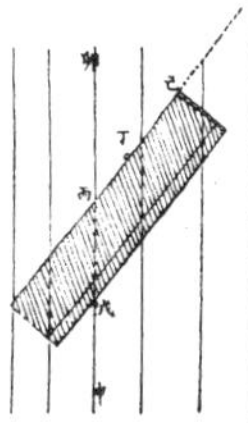

從丁點欲作四十度之方向線則將分角尺之心點丙置甚便之縱線上而繞此心點轉動其尺至四十度之點戊與縱線卯申相合再將其尺移向上下而其丙戊兩點恆不離卯申縱線視尺邊與丁點相合而作丁已線即得所求之方向線如分角尺之斜口有比例尺則可移在丁已線上使一分點與丁相合則能度丁已線上各點之方位

紀限儀測得三點或多點所成之角亦能得測角之人所立之點或以器得之或以算得之然不及用指南針之易此法詳後

德果拉司所作之小回光半圓器比紀限儀有一便用之處能將所測之角隨畫於圖內因半徑遊表即可當畫線之尺也尚有別種小回光器亦能作此事

圖上已有兩點而欲得其中間各物之方位或用帶尺量之或用經緯儀測之所得之各界線其工略同然亦可以步數代帶尺而得其相距其方向用指南針或紀限儀代經緯儀所有左右之垂線不甚長者亦可推算而得

補圖之人另用直桿一根爲最便如有彼此兩物欲求一點適在兩物中間直線之上則將桿橫置地面先向桿端望此物再從桿之又一端反望彼物彼此參直其點即在置桿之處亦能用此桿引長一線向後已知之點如桿所指之線上有樹或有塔爲識即能當已知之點而人即可向此物前走而計其步數

補圖之時各事各數並地面之形像隨畫於圖上而不用測量簿則亦無藉乎器具而專以人之目力爲之其人必久練精熟方能心手相應此事於武事之圖相關故在第五卷言之甚詳

所量之線有阻礙之物而不便量其步數者則有補救之法又有數種測量相距之事不能用平常之法者亦可不必用三角法然用經緯儀或紀限儀等器究能比繞道測法更好

第二十三圖

第二十三圖欲量甲丁直線而乙點有河或有別種阻礙之物則在本線上另擇一點已此點與乙點之相距略等於阻礙之物之寬又在戊點立一表與乙點爲甲乙之垂線其乙戊之長略等於乙已再將經緯儀置於戊點而作乙戊丙角等於乙戊已角乃在丙點作識於甲丁線內則乙丙必等於已乙如丙點向不足用而欲在任何點丙則其離

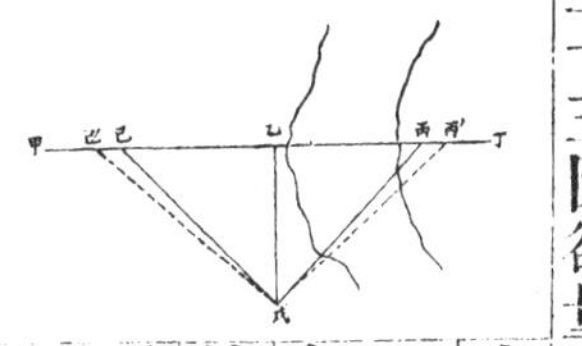

乙點之相距可反其工而得之。即作乙戊己角等於乙戊丙角。而後量得乙己相距也。此法不必看角度。祇將底板之佛逆定在○度或便當之度。收緊上下二板。而以窺筩對準乙點。隨將上板放鬆。轉移窺筩向己點。再緊上板而鬆底板。以窺筩還向乙點。又緊底板而鬆上板。將窺筩略向丁點轉動。佛逆仍對○度或前所對便當之度。然後以甲丁線上所立之識移使適對十字線而得丙點。

中間有物阻礙而在乙點不能成角。則作甚便之角甲乙戊。如二十四圖。將儀安在戊點作乙戊丙角等於甲乙戊角之半。更於丙點作一識在甲乙引長之線。則乙丙自等乙戊。量得乙戊線則知乙丙線。此乙戊線亦可藉以畫河岸之用。

第二十四圖

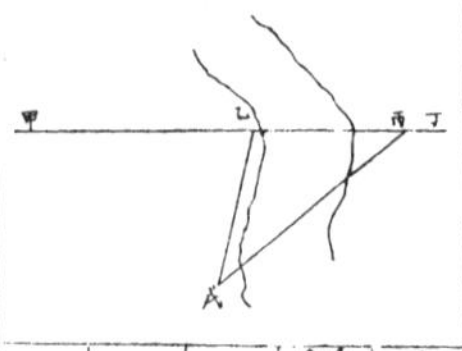

阻礙之物其長不過一牽或兩牽。如房屋等。則可向右或向左作垂線乙丙。而從丙點直向前。如第二十五圖。避過此物。再作一垂線而仍歸本線。又有更便之法。作一角與本線為六十度。其角點之相距以不過阻礙之物為率。如第二

第二十五圖

第二十六圖

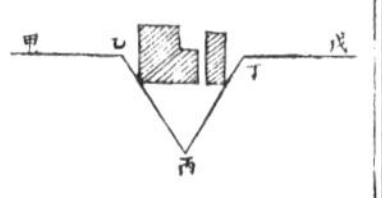

十六圖。從丙作丙丁線亦成六十度之角。則丙丁等於丙乙。而乙丁相距必等於乙丙。

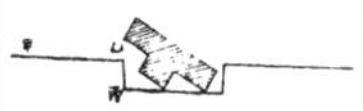

第二十七圖甲辰線上之辰點為不能到之處。則求辰乙之相距亦同二十三圖之法。即丙點為乙甲線內乙點之垂線。再作乙丙丁角等於辰丙乙角。則乙丁等於所求之相距乙辰。或依大比例作房屋之圖而在圖上測乙辰相距亦可。

第二十七圖

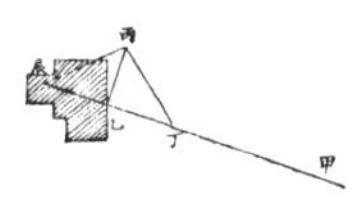

第二十八圖有兩箇線在湖或河相遇於乙點。而欲求丁乙相距。則在甲天線之任點己作己丁線。又從戊點作戊丁線。將二線引長至庚與辛。而所引長之數必等於本線之長或二分之一。再作辛庚線而引長過丙丁線於辰。則辰辛為乙戊之半。而辰丁為丁乙之半。從此而得相交點乙。又得丁乙之相距。

第二十八圖

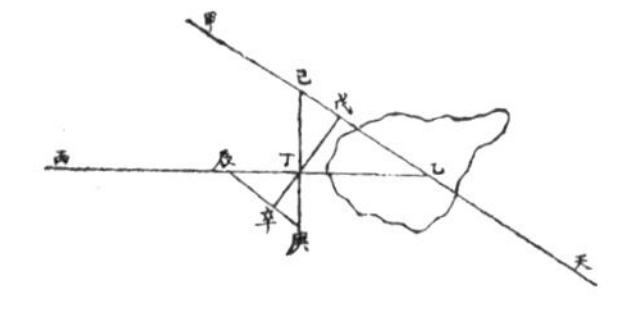

第二十九圖河之對岸有呷點。不用測角之器而欲求其呷吃相距。則將呷吃引長至叮。作叮丁線為丙點所平分

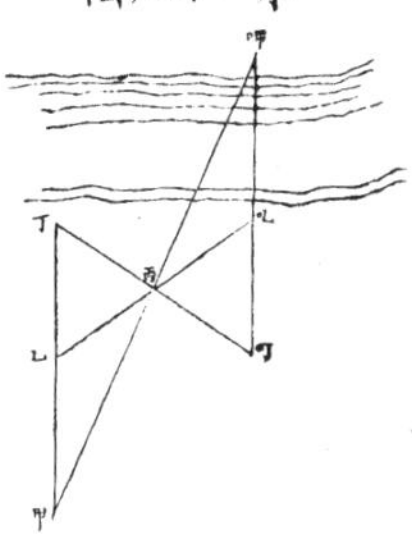

而作丙吃線以此線引長至乙而令丙乙等於吃丙再作丁乙線而引長至甲遇呷丙引至之線成交點則甲乙等於呷吃而甲丁必等於呷叮

第二十九圖

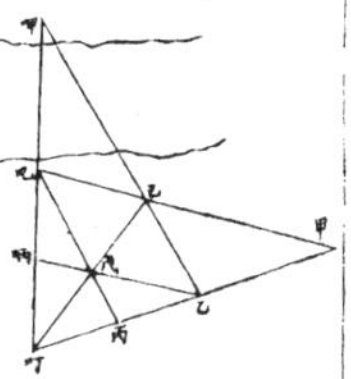

第三十圖將呷吃引長至叮以吃叮平分於哂而在任方向叮丙作叮丙線等於丙乙再作吃丙與哂乙相連之線而得交點戊又作叮戊引長之線遇呷乙線於己後將叮乙與吃己引長而相遇於甲則

第三十圖

甲乙等於呷吃而甲叮等於呷叮

第三十一圖有呷吃二點俱為人所不能到而欲求其相

第三十一圖

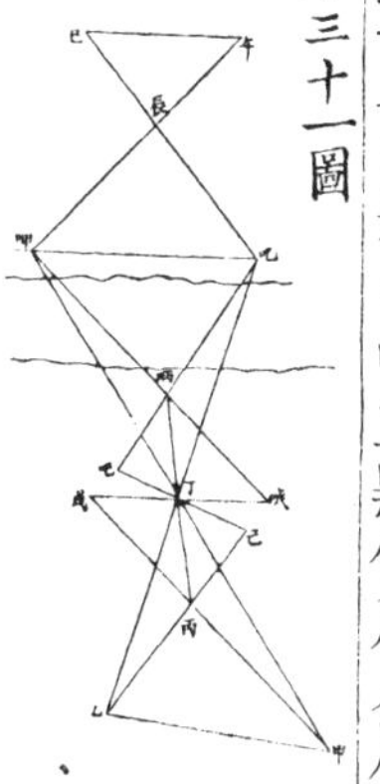

距則從任點哂作哂丙線而平分之於丁在呷哂引長之線取哦點作哦丁線再將其線引長令丁戊等於哦丁又以同法在吃哂引長之線取吧點令丁己等於吧丁然後將呷丁與戊丙引長而相遇於甲又將吃丁與己丙引長而相遇於乙則甲乙等於呷吃

如呷吃線不能測量而呷吃為能到之點則此兩點與辰點之相距可量而知將此二線引長如辰己辰午令辰己辰午為呷辰吃辰等長之線或任何分之長則己午之相距與呷吃有同比

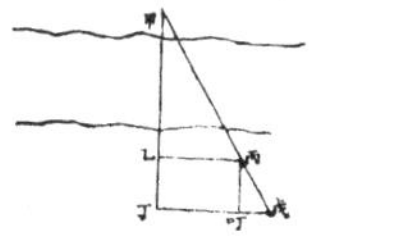

第三十二圖不用測角之器而求甲乙相距又有正角之法自可推算而知如丙乙與戊丁俱為甲丁之垂線而丙戊二點俱在甲戊線內則

$$甲乙 = \frac{(丁戊\ 丁乙丙)}{乙丁 \times 乙丙}$$

因丙叮戊三角形為等式故也

第三十二圖

第三十三圖

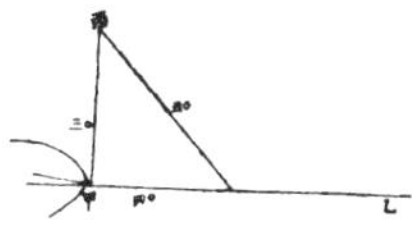

作垂線之法祇有帶尺而無別器如第三十三圖命甲為作垂線之點用句三股四弦五之法為之則得丙甲乙必為正角三角形

又能用帶尺在地面上作一角等於任何角則從角點至兩點量得等相距而再量其對角之邊依三線之比例可在別處作等角

第三十二圖其甲丙乙角如能用紀限儀測之則甲乙為角之切線乙丙為半徑凡小盒紀限儀或別種移帶之器

其蓋上應刻正弦與正切表則可不用三角法最便於相度畫圖或戰時測望敵人礮臺相距等事

第三十四圖山峯之上八不能到亦不用測角而求申點

第三十四圖

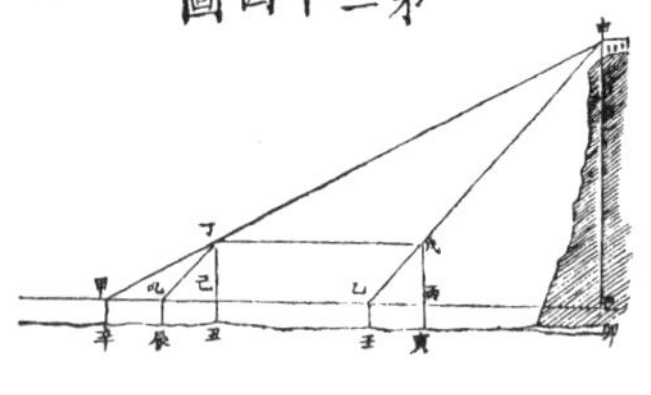

之高則在辛點立表高三尺或四尺再於丑點立等高之表得此丑點之法另用長桿己丁得其頂點丁在甲申線內再任立一表乙而在乙點之前立一表丙得此丙點之法令其長桿之頂點戊在乙申線內然後量得甲己與乙丙而將乙丙相距從己點向甲度之得吃點則甲丁吃與甲申乙兩三角形必爲等式所以 $\frac{辛辰}{辛壬}=\frac{甲吃}{甲乙}=\frac{丁己}{巳申}$ 又 $\frac{辛辰}{辛壬}=\frac{甲吃}{甲乙}=\frac{甲己}{甲巳}$ 故其高 $\frac{辛辰}{辛壬}\times丁己=巳申$ 又其相距 $\frac{辛辰}{辛壬}\times甲己=甲巳$ 此外尚有簡法數條能測相距與高詳見第五卷武事圖

設有三點爲不能到之處而其角能測者則三點之位置已知而可畫於圖今欲求測者所立之點或以算法得之或以線法得之或以指方位之器得之然有更妙之法用透明紙畫成所測之各角將其紙冒在圖上而移動遷就視其三線合於三點則其角點爲所求之點因不能有別點與三線相合也如測海岸而作圖之時常有此事其推算之法與作線之法不多用而常用者惟有此法但以三角法測量全國則亦不用此法如其三點在一箇直線之內或人立之點在三角形之外者阿但司幾何書中甚詳以作線之法得所求之點平常之題以所求之點在三點所成三角形之外如第三十五圖辰巳午爲從陸地向海岸所測定之三點申爲所欲求之點或是露出於水面之石或是抛錨之處設午申巳角已測得三十五度巳申辰角爲四十度則作一平圓過午申巳三點其作法將午申巳角倍之得七十度與一百八十度相減得一百十度折半得五十五度卽在巳午未與午巳未作五十五度之角則未與午巳角必等於七十度而爲午申巳角之倍此乃幾何之理心角必倍於邊角也故以未爲心而以未午或未巳爲半徑作平圓其周必過申點又用同法以亥爲心以亥巳爲半徑作平圓

第三十五圖

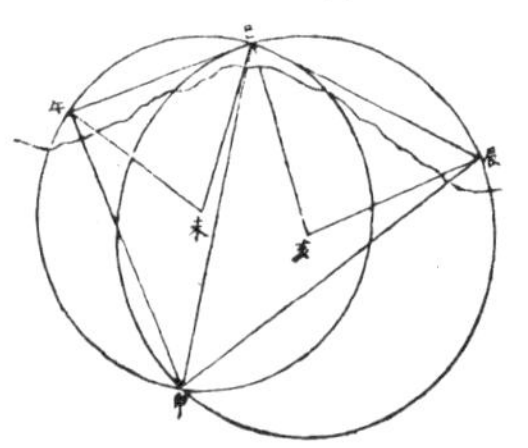

其周亦必過中點而其兩圓周之交點即所求之點
此題之推算法詳見布以三得測地書及胡里知武事書館所用之三角法書

空曠之地有鐵路經過或欲興造鐵路其測量之法略與前言用帶尺與經緯儀測平常之路相同此不贅言惟鐵路之線本甚長故必詳細爲之而所有之角亦必詳測又必以鐵路已經行過之方向證之如英國所定各鐵路之比例尺寸而作圖其紙幅之寬必依准造之路所設之線而從此線能容路之偏左或偏右

作鐵路之圖其鐵路各處之高低斜度彎曲並築高挖低之兩邊斜面畫法甚煩故不詳及凡與測量之事不甚相關惟第六卷測高低之內有數款論此事

圖內作各三角點並檢測量簿而補圖有最要之事數件如三角形之邊平常用長桿規從所推算之相距而度之各三角形之點必畫在各分圖之上以便從此分圖補畫所有之物於總圖如英國之圖各次三角形之邊爲已測之線而各線上之垂線盡依此各次三角形之邊若比例甚大如城圖等則各三角點從一箇公經線而度之則所成各三角形之邊能從此而證之

測量英國各圖之比例

一城圖爲五百分之一即十尺五六代一里亦即一百二十六寸七二

二縣圖爲二千五百分之一即二十五寸三四四代一里依此比例則英國一畝爲一方寸

三府圖爲一萬五百六十分之一即六寸代一里

四國圖爲六萬三千三百六十分之一以一寸代一里

英國測量之時有數處初成之圖用別種比例但現在不外乎以上四者第一比例恐過大則半之而以五尺代一里亦得清楚第二比例則以六寸代一里雖爲更小亦不差至甚遠測量畫圖之費第二法每田一畝四開一枚第三法種植之地每畝六分四開之五荒蕪之地每畝二分四開之一第四法即一寸爲一里每方里金錢八圓四開七枚

從測量簿作各線與垂線其比例尺之式樣與大小各有不同又一種用牙尺中有一槽另有一春在內移動則左右之垂線易作有人喜用兩尺分開者

英國地圖南邊數省以二寸爲一里其餘各處並愛爾蘭以六寸爲一里後將此各圖並別種比例之圖一例減小之法詳見第八卷

測地繪圖卷五

英國富路瑪譔　英國　傅蘭雅　口譯
無錫　徐　壽　筆述

行軍揭要

凡為武事而作地圖必有指明各事各數之說其圖與說相因為用或詳於圖而略於說或詳於說而略於圖必以何者為要而定之故畫圖者必先知其圖為何事而設始能依其事而得詳略之宜如行軍而假道於和好之國必知其路之寬窄曲折以及坍塌之處修好與否載運軍資軍實之器全備與否在路能得本處之糧餉與否其地或暫時防守或將來欲作戰場總能得地面形勢之便宜為要故其圖與說必須極詳其事或出於目見或得之訪問一切俱備此各事之或確或不確大有關於勝敗也

凡相地畫圖之武官宜通用兵之處之方言始能每事訪問真確

武事畫圖作說所宜詳考之事

路○方向曲折　地面之質　易壞或否　易修或否　何時為何兵可以行過　敵人能貫行與否（貫行者敵彈順我陣行穿過）　何法能避此患　旁有樹木藩籬或溝或土堆　山峽狹窄能在此返旆否　或我能防堵　或敵已防堵而我能攻之　俱必作說甚詳有時武官稟報路上不能行過又不能設法補救其路而敵人反能潛師以來者

如奧地里國武官稟報奧辣不山不能過法國武官稟報布喜米阿山不能過此二山後來俱有多兵行過所以法王拿布倫有言凡能二人並肩行過之處大軍亦能行過此言雖太過究亦有理

河○源流深闊　水流之速　飲馬便處　水為何種性情　冬欲冰否　冰面能行過否　其水依時長落否　其長落或忽然而起或遲遲而來　長落之時與周圍地面有相關否　有時欲全乾否　可引灌否　可截斷否　兩岸或高或低或有樹林土堆否　船有幾何大小與式樣若何　分支幾處　橋梁之尺寸與造法　打壞之法　修理之法　或可徒涉或須載渡　步兵或馬兵俱可過否　或周年可過　或暫時可過　過渡之時可截擊否

凡涉過之處深至三尺步兵不能過深至四尺馬兵不能過深二尺半礮與火藥車不能過河底或為泥或為沙或為石或永無改變或時有改變

運河○水之深岸之闊　閘門之大小　疏導之法　打壞之法　修理之法　行船各法　牽船之路

地面之形勢○各處斜面之斜度　凹凸不平之處　馬兵能行　步兵能行　或有山巒圍抱　或爲平原曠野相近之山高低之比

作圖之時無暇細測山之高低必將其高數略分爲等次如第一第二第三各號

山谷樹林低窪之地　依時有水淹過之地　當路之物平原　海岸　海邊登岸之處　海灘或沙面或礫石面　營壘城牆能攻能守之處　合於築營之處　樵汲之地

各要數○城鎮鄉村居民多少　作何生業　地產各物

運人運貨之法　人馬所食之物

圖之詳細與準全在考察所歷之時如地面所有之物已有現成之圖則可將一切要事並能從遠處看明之物用比例依其圖畫出地面寬大者卽分爲數分而每人作一分圖或作一粗底線用粗三角法畫出如路上有現成之里石（西國之路俱有計里之石）則以二石之相距爲底線之二端而測周圍之角用分角器畫於圖上比別種粗法更速更準所以作此武圖之官必須平時習練精熟臨時始能速而且準書總不能盡言也

畫圖之器已詳前卷三角鏡指南針最宜於或路或河或海邊之用回光鏡不能作此用其針所得之角度雖少有差但小分角器亦有此差分角器應在斜口刻比例尺之各分點或以六寸爲一里或四寸爲一里或三寸爲一里各適其宜另帶畫圖小書與指南針與小盒紀限儀小遠鏡筒內有測微分之法此外必不再攜別器此等小器俱可藏在身上或可連在鞍上測望之時取用甚便然能不用器具而亦得成圖始爲最好久久習練目力則角度與線望而知之

作分角器之簡法如第三十六圖將紙一方摺成三分各分半之得六分每分十五度再將每分爲三分則每分得五度每度以目力視其略可作各角之大略

第三十六圖

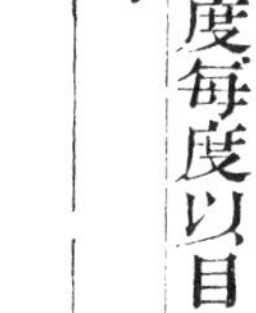

地面漸漸斜迤者或如海濵之層壘者難顯於圖上所以英國與別國設法不但能記地面之形不甚差又可依算學而作各線一覽其圖而知其斜面若干度欲作任何方向之立剖面形俱可從此圖而爲之但爲武事作圖而須速成者難得甚準惟測全國之時必宜詳細

表明地面之斜度有二法一名立法一名平法立法所有各線之方向卽圓球從高處輥下所行過之路平法爲近

江南製造局

第三十七圖

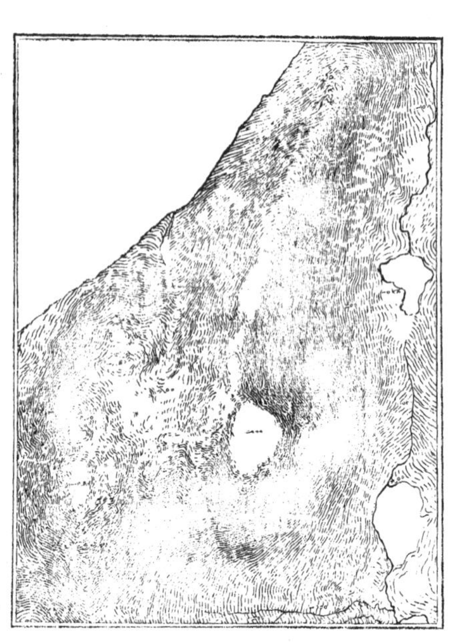

第三十八圖

時所挪設者其形像爲平剖面線即如有水從低處漸漸漲上每漲若干高所有露出之形之界線現在畫粗圖者常用此平法如在急迫之時則用立法惟用平法所顯之形比立法更清

第三十七圖爲平法畫山之粗圖第三十八圖爲立法畫山之粗圖若畫武事圖而欲急成則以立法爲合式因雖極粗其形之大略已盡顯出

平立二法以目力所得二箇定點或二箇測過之線中間之形勢固不及經緯儀與酒準之細然於工則甚省所有詳細測望而作眞形之平剖面線詳見下卷日耳曼有一法爲勒曼所設者以線之粗細指出斜度之多少意謂日光依垂線之方向下射而各斜面所得之光暗與各斜度有比垂線方向之日光照在四十五度之斜面其回光適

第三十九圖

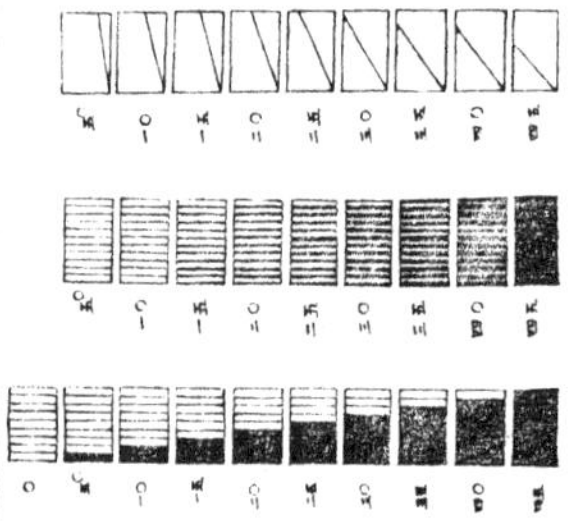

平無論步馬已不能行過故以此斜度爲最大而以全黑面識之正平面所得之光一直回上則以全白面識之四十五度斜面與平面之間各斜度分爲九分每分得五度則面之黑白亦分九等五度之斜面白與黑有一與八之比十度

科技譯著集成

之斜面有二與七之比十五度之斜面有三與六之比餘依此類推如第三十九圖爲此各線黑白之比例畫圖之人必久久習練任畫各種粗細之線而不藉成式無有毫釐之差爲好如其人尚未甚熟雖作粗略之圖其斜面必須各處測量果能嫻熟則一覽而可下筆矣然線之粗細欲與斜度有比究非易事不但筆法之小差兼有目力之不到也前五十年雪北而捺嘗言平立兩線可以相輔而用爲妙先作平線再在平線之內作立線則立線之方向與長短能指出其面之斜度最易顯明若平剖面線之相距甚小亦可不必作立線因立線本與平線爲垂線也法國畫圖之武官常言欲圖極準必用此法又言各國之人當以此爲畫圖之公法司密德亦言此立平二法兼用之善因其立相距爲常數則任將平剖面二線之相距用規度之而再度於比例尺上即能知其斜度作此比例尺之法如第四十圖然過四十五度其底線極短如斜度小而底線作短則斜度之大者底線必過密如大斜度之底線作長則小斜度者又過長（底線即平剖面兩界線之相距）賀蘭人名萬啟爾根已設一法欲免其難處任能用底線比例尺其法過大斜度之處用雙線或三線等記之能與等長之底線相比司密德盛稱此

第四十圖

法最便於畫山之粗圖可依山之斜度而作此線記其斜面惟全圖不能如此祇可於要處用之其底線之長相合

第四十一圖

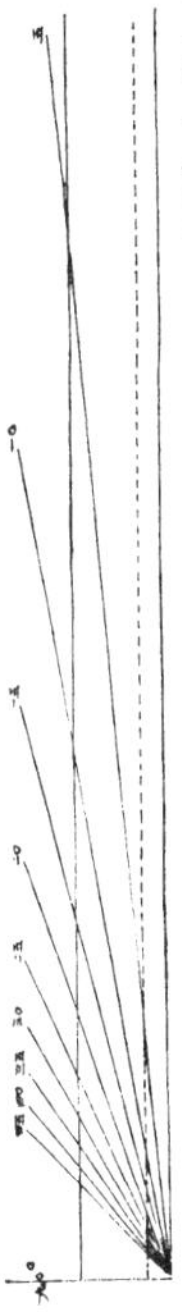

第四十二圖

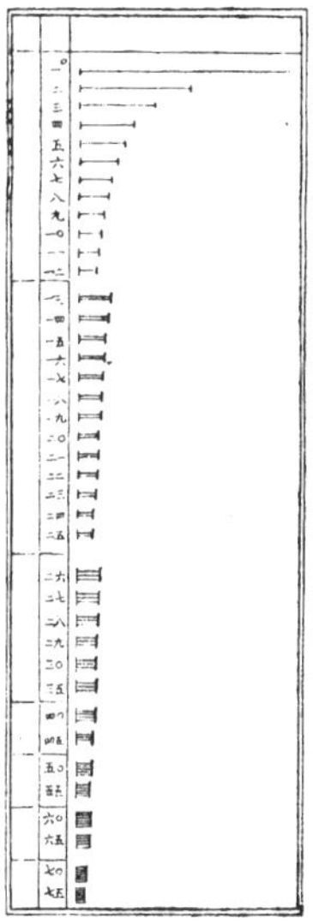

於預定之立相距如第四十一四十二兩圖表明此法其以四寸代一里之比例則立相距爲二十四尺即以此數之高作平剖面界線一層司密德依圖之比例定其立相距而得四數以六寸代一里立相距爲二十二尺以四寸代一里立相距爲三十二尺以十二寸代一里立相距爲六十六尺以一寸代一里立相距爲一百三十二尺如斜度爲十三度作雙垂線二十六度作三垂線然用平剖面線其立相距不大而各爲相等則儘可作各方向之立剖面形比作地平面之立視形更準如測英國之工幾分依平剖面法爲之

平剖面法之經費甚大所以測量英國初用此法恐費不敷而廢之然究不如用此法之好也

平剖面之界線用酒準或經緯儀測量而成其平剖面之立相距依地面之形勢其中數略爲一百尺兩界線之間有副平剖面用水準定之較便於酒準與經緯儀副平剖線之立相距恆爲二十五尺用器作平剖面線之立相距詳見下卷

粗圖之比例不大不小而微差不必計者可用畫平剖面界線之法作平剖面線最易明曉其粗圖正面表明地面之形勢則於背面畫出地殼各類土石之線而設各類之色以圖對光看之即知某處土石爲何類平看其圖祇有形勢可見而不混目其立剖面形應在圖紙之邊另爲之圖中必有一線指出立剖面形所在之處

初測英國之時將土石細考寫於圖之各處現在則與測量之事各自爲圖

所有最要之斜面其斜度用象限儀測之各度即寫明於圖內斜面之處此種象限儀可以自製用厚紙作象限弧之形如第四十三圖將其弧分作九十等分或十八等分每分當五度以小鉛球用絲線連於圓心作垂線之用此器

第四十三圖

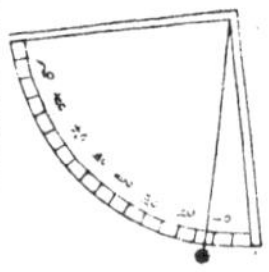

不但能測立角又能求平剖面線之用肆中所售以銅爲之上安酒準然行軍之事宜從簡不如厚紙者之便夾於畫圖書內

粗圖之上有與步兵馬兵礮兵相關者地形之斜度爲要事之一必須歷歷記明

六十度即四與七之比步兵不能過

四十五度即一與一之比步兵難過

三十度即七與四之比馬兵不能過

十五度即四與一之比礮車不能過

五度即十二與一之比礮車易過

地面最要之形爲相連各山頂之線（即山脊又名分水線）並深谷之底線遍山所受之雨順其谷底流於河海此二線如能畫得甚準即已指出地形之大略亦能相助平剖面線之工因平剖面線與山頂線並大斜度線相遇必成正角也尋常初學畫圖者以爲山與地面不相連而久習其事之人則能明二物所有相關之理並相連之法故得預知何處應有或泉或津或峽等物初學者必謂此各物亂置於地面而無緒類殊不知形勢之當然俱有一定之理與天造之萬物相同

畫圖之時另作立視形即對面看山之圖此法之益處能

令人明曉地面之情狀如一座山從二箇正角方向作圖則可當直剖面與橫剖面之用而更比剖面形顯明因周圍凹凸之處能從此圖知其大略

畫粗圖者另帶各種顏料與毛筆所有或山或水或林或石房或磚房或木房用毛筆畫而設色必比鉛筆省工而清楚

粗圖竟補各物或時在急促而無暇用器測量則其人應能一望而得其略相距此事須平時習練如試走數日即知跬步之長並時之速騎馬試走亦知其步之長與速遠望數處而揣得其相距再以步走之法較之則知所揣過多過少即可改正久之自能不甚差

皮爾生天文書所言測微數之遠鏡爲柏路司塔所設之法近有卡飛路與羅申以同法所作便於移動之器於箭內像鏡目鏡之間作移動之直輔而安雙折光之三角鏡箭外有佛逆與分度而能指出已知其高數之物所成之角相配之遠近數此分度而之各度平分爲半分各半分用佛逆又能分爲十分之一但必另用一表指出所看之形而放大若干倍即能得其遠近之數如相距已知則可反其法而知所測之物之高數若此物之高遠俱未知則有法能得其略數如看人或船依其人或往或來而行約知其身之高數則看一次而停若干時再看一次即可推算其何時行若干路或所看之物不動則測者從本處測其物自成之角然後前行若干或退行若干再測其角從其二箇角數並所行之路數推知其高數

法國所製測相距之器用折光測微鏡測遠物所成之角又可攜帶誠爲善法但過五百碼所指之數常有差蓋此器本爲一千碼以內而作近時之鎗礮能擊遠至一千碼以外故此器尚是無用

以上各器論理必有病雖制作精巧病亦難免因所求之相距依遠物之尺寸如其尺寸尚未知必揣度之而有小差相距已成大差如揣其人身高五尺而有六寸之差則一千碼之相距必差一百碼所以司密得必耶西設一器與前有相反之意所用之底線不依遠物之尺寸而依本器上之底線所測之角非遠物所成之角爲本器上底線所成之角

此鏡上之底線與視軸成正角底線之兩端各有回光鏡一在軸線內鏡中有小點透明而不回光可直看遠物其又一回光鏡亦能照所看之遠物故能得遠物之二像看二像相離若干即知所測遠物之相距

其指數之回光鏡可令移動至相當之角或可令鏡有一定之角在底線移動往來至二像相合或二回光鏡不動而用測微鏡之十字線測二像相距所成之角惟測微鏡之分度須分至極細

遠鏡上所用之底線長二尺英國武官苦拉克常言一千碼以內尚極準如底線長至五尺則二千碼以內亦能準過此數則必在地面另測一底線如放礮而用此器測相距須另作一架架上有一回光鏡與此鏡成四十五度之角其指角度之桿長七寸所指之弧度細分至十秒用時將遠鏡對準所測之點而測一百碼之底線與本點所成之角即是令回光鏡內之像與遠鏡內之立線相合而以分度弧測之再檢表而得底線之倍數是爲眞相距如遠過於四千碼其底線可加至二百碼則表內檢得之數必加倍

此器雖合於礮臺或不移動之礮之用但不合於戰場車礮之用因不便移動而必用極平之酒準架也所以能測遠物之相距而不致有差並能便於移動者尚未有合式之器

如遠鏡之內有十字線並測微鏡另用配準遠物所成之角之相距表於相地作圖大有益處此外如遠物之顏色漸遠而漸不能分清又如聲音行過空氣之速俱可用爲旁助之略法

嘗考聲音一秒時能行一千一百尺如有微風則順風而來每秒能速十五尺至二十尺逆風而來者反是如有大風其數更多如無秒針之表而但有平常之表以五響爲一秒平人之脈每分七十五至俱可得其略數惟聲行之速與空氣之冷熱燥溼鬆緊俱有相關風雨表水銀每高十分寸之一則一秒減速九尺寒暑表在三十二度之冰界聲行之速每秒一千零九十尺加熱一度每秒加速一尺

武備全書云相距三里者能見房屋之窗戶二千二百碼之相距人與馬恰能望見而爲小點一千三百碼能辨馬之舉動八百五十碼能辨人之舉動四百碼與七百碼之間略能辨人之身首四百碼則身首極清

以上略法在各人不同必須親自試驗而自記其各相距

測驗遠物之相距更有簡法將一比例尺伸手執之以某物之相距記明於其上如人高或馬高或平房之高或樓房之高測定尺上各數之時以繩之一端連於尺一端啣於口以緊爲度

第四十四圖

如記四五種物在一百五十至二百三百等碼之相距極能得各物之略相距如未預備此尺可如第四十四圖將筆乙離自甲相距而望已知其物之高辛則辛之相距爲

$\frac{\text{乙}}{\text{辛}\times\text{甲}}$

測準敵之城牆界線而定我平行溝與礮臺之方位須在測得相距之線上記明城面引長線之交點較諸紀限儀測城牆凸角凹角之交點更好用此法合宜之時在日之初出與日之將落因此時城牆之光暗極清也如日中而測不甚高之城牆難分其界線之形相距雖二百碼或三百碼亦難清楚欲求城牆之角或牆內之任何點與測者

第四十五圖

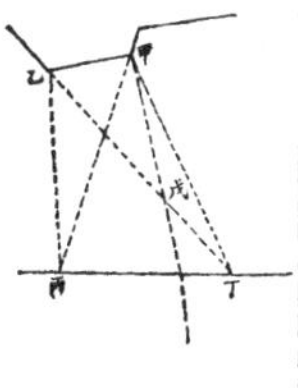

第四十六圖

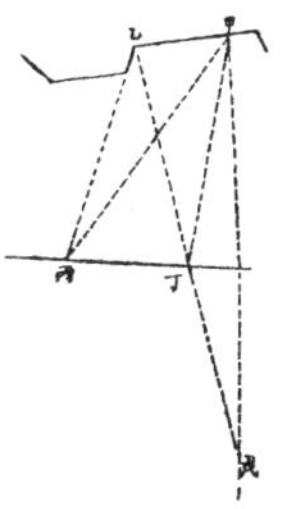

所立之處之垂線相距即作此線於地面而築礮臺如第四十五圖第四十六圖令甲爲城之一點而在甲乙之垂線上求其相距則任測一線丙丁之長其丙丁之方向略與甲乙平行而在丙丁二點測甲乙二點與丙與丁所成之角其乙爲易辨之物如城之凸角等再從所得之各數推算甲乙線之長並甲乙丁角之度數或可以平常推算之法或以前各種特設之法如以甲乙爲半徑

則乙戊爲甲乙丁角之割線將此割線數與乙丁線相較得丁戊在丁乙線自丁向乙度取戊點如前圖或在丁乙引長之線如後圖則甲戊相距爲乙角之切線此角之半徑仍爲甲乙而應作礮臺之相距可在地面上度之或加或減甲戊線

如有城之凸角而欲從其角點求過心線之方向如第四十七圖在任何線辰午上作二點辰巳而量得其相距此二點須在凸角二邊引長之線再任取一點未離巳點或一百碼或任便之相距而作巳未酉角與所測凸角相等其酉必在申巳引長之線內而辰申巳與未酉巳兩三角

第四十七圖

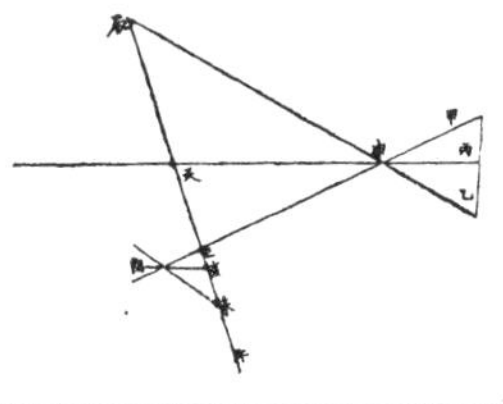

形必等式因酉角爲酉亥線所分則未巳與巳亥之比若巳辰與巳天之比如將此巳天相距度於巳辰線上則天點必在凸角過心線引長之內其小三角形酉巳未之三邊並酉亥俱能量得故辰申申巳申天俱能以比例法得之

如用平常指南針或三角鏡指南針可在二邊引長之線上測二邊與經線所成之角亦能得凸角之分角線即二角度之中數又如在便當之處測一底線則易求

其相距。

凡欲攻城應預得其城現成之略圖，後來測驗之時，圖或有差，即記於圖上。如畫圖之武官日中近城畫圖，祇宜獨往，敵可不疑，所隨之兵勇宜在甚遠而有遮蔽之處，以防不虞。如夜中應帶多人同往，俟日將出，自極近城處乘光來之時趕緊測量，天愈明，人可愈退，則城之形勢並堅固與否可易知，而此別法更準。

歐羅巴各國兵書內所有各種畫圖記號難於明曉，且亦甚繁，故不如即於粗圖上用字寫明其事，如字太多，可在說上寫明。蓋記號之法雖屬簡便，而多則難免混亂也。今

將行軍圖平常所用之記號擇其醒目者列左：

車礮兵　馬兵　步兵　守候人

礮臺　城　柵　拒馬

亂樹堆　旗桿臺　驛　田雜礮臺

大礮臺　舊戰場　易過處　馬兵難過

步兵難過

釘馬足鐵之房（其馬掌必對路）　大馬路　小馬路

鐵路　運河（其線必平行，閘門與橋一邊粗線一邊細線，中用藍色，不混馬路）

風輪磨　石灰窰　橋　人涉處

船渡處　（測地時所用之三角點）

省　府　縣　鄉府　省縣并　省鄉并　府縣并

府鄉并　縣鄉并　省府鄉縣并　省縣鄉并　省府鄉并　府縣鄉并　省府縣鄉并

此處線為各地分界之線

測地繪圖卷六

英國富路瑪譔

英國 傅蘭雅 口譯
無錫 徐壽 筆述

準平線以定高低

測量時用高低交互角得二處高低之較至補圖之時所有各小分地面俱可用經緯儀同法測之然俱不及用酒準之易此事必先知立角所應改之差數方能得遠處高低之確數如其二處相距不過數百碼則差數甚小自可不計

地體原爲球形而地面上相距之兩點宜在一箇眞平面

故所測之平線有二差一因弧形二因蒙氣弧差在相距之遠近卽兩處以地半徑所成之弧氣差在離天際線之高低（天際線者在陸爲地天之際在海爲水天之際後或省稱際線）地面是弧形故遠物之在地面者常在天際線之下因所測爲平線則目點與所測之點成切線

第四十八圖

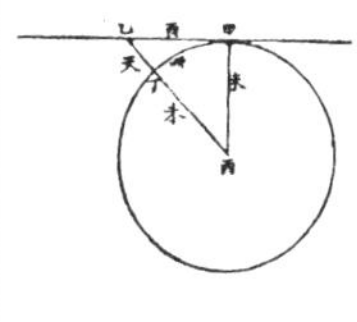

如第四十八圖甲爲目點乙爲所測之點不計氣差則其眞平面與所測平線之較爲一定卽甲丁弧之割線大于丙丁半徑之餘數

如令呷代甲丁弧酉代甲乙切線卽所測之平線令未代甲丙半徑或丁丙半徑令天代乙丙割線與半徑之較卽眞平面與所測平線之較如 $天(二未+天)=酉^{二}$ 所以 $天=\frac{酉^{二}}{二未+天}$ 因所測之面與地之半徑比例甚小則可令 二未 代 $(二未+天)$ 又可令呷弧代切線酉則 $呷^{二}=天\cdot二未$ 又 $天=\frac{呷^{二}}{二未}$ 地全徑之中數爲七千九百十六里則得 天＝二八〇四十 卽尺六六七爲一里之差如其相距愈大則其差數依平方比例加大此事以下式明之 $(二未+天)$ 與酉之比若酉與天之比或 $天(二未+天)$ 式中如省去一天而令呷代酉則得 二未 與呷之比若呷與天之比仍得 $天=\frac{呷^{二}}{二未}$ 有一易記之式從前式得之卽

相距里數之平方以其三分之二爲弧差之尺數又一法相距牽數之平方以八百約之爲弧差之寸數

各相距之弧差可檢表得之又視後天文卷內論視差卽明

氣差與弧面之差相反卽令所測之物點比眞方位更高故眞點在天際者視之常在天際線之上其光線從濃空氣透過淡空氣再至更淡之空氣或相反此事俱生氣差因所測之物點到目內之光線爲曲線也

如第四十九圖甲爲地球面上之目點乙爲所測天際之平線丙丁爲二箇山頂上之方位其丙在平線甲乙之

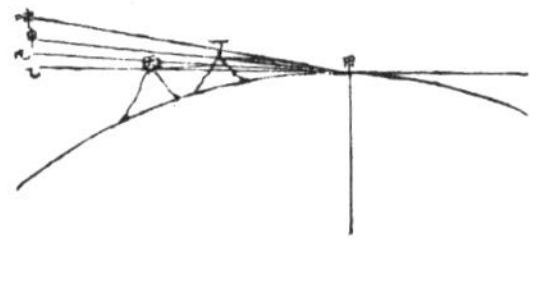

上而丁又在丙之上其角度爲乙甲申此因各物之光線到人目內必過空氣而成曲則所測之方向爲光線所成曲線之切線甲呻與甲吃又乙甲吃與申甲呻二角能度其氣差

第四十九圖

八度至十度高以上漸高則氣差漸小而其數略能定然有不能預定者乃空氣之冷熱濃淡所致所以檢諸曜高度之氣差表其數不過有小差若近於天際之時其差數更不能一定因與空氣之各事相關也其光線有時偏左

右或偏上下而變爲凸曲線故欲測各物高低之角度應擇合宜之時卽空氣無有奇異之時如兩物之相距大者更宜慎之其時以巳初申初爲最好若空氣甚溼而又受大熱則爲最不合宜之時

平常所用之法預定氣差之中數此中數或依曲線之數命之或依相距之弧命之常用之直線中數爲曲線七分之一則所欲改正曲線差與氣差之尺數等於七分之四丁其丁爲相距之里數若以相距之弧命之其比例改變而或大或小類氏測國之時有時以差爲十分之一有時以爲十一分之一如未用儀器測過高低交互角則用以

後之法此各角應在同時測之而記明當時寒暑表與風雨表之數第五十圖丙爲地心甲乙爲申申面上二處之眞方位甲丁乙辰爲平線與甲丙乙丙半徑成正角呻吃爲乙甲所

第五十圖

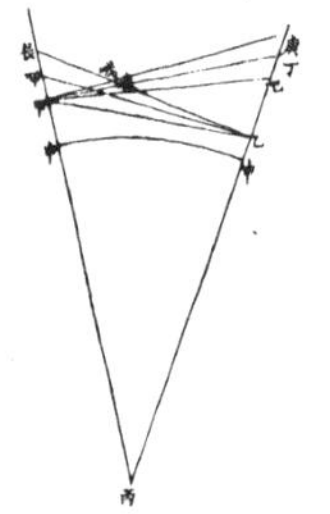

測之物點甲戊乙丙四邊形內其甲乙二角爲正角所以戊丙二角之和等於兩箇正角又必等於甲戊乙三角形之三箇角如減去公角戊則所餘爲丙角卽申申弧等于戊甲乙加戊乙甲卽平線甲丁乙辰線之下所有交互角之和爲甲戊乙加戊乙甲如無氣差則此和數必等於其

弧但其呻與吃爲甲乙二處所測之物點而偏下之角度爲丁甲吃與辰乙呻所以將其和數與其相距弧之丙角相減卽得餘角吃甲乙與呻乙甲爲二氣差之和

地球面一度之中數爲三十六萬五千一百一十二尺卽六十九里一五若一秒則等于一百零一尺四二

如以其和數之半爲眞氣差而二物偏下之角爲交互角卽得後法將其二箇偏下角之和與所成之弧相減則餘數之半爲氣差之中數

如吃點不偏下而偏上至庚點其高之角度爲庚甲丁則二角之和哦甲乙與哦乙甲必大于戊甲乙與戊乙甲之

和即丙角其餘數爲高之角度戊甲丁如從戊甲乙加戊乙甲減去偏下之角辰乙呷則所餘戊甲乙加呷乙甲即二箇氣差之和故得氣差中數之法將偏下角度與弧與高度之和相減則餘數之半爲氣差之中數

英人名卡爾所設之式與此法相同其式爲 $\frac{丁 - (戊 + 甲)}{二} = 氣差$ 其戊爲所測物點之高度丁爲物點偏下之交互角甲爲二物點相距在地心所成之角

以前各法所得之氣差與所測之高度相減即得眞高數而所測之各角必變爲合於儀之橫軸高於地面之數後將測英國時之一事表明前言

阿令頓地面三角點本高於海平面三百二十九尺海平面者潮水退盡時之水面

英國未有一定之意定準海平面常取大潮水長落之中數但此數爲別處潮水退盡之數如倫頓大船湖之口立一表指出潮水之高低其滿足之記號高於退盡之記號十八尺又有人從大潮退盡時之高爲海之平面因各海口之潮水有數處長甚高則以春天大潮退盡之時爲合式之數又有一法在本處看潮水共長若干尺而以其長至三分之一之數爲海平面前測英國之時依立法鋪潮水長落之中數爲主

顚德頓禮拜堂塔上之桿頂從阿令頓測之成偏下角三分五十一秒而此桿頂高于塔頂上之儀軸三尺二兩處之相距爲六一七七七尺則三尺二所得之角爲十秒四

凡一尺高之物在二○六二六五尺之相距成一秒之角一里之相距成三十九秒○六之角爲略數

如將十秒四與前三分五十一秒相加得四分一秒四爲塔頂上經緯儀軸偏下之數在顚德頓塔上測阿令頓地面成偏下三分三十五秒之角阿令頓之儀軸高於地面五尺五而此高數得十八秒四之角將此數與前三分三十五秒相減其餘數爲三分十六秒六爲儀軸偏下之角度

六萬一千七百七十七尺之弧略等於十分六秒二箇偏下之數之和四分一秒四加三分十六秒六等于七分十八秒二數相減即得二分四十八秒以二約之得氣差中數爲一分二十四秒即略爲弧之七分之一如將此數與阿令頓地面偏下數三分十六秒六相加得四分四十秒六爲改正氣差而得之眞角數將此數與半弧數即五分三秒相減得二十二秒四即阿令頓儀軸高於塔上儀軸之尺數將此數以三百二十九尺相減即得餘數爲三二

二尺三郎塔上儀軸高于海面之真數如以兩箇真數各自推算所得之數仍同

改正弧差之式

九五八一八六〇二數對七二一——七七七六尺——丁

以二乘之得

八一七三大三一二——九八大三一

以二乘之得

八七三七二

以三約之得

大二九

爲弧差

改正氣差之式

七一六三三一七數對——大〇四四四弦正

八六二八〇九七四數對——七七七一六尺

考得對數

五八四四二九一

之真數爲

〇四〇八

則弧差數爲

六二九一

氣差數爲

五〇四四八

二數相加得公差數爲

尺五五八六

如用顛德頓塔上所測之角度而以其氣差爲弧曲七分之一或用其式七分之四丁爲兩箇差測其兩處高低之較比前大十二尺可見測

望之工欲準須用同時之向上向下之交互角推算其氣差爲要英國又有一法其偏下之角度以海平面上天際線測之其天際線偏下之數從弧之半徑與已知一度之長而推算

如無氣差則際線偏下之數從球面上測之必等于所成之角所以氣差等于偏下之數所成之角之較此推算偏下之數與所測之數之較乃因氣差而有者

以上詳論二差之理此下爲剖面形之法

一用經緯儀測高低之角度

一用酒準或水準或經緯儀代酒準

一用垂線架或法國回光鏡

山頂高低之相比或高于海平面之數可用水銀風雨表或空盒風雨表或空環風雨表或水沸度表考得之

用經緯儀測高低之角度而得剖面形

地面爲亂形而其中多有低窪之處此法較便於酒準

如地面平坦而便用酒準者應用酒準

測望之時在地面立表桿須於改變斜度之處成直行將儀安于行之一端再將一桿上以小横桿作識離地面之高等于窺筩至儀足之高此桿另有人移至前第一桿測望者用儀之窺筩對準而得其斜度再將桿與儀易其方

位測之而得立弧上二箇角之中數各表桿之相距可預用帶尺量之而在應立桿之處作識又法儀器不動而執桿之人將小横桿移上或移下正對十字線之交點而止即在各桿所立之處記其高數

如第五十一圖甲爲置儀之處乙爲立第一桿之處其乙點桿頂之高等于儀架之高中間呷吃哂等點亦爲立桿之處而依地面之形定之將窺筩自甲至乙測得向下所成之角如欲甚準再可從乙點向上測之而得交互角即以立弧定在二箇角度之中數而再令窺筩內之交點從甲對準乙之小横桿後在呷吃哂等各桿之高必記明之

第五十一圖

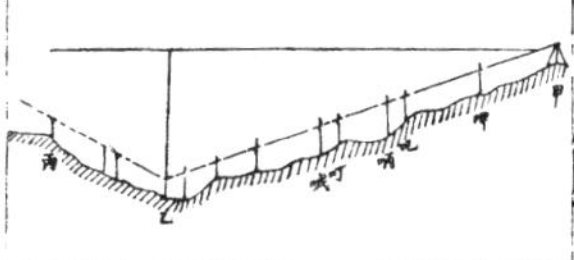

而量得甲叩呷吃等之各相距或再將儀移至乙點而測其丙點之角度則得乙與丙中間高低之數後在圖上可畫立剖面形其法先作平線而從此平線作或高或低之角度線其各相距可在此線上量之並從此線量準各點所測之高爲垂線即得呷吃哂等之各點有此各點能知地面之形有一更準之法推算各點高低之較即以甲乙相距爲半徑而得或高或低之角之正弦如其相距甚大者必推算其弧差與氣差或檢表而得其大略

如其相距不必極準者可不用帶尺量之而用測微鏡連于遠鏡上測之

又有一法不但測乙點向下之角度而其呷吃哂各桿之高可在中間各點呷吃哂等測得與儀架同高之桿所成之角而從此各角亦可作剖面形但前法較好于此法所測之角數可記于簿內或寫在草圖之上俟畫正圖之時再改正其氣差及弧差

如欲作多剖面形而不必計小差者可不動其儀而測數處之角即可作剖面形之稿圖而不甚費時

如用酒準測得多處高低之數後可用儀測之而證酒準

所測之差又如在所測之處中間作識其相距已知者而求其高低之交互角則可知其所測之準否如所作之識不差則可知其中間所測亦不差

所作之識或樹木或界石等立桿之處其識之用處或爲畫細圖或爲證剖面形但此各識必在測量簿內記明日後不致遺忘此識之所在

測量高低而得極準之剖面形亦可不用高低交互角而但用酒準或數種測平線之器此論各器配準之法與用法後論測量簿與畫圖之法

從前常用之測平器名爲义架鏡因窺筩安於义形之架

也此器並杜老頓與頓皮測平器俱在雪墨司算器書詳之叉架鏡不及此二器惟各件易於配準爲較好然有一獘稍動卽不準

叉架鏡配準之第一事爲視軸其法與配準經緯儀相同卽轉動十字線圈之螺絲改正其半差

像鏡如未對光須將目鏡拔出至十字交點極清爲度使其鏡毫無光差則交點與所測遠物對準之時目雖左右移看其交點仍能不動爲妙

第二事爲窺筩相連之酒準其法亦與經緯儀同酒準之泡轉動底板之螺絲使居中以窺筩調過驗之如不在中其半差以酒準之螺絲配準叉半以底板之螺絲配準此事須二三次試之

第三事令兩筩叉形架正合平面則窺筩之視軸恆與立軸成方角將窺筩置于兩筩對面螺絲之上旋轉而換易方向如酒準之泡不在中則如第五十二圖以螺絲甲轉動或高或低至差之半再以底板螺絲正其差之半此後必用第二相對螺絲依此法配準其螺絲甲愼毋觸動

第五十二圖

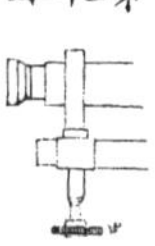

杜老頓之測平器酒準固連于窺筩而窺筩又固連於架上故無別種配準之法須以視軸移就其酒準將器轉過用架上之螺絲改半差用底板之螺絲改半差此先正其酒準也其視軸與平面相合之法離二百碼或三百碼立一桿而鏡十字交點在若干高而識之再將器與桿易地測之不必問地之高低而以桿識如前器之高器高如桿識之高交點果在前識則知已合平面否則以所測上下兩識之半加于立桿下識之高而轉十字線圈之螺絲至交點對準此高點

如有水平面之池或河卽可籍以準視軸之平在任便之相距立一表其高於水面等於測平器之高令十字線之交點正對此表則其器已準

頓皮之測平器比前二器更好其配準之法略同

法國水平常用于武事之圖此器有二益其一無須配準其二價值甚廉但無遠鏡故不能測甚遠之處使極準然亦無酒準經緯儀不配準之大差因其平線爲天然而有也如第五十三圖無論何人俱能製造

第五十三圖

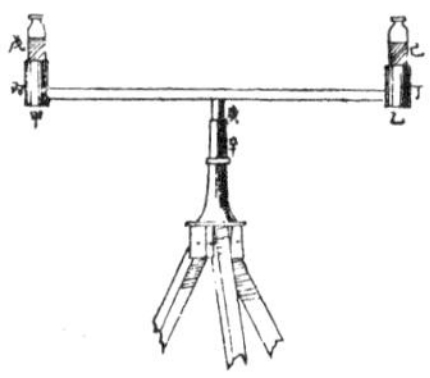

是圖之器爲車太末地方之鐵匠所作已與酒準比較各事無差測量英國之人現在常用此器作副平剖面線卽立相距二十五尺其正平剖面線用酒準測之

如圖甲乙爲黃銅管徑半寸長三尺丙丁爲短管其徑稍大與長管直角相連短管之上安無底之玻璃瓶如戊如已其辛爲架上之套管庚爲立軸能轉動于套管之內其架卽蠱測圖之架而借用者然無論何架便于移動卽可用管內滿盛有色之水至瓶頸爲度再用軟木塞瓶口用時將架略安平而開兩瓶之塞

塞必俟水面相平之時緩緩拔之以防水之衝出

瓶內之水面旣在一箇平面內則管無論轉至何向必得平面線卽可配準望表之識丙丁之外亦可連一直輔則二箇十字線之交點可合于二瓶之水面或用輕物作十字線浮于二瓶之水面將此浮物調換驗之二交點常能相對則知不差如平剖面形之立相距不大而地面甚不平則一次所測不能遠此器爲最妙

第五十四圖

垂線架如第五十四圖將二桿如一如二插于地內上端相平以垂線架置二桿之端驗此二桿之端適平爲止以同法得二三三四兩桿如相距不大此法甚便如相距大者可用同法立二桿再於遠處立望表上有移動之識一人對望而又一人移識就之至平爲止以記其高數而再前移爲之五十四圖用各桿之法爲作營壘之斜

第五十五圖

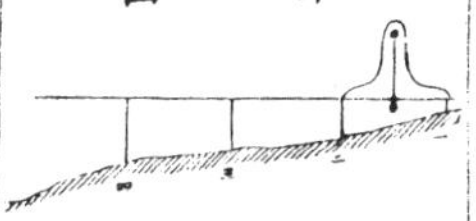

面所常用如斜面每五尺斜一尺如第五十五圖從甲桿向乙量得五尺立乙桿於桿端之下一尺作識卽得每五尺斜下一尺

第五十六圖

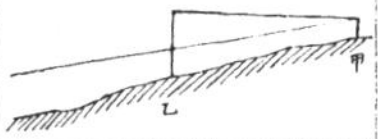

回光測平器爲法國人布來勒所𠜂此器之理可從其名而推知之凡平面之回光鏡其光線似在鏡之後面一點射出而此點在鏡後之遠等於物在鏡前之遠如鏡面合垂線則鏡外之人目與鏡中之人目必在一箇平線上故將回光鏡正角立起則可測周圍之平面任何線上可測得平剖面形如第五十六圖甲乙爲鏡連於銅板重約一磅鏡方一寸用鈕挂起如寅連以銅絲圈如卯令能轉動此器或提在手中或挂於三足架上任便用之

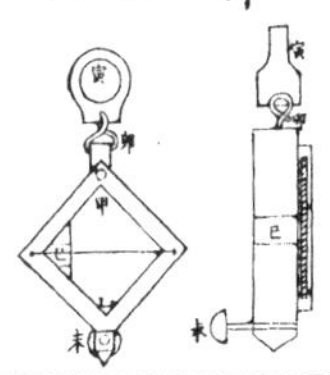

配準此鏡而得正立面之法將鏡挂在架上離牆四十碼或五十碼鏡背向牆而看鏡中所絆之線與牆上何點相合其鏡角有小孔已卽爲此用遂將其鏡轉過人亦行過背牆而立于鏡與牆之間細察目影與牆上前點之影相合與否如不合再以目影對準或上或下之點而取上下之中點將螺絲未進退至重心相合適得目影與中點之

影同在鏡面之線又法另用一人將立桿遠離鏡後桿上有移動之記號移使○點合於鏡面之線將鏡轉過而人在桿與鏡之間視目影在鏡面之線而移記號之○點使相合將移上下若干分之半爲眞數轉其螺絲至合此眞數此理與前法悉同惟以記號移就爲異耳然比牆上之記號更準

武事測平面此鏡爲最好其做法簡而用法易配準之法亦不難體不甚大更便於攜帶

以上各器俱必另用望表而上刻成尺寸上有移動之識用滑輪與繩使上下或作二三節以套管使伸縮每節之

長爲六尺如六尺高之識用手移上下高于六尺之識連在第二節之頂上此節漸漸移上至窺筩視軸正對之時則下節另有一尺寸之面從頂上起數近時又作新法望表之尺寸線與字刻得甚粗不必另用移動之識其尺寸之字爲倒形因常用之窺筩俱是倒影也又不用舊式之三足架而但用平底鐵座將表插于孔內似更靈便但所得之數不如舊法之詳細

酒準等測平剖面器之用法如第五十七圖在甲點創剖面線之一端置此測平器依法將各事配準另有人將望表置於一方位表上之識減去視軸高於地面之數爲二

第五十七圖

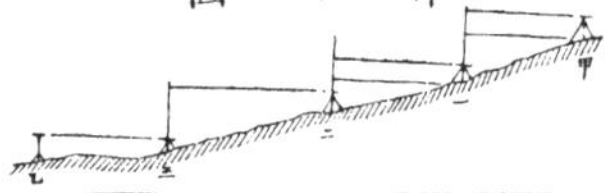

處高低之較以此數記明於簿內並記二處之相距然後將測平器移至一方位而望表移至二方位

此法有弧差與氣差之弊如相距甚遠其差更大欲免此弊宜置測平器於兩表之中間

第五十八圖將測平器置於甲點而得甲點望表與一點望表尺寸之較數即兩處高低之較數自無弧差與氣差之弊又可不計器之高低窺筩之眞平面有差亦屬不妨

第五十八圖

如有兩人各執一表一在器前一在器後更能省時前圖之法向前迭測如窺筩有配不準之小差其積差必致加大是圖之法測平器必在兩處之正中如斜度大者即有所不能然測者極能留意亦可不必用弧差與氣差表改正各數如無奈而必欲用之亦不過爲二箇相距之較而用之

記明測量各數之法有數種間有畫一粗圖而在圖上記平面數與立面數者但不如記簿之善如所測之相距甚大而每處有存留之記號其法爲更好今將常用之記數

簿爲程式，卽可從此式畫圖，

相距之尺數	向後數	向前數	加	減	向上斜	向下斜	雜說
二五○	二·三五	一四·五五		一二·二○		一二·二○	在地面用物上之記號起
二○○	三·五六	九·五八		六·○二		一八·二二	
二五○	一○·三四	六·二一	四·一三			一四·○九	過籬笆至馬路
二七○	一四·五五	○·二五	一四·三○		○·二一		記號在第四箭旁石相近之籬笆椽木樹上
二○○	九·九八	一·六七	八·三一		八·三二		
二五○	三·六二	一四·五四		一○·九二		二·四○	
記號	一·二三	一三·四五		一二·二二		一四·六二	記號進河閘門下檻
三○○	一·二三	一一·○五		九·八二		二四·四四	
二五○	○·二○	一三·五五		一三·三五		三七·七九	記號在路中
	四八·○六	八五·八五	二九·四	六四·五三			
		四八·○六		二六·七四			
		三七·七八		三七·七九			

測量平面而作平面圖，如欲其極準，必須測驗二次，第二次將器另加配準之工，所有之差不可大於百分寸之三，現在常用之望表有新法活動之識，

觀此記數程式，易明各數之意，第一格爲兩處相距之數，卽各望表之相距，

如但欲得直線相距或剖面形之面積，其帶尺應畫尺寸爲便，不用平常測畝數之牽，

第二第三格爲向後向前所得望表上之尺寸，其較數或爲加或爲減，如第四第五格，其第六第七格爲立表處之或高或低於原處，其第四方位所有地面上之記號，因在剖面線之內，則仍記其相距，但第七方位所有地面之記號不在剖面線之內，故在相距格內不記其數，畫圖之時亦不畫其圖，記在簿內之意，因後日欲用雜說格內剖面各線之方向，並地面記號與橫剖面線等事，

有人另加一格，以記各方向，然不問各桿之方向，而用與經線所成之角，並測平器向前向後之相距，則其相距有兩格，而方向亦有兩格，或不用方向而測已知之物所成之角，

如測平器正置在剖面線內，則器之高卽能知兩處中間之高，如此必另加一格，惟格數既多，必致混亂，所以向前向後各數之較，應等於第四第五兩格加減數之較，亦有等于當時所測之平面向上或向下之數，

如用酒準測剖面，或作鐵路以求最好之方向，與別種極詳之剖面形同，但其方位之相距可更遠，卽如前所論經緯儀同，凡測剖面應用一樣在地面之記號，

如欲證別剖面形，卽考驗前測剖面形之準否，平常之時不必測各相距，只作一格爲後面之各數，一格爲前面之各數，一格爲雜說，如下式，

後數	前數	雜說

每到一地面之記號可將各行之數相加將其較數記于雜說內但所證之剖面形用經緯儀測高低交互角比酒準更便此事已于前言之

畫剖面形之圖平常將立高分外放大數倍以便識別地面高低之形如剖面形長即地面不甚斜者更宜用此法惟所得之圖不能肖眞形然平面原爲立比例之若干分觀圖亦易明也立剖面形常以二十五尺或五十尺或一百尺或一百五十尺代一寸俱依剖面形之欲詳欲略爲主而其平剖面形常爲立剖面形之二分之一至十分之一如其剖面形長而地面略平者其比例可更小如第五十九圖從前測平記簿程式所作之圖其立比例以一寸代五十尺其平比例以一寸代一千尺

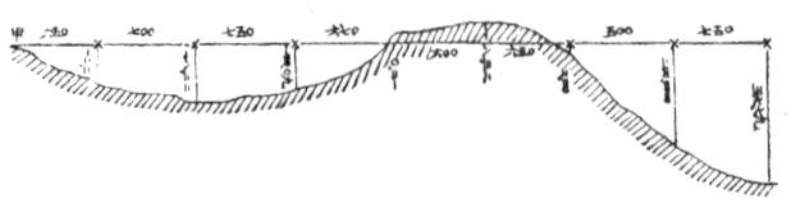

第五十九圖

畫圖各種比例尺有以紙爲之者其分線刻板印成大小比例俱備加減甚便如將畫圖之紙粘在板上將此種尺二條蓋于板邊成正角可用丁字尺與三角板畫各立相距與各平相距而不必用比例規

各立相距所用之平線或可與剖面形之一端相平或與剖面形之任一點相平或可在此線之或上或下若干尺作一線其相距之尺數或大于各立高數之和如用此法則各尺寸改變而作識于圖上或爲加或爲減之數凡度剖面形之各數不可以度中間或平或立之相距其中間之平相距應從剖面形起頭處量得其中間之立相距應從底線量得凡剖面形圖應用數目字寫明各立平之相距如隨畫隨量者更應如此

測量剖面形而欲造鐵路或運河俱應用同比例畫之並從一箇底線測之並從地面一樣之記號做起如此即可比較各剖面形

作横剖面形有在直剖面形之上有在直剖面形之下如横剖面形向左右不過數尺則可在直剖面之線上畫之但横剖面之圖多者難免混目

墨尺辣已設一法能將平面圖與立剖面形相合其法爲鐵路之圖所用能顯任何處挖深與築高之形其鐵路線畫在平面圖爲粗黑線此線爲鐵條之立剖面形如第六十圖先作正立剖形各凹凸處之數必量準則可以垂線引過而作平面圖其築高挖深之處用異色顯之如刻在書中不必設色可用立線顯其築高之處平線顯其挖深之處一覽而知何處爲築高何處爲挖深者

第六十圖

覩圖者不能明了此立剖面形則用平面圖爲好然欲開造鐵路其圖必照此式始能顯程工之大略

此種圖之立剖面形其平相距之比例不可小於四寸代一里其立剖面不可小於一寸代一百尺剖面形上必作一粗黑線爲鐵路之上面如有改變斜度之處必寫明離

底線之高並斜面之長與斜度之數經過馬路之或上或下或運河或別鐵路之或上或下各處必記明其高低之數造鐵路之章程甚多今不贅言

工程之事宜作剖面形之圖所有築高挖低之處其推算之工用方亭形之公式此形之體積以上下面積相加再加中剖面積四倍而以高乘之以六約之如爲堤岸之形則以兩端之面積相加再加中段面積之四倍而以長乘之以六約之此法之旨常以平行面爲準

酒準測平面而畫圖或作陰溝或開鐵路或通水道或築城壘等事不過爲一處之平剖面圖然測國之時亦可作

全國之平剖面圖

作一處平剖面之圖必細察其本處之斜面而擇其最便用者最要爲山之分水線與小河所流之方向線可用桿立於線上桿之相距或遠或近必合地面之形與圖之或詳或略如無最要之線可擇便處立桿用以前各法在立桿之各線上量其各高低數必依合式之比例畫其圖

英國地圖所有城與鎮之比例爲其眞形五百分之一每一里爲一尺五六所有攻城之事亦能在此圖上顯明如有陰溝或通水管等事更欲詳細者其比例可更大各大村莊以三四牽爲一里比例更大者其平剖面線之立高

以一寸代二尺至十尺而其平面圖以一寸代五十尺至一百尺凡測平剖面應預作平面草圖則看此圖而易測平剖面線又應有預定比例之平面依前擇得立桿最要之處而各平剖面之各立相距亦應立桿可證以前之工準否測量之時必將尺桿安在表桿之上用酒準或經緯儀得其視軸平時以尺桿之記號或移上或移下至十字交點對準再將尺桿移前安於第二表桿離酒準不可過十五牽表桿亦不可移動如相離更遠必有弧差每十牽差至一寸如此迭更爲之至測平器最不能望清則將測平器移前如前法爲之一層之平剖面線如法畢後則或

上或下之各層以同法為之凡遇要處所存之記號如平面上之方位須用酒準定之立相距不甚高而尺桿稍長則可不動測平器而連測第二層平剖面線

以上測一處之平剖面以後測一國之平剖面略依測英國之程式言之

先將各三角點中間之地面用酒準測其平線每於便當之相距立一桿為平剖面形起手之處必須預知各桿離海平面之高則從已知高數之記號或向上或向下在欲測之處用酒準或經緯儀圍其山或圍其谷測得平剖面線迴環而至原處之記號即能知測量之工之準否所得平剖面之記號記在簿內又須量得各房屋或樹石之尺寸如地面空曠者則以橫線記之

平剖面界線離海平面之高俱用酒準定之不籍測量時所得高低角推算之數恐不準也測量英國所畫之圖平剖面各層界線之立高從二十五尺至二百五十尺俱依離海平面之高並證地平之或平或斜此各平剖面界線之間另有用水準所測之副平剖面線其立相距均為二十五尺此圖現在印出以六寸代一里即一寸代八百八十尺

圖內以海平面為主而平剖面線從海平面起比法國之地圖更好法國之法在最高處設一虛平線而各平剖面線依此虛線為主英國尋常之平剖面形亦用此法

地圖不必甚準者則各層平剖線之相距可加大先用酒準或經緯儀測量而中間可藉目力作副平剖面線如用器所測平剖面線之桿存其地則副線不難以目力成之第五卷所言武事畫草稿平剖面線如能用器測得幾處遠相距之平線則草稿之工更可憑

第六十一圖為測大塊之地籍已有之次三角形作平剖面線但此平剖線不是定在次三角形之線而作者如三角形邊線之外有便當地面上之記號亦可從此記號測平剖線亦從此記號而止又可用此各記號以證平剖面線之準否

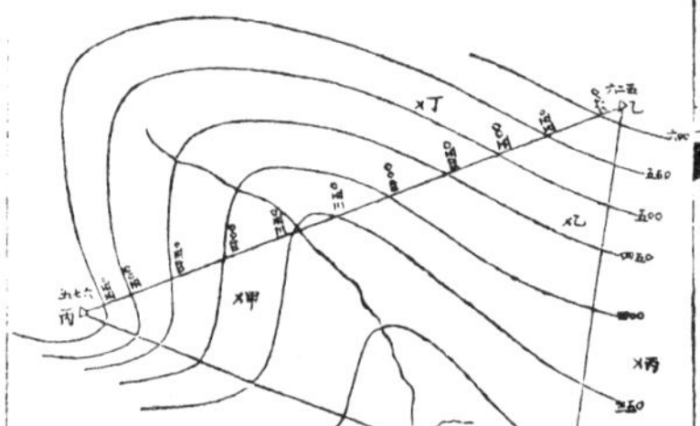

第六十一圖

如圖內乙丙丁三角點已經考得離海平面高六百二十五尺五百七十尺二百八十二尺欲於每離海平面五十尺高測一層平剖線則從任一點起向丙乙方向記相近之平剖面線如丙點之下二

十尺然後記各五十尺高之處過丙乙線之點即五百尺高四百五十尺高四百尺高等點以至乙點即可爲所測平剖面之證如有差便於當時改正其三角形之餘二邊乙丁與丁丙亦以同法爲之而可用酒準測其相配之平剖線相交之點惟其方位之平圖須測量而畫之或依測準之點與線而畫之其平剖面界線所立桿之處常在測平剖面時考得如測其與儀器之相距並測其桿與三角點或別已知之點所成之角

測平剖面線而不拘在三角形之內但用測平之法定準甲乙丙丁等點之高而測者則以此等點爲起手之工從

其丙任一點或向上或向下測至相近平剖面界線再圍其山或谷而細測之如地面山多而甚不平則必用三角形等之直線形更好因其工藉地面之情狀也

凡畫一國之圖而能如此測量平剖面界線可謂詳且盡矣有如開造馬路或鐵路或運河或通水管或陰溝等工程一覽其圖即知如何方向爲便不必每事另測之繁

平剖面界線更有一用可藉此作地面之立體小樣爲武事之用但其小樣究不及此平剖面之圖蓋因圖而作必有小差

作小樣之法以平剖面界線圖用漿粘於平板其立高之各點亦於圖上作識再用銅條偏插於圖上之各點將各條屬於何層平剖面之立高而劃平如其圖爲近於海邊之處則板面即當海面而最高之銅條爲最高之一層平剖面各條中間之空處用泥填滿以合於地面之形而止每層平剖面之立高愈小其小樣愈準

小樣之比例不大而地面不甚高則立與平之比例相同其小樣幾如平面而不甚清楚所以平常之法將立與平之比例加大數倍但所得之樣已不準矣

所測平剖面形之立相距甚大而中間之平剖面線藉目力爲之而不測者作樣之時即依此目力所得之線亦不

甚差

小樣已成更可用石膏得其陰模而作無數小樣所作之小樣外面加油或膠或設色其面上或寫字或畫界線等或依其土與石之各層分開之極便於地學之人

用平剖面界線圖有數題不必用立剖形即可推算今設五題爲最便於用者

其一有甲乙丙三點在一斜面上其三點之高俱已知求斜面之方向與斜度

第六十二圖作甲丙線即連最高最低兩點之線勻分之得其二分彼此之比例其乙點與甲高丙高之較有比即

第六十二圖

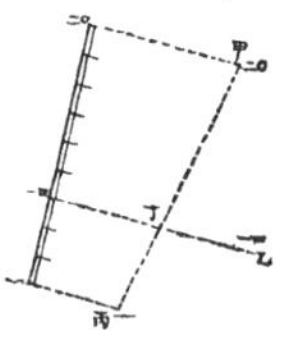

甲丙之較與甲乙之較之比若甲丙與甲丁之比既得丁點則丁乙必爲等高而爲斜面內之一箇平線

其二有已知斜度之斜面此面之上有兩點作線連之求此線之斜度

既知斜面自能知兩點在斜剖面形上之立相距以二點內任一點爲心以立相距所配之平相距爲半徑作一平圓而從第二箇點作平圓之切線則此切線爲斜剖面內之平線如其二點之平相距卽二點連線之底線小于其

立相距則此題自不能用而此題能用之時有二種解法

其三求山形之原面何處高於其斜剖面

第六十三圖

第六十三圖斜剖面之界線與平剖面界線相交之處能指出其原面所有高於斜面之處

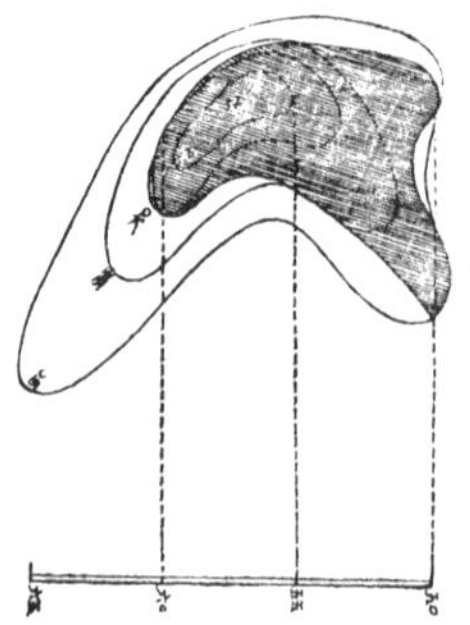

其四求二箇斜面之交處

設將二箇斜面引長之與幾層平剖面線相距各有相配

之高點則二斜面相遇之中間所作之線謂之交線如二箇斜面之剖面線爲平行則其交線爲二斜面內之一箇平線如知其一點則全線俱可知

其五有已知斜度之斜面在此面上設一點求從此點作一線如所設之斜度此斜度必小於其斜面之斜度

第六十四圖

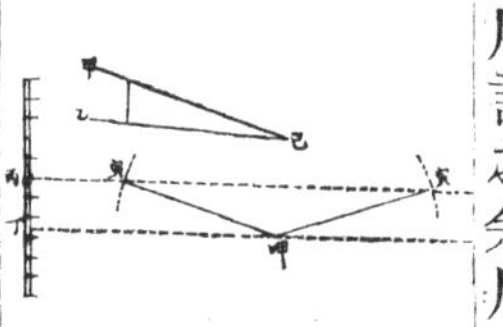

第六十四圖在此點之或上或下作斜面上之平剖面線令有便當高低之較如丙丁以設點甲爲心而以高低之較在設角上比得相配之底線爲半徑作弧與平剖面

線相交自此交點作線至甲點卽得所設之斜度

此題之用如有平剖面界線圖之山而欲在山邊作一路其路不可有大于若干斜度之處則路圖自有準則

平剖面形界線圖其第一用處可令城壘之內不能爲敵礟所貫行擊打

第六十五圖

此爲平剖面形之總圖其每層之立高二十五尺畫圖之比例以二寸當一里

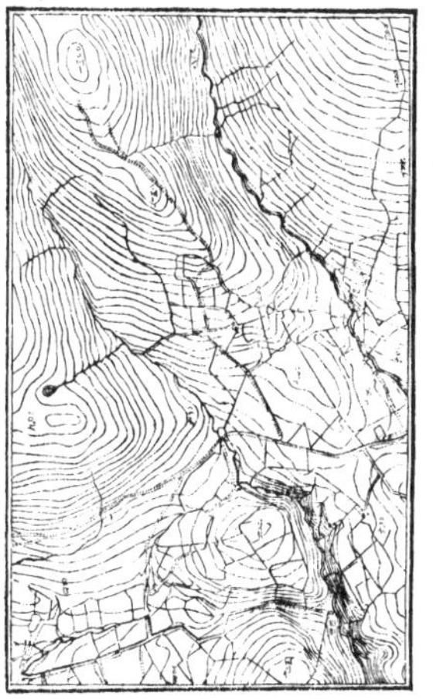

測地繪圖卷七

英國富路瑪譔

英國 傅蘭雅 口譯
無錫 徐 壽 筆述

證驗高低諸器

風雨表所得高低之數不及前卷各法之準但其山爲陡立而所測之立相距甚大者則此器又能省工且用時無須多人如其詳細而驗得各數亦不致有大差現在所作測山之風雨表極便于攜挈惟欲移至別處須倒置之而將水銀杯底之螺絲轉緊則水銀不能搖動而無撞破玻璃管之虞

耗里得云凡風雨表之水銀杯底用皮爲之未倒置之前轉其螺絲使水銀略至管頂然後漸漸倒過將用之時先須調正然後放鬆螺絲否則皮底易裂

最精之風雨表另有一螺絲能令杯內之水銀面合〇度其〇度即刻分寸時管內水銀之高

此法無甚益處因配準費工且玻璃管與水銀杯俱必以切線爲平面故易致看差

風雨表不用配準之法者其水銀面不外露而難見則所得之數必爲改正即水銀面配至〇度所當有之數此改正之多少乃杯之容積與管徑有比

江南製造局

如管之內徑爲十分寸之一外徑爲十分寸之三杯徑爲十分寸之九則面積爲八十一減九即七十二與一之比此改正之差數名爲容積差造表之人試驗而定之如將若干水銀盛于管內得高一十四寸四傾于杯內得十分寸之二則容積之比例爲一四四與二之比即七二與一之比造表之時常以此比例數刻于表上

驗表之時必將所得之分數與其定點相減或相加此定點爲造表時管內水銀面高于杯內水銀面之數然水銀之高另有一差爲緣附力之差此差爲常數故必相加精於造表者作此定點之時已加此差在內故用時可以不計如管徑稍大而忽有空氣漏進須將表正置而轉螺絲至緊以驗之其時切不可再轉果有空氣再放鬆螺絲倒置其表而斜至四十五度則其空氣能自散出如將表稍稍搖動則散氣更易至水銀碰於管頂有微響即知已成眞空

風雨表水銀之升降能測空氣之鬆緊故能知山之高低其法人人俱知不必贅言惟用表之人徒測二處所得水銀之高尚屬不準因天氣之寒煖改變一度其水銀或漲或縮九千六百分之一所以測得二處之高必依其熱度而改正其差

緯度	中立點	緣力
五一·二四	三〇·一〇〇	六八·三七一

	潮滿時海平面	布朗布頓教場	司太耳風車磨
水銀熱表之熱度	六一	六〇	六七·五
空氣熱表之熱度	五八	五七	五四
水銀改正空氣差數	三〇·四〇五	三〇·二七六	三〇·一二〇
	·〇〇四	·〇〇二	
改正水銀高數	三〇·四〇九	三〇·二七八乙	三〇·一二〇乙
二處高低之較		一一六·六	
雜說			

攜表上山不可少於四十五度臨用之時正置其表而後放鬆杯底之螺絲遂轉水銀面至〇度再將管上指水銀面之針移至正對水銀面則視佛逆而得其千分寸之數表上有相連之寒暑表以驗風雨表水銀之熱度名爲水銀熱表另挂一寒暑表以驗空氣之熱度名爲空氣熱表二數必記明而再記水銀之高數記數之法如前式

空氣常有改變故用兩箇風雨表二人同時分測二處爲最好耗立得之法每驗表一次必記其時刻盡一日之工歸至原處再驗一次然後將第一次與末次所得寒暑表風雨表之各數相比而得其較數則中間各次依其時刻而改正其數如用一箇風雨表終不及二箇之善惟風雨表與寒暑表水銀升降之數周日平勻者尚或可用無如一日之中空氣之冷熱鬆緊大有改變故用表者必將測得之數詳細考驗如有改變之數宜在各次驗之否則寒

科技譯著集成

暑表之中數必致有差。從以前各數推算各處之高，有數法，惟有一式最便於用。其式藉對數表而兼用貝里所作之表，得式爲 甲丄丙丄對數丁 其丁爲 對數亢丅(對數亢′丄乙) 其表內之酉爲低處空氣之熱度，酉′爲高處空氣之熱度，未爲低處水銀之熱度，未′爲高處水銀之熱度。甲爲改正熱度之數，而以 酉丄酉′ 其乙爲水銀之熱度，而以 未丅未′ 丙爲本處之改正數。貝里之表，其乙行處之熱度多，最高處之熱度少，所測之處極高，熱度之較亦多；不甚高者，其較亦少。是表之乙行從耗立得所作之表而得，其最準者爲冷熱而改正寒暑表之法，不藉表而另推算。

水銀風雨表定高數表

空氣熱表之熱度 甲			
酉丄酉′		酉丄酉′	
四〇	四·七六八九一	一一〇	四·八〇二二九
四二	四·七六九八九	一一二	四·八〇三二一
四四	四·七七〇八九	一一四	四·八〇四一二
四六	四·七七一八七	一一六	四·八〇五〇四
四八	四·七七二八六	一一八	四·八〇五九五
五〇	四·七七三八三	一二〇	四·八〇六八七
五二	四·七七四八二	一二二	四·八〇七七七
五四	四·七七五七九	一二四	四·八〇八六九
五六	四·七七六七七	一二六	四·八〇九五八
五八	四·七七七七四	一二八	四·八一〇四八
六〇	四·七七八七一	一三〇	四·八一一三八
六二	四·七七九六八	一三二	四·八一二二八
六四	四·七八〇六五	一三四	四·八一三一七
六六	四·七八一六一	一三六	四·八一四〇七
六八	四·七八二五七	一三八	四·八一四九六
七〇	四·七八三五三	一四〇	四·八一五八五
七二	四·七八四四九	一四二	四·八一六七五
七四	四·七八五四四	一四四	四·八一七八三
七六	四·七八六四〇	一四六	四·八一八五一
七八	四·七八七三五	一四八	四·八一九四〇
八〇	四·七八八三〇	一五〇	四·八二〇二七
八二	四·七八九二五	一五二	四·八二一一六
八四	四·七九〇一九	一五四	四·八二二〇四
八六	四·七九一一三	一五六	四·八二二九一
八八	四·七九二〇七	一五八	四·八二三七九
九〇	四·七九三〇一	一六〇	四·八二四六六
九二	四·七九三九五	一六二	四·八二五五三
九四	四·七九四八八	一六四	四·八二六四〇
九六	四·七九五八二	一六六	四·八二七二七
九八	四·七九六七五	一六八	四·八二八一三
一〇〇	四·七九七六八	一七〇	四·八二九〇〇
一〇二	四·七九八六〇	一七二	四·八二九八六
一〇四	四·七九九五三	一七四	四·八三〇七二
一〇六	四·八〇〇四五	一七六	四·八三一五八
一〇八	四·八〇一三七	一七八	四·八三二三四

水銀熱表之熱度 乙		
未丅未′	低處之熱度小者	低處之熱度小者
〇	〇·〇〇〇〇〇	〇·〇〇〇〇〇
一	〇·〇〇〇〇四	九·九九九九五
二	〇·〇〇〇〇九	·九九九九三
三	〇·〇〇〇一三	·九九九八七
四	〇·〇〇〇一七	·九九九八二
五	〇·〇〇〇二二	·九九九七八
六	〇·〇〇〇二六	·九九九七四
七	〇·〇〇〇三〇	·九九九七〇
八	〇·〇〇〇三五	·九九九六五
九	〇·〇〇〇三九	九九九六一
一〇	〇·〇〇〇四三	·九九九五六
一一	〇·〇〇〇四八	·九九九五二
一二	〇·〇〇〇五二	·九九九四八
一三	〇·〇〇〇五六	·九九九四三
一四	〇·〇〇〇六一	·九九九四〇
一五	〇·〇〇〇六五	·九九九三五
一六	〇·〇〇〇六九	·九九九三〇
一七	〇·〇〇〇七四	·九九九二六
一八	〇·〇〇〇七八	·九九九二二
一九	〇·〇〇〇八三	·九九九一七
二〇	〇·〇〇〇八七	·九九九一三
二一	〇·〇〇〇九一	·九九九一〇
二二	〇·〇〇〇九六	·九九九〇四
二三	〇·〇〇一〇〇	九九九〇〇
二四	〇·〇〇一〇四	·九九八九五
二五	〇·〇〇一〇九	·九九八九一
二六	〇·〇〇一一三	·九九八八七
二七	〇·〇〇一一七	·九九八八二
二八	〇·〇〇一二二	·九九八七八
二九	〇·〇〇一二六	·九九八七四
三〇	〇·〇〇一三〇	·九九八六九
三一	〇·〇〇一三四	·九九八六五

丙	
緯度	
〇	〇·〇〇一一七
五	〇·〇〇一一五
一〇	〇·〇〇一一一
一五	〇·〇〇一〇〇
二〇	〇·〇〇〇九〇
二五	〇·〇〇〇七五
三〇	〇·〇〇〇五八
三五	〇·〇〇〇四〇
四〇	〇·〇〇〇二〇
四五	〇·〇〇〇〇〇
五〇	九·九九九八〇
五五	九·九九九六〇
六〇	九·九九九四二
六五	九·九九九二五
七〇	九·九九九一〇
七五	九·九九九〇〇
八〇	九·九九八九〇
八五	九·九九八八五
九〇	九·九九八八三

如右

丁=對數亢丅(對數亢′丄乙) 則二處高低之數

其尺數之對數 =甲丄丙丄對數丁

茲將前記數法所測第一第二方位推算，作用表之式。

酉=五八° 丅 酉′=五七° 丅 未=六一° 丅 未′=六〇°

亢=三〇·四〇九 丅 亢′=三〇·二七八

緯度五一°二四′

酉丄酉′ 從甲表得=四·八〇四五八

未丅未′ 從乙表得=〇·〇〇〇〇四

從丙表得=九·九九九七二

對數亢三〇·四〇九 一·四八三〇〇

{對數亢′三〇·二七八 一·四八一一三；丅乙 ·〇〇〇〇四} 一·四八一一七

丁=〇·〇〇一八三

對數丁=七·二六二四五

甲=四·八〇四五八

丙=九·九九九七六

二·〇六六七七=一一六·六尺 爲高之尺數

此處後用酒準細測得高數一百十五尺。

如所測之各處相距甚遠而費時又甚多，則所得之數必甚差。茲將一事爲據：俄羅斯南疆裏海之平面，本低於黑海。擺拉得在西種一千八百十一年用風雨表測驗得二海面之較數三百尺；後此二十九年再測一次，得數三尺至四尺；再後七年，俄羅斯以測地法測得之數八十三尺六；又有法國人測得六十尺至七十尺。因兩海相距甚遠，故有此差。

英國製造格致器者名卓尼斯，所作測山風雨表，每一表附書一本，內有立成表，便於推算各處之高低。其法將二處之水銀高數變爲同熱度之數以其二數內之小者從其第一表加其差數卽改正其水銀熱表之較再檢第二表所有風雨表改正相配數之較而得略高

卓尼斯之書用百分表卽沸界與冰界之中間平分爲百分此表合於以十進位之算法近來法國俱用此表其〇度卽水之冰界附卷第十九表有三種寒暑表各度之相比

再有一改正之數卽第三表內所有前數相對之數與其二箇空氣熱表之中數相乘再與略高數相加卽得眞高之較數茲將前二處驗表之各數以此法推算之其各熱度變爲百分表之度如後表

百度表
法倫表 六〇·=一五·六 六〇·=一六·一 相減得 ·五 從第一表得 ·〇〇六〇 二數相乘得 ·〇〇三〇 將此數加於小熱度之風雨表 二七八 得 三〇·二八一

百度表
法倫表 五八·=一四·四 五七·=一三·九 相加得 二八·三 以二約之得 一四·一五 從第二表得略高數 一一尺 相配數 ·四五 與約得數相乘得 六·三六七五

相對數 六一一 五〇一 一一〇

第二表在 三〇二八一 三〇四〇九 高低之略較數得 加改正數 六·三 得 一一六·三 爲高低之眞較數

黑頓所設水銀表測高之法先將水銀面改正其高數或變爲同熱度之數卽以小熱度加之大熱度減之水銀熱表每一度之相較其差數爲九千六百分體積之一

次將改正風雨表之高依常對數之較分開左邊四位數目表爲高之略數之托數

又將前所得之數以空氣熱表之熱度改正之卽以二箇熱度之中數與三十一度相較所得之餘數每餘一度須配前托數之四百三十五分之一如熱度大於三十一度必相加如小於三十一度必相減所得之數爲二箇數高低之較熱度（黑頓之法不問本處之緯度或言卓尼斯表內有一表亦有差然二人之表俱能得略數）因測山風雨表本是略法也

茲將前二處之各數以此法推算

五七· 五八· 相加得中數 五七·五 與三一 相減得 二六·五

九六〇〇 / 三〇二七八 ＝ ·〇〇三

三〇·二七八 / 得三〇·二八一

三〇四〇九 ＝ 對數 一·四八三〇〇二

三〇二八一 ＝ 對數 一·四八一一七〇二

高之托數之略數 一·八三一九 加改正之數 一一·一 六卽 三四五 / 一八三又二六五 得眞高之托數 一·九四二五 以六乘之得 一一六·六二尺

如無對數表可用耗立得所設之法如下式

$$甲=風雨表較數\frac{風雨表和數}{四八二〇\perp五八\cdot四\times水銀熱表之和數}$$

略高等於

$$甲丅甲(〇〇〇〇六\times緯度數)$$

凡二千五百尺以下者用此法不甚差若二千五百尺以上必用下改正之數

$$真高數=略高數\perp三三略高數\perp\left(\frac{風雨表和數}{風雨表較數}\right)^{二}$$

不用對數推算風雨表測高之各數則用後二表極為簡便

第一表

寸數	風雨表之中數 十分數 〇	一	二	三	四	五	六	七	八	九	百分數減比例分數 ·〇二	·〇四	·〇六	·〇八
二五	一〇〇四·九	九九九·九	九九五·〇	九九〇·一	九八五·三	九八〇·五	九七五·八	九七一·一	九六六·五	九六一·九	一·〇	一·九	二·九	三·八
二六	九五七·四	九五二·九	九四八·四	九四四·〇	九三九·七	九三〇·四	九三一·一	九二六·九	九二二·八	九一八·六	〇·九	一·七	二·六	三·四
二七	九一四·四	九一〇·五	九〇六·五	九〇二·五	八九八·六	八九四·七	八九〇·八	八八七·〇	八八三·三	八七九·五	〇·八	一·五	二·三	三·一
二八	八七五·八	八七二·一	八六八·五	八六四·九	八六一·三	八五七·八	八五四·三	八五〇·八	八四七·四	八四四·〇	〇·七	一·四	二·一	二·八
二九	八四〇·六	八三七·二	八三三·九	八三〇·六	八二七·三	八二四·一	八二〇·九	八一七·七	八一四·五	八一一·四	〇·六	一·三	一·九	二·六
三〇	八〇八·三	八〇五·二	八〇二·一	七九九·〇	七九六·〇	七九三·〇	七九〇·〇	七八七·〇	七八四·一	七八一·二	〇·六	一·二	一·八	二·四

第二表

水銀熱表之較	空氣熱表之中數 改正之尺數 四十度	六十度	八十度	水銀熱表較數之比例數 較數	比例分數
一〇	二四	二五	二六	四	尺 一·〇
二〇	四八	五〇	五二	五	一·二五
三〇	七一	七四	七七	六	一·五
四〇	九五	九九	一〇三	七	一·七五
五〇	一一九	一二四	一二九	八	二·〇
六〇	一四三	一四九	一五五	九	二·二五

用此表之法將驗得風雨表和數之半檢第一表內之相配數與空氣熱表之和數相加將此加得之數與風雨表之較數相乘再將此乘得之數或加或減第二表檢出之數即得高數如水銀熱表之數為大者則為應加之數其第二表之差必檢空氣熱表中數之行內所有與其中數最相近之相配數

茲將前二處所得之數以此二表之法推算

潮滿時海平面水銀高三〇·四〇九布朗布頓教場水銀高三〇·二七八相加之中數三〇·三四三

水銀熱表六一 六〇較數一空氣熱表五八· 五七·相加之中數五七·五

從第一表得七九七·八與五八· 五七·相加得九一二·八以風雨表之較數·一三一乘之得一一九·五七六八

以較數一中數五七·五從第二表得改正數二·五與一一九·五七六八相減得高數一百一十七尺後用酒準測其高得一百一十五尺

以上推算之工更能從簡即或加或減水銀熱表之較之二倍半以代第二表改正數

空盒風雨表能代水銀表測驗不甚高之處

現在所作空盒表只能指到二十七寸半所以二千尺以上者不能用此表測之

此器比水銀表便於攜挈而攜挈時亦不易壞其理亦爲空氣壓力所動惟水銀表壓住水銀之面此表壓住空盒之面盒內空氣抽盡之後另添一種氣質少許而不必令眞空因盒體受熱則減去凹凸力而二面欲自相近此氣質受熱能自漲而即藉以推開之空盒之上有一板其端挺以螺絲簧空氣壓力或加或減則空盒面或凹或凸而板端或起或落另有二筩相連之桿亦爲此板所動二桿動表針之軸此軸有一平螺絲簧逆其桿而動針爲桿所推前簧隨而前桿已退而此簧牽針隨退由是指出空氣壓力改變之數

空盒表之測高同於水銀表但空盒表未甚靈動必須預試其每一分能對若干尺之高設無空氣冷熱之改變則所指之數能與水銀表無異

第六十六圖爲空盒之內形丁丁爲扁圓形之空盒丙丙爲上板其端有相連之立桿壬連於別桿而針軸上有簧戊乙爲二筩螺絲能消息桿之長短以節制其針此表須用極準水銀表配準

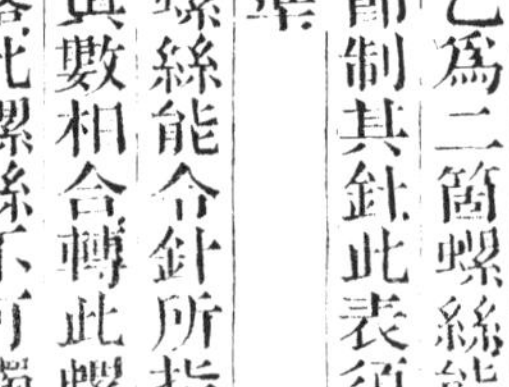

第六十六圖

呷螺絲能令針所指之數與水銀表之眞數相合轉此螺絲則兩桿或起或落此螺絲不可觸動

此表初剏之時不准別家仿造故無人想法加精近來所保之年限已滿必有人考察而更精之如能做至水銀表一樣靈動則可在水銀表不便用之處用之而更有易於攜挈之便

布耳頓作一風雨表比空盒者更靈動但移動之時易壞名爲空環風雨表作扁彎管其橫剖面略爲橢圓形外面之空氣壓力減小則管體欲自直管之一端定於架而又一端必自動動之一端有相連之機故能動針布耳頓依此理作漲表等器

英人魯邊生剏一測高之器用玻璃管徑一寸又四分寸之一長十四寸一端有小泡泡之容積比管之容積大三四倍管上刻度分如後法

玻璃管挂於抽氣罩內管口置於有水之杯內水熱爲六十二度準水銀風雨表三十寸抽出其氣至水銀表二十

九寸則將管口放下水內隨放空氣進罩卽於管作水面之識再抽空氣至水銀表二十八寸再放於水內再令空氣進罩又作水面之識如此爲之至管上記號足用

以此法測山之高可用數管如前法爲之測地者令人各攜一管並馬口鐵筒盛水少許至各高處將空管之口插在水內則管內所容之氣卽此高處之氣攜下其器水漸上升視水面對於管上之識卽知其山之高數所有改正之差爲空氣熱度並水銀表之數

此器較便於水銀表如有多山之處用此法易得其略數

又有一法用水沸之度山愈高而其沸度愈小有一定之比例歲客斯在印度常用此法

富路瑪在奧地里測數處離海平面之高後用三角法測量與前所測者不甚差

水沸器無有水銀表易壞之弊又比水銀表易於攜挈如有弊亦易修理後列二表並推算之法憑此可明其理用後二表所測之數比水銀表所測之數稍小如驗水之沸度與水銀表多次以所得之數詳細相比或用酒準或三角法測各處之高與水沸度之法相比如表內之數有小差亦易改正

第六十七圖甲爲馬口鐵壺高九寸徑二寸乙爲馬口鐵筒倒置壺中能移上下而其外面與內面密相切頂上有一孔實以輭木塞而再安寒暑表丁爲寒暑表其表之分度可稍省戊爲放氣之孔寒暑表之分度甚長祇須刻出二百十二度上下之數度分度之能長此處之內徑收小也如無此表可用尋常釀酒寒暑表壺內盛清水四寸將筒移上使寒暑表之球離底二寸

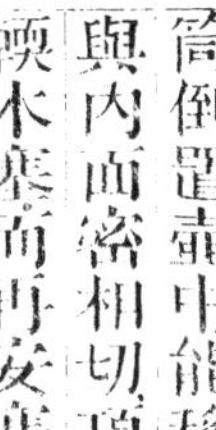

第六十七圖

此器之新者須在海平面處試驗數次如有差必記其數而用時可改正其差故能備得數器俱已試準者爲妙凡用此器之時必試空氣當時之熱度

第一表以水之沸度相配水銀寸數並山高尺數

十分度之一所配之高數	每熱一度所配高之尺數	全高數以三十寸水銀爲海平面	對數之較數卽托數	水銀寸數	水之沸度
尺	尺	尺			
···	丅五○五	丅一○一三	○○·八四三	三一·一九	二一四
···	丅五○七	五○七	八四·五	三○·五九	二一三
···	丄五○九	○	八四·九	三○·○○	二一二
五一	五一一	丄五○九	八五·二	二九·四二	二一一
···	五一三	一○二一	八五·五	二八·八五	二一○
···	五一五	一五三四	八五·八	二八·二九	二○九
···	五一七	二○四九	八六·二	二七·七三	二○八
五二	五一九	二五六六	八六·六	二七·一八	二○七
···	五二二	三○八五	八七·一	二六·六四	二○六
···	五二四	三六○七	八七·五	二六·一一	二○五
···	五二六	四一三一	八七·八	二五·五九	二○四
···	五二八	四六五七	八八·一	二五·○八	二○三
五三	五三一	五一八五	八八·五	二四·五八	二○二
···	五三三	五七一六	八八·九	二四·○八	二○一
···	五三六	六二五○	八九·三	二三·五九	二○○
···	五三八	六七八六	八九·七	二三·一一	一九九
五四	五四一	七三二四	九○·一	二二·六四	一九八
···	五四三	七八六四	九○·五	二二·一七	一九七
···	五四六	八四○七	九一·○	二一·七一	一九六
···	五四八	八九五三	九一·四	二一·二六	一九五
五五	五五○	九五○二	九一·八	二○·八二	一九四
···	五五三	一○○六三	九二·二	二○·三九	一九三
···	五五六	一○六○六	九二·六	一九·九六	一九二
···	五五八	一一一六二	九三·○	一九·五四	一九一
五六	五六○	一一七一九	九三·四	一九·一三	一九○
···	五六三	一二二八○	九三·八	一八·七二	一八九
···	五六五	一二八四三	九四·二	一八·三二	一八八
五七	五六九	一三四○八	九四·八	一七·九三	一八七
···	五七二	一三九七七	九五·三	一七·五四	一八六
五八	五七五	一四五四八	九五·九	一七·一六	一八五
···	五七八	一五一二四	九六·四	一六·七九	一八四
···	五八一	一五七○二	九六·九	一六·四二	一八三
···	五八四	一六二八四	九七·四	一六·○六	一八二
···	五八七	一六八六八	九七·九	一五·七○	一八一
五九		一七四五五		一五·三五	一八○

江南製造局

第二表以空氣之熱度改正前表高處之數所應用之乘數

空氣之熱度	乘數	空氣之熱度	乘數	空氣之熱度	乘數
三二	一·○○○	五二	一·○四二	七二	一·○八三
三三	一·○○二	五三	一·○四四	七三	一·○八五
三四	一·○○四	五四	一·○四六	七四	一·○八七
三五	一·○○六	五五	一·○四八	七五	一·○八九
三六	一·○○八	五六	一·○五○	七六	一·○九一
三七	一·○一○	五七	一·○五二	七七	一·○九四
三八	一·○一二	五八	一·○五四	七八	一·○九六
三九	一·○一五	五九	一·○五六	七九	一·○九八
四○	一·○一七	六○	一·○五八	八○	一·一○○
四一	一·○一九	六一	一·○六○	八一	一·一○二
四二	一·○二一	六二	一·○六二	八二	一·一○四
四三	一·○二三	六三	一·○六四	八三	一·一○六
四四	一·○二五	六四	一·○六六	八四	一·一○八
四五	一·○二七	六五	一·○六九	八五	一·一一○
四六	一·○二九	六六	一·○七一	八六	一·一一二
四七	一·○三一	六七	一·○七三	八七	一·一一四
四八	一·○三三	六八	一·○七五	八八	一·一一六
四九	一·○三五	六九	一·○七七	八九	一·一一八
五○	一·○三七	七○	一·○七九	九○	一·一二一
五一	一·○三九	七一	一·○八一	九一	一·一二三

用表之法在山頂與山麓將水加熱令沸以二沸度檢前表相配之尺數而得略高數將此數以第二表空氣熱度之中數相配之乘數乘之卽得其眞高數

歲客司測驗二處所得之數

第一題○近於印度國蒲那地方所有布倫土爾山頂之上其沸度二百○四度二等於四千○二十七尺蒲那地方之沸度二百○八度七等於一千六百九十尺二數相減得二千三百三十七尺爲山高於地面之略數

高處之空氣七十五度低處之空氣八十三度則其熱度之中數爲七十九度檢第二表相配之乘數爲一·○九八將此數與前高數相乘得眞高數二千五百六十六尺

祇驗高數之沸度而其低處爲海之平面或爲有風雨表之處可將風雨表之數以平常之法變爲尺數卽將其對數與一·四七七一二卽三十寸之對數相減得其餘數以六乘之此因風雨表水銀寸數之行內比尺數之行內各較數改變更快

第二題○印度國有山頂上之水沸一百八十五度卽等於一萬四千五百四十八尺加爾各搭地方寒暑表在三十二度之時風雨表之水銀高二十九寸九則一·四七七一二減去一·四七三四九等於○·○○三六三進四位而

得三十六托三以六乘之得二百十八尺將此數與前尺數相減得略高數爲一萬四千三百三十尺

高處之熱度七十六低處之熱度八十四中數八十檢第二表得乘數一·一○○此數與前略高數相乘得眞高數一萬五千七百六十三尺

如以三十寸爲海面風雨表水銀高之中數檢第一表卽得高處之高數而以第二表改正其熱差則比前工可省而稍有差不甚高之處沸度每減一度略爲高五百尺略等水銀風雨表之較○·寸六

科技譯著集成

測地繪圖卷八

英國富路瑪撰　英國　傅蘭雅　口譯
無錫　徐　壽　筆述

臨摹鐫刻諸法

前第四卷論州縣之圖以六寸代一里卽爲府圖或省圖自必減小若以一寸代一里則爲全國之圖其減小之法用同比規此器較諸比例規更便又可用分線法縮小放大卽在圖上作縱横線以別紙合其大小比例亦作線如用硫象皮之薄片亦可將圖放大縮小縮小之法以象皮連在方架之上架之四面能張開用脫紙墨畫其

圖於象皮而放鬆其架使自縮小卽以此象皮過於石板如欲放大其圖則於未張架之時畫圖然後張開而過于石板

近用照像之法照圖頗能省時省費同比規縮小放大之比例爲十二與一若用照法其比例之大小可更多如五百分之一之比例可改至六寸代一里之比例卽同于二十一與一之比若用同比規必兩次爲之

同比規畫圖減至一寸代一里之比可將地面要緊之處畫出近用照像之法則無論何形一齊現出又嫌太密而

不清所以另設一法用薄紙摛摩要處而再照此摛摩者

近有更妙之法用極淡色之紙以石板法將白粉色印其全圖再用黃色潤出欲留之線如有路或房屋欲放大者亦用黃色放大然後以照法爲之則所有黃色之線能得其影曬成數幅備用如用舊法必須以臨摹之工作三幅一幅爲刻圖之用兩幅爲畫地面之形勢所用其臨摹之工甚繁也

測量英國用照像爲減小之法城圖爲五百分之一之比例縣圖爲二千五百分之一之比例再減小至六寸代一里卽爲府圖惟此照法不過代縮小放大之工若欲印行

甚多究不及銅板與鋅板之法價廉工省也

照法減小之圖終不能全準目鏡必有光差也幸所差無幾非若同比規與別種法之所差更大

又有人將山形之粗圖卽六寸代一里者畫在界線圖之上然後用照像之法

史谷德云縮小地圖必用能畫能刻者三人各人有各擅之長

第一人將印成六寸代一里之界線圖平剖面線或有或無者親歷測量之處用平密線法以毛筆憑眼法畫成地面之形勢

第二人將前圖並一寸代一里之界線圖用鉛筆畫成平剖面線又依第一人之圖用毛筆畫成縮小之圖。第三人將第二人之圖所有山之形勢用立密線或粗或細或疏或密畫成者依其用墨之濃淡刻在銅板上。第一人之工更能精到直可不用第二人之工而用照法減小其比例至一寸代一里然後將此照成之圖使刻板之人刻出。

近有新法能顯地面之形比立密線更清其法爲英國測地之人現在所用因比平密線之法省工又能不混路線與別種平面線英人滕根依此新法刻圖深得渲染之意印出之圖能與筆畫者相同兼能合常用之法其第一法刻圖於毛銅板上用刀或砑刮磨其板使有光毛之分光處之墨自淡毛處之墨自濃第二法以鹽强水用渲染之法漬於銅板使成光毛第三法用鋼針鑿密點點有粗細墨亦濃淡。

印出之圖既有濃淡之色即能顯地形之斜度如平剖面形依比例之法爲濃淡則任何處之斜度不少差法國勒曼與英國白耳常思設法使圖有濃淡之比例則刻成山圖工省價廉比諸習用立密線之法祇須三分之一或二分之一耳。

照像之法固能省臨摹之工然欲印曬多幅尚屬不便故浙密斯設法能將一切書畫照出而過於鋅板或石板即可用平常之法印成多幅。

第三十七三十八兩圖即用此法所印其原稿用毛筆依地面之形所畫。

浙密斯已著一書名照印法論說甚詳譯附卷末如有奇古之書名人之畫平常人所不能多見者以此法印出丰神畢肖。

前論專爲石板與鋅板之事若鐫刻銅板仍從常法用毛筆畫出地面高低之形或爲存留底稿之用或爲刻板之用。

山之形狀可依光暗顯出其高低如光線合垂線平行射下則平面受光多而斜面受光少愈斜而光愈少白耳常論光暗之面依若干斜度配用若干濃淡然雖有此論而濃淡之級數無多亦不能相配也平常畫山其暗面太濃難分各斜面之斜度故各界線不清而山之周圍斜面亦不能分出光暗且圖上所有樹林與房屋俱有暗影而山則無有一圖異法更不合宜。

又法以光線斜射而來或各圖用一定之角度或依地面之平斜而定光線之角度用此法全在畫工之善。

白耳嘗以十五度角之光線爲略平之處得光之角度四十度爲多山之處得光之角度此二光線角度之間依地面高低之物之多少而定之此即畫影之法

光線斜射有二病其一繪圖費工其二不常人看之不能曉對光之斜面所受之光必多於山頂所受之光準此而畫光暗面較諸直下之光所得之圖必有差如欲試之可將地形之小樣置於房內房頂開一小窗使天光射進視之自明所以畫山者用小樣依此法試畫其圖頗能習練手藝兼能明曉光暗面之理

英國測地時畫圖之人名堵生甚喜斜光之法有人名

隔林頓依此法從小樣畫圖亦得甚準人若於光來方向看其圖宛如立體之形

現在常用之法畫一處之圖略爲此二法之相合其光幾如垂線方向射下而稍斜足令山之斜面與樹木等物俱有光暗之面

以上所論用毛筆畫光暗之面其鋼筆或鉛筆畫斜面之法已詳前卷英國所測之圖鐫刻於銅板者所有平剖面亦用此卷之法

畫山之光暗面不必依所看眞山之情狀而依人工所設之法其各斜面之濃淡依斜度之比例故高山之頂留出白色此雖不合於眞山之情狀而審視此圖反能明曉其工亦屬簡易現在測英國所畫之圖即用此法而從此圖以立密線之法刻于銅板上

凡依大比例而作詳細之圖所有磚石之房設紅色木房用淡墨色水用藍色如有官產民產宜用異色並註明於圖旁此外如常用之記號詳見第五卷之末

近有捌設畫凸面器此器能靠於物體畫出其圖與立體無異但用此器圖內必有數處甚黑而難清且必先有地形之小樣故只能畫小地之亂形如第六十八圖即此法所畫者此圖非梨板所能刻故闕之蓋西書原本此圖爲銅板而刻陰紋其細幾如毫髮觀原書自知

畫成之圖刻於銅板之上此書不詳其法因非此書之本意也然其藝自與別種刻板之法略同而比人物之圖則稍粗故有數式可用特設之器省工如水面之平線並別種直線之類又如地之平面或沙面須用密點者用鋼齒輪與直尺畫成其齒之相距依疏密光暗之比例樹林或數目字或石等常有之物刻於鋼鑿之面而捶於銅板

尋常銅板印至數十幅之後漸漸糊塗近有電氣鍍銅板之法可藉原板結成數板

銅板已印若干幅而未有消磨壞之病則置於膽礬水內而通電氣使板面生成銅皮一層即陽紋之圖遂將此皮

如前法再生銅皮一層即得陰紋之圖與原板無異屢次爲之可得無窮之板。

電氣之法更有妙處板上刻成界線之後即以先鍍一板此板專印界線圖再將原板刻成平剖面線而再鍍一板則一圖有同式之二板其山形與地學線亦可用法爲之

測地繪圖卷八附

英國浙密斯著
英國 傅蘭雅 口譯
元和 江衡 筆述

照印法

照印之法近用鋅板先依常法照其像然後過於鋅板之面用墨任印若干幅與石板所印者相同。

此書所論之法雖屬鋅板然用之於石板亦無不可惟因鋅板爲較便故用鋅板者居多。

照印之法分爲三章。

一先用哥路弟恩在玻璃面上照得陰紋。

二將玻璃上陰紋曬出陽紋紙面敷油墨

三將曬成之圖紙過於鋅板或石板印之。

用哥路弟恩照出陰紋之法 第一章

平常照像最要之事須令圖有明暗二色其色之濃淡與本物相配今所照者不能分出濃淡各處顏色皆同此與常法相反。

凡照地圖或照印就之圖或畫就之圖其最要者先得陰紋之皮無圖之處宜極厚有圖之處宜極明其本物之斜形等線須極清楚。

所照之圖其各線之色與紙之本色益相反益佳如空地

偶沾汚穢必洗淨之如不能洗淨則在穢處敷白粉可也

以上所論皆起手時不可不愼之事

照圖所用之墨須極黑而其黑宜暗不宜明因黑色帶明照出不清

所用之哥路弟恩宜半月之前加以碘令照像時得光如能得日光更妙光照之時其無圖處須結極厚之皮其黑線之處不可稍有更動又在加成形之藥時其各黑線之上尚未凝結之前必先酌定皮之厚薄如嫌薄而加厚可用五倍子酸銀養淡養各方次將其皮加濃則用汞綠或淡輕硫水等方此方或用二三次不定

加濃皮之法爲至要之事因常法用五倍子酸與水銀所得之皮太薄紙上印圖尚不能清故必用前方加濃之則玻璃面上除去有圖之處分毫不得透光而紙之無圖處始不變去其本色也然其皮亦不可過厚恐圖之各線不能分清總以厚薄適宜爲主

以上所言皆爲常用之法玆將器具並手工與藥方一一詳論如左

照像所用之匣與鏡皆視所照之大小而定其尺寸惟因圖之四周亦須照清故所用之鏡不可太小然於可用小器之時而用大器其費太多所以其器應預備大小數副始合各件之用今不細論祇就多用者言之

配準匣鏡之時宜愼細或有依圖之本尺寸而照者或有減小其尺寸而照者或有依定比例減其尺寸而照者故設法令照像之器能隨便移動

其匣爲馬罕割尼木所造匣之邊與角以黃銅皮包之上面有螺絲可配準玻璃片與鏡之相距觀第一第二第三圖自明其造法與尺寸

若鏡之光距太大則匣之深應依所照之圖與原圖之大小而定其比例匣之內外二層能放長能縮短若在匣之前面再加一節則得更長之用光距卽聚光點與像鏡之相距

所加之餘節可作方錐形小端鑲鏡大端有摺邊連於匣前之兩槽內如第一圖之匣有此餘節若餘節過長則必另設一法使牢固否則恐受鏡之重而下垂

匣鏡相連之法在匣之一端作一皮圈內用籐圈託之其鏡之架亦有一木圈將此皮圈套在木圈內甚緊鏡下另有一架能漲縮所以託住鏡架者也

其鏡爲無色之凹凸鏡徑三寸半光距二十五寸有齒輪齒條以配準光距大勒末耶只用三寸徑之鏡最合用其託匣之架其造法須靈便能向上下左右斜動觀第四第五第六圖卽知各種動法

第一圖

第一圖爲照像匣與其架之平剖面形甲乙丙丁爲架之上面戊己庚辛爲照像匣⿰口庚⿰口庚⿰口庚⿰口庚爲架面之兩銅槽此銅槽之用詳第二圖說中巳爲中樞亦詳下⿰口丙⿰口丙爲弧形之槽丑爲令匣左右移動之螺絲申爲配準光距之螺絲

第二圖爲匣與架之立剖面形甲乙丙丁戊己爲照像匣

第二圖

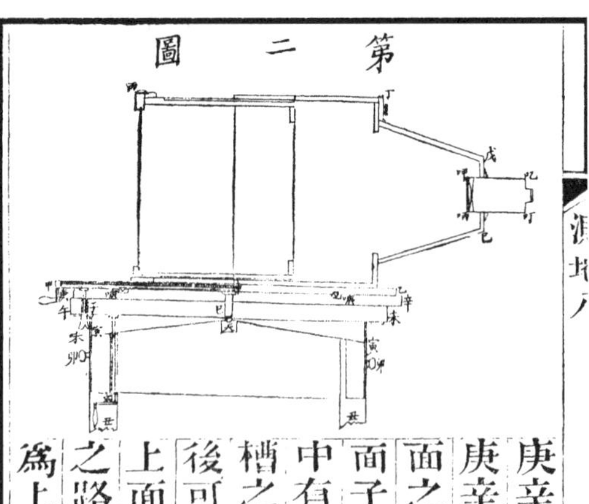

庚辛午未爲架之兩層板面庚辛爲上面午未爲下面二面之中心有已樞可轉動上面子爲通過下面之弧形槽中有螺絲向上頂住如未此槽之用爲上面移定方向之後可用未螺絲在槽中頂住上面使不復動而上面移動之路亦不出此槽之外⿰口庚⿰口庚爲上面之兩銅槽形如∨匣

之底面亦有兩三角形條凸出而入於二槽中則其匣可向左右移動呷⿰口乙⿰口丙叮爲照像匣申申爲配準光距之螺絲丑丑爲架足之上半節寅寅爲鉸鏈板卯卯爲頂鉸鏈板之螺絲另有亥螺絲從底上頂起架子而在天軸轉動

第三圖

第三圖爲匣與架之板面形甲乙丙丁爲匣呷⿰口乙⿰口丙叮爲毛玻璃戊己庚爲長方形毛玻璃片以便配準所照圖之界線子丑寅卯爲匣架巳巳爲提高照像匣之板有申申螺絲旋住午未爲架之下面未爲弧槽中夾住上下二面之螺絲　上三圖皆以每一寸當原器之一尺

第四圖

第四圖爲架之前面此架可挂原圖板之四角有簧申夾緊圖紙第五圖爲架之後面板底有二鉤丙丙鉤連橫桿

第五圖

第六圖

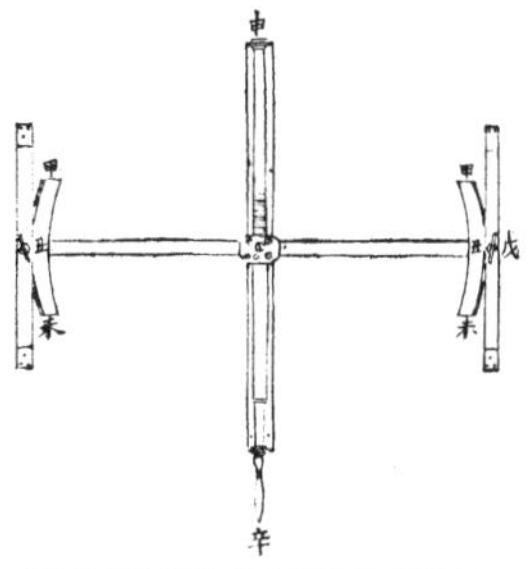

第七圖

第六圖爲架之後面卸去板之形丑丑橫桿用螺絲連於巳可旋動桿端有平圓弧甲未其外邊甚薄夾於二邊之鐵架內外二層之間觀第八圖丙丁己庚鐵架甲未弧在此架中可連桿旋動而用戊螺絲夾緊

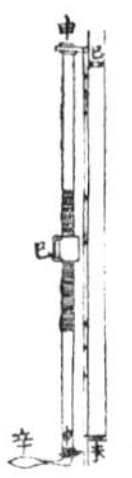

第七圖爲第六圖中之分形巳未爲桿用螺絲連於豎板上桿之兩端有二節接申申螺絲而有搖柄辛轉動之巳爲接連橫桿之陰螺絲活節

第八圖

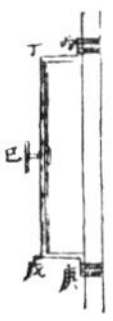

第八圖爲鐵架說見前

凡照圖時須令圖之中心與玻璃片之中心皆在鏡之視軸內而玻璃面與圖紙面必平行否則照成之圖難準毛玻璃上之圖形其四邊界線先視玻璃之大小而配合之（觀第三圖自明）此線卽爲所照之圖之界線

第九圖丙丁爲玻璃片之中心與圖之中心在一直線內卽爲鏡之視軸巳巳爲架上所挂之原圖吧吧爲匣中之玻璃片　第十圖爲甲乙線上之詳式

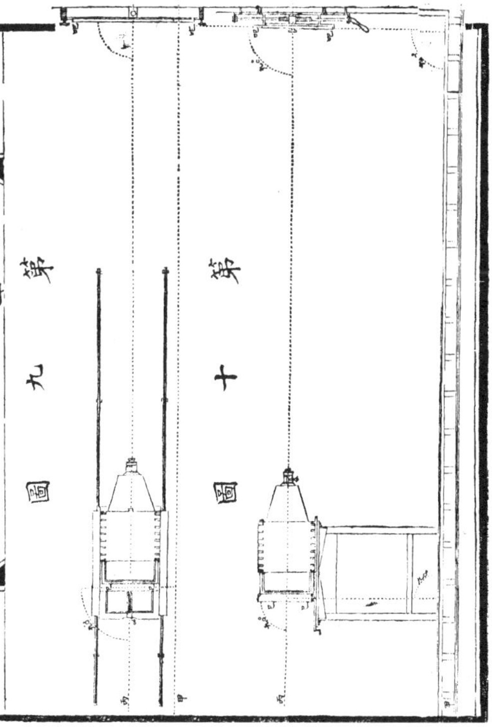

第九圖

第十圖

臨照像之時先將原圖挂在巳巳板上次視匣後之毛玻璃將匣移前或移後至玻璃上之影合於毛玻璃上所畫之界線而止再將挂圖架上之螺絲（如第七圖申申）旋上或旋下或將匣左右移動令原圖之中心與毛玻璃上界線之中心相合而兩面正合平行

匣底之平線與所挂之圖成直角則照時配準可省工祇移動其匣而得矣

第十一圖爲圖面與毛玻璃面成一直線之剖面形庚未爲毛玻璃寅爲鏡其視軸丙寅與庚未面恰成正角又與巳丑圖面成正角申爲圖之心丙爲毛玻璃上所得界線

之心庚未爲所得之影其庚與未又爲影之兩對邊之心

觀圖可知未巳大於庚丑則庚丙必大於丙未而圖之巳邊亦距丑更遠矣

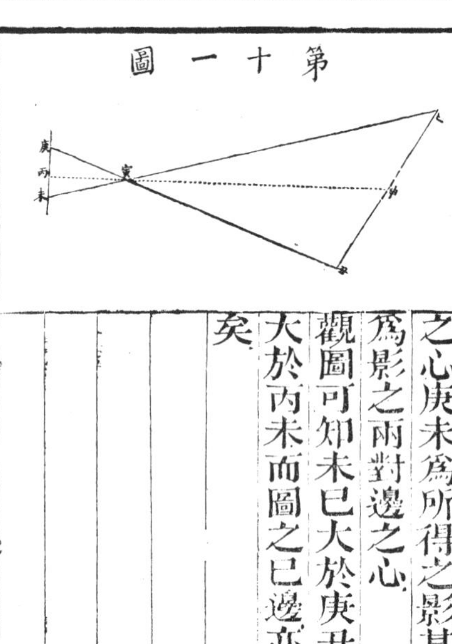

第十一圖

各器配準之後不可輕動動則兩心不合其毛玻璃片可在配定各器後抽出而將受像之玻璃置毛玻璃之原方位次開鏡之帽

若欲照者爲平常之圖與字則不必如上法配至極細或用小字紙如新聞紙等類在此紙上畫一矩形其尺寸等於欲照之圖之尺寸此矩形亦必求其中心次配鏡光至能認清小字則在毛玻璃上亦依圖之尺寸畫一矩形後將小字紙揭去而以欲照之圖置於原方位　對準鏡光之時不可令心點極清又不可邊線極清惟心與邊之中間愈清愈妙

以上所言皆配準各器之法其配準後之照法已有專書詳論茲不贅言惟擇其要者摘錄如左

揩玻璃法

凡新玻璃必用脫力布利粉（此土質也一名佉石其質甚細）和醋揩擦又用羔皮或絲綢擦光之若玻璃已用過而在汞綠水中浸過已得厚皮者則先揩去其皮浸入碘水十二小時後依上法揩擦

浸玻璃之銀養淡養五水將銀養淡養五三十五厘至四十厘以蒸過之水一兩消化之次加以碘法將哥路弟恩板浸在銀養淡養五水中十二小時或依常法加入鉀碘少許亦可昔有人加以醋令圖不模糊然此法尚未盡善宜先試水中有含鹼質或酸質否如爲鹼質則加硝强水如爲酸質則加銀養

曬玻璃法

凡日光之大小依其所行之路而漸變若欲曬多幅可先曬一幅試之看秒針表應歷多少時能曬至恰好後依此時爲之如天空有雲氣來往則光必有改變可將紙浸在銀養淡養五與銀綠水中少頃取出曬之視紙之色變若干深即知像已曬成

成形定形法

常法皆用鐵養硫養水令圖之各線清楚則其形已成次

用五倍子酸及銀養淡養五定之此事皆係藥料之好壞與熱度之多少並所照之圖之粗細宜審察之其最要者爲令圖線極明線外之空地應得厚皮

加厚皮法

先以玻璃上所結之皮用水洗淨入淡汞綠水中視其已變白色再用水洗之而加淡輕硫則變棕色如能待其皮乾後而用汞綠則圖之各線必能清楚也然此法必先將皮之四周上漆一層方不爲水洗去

茲將藥水各方列後

揩玻璃之藥

醕一兩　淡輕養半兩加水八兩

調合脫力布利粉須濃如漿

作哥路弟恩

綿花火藥八十厘　鎘碘十五厘　鉀碘七十五厘

醕十兩重率八三　以脫十兩重率七二五

銀養淡養五水

銀養淡養五有鎔化成錠者有成顆粒者皆用一兩和水十四兩

成形各方

鐵水　鐵養硫養一兩　醋六錢　醕六錢　清水一磅

五倍子酸　五倍子酸三十厘　醋一兩　醕六錢

清水一磅

定形方

鉀衰十五厘　水一兩

玻璃上陰紋在紙上曬出陽紋之法第二章

用雞蛋白或用膠與鉀養二鉻養用水調和傾於紙上待乾將此紙置陰紋之反面則光所能通之處不能鎔化不通光之處即鎔化遂在紙面加油墨一層而反面溼以水則鎔化之處自能腫大而其線不腫再以淡水浸透之海絨揩之則鎔化處之墨能洗去不鎔化處之墨粘住其圖已成

觀前說似甚簡易然試爲之又屬繁難茲將已試驗者言之

所用之紙宜硬否則揩擦之時易致破爛又宜薄否則所收鉀養二鉻養水太多又宜平勻則鉀養二鉻養水自無厚薄之殊又不可有毛恐不耐海絨揩擦而墨痕粘滯洗之不淨如以麻作紙最合用紙上所敷之膠水或蛋白不可過濃恐受水太少而不鎔化處之粘力不固或將紙浸在熱水中令收出多含之膠然後上鉀養二鉻養水亦可

鉀養二鉻養水敷在紙上之法

所用之物爲膠與水與鉀養二鉻養其水之熱在百度以下已可備用其鉀養二鉻養適令一切膠在遇光之處不能消化然亦不可多用如常法用鉀養二鉻養二兩半以熱水十兩消化之另將極細之膠三兩以熱水四十兩消化之但其膠宜清否則圖形不準水已合成卽將紙之正面向下浮在水上少頃取出放去所粘之水泡約二三分時挂起令乾又如之俟再乾後卽鋪在燒熱之鋼板上用印銅板之架壓之使紙面平勻

紙已製成之後卽於兩日中用之不可經久其依前法浮在水上須極平勻第二次從水中取出宜倒挂之與第一次挂法相反則所收之水庶可平勻

紙面成形法

紙面遇光之時視其圖已變爲深棕色則知像已曬成但所曬之久暫以得光之多少而定在日光正射之處只須一分時如遇陰天則必二十分時若玻璃上陰紋不淸而其皮之各處厚薄不同則圖紋必致濃淡不勻而空地且有墨污

紙面上墨法

所需墨料亦須攷究其在紙面之粘力必耐海絨揩擦然其力亦不可過大恐粘在不應有墨之處而洗之不去也

造墨之法用印石板之墨一兩磅中等胡麻子油一磅和墨磨勻另用白根低地名白油四兩在鐵器內燒融添入麻油二兩白蠟二兩調勻乃將前法磨勻之墨漸漸添入臨用之時再加松香油在石板上化之令墨濃如漿將此墨少許敷於皮輥在石板上推輥使墨平勻然後過於紙面

圖中諸線細而密者上墨宜薄

過墨之法先依上法輥墨於石板乃將圖面向下平鋪板上而用印石板之架壓之使沾墨之多少適宜然以較少爲妙因墨多反致不淸也

淨紙法

紙在石板上揭出之後將圖面向上浮在九十度熱之水上約五分時取出置磁板上圖仍向上用軟海絨宜新沾膠水揩之則空地之墨能自去惟揩擦之力宜小若見墨痕不消再將紙浮在熱水上數分時如法再揩以淨爲度

圖中無線之處其墨盡去之後則用熱水多次洗去其膠不留纖微若有微迹必不能過於鋅板

俟紙已乾卽用鋅板或石板印之

用鋅板印圖之法第三章

鋅板之面不平者須刨平之用浮石磨之使光次用細砂

子和水磨之使起細毛細砂子必先以篩篩之其篩爲細鐵絲布所作每平方寸有八十孔至一百二十孔不等皆視鋅板上起毛之粗細而定其度若鋅板長三尺闊二尺用二八磨至起毛只需一小時磨成後用清水洗板而曬乾之隨時取用若遲延數時則板面自能結皮不能受墨矣其最要者爲磨時潔淨不可稍沾油質

用過之鋅板欲備後日復用須先用松香油洗淨舊染之墨又用濃鹼水與清水遞次洗之後用硫强水鹽强水各一分加清水十二分傾於板面約二三分時即用清水洗去然後依前法磨之以備後用

其脫墨之法將圖面向下鋪在板上加紙數層入架壓之如印圖不多則入架一次已可如圖已印過不少則其墨已硬必入架二三次

入架之後揭去上面之紙用海絨沾水輕揩圖之紙背則墨自脫去乃將此圖從板上漸漸揭開若手法精巧幾令墨跡盡留板面毫髮不爽

此時板面應上五倍子酸水法用哈單布地名五倍子四兩研碎成屑加冷水十六磅停二十四小時傾入鍋內加熱令沸濾出其水用此水二磅加濃膠水六磅燐養五水三兩調勻之其作燐養五水之法另用一瓶其容積可盛水一磅將燐數條置於瓶中加水至四分容積之三燐端露於水面乃將瓶口塞住塞中有小孔空氣從孔而入則燐必收其養氣而成燐養五水矣俟四五日令其水濃以備用

以上法合成之五倍子酸水傾鋅板上用海絨或軟毛筆揩勻若所脫之墨線甚細則此水可留在板上二十分時若爲粗線則留一分時後用軟布揩乾再用松香油洗之圖若精細必加橄欖油與膠水同洗乃依常法輥墨於鋅面印之苟各事精究雖印至一千五百張而鋅板亦無大損

若無鋅板可以石板代之

又法可令鋅紙代鋅板之用其造紙之法用烏魯斯國膠四兩加沸水六磅泡數小時令全消化另將鋅養粉一磅半置平面石上和水磨細漸加入膠水中而濾去渣滓乃用軟刷沾此水刷於紙面又用駱駝毛刷刷平之至無毛紋或如前法再加鋅粉一層挂起曬乾此鋅紙即可代鋅板之用

若印圖甚多固用鋅板爲便如不必多印則用鋅紙爲更便法先照一陰紋所得墨印之圖爲反面形如在鋅板上者同

得此反面形之法或將玻璃上哥路弟恩對所照之像或

用回光鏡令其形倒置而至像鏡中

其圖紙亦依前法上油墨待乾將圖面向下鋪於鋅紙之上入架印之則得圖必清

凡用外國紙寫合同等字可徑從原紙印在鉀養二鉻養紙上即在鋅板或鋅紙脫墨而結皮之玻璃可省

平常照像所用之銀養淡養紙不能徑從原紙脫印若以哥路弟恩傾於紙面印之則甚佳且比玻璃面更靈如爲陰紋圖則在外面加蠟一層更得美觀此以紙代玻璃之法想後日必有推廣之而成別種之用者其端寔兆於此書也

測地繪圖卷九

英國富路瑪譔

英國　傅蘭雅　口譯

無錫　徐壽　筆述

經畫新疆屬地

測量之理法已全備於前數卷藉可作極詳極細之圖惟新開之屬地人數既少曠野居多則畫圖之工不必甚詳而測量亦須省費省時爲要蓋新得之地只有天生之物如山河湖海等本無大路大城田產房屋故亦無從畫出且亦不必細測也

新得之地原爲空壙者必分之爲若干分各分之大小依開墾之人所便用又必預定市鎮與埠頭之處因初招開墾之人宜聚居於一處也故測量者亦從此處測起

如有小塊屬地近在大洲之海邊者不久有人聚居須每人送以若干畝或以賤價賣之則測量之法必須簡便而速如堵生測牛西倫地之法爲最簡地面上測得方形或長方形而記其四角所有路徑遲至日後定之但此不足爲測地之法祇可於事急而用之如依準法測量則以愈早愈好始免聚居之人爭奪疆界蓋初時所有之差後來無法可改

以上急欲分地之事本不常有而其所以急速之故因地

之價値甚賤招來之人又爲之發給路費所給之路費卽賣地之錢故人民之聚源源而來也則雖新得之地亦必詳細測量其各要處並考所當知之事如土人之數以及性情風俗土石爲何類地產有何物河之源流湖之廣袤何處便互市何處便作路何處便爲細測之三角點先作粗圖表明其事所有要緊之處以天文法定其經緯要緊之山用水銀風雨表或空盒風雨表或水沸度法定其高如爲空曠之區先須擇定市鎭之地此鎭之用爲新來之人有地可住便於日後散往四方其鎭之大小與形勢必依各事定之

鎭地可分爲四五小分如四分畝之一至一畝新得地之章程有人初買鄉間大分之地送與鎭內之地一小分所有餘下之小分或定價招賣或拍賣

選擇市鎭一須便於開溝冲去穢積之物一須淸水足用一須易與內地相通如不近海岸亦能與別處相通一須聚居之後無有疾病之源一須土人或盜賊不能成羣搶劫一須相近之處足爲種植足爲牧場

從以上各事預定鎭之方位形勢尺寸之後所有外通之路亦必預定而立記號於地面周圍之地可靠此路以定疆界因地已有買主其人總不肯讓地作路也如地面之形狀有藉作界線之物如海邊湖岸河岸等處爲天生之界限前言所開之路乃人造之界限如無此種界線可依方向而定其地爲方形或爲長方形之界如地面不合此式者再用別法

分地之時每分之畝數必依聚來之人之才能而配之兼視土性之肥磽而酌量之如每分之畝數太少則非有力者不能買每分之畝數太多則量地之費甚大而農夫與小工能買一分卽不肯爲人作工此事于貧者雖有益而于富者則有害必不能興旺其地矣新金山之南疆每分以八十畝爲中數牛西倫等處以一百畝爲中數

牛西倫嵌脫百立地以五十畝爲極小分數而其大分有十倍百倍者此處與新金山之南所賣之地凡有地面以下之物俱在內

加那答地以二百餘畝爲一分各分之數略同如左近相通之水路或陸路爲要緊之事各分俱應得此益處如未定相通之路而卽有人買地者則契上必言明以後若干年內倘欲開路過此地則任從開路如損壞地面上之物亦照數賠補或於每一分地內另加若干畝餘地以爲日後開路之用

平常不甚大之分可加餘地百分之二或百分之三如

爲甚大則加百分之一
賣地契上不但言明開路尚欲言明作橋開路之或木或石俱從其地採取但雖如此俱不及趕緊測量而預定其路之善
各分有一面靠通路或水道有益處之處則靠此處之一面應小於他面或爲半或爲三分之一使各分並得其益處如後面之各分遠距通路或水道者必預作小路通至大路否則後面各分無路可通而不合用必致留爲空地前分之人恰以爲牧場
每分之四面必有一面爲小路此路之寬約三十尺至六十尺凡以百畝爲一分者每相連之七八分必有一大路圍其四面但其地面爲亂形者又當斟酌爲之
少水之處必將水道相通至各處不可使聚於一處而四面之人難於汲取所有發水之源如井如泉左近無有者在其周圍留餘地一畝或二畝更作通路使左近之人便於汲取不用此法則雖大塊極好之地亦屬無用
地面有亂形之處必欲詳細測量其畝數費工甚大所以測地者祇用粗法得其略數而定每畝之價俟周圍測地之工畢後再細測而得畝數
地面各分之界限應立木狀爲記號其狀在每分之角徑宜大而作平頭每狀之上刻其地之號數並周圍之號數如在路旁亦刻路字每分之四角不但立狀應用小鏟自狀處挖槽指出四面各角之方向如第六十九圖此種記號雖日久尚見如專藉木狀則林木或枯草偶然生火即燒去無存或樵牧無知將狀拔去

第六十九圖

測量之時記號簿內應寫明所測各線經過要緊之物之方位所畫之圖應有山之形勢並路之曲折與日後欲開之路與發水之源或井或泉並一切所能顯地面情狀之各物
此種圖以二寸代一里爲最便之比例畫成之圖應另摹一幅送至測地公局又送一粗圖指出測量一切之工並各分地邊長之數與面積之數凡角不是正角須記明其度數以及泥土之性情樹木之種類地產之鑛石並開路造橋採取之材料另宜將各處採擇之花草樹木土石之類聚而送至講究此學之人辨其益處而傳佈共知
測地公局應備試驗風雨寒暑並空氣內一切要事之器天文表之下有記此各器簡便之格式測量之處日日詳記各事每若干日送至公局局內收到周圍所送之數應聚而相比得其中數則知各處地氣相比如何

海邊測地者，記明潮水長落之數；海灣或港，亦應量其水之深淺；如在內河，應測水流之速並水長落之時與深淺之數。

地面有叢山橫嶺或崖或峽，不便以正四方形配各分者，則無奈而作亂形，其各分之面積亦不能合於所定之畝數，所以此種形狀必宜另作一粗圖以記其大略。如遇甚窄之谷，其土甚肥者，或能多出金類礦者，則長邊不可順其形而使肥土在一分之內，應作正交之分而平分之。

地面或為方形，或為長方形，立定所有之界石，其事不難；無論依經線或與經線所成之角，其工亦甚簡。

第七十圖

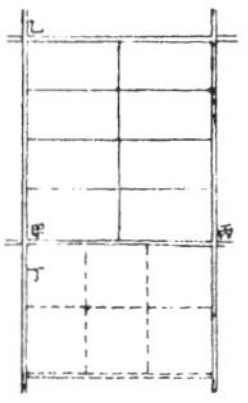

第七十圖甲為起工之點，用大經緯儀測甲乙線，此線或為經線，或與經線成若干角，可依下卷之法為之。再後測乙甲丙正角，此角必在甲乙兩邊度之，即乙甲必引長至丁，再於甲乙、甲丙二線上用帶尺量之。如有二人測量，其工更易。

此圖為新金山南邊所分地面，得長方形，每分八十畝，其長與闊有二與一之比，其大路相距一里，每一方里作八分，間有作正方形者，約依地面之形為之。中間之小路但測定其方位，使買地者自為之，闊狹任之，極能省測者之工，然日後必有滋生事端，因買地之時各分之界限未曾顯明，兩邊之人各欲漸漸侵占，以致相爭之事略不能已。

地面必欲連配方形，必有差數，且漸差而漸多，雖極留心，無法免之，故必用三角法證之。其工之或粗或細，依地面情形之相關與否，所以分配地面之時，而並用三角法，始能不致大差。如欲畫一總圖，宜定其三角形之點，而在各點立一記號，則一切測量之工可藉此記號而得準。其三角法如在分配各分之前為之則更佳。如測角之工有大差，則用帶尺時量其數角，其差自見。所量之角，可依所定三角形內之三箇點或多點作其角之對邊，如此為之，則分地為各分之工與平常測地所用之證線並補圖之工相同。又用帶尺量時，應從數處量至各三角形之點，得其高低之較數，以知各處高於海面之大略。

三角法之工，詳見第三卷，今不贅言。其測底線與各角點之或準或否，有數事相關，如三角形之大小、作圖之粗細、費時之多少是也。新金山之南邊，其底線在一箇略平之面，離海面之高不甚多，用極準之帶尺試數次，將各次取得中數，所用經緯儀為七寸徑者，所分地面之各分無有大差，以二寸代一里畫其圖。

三角法之外又有更粗之法便於新地之用即憑地面所有之形狀如山谷河道等定爲界限則租與人爲牧場之時可以言定從某山起至某河止日後人民聚居之時再用詳細之法測量此山河各物以爲或府或縣之界限但此各物亦必依三角形之點方能知各物之方向或定其開造各路之方向

測量各分內每畝之費並每日所量之畝數俱必依地面之形狀與人工火食之價並工之粗細與每分之大小如每分不甚大而以八十畝至百畝者其工多於大面積之分又測量之器以及一切應用物件搬移之難易地面各分之碎雜整齊皆與經費相關前測新金山新地之價每分略爲八十畝每畝銅錢三至四所有大小路徑並每分之界線作識四角立椗刻字依第六十九圖空槽等費俱在內測量推算者之外辦理工程一人工匠四五人一年之內能測量三萬畝

三萬畝一年乃是中數最快之時可多至三倍

此價雖不甚大然屬新開之地亦已大矣然論其價雖再大二三倍亦應預辦其事斷不可有人聚居而地之界限與面積尚未定者後即無所憑矣現在英國各新地測量之費即出於賣地之銀如牛西倫嶔脫白里無論所賣者爲何地俱有一定之價每畝金錢三枚故測量之工甚細路橋一切工程俱可興辦極好其三枚金錢分用之法以六分之一爲空地之本價六分之一爲測量造路等費三分之一爲招集人民之路費三分之一爲設立禮拜堂與書館延師之費此法與新金山等處不同因新山之價每畝金錢一枚其地俱是拍賣

新金山南邊各處俱是每畝金錢一枚至西秝一千八百四十三年設立拍賣之法其價自金錢一枚起

新金山所有牧場原屬極寬不用細測祇憑三角形之定點其各點之相距與各線之長記寫明白此種大分之地有人欲買一分聽由買者自去作一記號此爲暫時之界線

前數年將新地分爲府縣之章法現在仍照此爲之一省必有方四百里一府方百里一縣方二十五里各界限應有天生之物如河山等如欲得此界限而不能合數亦可或多或少就之惟多少之數不可過三分之一

地面上必留餘地以作旱路或水路又必留空地爲市鎮或村莊或書館或禮拜堂以及公用之處

一省或一府之界線或爲經線或與經線成若干角或爲緯度若干則地面立界線之記號必藉天文之法爲之詳見下卷

測量者所有查考之事無論何地略同如地氣天氣之變泥土之性土人之數及性情與風俗並土石樹木之種類與多少及一切地產之物又必畫出地面形狀之粗圖指明山河之方向與測量者每日所到之處

測量者用便於攜挈之器如紀限儀藉三角形之點以定每日所到之處每到一處所有山河之方位俱宜畫圖如地面多山或多樹林不能見極遠之處則測量者似與行船之法相同須以每日所走之路畫於圖再以天文之法測定各物之經緯故作此事者必精究天文之學

海面行船每日在午正測得太陽而知其緯度又在午前約九點亦測數次推算其時刻再將午正所得之緯度與船所行之路推算當時之緯度從此緯度推算時角並或加或減所應得之數而知本處之平時詳見第十一卷將此平時與度時表所指格令會知之時相比即得窺測時之處在格令會知之或東或西若干度是為經度然後推算船在測太陽時距午正所行之里數與方向數從此可知船在午正之經度知此經度與緯度即能定船在圖上之方位

測量曠野之人亦必大略如此考得每日所到之處

如行過之路不甚遠而能推算所歷之處之經度與緯度則其相距可依下卷之法推算而畫在圖上

午正適遇陰霾不便測太陽而考其緯度亦可在夜間測第一等或第二等之星過子午線之高其赤緯度可從行海秝書檢得既知其緯度即可隨時測不在子午線之星而推算本處之時如有極準之度時表則將格令會知之時與本處之時相比得其經度之大略而畫于圖上

度時表攜挈行動必有遲速之異儻於一處住宿二三日即在暇時考其表之差數而改正之其於經度亦應以太陰在經線之兩邊測之或以下卷之法測之

以上粗略之法考定各處經度常有八里或十里之差然宜謹慎測量切不可大於此差凡測緯度應不可差至半里即在再難測之時亦不可差至一里

測量之人用以上各法考驗經歷之各處必用紀限儀或經緯儀窺測易見之物所成之角而畫其圖再在圖上記明水銀風雨表或空盒風雨表或水沸度則知山頂或平原或河源之高

每日亦應記空氣改變之各事如寒暑表風雨表等如遇陰雨而在一處留宿若干時應記每日下雨之數未備測雨器之精者可如第七十一圖將馬口鐵為管上插大漏斗其漏斗口之面積與管之面積有一定之比例亦能知下雨之數

第七十一圖

管內再用一軟木軟木之上有輕木條勻刻分數以漏斗面積與管面積之相比而配之如其比例爲十與一之比則下雨一寸其木條必起高十寸

測地繪圖卷十

英國富路瑪譔　英國　傅蘭雅　口譯

無錫　徐　壽　筆述

球形相關之事

英國天文家侯失勒云地理以球形而推算可因天文而知地球之形狀與尺寸又可知若干分爲陸地若干分爲水面以及陸地高於海面之數並或山或谷或平原之形勢無不在測望之中

常言地爲球形此舊說也後有人用天文之法詳測知其不是圓球而爲扁球二極如壓平之形而赤道有凸出之形所以二極之徑短於赤道之徑三百分之一

法國與英國先後細測經線之弧似覺每度之弧愈向極點愈短故疑圓線不合撱圓而有壓平之意惟不勻之數甚小非算法之密者不能覺或云英國測經線之弧本在山多之處所有天頂垂線之器其錘爲山所引所以弧線二端之點因此必有差既而英人馬司克林詳考此事在蘇格蘭伯得西哀山之北與山之南其兩處相距四千尺測得二處緯度之較之中數爲五十四秒六依天文之法測此弧應爲四十二秒九所差十一秒七必是垂線之偏故知愈向北極愈短之說乃測望

之差耳

得此數之法在不同緯度之數處歷測經線弧之長則知經線弧一度之極短者在赤道愈向兩極愈長此可見赤道處經線多彎近極處經線稍直

地面上一次所測原屬極小之一分然雖極小能依幾何之理知全球之形狀與尺寸

凡順經線而測地面一度之長有二難而量此線之長短不與焉其一必依大平圓而不可稍偏左右其二考定一度起止之眞方位

美國美生與佤客生二人測量一百里之長卽多於一度其法用長方形之木架長二十尺平置於地面而不用三角法

地面之上本無生成之表記能指出經線之方向並每度起止之點故必以天文爲證測得恆星而考知一度二端之眞方位其最便之法或正在一箇經線之上或略在一箇經線之上檢得二方位爲弧之二端而用三角法憑一量過之底線推算二方位中間之弧長將此數與天文法所測弧之二端之緯度數相比卽知在若干緯度之經線一度之長

測恆星過子午線而得緯度所測之星應近天頂而過者可免氣差不定之弊如用精器細測所得之緯度不能過於一秒之差

用天文之法而測地面經線弧之長或緯線弧之長乃最難之事此書不能備論其詳祇舉簡便之法言之此外如測量底線及改正各差並從各數推算弧長若欲求之益精必考各人之專書

英國從得奴斯之角起至可立夫頓止測量經線弧所推算之數當英國之中在緯度五十二度三十分之處其經線弧一度爲三十六萬四千九百三十八尺

西秝一千七百九十四年英國得奴斯與必切海得二處中間之緯線弧乃測地繪圖之時所測量者或言此三角法不準所有各數必改正其差此事詳英國測地諸書

法國人密歇捺與得蘭白在頓客格與拍雪羅那二處之中間測量經線弧之長其事在法國權度量衡書內詳之測此經線弧之意不是測地乃欲得度量之數之根以四十五緯度爲準萬法俱從此數而出別國則以鐘擺若干長能成一秒之動得此長數以證度量之數但此必依天氣與地勢兩事其法甚繁所以法國格致家剏思測量經線弧將所得之數爲準只藉方位一事更爲簡便所定之度尺爲過極點之大平圓四千萬分之一博物會之度量

權衡俱準此而定

法國定權度量衡之公會以爲地球兩極之徑小於赤道徑三百三十四分之一但現在知此數有差所以枚尺不能爲子午圈四千萬分之一英國以一碼爲準而其度法之碼並一切權量之器存在國政公會後其處被火所燬器亦無存此外尚有三處存其器遂以所存之器爲準而不用從前所立之法即擺動一秒所得之寸數如倫頓緯度與海面同高之處空氣六十二度在眞空內擺長爲三十九寸一三九三

立方體之內面每邊十分枚之一滿盛蒸水其熱爲三十二度其水之重爲一千格蘭暮定此熱度之故因水從沸界至四十度漸漸縮小以後雖稍漲而在三十二度水質尚爲最密至凝結之時則立漲所有流質之物無有便於此者惟欲作一定質之物可當此重之水以爲權法文甚難蓋較水等重而不等體之物在空氣若干鬆緊之時爲等重而空氣之鬆緊稍改其輕重亦改故必在眞空內稱之始爲可用法國定此權法之體其重等於內邊十分枚之一之立方器所容之水在最密之時之重但其權體與水必同在眞空內稱之嘗用白金與黃銅造成但此二種金類亦不能在空氣內常等重也其黃銅之權爲圓柱形頒行數處公用其白金者存於博物會內以爲定章

考訂以上各事之時寶大（即作疊測法之人）試準鐘擺在四十五緯度並一定之熱度得其準秒此擺以白金爲之其長以千分枚數記得極準存於博物會內如所存之枚尺偶有損壞可憑此擺而復得其數

法國所測之弧從巴西羅那向南引長至福門低辣又向北引長至英國之蘇格蘭共測十二度半之弧大略半在四十五緯度以南四十五度以北辦理其事一名畢學一名阿賴苟在西秝一千八百二十一年茲將英國天文家愛耶力所作之表列左此表乃測量各處經線緯線之長

經線弧	弧線中點緯度	二處緯度相距	弧線之尺
得蘭白測量秘魯國	[illegible]	[illegible]	一一三一〇五七
莫拍退斯測量瑞顛國	六六 一九 三七	〇 五七 三〇四	三五一八三二
賴蓋辣與夾寄尼測量法國	四六 五二 二	八 二〇 〇三	三〇四〇六〇五
北斯可非知測量羅馬國	四二 五九 〇	二 九 四七	七八七九一九
賴蓋辣測量好望角	三三 一八 三〇	一 一三 一七五	四四五五〇六
美生與地克生測量美國	三九 一二 〇	一 二八 四五	五三八一〇〇
法國人測量福門低辣至頓克格	四四 五〇 二	一二 二二 一二六	四五〇九四〇二
司番白格測量瑞顛國	六六 二〇 一〇	一 三七 一九三	五九三二七八
英國測量頓奴斯至百立麻而	五二 三五 四五	三 五七 一三一	一四四二九五三
蘭木吞測量印度國第一弧	一二 三二 二一	一 三四 五六四	五七四三六八
愛弗來斯塔引長其第二弧	一六 八二二	一五 五七 四〇二	五七九四五九九
普拉尼與卡里尼測量必得們忒	四四 五七 三〇	一 七 三一	四一四六五七
加夫斯測量哈奴法	五三 八二 一七	二 〇 五七四	七三六四二六
司脫羅法測量俄羅斯	五八 一七 三七	三 三五 五二	一三〇九七四二

緯線弧	緯度	二處經度相距	弧線之尺
賴蓋辣與夾寄尼測量羅捺河口	[illegible]	[illegible]	五〇三〇二二
類氏測畢比起海得與得奴斯	五〇 四四 二四	一 二六 四七九	三三六〇九九
英國測量多發至發母得	五〇 四四 二四	六 二二 六	一四七四七七五
以大里國測量八度阿至馬來納	四五 四三 一二	一 五九 三八	三三一六九七六

以上測量之各弧依海面之高爲準從北極至地心二千零八十五萬三千八百一十尺即三千九百四十九里五八三而赤道之半徑爲二千零九十二萬三千七百十三尺即三千九百六十二里八二四則有二九八·三三與二九九·三三之比故二極半徑小於赤道半徑爲二九三·三三分之一即〇〇三三五二其經線象限弧爲三二八一一九八〇尺其一分之弧爲六千〇九十六尺·二七七卑立云極軸與赤道徑之比爲三百〇四與三百〇五之比依此數則小徑與大徑之較爲三百二十五分之一尋常皆以三百分之一爲中數然皮爾生天文書內有數表各表之數不等從三百分之一起至三百二十五分之一止

測經線弧之長如第七十二圖呷天線爲經線弧在此弧上欲測一度之長呷與丑爲二箇最遠點此二點之間用甲乙丙乙丙丁丁丙戊等各三角形連之各三角形之頂點約近於經線排列其丑點能更近爲最好則所測之相距爲自呷至天其天即自丑作垂線至經線之交點然此丑天二點雖相近究有微差若欲更準宜自丑作弧線至經線而得天點依法定準各三角形之後另須測量一箇底線之長而定呷叱線之長或別線之長其三角形頂點

第七十二圖

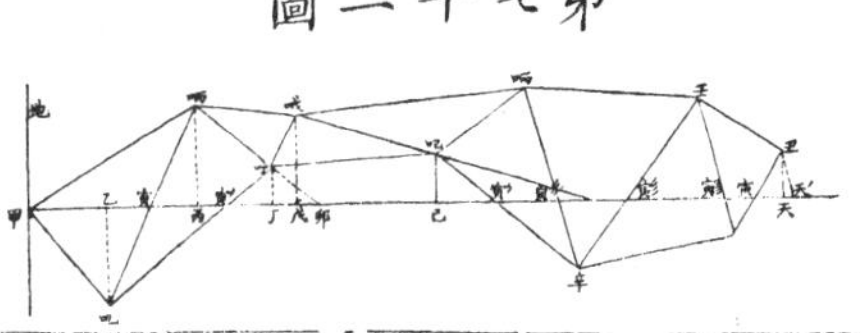

之角亦必測得極詳而弧餘之差亦改正則各三角形之邊從此各數推得之如地面與海面同高而成平面其各邊方向之度數即與經線所成之角亦必測準此角可從呐呷天或別種已測過之方向角得之而兩箇最遠點之緯度必用極精之器測準所測得之數能與三角法推算之數相比

前測福門得辣地方之緯度曾測至三千九百次

呷天之長從三角法所得之各數推算其初用之法爲鈍三角形即推算經線上所與三角形邊相交之點如呷寅寅寅等之相距或其邊引長之線之交點如卯此各相距之和爲呷天線之長

又法起手之工相同不必推算呷寅寅寅等相距而但求經線之垂線叱乙呐丙叮丁因各邊方向之角度已知則從此能得經線上之呷叱呷丙丙卯等之長亦能得呷天之全長頓格格與巴西羅捺中間之弧並得奴色與古里夫得中間之弧俱用此法較諸前法省工而準如各三角形有二邊與經線相交則此法更有一益因可遇經線兩

邊所成之正角三角形另得一數以兩數相比彼此可以相證.

布衣三得之測地書亦有一法乃改變前法而得者如第

第七十三圖

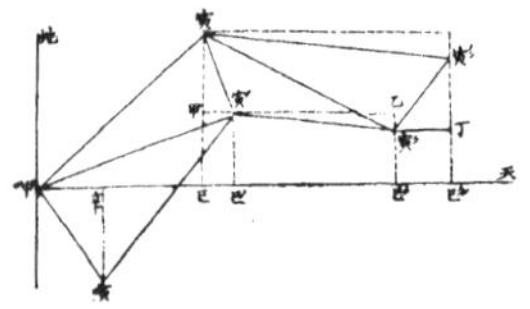

七十三圖過各三角形之頂點作呷天經線之平行線並呷地緯線之平行線不計其弧餘數則此各線相交之點與三角形之邊能成正角三角形而其本邊為正角之對邊如各對邊之方向角度已知則其餘各數亦可知夾雪尼嘗在經過法國京都觀星臺經線與垂線

之旁以前法推算數處之相距.

又法考得經線上三角形之頂點而推算其緯線引至經線之交點則此各數之和為呷天弧之長數

地面既是球形則所測之三角形必是弧三角如有相距之兩處其緯度與經度已知而欲推算距弧之長則因地形不是正球形得數難免無小差然其相距不甚大雖為扁形所差亦屬無幾如海邊甚長或曠野甚大不便用三角法測量者則用前圖之法能得數處之要點而定於圖上各要點中間之地後可測其補滿其圖殊能省工如中間各物點不用精器測量此法亦為合用.

第七十四圖巳為地球之極點申申為已知經緯度之兩

第七十四圖

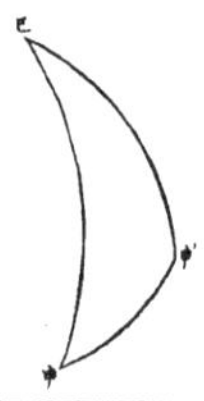

處則申巳申角能以其兩處之緯度知之巳申與巳申為兩處之緯度可從巳申申三角形而得申申弧之長

測申申二點之時能求其彼此方向角度即巳申申與巳申申二角則所得之數可更準因此二角可測至極準也惟巳角則以兩處經度為憑平常所用之器不能甚精只能得其略數所有之差或在一箇方向或在不同之方向所以測望之事極宜測準各處彼此之方向角並其本處與別處所成之角.

如兩處之相距不甚遠而彼此能見所立之表記則其經度可如下卷更換鐘表之法得之而巳角亦能極準從此各方向角度並各處所得之緯度推算其經度之較或與經線所成之角為測英國之時所常用者惟扁球面上弧三角之弧餘數等於天文法所得圓球面經緯度相同之弧三角從此得簡便之式.

$$\text{正切三經度較} = \frac{\text{正弦三緯度和}}{\text{餘弦三緯度較}} \times \text{餘切三房}$$

其房即方向角之和

江南製造局 科技譯著集成

以平常論之所測之緯度有小差與所得之數不甚相關惟測方向角度之工以準爲最要若緯度之數小則以極準爲尤要所以近於赤道即緯度小之處此法不甚合用二箇經線在極點所成之角已知則其兩處之相距申申在巳申申三角形內得其大略但此弧必變爲地面上相距之相配數如依扁球形而推算此相配數則所用之曲線半徑必爲此緯度之中數即 ＝(丑丁丑)

若反求之則從已用三角法所定之方位以測地之法得別處之經緯度與方向角度必將地球面所測量或推算之相距變爲弧線然此法必知弧之曲線半徑方能準

英國賈步來得之書所列之表能省推算之工無論其弧順經線之方向或爲經線之垂線或與經線成若干角而爲方向角度或爲緯度或爲經度或爲經線漸漸相近之數俱便於用

格致總要有一式爲地球任何經線內之任一點求其曲線之半徑此式以地是扁球形以甲爲赤道半徑乙爲二極之半徑丑爲緯度丙等於扁之數即 (甲丁乙) 則

未＝甲〔一丙〕三丙正弦二丑

即

＝甲〔二丙丁三丙〕餘弦二丑

求曲線之半徑如第七十五圖有吧咋二點此二點之緯度無論同在經線上或否其緯度爲巳吧申與午咋申兩角之餘角而此兩角爲二處之垂線與極軸平行之線所成設呻爲從二處所測之星則申吧巳角等於申吧呻加呻吧巳又

第七十五圖

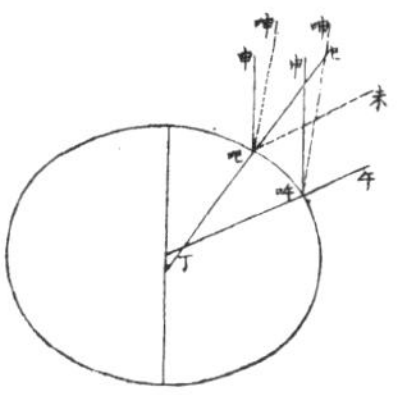

申咋午角等於申咋呻加呻咋午若以申咋呻與申吧呻爲相等之角則緯度之較必等於呻吧巳與呻咋午之較亦等於星在二處天頂相距之較即易測量之角如吧咋二處在一箇經線上則其垂線必在丁點相交而其緯度之較即申咋午與申吧巳之較試以吧未與咋午爲平行則申吧未與申吧巳之較等於未吧巳即兩垂線所成之角咋丁吧其咋吧之長可從測量之工而知而吧丁咋即緯度之較亦可從星之天頂相距而測知所以吧丁或咋丁之曲線半徑亦可知

又法如第七十六圖令哂與亥爲不同經線之二點過此二點並過地軸甲丙各作平剖面則兩剖面所成之角即經度較之角能以天文之法而得之如有一點酉代前之哂而其緯度同亥之緯度又作亥物酉物各與甲丙

第七十六圖

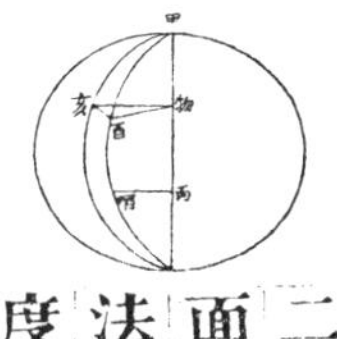

為垂線則二箇平剖面之角等於亥物酉之角亥酉之相距或測而得之或量而得之其經度較亥物酉角已知則緯度之半徑即亥物或酉物之長可推而知從此二箇數之任一箇能得曲線半徑之長而從此更易知地球之形與尺寸惟緯度較更準於經度較所以尋常測量專用緯度較而不用經度較

設有兩處之緯度俱已知其兩處彼此之方向角度亦須詳測如美國北邊與英國屬地之界線原在極叢密之樹林內開一路長六十四里開路之方位依二端之方向其推算之式為愛爾里所設者先將經度較之時刻數變為

弧度數從其二處之緯度推算得式

$$正切\tfrac{1}{2}房=\frac{餘弦\tfrac{1}{2}餘緯度之和}{餘弦\tfrac{1}{2}餘緯度之較}\times 餘切\tfrac{1}{2}經度較$$

$$正切\tfrac{1}{2}亢=\frac{正弦\tfrac{1}{2}餘緯度之和}{正弦\tfrac{1}{2}餘緯度之較}\times 餘切\tfrac{1}{2}經度較$$

緯度大處方向角之大者

$$=\tfrac{1}{2}房+\tfrac{1}{2}亢$$

方向角之小者

$$=\tfrac{1}{2}房-\tfrac{1}{2}亢$$

房為方向角之和亢為方向角之較

依此各方向角以正球形改為扁球形其法從以上正球形方向角度求其與九十度相減之較即餘角而四式內須各求一角甲其式為

$$正弦甲=\frac{\sqrt{七五}}{正弦餘緯度}$$

則各扁球形之餘角切線等於甲角餘弦乘正球形之餘角切線其求方向角之法將此各數與九十度或加或減而推算之

測量界線之時所有推算方向角度俱用此式不用天文之法與更換度時表之法而得二端之經度與緯度但用三角形之法考得二端之眞方向角度以便在

二端之間作一直線如第七十七圖令甲乙為二端之點

第七十七圖

以多三角形相連令一邊為主如甲丙而推算丙戊邊以及丙丁丁戊兩邊再從丁戊推算丁己丁乙兩邊又從已知之甲丙丙丁兩邊與甲丙丁角推算甲丁邊與丙丁甲角將此數與丙丁戊戊丁己己丁乙三角之和相減而得甲丁乙角再用此角與甲丁丁乙兩邊推算其丁乙甲角此角為甲從乙與丁從乙二方向角之較其丁從乙之方向角度為已知如未知者可測量而知則甲從乙之方向亦可知

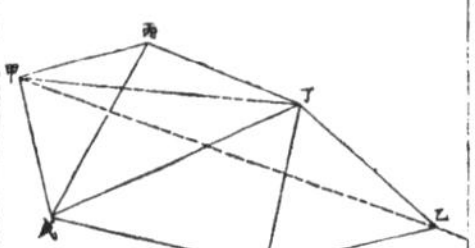

美國北邊與英國屬地之間所有界線之方向用經緯儀測量其引長此線之法用子午儀則往前指路之人藉此儀而得開路之略方向又在子午儀處作標號令遠處指路之人望見能知或偏行直行之向標號之法用樺皮作火把或燃火藥雖甚遠亦能望見日中則用回光鏡

此界線共長六十四里測量之人從二端起而漸漸相遇於半路所有相接處偏差之和不過三百四十一尺依其經線之較尙在四秒以內如不問地球之扁形則所得之差尙欲多三倍改此小差之法在所測之線上作垂線其垂線之長與其離開之處有比

舟師欲知二處相距之里數如申甲則以平三角法推算之如第七十八圖丑申爲緯度較申甲丑爲方向角申丑爲經度較則成一正角三角形其緯度之一度以六十里爲常數求得此中緯度處經度之里數卽能得申甲之里數

第七十八圖

推算中緯度而得本處經度之相距如第七十九圖甲乙丙三角形設甲丙爲經度較丙乙邊爲所求二處之相距如五十五度五十八秒之中緯度求經度一度之里數則作乙丙甲角等於中緯度丙甲等於赤道上經度一度之長卽六十里作甲乙垂線則丙乙等於所求一度之里三十三里五

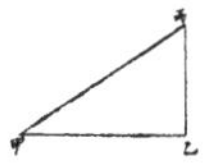

第七十九圖

又如第八十圖甲丙乙爲平面行船三角形甲丙爲緯度較甲乙爲所求二處之相距則在乙爲方向角丙乙爲經度相距丙甲乙點作丙乙丁角等於中緯度作乙丁線遇甲丙引長之線於丁則乙丁爲經度較

第八十圖

用墨加到地圖之法則以上各事可以不用推算而知其圖以球面鋪在平面上而各經線爲平行線各緯度放長之比例與球面上之比例相同此法之用處極大

如有本處之經緯度已知則所有相近別處之經緯度能

以平三角法得之如第八十一圖庚處之經度與緯度已知而辰爲相近之處欲求其經緯度則必測辰庚相距或以三角法推算之又必測其卯辰庚方向角度則二處之經度較庚丑爲丑辰庚角之正弦其半徑爲辰庚緯度較辰丑爲此角之餘弦茲將已測過二處推算以顯此法之用設辰點在介太墨觀星臺之南二百三十八尺與勾令哈墨禮拜堂相距七千五百四十七尺四其甲辰庚角卽方向角度之餘角爲七十八度五十五分五十五秒勾令哈墨禮拜堂之北緯度五十一度二十三分二十四秒一二

第八十一圖

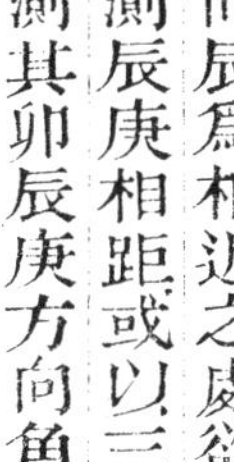

其離格林回知之東經度○度三十三分四十四秒四一則餘弦七十八度五十五分五十五秒其對數爲九二八三二四三相距七千五百四十七尺四其對數爲三八七七七九六兩對數相加得九三〇一六一三爲緯度較之尺數其眞數爲一四四八九又正弦七十八度五十五分五十五秒其對數爲九九九一八四六七千五百四十七尺四其對數爲三八七七七九六兩對數相加得三八六九六四二爲經度較之尺數其眞數爲七四〇七在五十一度二十三分之處其緯度每秒之長爲一百〇二尺〇二經度每秒之長爲六十三尺四一所以一〇二〇三尺／一四四八九丄二三八＝一六五三爲緯度之較又六三四一尺／七四〇七＝一一六八＝[illegible]五六八爲經度之較

勾令哈壂禮拜堂緯度五十一度二十三分二十四秒一二其緯度較爲十六秒五三相加得介太壂觀星臺之緯度五十一度二十三分四十秒六五禮拜堂之經度爲東○度三十三分四十九秒四一其經度較爲西一分五十六秒八則臺之經度爲○度三十一分五十二秒六

凡將測量之各數畫其圖必先考指南針之偏差則藉此指南針而補圖之各事自有準則各分圖上亦可畫針偏差之數此偏差之數尚未能確知其所以然只能在各處各時記其差數聚而相比得其略法

地面上已有記出之經線則可較指南針之偏向其經線用大經緯儀或小經緯儀之精者測太陽或星在子午線兩邊之高度與平面角度如所測爲恆星則無差欲改惟將窺筩正對一星隨之而移記其初末之度數而取其中數即是子午線遂記此線於地面用指南針與之相較而

得其方向角度此角度卽是偏東偏西之差

如所測爲太陽則其高度或爲太陽之上邊或下邊若求平面角度或爲太陽之左邊或右邊但如此所得之中數尚非眞經線因先後兩測之中間太陽有高低也冬至至夏至之間太陽漸漸加高午後所測之高弧等於午前所測之高弧則太陽之距經線午後更大夏至至冬至之間反是玆有一式改正此差其式以丁爲酉時刻之間所有高度之變差得式爲

天＝½丁×正割緯度×餘割½酉

行海秝書有每一小時之距緯數

設題以明此式之用西秝一千八百三十八年五月十二日在赤道北五十一度二十三分四十秒測太陽之上邊等高度以度時表得其時

午前九點鐘五十四分二十六秒八

午後二點鐘五分四十六秒

以指南指得其平面角度

東角三百十一度四十七分二十秒

西角四十七度四十五分五十秒

將其午前時刻與十二點鐘相較得二點鐘五分三十三秒二將東角度與三百六十度相較得四十八度十二分四十秒

再將午前二點鐘五分三十三秒二與午後二點鐘五分四十六秒相加得四點鐘十一分十九秒二此數爲式內之酉所以二分之一酉必爲二點鐘五分三十九秒六以此變爲時角得三十一度二十四分五十四秒

再將東角四十八度十二分四十秒與西角四十七度四十五分五十秒相較得二十六分五十秒

以二約之得十三分二十五秒將此數與三百六十度相較得針面之度分三百五十九度四十六分三十五秒爲經線之略數改正太陽高低之差必檢本年行海秝書五月十二日每一點鐘變高之數三十七秒五三故二點鐘五分三十九秒六卽時刻之半得變高之數七十八秒五爲二分之丁所以

½丁＝七八·五　對數　一·八九四八六九七

緯＝五一°二三′四○″　正割　·二○四八四六五

½酉＝三一°二四′五四″　餘割　·二八二九六九○

三對數相加得　二·三八二六八五二　卽

其數爲四分一秒三七中點等於三百五十九度四十六分三十五秒以改正之數四分一秒四相減得眞經線在針面所指之方向角爲三百五十九度四十二分三十三

江南製造局

秒卽指南針偏西之差十七分二十六秒四。

指南針之偏差又可從近於北極之星考知之細測其星在北極上下過經線之處卽得。

又法可測星在北極東西兩邊距經線最遠之點卽在平線最長之處得其兩箇平角之總數而取其中數或取其時刻之中數亦得經線之數

又法但測星在最長之處而得經緯儀地平圈上之一數亦得經線之數此宜預推其平角與時角如圖丙爲北極卽時角乙爲天頂卽同於平角呷爲距極之星在平線最長之點以正弧三角法推之其平角之式爲

$$\text{正弦平角}=\frac{\text{餘弦緯度}}{\text{餘弦赤緯度}}$$

又式

$$\text{正弦平角}=\frac{\text{餘弦緯度}}{\text{正弦距極}}$$

其時角之式爲

$$\text{餘弦時角}=\text{切線距極}\times\text{切線緯度}$$

又式

$$\text{餘弦時角}=\frac{\text{切線赤緯度}}{\text{切線緯度}}$$

將此時角之數以十五約之卽得其相距之星時。

又有別法如測太陽出沒時之角度或任何時刻測其平面角度其推算之工更深詳後天文各題。

又法不用測量諸器亦能得經線之略卽在平面之處立一表其直如垂線午前三四點鐘取地面表影之長爲半徑而以表根爲心作圓線視午後之影與圓線相切遂以午前午後兩切點之相距平分作點與表根作一線卽爲經線亦可較指南針之略差若於午前午後各記三四次之影而得各中點自能更準。

前言用三角法定各方位或以天文法推算相距而定其方位祇能在不甚大之界限內用之因地爲球體不能以平面上之圖肖其眞形必依比例而改其形狀則平面圖地球彼此之大小與球面上不能相同。

凡畫大塊地面之圖必預定一法排列其經線與緯線則各地之經緯度可依此線而記於相當之處然此各地之相距已非球面上之比例矣所用經緯線排列之法應取簡便易畫之線使地面之形狀無有過大過小之差。

英人載密斯言前畫蘇格蘭愛爾蘭兩處之圖以一寸代一里其法略與富蘭葛斯太得之法相同故二處之分圖可以輳湊連合惟英吉利之圖不依經緯線排列之法。

侯失勒談天內有地圖三種線法言之甚詳其第一法名

科技譯著集成

簡平儀法第二法名渾蓋通憲法第三法名曡加到法俱以球面之形變爲平面之圖。

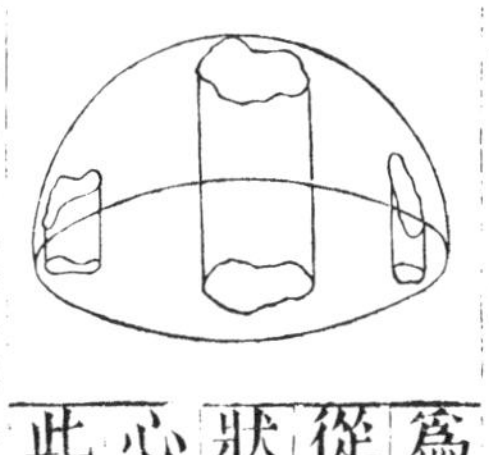

簡平儀法在球面之各點作大徑處平剖面之垂線卽變爲平面上之各點如圖其所成之形如從無窮之遠直望而適合半球面之形狀此惟近中心之各分爲眞形漸遠中心漸差而狹小近邊之處其差更多故此法祇合用於地面小分之圖。

渾蓋通憲法較勝於前法如第八十二圖此以地球爲透光人目在戊點卽球徑戊丙乙之一端從此視半球四面之各點則光線直射而過大徑處之平剖面此平剖面甲丁已以乙丙戊爲垂線而球面之任一點已爲已戊線與甲丁已斜交而得寅點所以球面上之三角形⿰口庚⿰口辛吇在平面上亦爲等式之三角形庚辛子球面之吇平圓在平面亦爲天平圓惟過頂點乙之大圓線在平面必爲過丙點之直線故乙已甲大圓之象限亦爲丙甲直線此圖所得之各形與其眞形略相似雖大至半球形之圖其形無甚大差但與前法有相反之事簡平法之圖近邊過於緊密渾蓋法之圖近邊過於疎大。

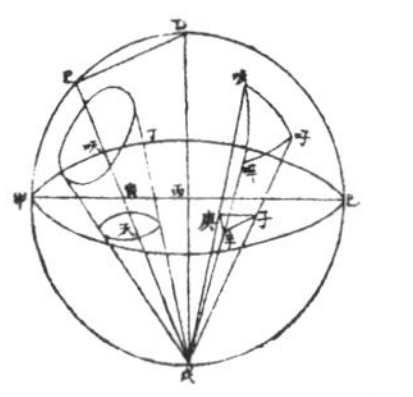

第八十二圖

測地十 三

以上二法俱有天然之理是將凹面照在平面之上而全得眞形之影惟曡加到法則不然其圖非人目從一點所能看盡者須循各點而列覽之其經線之距各作平行相等而各等於赤道上之數緯線則離赤道漸遠而相距漸大其相距之數恆與相當處經度之闊有比此法之意以赤道圓線張成直線而各經線與赤道爲垂線又如將球形之外套以空筒從球心與球面之各點作線引至筒面然後剖開筒體而矯爲平面故能分各小分之眞形與渾蓋之法相同惟各處之比例依在圖之何處其形有漸大之異如第八十三圖在緯度二十度之一形移在四十度晝之則依此例而變大再移至六十緯度而更大以此類推而至北極之處則大至無窮。

第八十三圖

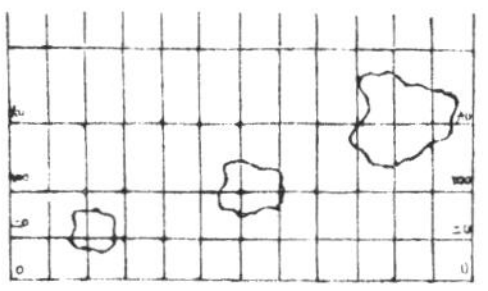

測地十 三

晝地面大塊之經緯線法以赤道北四十四度至四十八度三十分經度相距九度爲式如第八十四圖作甲乙線爲中經線平分之而得合用之緯度四度半則於四十六度作丙丁線與經線相交成正角又在各度之點作丙丁之平行線此各線藉以取弧線之各點非圖上所用者

江南製造局

第八十四圖

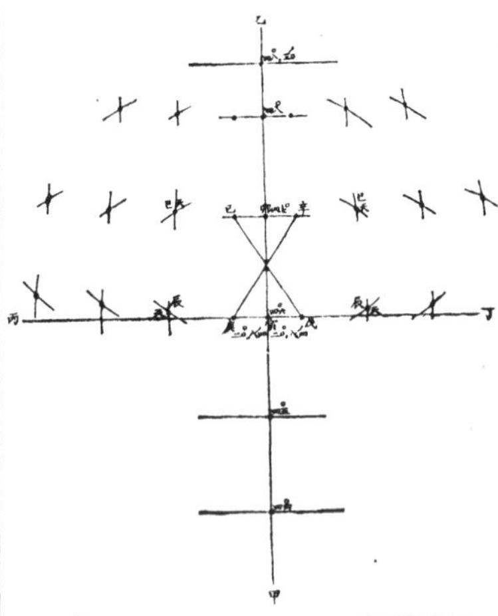

再推算四十六緯度之處所有經度一度之分數得四十一分六八此數之半為二十分八四從寅向丙與丁各度二十分八四如寅戊寅庚再推算四十七緯度之處其經度一度之分數即四十分九二以二約之得二十分四六以此數從卯點向左右度之得卯辛卯巳再作庚辛戊巳之對角線然後以庚辛或戊巳為半徑各作短弧天天天天再將庚戊之度為半徑以庚與戊各為心作弧與天天弧相交於辰辰再以巳辛為度而作巳巳辛巳相距又以同法向外作各短弧而得相交之點其餘各緯度亦然即在各點聯為弧線而成各經緯線

測地繪圖卷十一

英國富路瑪譔
英國 傅蘭雅 口譯
無錫 徐壽 筆述

天文相關之事

測天常用之器所便於攜挈者為紀限儀回光圈多倫得曼測圈水銀盆度時表風雨表寒暑表書籍則對數表光差等表與本年之行海秝書測量大塊地所不能多移動之器比前各器更精其分度線刻至極細觀星臺所常存之器為子午儀恆星時表赤道儀大經緯儀天頂儀子午圈

諸曜之高度與地平度俱能用測地之小經緯儀窺測回光鏡之器其兩鏡平面所成之角為所測之角之半故其弧面刻線之法加倍其數如六十度則在紀限之弧面為一百二十度其全圈之度共有七百二十

改正紀限儀與回光圈之法是卷歷言其大略回光蠡測之器亦言其略

回光蠡測之器最為精緻其蠡測之意因能屢次測角而從各數取一中數如測英國之時所定緯度與經度有天頂儀大經緯儀子午儀此子午儀本在觀星臺所用之器移至地面可立一架而用之地面先立四桄上

科技譯著集成

鋪平板板上置器如用磚石築小臺亦妙大塊石不及沙堆之便因沙堆不傳振動之力也美國北邊與英國屬地之界線在西秝一千八百四十五年所測定當時用子午儀其聚光點之相距二十寸至三十寸儀外用細布作帳不使風吹滅燈

紀限儀○此器之弧勻分爲十分數用佛逆能察十秒另有顯微鏡能察十秒之半先窺略數而將指數表（即佛逆所在）轉螺絲夾緊於弧面再將佛逆螺絲轉至極準其指數表轉動之心有回光鏡名全回光鏡此鏡與儀面成正角儀上之鏡名際線鏡此鏡半透光而半回光其透光之半可

直窺所測之物其平面必與前鏡之面平行而指數表適合○度如兩鏡之面不平行即爲指數之差有一窺筩與儀面平行連於圈上便於進退使直窺之物與回光鏡內之物等清另備數個暗鏡以測太陽

海面用此器測太陽或星之高以天際線與太陽或星相切如在陸地而用水銀盆必得二形在水銀面相合此法所得之角爲海面所得之角之倍

全回光鏡造時已審定其位置且甚堅牢故尋常之器不預備配準之法如欲試其準否可將指數表移至略近中間斜看其鏡內分度弧之影與分度弧○度之一端相連成曲線而甚平即是無差否則兩端不相對而兩弧亦不平

際線鏡有一小螺絲在架下藉以配準此鏡令與器面成正角如窺遠物之回影正在直窺之形之上則知配準

兩鏡或不平行而欲求其差數則將佛逆之度正對分度面之○度而察直窺之形與回光形相合如不合者以指數表移就而使適相合移過之角數即其差數尋常得此差之法測太陽之徑將指數表移至與○度相距三十分再轉佛逆螺絲令太陽之兩形相切而視所指之角度又將指數表移至○外餘弧略同之分數而如前令兩形相

切再視其角度此兩數之較之半亦爲差數如○外餘弧之角數大其差爲過小之數設○內角數三十三分二十秒○外角數三十二分四十秒較數爲四十秒其指數差即減二十秒

以上測太陽之兩數若無差則兩數和之四分之一爲行海秝書本日太陽半徑之數尋常紀限儀無有配準指數表之器故必常常看有差否如有差則於用儀之時或加或減其差數

窺筩與器面原可不計其平行如欲計之須測兩物之角略爲九十度其兩物之影在窺筩內之第一線相合再移

至第二線亦能相合即爲平行如有差則擘箭之圈有二小螺絲可配準

全圈儀○其理與用法並同紀限儀惟用全圈作弧面而有三佛逆一可轉緊令指數表不動又有螺絲可與全回光鏡繞同心而轉又有二柄與平面爲平行有一移動之柄成正角方向測平面角之時可連於前二柄上

全圈儀較勝於紀限儀所有之指數與儀心差因兩邊俱測能自相消又因三佛逆在等相距之點而可並視其數也所測角度比紀限儀更多雖至一百五十度尚能測之所以太陽離天頂十五度以外可用水銀盆測其倍高角

測地一一

但此器亦有三事須配準與紀限相同其一必將全回光鏡令與全圈之面成正角如造器之人藝精者不常有此差其二際線鏡亦必與儀面成正角其三遠鏡上下之平面亦必與儀面平行

壘測儀○此儀配準之法將內圈之佛逆移對外圈之○度即七百二十度轉螺絲夾緊再將全回光鏡指數表之佛逆放鬆兩鏡平行之時此佛逆應在○度則可測高角或平角其法將指數表移前窺見二形相合之時轉緊其螺絲連於外圈如欲記所測之時則記之而其角可得其略數

再將窺筩之桿放鬆倒置其儀將窺筩之桿移至前所得角度之略數其分度在內圈○度之對邊能辨之再用佛逆螺絲令其相切則外圈所得之角自然爲平時所測之角之倍因儀倒置故無指數之差如是而循環窺測若干次其際線鏡之佛逆所指出末次之角度必細察而以所測之次數約之即得各角之中數

測第一次時其佛逆不必移至七百二十度可從任一角起與用經緯儀相同但不如前法之準耳

水銀盆○爲各種回光器所常用者其制作長方形上有玻璃蓋其玻璃能藏在盆內以便移動水銀必濾至極淨

測地一一

但水銀原爲不便移動之物故有用圓玻璃片其背加以黑色之料用酒準使之極平然又不甚可憑如用濃質之油或用糖漿亦可代水銀之用又屬模糊總不及水銀之善

無論何法其器必置於甚堅實之架否則平面終不肯定所置之方位必便於窺見物體如所測之物不甚高則其平面必幾與人目同高

測時必先將指數表移至二形略相切用佛逆螺絲轉至極準如測太陽之下邊相切則全回光器所回之形在上上邊相切則反是回光器常用倒影遠鏡故水銀面所見

之下邊實爲上邊反之亦然所以形之自此方向移動其指數表必反其方向就之

用水銀等法當天際線所測之角爲離天際高角之倍

地球所設經度與緯度依天球而論之其名相同其天之經度在赤道卽地球赤道相當之圈此圈之上測其經度從戌宮初度起因此爲甚便於起算之點此經線與黃道爲垂線而在或北或南定其名

初學天文者常難明經緯度之意因天之經度以黃道爲主不以赤道爲主所以天上之經度從黃赤交點起算黃赤交點常無定所而在黃道上之移動亦不平勻此因太陽與太陰相并之攝力而攝此地球赤道凸出之處也所以赤道與黃道之交點每年退五十秒三而赤道之極點漸漸繞黃道極點而轉其轉一周略爲二萬五千八百年其太陽所現之力與太陰所現之力略有二與五之比但力之方向不甚相同所有歲差與章動之事混合在內赤道與黃道平面相交之角爲二十三度二十七分三十秒每年改變之數爲秒四七五五所能變極大之數爲二分四十二秒所以諸曜常有稍改方位之式而恆星之經緯度亦常不定但歷時未久而測之亦不能覺行海秝書每十日測定恆星一百箇改變之方位數並其光行差數此既十日有之則十日內之每日亦可推算而知

凡諸曜之光每一秒之行率二十萬里如測者不動則其光雖歷多時而來仍與幾測之時相同然測者必隨地球轉動星光從像鏡至目鏡必有所歷之時既有其時則目鏡見光而星已稍偏故所對之方位不是星之眞方位名爲光行差卽地球轉動稍偏於酉而以星之眞方位與所測之方位之較

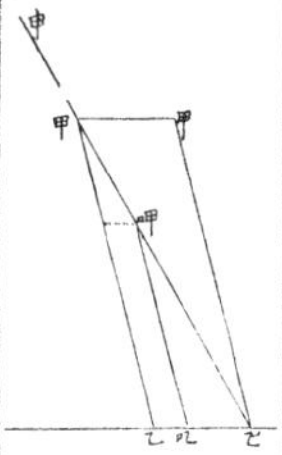

令酉與酉爲星光到像鏡與目鏡所歷之時如圖甲與乙爲像鏡與目鏡在酉時之方位甲與乙爲兩鏡在酉時之方位乙與乙爲地球在酉減酉時轉過之相距則此時之間其星之光線申甲乙行過甲乙之路可見乙甲爲星之眞方向而乙甲爲從窺筩所看之方向此以地球之動在此微數時爲直行而平勻而光行亦爲平勻故甲乙甲乙線亦平行又光自甲行至乙之間恆在窺筩之視軸內卽窺筩在呷吃之方位時而光線行到甲點卽得式爲

甲呷∶乙吃∷甲乙∶乙乙

恆星之差其理在此式內如行星

則星自動而不同此理其恆星之差爲申乙甲角之弧其弧必過此星點並乙乙線引長與天球相遇之點

凡與天際線爲垂線之大圈必繞天頂與天底而相遇名爲立圈地平以上之諸曜俱在此圈測其高度此圈無論在何處與子午圈在天際相距之弧謂之平面角度設星之高弧與平角已知則能定當時在天上之方位如知其緯度與經度則能定其在天球上之方位

諸曜之經緯度已知則其高弧與平角卽能推算而知反之亦然但其黃道之斜度須預知之否則不能推算

人所見之天際爲一平線在測望之處與地面相切而直

引至空際其眞天際線則與地心之徑引出之線相遇凡高度之地心差必依此眞天際而推算之高度之氣差已詳第六卷諸曜所見之方位常高於其眞方位故其差數必爲減數

胡得耗斯推此差之常數以五十七秒爲略數

地心差恆爲加數此差數只爲諸曜高度所用乃地球半徑所對之角其角點在所測之物太陰離地最近故其地心差爲最多然測太陽或行星之高度亦宜推算其地心差惟恆星則此差可以不計因其離地之數略可謂無窮故不能覺

恆星之相距以地球之徑較之得五十萬萬倍爲極小之數

第八十五圖

第八十五圖辛辰爲人目所見之際線未丑爲眞際線申爲物之眞方位申爲所測之方位因氣差而舉高者申辰辛爲所測之角而申辰辛爲改正氣差之角申丑未爲改正氣差並地心差之角卽等申辰辛加地心差辰申丑

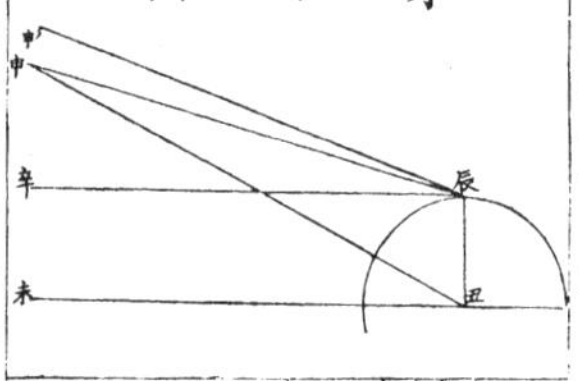

行海秝書所載諸曜之赤道心差以地球在赤道處之半

徑爲對角之邊則赤道之地心差爲極大而在極點爲極小所以此差依測望處之緯度依其緯度所應減之數可從緯度表檢出又凡所測之曜近於天際其地心差爲極大愈近天頂其差愈小至天頂則無此差

又有一差爲測太陽或太陰之高度所必用者卽半徑數因所測者爲上邊或下邊故必加減其半徑此半徑數檢行海秝書有每日之數

如將上下邊迭更屢測則所有半徑之變數可相消而不問

海面之上測望又必計人目高於海面之數此數恆爲減

數凡用紀限儀又必推算其指數差即回光形與眞形相合之時所得二鏡不平行之數

平常用紀限儀測天空諸曜其考出差數之法在〇度之兩邊如測太陽之徑必先將佛逆移至離〇點之半度轉緊夾住之螺絲而用佛逆螺絲轉至兩形之邊相切記其分秒之數

凡用佛逆螺絲其進與退之動不同不可專用其退動其螺絲各處之疎密亦不同

再將指數表放鬆將佛逆移至〇度之外即餘弧其相距略與前相同再以同法令兩形之邊相切以所得之數與前

數相減將其餘數以二約之如餘弧數大者其指數差爲加如小者其指數差爲減設分度弧三十二分十秒餘弧三十三分二十秒較數一分十秒指數差加三十五秒

第八十六圖

以上各數與各名如第八十六圖丙爲地心卯丙申爲地軸卯申爲南北二極戊午爲地之赤道甲爲測望處之緯線甲己即申丙卯之平行線爲測望處極點之高甲人爲地球半徑引長向天頂之線人爲天頂則卯甲戊申爲測望處之經線卯庚申爲經度之〇線庚午或庚卯戊角爲測望處之經度戊甲爲其緯度如令咖呻爲在甲點相切之平面則咖呻爲所測之際線咖甲呻爲其經線咖呻爲其天際之南北點

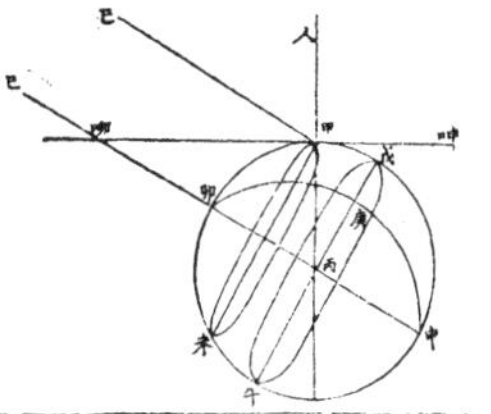

第八十七圖

再如第八十七圖不問地球之大小即以人在地球之心而以地心之人際論之則是圖爲天球而丙爲測望之處人爲其天頂卯爲其天底辛甲辰大圈爲天之際線人與卯爲其極點巳吧爲南北兩極點辛巳爲極點之高度巳人戊辰爲其經線吧巳垂線方向之大圈戊酉午爲赤

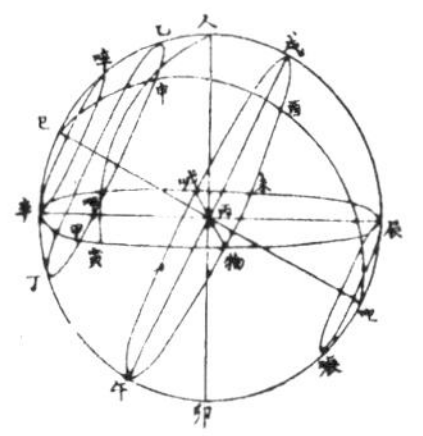

道如令未爲春分點則未酉爲經度酉申爲赤緯度巳申爲星距極點之度數從巳申唒吧圈得之此圈從赤道線而得之則乙申丁必爲其星繞極點每日所行之圈再以高弧人申寅依際線而論則辛寅爲其平角寅申爲其高度人申爲其距天頂度辛與辰爲際線之南北點戊與物爲際線之東西點又如辛啐辰㖊爲小圈即緯線在際線之南北點相切則啐辛爲恆顯之圈即星繞極而常在地平之上辰㖊爲恆隱之圈即星常在地平之下此兩小圈中間之星每日能出能沒則任一星如申一日內所有時圈之甲乙呷大分在際線之上甲丁呷小分在際線之下

前二圖俱可見極點之高度必等於測望處之緯度其八十六圖之巳甲人卽極點餘高度之角等於卯丙甲而丙卯與甲巳爲平行線其不見之卯點爲極點惟卯丙甲爲測望處之餘緯度故極點之高必等於緯度其赤道在際線東西二點斜倚之角度等於測望處之餘緯度

太陽至子午線並至赤道線卽春分點所以證一日與一年之積時此爲天生度時之法但其數不能一定而恆有差故又必用人造之法蓋測天之事常以各分數爲等分但一年不能等分爲若干日而必有奇零此奇零爲最繁之數因此各西國度時定年之數而所計之一年比太陽行之一年稍小至西秝一千七百五十二年巳多十一日所以各大國同時減去此十一日惟俄國仍用舊法依現在所用之法年數不能以四約之則有三百六十五日如能以四約之而不能以一百約之則有三百六十六日如能以一百約之而不能以四百約之則有三百六十五日不問前言如能四百約之則有三百六十六日亦不問前言此法每三千年內只能差得一日此爲度時候之事若天文之事與此不相關

每四年加一日卽等於每年加六點鐘但其實數爲五點四十八分四十九秒六二則其所加之餘數爲十一分十秒三八略爲一百二十九年差一日故於一千七百五十二年減去所餘之十一日而用現在之新法每四百年加九十七日則以三百六十五乘四百加九十七共得十四萬六千〇九十七日故每年爲三百六十五日五點四十九分十二秒尙餘二十二秒三八積至三千八百六十六年差一日所以新法常言每四千年只有三百六十五日則歷年所有之差爲極小數

天文內度時刻之法有三一以太陽之視時爲一日一以太陽之平時爲一日一以恆星之時爲一日此卽恆星之視時

視時之日者卽太陽過一箇經線所歷之時然黃道與地之赤道斜交成角而地球所行之道亦非平圓所以每日之長短不等然此種度時之法最有證據惟別種公用之事尙不合用

平時之日者卽人所定之數以一年之日數平分之凡測望之事必以此法度其時刻設太陽能行赤道而不行黃道而其速能平勻則時刻不必分以前二種

視時與平時之較名爲時較欲得此數可檢行海秝書每日之數或爲加數或爲減數俱依太陽之實在方位與虛方位相關之數

恆星時之日者即地球依本軸從所對任一恆星起轉一周或任一恆星過子午經線所歷之時此時刻無論何日所差極微嘗以兩日相較其數相同如歷年極久其差方能稍見恆星愈近於赤道所見之差愈小

胡得好斯天文書論恆星時漸漸改變之故甚詳可見恆星時亦有視時與平時之別

恆星時之日必少於太陽平時之日三分五十六秒九一故比極短視時之日尚短

第八十八圖

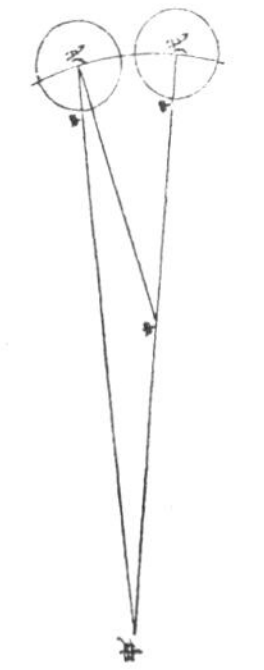

如第八十八圖戊爲地球之心甲爲地球之面申爲恆星申爲太陽地球轉一周而得恆星第二次過其子午線必再行過申戊申角方得太陽在原子午線可見恆星時之日不能不短於太陽視時之日

恆星時與太陽之視時俱依赤道推測其恆星之時爲春分點與測望處之經線在極點所成之角其太陽之視時爲測望處之經線與太陽所在之經線所成之角以上兩角向西而測故太陽之視時與太陽行過春分點之赤經度相加爲恆星時設太陽在子午線上之時其恆星時與太陽之赤經度必相同

地球面任兩處時刻之較能以赤道之經度數推算此因一周有三百六十度等於二十四小時則每經度十五度等於一小時所以兩處欲推算經度之較須定兩處在同時之時刻而同時知兩處之時刻必用度時表其表常能指出格令回知觀星臺之眞時如船上常有搖動常移方位舍此更無別法

測望之法有五數如有三數已知其餘兩數可用弧三角法推知

一測望處之緯度

二所測之曜之緯度

三所測之曜在經線或東或西之時角

四所測之曜之高弧

五所測之曜之平面角度

第八十九圖

第八十九圖有三角形巳人申其巳爲極點人爲天頂點申爲所測之星以上五數之本數或餘數俱在弧三角人巳申邊與角之內巳人爲其餘緯度巳申爲其距極度人申爲其距天頂數人巳申角爲時角巳人申角爲平面角

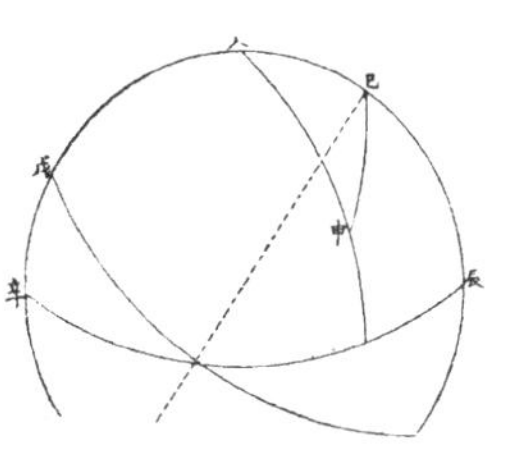

此三角形專爲推算天文之事附卷天文各題詳其用法

欲測定本處之緯度與其時刻而所測之物或爲太陽或爲已知其赤經赤緯度之恆星惟恆星更便於太陽因太陽之差甚多也如半徑差與地心差又如測俟等高度必須推算中間距緯之變數若測恆星此工可省

測望星之中心比太陽之一邊更準惟行船於海面之時不必極詳極細且夜間之際線又屬難見則以太陽爲便若在陸地所用回光鏡之器俱藉水銀平面當際線故夜間雖暗亦可用

測星所用之度時表必爲星之時刻測太陽所用之度時表必爲太陽之平時無論所求者爲本處之時刻或格令回知之時刻俱同

測地十一 三

測地繪圖附卷

英國富路瑪譔

英國 傅蘭雅 口譯

無錫 徐壽 筆述

天文解題

第一章○求恆星時變爲平時又反求之

凡用恆星表測太陽或用平時表測恆星必用此題其法在行海秝書之附卷論之甚詳所用一切之數常爲相加之數

此法所用有三表其一爲平時相等之恆星時如後附第一第二表並行海秝書五百三十六頁五百三十七頁名爲相等表其二爲春分點過子午線之時刻其表在行海秝書每月之第十九頁其三爲平午時相等之恆星時其表在行海秝書每月之第二頁

恆星時變爲平時之法將昨日恆星時之午時即春分點過子午線之平時從行海秝書每月第十九頁檢出再從相等表檢出恆星與平時之較數兩數相加即得

平時變爲恆星時之法將昨日平午時之恆星時從第二表檢出再從相等表檢出平時與恆星時之較數兩數相加即得

行海秝書內平午時之恆星時即子午線之經度俱自格

測地附卷 一

令回知子午線推算用此書者必將其所到之處之經度與格令回知之經度之較改正其時數。

貝里所設之式 [寅一(申丁甲未)丁㫾] 又 [申一甲未丁寅丁甲] 其寅爲測望處之平時申爲相配之恆星時甲爲經線在昨日之平午時子午線之平經度其數在行海秝書每月第二頁之恆星行內檢出㫾爲恆星加速數依貝里第六表爲(申甲未)之相距而推算其甲爲貝里第七表內所檢寅時候之加速數

設題○西秝一千八百三十八年三月初六日經度二分二十一秒五在格令回知之東其星時爲八點一分十秒求其平時。

檢第二十二表得昨日恆星之午時其相配之平時一點四分四十四秒一九爲經度改正卽二分二十一秒五等於一百四十一秒五其對數爲 [二一五〇七五六四] 又恆星時一秒之較爲 [〇〇二七三〇五] 其對數爲 [三四三六二四二二] 兩對數相加得 [一五八六九九八六] 此數之眞數

爲 [三八六] 將此數與前平時數相加得一點四分四十四秒五七六三。

檢相等表得八點之相等時爲七點五十八分四十一秒三六三五一分之相等時爲五十九秒八三六二十秒之相等時爲九秒九七二七以三時數相加得七點五十九分五十一秒一七二四與前所得之共數相加得所求之平時九點四分三十五秒七四八七。

其○.○○二七三○五爲一秒時內恆星午時所改變之時刻又○.○○二七三七九爲太陽之平經度在一秒時之改變數卽一點內之變數爲九秒八五六五。

將前所得之平時數九點四分三十五秒七四八七反求其恆星時。

檢第二表恆星時行內格林回知平午時太陽之經度得二十二點五十五分五秒一八其東經度之數爲一百四十一秒五其對數爲 [二一五〇七五六四] 太陽在一分時所變平經度之數爲 [〇〇二七三七九] 其對數爲 [三四三七四一七六] 兩對數相加得 [一五八八一〇四] 其眞數爲

三八七四

將此數與前格令回知之數相減得二十二點五十五分四秒七九二六又平時九點四分三十五秒七四八其相等之星時爲九點六分五秒二一一二兩數相加得八點一分十秒〇〇三八

此數依貝里之式推算之得 寅＝(申丅甲未)丅甲 其申等於八點一分十秒(甲未)等於二十二點五十五分四秒七九兩數相減得九點六分五秒二一其甲依貝里第六表爲一分二十九秒四六兩數相減得寅等於九點四分三十五秒七五

又依貝里之式反求之得 申＝甲未⊥寅⊥甲 其寅等於九點四分三十五秒七五其(甲未)等於二十二點五十五分四秒七九再將此兩箇時數相加得七點五十九分四十秒五四依貝里第七表得甲等於一分二十九秒四六相加得申等於八點一分十秒

第二章〇求諸曜高度之各差數即氣差地心差日月半徑差目高差並儀器指數差之各數

推算氣差布賴得里有一式爲 未＝甲正切(人丅乙未) 其人爲所測之曜與天頂之相距甲與乙爲測望所定之常數即甲爲離天頂四十五度之氣差中數略爲五十七秒其乙爲三秒二賴布拉期之式爲 未＝九九九一八八二七乂丙正切人 丅〇〇一一〇五六二三乂丙正切人三 其丙爲六十秒六六

從此各式所作之表不能眞相同因其常數不同也又伯色里與格倫白里知所作之表內亦得各常數不同各表用一中熱度並空氣壓力之中數則窺測之時必依寒暑表與風雨表之數而改正以合於立表之時所用之數如用氣差表改正各事其工簡易(後附第四表爲容氏所設之氣差表)

諸曜之氣差在不甚高之角度略與離天頂視角之切線有比如極低之角度其氣差逐度增大而不平勻至天際之處其爲三十三分大於太陽之全徑故所測之曜不可近於天際線

地心差已詳十一卷八十五圖此差在任高度其差數角正弦減小之數與高度之餘弦同但高之地心差能從平之地心差一直得知不必用推算之工

凡秝書所有地心差爲赤道之地心差詳八十五圖之說赤道徑大於別處如欲其極詳細則第一箇改正之數爲測望處之緯度除測太陰高度之外不必問此差太陽平

視地心差之中數略爲八秒六因地球與太陽每日改變其相距則必依一年內之某日而改正之如第八表爲每月初一日太陽平視地心差從此數可依比例而推算任一日之數檢行海秝書有每十日之數從此表之平視地心差能得其高度若干之地心差

行海秝書行星之地心差每五日有一數如用小儀器窺測行星除金水二星之外不必改正其地心差檢行海秝書每月之第三篇有太陰每日子正與午正之平視赤道地心差太陰之高度差測望處之緯度差其數甚大應比別曜更宜詳細惟海面行船之事不甚問其緯度差而其高度差檢表可省推算之工因表內有太陰每高十分角之差數也

太陽半徑差見行海秝書每月之第二頁有每日平午正之半徑數第三頁有太陰每日平午正與平子正之半徑數行星之半徑數與地心差合在一表凡測太陽太陰與行星只測其上邊或下邊故以半徑數或加或減而得中心數太陰之高度愈多其半徑愈大因測者離太陰較近也所以半徑數必依高度改正之用第七表甚簡

行海秝書一切之數俱爲格令回知之時推算故必推算各處經度之較而得本處之時

太陰每高一度所增半徑之數可檢第七表得其數凡用水銀面當際線所得之高度較諸即用際線所測之高度多一倍

第九十圖

目高差如第九十圖爲海面行船所用即人目高於所測之天際線如陸地用水銀面等法則無此差所以海面測得之角較大於眞角目高差常爲減小之數詳見第十一表

改正儀器指數差之法已詳前

設題第一○西秝一千八百三十八年三月十五日用紀限儀測太陽之倍高角得四十二度三十七分十五秒當時寒暑表四十二度風雨表二十九寸九八九求改正半徑差氣差地心差之太陽高度

船上測太陽而得緯度本不能詳細所以寒暑表風雨表俱不問

紀限儀指數差

○內角數三十三分四十秒○外角數三十分四十秒二數相減得三分以二約之得指數差減一分三十秒

江南製造局

氣差

檢第四表得二十一度高之氣差爲二分三十秒五又十八分之氣差爲秒二兩數相減得二分三十秒三其寒暑表差爲二秒四與前數相加得二分三十二秒七風雨表差得秒一與前數相減得氣差二分三十二秒六

地心差

檢第八表三月十五日二十一度高之地心差爲八秒一將此數與前氣差數相減得氣差與地心差之和爲二分二十四秒五

以上三事爲設題內之旁事以下爲正工後題並同

測得之倍高度四十二度三十七分十五秒減指數差一

分三十秒以二約之得太陽上邊之視高爲二十一度十七分五十二秒五半徑數在本日爲十六分五秒五兩數相減得太陽心之視高爲二十一度一分四十七秒以氣差與地心差之和數二分二十四秒五減之得太陽心改正之高數二十度五十九分二十二秒五

設題第二 ○西秝一千八百三十八年四月初六日在緯度五十一度三十分之處格合回知午後九點鐘測太陰下邊之倍高度九十七度二十一分五十秒紀限儀指數差五十秒寒暑表五十四度風雨表三十寸一求其改正之高

半徑數

午後九點鐘之平視數十四分四十二秒八

四十八度四十分五之增大數爲十秒九兩數相加得十四分五十三秒七

氣差

四十八度之氣差爲五十二秒三五十五分四之氣差爲一秒七得氣差五十秒六寒暑表差秒四相減得五十秒二風雨表差秒二相加得五十秒四

地心差

平視赤道地心差在午後九點鐘爲五十三分五十九秒

七緯度五十一度三十分之改正地心差六秒四兩數相減得本緯度之平視地心差五十三分五十三秒三

五十三分五十三秒三之正弦對數爲八·一九五二○三○又餘弦四十八度五十四分三十三秒等於九·八一七七三三七兩數相加得八·○一二九三六七其角度爲三十五分二十五秒爲本高度之真地心差此差如用地心差表可一檢而得

測得之倍高度九十七度二十一分五十秒指數差五十秒兩數相減得九十七度二十一分以二約之得四十八

科技譯著集成

度四十分三十秒半徑數十四分五十三秒七相加得太陰心高四十八度五十五分二十三秒七以氣差五十秒四相減得四十八度五十四分三十三秒三再以地心差三十五分二十五秒相加得四十九度二十九分五十八秒三為所求之改正高度

以上兩設題不計目高差因用水銀面測望也若為恒星亦不必計半徑數與地心差

第三章○求緯度

第一法○測繞極之星在極高極低之處

此法不藉星之赤緯度其高度可任用一儀器測之但其器應合於眞子午線而不稍動為要如用紀限儀等回光器測星過子午線上下兩處俱不及不動之器之準或以星過上下兩處之左右測其高度數次依下法得其經線上之相配數無論何法可以人代星在低處所測之距天頂數以未代星在本處之氣差又以人代星在高處所測之距天頂數以末代星在本處之氣差則極點離天頂之相距即本處之餘緯度必為 三(人丄人)丄三(末丄末) 依貝里之書所論其數可以差半秒因各人所作之氣差表有不同之處

第二法○測太陽過子午線之高或已知其赤緯度之星過子午線之高如在子午線兩邊測數次必將各次變為過子午線之數

太陽或星過子午線之高以前法求之而改正其氣差與地心差並其半徑數則所得之緯度為人丄丁此為在天頂之南而測者如在天頂之北極點之上則為丁丅人如在天頂之北而更在極頂之下則為一八〇丅(人丄丁) 其人為星在子午線上離天頂之相距丁為星在本日之赤緯度如

第九十一圖

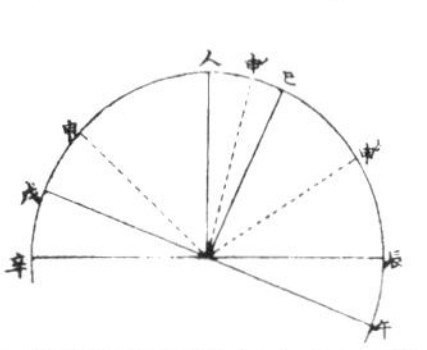

在南則此數為減數如第九十一圖戊申戊申午申三弧為星在申申申三點之赤緯度又巳辰與人戊為測望處之緯度等於(人申丄戊申)此為星在天頂人點之南如在人點之北而在極點巳之上則為戊申丅人申如在人點之北而更在極點巳之下則為一八〇丅(午申丄人申)

容氏為第一第二事所設之法可以更簡之法言之令其距天頂點之數或為南或為北依天頂在所測之曜之南或北如與其赤緯度為同類者則其和數為緯度如不同類者則其較數為緯度而其緯度之或南或北依兩數內

何數爲大者

設題第一○西秝一千八百三十八年四月二十五日在格林回知之東二分三十秒用紀限儀測太陽上邊之倍高度一百○四度三分五十七秒指數差一分五十二秒寒暑表五十六度風雨表二十九寸○四求本處之緯度

氣差與地心差

五十一度氣差四十七秒一四十五分氣差一秒二三共得四十五秒八七風雨表差一秒五二相減得四十四秒三五寒暑表差秒五六相減得改正之氣差四十三秒七九以地心差五秒二九相減得氣與地心兩差之和爲三十八秒五

赤緯度

格令回知之視午時十三度八分九秒三格令回知之東二分三十一秒變得之數爲二秒○四相減得本處之赤緯度十三度八分七秒二六

測得倍高度一百○四度三分五十七秒指數差一分五十二秒相減得一百○四度二分五秒以二約之得五十二度一分二秒五爲上邊之高度其半徑數十五分五十四秒四相減得太陽中心之高爲五十一度四十五分八秒一再減氣與地心兩差之和三十八秒五得太陽心之眞高五十一度四十四分二十九秒六此數與九十度相減得距天頂數三十八度十五分三十秒四北赤緯度爲十三度八分七秒三相加得本處之緯度五十一度二十三分三十七秒七

設題第二○西秝一千八百三十八年三月三十一日測太陰上邊在子午線上之高六十七度一分五秒其時爲五點十二分五十七秒指數差爲減一分風雨表三十寸一寒暑表五十一度北緯度略爲五十二度格令回知東二分二十一秒五求本處之緯度

測太陰求緯度所有改正之事甚多必多用太陰表故不如測太陽與星之便

半徑數

本日午正平視半徑十五分二十六秒二子正平視半徑十五分十九秒三兩數相減得六秒九爲十二點內之較數則依比例得五點十二分五十七秒之數又二分二十一秒五之經度數爲三秒此數與本日午正平視半徑十五分二十六秒二相減得十五分二十三秒二則高度相配之半徑數爲十四秒三與前數相加得太陰改正之半徑數十五分三十七秒五

氣差

六十六度之氣差爲二十五秒九。四十四分五之氣差爲秒九。兩數相減得二十五秒。寒暑表差爲減秒〇六。風雨表差爲加秒〇九。兩數與前數相加得二十五秒〇三。

地心差

平視赤道地心差。在午正爲五十六分三十八秒九。在子正爲五十六分十三秒六。則十二點鐘內之較數爲二十五秒三。

依五點十二分五十七秒。並東經度二分二十一秒五。求其比例得五十六分二十七秒九。再依皮爾生第四箇太陰表改正其緯度。得相配之數七秒一。兩數相減得平視之地心差五十六分二十秒八。此數之正弦對數爲八·二一四〇〇六。高度六十六度四十四分二秒五之餘弦對數爲九·五九六六〇八一。兩數相加得七·八一一二〇八七。其眞數爲二十二分十五秒三。即本高度改正之地心差。如用皮爾生第八箇太陰表得二十二分十五秒一。

赤緯度

測望時爲五點十二分五十七秒。經度變爲時刻得二分二十一秒五。則格令回知之平時爲五點十分三十五秒五。在五點鐘北緯度二十八度二十九分三十七秒七。又因十分五必加十六秒九七。則共得赤緯度二十八度二十九分五十四秒六七。

太陰之視高度六十七度一分五秒。指數差一分兩數相減得六十七度〇五秒。其半徑數爲十五分三十七秒五。則所測之高度爲六十六度四十四分二十七秒五。氣差二十五秒。相減得六十六度四十四分二秒五。地心差二十二分十五秒五。改正之高度六十七度六分十八秒。將此數與九十度相減得距天頂之數二十二度五十三分四十二秒。赤緯度二十八度二十九分五十四秒六七。相加則得所求之緯度爲五十一度二十三分三十六秒六七。

如測者無有子午儀或正置在子午線而能轉動之器。但用紀限儀等有回光鏡之器。測望一次得子午線上之略高度。其得數之準不及在子午線兩邊測太陽之高或近於子午線之星之高。各數次。而從各次所得之數推算其過子午線時之眞高。

測子午線兩邊高度之法。所得各高度之中數。必改正各差而得眞子午線。如用前言之疊測圈最宜於此事。太陽或星離子午線之相距。必每測一次而記其時刻。如測太陽必用度時表。如測恆星則用星時表。可免星時變爲日時日時變爲星時之工。茲將貝星所設之式。消去其不常

用之事得式爲 $天＝甲\times\frac{正弦人}{餘弦丑\,餘弦丁}$ 此式天爲改正之秒數丑爲緯度巳知之略數丁爲赤緯度如在赤道之南則爲減數人爲子午線上之天頂相距此數之略可從前數得之甲爲所測之曜平面角之數檢第十三表變爲子午線之一行有此數其式爲 $\frac{正弦一''}{二正弦^{二}\frac{一}{二}巳}$ 其巳爲度時表指出在極點之時角恆星過子午線則此角變其正負之號

測量英國屬地與美國北邊之界線天文總管名愛耶里指出一法用大經緯儀定準緯度其法即是前式而測地之人用以測近於子午線之星其經緯儀之中軸必略爲直立而橫軸必略爲平臥如有小差亦可不計令窺筩中間之平線平分星體而記其時刻再視大分數即度數並用二箇測微鏡視甲乙之小分數又視酒準向左向右而記其數

再將經緯儀平轉動一百八十度而再測望如前再移至原處而仍如前測望任測若干次記明風雨表寒暑表之數將每次所得之各數另相加即甲數乙數左邊酒準相配之數減去右邊酒準相配之數將其餘數以二約之再加前所記甲指數針所指之度數

第二次並以後各次所得之數必類推

每測一次之數必改正其度時表時刻之各差數如表不是星之時刻必變爲星之時刻將其星時與星之經度得其星之時角此數必變爲時刻之秒數以巳代之

再將每次測得之數改正其所測之天頂相距變爲眞在子午線上之天頂相距求此差之秒數之式爲 $\left(\frac{二}{二二五}正弦一''\right)\times\frac{星之天頂相距正弦}{餘弦緯度\times餘弦星之赤緯度}\times巳$ 此差數除星在極點下之外則爲負數但以此差數改正圈上所測之各數則爲正爲負俱依圈之制度因其圈有所測之數增而其天頂相距亦增者亦有所測之數增而天頂之相距爲減者

測得對面方向所有兩箇改正之數以其較之半爲星在子午線上之視天頂相距或可將一箇方向所測一切之數之中數與其對面方向一切之數相較其和數之半爲天頂相距點

此天頂相距點必與氣差相加又必推算風雨表寒暑表之數在此差內又必檢行海秝書本日恆星之赤緯度依

法推算即得所求之緯度.

前論爲近於子午線之星.如星離子午線甚遠亦可勉用此法.

如測太陽必另推算測望時太陽赤緯度之變差數此差之式爲 $\text{丅辰}\times\frac{\text{卯}}{\text{戊丅物}}$. 其辰爲一分時所變之赤緯度如漸漸變小則爲負數戊爲向東所測一切時角之和以時刻之分數命之當爲整數物爲向西所測一切時角之和卯爲測望之次數如所測者爲恆星其時刻用度時表記之而表所指之時刻爲平時必將甲數以一.○○五四七六二乘之.

如其表爲星時或平時而有行速行遲之差則必再依其差而改正之即甲必以乙加於○○○二三一五未乘之其未者爲度時表每日所或速或遲之秒數如速則爲減數遲則爲加數.

設題○西紀一千八百三十七年三月初八日用紀限儀

窺測次數	時刻 點 分 秒	高弧 度 分 秒
一	○ 一二 九 四八	六八 三 ○
二	○ ○一○ 五三	六六 五五 二○
三	○ ○一二 九	六八 五 ○
四	○ ○一三 一五	六七 ○ 二五
五	○ ○一四 四六	六八 六 一○
六	○ ○一五 五四	六七 一 五○
七	○ ○一九 三二	六八 七 三○
八	○ ○二一 三	六七 二 一○
九	○ ○二二 二五	六八 七 二○
一○	○ ○二三 五五	六七 一 五
一一	○ ○二四 五三	六八 七 一○
一二	○ ○二六 五四	六七 ○ 四○
一三	○ ○二七 五七	六八 五 四○
一四	○ ○二九 三二	六六 五八 ○

○̄爲測太陽上邊

○̲爲測太陽下邊

測太陽度時表速九分十六秒.紀限儀之差數爲減一分二十秒.風雨表二十九寸五四.寒暑表五十度.測十四次高度之和數九百四十五度四十一分二十秒.

將此和數以十四約之得六十七度三十二分四十秒爲十四次之中數指數差減一分二十秒得六十七度三十一分二十秒.以二約之得三十三度四十五分四十秒爲所測之中高度氣差與地心差減一分十八秒五得中高度之眞數三十三度四十四分二十一秒五與九十度相減得距天頂之度數五十六度十五分三十八秒五.

當日之視午時爲十二點鐘平時與視時之較得十一分一秒三二.以此數與十二點相加得視午時之平時爲十二點十一分一秒三二.

度時表差九分十六秒.與前數相加得十二點二十分十七秒三二爲度時表在視午時所指出之數.

窺測次數	過子午線之時數 分 秒	從第十三表所得甲數
一	一○ 二九·三	東 二一 六·一
二	九 二四·三	一七 三·八
三	八 八·三	一三 ○·二
四	七 二·三	九 七·三
五	五 三一·三	五 九·九
六	四 二三·三	三 七·九
七	○ 四五·三	一·二
八	○ 四五·七	西 一·二
九	二 三七·七	一 三·五
一○	三 三七·七	二 五·九
一一	四 三五·七	四 一·三
一二	六 六·七	七 三·四
一三	七 三九·七	一一 五·二
一四	九 一四·七	一六 七·八

相加得一一五四七 以七約之得一六四九五. 再以二約之得八二五爲甲之中數.

距天頂之略數五十六度十五分赤緯度四度五十分相減得五十一度二十五分爲略緯度

五二四四九九四九七九═丑弦餘
九二五四八九九七九弦餘〇五四
三八七〇八〇〇〇═人割正
九三五四六一九一═五二八甲數對

四數相加得 二一二九九八七一 其眞數爲減六十一秒六

以天代之

其東角爲四十五分七其西角爲三十四分六相減得十一分一以十四約之得〇八

申等於卜九七與前數〇八相減得太陽赤緯度之變差爲卜七七

所測天頂相距之中數爲五十六度十五分三十八秒五改正差數天得一分一秒六改正赤緯度差卜七兩數與前數相減得五十六度十四分三十六秒二爲改正子午時之天頂相距其赤緯度爲減四度五十分三十四秒九得緯度五十一度二十四分一秒三

第三法〇無論何時測北極星

此題只能在赤道北用之赤道之南無有近於南極可測之星

北極星在子午線而測得其高度則可將其相距北極之數與高度或加或減而得緯度如北極星不在子午線而測之如第九十二圖申點或甲點則緯度亦易於推算令人巳辰爲經線人爲天頂線巳爲北極甲申甲爲極星申所行之圈

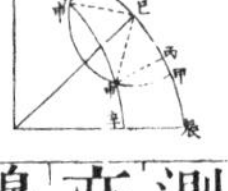

第九十二圖

巳申爲星與北極之相距則星之時角人巳申或人巳申爲其經度與測望時星時之較又人巳申或人巳申三角內有人申巳申與人巳申角而求人巳弧卽餘緯度而以巳申丙爲正角平三角形所得之數亦略準其巳丙爲丙巳申角之餘弦其半徑爲巳申而所得之巳丙相距必與高度辛申或加或減依星在極點之或上或下辨此上下之法以巳角或小於六點鐘或大於十八點鐘則星必在極點之上如申如在六點鐘以外或十八點鐘以內則星必在極點之下如申

檢行海秝書之表求得緯度更易

第一事從改正之高度減一分

第二事將本處測星之平時變爲星時

第三事將其星時在第一表檢出第一之差數並其相當之正負號此數必與高度或加或減而得略緯度

第四事將所得之略緯度與星時檢出其第二表之第二差數又將其本月之日數並其本星時檢第三表得其第三差數此各數必與其略緯度相加卽得本處之緯度

設題○西秝一千八百三十八年九月二十六日用㬎測圜在平時十一點五十五分三十秒測北極星之倍高度得一百○五度四十四分五十三秒風雨表二十九寸八寒暑表五十度求本處之緯度

依行海秝書所設之法平時十一點五十五分三十秒相配之恆星時二點十五分六秒七八

測得之高度一百○五度四十四分五十三秒以二約之得五十二度五十二分二十六秒五氣差得四十四秒與前數相減得五十二度五十一分四十二秒五為改正之高度再依法減去一分得五十二度五十分四十二秒五

再為恆星時改正第一箇差數必減去一度二十八分二十一秒七得餘數五十一度二十二分二十秒八其第二箇差數必加九秒六共得五十一度二十二分三十秒四再為第三箇差數加一分十秒五共得所求之緯度為五十一度二十三分四十秒九

再將此設題試以弧三角法推算之

改正之高度五十二度五十一分四十二秒五與九十度相減得距天頂之數三十七度八分十七秒五赤緯度八十八度二十七分七秒六與九十度相減得距北極點一度三十二分五十二秒四

恆星時二點十五分六秒七八北極星之經度一點二分十二秒九四兩數相減得過經線之時角一點十二分五十三秒八四合於度數十八度十三分二十七秒

如第九十三圖人巳申三角形人申等於三十七度八分十七秒五巳申等於一度三十二分五十二秒四巳角等於十八度十三分二十七秒從此三數欲求其餘緯度人巳依弧三角法得人巳等於三十八度三十六分二十一

第九十三圖

秒與九十度相減得所求之緯度五十一度二十三分三十九秒與前數略相同如以申巳丙為正角平三角形而減應有之

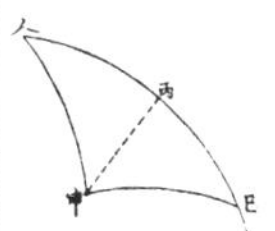

差則以巳丙為巳申半徑巳角之餘弦所得之緯度與前兩法所得之緯度不過數秒之差

第四法○測太陽或星之高度一次而不在子午線上其

測望處之時刻已知

第九十四圖人巳申弧三角形此形以天頂與極點與所

第九十四圖

測之曜為角點人申為天頂相距巳申為極點相距巳角為時角三數已知所欲求者為人巳即餘緯度

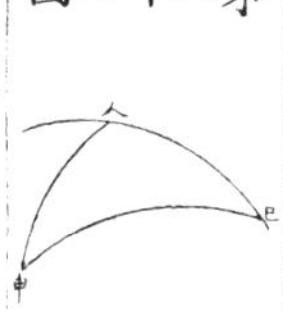

貝里所設求此形之式有兩弧與一弧之對角其式為

$正切甲 = 已知角 \times 相連之邊正切$

$餘弦甲' = \frac{已知角一邊之餘弦}{餘弦甲 \times 已知角對邊餘弦}$

又

$天 = (甲 \perp 甲')$

以下設題用此式推算

設題○西秝一千八百三十八年五月初四日度時表五點四十七分十五秒測太陽上邊之高得十四度四十四分五十八秒紀限儀指數差二十八秒度時表快三分三十四秒四風雨表二十九寸九寒暑表六十一度求其緯度

太陽上邊之高十四度四十四分五十八秒指數差減二十八秒得十四度四十四分三十秒太陽半徑減十五分

五十二秒二得太陽心之高十四度二十八分三十七秒八氣差與地心差減三分二十八秒一太陽心實高十四度二十五分九秒七與九十度相減得距天頂七十五度三十四分五十秒三太陽赤緯度十五度五十九分十四秒再與九十度相減得距北極七十四度○四十六秒

測望之時減表快得五點四十三分四十秒六平時與視時之較數加三分二十四秒四六得視時五點四十七分五秒○六將此時數變爲度數其五點等於七十五度其四十七分等於十一度四十五分其五秒○六等於一分十五秒九共得八十六度四十六分十五秒九即圖內之巳角

巳角餘弦即八十六度四十六分十五秒九其對數爲八七五○六六七一巳申七十四度○四十六秒之正切對數爲○五四二八六九二兩數相加得九二九三五三六三其角度爲甲切線等於十一度七分十七秒此角度之餘弦即甲餘弦對數爲九九九一七六六八又人申餘弦即七十五度三十四分五十秒三對數爲九三九六二二九六又北極相距巳申七十四度○四十六秒餘弦之配數爲五五九九九九八以三數相加得九九四七九九六二其相配之角度爲二十七度二十八分五十八秒六即

等於餘弦甲′而甲角爲十一度七分十七秒甲′角爲二十七度二十八分五十八秒六相加得三十八度三十六分十五秒六等於巳人此數與九十度相較得所求之緯度五十一度二十三分四十四秒四

此題之配數者將本數與一相較而變其得數之正負號如七十四度○四十六秒之餘弦對數爲

九四四○○○○二

則

一丅九四四○○○○二

＝.五五九九九九八

得此配數則變其正負而相反其加減

如測太陽其時角已爲測望處之視時與視午正之相距變爲度數如測恆星其時角已爲星與子午線之相距即或東或西角此角爲恆星經度之時刻並測望時相配恆星時之或和或較此時以十五乘之即得其相配之角度

第五法○測太陽或星兩次並兩次相距之時刻

此題不必預知測望處之眞時刻故可用尋常不甚差之表最便於各處之測量已有人設法立表省此工如里多行船書內之表是也但弧三角之法最易明而易推算如第九十五圖甲與申爲所測之曜在兩次之相距或可一在子午線之東一在子午線之西或俱在子午線之一邊如人甲與人申爲其兩箇天頂相距巳甲與巳申爲其兩箇極點相距甲巳申爲時角

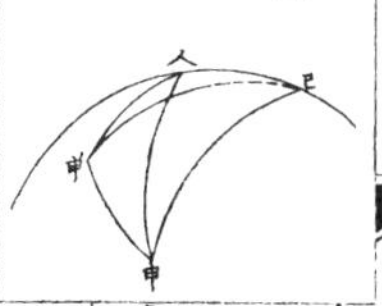

第九十五圖

巳甲申三角形內之二弧巳甲與巳申並巳角三數爲已知欲求其申甲與巳申甲角再於人申甲三角形內有三弧爲已知之數欲求其人申甲角此角與前巳申甲相減所得之餘角爲巳申人角再於巳申人角內有申人甲並巳申人角爲已知之數而欲求餘緯度巳人又可以法在同時測別星之高度得其經度之相較爲甲巳人角英國天文家伯林克里已設數表檢表而得甲申相距如測望費時則必推算星所改經度之數若用此表推算之工可省或用經緯儀測太陽或星從其兩箇高度而得平角之或較或和亦能得其緯度

又在子午線之兩邊測星之等高度得其中間相距之星時亦可得緯度將其中間之時刻半之即得其或東或西之時角所以人巳申三角形內已有人巳申時角極點相距巳申餘高度人申即可求餘緯度人巳其時角已知而星之經度亦已知則能定子午線上之黃道點更能定本處之星時又可推算其平時

又法求緯度不藉經緯儀平圈之分度而將儀窺筩之横軸準南北其立圈準東西或將易移動之子午儀易其方向而使視軸合於卯酉線亦能求其緯度惟所測之星其赤緯度應比本處之緯度較小且以愈小愈好如測星過窺筩之十字交點兩箇對數西與西即星時而用下式能得其緯度

餘切北二—餘切赤緯度✕餘弦三(酉丁丙)

如所用之度時表爲平時必將其時刻之較即(酉丁丙)以一·○○二七三七九乘之或檢平時變星時

之表加於平時內卽第二表此法之能準或否依星在行海秝書之赤緯度之準否但此數設有小差其兩處之緯度以此法推算之亦甚微而不能覺如連測兩日而其第二日將窺筩反置其耳軸取兩數之中數器或有差卽可知之其里常稱此法之善可憑天文而爲測地之用因兩處緯度之較全藉星之赤緯度惟所欲謹慎之事窺筩之耳軸必眞平其器亦須極精者

第四章○求時刻

第一法○測太陽或星一次之高度其赤緯度已知而本處之緯度亦已知

此題亦如第九十五圖人巳申其三邊卽餘緯度與天頂相距與極點相距俱已知所欲求者時角巳如所測者爲太陽則依前章第四法其巳角爲測望處之視時與午正之相距以此變爲平時須或加或減其時較之數如測恆星則時較爲與子午線相距之時刻此數與其經度相加爲西邊相減爲東邊如應加二十四點鐘則加之卽得星時如星時欲變平時則變之

有一簡式能求弧三角形之角而三邊已知者其式爲

$$正弦^{二}\frac{一}{二}巳=\frac{正弦丙正弦乙}{正弦(\frac{一}{二}申\top丙)正弦(\frac{一}{二}申\top乙)}$$

其申爲三邊甲乙丙之和其三邊內之甲邊爲對所求之角在本題爲餘高度卽天頂相距乙爲餘赤緯度卽極點相距丙爲餘緯度

設題○西秝一千八百三十八年五月初四日測太陽上邊之高度得十四度四十四分五十八秒其度時表之時刻爲五點四十七分十五秒本處之緯度五十一度二十三分四十秒其經度在格令回知之東二分二十一秒三紀限儀指數差二十八秒寒暑表六十一度風雨表二十九寸九求度時表之差

太陽上邊之高十四度四十四分五十八秒指數差減二十八秒得十四度四十四分三十秒在六點鐘七五之時半徑數十五分五十二秒二相減得太陽心之實高十四度二十八分三十七秒八再減氣差與地心差共爲三分二十八秒一卽得十四度二十五分九秒七爲其眞高度與九十度相減得天頂相距七十五度三十四分五十秒三

本處之緯度五十一度二十三分四十秒與九十度相減得餘緯度三十八度三十六分二十秒其赤緯度十五度五十九分十四秒二與九十度相減卽得北極相距七十四度○分四十五秒八

甲人申等於七十五度三十四分五十秒三
乙巳申等於七十四度〇分四十五秒八
丙巳人等於三十八度三十六分二十秒
三邊之和得申等於一百八十八度十一分五十六秒一其半等於九十四度五分五十八秒其丙等於三十八度三十六分二十秒正弦對數之配數爲〇.二〇四八四六五與前之半和相減即二分之一申減丙得五十五度二十九分三十八秒其正弦對數九.九一五九六二〇.其乙等於七十四度〇分四十五秒八其正弦對數之配數爲〇.〇〇一七一三〇七與前之半和相減即二分之一申減乙得二十度五分十二秒二其正弦對數九.五三五八五四〇將前四對數相加得一九六七三七九三二即等於正弦平方二分之一巳所以以二約之得二分之一巳正弦對數九.八三六八九六六即等於四十三度二十三分八秒一以二乘之得時角巳等於八十六度四十六分十六秒二此角相配之視時爲五點四十七分五秒〇六此數與測望時之平時與視時之較三分二十四秒四六相減得五點四十三分四十秒六〇度時表之時爲五點四十七分十五秒則度時表快三分三十四秒四〇

測太陽或星得本處之時刻最好在卯酉圈上或近此圈上因在此處其移高之動最速緯度雖有小差亦屬無妨惟氣差稍大耳此時亦可得平角如當時另有八測星或太陽之指南針方向即能知針之差數

第二法〇測星或太陽之等高推測望時中間之時刻如測恆星則從若干高度至子午線再從子午線至等高度兩高度中間時刻之半必爲過子午線之時刻即能證度時表之差數如測太陽則測望時中間時刻之半必有差因太陽恆變赤緯度之數從冬至至夏至太陽漸向北極而行所以從午正至下半日其等高度之時刻必長於上半日從夏至至冬至則相反此差之大小半在赤緯度之變半在測望處之緯度其上半日與下半日時角之較易從貝里所設之式推算之

酉爲測望中間之時刻數丑爲本處之緯度如在南則爲減數丁爲正午時之赤緯度如在南則爲減數房爲每日赤緯度改變秒數之倍此數從前日之午正後日之午正得之如太陽向南則爲減數天爲所求差之秒數如求正午時則其甲爲減數甲與乙之對數檢第十四表推得之時刻爲視時必以此視時與平時相較而改爲平

江南製造局

時則度時表能與平時相比

觀星臺或有子午儀正合於眞經線而求本處時刻最可憑者測太陽或星過窺筩之十字線如爲太陽則以前後二邊之時刻中數爲太陽心過子午線之時刻即得視時之午正如欲求其平時必或加或減其平時視時之較

如測恆星過子午線之時必從行海秝書每月之第二頁檢前日平午正之星時依經度改正之差見前第一章此數必與星之赤經度相減如其赤經度數不足減必加二十四點鐘所得之較數爲午正平時之後若干星時之數以此星時改爲平時即得本處之時刻記此事之法詳見卷末紀限儀測星或太陽之上邊俟其最不升上之時亦可得其大略但用此法必在未到子午線之前得其形在鏡內配正轉動佛逆螺絲至其形再不退下而反欲上升

如欲求度時表每日之差可連數夜測一箇星過子午線之時刻或連數夜測一箇星在子午線一邊之等高度因星每日之等高度即是星時小於太陽時三分五十六秒九一如每夜所測之時其氣差不等必改正之

星或太陽以等高度之時而測其平面角則能得子午經線詳見別卷但上半日測高度而記其數至下半日而天氣陰霾則以前題之法從一次所測之數而推算之

第五章○求經度

海面求經度之常法將本處所測之時刻與格令回知時刻之度時表相比所得之數全賴度時表之行動平勻如有小差究屬難憑

船上須多備此表而取最可憑者數箇之中數如各表內有與別表甚差者棄而不用

有人設法不必全憑度時表而得經度又能證度時表之準否如諸曜所有共見之事預推準其時刻在別處略至其時而驗其事則可知度時表之時或準或否凡求經度之事俱藉此法惟在海面祇能測太陽與太陰之相距角度或恆星與太陰之相距角度檢行海秝書格令回知每三點鐘有此角度數可用紀限儀測之如在陸地更可用各種標號之法如其相距不大最便於用

西秝一千八百二十七年夏間用數法測格令回知與法國觀星臺之經度較施放火箭極高能從遠處望見施放之處有三二處在法國之海邊一處在英國之海邊從格令回知與法國之京都望之另在中間之二處來格尼愛與非而來得亦有人望之所得之經度爲九分二十一秒六侯失勒云此數不差十分秒之一其中間二處測量之數極詳極細不差百分秒之一

科技譯著集成

如在金類板上放火藥其光可遠照四十里更有憑於火箭火藥用四分兩之一至四兩依二處相距之遠近有此。

福蘭苦爾亦用同法測法國京都與斯得臘斯之經度較但用此法其度時表之行動必平勻

第九十六圖

第九十六圖甲乙爲二處欲求其經度較其相距甚遠此處所放之標號彼處不能望見則可取丙丁爲中間之二處先在申放標號即從甲與丙望之而記其時刻再過預定分數之時刻若干在申放第二標號再從申放第三標號如放標號之間預定之時刻爲五分則經度較等於甲處之時刻加十分與乙處時刻之較

此法之能準全在放標號時刻之準故其時刻應爲恆星時若度時表爲平時則必變爲恆星時如船上能備度時表甚多而其行差預已定準則將各表之中數與所到各處之本時刻相比自能得其經度較極準英國往別處測量之船在各埠與各鎭常用此法求其經度較

英國兵船比格拉往新金山等處測量所備上等度時表共有二十一箇

陸地測量可在二處遞送度時表來往惟二處之表其星時與行差必預用太陽或星過子午線之法證之如其相距不甚遠則用數箇小度時表與此處之度時表對準即送至遠處而與其表相比後仍還至原處相比此往來之事必連數次爲之

二處之相距甚遠行路必過四五日者則二處之中間另備一度時表用一誠信之人守之往來之小度時表可與此處之度時表相比而所得之數更準愛爾里云來往之度時表應從當中之處發出而分送至兩處再攜回當中之處略在同時對之如此而往來之表雖有差其差亦不過一半又不甚在中間之度時表行動平勻與否

測遠相距之處而中間另擇一處大略不能常用如美國北邊與英國屬地之界測量時從未用愛爾里之法但用小度時表遞送其處茲將路邊生所測新喜立尼與新里斯吉爲程式其三箇相比之數各爲驗得六次之中數

第一次相比
甲號度時表 二點四十二分四十三秒一八
丙號小度時表 二十○點四十四分
相減得 五點五十八分四十三秒一八
回時較數 六點○○六分一十九秒七六
初時較數 五點五十八分四十三秒一八
相減得 七分三十六秒五八

第二次相比中間之時
乙號度時表 五點四十三分五十六秒八二
丙號小度時表 二十三點四十三分
相減得 六點○○○分五十六秒八二
回時相比 二十四日二十○點五十○分
初時相比 二十二日二十○點四十四分
相減得 二日○○○點○○六分

江南製造局

第三次相比即間時

甲號度時表　二點五十六分一十九秒七六
丙號小度時表　二十○點五十○分
相減得　六點○○六分一十九秒七六
中間相比二十三日二十三點四十三分
初時相比二十二日二十○點四十四分
相減得○一日○○二點五十四分

秒　分　分　點　秒　分　分　點

四八○六：○七三六五八：：二六五九：○四一六一二

通分六○　通分六○　通分六○

二八八·六　四五六·五八　一六一九

第一次相比之較數　五點五十八分四十三秒一八
加中間比例分數　○○○四分一十六秒一二
共得　六點○○二分五十九秒三○

甲表比丙表快　六點○○二分五十九秒三○
乙表比丙表快　六點○○○分五十六秒八二
甲表比乙表快　○○○○二分○○二秒四八

甲表之時刻　二點四十三分四十三秒一八
合於乙表　二點四十○分四十○秒七○
甲表之慢　○○○○一分二十四秒八五為加數
合於乙表快　○○○○○五十六秒三三為減數
甲表差數每日慢二秒一七則三十二點差二秒八九為加數
乙表差數每日快一秒一九則五十九點差二秒九二為減數
甲表眞星時　二點四十四分一十○秒九二
丙表眞星時　二點三十九分四十一秒四五
二時數相減得　○○○○四分二十九秒四七

以所得之時數變為度數即新里吉斯在新喜立尼之西之經度較。

凡相比度時表常須二人，一看度時表之秒針，俟至便當之分點，或為一分時之點，或十秒之點，立呼停字為號；一看又一表之秒針，聽呼號之時，即記秒針所指之數。若祗有一人為此事，則看第一表之何點何分，從此數默念其秒一二三四，再看第二表之針在若干秒之點，以此兩數相減所得餘數，即兩表遲速之差數。

度時表如依平時較準，而欲與星時表相比，亦祗有一人為此事，則聽擺動之聲之相合。如行平時之表擺動為半秒，而星時表之擺動為一秒，細聽俟其漸相同，而至眞相同之時，默念星時表之秒數一二三四，同時記平時表之幾點幾分幾秒，再看星時表之秒針至便當之分點，則停念，遂將所念之秒數與星時表停念時之幾點幾分幾秒相減，即得兩擺眞相同時兩表分秒之數。

平時表與星時表之擺動俱是半秒者，其工相同，惟所默念者為星時表擺動之雙聲。如表行平時，而每二秒有五響，即常用之表，則響數與針所指之秒數每二秒合一次，而每響合於○秒四。相比之法與前法略同，如表面上每二秒用墨作識，可更省工。

茲設一題，以平時表與星時表相比，其星時表已用子午儀考得差數者。

西秝一千八百四十九年正月二十四日星時表慢四十四秒四一，每日之慢差○秒四三，檢行海秝書，當日格林回知平時午正之星時為二十點十一分四十六秒九○。

科技譯著集成

改正二分九秒爲東經度差○秒三五相減得本處之平時午正相配之星時二十點十一分四十六秒五五

星時表所指之時十七點十三分相減得二點五十八分四十六秒五五此較數內之二點相配太陽平時爲一點五十九分四十秒三四共五十八分之配數爲五十七分五十秒四九其四十六秒之配數爲四十五秒八七其秒五五之配數爲秒五四相加共得二點五十八分十七秒二四爲依星時表所得與午正相距之平時數此數與十二點相減得九點一分四十二秒七六其平時表所指之時爲九點○分五秒相減得平時表慢一分三十七秒七六加星時表之慢數四十四秒四一共得平時表差爲慢二分二十二秒一七

木星月之虧蝕爲常有之事而格林同知之時刻能推算極準惟遠鏡之力必須放大四十倍始能清楚然各種力之遠鏡窺木星月初虧復圓之時刻各不相同所以其法不能甚詳而在海面略不能用

光從太陽行至地面其所歷之時刻亦可用木星月之蝕推算之

求法以木星月在衡合之時光從木星至地面其相距之較數必爲地球所行橢圓之大徑此較數已有人推算爲十六分二十六秒四則光從太陽行至地面之時爲八分十三秒二

太陽與地球之相距測金星過太陽之時而推算之

測木星月之蝕求經度必測恆星而得本處之時刻或驗已知其差數之度時表

日蝕與月蝕亦能求知經度而日蝕比月蝕更能推算有準但日月蝕之事不常有且月蝕所得之數不甚可憑因地球影之邊不甚清楚也

求經度最可憑之法有三其一測太陰此便於海面上所用其二太陰過子午線與恆星過子午線以其時刻相比見行海秝書三百九十頁月距恆星赤經表其三測恆星爲太陰所掩之時此三法之內以第二第三爲最準但第二法必用子午儀第三法必用精遠鏡其推算之工又甚繁茲擇其簡便者列後

第一法○測太陰

此法可一人爲之但所測有三事如不能同時而測則必變爲同於同時所測者故能得三人同時測之爲更便

三事中之最要者爲太陰與星之相距必令太陰之光邊與星或太陽之一邊正相切其餘爲太陰之高並太陽或恆星或行星之高

如不測此各高度而已知本處之緯度即可從此緯度推算之所得之數能更準

高度之用不過爲改正其角度而消去其地心差與氣差則不必測得極準如三事爲一人所測者必先測二曜之高度而記其二箇時刻後再連測太陰與別曜之相距若干次而求其時刻與其相距之中數後再以相反之次第而測其高度其高度之時刻必變爲合於太陰相距之時刻

此法最宜於航海之用故天文家已設法省算而作便用之表能消清太陰之相距皮爾生書內有二十四天文家各設消清太陰相距之法而各家不同又祇言推算之法而不言所以然之理茲設一題以弧三角法解之

第九十七圖

第九十七圖人爲天頂巳爲極點寅爲太陰申爲太陽或星所巳知之數爲所測之角度相距寅申並二箇天頂相距即餘高度人寅人申從此能推算寅人申角此角無有氣差與地心差因兩邊合垂線也惟太陰之眞方位高於所測之方位因太陰之地心差大於氣差也而太陽或星則低於所測之方位故寅與申爲太陰與太陽或星改正之方位則得人寅與人申天頂相距既有人角即可求人寅申三角形內之太陰眞相距寅申其測望之時角即人巳申角此有人申巳申與餘緯度人巳即測望時不知度時表之差可推算其時刻與行海秝書格林回知之太陰相距時刻相比即得本處與格林回知或東或西之經度較視後推算之法即明此理

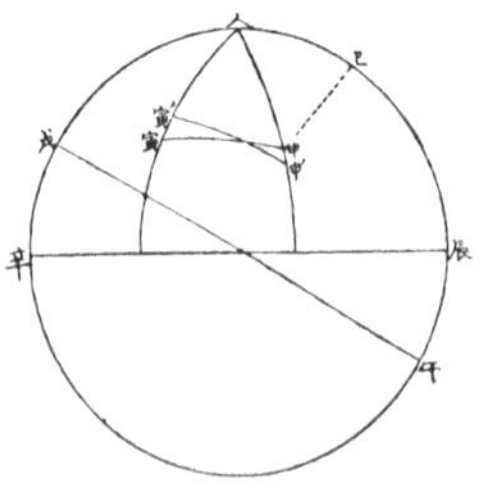

西秝一千八百三十八年五月初四日度時表十點四十一分四十五秒八在赤道北五十一度二十三分二十四秒度時表在是夜考準快三分三十四秒測得各數如後

太陰倍高度七十四度四十二分三十五秒爲紀限儀所測指數差二十二秒

角宿第一星高二十八度十五分五十秒爲經緯儀所測指數差二十八秒

太陰與星之相距三十一度二十五分五十五秒爲蟲測圈所測風雨表二十九寸九寒暑表六十一度

倍高度七十四度四十二分三十五秒與指數差二十二秒相減得七十四度四十二分十三秒以二約之得高度三十七度二十一分六秒五太陰之半徑數十四分五十三秒八相減得太陰心之視高三十七度六分十二秒七

與九十度相減得距天頂數五十二度五十三分四十七秒三爲圖內之人寅
星之高度二十八度十五分五十秒減指數差二十八秒得視高度二十八度十五分二十二秒與九十度相減得距天頂數六十一度四十四分三十八秒爲圖內之人申
太陽與星之相距三十一度二十五分五十五秒太陰本

第九十八圖

日平視半徑爲十四分四十五秒三一高三十七度六分必加八秒四九共得太陰半徑十四分五十三秒八與前數相減得三十一度十一分一秒二爲太陰之視相距即圖內之寅申如第九十八圖在人寅申三角形內知其三邊欲求寅人申角

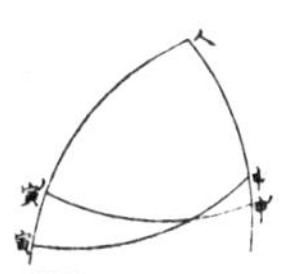

甲寅申等於三十一度十一分一秒二
乙人申等於六十一度四十四分三十八秒其餘割對數爲○.○五五一○二八
丙人寅等於五十二度五十三分四十七秒三其餘割對數○.○九八二四三九

三邊相加得申等於一百四十五度四十九分二十六秒五以二約之得二分之申等於七十二度五十四分四十三秒二五

又(二申丅乙)等於十一度十分五秒二五之正弦對數九.二八七一○三九又(二申丅丙)等於二十度○分五十五秒九五之正弦對數九.五三四三七五○

四正弦對數相加得一.八九七四八二五六以二約之得九四八七四一二八其角度等於十七度五十三分二十五秒以二乘之得寅人申角爲三十五度四十六分五十秒

改正天頂相距之氣差地心差

太陰之視天頂相距人寅五十二度五十三分四十七秒三氣差數必加一分十四秒一得五十二度五十五分一秒四再減地心差四十三分七秒四得改正之天頂相距人寅爲五十二度十一分五十四秒

角宿第一星之視天頂相距人申六十一度四十四分三十八秒氣差必加一分四十五秒得改正天頂相距人申爲六十一度四十六分二十三秒

人寅申三角形之人寅五十二度十一分五十四秒人申六十一度四十六分二十三秒人角三十五度四十六分五十秒欲求其改正之太陰相距寅申其式爲

正切申‴＝餘弦人×正切人寅

又

申″＝申‴丅申′

又 餘弦甲申／餘弦甲卯×餘弦人寅＝餘弦戌甲 則餘弦三十五度四十六分五十秒，其對數九九〇九一六一三，餘切五十二度十一分五十四秒，其對數〇·一一〇二九一六，相加得〇·〇一九四五二九，卽甲等於四十六度十六分五十八秒，其人申六十一度四十六分二十三秒，相減得（人申甲），卽甲等於十五度二十九分二十五秒。

人寅餘弦五十二度十一分五十四秒，其對數九·七八七四一一〇，甲餘弦十五度二十九分二十五秒，其對數九九八三九三一〇，甲正割四十六度十六分五十八秒，其對數〇·一六〇四五九三，以三數相加，得寅申三十一度十六分三十四秒，爲改正之太陰相距。

檢行海秝書，卽知此相距之格令回知之時刻必在夜間九點與十二點之間，此三點相配之相距數爲一度二十八分五十二秒，其比例對數爲三〇六五。

所有過夜間九點鐘之時刻，可以平常之比例法推之，不必用比例對數。

格林回知夜間九點之太陰相距三十二度三分五十五秒，以上得改正之相距三十一度十六分三十四秒相減，得四十七分二十一秒，其比例對數五八〇〇，與上比例對數相較，得餘數二七三五，其相配之角度爲過九點之時一點三十五分五十四秒，與九點相加，得格令回知平時十點三十五分五十四秒，以測望處之平時與此數相較，得二分十七秒八，其相配之角度，得東經度三十四分二十七秒，其比例對數在九點鐘與子正之較爲〇，所以其第二較數之差爲〇。

貝里測太陰求經度之時刻

令天爲所求之太陰眞相距數

辛爲太陰之視高度，辛爲太陰之眞高度，

哱爲太陽或星之視高度，哱爲太陽或星之眞高度，

房爲視相距。

令九等於 三（房＋辛＋哱） 則因此

餘弦三（辛＋哱）－（餘弦九餘弦（九－房））（餘弦辛餘弦哱／餘弦辛餘弦哱）

爲餘弦數。

茲依容氏所設之式解一題，推算以明其理，題內之各數

太陽高度申子七度四十八分一秒
太陰高度寅辛三十五度四十五分四秒
太陽太陰相距寅申九十五度五十分五十三秒以上三數測望而知
太陽眞高度申子七度四十一分三十一秒
太陰眞高度寅辛三十六度二十七分五十四秒
申人八十二度十一分五十九秒
人寅五十四度十〇四分五十六秒
申人八十二度十八分二十九秒
寅人五十三度三十二分六秒

求其眞相距寅申其式爲

$$\text{餘弦}_{寅申}=\left(\frac{\text{餘弦}_{寅辛}\,\text{餘弦}_{申子}}{二\,\text{餘弦}\frac{寅辛+申子+寅申}{二}\,\text{餘弦}\frac{寅辛+申子-寅申}{二}\,\text{餘弦}_{寅辛}\,\text{餘弦}_{申子}}\right)-\text{餘弦}(寅辛+申子)$$

寅申九十五度五十分五十三秒
寅辛三十五度四十五分四秒其正割對數爲〇.〇九〇六七八
申子七度四十八分一秒其正割對數爲〇〇〇四〇三七二
以上三弧相加得一百三十九度二十三分五十八秒以二約之得六十九度四十一分五十九秒其餘弦對數爲九五四〇二五四
$\frac{寅申+申子+寅辛}{二}$爲二十六度八分五十四秒其餘弦對數爲九九五三一一〇
寅辛三十六度二十七分五十四秒其餘弦對數爲九九〇五三七五
申子爲七度四十一分三十一秒餘弦對數爲九九九六〇七四
以上六餘弦對數相加得七四八九五二八
對數二爲〇三〇一〇三〇兩數相加得九七九〇五五八其餘弦眞數爲〇六一七三八七
再將寅辛三十六度二十七分五十四秒與申子七度四十一分三十一秒相加共得寅申加申子等於四十四度九分二十五秒其餘弦眞數爲〇七一七四三四兩餘弦數相減得〇一〇〇〇四七其餘弦寅申角度爲九十五度四十四分三十一秒爲所求太陰相距之眞數

如將以上之設題依立度行船書內第一法而推算得改正之太陰相距爲九十五度四十四分二十九秒

英國天文家女士名鐵牢設一法必用其特設之表以求眞相距

第一表太陽一·三八太陰七五三三

第二表太陽減〇五〇七七太陰減一四九九七

得太陽數爲減一八九五〇太陰爲減二二五三〇

第三表減七分二十五秒又減三分十五秒

第四表加四分二十二秒

第五表減二秒

各表共差數減六分二十秒

略相距九十五度五十分五十三秒

相減得九十五度四十四分三十三秒

其視高度與相距先改正半徑差與目高再檢第一表得太陰地心差所有高度差之對數

再檢第二表得太陰在天際線之地心差其相距所相關之對數

第三表爲上對數相配之分數與秒數

從第四表得所測兩物之氣差數與所有之相關

從第五表得太陽之地心差

將其視相距依各表所得之數或加或減而得其眞相距如上

愛爾里論測太陰相距並太陰過子午線所有之差數時刻有若干差則太陰距星之經度亦有若干差如時刻差二秒其相距必差一秒

測太陰過子午線時刻差一秒則經度差略爲三十秒

測太陰天頂相距時刻差一秒則經度差三十秒時刻或多差不定

測天頂相距差一秒則經度時刻至少差二秒測衡合之事時刻差一秒則經度亦差時刻一秒

測木星月蝕亦然

又法不測太陰與星之相距亦不將其時刻與格令回知同相距之時刻相比但以同時測太陰與一恆星之高度此因恆星之經緯度已知則經線之赤經度可推算而知將此赤經度或加或減於太陰與子午線之相距如前言弧三角之已角即得太陰之視經度與格林回知同時之數相比即得經度之較數

又法最合於小緯度之用即太陰近於卯酉圈上之時檢得已知赤緯度與赤經度之星其星必與天頂相距在八度或十度之內

測此星與太陰之相距又測太陰之高又將太陰高弧之
差及其正負號而算得相距之差數再以改正之相距爲
三角形之底線而以餘赤緯度爲其餘兩邊則能得赤經
度之較並太陰之赤經度與格林回知之時刻
如無相離八度或十度之恆星可檢得別星其平面角與
太陰之平面角略同或相同者則高弧差數之和較爲相
距之差數如所測之星檢行海秝書有與太陰相距之數
者即可得格令回知之時刻否則以改正之相距爲底線
依前言推算其各數
以上兩法之病因太陰之赤緯度必須預知而推其赤緯
度亦必預知本處之經度然此經度原爲欲求之數是惟
太陰之赤緯度在黃道之任一邊略爲極大之數因此不
多移動則其法尚便於用如太陰近於卯酉線或在卯酉
線上則第二法爲較好所得之數略近可恃
第二法○測太陰與恆星過子午線
太陰因其本動而過兩處之子午線與任一星過兩處之
子午線其時刻之相距亦能定其經度較
太陰過經線之時並過別處經線之時或測之或推算
之已足知其經度較然以恆星爲準點則可免儀器之
差與度時表之差

行海秝書自三百十九頁起可檢太陰光邊過子午線之
時刻與其赤經度並可檢太陰相距赤經度之星過子午
線之時刻與其赤經度俱以格令回知之平時計之太陰
之光邊與恆星之過子午線在所求經度之處測望而得
其時刻之較數即可推算經度之較數
貝里所設之題以太陰過子午線之較數推算兩處之經
度較
西秝一千八百三十八年三月初九日在英國車太末測
軒轅第十四星過子午線之時刻九點五十二分四十六
秒太陰之光邊過子午線之時刻十點二十分七秒五度
時表增快之率爲一秒五車太末在格令回知之東
軒轅第十四星過子午線在九點五十二分四十六秒太
陰光邊過子午線在十點二十分七秒五兩數相減得二
十七分二十一秒五度時表差爲秒○三相減得二十七
分二十一秒四七其相配之星時爲二十七分二十五秒
九六
格林回知軒轅第十四星九點五十九分四十六秒一八
太陰之光邊十點二十七分十六秒七六此即過子午線
之星時兩數相減得二十七分三十秒五八與車太末兩
時之較二十七分二十五秒九六相減得四秒六二即兩

處太陰距星較數之星時太陰半徑過子午線變小其時刻之差為秒〇一相加得四秒六三

依行海秝書太陰在一點鐘內所過赤經度數變為時刻得一百十二秒七七所以一百十二秒七七與一點鐘之比若四秒六三與一四七秒八〇之比即等於二分二十七秒八以此變為度數即為經度較

經度較數大者不必用行海秝書星與太陰過子午線所有太陰在一點鐘內所過赤經度變為時數而但求太陰在測望時之赤經度其法將太陰之光邊過格林回知子午線之赤經度與測望時所變之相距數並其半徑過子午線之星時或加或減之再將其赤經度從行海秝書檢得相配格林回知之平時變為星時而與測望時之赤經度相較即得所求之經度較再將前題以此法推如後

格林回知太陰過子午線之赤經度十點二十七分十六秒七六而太陰半徑過子午線之星時必加一分二秒二六其得太陰在格林回知過子午線之赤經度十點二十八分十九秒〇二所測之較數為四秒六二相減得太陰過子午線之星時為十點二十八分十四秒四〇行海秝書第七表所有以上星時之相配格林回知之平時十一點十七分〇秒五即合於格林回知之星時十點二十五分五十六秒五相減得經度較之時刻為二分二十七秒九

第三法〇太陰衝恆星

測太陰衝恆星而求經度其法甚繁茲從立度行船書檢出亦能得經度之大略而稍簡易

先從已知本處之時刻並本處之略經度推算格林回知之平時再從行海秝書檢得太陽之赤經度太陰之極點相距與半徑數與地心差几此各差必依法或加或減之再將其測望時之視時與太陽之赤經度相加則此數之和與星之赤經度相較為星之經線相距將此數以巳命之而星之極點相距以吧命之其赤經度以未命之改變之餘緯度以丑命之太陰之極點相距以寅命之其改正之平視半徑差以辛命之其半徑以呻命之

再將正割$\frac{丑\perp巳}{二}$餘弦$\frac{丑與巳較}{二}$與餘切$\frac{巳}{二}$相加再從其和數減去二十即得甲弧之正切其乘方數與$\frac{丑\perp巳}{二}$相同

再將餘割$\frac{丑\perp巳}{二}$正弦$\frac{丑與巳較}{二}$餘切$\frac{巳}{二}$相加而從其和數減去二十即得乙弧之正切此角當為鋭角如求大於巳則甲加乙等於丙弧如求小於巳則甲減乙等於丙弧

再將正切丙與餘割巳與比例對數辛各相加而從其和數減去十位數而得丙弧之比例對數如丙弧爲等角弧則吧加丙等於戊弧如丙爲銳角則巳減丁等於戊弧

再將餘割丑餘割巳比例對數辛各相加而將其和數申與吧減下表得其改正之數而以其或正或負之號與戊弧或加或減而令和數或較數爲戊則寅與戊之較爲巳弧

再將申與正弦戊相加將其和數減去十位數即得庚弧之比例對數

再將呻加巳與呻減巳其二箇比例對數加戊弧正弦之倍數將其和之半減去十位數爲辛弧之比例對數

測太陰之赤經度 哼±庚±未= 其庚在經線西爲加數經線東爲減數初衝之時哼爲加數而末衝之時爲減數

太陰之赤經度已知之時刻相配格林回知之時刻可在行海秝書將此時刻與本處之時刻相比即得本處之經度

改正戊弧之表

八五° ⊥	九〇° ⊤
〃二·五	〃·〇
二·〇	·〇
一·五	·〇
一·二	·〇
一·〇	·〇
·八	·〇
·六	·〇
·五	·〇
·四	·〇
·三	·〇
·二	·〇
·一	·〇
·一	·〇
·〇	·〇
·〇	·〇
·〇	·〇
九五°	九〇°

第六章○定經線之方向並指南針之偏差

用經緯儀求經線方向之法已詳第十卷

星之極點相距巳

申	六〇° ⊥	六五° ⊥	七〇° ⊥	七五° ⊥	八〇° ⊥
·五〇	〃一六·五	〃一三·二	〃一〇·三	〃七·五	〃五·〇
·五五	一三·〇	一〇·五	八·二	六·〇	四·〇
·六〇	一〇·三	八·三	六·五	四·七	三·二
·六五	八·二	六·六	五·一	三·八	二·五
·七〇	六·五	五·二	四·一	三·〇	二·〇
·七五	五·一	四·二	三·二	二·四	一·五
·八〇	四·一	三·二	二·六	一·九	一·二
·八五	三·二	二·六	二·〇	一·五	·九
·九〇	二·六	二·一	一·六	一·一	·八
·九五	二·一	一·七	一·三	一·〇	·六
一·〇〇	一·六	一·三	一·〇	·七	·四
一·一〇	一·〇	·九	·六	·五	·三
一·二〇	·六	·五	·四	·三	·二
一·三〇	·四	·三	·三	·二	·一
一·五〇	·二	·一	·一	·〇	·〇
一·八〇	·〇	·〇	·〇	·〇	·〇
申	一二〇°	一一五°	一一〇°	一〇五°	一〇〇°

星之極點相距巳

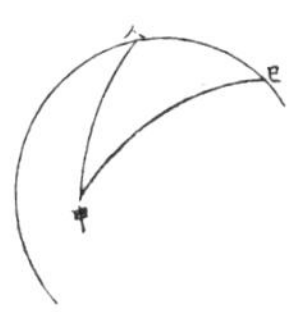

第九十九圖人巳申弧三角形其餘緯度人巳與巳角所顯之時刻已詳前測高度法其申之平角能從人角測之而人角必預知其時刻或其緯度並所測之高度而能推算有此推算之平角與指南針所指之角即可作一子午線於地面並可考指南針之偏差

第九十九圖

又法推算太陽出入之時其心與卯酉線所成之角或俟太陽在天際線之時測其方向即太陽離天際線高三十四分因氣差而太陽之眞方位必低三十四分

如第一百圖辛辰爲天際線巳爲極點戊午爲赤道巳甲

第一百圖

丙為六點鐘之時刻圈巳戊丙為子午線八為天頂丁丁或子子為太陽之赤緯度圈或在赤道之北或在赤道之南而設想此線過太陽出入時之方位而此方位略已知

申或申為赤緯度圈與天際線之交點即太陽初出之時未到六點鐘之點或已過六點鐘之點

甲申酉或甲申酉兩箇三角形內其酉申或酉申為太陽之赤緯度申甲酉與申甲酉為本處之餘緯度從此能推算甲申或甲申即卯酉線角所對之弧又甲酉與甲酉即六點前後太陽初出之時刻角所對之弧又依其赤緯度之變能推算太陽入時之時刻如經線欲記於地面必擇地面上便用之物而測定其物之指南針方向如將子午儀正立於子午線之平面則能記子午線於地面上

觀星臺用子午儀大半為求眞時刻並定準赤經度然有用移動之子午儀如愛耶里所設之便法者此章之末有一式即記移動子午儀所測之各事

茲從度而生天文法書內檢出安準子午儀之法安準之後即可證各事之準否

第一事配準酒準並窺筩之橫軸

此事可同時為之因酒準合眞平而與橫軸平行之時其軸亦必合眞平法將酒準置於軸之樞上轉動架足之螺絲至得眞平再反其酒準而配其較數即視面上指出之數此較數之半以酒準之螺絲配準此事須試驗二三次如已知酒準不差則祇轉其架之螺絲以就之再將其軸易置而視酒準之差否如無差則知其樞徑相等如有差即製造之不精必使原手加工

第二事配準十字線合眞垂線並十字線之相距合赤道之度數

儀前稍遠之處挂一白線下有錘線前立黑色之板令窺筩內之中線與所挂之垂線相合則十字線亦必為眞垂線再令窺筩仰起數度而細察仍合垂線否如已甚合則知其橫軸亦眞平

十字線相距之度數須在子午線上測一赤道星過各線之秒數將其數總算之而分算之使各分適相合如星有赤緯度者則其過二線中間之秒數必改為赤道之數其法將所測之秒數以此星赤緯度之餘弦乘之即得但用此法之前其窺筩必略在子午線上

第三事配準視軸合立面

將窺筩正對遠物而細察十字線之中線平分其物然後易置其橫軸如前細察十字中線仍得平分其物則卯經過中十字線至像鏡心之光線已與橫軸成正角如易置之後而物像在中線之一邊則必轉動橫軸枕之螺絲改正其半差其又半再轉十字線圈之螺絲改正之亦須屢試無差而止又法測北極星行過之時記其星自前一線至中線之時刻遂易置其橫軸則前一線變爲後一線再記自中線至此後線之時刻然後將此兩數相比其較之半爲易置後所改之方位

第四事配準視軸合平線

窺筩正對北極星過子午線或在日中可對易看之遠點視酒準之泡在○點之時記其立圈之佛逆在何數易置其橫軸令中線再能平分其星視其泡再到○點再記其佛逆之數將此兩數相加以二約之即得眞高度若將其兩數相較以二約之即得高度之差其差有兩種一在十字線不合像鏡之心一在酒準如酒準已配好而能調換不差但不合於立圈分線之○度則高度之半差必動十字線之螺絲配準其又一半用酒準之螺絲配準

第五事爲配準各事內之最難者即令儀正在本處之子午線立平面內此事有數法能成之有一直之法有繞道之法最便而常用者測一繞北極之星或測赤緯度略同而經度相距一百八十度繞極之二星或檢高度大異而經度略同之二星連測之然無論何法配準此事所用之度時表其行之遲速必預較至極準

儀之略方位易於求得其法推算北極星過子午線之太陽時刻到此時刻將窺筩正對此星然後再測繞極或高與低之星如前各事無差漸漸而得極準遂於便當之處作一經線之表記如表記之方位與像鏡相距九十五碼四九則偏向一寸略差一分之角相距更遠則偏差之角與其相距有反比例如子午儀偏差之角有三十秒以表記之相距得其比例之數即知儀必平動若干角轉其螺絲以就之

第一法○測繞極之星其式爲

$$甲=\frac{二餘弦丑}{酉'-酉-十二點鐘}餘切房$$

其甲爲天際線上平面角差之秒數酉′爲極上過子午線之時刻酉爲極下過子午線之時刻丑爲緯度房爲赤緯度其甲以十五乘之即變爲角度

如星過西半圈之時刻少於東半圈則窺筩內之像鏡差偏在子午線之西但用此法其度時表宜極準必在十二

點鐘之內毫不改其遲速者.

第二法○用二箇繞極之星其式爲

$$甲=\frac{二餘弦丑丅正弦(㫬'丅㫬)}{(酉丅酉'丅十二點)丅(酉丅酉'丅十二點)正弦㫬正弦㫬'}$$

其㫬與㫬'爲星之極點相距其丑爲緯度酉與酉'爲星上下二次過子午線之時刻酉與酉'爲第二箇星反過子午線在前星之後略爲赤經度十二點鐘如不問其十二點在內其式爲

$$甲=\frac{二餘弦丑丅正弦(㫬'丅㫬)}{(酉丅未)丅(酉'丅未')正弦㫬正弦㫬'}$$

如其(酉丅酉'丅十二點)大於(未丅未'丅十二點)則平面角甲必向東.反之亦然.如(酉丅未)大於(酉'丅未')則其差亦向東

第三法○測高於地面之星其式爲

$$甲=\frac{餘弦丙正弦(乙'丅乙)}{(丁丅丁')餘弦房餘弦房'}$$

其丁爲(酉丅酉')即星過子午線時刻之較其子爲(味甲丅味'甲').即二星赤經度之較房爲高星之赤緯度房'爲低星之赤緯度此法所測之二星其緯度之相距須多於四十度如(丙丅丙')爲正數則其平角差在北緯度爲南向之東如爲負數則反是已有人作表能省推算之工惟其時刻俱爲星時如測望時用太陽之時必加其速數.

此第三法以設題明之如測星過子午線時刻之較等於推算二星赤經度之較則子午儀必正在子午線之立平面內

西秝一千八百三十八年六月二十日在五十一度二十三分四十秒緯度之處測貫索第四星與心第二星

貫索第四星過子午線之時九點二十五分三十一秒五赤經度十五點二十七分五十二秒二五.

心第二星

過子午線之時十點十七分十七秒八赤經度十六點十九分三十一秒九三.

二星過子午線之時相減得叮等於減五十一分四十六秒三二星赤經度相減得叮'等於減五十一分三十九秒六八將叮與叮'兩數相減得加六秒六二此數之對數爲○.八二○八五八○.餘弦房即二十七度十五分四十六秒對數爲九.九四八八六○三.餘弦房'即二十六度四分一秒對數

為九九五三四一二四正割丑即五十一度二十二分四十秒〇對數為〇·二〇四八四六五正弦加六秒六二即五十三度十九分四十七秒其對數為〇·〇九五七七九四各對數相加得一·〇二三七五六六即合於十秒五六二為所求之甲數

後列格式內之各數為西秝一千八百四十五年武官盧邊生在英國屬地加那打內希立尼島所測者所記子午儀各事之簿右邊之格式如後式即成左邊留空頁以記地面之高低並記推算平角差之各事

移動之子午儀測各數之格式

能移動之子午儀測望各數之格式

某年某月某日某時某人名

太陽之略時	點 分 九 四七	點 分 一〇 四〇	點 分 一〇 四五
窺測之星	常陳第一	搖光	右提攝第一
十字線	點 分 秒	點 分 秒	點 分 秒
第一	一三 二四一五	一三五五 一六五	一四 一二六〇
第二	三一七〇	五五四九五	不見
第三	三五一五	五六三一〇	二二三〇
第四	四二七〇	不見	二五三〇
第五	五 一〇	五七五六〇	三二一〇
和數	一九一六〇	二二五二三〇	一〇 三〇
十字線之中數	一三 三五一六	一三四五 四六	一四 二 〇六
改正不見之十字線數		一一二六七〇	〇二二九四
依儀過子午線之眞時	一三 三五一六	一三五六三一三〇	一四 二二三五四
平面角差⊥二〇X{加〇·〇〇九 減〇·〇〇八 加〇·〇三一}	加 〇一八	減 〇一六	加 〇六二
過子午線之眞時	一三 三五一七八	一三五六三一一四	一四 二二四一六
星之赤經度	一二四八四六九七	一二四一二六四九	一三四七二一一六
度時表之差 一·一一	一五 二八一	一五 二六五	一五 二九七

大觀星臺歷年所記測望各數之格式與前式不同卷末附錄者即英國市太未觀星臺所用

第十卷所論之大經緯儀為觀星臺之要器若定在子午線上可當子午儀之用所以勻列十字線五條其正中之交點合窺筩之視軸此種儀器略可為測望一切之事如赤經度如眞時刻如高度如天頂相距如平面角無不可測惟赤道儀之事不能代測

此儀如體小而能移動又便於藉天文而測地若安於顯測架上則更有用前測英國嘗用此法其儀徑為二尺者胡里知工程書館論此儀甚詳茲將其書中數款摘出

窺筩內之聚光點相距二尺三寸立圈徑十五寸圈面分至五秒有測微鏡六箇能察秒微顯測架有三輻分為二層下層有三箇配準平面之螺絲上層托住經緯儀

配準之第一事

此事令儀之平面合地平先轉其三足之螺絲藉酒準得略平再將其上層轉過一百八十度配準酒準如有差半以酒準之螺絲改正半以二箇足螺絲改正再轉過九十度以又一足之螺絲轉至酒準之氣泡適中此必屢試而得眞平為止

配準之第二事

江南製造局

此事令蟲測架得準心其法將酒準從上板移開而將準心顯微鏡轉其螺絲連於架面遂作一極細圓點於架面之中心然後令顯微鏡之十字線平分其點配準之工半藉準心之螺絲半藉顯微鏡上端眞立面之螺絲後將其架面轉過一百八十度用同法配之再轉九十度亦用同法爲之

儀之三足在蟲測架面之三凹內用準心顯微鏡準得其心可作蟲測經緯儀之用但其儀必先轉一百八十度與九十度以試驗之再令窺筩合平線將立圈轉緊其連於窺筩上酒準之空氣泡轉動螺絲使正中再將酒準調過差之半以酒準之螺絲改正又半以立圈之螺絲改正屢試至無差而止

配準之第三事

此事令橫軸合平線將儀藉窺筩之酒準安正視其橫軸上酒準之空氣泡在面上之數而將酒準調過亦視其泡之數以此二數相較將其餘數之半以酒準之螺絲改正又半以軸枕之螺絲改正屢次試至極準而止其立弧改正之法與小經緯儀相同

英國車太末觀星臺用子午儀測得各事之格式

測望之次第數	照耳燈或東或西	軸之斜度在東爲減 酒準之斜度	在西爲加 酒準架之差	所測之星	天頂相距	或南或北	窺筩內之十字交線 一	二	中	四	五
五三二	東	丅·二	丄·○四	畢五	三五○一一	南	秒 一二	秒 三○	點分秒 四二五 四七	秒 五	秒 二三
五三四	東		丄·○四	參	五一四七	南	一六	三三	五二二四九五	六五	二三五
五三五 五三六	東	丅·○五 丅·一五 丅·一五 丅·一○ 丅·○	丄·○四	勾陳[illegible]	四六二○	北	分秒 五五 五六	分秒 五八 三二	五○九	分秒 二一五	分秒 四二二
五三[illegible]	東	平面	丄·○四	參	五二四○	南	秒 三一	秒 四八五	五二七 五五	秒 二二	秒 三九

一千八百四十九年正月二十二日

中數	差數 中線差	立平面差	斜度差	平角差	過子午線之眞時	度時表 差數	快慢數	日數	雜說
點分秒 四二五四七·四		丅·○六	丅·一三	丅一一三九	點分秒 四一五四五八	丅九○·七一			
五二二四九·七		丅·○六	○	丅一八二	五二二四七八	丅九○·八九			
五 ○九		丄·四七	丄·三五	丅一二四三	四五九五七三	丅九二·八八			極點之下
五二七 五·二		丅·○六		丅一六七	五二七 三·五	丅九○·六七	丄·○	七	

科技譯著集成

第一表星時變爲太陽平時

分	秒	星時 秒	太陽平時 秒	秒	秒
三一	五·○七九	一	○·○○三	三一	○·○八五
三二	五·二四二	二	○·○○五	三二	○·○八七
三三	五·四○六	三	○·○○八	三三	○·○九○
三四	五·五七○	四	○·○一一	三四	○·○九三
三五	五·七三四	五	○·○一四	三五	○·○九六
三六	五·八九八	六	○·○一六	三六	○·○九八
三七	六·○六二	七	○·○一九	三七	○·一○一
三八	六·二二五	八	○·○二二	三八	○·一○四
三九	六·三八九	九	○·○二五	三九	○·一○六
四○	六·五五三	一○	○·○二七	四○	○·一○九
四一	六·七一七	一一	○·○三○	四一	○·一一二
四二	六·八八一	一二	○·○三三	四二	○·一一五
四三	七·○四四	一三	○·○三六	四三	○·一一八
四四	七·二○八	一四	○·○三八	四四	○·一二○
四五	七·三七二	一五	○·○四一	四五	○·一二三
四六	七·五三六	一六	○·○四四	四六	○·一二六
四七	七·七○○	一七	○·○四七	四七	○·一二八
四八	七·八六四	一八	○·○四九	四八	○·一三一
四九	八·○二七	一九	○·○五二	四九	○·一三四
五○	八·一九一	二○	○·○五五	五○	○·一三七
五一	八·三五五	二一	○·○五七	五一	○·一四○
五二	八·五一九	二二	○·○六○	五二	○·一四二
五三	八·六八三	二三	○·○六三	五三	○·一四五
五四	八·八四七	二四	○·○六六	五四	○·一四八
五五	九·○一○	二五	○·○六八	五五	○·一五○
五六	九·一七四	二六	○·○七一	五六	○·一五三
五七	九·三三八	二七	○·○七四	五七	○·一五六
五八	九·五○二	二八	○·○七六	五八	○·一五九
五九	九·六六六	二九	○·○七九	五九	○·一六一
六○	九·八三○	三○	○·○八二	六○	○·一六四

星時 點	太陽平時 分	太陽平時 秒	星時 分	太陽平時 秒
一	○	九·八三○	一	○·一六四
二	○	一九·六五九	二	○·三二八
三	○	二九·四八九	三	○·四九一
四	○	三九·三一八	四	○·六五五
五	○	四九·一四八	五	○·八一九
六	○	五八·九七七	六	○·九八三
七	一	八·八○七	七	一·一四七
八	一	一八·六三六	八	一·三一一
九	一	二八·四六六	九	一·四七四
一○	一	三八·二九六	一○	一·六三八
一一	一	四八·一二五	一一	一·八○二
一二	一	五七·九五五	一二	一·九六六
一三	二	七·七八四	一三	二·一三○
一四	二	一七·六一四	一四	二·二九四
一五	二	二七·四四三	一五	二·四五七
一六	二	三七·二七三	一六	二·六二一
一七	二	四七·一○三	一七	二·七八五
一八	二	五六·九三二	一八	二·九四九
一九	三	六·七六二	一九	三·一一三
二○	三	一六·五九一	二○	三·二七七
二一	三	二六·四二一	二一	三·四四○
二二	三	三六·二五○	二二	三·六○四
二三	三	四六·○八○	二三	三·七六八
二四	三	五五·九○九	二四	三·九三二
			二五	四·○九六
			二六	四·二五九
			二七	四·四二三
			二八	四·五八七
			二九	四·七五一
			三○	四·九一五

所有○點鐘○分○秒相配之數必從其星時相減即得太陽平時

第二表太陽平時變爲星時

分	秒	太陽平時 秒	星時 秒	秒	秒
三一	五·○九二	一	○·○○三	三一	○·○八五
三二	五·二五七	二	○·○○五	三二	○·○八七
三三	五·四二一	三	○·○○八	三三	○·○九○
三四	五·五八五	四	○·○一一	三四	○·○九三
三五	五·七五○	五	○·○一四	三五	○·○九六
三六	五·九一四	六	○·○一六	三六	○·○九八
三七	六·○七八	七	○·○一九	三七	○·一○一
三八	六·二四二	八	○·○二二	三八	○·一○四
三九	六·四○七	九	○·○二五	三九	○·一○六
四○	六·五七一	一○	○·○二七	四○	○·一○九
四一	六·七三五	一一	○·○三○	四一	○·一一二
四二	六·九○○	一二	○·○三三	四二	○·一一五
四三	七·○六四	一三	○·○三六	四三	○·一一八
四四	七·二二八	一四	○·○三八	四四	○·一二○
四五	七·三九二	一五	○·○四一	四五	○·一二三
四六	七·五五七	一六	○·○四四	四六	○·一二六
四七	七·七二一	一七	○·○四七	四七	○·一二八
四八	七·八八五	一八	○·○四九	四八	○·一三一
四九	八·○五○	一九	○·○五二	四九	○·一三四
五○	八·二一四	二○	○·○五五	五○	○·一三七
五一	八·三七八	二一	○·○五七	五一	○·一四○
五二	八·五四二	二二	○·○六○	五二	○·一四二
五三	八·七○七	二三	○·○六二	五三	○·一四五
五四	八·八七一	二四	○·○六六	五四	○·一四八
五五	九·○三五	二五	○·○六八	五五	○·一五○
五六	九·一九九	二六	○·○七一	五六	○·一五三
五七	九·三六四	二七	○·○七四	五七	○·一五六
五八	九·五二八	二八	○·○七六	五八	○·一五九
五九	九·六九二	二九	○·○七九	五九	○·一六一
六○	九·八五六	三○	○·○八二	六○	○·一六四

太陽平時 點	星時 分	星時 秒
一	〇	九·八五六
二	〇	一九·七一三
三	〇	二九·五六九
四	〇	三九·四二六
五	〇	四九·二八二
六	〇	五九·一三九
七	一	八·九九五
八	一	一八·八五二
九	一	二八·七〇八
一〇	一	三八·五六五
一一	一	四八·四二一
一二	一	五八·二七八
一三	二	八·一三四
一四	二	一七·九九一
一五	二	二七·八四七
一六	二	三七·七〇四
一七	二	四七·五六〇
一八	二	五七·四一六
一九	三	七·二七三
二〇	三	一七·一二九
二一	三	二六·九八六
二二	三	三六·八四二
二三	三	四六·六九九
二四	三	五六·五五五

太陽平時 分	星時 秒
一	〇·一六四
二	〇·三二九
三	〇·四九三
四	〇·六五七
五	〇·八二一
六	〇·九八六
七	一·一五〇
八	一·三一四
九	一·四七八
一〇	一·六四三
一一	一·八〇七
一二	一·九七一
一三	二·一三六
一四	二·三〇〇
一五	二·四六四
一六	二·六二八
一七	二·七九三
一八	二·九五七
一九	三·一二一
二〇	三·二八五
二一	三·四五〇
二二	三·六一四
二三	三·七七八
二四	三·九四三
二五	四·一〇七
二六	四·二七一
二七	四·四三六
二八	四·六〇〇
二九	四·七六四
三〇	四·九二八

○點鐘○分○秒相配之各數必加於平時即得星時檢行海歷書五百三十六頁五百三十七頁所有相等表此表並前表俱以星時與平時之比例而推算其比例數如平時二十四點合於星時二十四點三分五十六秒五五四

測地附表 三

第三表 時數變爲度數

即星時變爲赤道之度數與分數或變爲地球經度之度數與分數

點	度	分	度	′	秒	′	″
一	一五	一	〇	一五	一	〇	一五
二	三〇	二	〇	三〇	二	〇	三〇
三	四五	三	〇	四五	三	〇	四五
四	六〇	四	一	〇	四	一	〇
五	七五	五	一	一五	五	一	一五
六	九〇	六	一	三〇	六	一	三〇
七	一〇五	七	一	四五	七	一	四五
八	一二〇	八	二	〇	八	二	〇
九	一三五	九	二	一五	九	二	一五
一〇	一五〇	一〇	二	三〇	一〇	二	三〇
一一	一六五	一一	二	四五	一一	二	四五
一二	一八〇	一二	三	〇	一二	三	〇
一三	一九五	一三	三	一五	一三	三	一五
一四	二一〇	一四	三	三〇	一四	三	三〇
一五	二二五	一五	三	四五	一五	三	四五
一六	二四〇	一六	四	〇	一六	四	〇
一七	二五五	一七	四	一五	一七	四	一五
一八	二七〇	一八	四	三〇	一八	四	三〇
一九	二八五	一九	四	四五	一九	四	四五
二〇	三〇〇	二〇	五	〇	二〇	五	〇
二一	三一五	二一	五	一五	二一	五	一五
二二	三三〇	二二	五	三〇	二二	五	三〇
二三	三四五	二三	五	四五	二三	五	四五
二四	三六〇	二四	六	〇	二四	六	〇
		二五	六	一五	二五	六	一五
		二六	六	三〇	二六	六	三〇
		二七	六	四五	二七	六	四五
		二八	七	〇	二八	七	〇
		二九	七	一五	二九	七	一五
		三〇	七	三〇	三〇	七	三〇

十分數

秒	″
·一	一·五
·二	三·〇
·三	四·五
·四	六·〇

第三表 時數變爲度數

即星時變爲赤道之度數與分數或變爲地球經度之度數與分數

秒	″	分	度	′	秒	′	″
·五	七·五	三一	七	四五	三一	七	四五
·六	九·〇	三二	八	〇	三二	八	〇
·七	一〇·五	三三	八	一五	三三	八	一五
·八	一二·〇	三四	八	三〇	三四	八	三〇
·九	一三·五	三五	八	四五	三五	八	四五
一·〇	一五·〇	三六	九	〇	三六	九	〇
百分數		三七	九	一五	三七	九	一五
秒	″	三八	九	三〇	三八	九	三〇
·〇一	〇·一五	三九	九	四五	三九	九	四五
·〇二	〇·三〇	四〇	一〇	〇	四〇	一〇	〇
·〇三	〇·四五	四一	一〇	一五	四一	一〇	一五
·〇四	〇·六〇	四二	一〇	三〇	四二	一〇	三〇
·〇五	〇·七五	四三	一〇	四五	四三	一〇	四五
·〇六	〇·九〇	四四	一一	〇	四四	一一	〇
·〇七	一·〇五	四五	一一	一五	四五	一一	一五
·〇八	一·二〇	四六	一一	三〇	四六	一一	三〇
·〇九	一·三五	四七	一一	四五	四七	一一	四五
·一〇	一·五〇	四八	一二	〇	四八	一二	〇
千分數		四九	一二	一五	四九	一二	一五
		五〇	一二	三〇	五〇	一二	三〇
秒	″						
·〇〇一	〇·〇一五	五一	一二	四五	五一	一二	四五
·〇〇二	·〇三〇	五二	一三	〇	五二	一三	〇
·〇〇三	·〇四五	五三	一三	一五	五三	一三	一五
·〇〇四	·〇六〇	五四	一三	三〇	五四	一三	三〇
·〇〇五	·〇七五	五五	一三	四五	五五	一三	四五
·〇〇六	·〇九〇	五六	一四	〇	五六	一四	〇
·〇〇七	·一〇五	五七	一四	一五	五七	一四	一五
·〇〇八	·一二〇	五八	一四	三〇	五八	一四	三〇
·〇〇九	·一三五	五九	一四	四五	五九	一四	四五
·〇一〇	·一五〇	六〇	一五	〇	六〇	一五	〇

測地附表 四

第三表 度數變爲時數

即赤道度數與分數或地球經度之度數與分數變爲星時

度	點	分	′	分	秒	″	秒
一	〇	四	一	〇	四	一	〇·〇六六
二	〇	八	二	〇	八	二	〇·一三三
三	〇	一二	三	〇	一二	三	〇·二〇〇
四	〇	一六	四	〇	一六	四	〇·二六六
五	〇	二〇	五	〇	二〇	五	〇·三三三
六	〇	二四	六	〇	二四	六	〇·四〇〇
七	〇	二八	七	〇	二八	七	〇·四六六
八	〇	三二	八	〇	三二	八	〇·五三三
九	〇	三六	九	〇	三六	九	〇·六〇〇
一〇	〇	四〇	一〇	〇	四〇	一〇	〇·六六六
一一	〇	四四	一一	〇	四四	一一	〇·七三三
一二	〇	四八	一二	〇	四八	一二	〇·八〇〇
一三	〇	五二	一三	〇	五二	一三	〇·八六六
一四	〇	五六	一四	〇	五六	一四	〇·九三三
一五	一	〇	一五	一	〇	一五	一·〇〇〇
一六	一	四	一六	一	四	一六	一·〇六六
一七	一	八	一七	一	八	一七	一·一三三
一八	一	一二	一八	一	一二	一八	一·二〇〇
一九	一	一六	一九	一	一六	一九	一·二六六
二〇	一	二〇	二〇	一	二〇	二〇	一·三三三
二五	一	四〇	二一	一	二四	二一	一·四〇〇
三〇	二	〇	二二	一	二八	二二	一·四六六
三五	二	二〇	二三	一	三二	二三	一·五三三
四〇	二	四〇	二四	一	三六	二四	一·六〇〇
四五	三	〇	二五	一	四〇	二五	一·六六六
五〇	三	二〇	二六	一	四四	二六	一·七三三
五五	三	四〇	二七	一	四八	二七	一·八〇〇
六〇	四	〇	二八	一	五二	二八	一·八六六
六五	四	二〇	二九	一	五六	二九	一·九三三
七〇	四	四〇	三〇	二	〇	三〇	二·〇〇〇

度數變爲時數

即赤道度數與分數或地球經度之度數與分數變爲星時

度	點	分	ノ	分	秒	〃	秒
七五	五	〇	三一	二	四	三一	二·〇六六
八〇	五	二〇	三二	二	八	三二	二·一三三
九〇	六	〇	三三	二	一二	三三	二·二〇〇
一〇〇	六	四〇	三四	二	一六	三四	二·二六六
一一〇	七	二〇	三五	二	二〇	三五	二·三三三
一二〇	八	〇	三六	二	二四	三六	二·四〇〇
一三〇	八	四〇	三七	二	二八	三七	二·四六六
一四〇	九	二〇	三八	二	三二	三八	二·五三三
一五〇	一〇	〇	三九	二	三六	三九	二·六〇〇
一六〇	一〇	四〇	四〇	二	四〇	四〇	二·六六六
一七〇	一一	二〇	四一	二	四四	四一	二·七三三
一八〇	一二	〇	四二	二	四八	四二	二·八〇〇
一九〇	一二	四〇	四三	二	五二	四三	二·八六六
二〇〇	一三	二〇	四四	二	五六	四四	二·九三三
二一〇	一四	〇	四五	三	〇	四五	三·〇〇〇
二二〇	一四	四〇	四六	三	四	四六	三·〇六六
二三〇	一五	二〇	四七	三	八	四七	三·一三三
二四〇	一六	〇	四八	三	一二	四八	三·二〇〇
二五〇	一六	四〇	四九	三	一六	四九	三·二六六
二六〇	一七	二〇	五〇	三	二〇	五〇	三·三三三
二七〇	一八	〇	五一	三	二四	五一	三·四〇〇
二八〇	一八	四〇	五二	三	二八	五二	三·四六六
二九〇	一九	二〇	五三	三	三二	五三	三·五三三
三〇〇	二〇	〇	五四	三	三六	五四	三·六〇〇
三一〇	二〇	四〇	五五	三	四〇	五五	三·六六六
三二〇	二一	二〇	五六	三	四四	五六	三·七三三
三三〇	二二	〇	五七	三	四八	五七	三·八〇〇
三四〇	二二	四〇	五八	三	五二	五八	三·八六六
三五〇	二三	二〇	五九	三	五六	五九	三·九三三
三六〇	二四	〇	六〇	四	〇	六〇	四·〇〇〇

第四表

風雨表以三十寸爲準過則減不及則加 寒暑表以五十度爲準過則減不及則加

測望之高度		氣差 風雨表三十寸 寒暑表五十度		改正之較數		
				高一分	風雨表加一分	寒暑表減一度
度	ノ	ノ	〃	〃	〃	〃
〇	〇	三三	五一	一一·七	七四	八·一
	五	三二	五三	一一·三	七一	七·六
	一〇	三一	五八	一〇·九	六九	七·三
	一五	三一	五	一〇·五	六七	七·〇
	二〇	三〇	一三	一〇·一	六五	六·七
	二五	二九	二四	九·七	六三	六·四
	三〇	二八	三七	九·四	六一	六·一
	三五	二七	五一	九·〇	五九	五·九
	四〇	二七	六	八·七	五八	五·六
	四五	二六	二四	八·四	五六	五·四
	五〇	二五	四三	八·〇	五五	五·一
	五五	二五	三	七·七	五三	四·九
一	〇	二四	二五	七·四	五二	四·七
	五	二三	四八	七·一	五〇	四·六
	一〇	二三	一三	六·九	四九	四·五
	一五	二二	四〇	六·六	四八	四·四
	二〇	二二	八	六·三	四六	四·二
	二五	二一	三七	六·一	四五	四·〇
	三〇	二一	七	五·九	四四	三·九
	三五	二〇	三八	五·七	四三	三·八
	四〇	二〇	一〇	五·五	四二	三·六
	四五	一九	四三	五·三	四〇	三·五
	五〇	一九	一七	五·一	三九	三·四
	五五	一八	五二	四·九	三九	三·三
二	〇	一八	二九	四·八	三八	三·二
	五	一八	五	四·六	三七	三·一
	一〇	一七	四三	四·四	三六	三·〇
	一五	一七	二一	四·三	三六	二·九
	二〇	一七	〇	四·一	三五	二·八
	二五	一六	四〇	四·〇	三四	二·八

測望之高度		氣差 風雨表三十寸 寒暑表五十度		改正之較數		
				高一分	風雨表加一分	寒暑表減一度
度	ノ	ノ	〃	〃	〃	〃
	三〇	一六	二一	三·九	三三	二·七
	三五	一六	二	三·七	三三	二·六
	四〇	一五	四三	三·六	三二	二·六
	四五	一五	二五	三·五	三二	二·五
	五〇	一五	八	三·四	三一	二·四
	五五	一四	五三	三·三	三〇	二·三
三	〇	一四	三五	三·二	三〇	二·三
	五	一四	一九	三·一	二九	二·〇
	一〇	一四	四	三·〇	二九	二·〇
	一五	一三	五〇	二·九	二八	二·一
	二〇	一三	三五	二·八	二八	二·一
	二五	一三	二一	二·七	二七	二·〇
	三〇	一三	七	二·七	二七	二·〇
	三五	一二	五三	二·六	二六	二·〇
	四〇	一二	四一	二·五	二六	一·九
	四五	一二	二八	二·四	二五	一·九
	五〇	一二	一六	二·四	二五	一·九
	五五	一二	三	二·三	二五	一·八
四	〇	一一	五二	二·二	二四·一	一·七〇
	一〇	一一	三〇	二·一	二三·四	一·六四
	二〇	一一	一〇	二·〇	二二·七	一·五八
	三〇	一〇	五〇	一·九	二二·〇	一·五三
	四〇	一〇	三二	一·八	二一·三	一·四八
	五〇	一〇	一五	一·七	二〇·七	一·四三
五	〇	九	五八	一·六	二〇·一	一·[illegible]八
	一〇	九	四二	一·五	一九·六	一·[illegible]四
	二〇	九	二七	一·五	一九·一	一·[illegible]〇
	三〇	九	一一	一·四	一八·六	一·[illegible]六
	四〇	八	五八	一·三	一八·一	一·[illegible]二
	五〇	八	四五	一·三	一七·六	一·[illegible]九

測望之高度		氣差 風雨表三十寸 寒暑表五十度		改正之較數		
				高一分	風雨表加一分	寒暑表減一度
度	ノ	ノ	〃	〃	〃	〃
六	〇	八	三二	一·二	一七·二	一·一五
	一〇	八	二〇	一·二	一六·八	一·一二
	二〇	八	九	一·一	一六·四	一·〇九
	三〇	七	五八	一·一	一六·〇	一·〇六
	四〇	七	四七	一·〇	一五·七	一·〇三
	五〇	七	三七	一·〇	一五·三	一·〇〇
七	〇	七	二七	一·〇	一五·〇	〇·九八
	一〇	七	一七	·九	一四·六	·九五
	二〇	七	八	·九	一四·三	·九三
	三〇	六	五九	·八	一四·一	·九一
	四〇	六	五一	·八	一三·八	·八九
	五〇	六	四三	·八	一三·五	·八七
八	〇	六	三五	·七	一三·三	·八五
	一〇	六	二八	·七	一三·一	·八三
	二〇	六	二一	·七	一二·八	·八二
	三〇	六	一四	·七	一二·六	·八〇
	四〇	六	七	·七	一二·[illegible]	·七九
	五〇	六	〇	·六	一二·[illegible]	·七七
九	〇	五	五四	·六	一一·九	·七六
	一〇	五	四七	·六	一一·七	·七四
	二〇	五	四一	·六	一一·五	·七三
	三〇	五	三六	·六	一一·三	·七一
	四〇	五	三〇	·五	一一·一	·七一
	五〇	五	二五	·五	一一·〇	·七〇
一〇	〇	五	二〇	·五	一〇·八	·六九
	一〇	五	一五	·五	一〇·六	·六七
	二〇	五	一〇	·五	一〇·四	·六五
	三〇	五	五	·五	一〇·二	·六四
	四〇	五	〇	·五	一〇·一	·六三
	五〇	四	五五	·四	九·九	·六二

測望之高度 度	分	氣差 風雨表三十寸 寒暑表五十度 ′	″	改正之較數 高一分 ″	風雨表加一分 ″	寒暑表減一度 ″
一一	〇	四	五一	·四	九·八	六·〇
	一〇	四	四七	·四	九·六	五·九
	二〇	四	四三	·四	九·五	五·八
	三〇	四	三九	·四	九·四	五·七
	四〇	四	三五	·四	九·二	五·六
	五〇	四	三一	·四	九·一	五·五
一二	〇	四	二八·一	·三八	九·〇〇	五·五六
	一〇	四	二四·四	·三七	八·八六	五·四八
	二〇	四	二〇·一	·三六	八·七四	五·四一
	三〇	四	一七·三	·三五	八·六三	五·三三
	四〇	四	一三·九	·三三	八·五一	五·二四
	五〇	四	一〇·七	·三二	八·四一	五·一七
一三	〇	四	七·五	·三一	八·三〇	五·〇九
	一〇	四	四·四	·三一	八·二〇	五·〇三
	二〇	四	一·四	·三〇	八·一〇	四·九六
	三〇	三	五八·四	·三〇	八·〇〇	四·九〇
	四〇	三	五五·五	·二九	七·八九	四·八二
	五〇	三	五二·六	·二九	七·七九	四·七六
一四	〇	三	四九·九	·二八	七·七〇	四·六九
	一〇	三	四七·一	·二八	七·六一	四·六四
	二〇	三	四四·四	·二七	七·五二	四·五八
	三〇	三	四一·八	·二六	七·四三	四·五三
	四〇	三	三九·二	·二六	七·三四	四·四八
	五〇	三	三六·七	·二五	七·二六	四·四四
一五	〇	三	三四·三	·二四	七·一八	四·三九
	三〇	三	二七·三	·二二	六·九五	四·二四
一六	〇	三	二〇·六	·二一	六·七三	四·一一
	三〇	三	一四·四	·二〇	六·五一	三·九九
一七	〇	三	八·五	·一九	六·三一	三·八六
	三〇	三	二·九	·一八	六·一二	三·七四

測望之高度 度	氣差 風雨表三十寸 寒暑表五十度 ′	″	改正之較數 高一分 ″	風雨表加一分 ″	寒暑表減一度 ″
一八	二	五七·六	·一七	五·九八	三·六二
一九	二	四七·七	·一六	五·六一	三·四〇
二〇	二	三八·七	·一五	五·三一	三·二二
二一	二	三〇·五	·一三	五·〇四	三·〇五
二二	二	二三·三	·一二	四·七九	二·九〇
二三	二	一六·五	·一一	四·五七	二·七六
二四	二	一〇·一	·一〇	四·三五	二·六四
二五	二	四·二	·〇九	四·一六	二·五二
二六	一	五八·八	·〇九	三·九七	二·四一
二七	一	五三·八	·〇八	三·八一	二·三〇
二八	一	四九·一	·〇八	三·六五	二·一九
二九	一	四四·七	·〇七	三·五〇	二·〇九
三〇	一	四〇·五	·〇七	三·三六	二·〇一
三一	一	三六·六	·〇六	三·二三	一·九三
三二	一	三三·〇	·〇六	三·一一	一·八六
三三	一	二九·五	·〇六	二·九九	一·七九
三四	一	二六·一	·〇五	二·八八	一·七三
三五	一	二〇·〇	·〇五	二·七八	一·六七
三六	一	二〇·〇	·〇五	二·六八	一·六一
三七	一	一七·一	·〇五	二·五八	一·五五
三八	一	一四·四	·〇五	二·四九	一·四九
三九	一	一一·八	·〇四	二·四〇	一·四四
四〇	一	九·三	·〇四	二·三二	一·三九
四一	一	六·九	·〇四	二·二四	一·三四
四〇	一	九·三	·〇四〇	二·三二	一·三九
四一	一	六·九	·〇四〇	二·二四	一·三四
四二	一	四·六	·〇三六	二·一六	一·三〇
四三	一	二·四	·〇三八	二·〇九	一·二五
四四	一	〇·三	·〇三四	二·〇二	一·二〇

測望之高度 度	氣差 風雨表三十寸 寒暑表五十度 ′	″	改正之較數 高一分 ″	風雨表加一分 ″	寒暑表減一度 ″
四五	〇	五八·一	·〇三四	一·九四	·一一七
四六	〇	五六·一	·〇三三	一·八八	·一一二
四七	〇	五四·二	·〇三二	一·八一	·一〇八
四八	〇	五二·三	·〇三一	一·七五	·一〇四
四九	〇	五〇·五	·〇三〇	一·六九	·一〇一
五〇	〇	四八·八	·〇二九	一·六三	·〇九七
五一	〇	四七·一	·〇二八	一·五八	·〇九四
五二	〇	四五·四	·〇二七	一·五二	·〇九〇
五三	〇	四三·八	·〇二六	一·四七	·〇八八
五四	〇	四二·二	·〇二六	一·四一	·〇八五
五五	〇	四〇·八	·〇二五	一·三六	·〇八二
五六	〇	三九·三	·〇二五	一·三一	·〇七九
五七	〇	三七·八	·〇二五	一·二六	·〇七六
五八	〇	三六·四	·〇二四	一·二二	·〇七三
五九	〇	三五·〇	·〇二四	一·一七	·〇七〇
六〇	〇	三三·六	·〇二三	一·一二	·〇六七
六一	〇	三二·三	·〇二二	一·〇八	·〇六五
六二	〇	三一·〇	·〇二二	一·〇四	·〇六二
六三	〇	二九·七	·〇二一	·九九	·〇六〇
六四	〇	二八·四	·〇二一	·九五	·〇五七
六五	〇	二七·二	·〇二〇	·九一	·〇五五
六六	〇	二五·九	·〇二〇	·八七	·〇五二
六七	〇	二四·七	·〇二〇	·八三	·〇五〇
六八	〇	二三·五	·〇二〇	·七九	·〇四七
六九	〇	二二·四	·〇二〇	·七五	·〇四五

測望之高度 度	氣差 風雨表三十寸 寒暑表五十度 ′	″	改正之較數 高一分 ″	風雨表加一分 ″	寒暑表減一分 ″
七〇	〇	二一·二	·〇二〇	·七一	·〇四三
七一	〇	一九·九	·〇二〇	·六七	·〇四〇
七二	〇	一八·八	·〇一九	·六三	·〇三八
七三	〇	一七·七	·〇一八	·五九	·〇三六
七四	〇	一六·六	·〇一八	·五六	·〇三三
七五	〇	一五·五	·〇一八	·五二	·〇三一
七六	〇	一四·四	·〇一八	·四八	·〇二九
七七	〇	一三·四	·〇一七	·四五	·〇二七
七八	〇	一二·三	·〇一七	·四一	·〇二五
七九	〇	一一·二	·〇一七	·三八	·〇二三
八〇	〇	一〇·二	·〇一七	·三四	·〇二一
八一	〇	九·二	·〇一七	·三一	·〇一八
八二	〇	八·二	·〇一七	·二七	·〇一六
八三	〇	七·一	·〇一七	·二四	·〇一四
八四	〇	六·一	·〇一七	·二〇	·〇一二
八五	〇	五·一	·〇一七	·一七	·〇一〇
八六	〇	四·一	·〇一七	·一四	·〇〇八
八七	〇	三·一	·〇一七	·一〇	·〇〇六
八八	〇	二·〇	·〇一七	·〇七	·〇〇四
八九	〇	一·〇	·〇一七	·〇三	·〇〇二

第五表

太陽與太陰之半徑因氣差減小

半徑高於天際	太陽或太陰之高度 七°	一〇°	一二°	一四°	二〇°	三二°	二〇°
〇°	〇″	〇″	〇″	〇″	〇″	〇″	〇″
九	一	〇	〇	〇	〇	〇	〇
一五	二	一	〇	〇	〇	〇	〇
二四	三	一	一	一	〇	〇	〇
三〇	四	二	一	一	一	〇	〇
三六	五	三	二	一	一	〇	〇
四二	六	四	二	二	一	〇	〇
四八	八	四	三	二	一	〇	〇
五四	九	五	四	三	一	一	〇
六〇	一一	六	四	三	二	一	〇
六六	一二	六	五	三	二	一	〇
七二	一三	七	五	四	二	一	〇
九〇	一四	八	五	四	二	一	〇

第六表

太陽半徑

日數	月	半徑	月	半徑
	正月		七月	
一		一六′ 一八″		一五′ 四六″
一一		一六 一七		一五 四六
二一		一六 一七		一五 四六
	二月		八月	
一		一六 一五		一五 四七
一一		一六 一三		一五 四九
二一		一六 一一		一五 五一
	三月		九月	
一		一六 一〇		一五 五三
一一		一六 七		一五 五六
二一		一六 四		一五 五八
	四月		十月	
一		一六 一		一六 一
一一		一五 五八		一六 三
二一		一五 五五		一六 七
	五月		十一月	
一		一五 五三		一六 九
一一		一五 五一		一六 一二
二一		一五 四九		一六 一四
	六月		十二月	
一		一五 四八		一六 一六
一一		一五 四六		一六 一七
二一		一五 四六		一六 一八

第七表太陰半徑依高度而加分秒數

太陰平視半徑在行海歷書每月第三頁爲每日平午正平子正格林同知之徑度太陽之數在每月之第二頁爲平午正推算

太陰之平視半徑

太陰之視高度	一四′ 三〇″	一五′ 〇″	一五′ 三〇″	一六′ 〇″	一六′ 三〇″	一七′ 〇″
度	″	″	″	″	″	″
〇	〇·〇〇	〇·〇〇	〇·〇〇	〇·〇〇	〇·〇〇	〇·〇〇
三	〇·七一	〇·七五	〇·八〇	〇·八六	〇·九二	〇·九七
六	一·四一	一·五〇	一·六〇	一·七一	一·八三	一·九四
九	二·一一	二·二五	二·四〇	二·五六	二·七三	二·九〇
一二	二·八一	三·〇〇	三·二〇	三·四一	三·六三	三·八六
一五	三·五〇	三·七四	三·九九	四·二五	四·五二	四·八〇
一八	四·一七	四·四六	四·七六	五·〇七	五·三九	五·七三
二一	四·八四	五·一八	五·五二	五·八九	六·二六	六·六五
二四	五·四九	五·八八	六·二七	六·六八	七·一一	七·五四
二七	六·一三	六·五六	七·〇〇	七·四六	七·九三	八·四二
三〇	六·七五	七·二三	七·七一	八·二二	八·七四	九·二八
三三	七·三五	七·八八	八·四〇	八·九六	九·五二	一〇·一二
三六	七·九三	八·五〇	九·〇七	九·六七	一〇·二八	一〇·九三
三九	八·四九	九·一〇	九·七二	一〇·三六	一一·〇二	一一·六六
四二	九·〇三	九·六八	一〇·三四	一一·〇二	一一·七二	一二·四四
四五	九·五五	一〇·二三	一〇·九三	一一·六五	一二·三九	一三·一五
四八	一〇·〇五	一〇·七六	一一·四九	一二·二五	一三·〇三	一三·八三
五一	一〇·五二	一一·二六	一二·〇二	一二·八一	一三·六三	一四·四六
五四	一〇·九五	一一·七二	一二·五二	一三·三四	一四·一九	一五·〇六
五七	一一·三五	一二·一五	一二·九八	一三·八三	一四·七二	一五·六二
六〇	一一·七二	一二·五五	一三·四〇	一四·二九	一五·二〇	一六·一三
六三	一二·〇六	一二·九一	一三·七九	一四·七〇	一五·六四	一六·六〇
六六	一二·三七	一三·二四	一四·一四	一五·〇八	一六·〇四	一七·〇三
六九	一二·六四	一三·五三	一四·四六	一五·四一	一六·三九	一七·四〇
七二	一二·八八	一三·七九	一四·七三	一五·七〇	一六·七〇	一七·七三
七五	一三·〇八	一四·〇一	一四·九六	一五·九五	一六·九六	一八·〇一
七八	一三·二四	一四·一八	一五·一五	一六·一五	一七·一八	一八·二四
八一	一三·三七	一四·三二	一五·三〇	一六·三一	一七·三五	一八·四二
八四	一三·四六	一四·四二	一五·四一	一六·四二	一七·四七	一八·五五
八七	一三·五二	一四·四八	一五·四七	一六·四九	一七·五四	一八·六二
九〇	一三·五四	一四·五〇	一五·四九	一六·五一	一七·五七	一八·六五

第八表

太陽在每月初一日地心差其平視差之中數爲八秒六〇

高度	正月	二月 十二月	三月 十一月	四月 十月	五月 九月	六月 八月	七月
°	″	″	″	″	″	″	″
九〇	〇·〇〇	〇·〇〇	〇·〇〇	〇·〇〇	〇·〇〇	〇·〇〇	〇·〇〇
八五	〇·七六	〇·七六	〇·七六	〇·七五	〇·七四	〇·七四	〇·七四
八〇	一·五二	一·五二	一·五一	一·四九	一·四八	一·四七	一·四七
七五	二·二六	二·二六	二·二五	二·二三	二·二一	二·一九	二·一九
七〇	二·九九	二·九八	二·九七	二·九四	二·九二	二·九〇	二·八九
六五	三·七〇	三·六九	三·六七	三·六三	三·六〇	三·五八	三·五七
六〇	四·三七	四·三六	四·三四	四·三〇	四·二六	四·二四	四·二三
五五	五·〇二	五·〇一	四·九八	四·九三	四·八九	四·八六	四·八五
五〇	五·六二	五·六一	五·五八	五·五三	五·四八	五·四五	五·四四
四五	六·一九	六·一七	六·一三	六·〇八	六·〇三	五·九九	五·九八
四〇	六·七〇	六·六八	六·六四	六·五九	六·五三	六·四九	六·四八
三五	七·一七	七·一五	七·一一	七·〇四	六·九九	六·九四	六·九三
三〇	七·五八	七·五六	七·五一	七·四五	七·三九	七·三四	七·三三
二五	七·九二	七·九一	七·八六	七·七九	七·七三	七·六八	七·六七
二〇	八·二二	八·二〇	八·一五	八·〇八	八·〇一	七·九七	七·九五
一五	八·四五	八·四三	八·三八	八·三〇	八·二四	八·一九	八·一七
一〇	八·六二	八·五九	八·五四	八·四七	八·四〇	八·三五	八·三三
五	八·七三	八·六九	八·六四	八·五六	八·五〇	八·四四	八·四二
〇	八·七五	八·七三	八·六七	八·六〇	八·五三	八·四八	八·四六

行海歷書在行星每日變數之後有太陽每十日之平視差

皮爾生太陽表之末表有太陽各高度相配之太陽視差

第九表 太陰赤道之平視差變爲任何緯度之平視差

緯度	平視差 五四′	五六′	五八′	六〇′	六二′
度	秒	秒	秒	秒	秒
〇	〇·〇	〇·〇	〇·〇	〇·〇	〇·〇
八	〇·三	〇·二	〇·二	〇·二	〇·二
一六	〇·八	〇·八	〇·九	〇·九	〇·五
二〇	一·三	一·三	一·四	一·四	一·三
二四	一·八	一·九	一·九	二·〇	二·〇
二八	二·四	二·五	二·六	二·六	二·七
三二	三·〇	三·一	三·三	三·四	三·五
三六	三·七	三·九	四·〇	四·一	四·三
四〇	四·五	四·六	四·八	五·〇	五·一
四四	五·二	五·四	五·六	五·八	六·〇
四八	六·〇	六·二	六·四	六·六	六·八
五二	六·七	七·〇	七·二	七·四	七·六
五六	七·四	七·七	八·〇	八·二	八·五
六〇	八·一	八·四	八·七	九·〇	九·三
六四	八·七	九·一	九·四	九·七	一〇·〇
六八	九·三	九·六	一〇·〇	一〇·三	一〇·六
七二	九·八	一〇·一	一〇·四	一〇·八	一一·二
七六	一〇·二	一〇·六	一〇·九	一一·三	一一·七
八四	一〇·七	一一·一	一一·五	一一·九	一二·〇
九〇	一〇·八	一一·二	一一·六	一二·〇	一二·四

行海歷書每月第三頁所有太陰平視差爲格林回知半午正平子正時之赤道視差在海面不常問因地球圓形所有緯度之若但能從上表推算之如赤道平視爲五十八分則在五十二度緯度之平視差爲五十八秒二相減得五十七分二秒八此改正之平視差必檢所設之表依高度改正之立度所設之表爲改正太陰相距而其差數包地心差與氣差在內如不用表可用下式

正弦平視差乂餘弦高度＝高度視差之正弦

第十表 行星在各高度之視差

視高度	行星之平視差 一″	三″	五″	七″	九″	一一″	一三″	一五″	一七″	一九″	二一″	二三″	二五″	二七″	二九″	三一″
度	″	″	″	″	″	″	″	″	″	″	″	″	″	″	″	″
〇	一	三	五	七	九	一一	一三	一五	一七	一九	二一	二三	二五	二七	二九	三一
一〇	一	三	五	七	九	一一	一三	一五	一七	一九	二一	二三	二五	二七	二九	三〇
二〇	一	三	五	七	九	一〇	一二	一四	一六	一八	二〇	二二	二四	二五	二七	二九
二五	一	三	五	六	八	一〇	一二	一四	一五	一七	一九	二一	二三	二四	二六	二八
三〇	一	三	四	六	八	一〇	一一	一三	一五	一六	一八	二〇	二二	二三	二五	二七
三三	一	二	四	六	八	九	一一	一三	一四	一六	一八	一九	二一	二三	二四	二六
三六	一	二	四	六	七	九	一一	一二	一四	一五	一七	一九	二〇	二二	二三	二五
三九	一	二	四	五	七	九	一〇	一二	一三	一五	一六	一八	一九	二一	二二	二四
四二	一	二	四	五	七	八	一〇	一一	一三	一四	一六	一七	一九	二〇	二二	二三
四五	一	二	四	五	六	八	九	一一	一二	一三	一五	一六	一八	一九	二一	二二
四八	一	二	三	五	六	七	九	一〇	一一	一三	一四	一五	一七	一八	一九	二一
五一	一	二	三	四	六	七	八	九	一一	一二	一三	一四	一六	一七	一八	二〇
五四	一	二	三	四	五	六	八	九	一〇	一一	一二	一四	一五	一六	一七	一八
五七	一	二	三	四	五	六	七	八	九	一〇	一一	一三	一四	一五	一六	一七
六〇	一	二	三	四	五	六	七	八	九	一〇	一一	一二	一三	一四	一五	一六
六三	〇	一	二	三	四	五	六	七	八	九	一〇	一〇	一一	一二	一三	一四
六六	〇	一	二	三	四	四	五	六	七	八	九	九	一〇	一一	一二	一三
六九	〇	一	二	三	三	四	五	五	六	七	八	八	九	一〇	一〇	一一
七二	〇	一	二	二	三	三	四	五	五	六	六	七	八	八	九	一〇
七五	〇	一	一	二	二	三	三	四	四	五	五	六	六	七	八	八
七八	〇	一	一	一	二	二	三	三	四	四	四	五	五	六	六	六
八一	〇	〇	一	一	一	二	二	二	三	三	三	四	四	四	五	五
八四	〇	〇	一	一	一	一	一	二	二	二	二	二	三	三	三	三
八七	〇	〇	〇	〇	〇	一	一	一	一	一	一	一	一	一	二	二
九〇	〇	〇	〇	〇	〇	〇	〇	〇	〇	〇	〇	〇	〇	〇	〇	〇

行星之視差與半徑俱在行海歷書內

第十一表 海面天際之目高差

目高尺數	目高差	目高尺數	目高差	目高尺數	目高差	目高尺數	目高差
	′ ″		′ ″		′ ″		′ ″
一	〇 五九	一八	四 一一	三五	五 四九	八六	九 七
二	一 二四	一九	四 一七	三八	六 四	八九	九 一七
三	一 四二	二〇	四 二四	四一	六 一八	九二	九 二六
四	一 五八	二一	四 三一	四四	六 三一	九五	九 三六
五	二 一二	二二	四 三七	四七	六 四五	九八	九 四五
六	二 二五	二三	四 四三	五〇	六 五八	一〇一	九 五四
七	二 三六	二四	四 四九	五三	七 一〇	一〇四	一〇 二
八	二 四七	二五	四 五五	五六	七 二二	一〇七	一〇 一一
九	二 五七	二六	五 一	五九	七 三四	一一〇	一〇 一九
一〇	三 七	二七	五 七	六二	七 四五	一一三	一〇 二八
一一	三 一六	二八	五 一三	六五	七 五六	一一六	一〇 三六
一二	三 二五	二九	五 一八	六八	八 七	一一九	一〇 四四
一三	三 三三	三〇	五 二四	七一	八 一八	一二二	一〇 五二
一四	三 四一	三一	五 二九	七四	八 二八	一二五	一一 〇
一五	三 四九	三二	五 三四	七七	八 三八	一二八	一一 八
一六	三 五六	三三	五 三九	八〇	八 四八	一三一	一一 一六
一七	四 四	三四	五 四四	八三	八 五八	一三四	一一 二四

第十二表 海面天際在各相距之目高差

相距里數	目高尺數 五	一〇	一五	二〇	二五	三〇
	分	分	分	分	分	分
〇·二五	一一	二二	三四	四五	五六	六八
〇·五	六	一一	一七	二二	二八	三四
〇·七五	四	八	一二	一五	一九	二三
一·〇	四	六	九	一二	一五	一七
一·二五	三	五	七	九	一二	一四
一·五	三	四	六	八	一〇	一二
二·〇	二	三	五	六	八	一〇
二·五	二	三	五	六	七	八
三·〇	二	三	四	五	六	七
三·五	二	三	四	五	六	六
四·〇	二	三	四	四	五	六
五·〇	二	三	四	四	五	五
六·〇	二	三	四	四	五	五

第十三表 改正爲眞子午線

八分	九分	一〇分	一一分	一二分	一三分	一四分
一二五·七	一五九·〇	一九六·三	二三七·五	二八二·七	三三一·八	三八四·七
一二六·二	一五九·六	一九七·〇	二三八·三	二八三·五	三三二·六	三八五·六
一二六·七	一六〇·二	一九七·六	二三九·〇	二八四·二	三三三·四	三八六·六
一二七·二	一六〇·八	一九八·三	二三九·七	二八五·〇	三三四·三	三八七·五
一二七·八	一六一·四	一九八·九	二四〇·四	二八五·八	三三五·二	三八八·四
一二八·三	一六二·〇	一九九·六	二四一·二	二八六·六	三三六·〇	三八九·三
一二八·八	一六二·六	二〇〇·三	二四一·九	二八七·四	三三六·九	三九〇·二
一二九·三	一六三·二	二〇〇·九	二四二·六	二八八·二	三三七·七	三九一·一
一二九·九	一六三·八	二〇一·六	二四三·三	二八九·〇	三三八·六	三九二·一
一三〇·四	一六四·四	二〇二·二	二四四·一	二八九·八	三三九·四	三九三·〇
一三一·〇	一六五·〇	二〇二·九	二四四·八	二九〇·六	三四〇·三	三九三·九
一三一·五	一六五·六	二〇三·六	二四五·五	二九一·四	三四一·二	三九四·八
一三二·〇	一六六·二	二〇四·二	二四六·三	二九二·二	三四二·〇	三九五·八
一三二·六	一六六·八	二〇四·九	二四七·〇	二九三·〇	三四二·九	三九六·七
一三三·一	一六七·四	二〇五·六	二四七·七	二九三·八	三四三·七	三九七·六
一三三·六	一六八·〇	二〇六·三	二四八·五	二九四·六	三四四·六	三九八·六
一三四·二	一六八·六	二〇六·九	二四九·二	二九五·四	三四五·五	三九九·五
一三四·七	一六九·二	二〇七·六	二四九·九	二九六·二	三四六·四	四〇〇·五
一三五·三	一六九·八	二〇八·三	二五〇·七	二九七·〇	三四七·二	四〇一·四
一三五·八	一七〇·四	二〇八·九	二五一·四	二九七·八	三四八·一	四〇二·三
一三六·三	一七一·〇	二〇九·六	二五二·二	二九八·六	三四九·〇	四〇三·三
一三六·九	一七一·六	二一〇·三	二五三·〇	二九九·四	三四九·八	四〇四·二
一三七·四	一七二·三	二一一·〇	二五三·六	三〇〇·二	三五〇·七	四〇五·一
一三八·〇	一七二·九	二一一·七	二五四·四	三〇一·〇	三五一·六	四〇六·〇
一三八·五	一七三·五	二一二·三	二五五·一	三〇一·八	三五二·五	四〇七·〇
一三九·一	一七四·一	二一三·〇	二五五·九	三〇二·六	三五三·三	四〇八·〇
一三九·六	一七四·七	二一三·七	二五六·六	三〇三·五	三五四·二	四〇八·九
一四〇·二	一七五·三	二一四·四	二五七·四	三〇四·三	三五五·一	四〇九·九
一四〇·七	一七五·九	二一五·一	二五八·一	三〇五·一	三五六·〇	四一〇·八
一四一·三	一七六·六	二一五·八	二五八·九	三〇五·九	三五六·九	四一一·七

貝里第十八表至離開子午線二十六分

此表以 甲 = 正弦″ / 二正弦二巳

秒數	〇分	一分	二分	三分	四分	五分	六分	七分
	″	″	″	″	″	″	″	″
〇	〇·〇	二·〇	七·八	一七·七	三一·四	四九·一	七〇·七	九六·二
一	〇·〇	二·〇	八·八	一七·九	三一·七	四九·四	七一·一	九六·七
二	〇·〇	二·一	八·一	一八·一	三一·九	四九·七	七一·五	九七·一
三	〇·〇	二·二	八·二	一八·三	三二·二	五〇·一	七一·九	九七·六
四	〇·〇	二·二	八·四	一八·五	三二·五	五〇·四	七二·三	九八·〇
五	〇·〇	二·三	八·五	一八·七	三二·七	五〇·七	七二·七	九八·五
六	〇·〇	二·四	八·七	一八·九	三三·〇	五一·一	七三·一	九九·〇
七	〇·〇	二·四	八·八	一九·一	三三·三	五一·四	七三·五	九九·四
八	〇·〇	二·五	八·九	一九·三	三三·五	五一·七	七三·九	九九·九
九	〇·〇	二·六	九·一	一九·五	三三·八	五二·一	七四·三	一〇〇·四
一〇	〇·一	二·七	九·二	一九·七	三四·一	五二·四	七四·七	一〇〇·八
一一	〇·一	二·七	九·四	一九·九	三四·四	五二·七	七五·一	一〇一·三
一二	〇·一	二·八	九·五	二〇·一	三四·六	五三·一	七五·五	一〇一·八
一三	〇·一	二·九	九·六	二〇·三	三四·九	五三·四	七五·九	一〇二·二
一四	〇·一	三·〇	九·八	二〇·五	三五·二	五三·八	七六·三	一〇二·七
一五	〇·一	三·一	九·九	二〇·七	三五·五	五四·一	七六·七	一〇三·二
一六	〇·一	三·一	一〇·一	二〇·九	三五·七	五四·五	七七·一	一〇三·七
一七	〇·二	三·二	一〇·二	二一·二	三六·〇	五四·八	七七·五	一〇四·二
一八	〇·二	三·三	一〇·四	二一·四	三六·三	五五·一	七七·九	一〇四·六
一九	〇·二	三·四	一〇·五	二一·六	三六·六	五五·五	七八·三	一〇五·一
二〇	〇·二	三·五	一〇·七	二一·八	三六·九	五五·八	七八·八	一〇五·六
二一	〇·二	三·六	一〇·八	二二·〇	三七·二	五六·二	七九·二	一〇六·一
二二	〇·三	三·七	一一·〇	二二·三	三七·四	五六·五	七九·六	一〇六·六
二三	〇·三	三·八	一一·二	二二·五	三七·七	五六·九	八〇·〇	一〇七·〇
二四	〇·三	三·八	一一·三	二二·七	三八·〇	五七·三	八〇·四	一〇七·五
二五	〇·三	三·九	一一·五	二二·九	三八·三	五七·六	八〇·八	一〇八·〇
二六	〇·四	四·〇	一一·六	二三·一	三八·六	五八·〇	八一·三	一〇八·五
二七	〇·四	四·一	一一·八	二三·四	三八·九	五八·三	八一·七	一〇九·〇
二八	〇·四	四·二	一一·九	二三·六	三九·二	五八·七	八二·一	一〇九·五
二九	〇·五	四·三	一二·一	二三·八	三九·五	五九·〇	八二·五	一一〇·〇

第十三表改正爲眞子午線

八分	九分	一〇分	一一分	一二分	一三分	一四分
一四一·八	一七七·二	二一六·四	二五九·六	三〇六·七	三五七·七	四一二·七
一四二·四	一七七·八	二一七·一	二六〇·四	三〇七·五	三五八·六	四一三·六
一四三·〇	一七八·四	二一七·八	二六一·一	三〇八·四	三五九·五	四一四·六
一四三·五	一七九·〇	二一八·五	二六一·九	三〇九·二	三六〇·四	四一五·五
一四四·一	一七九·七	二一九·二	二六二·六	三一〇·〇	三六一·三	四一六·五
一四四·六	一八〇·三	二一九·九	二六三·四	三一〇·八	三六二·二	四一七·五
一四五·二	一八〇·九	二二〇·六	二六四·一	三一一·六	三六三·一	四一八·四
一四五·八	一八一·六	二二一·三	二六四·九	三一二·五	三六四·〇	四一九·三
一四六·三	一八二·二	二二二·〇	二六五·七	三一三·三	三六四·八	四二〇·三
一四六·九	一八二·八	二二二·七	二六六·四	三一四·一	三六五·七	四二一·三
一四七·五	一八三·五	二二三·四	二六七·二	三一五·〇	三六六·六	四二二·二
一四八·〇	一八四·一	二二四·一	二六七·九	三一五·八	三六七·五	四二三·二
一四八·六	一八四·七	二二四·八	二六八·七	三一六·六	三六八·四	四二四·二
一四九·二	一八五·四	二二五·五	二六九·五	三一七·四	三六九·三	四二五·一
一四九·七	一八六·〇	二二六·二	二七〇·三	三一八·三	三七〇·二	四二六·一
一五〇·三	一八六·六	二二六·九	二七一·〇	三一九·一	三七一·一	四二七·〇
一五〇·九	一八七·三	二二七·六	二七一·八	三一九·九	三七二·〇	四二八·〇
一五一·五	一八七·九	二二八·三	二七二·六	三二〇·八	三七二·九	四二九·〇
一五二·〇	一八八·五	二二九·〇	二七三·三	三二一·六	三七三·八	四二九·九
一五二·六	一八九·二	二二九·七	二七四·一	三二二·四	三七四·七	四三〇·九
一五三·二	一八九·八	二三〇·四	二七四·九	三二三·三	三七五·六	四三一·九
一五三·八	一九〇·五	二三一·一	二七五·六	三二四·一	三七六·五	四三二·八
一五四·四	一九一·一	二三一·八	二七六·四	三二五·〇	三七七·四	四三三·八
一五四·九	一九一·八	二三二·五	二七七·二	三二五·八	三七八·三	四三四·八
一五五·五	一九二·四	二三三·二	二七八·〇	三二六·七	三七九·二	四三五·八
一五六·一	一九三·一	二三四·〇	二七八·八	三二七·五	三八〇·一	四三六·七
一五六·七	一九三·七	二三四·七	二七九·五	三二八·四	三八一·一	四三七·七
一五七·三	一九四·四	二三五·四	二八〇·三	三二九·二	三八二·〇	四三八·七
一五七·八	一九五·〇	二三六·一	二八一·一	三三〇·〇	三八二·九	四三九·七
一五八·四	一九五·七	二三六·八	二八一·九	三三〇·九	三八三·八	四四〇·六

此表以 甲 = 正弦″ / 二正弦二巳

秒數	〇分	一分	二分	三分	四分	五分	六分	七分
三〇	〇·五	四·四	一二·三	二四·〇	三九·八	五九·四	八三·〇	一一〇·四
三一	〇·五	四·五	一二·四	二四·三	四〇·一	五九·八	八三·四	一一〇·九
三二	〇·六	四·六	一二·六	二四·五	四〇·三	六〇·一	八三·八	一一一·四
三三	〇·六	四·七	一二·八	二四·七	四〇·六	六〇·五	八四·二	一一一·九
三四	〇·六	四·八	一二·九	二五·〇	四〇·九	六〇·八	八四·七	一一二·四
三五	〇·七	四·九	一三·一	二五·二	四一·二	六一·二	八五·一	一一二·九
三六	〇·七	五·〇	一三·三	二五·四	四一·五	六一·六	八五·五	一一三·四
三七	〇·七	五·一	一三·四	二五·七	四一·八	六一·九	八六·〇	一一三·九
三八	〇·八	五·二	一三·六	二五·九	四二·一	六二·三	八六·四	一一四·四
三九	〇·八	五·三	一三·八	二六·二	四二·五	六二·七	八六·八	一一四·九
四〇	〇·九	五·四	一四·〇	二六·四	四二·八	六三·〇	八七·三	一一五·四
四一	〇·九	五·六	一四·一	二六·六	四三·一	六三·四	八七·七	一一五·九
四二	一·〇	五·七	一四·三	二六·九	四三·四	六三·八	八八·一	一一六·四
四三	一·〇	五·八	一四·五	二七·一	四三·七	六四·二	八八·六	一一六·九
四四	一·一	五·九	一四·七	二七·四	四四·〇	六四·五	八九·〇	一一七·四
四五	一·一	六·〇	一四·八	二七·六	四四·三	六四·九	八九·五	一一七·九
四六	一·二	六·一	一五·〇	二七·九	四四·六	六五·三	八九·九	一一八·四
四七	一·二	六·二	一五·二	二八·一	四四·九	六五·七	九〇·三	一一八·九
四八	一·三	六·四	一五·四	二八·三	四五·二	六六·〇	九〇·八	一一九·五
四九	一·三	六·五	一五·六	二八·六	四五·五	六六·四	九一·二	一二〇·〇
五〇	一·四	六·六	一五·八	二八·八	四五·九	六六·八	九一·七	一二〇·五
五一	一·四	六·七	一五·九	二九·一	四六·二	六七·二	九二·一	一二一·〇
五二	一·五	六·八	一六·一	二九·四	四六·五	六七·六	九二·六	一二一·五
五三	一·五	七·〇	一六·三	二九·六	四六·八	六八·〇	九三·〇	一二二·〇
五四	一·六	七·一	一六·五	二九·九	四七·一	六八·三	九三·五	一二二·五
五五	一·六	七·二	一六·七	三〇·一	四七·五	六八·七	九三·九	一二三·一
五六	一·七	七·三	一六·九	三〇·四	四七·八	六九·一	九四·四	一二三·六
五七	一·八	七·五	一七·一	三〇·六	四八·一	六九·五	九四·八	一二四·一
五八	一·九	七·六	一七·三	三〇·九	四八·四	六九·九	九五·三	一二四·六
五九	一·九	七·七	一七·五	三一·一	四八·八	七〇·三	九五·七	一二五·一

第十四表推算等

時之相距數 點	分	對數甲	對數乙	時之相距數 點	分	對數甲	對數乙
四	〇	七·七四四七	七·六八二三	五	〇	·七五六二	·六五五六
	二	·七四五一	·六八一五		二	·七五六六	·六五四六
	四	·七四五四	·六八〇七		四	·七五七〇	·六五三六
	六	·七四五八	·六八〇〇		六	·七五七五	·六五二五
	八	·七四六一	·六七九二		八	·七五七九	·六五一四
	一〇	·七四六四	·六七八四		一〇	·七五八三	·六五〇四
	一二	·七四六八	·六七七六		一二	·七五八八	·六四九三
	一四	·七四七二	·六七六八		一四	·七五九二	·六四八二
	一六	·七四七五	·六七五九		一六	·七五九七	·六四七一
	一八	·七四七九	·六七五一		一八	·七五〇一	·六四六〇
	二〇	·七四八二	·六七四三		二〇	·七六〇六	·六四四八
	二二	·七四八六	·六七三四		二二	·七六一〇	·六四三七
	二四	·七四九〇	·六七二六		二四	·七六一五	·六四二五
	二六	·七四九四	·六七一七		二六	·七六二〇	·六四一四
	二八	·七四九七	·六七〇八		二八	·七六二四	·六四〇二
	三〇	·七五〇一	·六七〇〇		三〇	·七六二九	·六三九〇
	三二	·七五〇五	·六六九一		三二	·七六三四	·六三七八
	三四	·七五〇九	·六六八二		三四	·七六三八	·六三六六
	三六	·七五一三	·六六七三		三六	·七六四三	·六三五四
	三八	·七五一七	·六六六三		三八	·七六四八	·六三四二
	四〇	·七五二一	·六六五四		四〇	·七六五三	·六三二九
	四二	·七五二五	·六六四五		四二	·七六五八	·六三一七
	四四	·七五二九	·六六三五		四四	·七六六三	·六三〇四
	四六	·七五三三	·六六二六		四六	·七六六八	·六二九一
	四八	·七五三七	·六六一六		四八	·七六七三	·六二七八
	五〇	·七五四一	·六六〇六		五〇	·七六七八	·六二六五
	五二	·七五四五	·六五九七		五二	·七六八三	·六二五二
	五四	·七五四九	·六五八七		五四	·七六八八	·六二三九
	五六	·七五五三	·六五七七		五六	·七六九三	·六二二五
	五八	·七五五七	·六五六七		五八	·七六九八	·六二一二
				六	〇	七·七七〇三	七·六一九八

貝里第十六表其等高度之相等式有二十四

高度之相等式

時之相距數		甲對數	乙對數	時之相距數		甲對數	乙對數
點	分			點	分		
二	○	七·七二九七	七·七一四六	三	○	·七三五九	·七○一五
	二	·七二九八	·七一四三		二	·七三六二	·七○一○
	四	·七三○○	·七一三九		四	·七三六四	·七○○五
	六	·七三○二	·七一三六		六	·七三六七	·六九九九
	八	·七三○四	·七一三二		八	·七三六九	·六九九三
	一○	·七三○五	·七一二八		一○	·七三七二	·六九八八
	一二	·七三○七	·七一二五		一二	·七三七四	·六九八二
	一四	·七三○九	·七一二一		一四	·七三七七	·六九七六
	一六	·七三一一	·七一一七		一六	·七三八○	·六九七○
	一八	·七三一三	·七一一三		一八	·七三八三	·六九六四
	二○	·七三一五	·七一○九		二○	·七三八六	·六九五八
	二二	·七三一七	·七一○五		二二	·七三八八	·六九五二
	二四	·七三一九	·七一○一		二四	·七三九一	·六九四六
	二六	·七三二一	·七○九七		二六	·七三九四	·六九四○
	二八	·七三二三	·七○九二		二八	·七三九七	·六九三四
	三○	·七三二五	·七○八八		三○	·七四○○	·六九二七
	三二	·七三二七	·七○八三		三二	·七四○三	·六九二一
	三四	·七三二九	·七○七九		三四	·七四○六	·六九一四
	三六	·七三三一	·七○七五		三六	·七四○九	·六九○八
	三八	·七三三三	·七○七○		三八	·七四一二	·六九○一
	四○	·七三三六	·七○六五		四○	·七四一五	·六八九四
	四二	·七三三八	·七○六一		四二	·七四一八	·六八八八
	四四	·七三四○	·七○五六		四四	·七四二一	·六八八一
	四六	·七三四二	·七○五一		四六	·七四二四	·六八七四
	四八	·七三四五	·七○四六		四八	·七四二八	·六八六七
	五○	·七三四七	·七○四一		五○	·七四三一	·六八五九
	五二	·七三四九	·七○三六		五二	·七四三四	·六八五二
	五四	·七三五二	·七○三一		五四	·七四三七	·六八四五
	五六	·七三五四	·七○二六		五六	·七四四一	·六八三八
	五八	·七三五七	·七○二一		五八	·七四四四	·六八三○
				四	○	七·七四四七	七·六八二三

點鐘內之各數但平常所用不過此表內之各數

第十四表推算等

時之相距數		甲對數	乙對數	時之相距數		甲對數	乙對數
點	分			點	分		
八	○	七·八○七二	七·五○六二	九	○	·八三○二	·四一三一
	二	·八○七九	·五○三六		二	·八三一一	·四○九三
	四	·八○八六	·五○一○		四	·八三一九	·四○五五
	六	·八○九四	·四九八三		六	·八三二八	·四○一六
	八	·八一○一	·四九五七		八	·八三三六	·三九七七
	一二	·八一○八	·四九三○		一○	·八三四四	·三九三七
	一○	·八一一六	·四九○二		一二	·八三五三	·三八九六
	一四	·八一二三	·四八七四		一四	·八三六一	·三八五五
	一六	·八一三○	·四八四六		一六	·八三七○	·三八一三
	一八	·八一三八	·四八一八		一八	·八三七八	·三七七一
	二○	·八一四五	·四七八九		二○	·八三八七	·三七二八
	二二	·八一五三	·四七六○		二二	·八三九六	·三六八四
	二四	·八一六○	·四七三一		二四	·八四○四	·三六三九
	二六	·八一六八	·四七○一		二六	·八四一三	·三五九四
	二八	·八一七六	·四六七一		二八	·八四二二	·三五四八
	三○	·八一八三	·四六四○		三○	·八四三○	·三五○一
	三二	·八一九一	·四六○九		三二	·八四三九	·三四五四
	三四	·八一九九	·四五七八		三四	·八四四八	·三四○九
	三六	·八二○六	·四五四六		三六	·八四五七	·三三五七
	三八	·八二一四	·四五一四		三八	·八四六六	·三三○七
	四○	·八二二二	·四四八二		四○	·八四七五	·三二五六
	四二	·八二三○	·四四四九		四二	·八四八四	·三二○五
	四四	·八二三八	·四四一五		四四	·八四九三	·三一五二
	四六	·八二四六	·四三八一		四六	·八五○二	·三○九九
	四八	·八二五四	·四三四七		四八	·八五一一	·三○四五
	五○	·八二六二	·四三一二		五○	·八五二○	·二九八九
	五二	·八二七○	·四二七七		五二	·八五三○	·二九三三
	五四	·八二七八	·四二四一		五四	·八五三九	·二八七六
	五六	·八二八六	·四二○五		五六	·八五四八	·二八一七
	五八	·八二九四	·四一六八		五八	·八五五八	·二七五八
				一○	○	七·八五六七	七·二六九七

高度之相等式

時之相距數		甲對數	乙對數	時之相距數		甲對數	乙對數
點	分			點	分		
六	○	七·七七○三	七·六一九八	七	○	·七八七三	·五七一七
	二	·七七○八	·六一八四		二	·七八七九	·五六九九
	四	·七七一三	·六一七○		四	·七八八五	·五六八○
	六	·七七一九	·六一五六		六	·七八九一	·五六六一
	八	·七七二四	·六一四二		八	·七八九八	·五六四一
	一○	·七七二九	·六一二七		一○	·七九○四	·五六二二
	一二	·七七三五	·六一一三		一二	·七九一○	·五六○二
	一四	·七七四○	·六○九八		一四	·七九一六	·五五八二
	一六	·七七四五	·六○八三		一六	·七九二三	·五五六二
	一八	·七七五一	·六○六八		一八	·七九二九	·五五四二
	二○	·七七五六	·六○五三		二○	·七九三六	·五五二二
	二二	·七七六二	·六○三八		二二	·七九四二	·五五○一
	二四	·七七六七	·六○二三		二四	·七九四九	·五四八○
	二六	·七七七三	·六○○七		二六	·七九五五	·五四五九
	二八	·七七七九	·五九九一		二八	·七九六二	·五四三七
	三○	·七七八四	·五九七五		三○	·七九六八	·五四一六
	三二	·七七九○	·五九五九		三二	·七九七五	·五三九四
	三四	·七七九六	·五九四三		三四	·七九八二	·五三七二
	三六	·七八○一	·五九二七		三六	·七九八九	·五三五○
	三八	·七八○七	·五九一○		三八	·七九九五	·五三二七
	四○	·七八一三	·五八九四		四○	·八○○二	·五三○四
	四二	·七八一九	·五八七七		四二	·八○○九	·五二八一
	四四	·七八二五	·五八六○		四四	·八○一六	·五二五八
	四六	·七八三一	·五八四三		四六	·八○二三	·五二三四
	四八	·七八三六	·五八二五		四八	·八○三○	·五二一一
	五○	·七八四二	·五八○八		五○	·八○三七	·五一八六
	五二	·七八四八	·五七九○		五二	·八○四四	·五一六二
	五四	·七八五四	·五七七二		五四	·八○五一	·五一三七
	五六	·七八六○	·五七五四		五六	·八○五八	·五一一二
	五八	·七八六七	·五七三六		五八	·八○六五	·五○八七
				八	○	七·八○七二	七·五○六二

第十五表

地球面緯度與經度每秒之尺數以地球在二極之半徑比赤道之半徑小三百分之一

經度秒數	緯度秒數	緯度	經度秒數	緯度秒數
九一九七	一○一六○	五○	六五三二	一○二○二
九一二一		五一	六三九五	
九○四三		五二	六二五七	
八九六二		五三	六一一七	
八八七七		五四	五九七五	
八七九○	一○一六七	五五	五八三○	一○二一一
八七○一		五六	五六八四	
八六○九		五七	五五三七	
八五一四		五八	五三八七	
八四一七		五九	五二三六	
八三一七	一○一七五	六○	五○八四	一○二一九
八二一五		六一	四九三○	
八一一○		六二	四七七四	
八○○二		六三	四六一七	
七八九二		六四	四四五八	
七七八○	一○一八四	六五	四二九八	一○二二六
七六六五		六六	四一三七	
七五四八		六七	三九七四	
七四二九		六八	三八一○	
七三○七		六九	三六四五	
七一八三	一○一九三	七○	三四八○	一○二四○
七○五七		七一	三三一二	
六九二九		七二	三一四三	
六七九九		七三	二九七四	
六六六六		七四	二八○四	

緯度	緯度秒數	經度秒數	緯度
二五	一〇一四二	一〇一四二	〇
二六		一〇一四〇	一
二七		一〇一三六	二
二八		一〇一二八	三
二九		一〇一一七	四
三〇	一〇一四三	一〇一〇三	五
三一		一〇〇八七	六
三二		一〇〇六七	七
三三		一〇〇四四	八
三四		一〇〇一八	九
三五	一〇一四五	九九八九	一〇
三六		九九五七	一一
三七		九九二二	一二
三八		九八八四	一三
三九		九八四三	一四
四〇	一〇一四九	九七九九	一五
四一		九七五二	一六
四二		九七〇二	一七
四三		九六四九	一八
四四		九五九四	一九
四五	一〇一五四	九五三六	二〇
四六		九四七四	二一
四七		九四〇九	二二
四八		九三四一	二三
四九		九二七〇	二四

在赤道時刻一秒相配之尺數爲一千五百二十一三郎五百〇七碼布衣三得推算測量法國之大弧所得二徑之比例在法國京都經線兩邊其數不同向西爲二百五十分之一向東爲三百〇九分之一歐羅巴有數國以第二數爲準

第十六表改正弧餘與氣差

表內指出視高與眞高度之較之尺數並依尺牽里測量之小分數

差之尺數 弧餘氣差之和	差之尺數 氣差	差之尺數 弧餘	相距之里數	差 弧餘氣差之和
·〇三五七	·〇〇六〇	·〇四一七	¼	·〇〇〇〇九
·一四三〇	·〇二三八	·一六六八	½	·〇〇〇二一
·三二一六	·〇五三六	·三七五三	¾	·〇〇〇三六
·五七一七	·〇九五三	·六六七〇	一	·〇〇〇五六
一二八六四	·二一四四	一五〇〇八	一½	·〇〇〇八一
二二八六九	·三八一一	二六六八〇	二	·〇〇一一〇
三五七三三	·五九五五	四一六八八	二½	·〇〇一四三
五一四五九	·八五六一	六〇〇三〇	三	·〇〇一八一
七〇〇三五	一一六七三	八一七〇八	三½	·〇〇二二四
九一四七四	一五二四六	一〇六七二〇	四	·〇〇二七〇
一一五七七三	一九二九五	一三五〇六八	四½	·〇〇三二一
一四二九二九	二三八二一	一六六七五〇	五	·〇〇三七七
一七二九四五	二八八二四	二〇一七六九	五½	·〇〇四三八
二〇五八一七	三四三〇三	二四〇一二〇	六	·〇〇五〇二
二四一五五一	四〇二五八	二八一八〇九	六½	·〇〇五七二
二八〇一四三	四六六九〇	三二六八三〇	七	·〇〇六四五
三二一五九一	五三五九九	三七五一九〇	七½	·〇〇七二三
三六五八八三	六〇九九七	四二六八八〇	八	·〇〇八〇六
四一三〇六六	六八八四四	四八一九一〇	八½	·〇〇八九三
四六三〇八九	七七一八一	五四〇二七〇	九	·〇〇九八五
五一五九七五	八五九九六	六〇一九七一	九½	·〇一〇八一
五七一七一四	九五二八六	六六七〇〇〇	一〇	·〇一一八一
六九一七七四	一一五二九六	八〇七〇七〇	一一	·〇一二八七
八二三二六九	一三七二一一	九六〇四八〇	一二	·〇一三九五
九六六一九七	一六一〇三三	一一二七二三〇	一三	·〇一五〇九
一一二〇五六〇	一八六七六〇	一三〇七三二〇	一四	·〇一六二八
一二八六三五七	二一四三九三	一五〇〇七五〇	一五	·〇一七五一
一四六三五八九	二四三九三一	一七〇七五二〇	一六	·〇一八七八
一六五二二五四	二七五三七六	一九二七六三〇	一七	·〇二〇一〇
一八五二三五九	三〇八七二七	二一六一〇八〇	一八	·〇二一四六
二〇六三八八九	三四三九八一	二四〇七八七〇	一九	·〇二二八七
二二八六八五七	三八一一四三	二六六八〇〇〇	二〇	·〇二四三二
				·〇二五八二
				·〇二七三六
				·〇二八九五
				·〇三〇五八
				·〇三二二五
				·〇三三九七
				·〇三五七三

之尺數 氣差	之尺數 弧餘	相距之牽數	差之尺數 弧餘氣差之和	差之尺數 氣差	差之尺數 弧餘	相距之尺數
·〇〇〇〇一	·〇〇〇一〇	一〇	·〇〇〇二〇	·〇〇〇〇四	·〇〇〇二四	一〇〇
·〇〇〇〇三	·〇〇〇二四	一五	·〇〇〇四六	·〇〇〇〇八	·〇〇〇五四	一五〇
·〇〇〇〇六	·〇〇〇四二	二〇	·〇〇〇八三	·〇〇〇一三	·〇〇〇九六	二〇〇
·〇〇〇〇九	·〇〇〇六五	二五	·〇〇一二八	·〇〇〇二一	·〇〇一四九	二五〇
·〇〇〇一三	·〇〇〇九四	三〇	·〇〇一八四	·〇〇〇三一	·〇〇二一五	三〇〇
·〇〇〇一八	·〇〇一二八	三五	·〇〇二五一	·〇〇〇四二	·〇〇二九三	三五〇
·〇〇〇二四	·〇〇一六七	四〇	·〇〇三二八	·〇〇〇五五	·〇〇三八三	四〇〇
·〇〇〇三〇	·〇〇二一一	四五	·〇〇四一五	·〇〇〇六九	·〇〇四八四	四五〇
·〇〇〇三七	·〇〇二六一	五〇	·〇〇五一三	·〇〇〇八五	·〇〇五九八	五〇〇
·〇〇〇四五	·〇〇三一五	五五	·〇〇六二一	·〇〇一〇三	·〇〇七二四	五五〇
·〇〇〇五四	·〇〇三七五	六〇	·〇〇七三八	·〇〇一二三	·〇〇八六一	六〇〇
·〇〇〇六三	·〇〇四四〇	六五	·〇〇八六六	·〇〇一四四	·〇一〇一〇	六五〇
·〇〇〇七三	·〇〇五一一	七〇	·〇一〇〇五	·〇〇一六七	·〇一一七二	七〇〇
·〇〇〇八四	·〇〇五八六	七五	·〇一一五三	·〇〇一九二	·〇一三四五	七五〇
·〇〇〇九五	·〇〇六六七	八〇	·〇一三一二	·〇〇二一九	·〇一五三一	八〇〇
·〇〇一〇八	·〇〇七五三	八五	·〇一四八一	·〇〇二四七	·〇一七二八	八五〇
·〇〇一二一	·〇〇八四四	九〇	·〇一六六一	·〇〇二七七	·〇一九三八	九〇〇
·〇〇一三四	·〇〇九四〇	九五	·〇一八五一	·〇〇三〇八	·〇二一五九	九五〇
·〇〇一四九	·〇一〇四二	一〇〇	·〇二〇五九	·〇〇三四二	·〇二三九二	一〇〇〇
·〇〇一六四	·〇一一四九	一〇五	·〇二二六一	·〇〇三七七	·〇二六三八	一〇五〇
·〇〇一八〇	·〇一二六一	一一〇	·〇二四八一	·〇〇四一四	·〇二八九五	一一〇〇
·〇〇一九七	·〇一三七八	一一五	·〇二七一二	·〇〇四五二	·〇三一六四	一一五〇
·〇〇二一四	·〇一五〇一	一二〇	·〇二九五三	·〇〇四九二	·〇三四四五	一二〇〇
·〇〇二三二	·〇一六二八	一二五	·〇三二〇四	·〇〇五三四	·〇三七三八	一二五〇
·〇〇二五一	·〇一七六一	一三〇	·〇三四六五	·〇〇五七八	·〇四〇四三	一三〇〇
·〇〇二七一	·〇一八九九	一三五	·〇三七三八	·〇〇六二三	·〇四三六一	一三五〇
·〇〇二九二	·〇二〇四三	一四〇	·〇四〇一九	·〇〇六七〇	·〇四六八九	一四〇〇
·〇〇三一三	·〇二一九一	一四五	·〇四三一一	·〇〇七一九	·〇五〇三〇	一四五〇
·〇〇三三五	·〇二三四五	一五〇	·〇四六一四	·〇〇七六九	·〇五三八三	一五〇〇
·〇〇三五八	·〇二五〇四	一五五	·〇四九二七	·〇〇八二一	·〇五七四八	一五五〇
·〇〇三八一	·〇二六六八	一六〇	·〇五二五〇	·〇〇八七五	·〇六一二五	一六〇〇
·〇〇四〇五	·〇二八三七	一六五	·〇五五八三	·〇〇九三一	·〇六五一四	一六五〇
·〇〇四三〇	·〇三〇一二	一七〇	·〇五九二六	·〇〇九八八	·〇六九一四	一七〇〇
·〇〇四五六	·〇三一九二	一七五	·〇六二八〇	·〇一〇四七	·〇七三二七	一七五〇
·〇〇四八二	·〇三三七七	一八〇	·〇六六四五	·〇一一〇七	·〇七七五二	一八〇〇
·〇〇五〇九	·〇三五六七	一八五	·〇七〇一八	·〇一一七〇	·〇八一八八	一八五〇
·〇〇五三七	·〇三七六二	一九〇	·〇七四〇三	·〇一二三四	·〇八六三七	一九〇〇
·〇〇五六六	·〇三九六三	一九五	·〇七七九八	·〇一三〇〇	·〇九〇九八	一九五〇
·〇〇五九六	·〇四一六九	二〇〇	·〇八二〇三	·〇一三六七	·〇九五七〇	二〇〇〇

第十七表

每長一牽各立角之變數

角度（度）	角度（分）	變數	角度（度）	角度（分）	變數
一六	〇	三·八七四	一一	四五	二·〇九五
一六	一五	三·九九五	一二	〇	二·一八五
一六	三〇	四·一一八	一二	一五	二·二七七
一六	四五	四·二四三	一二	三〇	二·三七〇
一七	〇	四·三七〇	一二	四五	二·四六六
一七	一五	四·四九八	一三	〇	二·五五三
一七	三〇	四·六二八	一三	一五	二·六六二
一七	四五	四·七六〇	一三	三〇	二·七六三
一八	〇	四·八九四	一三	四五	二·八六六
一八	一五	五·〇三〇	一四	〇	二·九七〇
一八	三〇	五·一六八	一四	一五	三·〇七七
一八	四五	五·三〇七	一四	三〇	三·一八五
一九	〇	五·四四八	一四	四五	三·二九五
一九	一五	五·五九一	一五	〇	三·四〇七
一九	三〇	五·七三六	一五	一五	三·五二一
一九	四五	五·八八二	一五	三〇	三·六三七
二〇	〇	六·〇三一	一五	四五	三·七五四

第十八表

各立角相配之平

角度（度）	角度（分）	平相距與立高之比	角度（度）	角度（分）	平相距與立高之比
一八	二六	三	八	八	七
一九	五九	二¾	八	四五	六½
二一	四八	二½	九	二七	六
二三	五八	二¼	九	五二	五¾
二六	三四	二	一〇	一八	五½
二九	四四	一¾	一〇	四七	五¼
三三	四二	一½	一一	一九	五
三八	四〇	一¼	一一	五三	四¾
四五	〇	一	一二	三二	四½
五三	八	¾	一三	一五	四¼
六三	二八	½	一四	二	四
七五	五八	¼	一四	五五	三¾
七八	四一	⅕	一五	五六	三½
			一七	六	三¼

牽數與分數之變數

變數	角度	變數	角度
	度 丿		度 丿
.八〇〇	七 一五	.一三七	三 〇
.八五六	七 三〇	.一六一	三 一五
.九一三	七 四五	.一八七	三 三〇
.九七三	八 〇	.二一四	三 四五
一.〇三五	八 一五	.二四四	四 〇
一.〇九八	八 三〇	.二七五	四 一五
一.一六四	八 四五	.三〇八	四 三〇
一.二三一	九 〇	.三四三	四 四五
一.三〇〇	九 一五	.三八一	五 〇
一.三七一	九 三〇	.四二〇	五 一五
一.四四四	九 四五	.四六〇	五 三〇
一.五一九	一〇 〇	.五〇三	五 四五
一.五九六	一〇 一五	.五四八	六 〇
一.六七五	一〇 三〇	.五九四	六 一五
一.七五五	一〇 四五	.六四三	六 三〇
一.八三七	一一 〇	.六九三	六 四五
一.九二一	一一 一五	.七四五	七 〇
二.〇〇八	一一 三〇		

相距與立高之比

平相距與立高之比	角度	平相距與立高之比	角度
	度 丿		度 丿
一六	三 三五	二二九	〇 一五
一五	三 四九	一一五	〇 三〇
一四	四 六	七六	〇 四五
一三	四 二四	五七	一 〇
一二	四 四五	四六	一 一五
一一 ½	五 〇	三九	一 三〇
一一	五 一二	三三	一 四五
一〇 ½	五 二七	二八	二 〇
一〇	五 四二	二五	二 一五
九 ½	六 〇	二三	二 三〇
九	六 二一	二一	二 四五
八 ½	六 四三	一九	三 〇
八	七 七	一八	三 一五
七 ½	七 三六	一七	三 二八

第十九表 法倫海寒暑表六麻寒暑表百度寒暑表各度之相比

百⊥	六⊥	法	百⊥	六⊥
		度		
二三.九	一九.一	七五	一〇.〇	八.〇
二四.四	一九.六	七六	一〇.六	八.四
二五.〇	二〇.〇	七七	一一.一	八.九
二五.六	二〇.四	七八	一一.七	九.三
二六.一	二〇.九	七九	一二.二	九.八
二六.七	二一.三	八〇	一二.八	一〇.二
二七.二	二一.八	八一	一三.三	〇.七
二七.八	二二.二	八二	一三.九	一一.一
二八.三	二二.七	八三	一四.四	一一.六
二八.九	二三.八	八四	一五.〇	一二.〇
二九.四	二三.六	八五	一五.六	一二.四
三〇.〇	二四.〇	八六	一六.一	一二.九
三〇.六	二四.四	八七	一六.七	一三.三
三一.一	二四.九	八八	一七.二	一三.八
三一.七	二五.三	八九	一七.八	一四.二
三二.二	二五.八	九〇	一八.三	一四.七
三二.八	二六.二	九一	一八.九	一五.一
三三.三	二六.七	九二	一九.四	一五.六
三三.九	二七.一	九三	二〇.〇	一六.〇
三四.四	二七.六	九四	二〇.六	一六.四
三五.〇	二八.〇	九五	二一.一	一六.九
三五.六	二八.四	九六	二一.七	一七.三
三六.一	二八.九	九七	二二.二	一七.八
三六.七	二九.三	九八	二二.八	一八.二
三七.二	二九.八	九九	二三.三	一八.七

後式比較此各表之法表以己代之六表以未代之百表以丙代之

己＝$\frac{五}{九}$丙⊥三二＝$\frac{四}{九}$未⊥三二

丙＝$\frac{九}{五}$(己⊤三二)＝$\frac{四}{五}$未

未＝$\frac{九}{四}$(己⊤三二)＝$\frac{五}{四}$丙

法	百⊤	六⊤	法	百⊤	六⊤	法
度			度			度
五〇	三.九	三.一	二五	一七.八	一四.二	〇
五一	三.三	二.七	二六	一七.二	一三.八	一
五二	二.八	二.二	二七	一六.七	一三.三	二
五三	二.二	一.八	二八	一六.一	一二.九	三
五四	一.七	一.三	二九	一五.六	一二.五	四
五五	一.一	〇.九	三〇	一五.〇	一二.〇	五
五六	〇.六	〇.四	三一	一四.四	一一.六	六
五七	〇.〇	〇.〇	三二	一三.九	一一.一	七
	⊥	⊥				
五八	〇.六	〇.四	三三	一三.三	一〇.七	八
五九	一.一	〇.九	三四	一二.八	一〇.二	九
六〇	一.七	一.三	三五	一二.二	九.八	一〇
六一	二.二	一.八	三六	一一.七	九.三	一一
六二	二.八	二.二	三七	一一.一	八.九	一二
六三	三.三	二.七	三八	一〇.六	八.四	一三
六四	三.九	三.一	三九	一〇.〇	八.〇	一四
六五	四.四	三.六	四〇	九.四	七.六	一五
六六	五.〇	四.〇	四一	八.九	七.一	一六
六七	五.六	四.四	四二	八.三	六.七	一七
六八	六.一	四.九	四三	七.八	六.二	一八
六九	六.七	五.三	四四	七.二	五.八	一九
七〇	七.二	五.八	四五	六.七	五.三	二〇
七一	七.八	六.二	四六	六.一	四.九	二一
七二	八.三	六.七	四七	五.六	四.四	二二
七三	八.九	七.一	四八	五.〇	四.〇	二三
七四	九.四	七.六	四九	四.四	三.六	二四

皮爾生天文書有三寒暑表每度之對數

法倫海 冰界三二° 沸界二一二°

六麻 冰界〇 沸界八〇°

百度 冰界〇 沸界一〇〇°

第二十表

英法兩國風雨表數之比例

英	法		
寸	寸	分	千分枚數
二九.〇	二七	二.五三	七三六.六
二九.一	二七	三.六五	七三九.一
二九.二	二七	四.七八	七四一.七
二九.三	二七	五.九〇	七四四.二
二九.四	二七	七.〇三	七四六.八
二九.五	二七	八.一六	七四九.三
二九.六	二七	九.二八	七五一.八
二九.七	二七	一〇.四一	七五四.四
二九.八	二七	一一.五三	七五六.九
二九.九	二八	〇.六六	七五九.五
三〇.〇	二八	一.七九	七六二.〇
三〇.一	二八	二.九一	七六四.五
三〇.二	二八	四.〇四	七六七.一
三〇.三	二八	五.一六	七六九.六
三〇.四	二八	六.二九	七七二.二
三〇.五	二八	七.四二	七七四.七
三〇.六	二八	八.五五	七七七.三
三〇.七	二八	九.六七	七七九.八
三〇.八	二八	一〇.八〇	七八二.三
三〇.九	二八	一一.九三	七八四.八
三一.〇	二九	一.〇五	七八七.四

第二十一表

每日記空氣各事

年 月 日	風雨表 高 午八前點	風雨表 高 午二後點	風雨表 高 午八後點	水銀熱度 午八前點	水銀熱度 午二後點	水銀熱度 午八後點	寒暑表 午八前點	寒暑表 午二後點	寒暑表 午八後點	溼寒暑表 已布 午二後點	自記寒暑表 極大數	自記寒暑表 極小數	雨表 寸數	雜說 風之方向與力數天之陰晴雲之形狀並所有不常見空氣之事
初一	三〇一二六	三〇一〇二	三〇〇二四	五九	六二	六〇	六一	六六	六三	五八	五二	六八	〇五三	
初二														
初三														

每月內每日之中數

時 從	時 至	高或低	風雨表 午八前點	風雨表 午二後點	風雨表 午八後點	寒暑表 午八前點	寒暑表 午二後點	寒暑表 午八後點	溼寒暑表 午二後點	自記寒暑表 極大數	自記寒暑表 極小數	雨表 寸數	雜說 其地高於海面
…	…	最高	三〇三一										所記之空氣事並不常有之風常所來之方向
		最低	三〇二四										風雨表 最高 三〇二四五 初九日；最低 二九五二一 十一日
…	…	最高	三〇一六二										風之與日之大小
		最低	二九九四										
一日之中數			三〇九二	三〇一〇五	二九九九九								

前二式爲侯失勒所定合於一日測驗三次之用然亦可依各處之事而變通之

風雨表應挂於極亮之處惟不可遇太陽之光又不可對風吹之處所記之數卽當時所測驗之數所有改變之差數應另推算

寒暑表應挂於通空氣之陰處如有回熱之物如水面如牆壁如淡色之地不可與相對又不可太近於地面而得其所散之熱自記寒暑表不應用吸鐵攝其移識宜用倒過之法但此器亦有易壞之病

量面積器

此器之用可量圖內之面積而不必用推算其工不過推算之半又能免算數之差如圖有一矩尺有一比例直尺其比例尺與地圖之比例相同

呷爲螺絲轉之則銅片乙之二指未與物俱能動

辰爲一箇指數針能指尺面上之某分點銅片乙與甲相切之時而壬合於某分點則未與物指出其比例尺上之〇度以備用

配準之法將未與物張開至適當之相距再將甲移至乙相切而將辰移至某分點相切

設題　如地圖有四邊形之地面戊丙己丁求其面積

第一事將甲邊置於戊點將乙對己點

第二事以右手按緊矩尺以左手將比例尺靠矩尺之邊如圖式

第三事將比例尺按緊將矩尺移向上至甲乙邊在丙點

第四事按緊矩尺將比例尺靠其邊至某分點與壬相合

第五事按緊比例尺將矩尺移下至甲乙邊在丁點記物與未所指之二數將其第一數從第二數相減則所得之餘數爲畝數又畝之小分數

其針有紅者有白者其紅針指出比例尺紅處之數白針指出比例尺白處之數

如針正指尺上邊線之分則必開尺之鉸鏈向左如針在象牙邊二線之中間則鉸鏈開向右如開向左而紅針指出其〇〇八與〇一三兩線之間則必向右開而針自指出〇二〇

用此器最便最準之法以地圖之最小徑線爲戊己線

量面積比例尺

此尺量取圖之面積與前器相同而做法與用法更簡如圖尺上之分點從〇點起其每分爲兩牽半另用明油紙

畫平行線其線之相距爲一牽（一牽之長六十六尺）乙爲移表能在尺面移動中有一銅絲與尺邊成正角銅絲左右之分數亦爲兩牽半此分再作小分四十銅絲合於尺上二牽半之分點則油紙上平行線內之面積爲一箇路得銅絲過一小分則爲一箇蒲而櫥其四箇大分點其得一畝全尺足量五畝（蒲而櫥等於三十平方碼又四分碼之一路得等於四十蒲而櫥四路得等於一英畝即十方牽）將明油紙冒於圖面上令平行二線合於圖之兩箇外角如圖甲乙將比例尺上移表之銅絲

在明油紙上量得丙與丁略等緊按其尺不動而將移表移至戊與己略等將其尺移下一格從左邊起得庚辛相等再將移表向右得子丑相等到第五大分點之時即五畝之數後從右邊起退向左如此連量而得全圖之面積用此法在不甚大之圖而比例大者得數無差若以明油紙作縱橫線而每小方爲一牽更可省工因量小方外之小分數而移表之銅絲適與縱線相合則不必用二邊相等之法

從某處至某處之路稟報格式

圖之比例不可小於一寸代一里如其相距甚遠而地面大半爲空地則比例雖小無妨

此式略同於英國在西班牙與蒲萄牙戰時所用之式如所記之事欲更詳可寬其紙幅添畫格線然不如另詳於稟帖內爲好

查驗道路之事必宜極快如只欲知各種兵能過與否則末之五行可省云此種粗圖以路爲要其路左右之地敵人不能來衝突者可不必問凡兵在鄉村住宿每房一門可派五人如欲多宿幾夜所派之人宜少鄉間探路之事

須問熟悉此路之人，如放牧者、負販者、打獵者。至於大鎮大埠，應問本處之地方官。路圖之外，另可將要隘之位置畫一粗圖，如極要者，另作說記明。

兵勇分營，而各營分往別處，各走不同之路，則每路必分畫一粗圖以指示之，其式如後。

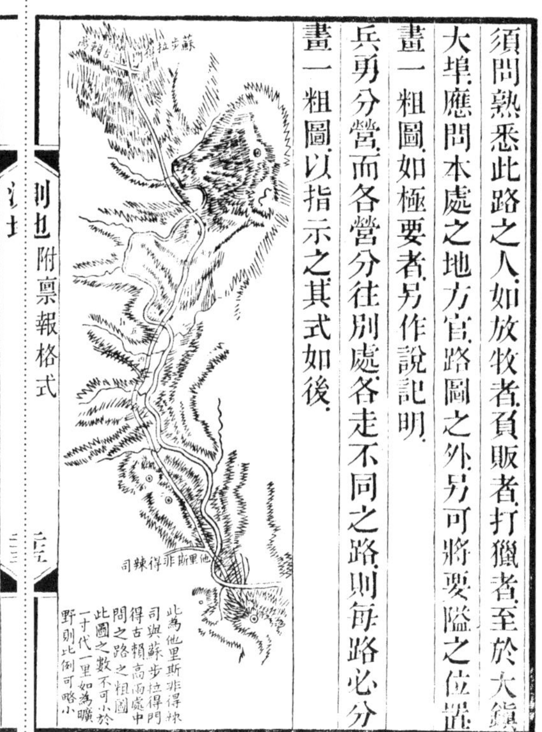

測地附稟報格式

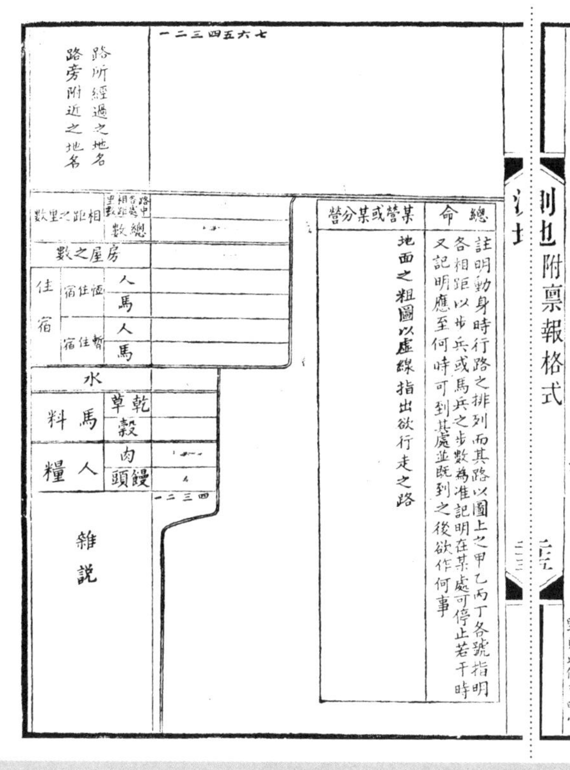